# 国外生命基础领域的创新信息

张明龙　张琼妮　著

知识产权出版社
全国百佳图书出版单位

**图书在版编目(CIP)数据**

国外生命基础领域的创新信息／张明龙，张琼妮著. —北京：知识产权出版社，2016.2
ISBN 978 – 7 –5130 – 3936 – 9

Ⅰ.①国… Ⅱ.①张… ②张… Ⅲ.①生命科学—研究—国外 Ⅳ.①Q1 – 0

中国版本图书馆 CIP 数据核字(2015)第 287813 号

**内容提要**

本书以现代生命科学理论为指导，系统考察国外生命基础领域的创新成果，采用取精用宏的方法，对搜集到的材料细加考辨，实现同中求异，异中求同，精心设计成研究生命基础问题创新信息的分析框架。本书分析了国外在基因生理、基因破译、基因重组和合成、基因种类，以及基因治疗方面的创新信息。分析了蛋白质生理、蛋白质种类、酶，以及蛋白质开发利用方面的创新信息。还分析了细胞与干细胞生理，以及运用细胞和干细胞治疗疾病等方面的创新信息。本书以通俗易懂的语言，阐述生命基础领域的前沿学术知识，宜于雅俗共赏。本书适合生物科技开发人员、医学研究人员、高校师生和政府工作人员等阅读。

责任编辑:王 辉 责任出版:孙婷婷

国外生命基础领域的创新信息
**GUOWAI SHENGMING JICHU LINGYU DE CHUANGXIN XINXI**
张明龙 张琼妮 著

出版发行:知识产权出版社有限责任公司 网 址:http://www.ipph.cn
电 话:010 – 82004826 http://www.laichushu.com
社 址:北京市海淀区马甸南村 1 号 邮 编:100088
责编电话:010 – 82000860 转 8381 责编邮箱:wanghui@cnipr.com
发行电话:010 – 82000860 转 8101/8029 发行传真:010 – 82000893/82003279
印 刷:北京中献拓方科技发展有限公司 经 销:各大网上书店、新华书店及相关专业书店
开 本:720 mm × 1000 mm 1/16 印 张:25.5
版 次:2016 年 2 月第 1 版 印 次:2016 年 2 月第 1 次印刷
字 数:510 千字 定 价:76.00 元
ISBN 978 –7 –5130 –3936 –9

# 前　言

在广大无边的世界中,芸芸众生千姿百态。其存在形式,可以是微生物,可以是植物,可以是动物,也可以是人。尽管这些生命个体有着天壤之别,但是,其生命基础的构成要素,实际上是差不多的。任何生命个体都含有基因、蛋白质和细胞,也正是它们构成了生命基础。现代科学研究表明,基因、蛋白质和细胞等生命基础要素,决定着生物体表现为何种形式,决定着生物体能否健康成长,也决定着生物体的天年寿限。21 世纪以来,生命现象,特别是生命基础问题,吸引着越来越多的学者、专家前来研究。生命基础问题的研究成果,在世界科技成果总量中的比重不断提高,发明创造大量涌现,由此带来了多姿多彩的创新信息。于是,本书的写作,有了取之不尽的活水源头。本书把国外 21 世纪以来的科技创新活动作为考察对象,集中分析其在基因、蛋白质和细胞等领域取得的创新成果,采用取精用宏的方法,对搜集到的材料细加考辨,实现同中求异,异中求同,精心设计成研究生命基础问题创新信息的分析框架。本书由三章内容组成。

**第一章基因领域研究的创新信息**

1.国外在基因生理方面研究的新成果

(1)基因性质研究,成功提取千年前维京人的 DNA,重建 30 亿年前基因组化石,发现羊皮纸蕴藏着古代 DNA。发现精子具有独特的"基因签名"性质,发现人类或携带 145 种其他生物基因,研究表明身藏变异基因并不表示不健康,从列宁格勒战役幸存者中寻找能救命的"好基因"。发现人类基因组中广泛存在差异,发现快速进化基因可促进新物种形成。发现后天环境因素可能导致人体部分基因变异,发现人类基因组在一生中会发生改变,发现人类基因表达随季节变化。

(2)基因结构及功能研究,开发出可预测 DNA 结构图像变化的软件态度,发现蜘蛛茧丝的基因分子结构。发现具有双功能的基因,发明可控制基因功能开关

— 1 —

的新技术,创建研究基因功能的"荧光鱼",发现同一基因可有完全不同的功能。

(3)基因遗传信息研究,发现遗传基因具有分割组织器官的功能,发现基因调控程序在进化中被循环利用,揭示线粒体由母系遗传的原因,发现某些遗传基因可保持沉默25代以上,研究显示DNA无法解释所有遗传生物特征。发现人的表情来自遗传,发现中国南北方人存在基因遗传差异,发现注意力不集中与基因遗传有关。拟用DNA测试确定法老家谱,用机器人模拟出基因数百代进化结果。

(4)基因机理研究,成功找到发育基因"RAD51"的特性机理,揭示影响健康长寿的基因机制,发现导致大量基因沉默的机理,发现DNA同源重组的新机制,发现细菌基因表达的常规机理,发现基因普遍存在"生理周期",探明一种病菌产生耐药性基因的表达机制,首次证实非编码来源的基因产生机制。用实验证实DNA与核质相连导致基因变异,发现氧化应激是引起基因突变的主要潜在原因,发现基因变异可导致神经细胞退化,发现个体基因端粒的长短决定其寿命长短,发现提高长寿基因活跃度可延长小鼠寿命,研究表示脑筋反应快慢与基因变异有关。

**2. 国外基因破译方面研究的新成果**

(1)微生物基因破译方面,成功破译军团菌、世界上最具传染性的细菌、5型荧光假单胞菌、乳酸菌、豆类固氮菌、能吞噬石油的单细胞细菌、口腔病原体"血链球菌"、部分超级病菌、抗药性结核分枝杆菌、大肠杆菌等的基因组序列。开展了稻瘟病菌、曲霉菌、米曲霉素、烟曲霉素、玉米黑粉菌基因组测序。破译了多细胞海藻类团藻的基因组。破译了痢疾阿米巴虫和草履虫基因组。完成两千多种流感病毒基因组测序,完成甲型H1N1流感病毒基因测序,并对埃博拉病毒基因组进行测序。

(2)植物基因破译方面,开展破译玉米、大麦和小麦等粮食作物的基因。破译了西红柿、甜辣椒、西瓜、黑品乐葡萄等园艺作物的基因。同时,还破译了咖啡等饮料作物、青蒿等药用作物,以及美洲黑杨、三叶杨、楝树和火炬松等树木的基因。

(3)动物基因破译方面,破译了倭黑猩猩、古马、牛、猪和老鼠等哺乳动物的基因。完成了48只鸟类物种的基因组测序工作,它们包括乌鸦、鸭、隼、鹦鹉、企鹅、朱鹮、啄木鸟、鹰等,囊括了现代鸟类的主要分枝。破译了半滑舌鳎,以及虹鳟鱼、大西洋鲑鱼等硬骨鱼的基因。破译了蜜蜂、果蝇、采采蝇等昆虫的基因。破译了栉水母、三种鞭虫等无脊椎动物的基因。

(4)人类基因破译方面,绘制出韩国人、墨西哥人、越南人的基因组图谱。完成最早的古人类基因测序,进行大规模古代 DNA 测序分析,破译人类染色体,揭开人类基因开关转录因子的分布图谱。同时,破解人类遗传生殖细胞基因,绘制人类疾病的基因组图谱等。

(5)基因破译的技术和设备方面,发明更快、更高效的基因测序方法,提出基因测序数据分类新标准,开发出用单细胞分析基因组的测序技术,发明"拼写检查"基因序列的方法,用大数据解译 DNA 获重大突破。研制基因测序效率更高的设备和装置,如单分子 DNA 测序仪、DNA 的快速阅读器,以及石墨烯"原子鸡笼"等。

**3. 国外基因重组和合成研究的新成果**

(1)基因重组技术方面,研制成更安全的基因植入细胞重组技术,为细菌重编基因组密码以提高其抗病毒能力;运用生物基因重组技术提取水果香精,运用基因重组技术防止转基因生物扩散。

(2)基因合成技术方面,合成出与遗传基因结合的化合物、自然界不存在的人造碱基对、人类历史上首个人造染色体、近乎完全由人造"零件"搭建的 DNA 分子,以及世界最短双链 RNA。研发出新型人工合成 DNA 载体、生物传感器、可自我复制的人造脱氧核糖核酸结构,以及首个酵母染色体。实验室中"撞"出构建生命的四种基本碱基,造出能像天然 DNA 那样连接的人造碱基。同时,推进了基因合成技术及装置的研制,如开发出基于基因组编辑技术可销毁特定 DNA 序列的装置。

**4. 国外基因种类研究的新成果**

(1)与生命体成长相关的基因,发现 8 种与染色体数目异常相关的基因;发现影响胚胎发育的新基因,确认胚胎干细胞中控制人体发育的 3 种基因,发现 12 个导致发育障碍的新基因;发现与人类衰老相关的线粒体基因病变,发现调节人类寿命的微型糖核酸基因,发现衰老进程的调控基因,发现可延长动物生命的"长寿基因"。

(2)与体貌特征相关的基因,发现调控纤毛、导致男子谢顶、与生长头发相关、导致脱发的基因;发现决定肤色的主要基因;发现与熬夜耐力有关的基因,发现与肌肉耐力有关的基因。

(3)与肿瘤和癌症相关的基因,发现诱发垂体腺瘤的基因。发现关键致癌基因、新的抗癌基因、促使癌细胞扩散的基因、能刺激和控制癌症扩散的基因,以及可引起癌细胞端粒加长的基因。发现与乳腺癌、脑癌、肺癌、结肠癌、大肠癌、皮肤癌、儿童癌症、血癌、头颈癌、前列腺癌等相关的基因。

（4）与心脑血管疾病相关的基因，发现控制人体血红蛋白含量的基因、导致年轻人心肌梗死的基因。发现与心肌梗死发病相关的基因、导致冠心病的罕见基因缺陷、增加心绞痛风险的两种基因变异、可显著降低甘油三酯水平的基因变异，还发现与脑卒中有关的基因变异。

（5）与神经系统生理及疾病相关的基因，发现人脑进化的关键基因、负责脑神经细胞正常连续的基因、决定人类语言能力的关键基因、形成脑神经的关键基因、确认与大脑智力有关的基因、影响脑组织的基因突变、对人类大脑发育起关键作用的基因。发现成人肌肉营养不良新类型及其相关基因、与偏头痛有关的基因变异、新的神经"痛觉基因"。发现与恐惧情绪相关的基因、导致不同抑郁症的基因变异、与儿童患自闭症相关的基因变异、导致抑郁症的基因、与老性痴呆症或阿尔茨海默症相关的基因、与癫痫发病相关的基因。

（6）与消化系统疾病相关的基因，发现与节段性回肠炎有关的基因；发现引起胰腺炎的基因，确认与患急性胰腺炎有关的基因，发现与胰腺发育不全相关的"垃圾基因"。

（7）与代谢性疾病相关的基因，发现引发肥胖的基因变异，发现与儿童肥胖症相关的基因变异。发现支配糖尿病发病的基因变异，发现新的干扰脂代谢的基因变异，发现与导致Ⅱ型糖尿病相关的基因变异。

（8）与传染病相关的基因，发现导致结核杆菌抗药性的基因，发现麻风病易感的基因。发现与严重登革热症状相关的基因，发现与引起严重流感相关的基因突变。

（9）与其他疾病相关的基因，发现控制视网膜疾病的基因、与青光眼相关的基因突变。发现与砷中毒易感性相关的基因、日光过敏症的致病基因。

（10）与植物生长相关的基因，发现影响拟南芥感知二氧化碳的基因、与拟南芥低温长势有关的基因。发现参与草莓维生素 C 合成的基因、控制水稻吸收砷的基因。

5. 国外基因治疗方面研究的新成果

（1）基因检测方面，开发用于预测乳腺癌疗效的基因芯片技术，同步检测大量突变基因技术获得新突破，发明利用纳米通道精确检测 DNA 的新技术，发现一种基于细胞层面的 DNA 检测新方法,开发出能区分真伪 DNA 的检测技术,开发出 DNA 突变和损伤的快速检测新方法,开发出基因兴奋剂检测法。开发用细菌蛋白质作为检测受伤基因的新材料、可瞬间检测出目标基因的新材料。开发 DNA 快速检测箱、可测量单个 DNA 分子质量的设备。

(2)基因治疗方面,揭示基因影响不同种族病人药物剂量的原因,使用基因外显子测序方法查找出致病原因,采用基因组测序法追查疫情暴发路径。发现利用他人 DNA 碎片可抑制肿瘤,动物实验发现基因疗法可延长寿命,发现早产风险与母系基因有关。首次利用纳米颗粒把基因传递进活体小鼠大脑中,用抗转录疗法治愈犬类假肥大型肌营养不良症,用短尾猴开展基因治疗帕金森氏症的研究。用基因成功治疗儿童免疫缺陷症,研制出血管再生的基因工程结构,通过基因疗法加速烧伤皮肤愈合,用基因疗法让盲人重见光明,利用基因疗法治疗心脏病。另外,基因疗法治疗血友病获得成功,基因疗法首次用于囊肿性纤维化。

(3)基因治疗的载体和技术方面,发现一种病毒可以作为基因治疗的载体,开发出以高分子纳米胶囊为载体的基因疗法,以纳米涂层细菌为载体转运口服 DNA 疫苗。使用铁蛋白推进基因治疗,运用基因导向治疗肿瘤,运用基因改造激活细胞的电活性,发明纳米隧道电穿孔基因治疗技术,开发出有望治疗镰状细胞贫血的新基因技术等。

**第二章 蛋白质领域研究的创新信息**

1. 国外蛋白质生理方面研究的新成果

(1)蛋白质性质方面,确认非典病毒内独特蛋白质的特性,发现最耐热的蛋白质,发现单个蛋白质拼接具有产生多种抗原多肽的性质,开发出用纳米微粒观察蛋白质分子运动性质的新方法。成立世界首个锯蛋白性质研究网,绘出含有几千张人类细胞和组织的蛋白质图集。

(2)蛋白质结构及功能方面,探明细胞内一种大型蛋白质的结构,发明快速测定蛋白质结构的新技术,揭示人体内鸦片类物质的受体蛋白质结构,破解人体免疫系统关键蛋白的结构。发现具有生发功能的蛋白质、具有识别病毒功能的细胞蛋白质、具有计时器功能的蛋白质、具有阻止神经细胞死亡功能的蛋白质、具有抑制中性脂肪功能的乳铁蛋白。同时,发现一种蛋白质具有强分化诱导功能。发现早老性痴呆症致病蛋白的新功能,发现一种蛋白具有帮助心脏缓解压力的功能,证明压力族蛋白的特殊生理功能,发现一种蛋白具有防止细胞早亡现象的功能。

（3）蛋白质机理方面，发现一些生物防冻蛋白质阻止结冰的机理，确定荧光蛋白"光控开关"的运作机制，探明肌体处理异常蛋白质的机制，发现驱动蛋白和动力蛋白存在"默契"机理，发现人体酸碱调节蛋白的运行机制，发现蛋白能够抑制转位子的作用机制，发现线粒体呼吸链蛋白复合物的运行机理。同时，发现正常普里昂蛋白质过剩可诱发神经细胞死亡，开发出可揭示蛋白间相互作用的新技术，认为细胞外基质蛋白浓度与认知能力衰退有关，发现铁蛋白水平与认知能力相关。

2. 国外蛋白质种类研究的新成果

（1）发现控制胚胎细胞发育的特殊蛋白、与器官发育相关的蛋白质。发现与细胞分裂检查点有关的蛋白、与细胞分裂是否异常相关的蛋白质。发现可抑制细胞迁移的蛋白质、确保细胞遗传机制安全的蛋白质、驱动线粒体钙通道机制的关键蛋白、细胞信号通路新"刹车"的蛋白。发现可延长细胞寿命的蛋白、能延长果蝇寿命的蛋白质、可延缓动物衰老的蛋白。发现与细菌、真菌和病毒相关的蛋白质。发现植物中能抑制病毒的蛋白质，能促进植物"深呼吸"的蛋白质，以及决定兰花花朵形状的蛋白。

（2）发现影响、刺激和促进癌细胞增殖和转移的蛋白质、与受损细胞癌变相关的蛋白质、可影响肿瘤细胞代谢的阻抑蛋白，发现阻止肌体抑制癌症的蛋白质。发现与乳腺癌、恶性脑瘤、皮肤癌、大肠癌、口腔癌等相关的蛋白质。同时，发现能防止癌症肿瘤成长的关键蛋白、可阻止肿瘤细胞增长的蛋白质、可引导癌细胞自杀的新奇蛋白质、能阻止细胞癌变的蛋白质、能抗胰腺癌的蛋白质、能抑制乳腺癌转移的蛋白质、有助于控制前列腺癌的蛋白质。发现一种能抑制癌细胞扩散的蛋白质、可治黑色素瘤的蛋白质、能对抗所有癌症或病毒侵袭的新蛋白。

（3）发现与血管和血液相关的蛋白质，发现心肌梗死导致细胞死亡的关键蛋白质，发现能修复心肌的蛋白质，发现与心律不齐有关的蛋白质。发现与大脑生理或疾病相关的蛋白质、与神经生理或疾病相关的蛋白质、与记忆或睡眠相关的蛋白质、与精神疾病相关的蛋白质。发现与肌体免疫生理相关的蛋白质、与免疫系统疾病有关的蛋白质、导致类风湿性关节炎的蛋白质。发现导致甲型流感病毒致命性的蛋白、天然抗流感病毒的蛋白、人体下呼吸道新蛋白。发现可治疗致命大肠杆菌感染的蛋白质、影响小肠吸收营养的蛋白质、有助于保护肝细胞的蛋白质。

（4）发现参与胆固醇传输的蛋白、可防止肥胖和糖尿病的蛋白质、一种可能对减肥起关键作用的蛋白质。发现促使精卵结合的关键蛋白质，找到影响催产素分泌的蛋白质，在硅树脂乳房灌输物上发现新蛋白质。发现能够促进骨骼愈合的蛋白质、一种保护骨骼的蛋白质。发现一种会导致耳聋的蛋白质分子变异、形成牙釉质的关键蛋白。发现使皮肤免受感染的蛋白、诱发干癣病的蛋白质、可加速伤口愈合的蛋白质等。

3. 国外酶领域研究的新成果

（1）酶结构与功能方面，揭开端粒酶三维结构秘密，揭示免疫蛋白酶体的晶体结构；揭示细菌酶制取甲酸的生物机制。证实抗氧化酶具有延缓动物衰老功能，发现端粒酶具有延缓衰老的功能。揭示蛀木水虱体内能分解木头酶的结构功能；在白蚁消化道中发现能把木材分解成糖的酶，发现可把木屑废料转化成生物燃料的酶。

（2）与生命相关的酶，发现控制细胞死亡早期阶段的重要酶，发现能影响变异细胞凋亡的酶，发现剑蛋白酶对调节细胞运动至关重要，发现调控细胞清除受损蛋白质的酶。发现一种保护精子的抗氧化酶；发现细菌用于破坏宿主细胞抑制剂的酶。

（3）与疾病防治相关的酶，发现使大肠癌和肝癌细胞增殖加速的酶，发现使癌细胞保持活性的酶。同时，发现一种抑制肿瘤生长的酶，发现一种能够"阻击"癌细胞转移的酶。揭示一种与血管收缩相关的酶，制成可将 A 型和 B 型血转为 O 型的突变酶。发现可同时控制肌体两种免疫反应的酶，发现可防止肌体干扰素过剩的酶，发现诱发风湿性关节炎的酶。发现有助肝炎等病治疗的酶；发现一种能导致代谢变差的酶，发现脂肪酸合成酶可能是引起肥胖症的原因。发现一种能提高药效的酶。

（4）开发利用酶方面，研究乳制品中生物酶的改性，围绕极光激酶 B 研制抗癌药物，开发出新型啤酒过滤酶、溶于油但不溶于水的酶、能有效分解玉米秸秆的新酶、丝氨酸水解酶新抑制剂，并用人工遗传物质合成一种酶。同时，开发出高通量激酶组分析法，开发酶活性中心分子定位分析法；开发出研究酶分子机理的新仪器。

4. 国外蛋白质开发利用研究的新成果

（1）人工制造蛋白质方面，以氨基酸为基础人工合成蛋白质；模仿细菌培育出人造细胞能连续生成的蛋白质,利用细菌开发出超稳定的氟化蛋白质;从豌豆中分离出微小蛋白结晶,发明用玉米制造胶原蛋白;以动物肌红蛋白为基础研制出可分解"苯"的新型蛋白质,以水蚤荧光蛋白为基础研制出高强度发光突变蛋白。

(2)疾病防治领域利用蛋白质方面,以蛋白质为标靶设计出只杀癌细胞的"智能导弹",通过阻止特定蛋白质来抑制乳腺癌,以癌症干细胞中特定蛋白为攻击目标研制药物,通过药物抑制蛋白的相互作用来治疗癌症,通过阻止刺猬蛋白信号通路来治疗结肠癌,把 LMTK3 蛋白质作为帮助治疗乳腺癌的新靶点,通过纠正蛋白质基本单位蛋氨酸位置来治疗癌症,发现抑制 NF－kB 蛋白质可"饿死"癌细胞,利用 P 糖蛋白筛查阻止癌症复发的化合物。同时,创建首个大脑关键神经组织蛋白质组成图,研制出可用来治疗肝炎等疾病的重组蛋白;推出可速检水中有害金属的合成蛋白。

(3)开发利用蛋白质的技术设备方面,开发出通过蛋白质片断快速查明其种类的技术、利用微生物提取活性蛋白质的技术、一种细胞内蛋白定位的技术、可对活体细胞蛋白进行计数方法;开发出一种大量合成蛋白质的技术,开发细胞内蛋白质相互作用的标识技术;实现活体生物体内蛋白质状态的可视化技术,开发出揭示蛋白质何时何地制造的显微技术。研制出可使蛋白质形成晶体的"智能材料"。开发出可追踪活细胞内蛋白质运动的新软件,发明能分离蛋白质的分子筛。

**第三章细胞领域研究的创新信息**

1. 国外细胞生理方面研究的新成果

(1)细胞生理特性与功能方面,发现细胞生长因子的全新信号通道,揭示控制细胞分化的转录因子的特征,发现细胞"中心粒"可能具有生物信息载体的性质,发现中子辐射可激发细胞之间的合并。发现外在行为会破坏卵细胞的生化平衡,发现人类生殖细胞发育首个路线图,发现胎儿细胞会进驻母亲大脑。发现心肌细胞能通过不断更新而获得再生,发现对神经细胞存活具有保护作用的分子,发现调节运动速度的神经细胞;发现大脑细胞的寿命是正常细胞的两倍。发现细胞膜张力具有控制细胞运动的功能,发现细胞内锌浓度变化可调节免疫功能。确定心脏细胞最佳组成结构与比例。

(2)细胞分裂行为方面,发现防止细胞分裂出错的"控制器",发现原始生殖细胞减数分裂的原因,发现细胞分裂依靠微管结构分配遗传物质,发现细胞有丝分裂时 DNA 修复机制停摆成因。运用实验演示单细胞分裂为多细胞过程;建成开放式细胞分裂研究数据库。

(3)细胞控制开关方面,发现决定脂肪细胞发展类型的开关,发现人类皮肤细胞形成的控制开关,发现人体内有个激活免疫细胞的开关。

(4)细胞生理机制方面,发现细胞内酸碱平衡维持机制,揭示细胞之间存在的融合机制,发现细胞分裂过程收缩环的作用机制,探明捣乱细胞被"刺杀"机制,揭开人体细胞生物传感器分子的机制。发现细胞自噬作用机制失灵会导致细胞异常,发现细胞自噬作用机制相关基因异常可引起罕见脑病。揭示卵细胞停止分裂的机制,发现动物生殖细胞回避细胞死亡的机制。揭示与神经系统疾病相关的细胞凋亡机制,发现神经细胞内质网功能机制,发现促使胰岛 β 细胞再生机制。

(5)研究细胞生理的方法方面,利用三维图表表现视觉细胞活性,获取细胞核中染色体活动的图像证据,成功获得神经细胞信息传递的实时成像;开发出用颜色观察细胞变化的新方法,通过绿色荧光蛋白观察到小神经胶质细胞活动,用颜色显现细胞中蛋白间的"小动作";用受激发射损耗显微镜开展细胞纳米级领域研究,用新型高清显微镜观察活脑细胞。

**2. 国外细胞治疗方面研究的新成果**

(1)细胞治疗新发现方面,发现可帮助生成神经细胞的新物质,发现常动脑有助于抑制脑细胞死亡;发现可保护移植器官的免疫细胞,发现免疫细胞"自杀式攻击"可帮助痛风自愈;发现能"识别"和"消灭"癌细胞的特殊细胞,发现一种细胞受体能够对抗结核杆菌,发现一种降压药可延缓细胞老化。

(2)培育或转变细胞方面,通过成人皮肤细胞重组后培育出大脑皮层细胞,成功培育痛痒神经细胞;在老鼠体内培育出人类肝脏细胞,把人类皮肤细胞转变为功能性肝脏细胞;在体外成功培育出味觉细胞,利用人类胎盘培育出成骨细胞。

(3)合成细胞方面,合成细胞膜能像活细胞一样生长;制造出基于无机物的类似生命细胞,诞生首个"人造生命"。

(4)用细胞培育器官及其他细胞治疗方面,用大鼠细胞培育出人造肝,用患者皮肤细胞培养出一种心脏病器官模型,利用体外细胞培育出完整的胸腺;用细胞培育出可供移植的大鼠肢体。利用胚胎模式成功地把恶性黑素瘤细胞转变为正常细胞,通过移植抗癌白细胞医治癌症,研制出可为癌细胞染色的分子涂料,发现可阻断肾癌细胞自我修复的新疗法,通过刺激 T 细胞来杀死癌细胞。用细胞疗法缓解风湿痛,利用细胞再生治疗突发性耳聋,用细胞疗法成功控制小鼠癫痫发作。

（5）细胞治疗出现的新技术，开发出高效培养细胞的技术、在三维结构中培养细胞的技术、使转基因细胞具有智能反应的技术；成功出实现细胞分裂过程逆转的技术、把老鼠皮肤细胞转化为功能性脑细胞的技术。发明利用短脉冲激光检测细胞膜的技术、测量单个活细胞精确体重的技术、实时监测单个细胞相互作用的技术；发明测量单个细胞温度的纳米温度计。开发出细胞编程新技术，研发用于细胞疗法的可编程纳米机器人。开发出可使癌细胞长时间休眠的方法、能刺激白细胞的激光陷阱技术、能看清活细胞内活动的成像技术。

**3. 国外干细胞生理方面研究的新成果**

（1）干细胞生理现象方面，发现肌肉干细胞的胚胎起源，发现与诱导多能干细胞不同的新型干细胞。实验证实人类存在具有卵子来源性质的卵原干细胞；发现能使干细胞保持本性的关键因子，发现精原干细胞与胚胎干细胞存在相似特征，发现一种小分子能预防胚胎干细胞分化。发现胚胎干细胞分化的控制机制，揭示造血干细胞的定向分化机制，发现干细胞分化方向可随成长环境改变，发现诱导多功能干细胞分化能力会因人而异。发现色素干细胞耗尽是黑发变白的重要原因，发现一种脂肪酸可增加造血干细胞。

（2）提取和研制干细胞方面，从腺组织、牙周膜、牙胚、女性月经血、胚胎外围羊水中提取出干细胞；同时，从人体伤口组织提取出皮肤干细胞，从人血液中提取出胚胎质干细胞，分离出具有生殖潜能的干细胞，分离出人类胚胎中胚层祖细胞，首次提炼隔离出单个人类血液干细胞。把睾丸细胞改造成干细胞，把鼠睾丸细胞转换为胚胎干细胞；把人体皮肤细胞改造成类胚胎干细胞，把成人皮肤细胞直接转化成神经干细胞，用动物皮肤细胞通过诱导获得濒危物种干细胞；用成人细胞和生长因子研制出更易操控的人体干细胞，通过脂肪细胞再编译获得多功能干细胞，制造出匹配成人基因的新干细胞。同时，建立世界上首个国家胚胎干细胞储存库。另外，发现脐带构成要素含有丰富的干细胞，发现废弃胎盘中有细胞类似胚胎干细胞，发现人耳中存在软骨干细胞，发现人或动物死亡后也可成为某些干细胞的采集来源。

（3）培育干细胞方面，用精子干细胞培育新的"万能细胞"，培育出不易引发排异反应的"万能细胞"，成功培育出新一代"万能细胞"；以人的鼻子为载体培育出多功能干细胞，利用血液细胞成功培养成诱导多功能干细胞，发现不同体细胞培育的诱导多功能干细胞有差异，无意中培育出"区域选择性多能干细胞"。培育出单倍体胚胎干细胞,培育出高纯度人体胚胎干细胞。培育出世界首个纯神经干细胞,从人类胚胎干细胞诱导培养出可无限再生的大脑干细胞,从皮肤细胞中培养出成体神经干细胞。成功培育出造血干细胞。

(4)培育和制造干细胞的技术方面,开发出人类胚胎干细胞和多功能干细胞更安全的培养方法,开发出胚胎干细胞更高效、产出率更大和纯度更高的培养技术。发明不破坏胚胎而获得胚胎干细胞的新技术,发明能控制干细胞按需分化的新方法,研发能消除引发癌症风险的制造干细胞新方法,开发能操控分化阶段干细胞的新技术。

**4. 国外用干细胞培育细胞与器官的新成果**

(1)用干细胞培育生命体细胞方面,用胚胎干细胞制造出红细胞,利用骨髓干细胞培植出心脏细胞,用诱导多功能干细胞高效培养心肌细胞,用干细胞技术把皮肤细胞转化为心肌细胞。用动物腹部脂肪干细胞培育出神经细胞,用诱导多功能干细胞培养出视神经细胞。把人体干细胞转化为功能性肺细胞,利用人体胚胎干细胞分化成肝细胞,用克隆干细胞技术产生胰岛素分泌细胞,用人类胚胎干细胞造出生殖细胞精子,用干细胞技术以人类细胞造出原始生殖细胞。用单个成体干细胞培育出多种组织细胞,用脂肪干细胞培养平滑肌细胞,用诱导多功能干细胞培育出色素细胞,用皮肤细胞培育出软骨细胞。

(2)用干细胞培育生命体组织方面,用干细胞培育出眼角膜组织,用胚胎干细胞培育出立体视网膜组织。利用骨髓干细胞培育出心脏瓣膜,利用诱导多功能干细胞首次育成心脏组织细胞层。用间叶干细胞培育成活的人骨片段,成功用诱导多功能干细胞培育出软骨。用多功能干细胞培育出功能性人造表皮;用成体干细胞培养出肾脏组织。

(3)用干细胞培育生命体器官方面,用诱导多功能干细胞再生人类肝脏,成功诱导干细胞成为三维迷你肺,运用生物工程从干细胞中培养出牙齿。

**5. 运用干细胞治疗疾病的新成果**

(1)干细胞疗法的新发现:发现精原干细胞有望替代医用胚胎干细胞,发现打开人体成纤维细胞中干细胞基因的新方法,发现脂肪干细胞易转变为人工诱导多功能干细胞。发现一种有利于提高干细胞移植安全性的物质,发现猪胚胎干细胞可通过移植生成人类器官,发现干细胞移植存在潜在危险,发现移植干细胞有望治疗肌肉萎缩症,发现一种能使移植干细胞增殖 10 倍的新分子,发现干细胞可实行半相合移植。

（2）用干细胞治疗癌症和艾滋病方面，利用转基因干细胞治疗脑癌，通过癌细胞三维立体培养揭示干细胞信息，用神经干细胞为载体发明治癌"定点清除炸弹"，发现可作为治癌新靶标的癌症干细胞，用干细胞"精确制导"杀灭癌细胞。同时，通过实验证明，人体干细胞能被遗传修改成为对抗艾滋病病毒的细胞。

（3）用干细胞治疗心血管疾病方面，成功移植造血干细胞，以及非亲缘脐带血造血干细胞。开发出用干细胞制造血小板技术、修复血管创伤技术。大规模试验利用干细胞治疗心脏病，提出用移植干细胞治心肌梗死，利用干细胞技术恢复梗死后的心肌，开创用脂肪干细胞治疗心脏病，研制出治疗冠心病和软骨再生等干细胞药物。

（4）用干细胞治疗神经系统疾病方面，移植人体鼻黏膜干细胞治疗脊髓损伤，利用成年动物干细胞让脊髓受损的瘫鼠恢复行走，找到一种有助于修复受损脊髓的干细胞。用干细胞治疗少儿脑瘫及相关神经系统疾病，实现脑内干细胞持续再生出神经胶质细胞。利用神经母细胞移植治疗肌肉萎缩硬化症，利用胚胎干细胞研究渐冻症，动物研究显示诱导多功能干细胞有助治疗"渐冻症"，利用诱导多功能干细胞修复神经源性肌萎缩症的致病基因。利用诱导多功能干细胞技术帮助自闭症个性化治疗。

（5）用干细胞治疗其他疾病方面，用干细胞治疗多发性硬化症获得突破。用干细胞治疗人体硅肺病，确定可用远端干细胞修复肺部组织。用自体干细胞治疗肝硬化获成功，通过注射干细胞提高肝硬化治愈率，把扁桃体来源的干细胞用于肝脏再生；通过干细胞移植修复大肠溃疡。用脑干细胞恢复受伤视网膜，诱导多能干细胞治疗视网膜退化疾病获准进行人体实验，利用干细胞技术协助修复受损角膜；干细胞治疗先天性失明效果明显；研究出用干细胞治疗老年性黄斑退化症的新方法，干细胞疗法或可治疗老年性黄斑病变。推进人体干细胞治疗糖尿病的试验，用胚胎干细胞移植治疗糖尿病通过动物实验。用骨髓干细胞治疗体表皮肤烧伤、用发根干细胞培育皮肤组织等获得成功。

张明龙　张琼妮
2015 年国庆节

# 目　录

# 第一章　基因领域研究的创新信息

基因是具有遗传效应的脱氧核糖核酸片段，也称作遗传因子。它支持着生命的基本性质、结构和功能，储存着一个生命体含有的种族、血型、孕育、生长、凋亡过程的全部信息。生命体的生老病死，旺盛或衰败等一切现象及演绎过程，都与基因相关。基因既反映生命体的物质属性，又反映生命体的信息内容，是构成生命的基础要素之一。本章着重考察国外在基因领域研究取得的成果，概述国外基因领域出现的创新信息。21 世纪以来，国外在基因生理方面的研究，主要集中在基因性质、基因结构及功能、基因遗传信息、基因机理等。在基因破译方面的研究，主要集中在微生物基因、植物基因、动物基因和人类基因的破译，以及基因破译技术和设备的发明创造。在基因重组和合成方面的研究，主要集中在提高基因重组的安全性和效率，推出人造染色体，成功合成酵母染色体。在基因种类方面的研究，主要集中在与生命体成长、体貌特征、肿瘤和癌症、心脑血管疾病、神经系统生理及疾病、消化系统疾病、代谢性疾病、传染病等相关的基因。在基因治疗方面的研究，主要集中在基因检测、临床基因治疗，以及基因治疗的载体和技术。

## 第一节　基因生理方面研究的新成果

### 一、基因性质研究的新进展

1. 古代基因性质研究的新成果

（1）成功提取千年前维京人的 DNA。

2008 年 6 月，丹麦哥本哈根大学科学家约尔根·迪星领导的一个研究小组，在美国《公共科学图书馆·遗传学》杂志上发表研究成果称，他们已成功从 10 具 1000 年前维京人遗骸中提取脱氧核糖核酸（DNA）进行分析研究。研究人员认为，如果情况属实，这将是一项举世瞩目的成就。此前，很多研究者认为从古代人尸体残骸中提取 DNA 是不可能的事。

研究人员说，他们在丹麦菲英岛一处墓地发现了 1000 年前的维京人遗骸。为了防止对古代人 DNA 造成污染，影响研究效果，科学家们穿着防护外套，在挖出遗骸的同时，迅速从其下颚中取出牙齿并带回实验室。这样，在没有出现任何污染的情况下，提取到古代维京人的 DNA。

迪星说:"对维京人 DNA 的分析中,我们没有发现任何外来 DNA 的污染,而且,这次研究成果显著,我们发现古代维京人和现代人类一样具有多样性。"此次研究中,迪星和他的同事们对维京人的家族关系和基因变异最感兴趣。

研究报告指出,从古代人残骸中提取的 DNA,具有很高的研究价值。通过分析这些 DNA 样本,可以找出人类基因遗传疾病的起源、发现祖先迁移的方式,还能了解古代人类部落和家庭的组织结构概况。

(2)重建 30 亿年前基因组化石。

2010 年 12 月,有关媒体报道,化石有助于古生物学家编写自那时起的生命进化史,但要绘制出早于寒武纪的 30 亿年前的生命图景,还非常困难。因为寒武纪前的软体动物细胞很少留下化石印记,但这些早期的生命却留下了一些微小的化石:DNA。麻省理工学院的生物学家埃里克·阿尔姆和博士生劳伦斯·戴维等人组成一个研究小组,利用现代基因组,在一系列基因进化规则之下,重新构造了这些古老的微生物,并鉴别出许多跟氧气有关的新基因,首次提出可能是氧气的出现导致"太古代大爆发"。

研究发现,直到 25 亿年前,地球大气中才出现了氧气并逐渐积累,由此在"大氧化事件"中杀死了大量的厌氧生物。"大氧化事件",可能是细胞生命史中最大的悲剧事件,我们却没有它的任何生物记录。

经过进一步分析显示,利用氧气的基因,直到 28 亿年前"太古代大爆发"末期才出现,这更为基因化学家所设想的"大氧化事件"增加了证据。

研究人员认为,正是一种有氧光合作用,形成了"大氧化事件"中的氧气,也形成了我们今天所呼吸的氧气。太古代时期电子转移逐渐进化,经过生命历史的几个关键阶段,包括光合作用和呼吸,最终使大量的能量被固定下来,存储在生物圈中。

通过分析与基因有关的金属和分子,以及它们在长期内的演变,戴维和阿尔姆也研究了"太古代大爆发"之后,微生物基因组的进化。他们发现利用氧气的基因,比例越来越大,与铜和钼相关的酶也是如此,这与地质学的进化记录相一致。

(3)发现羊皮纸蕴藏着古代 DNA。

寻找古代 DNA 并非易事。例如,风化作用和细菌对化石造成的污染,会使得恢复足够纯度且未受损伤的遗传物质非常困难。2015 年 1 月,英国一个研究小组,在英国皇家学会《哲学学报 B 卷》网络版上发表研究成果称,他们发现了一种新的古代 DNA 来源:羊皮纸。从两张分别来自 17 世纪和 18 世纪的羊皮纸上获得的遗传物质显示,绵羊为纸张提供了原始材料。同时,在 17~18 世纪,羊皮纸所在的英国当地所使用的绵羊种类发生了改变:从杂乱的苏格兰高地黑脸绵羊变成笨重的低地品种。

在几个世纪的时间里,人类文明一直依赖山羊、绵羊、猪、牛等,被伸直、晒开和拼凑而成的兽皮,作为"纸张"问题,记录当时发生的事情。此前,试图从羊皮纸上获得 DNA 的努力不是很成功,但通过利用现代测序技术,研究人员如今能够从羊皮纸上获取丰富的牲畜 DNA。

羊皮纸不仅遗传物质丰富,同时作为一份法律文件,它们被细心地保存下来,且通常注有日期。这使得羊皮纸比骨头更容易成为古代 DNA 的来源。来自羊皮纸的真实遗传物质,并不能阐明人类的演化,但在科学家看来,它能揭示过去 700 年间的农业历史,并且最终为历史学家提供关于某一特定羊皮纸文件制造地点和时间的信息。

### 2. 基因性质研究的新发现

（1）发现精子具有独特的"基因签名"性质。

2009 年 8 月,美国每日科学网站报道,英国利兹大学大卫·米勒和大卫·埃尔斯博士与布拉德福德大学马丁·布林克沃思博士等人组成的一个研究小组,在英国生物技术及生物科学研究理事会资助下进行研究发现,人类精子具有独特的"基因签名"性质,这对于开启卵子的生育能力和孕育新生命,起到关键作用。这一发现,将对人们更好地了解受孕的奥秘有帮助。

研究人员说,他们发现精子会写下一种"基因签名",只能被同物种的卵子所识别。精子的"基因签名"好似钥匙,只有被同物种的卵子识别,才能开启受孕之锁。精子的"基因签名"会促进受精活动发生,也能解释一个物种如何发育出独特的基因特征。埃尔斯说,"我们发现哺乳动物精子有'基因签名',对卵子的受孕和胚胎的发育至关重要。此前人们并没有发现精子有'基因签名',我们认为'基因签名'存在的时间很久远。"

研究人员认为,假如没有正确的"钥匙"来开启生育能力的"锁",要么就不能成功受精,要么即使受精,也不会正常发育。人们已经知道人类精子 DNA 排列组合的紊乱,会导致男性不育症和受孕失败。而且这种"锁钥"机制还有更深一层的意义。它不仅能解释,为什么有些其他方面健康的男性产生的精子却是不育的,也能解释不同的物种是如何进化并保持其特性的。米勒说:"直到现在,医学家们还在努力探究先天性男性不育症。我们的最新研究提供了一种可能的解释,为什么有些精子会存在功能障碍或者不能正常受精。"

如果精子细胞携带的 DNA 没有受伤,而且伸展开的话,那么实际上它会有一米多长。为了适应精子细胞核的微小空间,精子 DNA 就必须要紧紧地卷到一起或排列在一起。利兹大学的研究显示,在人类和老鼠的精子中,并不是所有的 DNA 都按照同样的方式排列。大部分雄性方的 DNA 是非常紧凑的压缩在一起,同时有些 DNA 则排列得不那么紧密。

埃尔斯说:"精子细胞中有一种特定的 DNA 排列方式。而且我们发现,即使在不相关的有生育能力的男性中,这种排列方式也是一样的。这表明这种 DNA 排列方式与男性生育能力有着直接的关系。"

对精子 DNA 在空阔的、不太紧密的排列构造下的详细分析显示,这种 DNA 携带着很多关键信息,这些信息能够激活导致胚胎发育的重要基因。进一步的研究表明,相同的构造存在于几个不相关的捐精者的精子中,更引人注目的是,相似的排列构造存在于老鼠的精子中。

相比于紧密排列的DNA,空阔构造的DNA,或许更容易受到诸如存在于香烟和有些抗癌药物中的破坏性毒素的伤害。正如布林克沃思所说:"这也许意味着,那些可能对精子产生基因损害的东西,对于胚胎发育也有着重大的影响。"

这些发现,还能解释为什么近亲物种繁殖的成功例子会这么少。如果两个物种的"锁"和"钥匙"不相配,无论它们的DNA多么相似,都不会孕育后代。就像马和驴交配,有时候能够产生后代。但是因为精子和卵子无法相配,其胚胎的发育是不正常的,那么其后代几乎都是不育的。

研究小组相信,相同的基因性质和运行机制,一定还在人类进化过程中发挥过重要作用。在人类早先的历史中,穴居人与现代人类共存了几千年。不排除曾发生过这两个相似物种间的交配行为,但在我们的DNA中没有发现这些行为遗留的痕迹。假如可能孕育了后代的话,那么或者他们没能存活太久,或者即使他们存活了,也不能再繁衍后代。

(2)发现人类或携带145种其他生物基因。

2015年3月,英国剑桥大学生物学家阿拉斯泰尔·克里斯普领导,他的同事为主要成员的研究小组,在《基因组生物学》杂志网络版上发表论文称,一个人从细胞内的遗传物质来说,并不是完整意义上的人。每个人可能都携带了多达145个基因,而这些基因有的来自细菌、其他单细胞生物体,以及病毒,并把人类基因组当作了自己的家。

这一结论来自一项新的研究,它提供了迄今为止最广泛的证据,表明在生物的进化历史中,来自生命其他分支的基因最终成为动物细胞的一部分。

克里斯普说:"这一发现,意味着生命之树,并不是由完美的分支世系构成的一棵一成不变的大树。而事实上,它更像那些亚马逊绞杀植物无花果的一种,所有的根系都纠缠与交错在一起。"

研究人员已经知道水平基因转移,即除了亲代向子代遗传之外的遗传信息在生物体之间的流动,在细菌和其他简单的真核生物中是司空见惯的常事。例如,这一过程,使得生物体能够迅速共享一组耐抗生素基因,从而适应一种抗生素。

克里斯普研究小组,分析了来自40种不同动物的基因组序列,其范围从果蝇和蛔虫到斑马鱼、大猩猩和人类。对于基因组中的每一个基因,研究人员都搜索了已有的数据库,以便在其他动物之间,以及非动物之间找出最近的匹配基因,其范围包括植物、真菌、细菌和病毒。当一种动物的基因,更加密切地匹配一种非动物基因,而非其他任何动物基因时,研究人员便会展开更进一步的研究,利用计算方法,确定初始数据库搜索是否曾错过了一些东西。总的来看,研究人员最终确定了数百种似乎从细菌、古生菌、真菌、其他微生物和植物转移给动物的基因。

（3）研究表明身藏变异基因并不表示不健康。

2014年5月，荷兰阿姆斯特丹大学医学中心临床遗传学系汉妮·霍斯戴吉主持，来自荷兰和美国研究人员组成的一个研究小组，在《基因组研究》杂志上发表论文称，他们在一名115岁老年妇女的血液细胞中，检测到有400多个基因变异，这表明这些位点发生的突变，在她整个寿命中大部分是无害的。

研究人员说，以往人们认为，基因突变通常与疾病如癌症有关，却很少有人知道健康人体也会发生基因突变。他们的研究告诉人们，身体中存在一些变异基因，并不一定表示就是不健康状态。

研究人员表示，我们的血液是由骨髓里的造血干细胞不断补充的，这些造血干细胞分化生成各种血细胞，包括白血细胞。但细胞分化也容易出错，包括血细胞在内的各种细胞分化频率越高，就可能积累越多的基因突变。比如，人们在急性骨髓性白血病患者的细胞中也发现数百个突变，但还不清楚健康的白血细胞是否也能容纳突变。

在新研究中，科学家对这位超百岁老年妇女的白血细胞进行了全基因组测序，以确定在其一生中，健康白血细胞中发生的基因突变是否积累下来。结果她白血细胞的基因突变超过了400个，而在她脑中没有发现突变。血液和脑是人在出生以后还会有细胞分化的两个部位。这些突变称为体细胞突变，因为它们不会传给后代，身体可以容忍它们而不会引起疾病。检测显示，这些突变都是无害的。非进化保留位点主要位于基因组的非编码区，以往认为与疾病无关，包括那些容易发生突变的位点，如甲基化胞嘧啶DNA碱基和溶剂可及的DNA延伸，以往被认为属于"垃圾区"。

这一重要发现，或许暗示了人类寿命的极限。霍斯戴吉说："我们发现在她死亡的时候，她的外周血只有两个活跃的、彼此相关的造血干细胞，而我们估计大约有1300个同时活跃的干细胞。这让我们非常吃惊。"

研究人员还检查了她的白细胞端粒的长度，发现其大大短于其他组织的端粒长度。端粒是染色体末端的重复序列，是保证染色体的精确复制、维持染色体长度及稳定性的功能性结构。出生以后，随着细胞的每一次分化，端粒逐渐缩短。

这两者结合起来，研究人员认为，或许是造血干细胞有限的寿命，导致了极老年阶段造血无序复制的演变，而并非体细胞突变的影响。

（4）从列宁格勒战役幸存者中寻找能救命的"好基因"。

2015年6月，俄罗斯圣彼得堡奥特妇产科研究所，遗传学家奥列格·格洛托夫领导，他的同事参与的一个研究小组，在俄罗斯《老年医学进展》杂志上发表研究成果称，6年前，他们开始调查列宁格勒战役幸存者的遗传特征。在追踪了206名幸存者后，他们发现，被纳入研究的幸存者相较于对照组，更可能拥有3个基因突变或者说是等位基因。它们同急需卡路里的人体内，更加经济的能量代谢有关。

1941 年 9 月,德国军队和芬兰同盟军包围了苏联列宁格勒,使生活在这个以运河著称、如今已被叫作圣彼得堡的波罗的海城市里的 300 万居民深陷其中。食物短缺愈发严重,一些居民不得不靠吃人活下来。等到 872 天围攻结束时,110 多万人被活活饿死。不过,还是有成千上万人幸存了下来。研究人员认为,他们找到了是什么让一些人占据活下来的优势。

位于圣彼得堡的狄奥多西·杜布赞斯基基因组生物信息学中心,首席科学官、遗传学家史蒂芬·奥布赖恩表示,这项研究"非常吸引人"并且"令人振奋"。美国哥伦比亚大学医学流行病学专家利·鲁弥同样认为,这项工作"极其有趣"。他调查过一次类似饥荒中的幸存者,即 1944—1945 年德国占领荷兰期间发生的"饥饿的冬天"事件。不过,鲁弥提醒说,格洛托夫得出的结论可能不是很成熟。幸存者样本量太小,使研究结果"很难被诠释"。

70 多年后,那次围攻在圣彼得堡依旧是个敏感话题。询问列宁格勒是否应当投降以拯救生命是被禁止的话题。格洛托夫说,官方的说法是那次围攻应当因为苦难和英勇而被铭记。由于这段记忆"过于神圣",因此那次围攻"并不真的适合作进一步分析或者其他诠释"。格洛托夫的同事试图劝阻他不要触碰这个禁忌话题。不过,他没有被吓住,部分原因来自他的家族故事。格洛托夫的祖母,是在围攻期间,从列宁格勒逃出来的约 84 万人中的一员。这些人,大多数藏在卡车车队中逃了出来,并在冬天穿过城市东部结冰的拉多加湖。

第一个冬季最为难熬。在 1941 年年底约一个月的时间里,沦陷的居民平均每天只能消耗 125 克淀粉,相当于不到 200 卡路里,食物则包括亚麻籽饼、松树皮、桦树芽等粗粮。列宁格勒健康档案显示,在第一个冬天,90% 的户籍人口体重减轻,在某些情况下体重甚至减少了一半。在这样的创伤中幸存下来,根本无法保证以后拥有健康的身体。事实上,圣彼得堡西北梅奇尼科夫医科大学生物医学专家丽迪雅·荷罗石妮娜介绍说,在战争结束后,约 29% 的幸存者患上糖尿病,而正常人群的患病率为 3% ~4%。这项 2002 年的研究成果,与在"饥饿的冬天",以及其他长期饥荒中的幸存者群体里,所见到的糖尿病和其他慢性疾病发病率升高的现象相符。

格洛托夫的研究显示,战争结束后的健康损害,可能是帮助人们在战争中幸存下来的相同因素所产生的负面影响。他的研究小组利用基因扩增仪,研究了幸存者和居住在那里,但没有经历过那次围攻的 139 名,年龄相仿居民的白血球中的 5 个,能帮助调控脂肪和葡萄糖代谢的目标基因。他们发现,相较于对照组,幸存者在其中 3 个基因中,拥有同更经济的新陈代谢相关变异的可能性高出 30%。3 个基因中,一个编码影响细胞能量工厂效率的解偶联蛋白,另外两个编码过氧化酶体激活物增殖受体。

奥布赖恩认为,等位基因频率的差异"并非真的是压倒性原因"。它们只是比其他任何因素具有更多的提示性。同时,这项研究存在着其他一些不确定性。

一是格洛托夫承认,不可能确定幸存者在围攻期间吃了多少食物,或者他们是否从能增加其口粮的社会关系中受益。

二是战后的生活习惯或环境因素,可能通过有倾向性地"消灭"拥有特定基因的人,使幸存者的基因特征发生歪曲。鲁弥说,随着幸存者不断逝去,日渐缩小的受访者样本量,提出了另一个问题:这种类型的研究能否被重复?

格洛托夫希望通过建立幸存者基因库,确保研究能被重复。同时,他打算通过扩大基因库增加研究的统计效力。格洛托夫妻子90岁的祖母,是那次围攻的幸存者。她准备登记成为一名受访者。

3.基因性质差异研究的新发现

(1)发现人类基因组中广泛存在差异。

2004年7月,瑞典卡罗林斯卡医学院的研究人员,与美国纽约科德斯普林港实验室的同行一起,在《科学》杂志上发表研究报告称,他们使用一种新型脱氧核糖核酸(DNA)比较技术发现,人类基因组中广泛存在着大段DNA的缺失或增加现象。有关专家认为,发现这一现象,对研究人类遗传多样性和癌症等疾病的发生有重要意义。

携带人体遗传信息的DNA,由4个不同的碱基组合而成。不同人基因组之间的碱基排列顺序大部分相同,但也存在极小的差异,主要体现在DNA片断上个别碱基的不同。这种遗传性变异被称为"单核苷酸多态性"。而人体细胞中大段DNA缺失或增加的现象,则被科学家称为"副本数多态性(CNP)"。但这种多态性,此前一直被认为只是个别现象,不具有代表性。

现在,瑞典和美国的研究人员在报告上说,"副本数多态性",实际在人类基因组中,广泛而普遍地存在。研究人员原本想寻找正常人体细胞和癌细胞之间的基因差异,但他们在比较正常人体细胞时发现,正常细胞的基因间也存在着很大差异。

研究人员使用的是一种高效的"代表性寡核苷酸阵列分析(ROMA)"技术,对来自不同地域的,20名实验对象的血液及组织样本,进行了分析。他们发现,所有志愿者体细胞中,有70个基因存在76处"副本数多态性",表现为大段DNA序列的缺失或增加。

(2)发现快速进化基因可促进新物种形成。

2009年7月,罗切斯特大学生物学教授达文·普莱斯格瑞弗斯领导的研究小组,在《科学》杂志上撰文认为,能够促使一个物种演变为两个物种的基因,比基因组中的其他基因,表现出更强的适应能力,有利于促进新物种的形成。

研究人员说,这类基因与之前确认的"物种形成基因"有关,两种基因都可编码关键蛋白质,控制分子进出细胞核。研究人员认为,细胞内的竞争加速了基因的迅速进化,从而造成紧密相关的物种彼此基因上却不相容。

研究人员谈到,把早在300万年前就分裂开来的两种果蝇类型,进行杂交时,一些杂交的后代发生了死亡。这表示,源自一个物种的基因,不能与来自其他物种的基因相兼容。当同种类的生物,由于山脉或海洋等地理的限制分开时,他们就开始了独自的进化。如马达加斯加的果蝇品种,由于印度洋的限制,它逐渐在非洲大陆演变为一个类似的"姐妹物种",而随着时间的推移,这两个独立进化的物种的基因差异将越发明显。即当同一基因在两个相近的物种中快速进化时,它们将变得十分不同,不能再相互兼容,正如达尔文150年前所预言的那样,他们将在自然的选择下不断进化。

普莱斯格瑞弗斯教授,对名为Nup160和Nup96特定基因的快速进化原因,有独到的见解。他认为,这些基因如同细胞核的门卫一般,对这个最易受到病毒侵袭甚至基因组内部不良基因攻击的目标,进行保护。这些基因或受到了不断的攻击,从而培养了自身超强的适应能力,而新物种的起源,仅仅是进化竞争所产生的副产品。现在,研究小组正在研究其他可引发杂交死亡的基因,并尝试辨别出,为何自然的选择,可引起这类特殊的复合体快速地发生进化。研究人员认为,病毒可对复合体的快速进化起到推动作用,因为病毒会将自身的DNA注入宿主细胞之中。在双方的竞争中,病毒将不断地寻求机会突破复合体的防护,而护卫基因也将迅速调整以阻挠病毒的侵袭,从而加速自身的进化。

4. 基因性质变化研究的新发现

(1)发现后天环境因素可能导致人体部分基因变异。

2005年7月,有关媒体报道,西班牙国家癌症中心专家马里奥·弗拉加与马内尔·埃斯特列尔主持的一个研究小组,经专项研究发现,后天环境因素可能导致人体部分基因发生变异,从而对个人的命运产生重大影响。

这项研究,主要针对DNA甲基化和组蛋白乙酰化而展开,这两种现象,分别可以抑制和激发基因活性的机理。研究人员认为,该研究有助于解答,实验胚胎学长期以来一直试图探寻的生物学难题之一:诸如污染、食物,以及情感经历,如何对人类的DNA产生持久甚至永久改变的影响。

研究人员对处于不同年龄段的40余对双胞胎,进行基因比较,以确定发生活性改变的基因种类和数量。他们发现,虽然年轻双胞胎具有几乎完全一致的胚胎学特征,但随着年龄增长和生活环境差异增大,他们基因的差异也会不断扩大。

美国马萨诸塞州怀特黑德生物医学研究所基因学家鲁道夫·耶尼施说:"这就是环境与基因组的对话方式。生活习惯,以及环境因素会,对人的DNA产生真正影响"。

埃斯特列尔说:"先天因素和后天环境,都对这些双胞胎产生作用。实验胚胎学是它们之间相互作用的桥梁。"

(2)发现人类基因组在一生中会发生改变。

2008年6月25日,美国约翰·霍普金斯大学的一个研究小组,在《美国医学会志》上发表研究报告称,他们发现,个体DNA序列的遗传外标记,会随时间推移而发生改变,这种后天性的变化,可能会解释迟发性疾病出现的原因。

随着人类基因组逐渐被破译，许多疾病的病因亦随之被揭开。而某些像癌症这样的迟发性疾病，其产生原因人类尚不能完全了解。

本次调查过程，花费了数年时间。研究人员在1991年，首度抽样调查了600名实验个体的DNA序列，在2002年至2005年间对这600人再次抽样调查。研究小组，对每位实验个体的111个样本中的甲基化物水平，实施测量，并将数次结果进行对照，证实在11年中发生改变的个体甲基化物，接近1/3，而且变化方向各有差异。

研究人员声称，甲基化物水平，能非常敏锐地区分出个体之间的变化，是在有时间跨度的调查中，能采取的最佳测量方式。现今结果证明，遗传外标记在人的一生中可发生改变，应是缘于饮食和外界环境。它在胚胎学上的意义，则会促使发现迟发性疾病的病因。届时，癌症、糖尿病、自闭症等疾病，为何会随着年龄增长而出现，将不再是谜。研究人员同时发现，同一家庭成员间的基因组改变程度彼此相似，且这种改变具有遗传性，这为家族性疾病的研究提供了一个新角度。

（3）发现人类基因表达随季节变化。

2015年5月，英国剑桥大学的约翰·托德、克里斯·华勒斯等人组成的一个研究小组，在《自然·通讯》上发表的研究成果显示，人类基因的表达会随着季节变化。这些变化，在北半球和南半球呈现相反的模式，对人类的健康似乎也会产生影响，这将有助于解释，为何一些感染性疾病和慢性疾病会呈现出季节性模式。

此前，研究人员发现，一些和昼夜节律相关的基因表达，会在一天24小时中有起有落。这些基因，也是哺乳动物免疫反应的主要调节者，但对于季节是否可以影响基因表达，却不得而知。通过研究一系列可公开获取的集中基因数据，研究人员发现，大约有1/4的基因表达，会显示出明显的季节性变化，而且血液中各种免疫细胞的相对比例，也会随着季节变化。

研究发现，在欧洲冬季，这些基因的表达模式会促进炎症发生。报告显示，生活在西非的人，在每年6~10月的雨季期间，会出现季节性的免疫细胞峰值，彼时疟疾等传染病更为普遍。研究人员表示，他们的数据改变了应该如何设立人类免疫的概念，这些数据可帮助选择疫苗接种方案执行的时间，以便在最有效的时间接种疫苗。

## 二、基因结构及功能研究的新成果

### 1. 基因结构研究的新进展
（1）开发出可预测DNA结构图像变化的软件。

生物学家习惯将DNA序列以字母A、C、G、T表示，而串行成典型的双螺旋结构中。但是DNA也具有机械特性，从而影响基因的开启及关闭。

美国加州大学戴维斯分校基因组中心的研究人员，在2004年5月出版的《生物信息学》杂志上发表研究报道称，他们开发出一种软件，将可以预测DNA分子将于何处开启及何时扭转。这个程序,有助于解释基因在各种的情况下如何开启或关闭。DNA 在活细胞中,多半因为张力而分别以二个不同的方向扭转。这种扭转方式,可以使两条螺旋容易地展开,而使 DNA 可以被复制或读取。当 DNA 展开时,它从其他地方释放压力,而使某个位置开启或关闭。

DNA 扭转的压力会受到环境状况影响,如食物短缺等因素。这将影响细胞如何对环境做出反应。酶蛋白解开 DNA,使基因可以复制,并利用这个扭转的影响,而向前推挤过度扭转的波浪。

(2)发现蜘蛛茧丝的基因分子结构。

2005 年 8 月,美国加州大学河滨分校生物系,助理教授谢里尔·哈雅仕和研究员杰西卡·碣波等人组成的一个研究小组,对媒体发布消息说,他们发现了雌性蜘蛛,用于制造蜘蛛茧的主要蛋白质的基因分子结构。这一研究结果,将帮助生物技术专家开发更广泛的蜘蛛丝应用领域,而且对研究蜘蛛的进化过程也有很强的参考作用。

研究人员从 12 种蜘蛛身上,分离出一种被称为 TuSp1 的蛋白质。这些蛋白质的氨基酸序列具有很强的相似性,连 1.25 亿年前就已经分化的蜘蛛身上也是如此。由于构成蜘蛛丝蛋白质的氨基酸序列,决定着不同种类蜘蛛丝的特性,包括有弹性、抗张强度等,因此这一研究发现具有非常重要的意义。

哈雅仕表示,蜘蛛丝的强度和韧性,是目前已知天然纤维中最高的。因此,用蜘蛛丝制成的织物必然具备极强的牢度、柔韧性,而且能够生物分解。至今为止,蜘蛛丝已经在很多领域都有着广泛的应用,比如超强装甲、专业绳索和外科手术用显微缝线。

蜘蛛利用蜘蛛丝进行移动、捕捉猎物、储存食物和繁殖后代。蜘蛛的丝腺,可以产生不同种类的蛋白质并进行混合,然后根据不同的任务制造出具有不同功能和用途的丝。比如,正在织网的蜘蛛,吐出的是具有极好强度的牵引丝和俘获丝,俘获丝的弹性比牵引丝强,而且其粘性可以用来诱陷猎物。另外,用于构造蜘蛛茧的丝,是 7 种蜘蛛丝中具有特别好强度和耐久性的。

碣波指出,蜘蛛茧丝的蛋白质功能,不同于牵引丝或俘获丝等其他蜘蛛丝。蜘蛛茧丝必须能够持续使用很长时间,因此需要承受得住很多不同的状况,无论是冰冻还是高温,而且还需要具备足够的强度来保护蜘蛛卵免受掠食者、寄生虫等的袭击。

蜘蛛丝基因是由长的重复序列,以及某一个序列重复的突变构成。每一个序列重复的突变,都会波及相邻的序列重复,这称为协同进化。揭示蜘蛛丝的分子结构,不仅对开发产品很重要,而且可以帮助生物学家研究蜘蛛的进化情况。

蜘蛛茧丝是数百万年进化的产物,而蜘蛛丝蛋白质中的氨基酸,则是生物化学研究的蓝图。研究人员对其他 25 种蜘蛛丝基因进行比较后,发现它们具有很少的相似性。这表明 TuSp1 蛋白质,是遵循一定的序列进化通过基因复制引起的。研究人员说,迄今为止,人类才掌握了部分蜘蛛丝蛋白质的基因序列,更多的蜘蛛丝基因还有待今后去发现。

2. 基因功能研究的新进展

(1)发现具有双功能的基因。

2006年9月,纽约大学比较功能基因组学中心,生物专家法比欧·皮亚诺和安尼塔·弗南德泽等人组成的研究小组,发现一种名为mel-28的基因,具有双重作用。它既在细胞分裂时,起确保染色体正常分裂的作用,又参与了核被膜功能。

利用系统汇集实验证据手段,生物学家能够找到不同基因间的关联。阐述基因关联的网络图显示,大多数基因处在高度关联的、被称为模块的组群中,这些模块含有众多的基因,它们参与了相同的作用。

该研究小组的发现,来自对秀丽隐杆线虫的研究。该线虫是人类首次完成基因组排序的动物,同时也是帮助人们研究胚胎如何发育的模式生物。皮亚诺和弗南德泽发现,mel-28基因同网络图的大多数基因不同,它与两个独特的模块相关联。通过线虫在胚胎早期时,把mel-28基因与带有荧光标记GFP的基因熔融,研究人员观察到,细胞在活胚胎中分裂时熔融物MEL-28-GFP的动向:在细胞核外围和染色体之间穿梭。进一步的功能测试实验显示,mel-28对核被膜的完整性和染色体分裂的正确性,都具有重要的作用。

(2)发明可控制基因功能开关的新技术。

2008年3月,《泰晤士报》网站报道,英国剑桥分子生物学实验室的阿伦·克卢格爵士领导的一个研究小组,发明了一种可控制基因功能开启或关闭的新技术。该技术有望使艾滋病、心脏病和糖尿病等疾病的治疗取得重大进展。

据报道,新技术依靠被称为转录因子的蛋白质,来加强或减缓基因的活动。克卢格1985年发现一种能实现上述功能的蛋白质,并将其命名为锌指蛋白。对某种特定基因有效的锌指蛋白,携带可附着在基因上的核酸酶,能使基因开启或关闭。该技术可关闭一些使心脏病或癌症恶化的基因,还可以激活那些保护神经不受损坏或促进血管生长的基因。

对于艾滋病的治疗,该技术就是通过改造病人免疫系统中的T细胞,使其能够免受艾滋病病毒感染。这样病人就能拥有一些正常工作的T细胞去抵御其他方面的感染。

据报道,目前,美国加利福尼亚州桑加莫生物科学公司,已根据这一原理开发出几种药物,旨在控制部分基因的首批药物已开始临床试验,针对艾滋病病毒感染者的试验也将在数月内进行。

(3)创建研究基因功能的"荧光鱼"。

2010年2月,北卡罗来纳大学一个研究小组,在《生物化学》杂志上发表的研究成果显示,他们正在利用荧光鱼作为分子"灯塔",来研究动物的早期发育阶段。研究人员认为,他们创建的荧光鱼,也可为探究肿瘤发展成因提供线索。

研究人员聚焦的 Sp2 基因,可调节其他基因的表达。Sp2 是 Sp 转录因子家庭的成员之一。Sp 蛋白质扮演着细胞"接线员"的角色,它可在需要时开启或关闭。研究人员发现,皮肤肿瘤的发展与 Sp2 的过量生产呈正相关性,另有研究也指出了在前列腺癌中的类似发现。但除此之外,人们对该蛋白质知之甚少。

研究人员怀疑 Sp2 的过量产生,也许可作为肿瘤形成的早期指标。于是,他们把荧光标记插入到斑马鱼中。该标记与 Sp2 基因相连,从而使他们能够在整个生物体内跟踪 Sp2 的合成。在紫外光下观察斑马鱼时,Sp2 标记就会在基因表达的地方发出红光。

研究人员表示,斑马鱼是此项研究很好的动物模型。由于其胚胎在 24 小时内就可发育完成,且向外发育,因此在显微镜下就能观察到正在发生的情况。此外,其 Sp2 蛋白与哺乳动物中发现的完全一样,因此在人类和斑马鱼中,该蛋白的功能也是相同的。

此前的研究认为,Sp2 可调节发育,而且不只是肿瘤的发展,而是调节整个生物体的发育。研究小组在对斑马鱼进行观察研究时,也很快地发现了 Sp2 对胚胎发育的重要性。

研究人员注意到,在携带荧光标记的成年斑马鱼中,除了在雌性卵巢中发出红色荧光外,其他地方都是不发光的,且雌性产卵时也能发出红光。这表明,Sp2 对于早期发育阶段来说,是十分重要的。不出所料,研究人员在删除胚胎中的 Sp2 后,胚胎不再进行发育。因此,研究人员认定,他们已发现了胚胎发育的基本机制。

(4)发现同一基因可有完全不同的功能。

2011 年 3 月,有关媒体报道,英国研究人员发现一种名为 Grb10 的基因,与通常的印记基因表达规则不符的是,它从父母双方遗传下来的等位基因作用截然不同。同源染色体基因表达活性不同的现象,称为基因印记。

所有动物的细胞中,每个基因组都是成对出现:一条来自父亲,另一条来自母亲。多数情况下这两条基因都是活跃的,但对某些基因而言,其中一条被关闭了,基因仅能表达来自一方的同源基因,而另一方的不表达。

巴斯大学与加地夫大学神经系统科学与精神健康研究院合作,发现了一种名为 Grb10 的基因,其异常之处在于,子代只在大脑中表达来自父方的基因,却在身体其他部位表达来自母方的基因——好像父母双方的印记基因,各自在不同部位有一种无意识的优先权:母亲的基因表达涉及胎儿成长、新陈代谢、脂肪储存,而父亲的基因表达调控着成人的社会行为。

为了证实这一点,他们对缺乏父方 Grb10 基因的小鼠进行了行为研究。在一项强制遭遇测试中,研究人员把两组小鼠,放在一条狭窄管道的两端,并阻止它们转身,结果发现,Grb10 基因在大脑中不活跃的小鼠通常会坚守原地,而其他小鼠则会倒退,并表现顺从。缺乏父方 Grb10 基因的小鼠,更喜欢控制其他小鼠,与脑中父方 Grb10 基因活跃的小鼠相比，更有可能获得同伴礼貌的待遇，这在小鼠和其他哺乳动物中是一种处于统治地位的标志。此外，这些小鼠，还更有可能扯断同笼的表达等位基因小鼠的胡须。当母方 Grb10 等位基因表达沉默时，小鼠通常会变得又大又重。

研究人员指出，这是首次证明，同一个基因根据其来自父母双方的不同，可以有完全不同的功能。好像是父母双方以不同的策略来帮助后代，一方致力于身体，而另一方致力于精神。研究证明，印记基因对人类健康非常重要。Grb10 与胚胎发育有关，而在后期生命中，它对身体和精神两方面都很重要。

### 三、基因遗传信息研究的新成果

#### 1. 遗传基因研究的新发现

（1）发现遗传基因具有分割组织器官的功能。

2009 年 5 月，日本奈良先端科学技术大学，一个生物科学研究小组发布消息称，他们经过试验发现，在脊椎动物背部骨骼形成过程中，有一种特定的遗传基因，能够把原本细长的组织器官分割开来。

研究人员首先开发出一种在鸡受精卵由胚胎分化成长过程中，在特定时期导入遗传基因的试验方法。他们利用这种新方法，研究分析胚胎中可发育成背部骨骼的，被称为体节的组织中约 20 种遗传基因的活动情况。结果发现，一种被称为"艾弗琳"的遗传基因，不但可以把组织器官分割开来，而且还有使分割后的断面变得平滑，使之呈现"上皮化"的功能，而如果阻止其活动，那些比较杂乱的组织就可以结合在一起。研究人员认为，通过控制"艾弗琳"的活动，就达到修饰组织器官形状的效果。

以往研究发现，"艾弗琳"是一种可将相连的细胞分离开的遗传基因，在分离开动脉静脉和大脑的区域划分方面，发挥主要作用。

研究人员称，该研究成果，有助于在再生医疗领域，按需培育与患者更加匹配的器官和组织，在整形方面也大有用武之地。

（2）发现基因调控程序在进化中被循环利用。

2011 年 4 月，奥地利和美国联合组成的一个研究小组，在《自然·遗传学》杂志上发表论文称，他们通过对一种关键转录因子结合位点的研究发现，调控生物中胚层发育的基因程序，一直是被"循环利用"的，而不是动物们各自的独创。

生物的每个细胞中遗传信息都是一样的。不同细胞之所以显出不同的性质，是因为基因活性受到遗传程序的调控，通过基因开关，形成了肌肉、骨骼、肝脏及其他多种类型细胞。胚胎发育过程有着严格的时间和空间次序，基因程序控制着这种次序性，使 DNA（脱氧核糖核酸）上的一维信息，逐渐发展成生物体的三维结构。胚胎干细胞定向逐级分化由复杂的调控网络控制，涉及多个功能基因开启与关闭，转录因子在决定基因是否表达及转录效率中，起重要作用。

联合小组选择了 6 种不同果蝇,研究一种名为 Twist 的转录因子,在它们胚层发育过程中的作用机制。中胚层是所有高等生物胚胎的三个基本起源细胞层之一。中胚层细胞会分化成肌肉细胞、心脏细胞、结缔组织和骨骼组织等。研究发现,Twist 在不同种类果蝇 DNA 上的所有结合位点都是相似的,而且 Twist 通过和其搭档转录因子相互作用,能在恰当的位置与 DNA 结合。

研究人员解释说,这 6 种果蝇中,有些基因和人类的相似度很高,而另一些基因则与人类差异很大。这表示,调控中胚层发育的程序,在进化中一直是被"循环利用"的,而不是不同的动物分别进化出不同的程序。深入理解这些机制,有助于我们理解人类等高等生物是如何发育的,基因调控程序中的缺陷如何导致癌症等疾病。

(3)揭示线粒体由母系遗传的原因。

2011 年 10 月,日本群马大学教授佐藤健等研究人员,在《科学》杂志网络版上发表论文认为,线粒体是存在于大多数真核生物细胞中的细胞器,其基因只能形成母系遗传,而与细胞的基因组不同。他们发现,线粒体的这种母系遗传原因,可能是由于"自噬"作用,父系的线粒体在受精卵中就被消化掉了。

为了探明线粒体如何遗传,研究人员利用体长 1 毫米左右的秀丽隐杆线虫,进行实验。他们把线虫精子内的父系线粒体着色,然后观察受精卵的情况。结果发现,来自精子的线粒体,在受精后不久,就被特殊的膜包裹起来,由于酶的作用而不断分解并最终消失,只有卵子的线粒体保留下来。

这种现象被称为"自噬",也就是吃掉自身的一部分。这在细胞处于饥饿状态时,也会发生,细胞会分解自身的一部分作为营养源。为什么父系的线粒体会被消化?目前尚不清楚其中原因,据研究人员推测,可能是由于携带父系线粒体的精子运动量很多,受精的时候已经很疲劳了,它的基因不宜遗传给下一代。

(4)发现某些遗传基因可保持沉默 25 代以上。

2015 年 2 月 2 日,美国马里兰大学,细胞生物学与分子遗传学副教授安东尼·何塞领导的研究小组,在美国《国家科学院学报》网络版上发表的论文中,首次提出一种遗传基因的特殊机制:父母通过这种机制,可以把沉默基因遗传给后代,而且这种沉默可以保持 25 代以上。这一发现,可能改变人们对动物进化的理解,有助于将来设计广泛的遗传疾病疗法。

按照遗传基本原理,如果某些基因能帮助父母生存和繁殖,父母就会把这些基因传给后代。然而,研究人员近来的研究表明,真实情况要复杂得多:基因可以被关闭或沉默,以应对环境或其他因素,这些变化有时也能从一代传到下一代。这种现象称为表观遗传,目前人们对此还不是很清楚。

何塞说:"长期以来,生物学家想知道,来自环境的信息,有多少会传递给下一代。这一机制,首次从动物组织层面,显示了这种情况怎么发生的。"

他们对一种叫作秀丽隐杆线虫的蛔虫,进行了研究。让它的神经细胞,产生了与特殊基因相配的双链 RNA 分子(dsRNA)。dsRNA 分子能在体细胞之间移动,当它们的序列与相应的细胞 DNA 匹配时,就能使该基因沉默。他们此次发现 dsRNA 还能进入生殖细胞,使其中的基因沉默。更令人惊讶的是,这种沉默可以保持 25 代以上。

(5)研究显示 DNA 无法解释所有遗传生物特征。

2015 年 4 月,英国爱丁堡大学生物科学院教授罗宾·奥谢里领导的一个研究小组,在《科学》杂志上发表论文称,他们的一项最新研究显示,代代之间遗传下来的特征,并非只取决于 DNA,还可以由细胞中的其他物质来携带。如组蛋白上的标记,构成了独立的表观遗传信息。

研究人员在细胞中,发现一些称为组蛋白(histones)的蛋白质,控制着基因的打开和关闭,其本身并非遗传编码的一部分,而是像线轴一样,让 DNA 缠绕其上卷成染色质。DNA 是所有遗传信息的仓库,染色质还是调控信息的仓库,调控信息是加在组蛋白上的共价标记。这些标记,决定着组织和器官的特殊基因表达模式,也会传递给下一代细胞,以保持它们的一致性。

研究人员用酵母菌进行实验,这些酵母菌有着和人类细胞相似的基因控制机制。他们模拟自然发生的改变,把这些改变引入酵母菌的组蛋白,使其关闭了附近的基因。结果,这种效果,就被酵母菌细胞遗传给了其后代。

实验显示,一种染色质的组蛋白标记就像遗传信息一样,可以遗传给多代细胞。而且标记的遗传是独立的,不依赖于 DNA 序列、DNA 甲基化或 RNA 干扰。因此,组蛋白标记构成了真正的表观遗传信息。

组蛋白自然发生改变,会影响它们控制基因的方式,而这种控制方式的改变也可以代代相传,从而影响着哪些特征可以传下去。这证明了科学家们长期以来的一个预期,通过某些改变,可以在代际之间控制基因。但研究人员还指出,这一过程的普遍性,还需进一步观察。

研究人员说,他们的发现,首次证明了 DNA 并非遗传特征的唯一原因,有助于深入研究这种方法,在自然界是怎样以及何时发挥作用的,它和特殊的生物特征或健康状态是否有关等。同时,也把研究带到了新的问题领域:由环境条件造成的组蛋白变化,如压力或饮食,是否会影响遗传给后代的基因功能。

奥谢里说:"我们确切无疑地证明了,构成染色体的组蛋白轴中发生的变化,可以在代际之间复制和遗传。这一发现,肯定了遗传特征可以是外成的这一观点,意味着它们并非只来自基因的 DNA 变化。"

2.基因遗传表现研究的新发现

(1)发现人的表情来自遗传。

2006 年 10 月,以色列海法大学的研究人员,在美国《国家科学院学报》发表研究报告说,实验表明,人的面部表情,更多源于基因而非模仿。每个家庭都有特定的表情习惯,生气时咬嘴唇、思考时吐舌头都来自家族遗传。他们认为,面部表情遗传与基因、肌肉构造、神经纤维分布和思维过程息息相关。这一发现,可以帮助人们理解:影响面部表情的基因如何和为何进化。找出基因与面部表情的关系,将有助于找到治疗孤独症患者的途径,因为孤独症患者的特征之一就是面无表情,也读不懂他人的表情。

另外,以色列希伯来大学研究人员从遗传学角度,首次发现促使人类表现"利他主义"行为的基因。这一基因通过促进受体对神经传递素多巴胺的接受,给大脑一种良好的感觉,促使人们表现出利他的行为。

(2)发现中国南北方人存在基因遗传差异。

2009年11月,新加坡科技研究局人类基因组的研究人员,在美国《人类遗传学》杂志上发表论文称,他们对8200名中国人的基因,从人类遗传学角度进行仔细分析发现,中国南方人和北方人之间有0.3%的基因不一样,而且,讲不同方言的群体之间,也存在明显的基因差异。该研究,将有助于确定是否某些基因变异,会使特定人群更易感染特定疾病,以便采取有针对性的预防措施,并最终找到治疗方法。

项目负责人表示,目前还不知道这些基因差异说明了什么,但他们确实发现了某些基因,会使某些人具有更容易感染某些疾病的倾向。比如,他们发现,与中国的北方人相比,南方人更容易患上鼻咽癌。

另外,他们也在患有牛皮癣、系统性红斑狼疮这两种慢性自体免疫病症的病人身上,发现了特殊的基因。在分别查看了1000名患有牛皮癣的病人和没有患病的人的基因之后,研究人员在患有牛皮癣的病人身上的3个位置,找到特定的基因变异。研究人员指出,在这些病人身上,这种基因变异非常普遍,而没有该病症的人身上,则几乎没有出现这种变异,找到这些基因,有助于研究人员进一步理解,为何有些人容易患上该疾病。

(3)发现注意力不集中与基因遗传有关。

2014年5月,德国波恩大学发表一份新闻公报说,该校一个研究小组的项目成果表明,大脑额叶中负责信号传输的一种名为DRD2的基因,与健忘、注意力不集中有紧密联系。找不着自己家门的钥匙了,记不起朋友的名字了,想不起旅店前面的路牌了,生活中,常常可见到这样一些粗心大意、丢三落四的人。不过,这或许不能全怪他们,德国研究小组的研究显示,基因在其中扮演了重要角色。

研究人员随机选取了500名受访者,让他们评价自己平时是否注意力集中、是否健忘,并通过他们的唾液样本进行基因检测。结果发现,DRD2基因有两个变体,拥有该基因一个变体的志愿者更容易出现注意力分散、记忆力较差的情况,且这种健忘常具有家族遗传性。

3.基因遗传信息运用的新成果

(1)拟用DNA测试确定法老家谱。

2009年6月1日,埃及最高文物委员会主席扎西·哈瓦斯宣布,拟利用开罗大学医学院的木乃伊DNA实验室,确定古埃及法老图坦卡蒙的家谱。

哈瓦斯在出席 DNA 实验室落成仪式的新闻发布会时介绍说,几千年前木乃伊的 DNA 与现代人的活体 DNA 有很大不同,它们已经失去活力,并且非常脆弱,其样本提取与研究,都要采用特殊技术,因此,需要一个专门研究木乃伊 DNA 的实验室。

哈瓦斯说,木乃伊 DNA 实验室落成后的首要任务,是研究图坦卡蒙的家庭关系,目前人们尚不能确定这位法老的双亲到底是谁。这座 DNA 实验室,由美国探索频道投资 100 万美元建成,共有 5 名研究人员。目前,在开罗的埃及博物馆,已有一所类似的实验室在对图坦卡蒙的家谱进行研究。哈瓦斯说,经过比对两个实验室的研究结果,将会宣布"关于图坦卡蒙家庭的重要信息"。

(2)用机器人模拟出基因数百代进化结果。

2011 年 5 月,瑞士洛桑联邦理工大学和洛桑大学,在《科学公共图书馆·生物学》杂志上合作推出的一项成果称,他们使用机器人模拟生物基因在数百代间的进化,阐明了生物学界持久争论的难题,也为"汉米尔顿亲缘选择规则"提供了数量证据。

1964 年,生物学家 W·D·汉米尔顿,提出了"汉米尔顿亲缘选择规则"。该规则认为,如果一个家庭成员和其余家庭成员共享食物,会增加家庭成员把基因流传下来的机会,许多基因是整个家族中所共有的。也即一个生物是否和其他个体共享其食物,取决于它和其他生物基因的相似性。但验证这一规则的活体生物试验,需要跨越上百代,数量过于庞大,几十年来实验几乎不可能进行,汉米尔顿规则因此长期备受争议。

洛桑联邦理工大学的研究小组设计了一种机器人,模拟基因和基因组的功能迅速完成进化,使科学家能分析检测与基因特征相关的成本与收益效果。

此前,合作小组也作过类似实验,是用觅食机器人执行简单的任务,如推动像种子一样的物体到达目的地,将此过程多代进化。那些不能把种子推到正确位置的机器人,不能留下它们的程序编码;而较好执行任务的机器人,能将自身程序编码复制、变异,并与其他机器人,传给下一代的编码重新结合——这是自然选择的迷你模型。

在新实验中,研究小组又增加一个新维度:一旦某个觅食机器人,把种子推到了正确目的地,还要决定是否与其他机器人共享它。他们还在机器人世界里创造了兄弟姐妹、堂表兄妹、非亲戚关系等社会群体。进化实验持续了 500 代,不断重复着利他主义相互作用的各种场面:共享多少和个体成本。这些共享现象,按照"汉米尔顿亲缘选择规则"发生。

实验结果的数量,与按"汉米尔顿亲缘选择规则"预测的数量,惊人地相符。虽然汉米尔顿的最初理论并未考虑基因的相互作用,而在觅食机器人中模拟基因运行,增加了一个基因和多个其他基因结合的综合效果,而"汉米尔顿亲缘选择规则"仍然成立。试验证明,"汉米尔顿亲缘选择规则"很好地解释了一个利他基因,何时能被传到下一代,何时不能。

### 四、基因机理研究的新发现

1. 基因机理或机制研究的新发现

(1)成功找到发育基因"RAD51"的特性机理。

2004年8月,德国马普研究协会植物培植研究所,与美国宾夕法尼亚州立大学组成的一个国际研究小组,发表新闻公报说,他们成功地发现了发育基因"RAD51"的特性机理。RAD51基因,在遗传过程中对染色体重新组合和修复有着重要的作用,如果这一过程失调,可导致妇女不育、流产或婴儿先天性缺陷。

研究中,研究人员首先破坏了该基因,但令人惊讶的是,植物的生命力并没受影响,与正常植物一样长势迅速而有活力。然而研究人员发现,该基因在拟南芥的生长中并非毫无作用,基因受损的植株失去了繁衍能力,无法产生种子。

生物产生卵细胞或精细胞要经历减数分裂,即正常细胞中成对的染色体,在精细胞或卵细胞中平均分配后只有单套。而在拟南芥的研究中科学家发现,"RAD51"受损的植株,其染色体在减数分裂过程中失去了相互识别的能力,不能成对组合后平均分配到种子细胞中,因而导致拟南芥失去了繁衍能力。

科学家解释说,这对人类的癌症研究具有重要意义,因为目前认为,基因组的稳定与否是肿瘤产生的可能原因,而基因组的稳定受控于许多机制,其中之一是同源重新结合机制,这一机制使无差错地修复受损的基因组成为可能,"RAD51"基因在其中发挥核心作用。此外,该基因似乎与动物有机体中控制细胞循环的机制密切相连,因而与肿瘤形成有紧密关联。

(2)揭示影响健康长寿的基因机制。

2005年8月,意大利米兰欧洲肿瘤研究所的一个研究小组宣布,他们在发现导致人类机体衰老的基因之后,又发现了阻止"衰老基因"工作的机制。这一发现,可望使人类的正常生命延长1/3,且能免除动脉硬化、肿瘤、帕金森等多种疾病。

小组负责人解释说,人体细胞核内的"线粒体"被称为"人体发电站",它在制造生命能量的同时,也制造自由基和对细胞有害的过氧化氢。一个人如果活75岁,将产生2公升的过氧化氢。而生产过氧化氢的元凶,是"线粒体"中的P66shc基因所产生的P66蛋白酶。因此,如果抑制P66蛋白酶,便可延缓衰老,并保证人体的健康。

目前,研究小组已经掌握了P66蛋白酶活动过程中的化学反应机制,并已找到几个可用来抑制P66蛋白酶的化学分子。

(3)发现导致大量基因沉默的机理。

2008年12月,美国华盛顿大学圣路易斯学院,克雷格·皮卡尔德教授领导的研究小组,在《分子细胞》杂志上发表论文称,他们在核仁显性现象的研究方面,取得突破性的进展,发现杂交植物或动物中,整组亲代核糖核酸 RNA 基因遭受沉默,即被关闭。由于核仁显性的机理,同癌症这类疾病失控的机制,在某些方面相同,因此这项研究在医学应用方面,具有十分重要的意义。

核仁显性是一种表观遗传现象,指基因表达发生改变但不涉及 DNA 序列的变化,可以由 DNA 甲基化之外的组蛋白编码的改变引起。在这种现象中,一套亲代遗传给杂合体子代的核糖体基因遭受沉默。当核仁在从单亲那里遗传来的染色体上形成时,细胞核内就会发生核仁显性现象。核糖核酸 RNA 基因的表达驱动了这些核仁的形成。两种不同种类的植物或动物杂合后,总是选择表达杂合中一特殊亲代种类的核糖体 RNA 基因,而无论该特殊亲代种类是母系还是父系。

核糖核酸 RNA 是核糖体的一个主要成分,而核糖体是细胞的蛋白生产基地。细胞在核糖核酸 RNA 基因充裕时,能利用核仁显性来控制生物体中核糖体的量。皮卡尔德表示,如果人们能利用核仁显性的沉默机理,来限制核糖核酸 RNA 基因的表达,那么就有望能减缓肿瘤细胞的生长率,从而减缓癌症这类疾病的发展。

(4)发现 DNA 同源重组的新机制。

2009 年 5 月,日本理化研究所凌枫和柴田武彦等人组成的一个研究小组,在美国《生物化学杂志》上发表研究成果称,他们发现酵母线粒体中的 DNA(脱氧核糖核酸)在一定条件下进行同源重组时,不像以前认为的那样需要 DNA 形成超螺旋。这一发现,将为抗衰老等方面的生物医学研究提供新线索。

研究人员说,记录生命遗传信息的 DNA 呈稳定的双链螺旋结构,但在复制、转录和重组等过程中,DNA 链会出现一种超螺旋现象,这类似于螺旋状的电话线在受到外力时,可能出现复杂的螺旋状态。

研究人员在酵母线粒体 DNA 的同源重组实验中,使用经过高度纯化的酶"Mhr1"进行催化,发现这种条件下的 DNA 同源重组不需要形成超螺旋,而是通过一种名为"三链体"的中间体进行。

凌枫说,曾有研究证明"Mhr1"酶在抑制线粒体异质性上,发挥着关键作用,此次研究揭示了其催化的反应机制核心。由于线粒体异质性与衰老等生理过程密切相关,这项研究成果,为抗衰老等方面的生物医学探索提供了新线索。

(5)发现细菌基因表达的常规机理。

2010 年 4 月 23 日,纽约大学兰贡医学中心,生物化学教授伊夫简尼·努德勒与和同事组成的研究小组,在《科学》杂志上发表论文,阐述了他们发现的细菌体内控制转录延伸的常规机理。

研究人员表示,该机理依赖游离核糖体和核糖核酸聚合酶(RNAP)之间的协同作用,因为这种协同作用,使得转录率对应于翻译的需求进行精确调整。专家表示,这项研究有助于拓展干扰细菌基因表达的新途径,并为抗生素疗法提供新目标。

努德勒说,有关活性核糖体在各种编码蛋白基因中和不同生长条件下,控制转录率的发现,出乎他们的意料之外,这是十分难得的收获。他认为,在转译初始转录产物时,核糖体不仅在核糖核酸聚合酶后运动,而且事实上能够"推动"停顿的或被俘的核糖核酸聚合酶,从而加快核糖核酸聚合酶速度,并同时帮助核糖核酸聚合酶穿越脱氧核糖核酸(DNA)结合蛋白质组成的"路障"。

研究人员发现,在不同的生长条件下,转录延伸率和转译率完全吻合。他们同时注意到,转录率依赖于调节核糖体速度的密码子使用,或稀有密码子频率。此外,他们表示,核糖体的速度,决定了核糖核酸聚合酶的速度。通过化学或基因操作,让核糖体加速或减速,能导致核糖核酸聚合物的速度出现相应的变化。

转录和转译,是遗传密码转为蛋白质过程中两个重要步骤。数据显示,这两个步骤紧密耦合在一起,缺少其中任何一个,遗传密码转为蛋白质的过程均无法有效进行。因此,科学家认为,通过有意地阻断核糖核酸聚合酶与核糖体间的物理联系,破坏两个步骤间的耦合,有望成为干扰细菌基因表达的新方法和抗生素治疗的新目标。

(6)发现基因普遍存在"生理周期"。

2012年9月,美国科学家,在《科学》杂志网络版上发表论文称,他们发现,身体各个器官的数千个基因,每天的起伏变化也都是可预测的,它们的活动周期则受多种复杂方式的控制。了解基因在一天中如何周期性地开关,是掌握许多生理功能的关键,包括睡眠和新陈代谢。得克萨斯大学西北医学中心的约瑟夫·塔卡哈斯,在20世纪90年代发现了节律基因及其蛋白质产物,他和其他研究人员确定了该基因为CLOCK,并发现其他两种蛋白BMAL1和NPAS2,能在白天与基因结合激活它们,另外4个节律调控因子是PER1、PER2、CRY1和CRY2,能在夜晚抑制基因。本次新的研究,旨在全面理解激活因子和抑制因子是怎样协调配合,共同维持身体24小时生理节奏的。其中最重要的发现是,RNA聚合酶(有了这种酶基因才能转录合成蛋白质)的功能,随着生理节律而变化。

(7)探明一种病菌产生耐药性基因的表达机制。

2012年11月,法国巴斯德研究所、法国国家科研中心,以及日本筑波大学等机构组成的一个研究小组,在《科学公共图书馆·病原卷》上发表研究报告说,他们发现了一个与金黄色葡萄球菌产生耐药性有关的基因,并探明该基因的表达机制。金黄色葡萄球菌是一种常见病菌,能引起皮肤损伤、心内膜炎、急性肺炎、骨髓炎和败血症等多种感染。针对抗生素产生多重耐药性的此类病菌感染,比如对甲氧西林有耐药性的金黄色葡萄球菌感染,已成为全球医疗卫生界面临的难题。研究人员对耐药性金黄色葡萄球菌获得耐药基因的机制,一直不甚了解。

研究人员说,他们发现金黄色葡萄球菌中一个名为sigH的基因表达,能使该病菌启动一种机制,从其他生物那里"引进"特殊基因,并将其转变为自己的耐药基因。此外,研究人员还探明了sigH基因的两种表达机制。在实验中,研究人员通过激活 sigH 基因,使普通金黄色葡萄球菌对甲氧西林产生耐药性。

研究人员认为,这一发现,有助于开发新疗法,通过抑制特定基因的表达,来消除这种病菌的耐药性。

(8)首次证实非编码来源的基因产生机制。

2014 年 1 月 24 日,美国加利福尼亚大学戴维斯分校戴维·贝根研究中心,赵莉和同事组成的研究小组,在《科学》杂志上报告说,基因是遗传的基本单位。近年来,科学界认识到基因,可以起源于没有功能的非编码区"垃圾 DNA"。他们一项新研究发现,这种被称为"从头起源"的新基因,在早期的数量可能远远超过人们此前的估计,从而进一步证实,这是一种比较普遍的基因产生机制。

新基因产生的方式主要包括基因重复、逆转座、外显子重排、基因分裂与融合,以及基因水平转移等,但这都源于已有的基因。直至 2006 年,美国加利福尼亚大学戴维斯分校戴维·贝根研究中心才通过果蝇证实,非编码区 DNA 也可以"变废为宝"产生基因。这种从头起源的基因产生机制,随后在酵母、小鼠、人、水稻等多种物种中被证实广泛存在。

研究人员说,目前发现的都是已经形成的新基因,对从头起源基因的产生过程和进化选择情况尚不清楚。为此他们利用黑腹果蝇群体进行研究,探索基因从头起源的动态演化过程。他们比较分析了 6 个品系的黑腹果蝇转录组,结果发现了 142 个从头起源的新基因,其中一半的基因只在个别品系的果蝇中存在。

赵莉说:"从头起源基因,在群体中产生和扩散的数量比我们想象的要多,我们原先估计只有 20~30 个,但现在多了一个数量级。"

研究人员发现,这些基因受到自然选择,并推断从头起源基因产生的最简单模式可能是序列的上游通过突变和选择,产生了转录调控序列,然后转录机制结合这个区域对一段序列进行转录,最后这段序列固定下来参与各种生物学功能,形成新基因。

当然,并非所有从头起源基因都对物种有益。赵莉表示,只在个别品系果蝇中出现的所谓低频率基因很可能是"坏"基因,而在多个品系果蝇中出现的高频率基因则可能是"好"基因。不过,"对这些基因是否已经产生生物学功能,以及如果有生物学功能,它们的功能如何等问题,我们尚不清楚"。

鉴于他们的发现,赵莉和同事还在报告中写道,"如果不了解一个物种内的从头起源基因差异,人们甚至将无法准确表达或研究某一个生物体的生物学重要属性。"

2.基因机理变化及其相关性研究的新发现

(1)用实验证实 DNA 与核质相连导致基因变异。

2005 年 9 月,俄罗斯媒体报道,该国科学院基因研究所科研人员,找到了 DNA 分子中最脆弱的位置,这些位置在细胞核中与核质相连,正是由于这些位置的存在才导致基因变异和染色体位错这样的后果。有关专家指出,这项基础研究成果,对人体基因的研究有重要意义。

细胞核中每一个 DNA 分子,都会从几个点固定在核质上,并由这些点形成了 DNA 分子环。研究人员认为,许多染色体变异正是发生在 DNA 分子与核质相连的位置,而导致出现这种现象的原因,是所有与核质相连的长度上 DNA 分子,处于与 DNA 拓扑异构酶的接触中。如果这种酶的活性受到限制,这个环将碎裂成片段,就像细胞的自然凋亡一样。除此之外,被腺嘌呤、胸腺嘧啶充满的各种 MAR 片段,也镶嵌在 DNA 分之中,这些片段很容易脱离和变化。

研究人员进一步发现,导致肌肉组织变形和由于药物引起的二次白血病,正好发生在 DNA 与核质相连的位置。由于这些位置的存在,那些相距远的核苷酸序列片段和其他分子好像被捆绑在一起,它们的结构和性质促进了基因的结合和 DNA 链之间的交换。这些位置是分子中最脆弱的地方,很容易被核酸酶破坏,病毒 DNA 也最容易选择在这些位置连接,细胞凋亡中染色体位错和 DNA 断裂也发生在这些位置。

研究人员对从核质上获得的切片上(这种切片能够区分处于中心位置的核质和边缘处的 DNA 分子环)进行的实验证实,在血癌化疗中导致出现白血病的基因 AML - 1 与 ETO 的合并,正好发生在核质上,同时还发现,切片上不稳定的核苷酸序列片段,很明显地吸附在核质上。

(2)发现氧化应激是引起基因突变的主要潜在原因。

2009 年 9 月,一个由俄勒冈州立大学、印第安纳大学、佛罗里达大学和新罕布什尔大学等研究人员组成的研究团队,在美国《国家科学院学报》上发表研究成果称,他们通过对几百代秀丽隐杆线虫(C. elegans)基因变异史的研究证实,氧化应激不仅会导致衰老、癌症和其他疾病,更是引起基因突变的一个主要潜在原因。这项发现有助于理解氧化应激,对基因的影响,以及其在遗传疾病和进化中的作用。

秀丽隐杆线虫,是第一个基因组被完全定序的多细胞生物,其 DNA 与人类有不少相似之处,是现代发育生物学、遗传学和基因组学研究的重要生物模型。这种线虫生命周期很短,仅 4 天就能进行繁殖,因此,通过先进的基因组测序技术,可以研究几百代线虫基因变异史。

在美国国立卫生研究所的支持下,该研究团队追踪研究了 250 代秀丽隐杆线虫的基因变异史,这样的时间跨度,相当于人类 5000 年的生命历程。研究人员一共收集了 391 例正常生命过程中的基因突变,其数量比以往研究搜集的基因突变数,高出 10 倍还多。通过对这些基因突变的研究发现,大多数的基因突变都与鸟嘌呤有关。鸟嘌呤是构成 DNA 和生命遗传密码的四个含氮碱基之一,对氧化损伤特别敏感。

研究人员指出,地球上大多数生命都依赖于某种形式的氧气。人体并不能百分之百地利用氧,结果会产生可破坏蛋白质、脂肪和DNA的氧自由基。随着年龄的增长,体内的氧自由基会逐渐积累,并开始引发各种疾病。绝大多数的DNA变异,都有着氧化应激的印记表明,氧化应激是引起衰老和疾病的潜在原因。然而,在全基因组规模上,清楚证实氧化损伤的影响,这还是第一次。

基因突变是生命进程的一个基本组成部分,也是进化的基础。突变既可以给予生物更大的生存空间,也可能导致生命的衰退或死亡。这个过程十分复杂,对于突变的真正推动力、突变的频率、最常见的突变类型等问题,都还没有搞清楚。

研究人员指出,数十年来,氧化应激一直被怀疑为是一种导致老化、疾病的机制,从而被广泛研究。但本次研究与以往不同,它有助于理解氧化应激对基因的影响,以及其在遗传疾病和进化中的作用。

此外,本次研究还发现,占秀丽隐杆线虫基因组75%的"垃圾DNA"部分,也会进行自然选择和基因突变,而传统观点则认为,这部分DNA在生命和遗传过程中不会产生任何作用。

(3)发现基因变异可导致神经细胞退化。

2012年1月,英国剑桥大学埃文·里德博士领导,他的同事和美国迈阿密大学学者参加的一个研究小组,在《临床调查杂志》上发表论文说,位于19号染色体上的基因突变,会导致遗传性痉挛性截瘫。研究小组共确认3个可导致遗传性痉挛性截瘫的基因变异。此外他们还发现,该基因会与痉挛蛋白基因发生反应,而这种基因变异,也与大多数遗传性痉挛性截瘫有关。

遗传性痉挛性截瘫,是一种较为少见的家族遗传神经系统退行性变性疾病,病人的双下肢会逐渐僵直、肌无力,最后导致痉挛性瘫痪,同时伴生多种并发症。这种疾病病因复杂,目前学界还不是很清楚。现在,里德研究小组的新发现,为查明神经细胞退化的原因提供了重要线索,也给神经系统退行性变性疾病的治疗带来了希望。对于细胞功能的发挥来说,内质网的作用十分重要,这种细胞质内广泛分布的三维网状膜系统,在合成蛋白质、转导钙信号和调控细胞内其他成分等方面都不可或缺。而该基因在塑造细胞内质网方面扮演着重要角色,它负责为相应的蛋白进行遗传编码。

大多数神经退行性疾病,都与神经细胞轴突退化有关。一旦轴突退化,信号则无法通过神经细胞传递,从而导致中枢神经系统信号传递的中断。该研究则提供了目前为止最为直接的证据,表明细胞内质网的缺陷会导致轴突退化。

里德指出,新研究发现,对于那些具有遗传性痉挛性截瘫家族遗传史的家庭来说十分重要,能提示这些家庭进行一些相应的遗传咨询和测试。而新的病理机制研究,则为科学家们提供了一个平台,使其可以进一步研究某些神经性疾病,如遗传性痉挛性截瘫和多发性硬化症患者的轴突受损情况,从而为这些疾病的治疗指出正确的方向。

（4）发现个体基因端粒的长短决定其寿命长短。

2012 年 1 月 10 日，英国《每日邮报》报道，该国格拉斯哥大学生物多样、动物健康和比较医学研究所，生物学家派特·莫纳亨领导的一个研究小组，对斑马雀进行的研究发现，个体基因端粒的长短可决定其预期寿命：端粒越长，预期寿命也越长。这项研究成果，发表于美国《国家科学院学报》上。

研究人员对澳大利亚最常见的鸟类之一斑马雀进行研究。他们定期测试了99 只斑马雀，从出生 25 天的雏鸟阶段到自然死亡时的端粒长度。

研究发现，在斑马雀处于生命非常早的阶段，测量其端粒长度，就可以很准确地预测其寿命。端粒的长短确实与预期寿命有关。端粒最短的斑马雀仅存活了210 天后就死去了，端粒最长的斑马雀则存活了 9 年之久。莫纳亨表示："这些鸟都是自然死亡，它们没有被捕食，没有生病，也没有意外死亡，端粒的长短决定了其寿命的长短。"

这项研究结果，对人类具有重要的意义，因为人的端粒的工作方式和鸟类的端粒一样。未来，人们可以通过测试其端粒的长短，来进一步了解其预期寿命有多长。

研究人员认为，端粒的作用就像"鞋带终端的塑料一样"，保护染色体免受磨损。个体的预期寿命，全部取决于端粒的长短。端粒越长，对个体越好，因为当端粒变得太短时，它们就停止工作了。接着，端粒不再能保护 DNA，并且当细胞分裂时，就会出现错误，当这一切发生时，人们通常处于中年，这时，人的皮肤开始松弛，免疫系统的功能也越来越差；而且，有瑕疵的细胞也会增加人罹患糖尿病和心脏病的风险。但这是科学家们首次把个体端粒的长短，与其预期寿命联系起来。

（5）发现提高长寿基因活跃度可延长小鼠寿命。

2012 年 2 月 23 日，以色列巴伊兰大学一个研究小组，在《自然》杂志上发表研究报告说，他们不久前发现提高与长寿相关基因的活跃度，可延长雄性小鼠的寿命。包括人类在内的许多生物体内，都有 Sirt 基因家族的基因。此前的研究表明，Sirt 系列基因，能延长线虫和果蝇的寿命。哺乳动物通常拥有 7 种 Sirt 基因，但确认这类基因的活跃度与延长寿命相关，尚属首次。

研究人员说，他们在实验中发现，生物如果没有 Sirt6 基因，其生存状态就会出现异常，这种异常与衰老类似。于是，他们通过转基因技术培养出 Sirt6 基因更为活跃的两个小鼠种群，并研究它们的寿命变化。结果这两个种群中的雄鼠，平均寿命分别延长了 14.8% 和 16.9%，但雌鼠未发生类似变化。

研究人员说，如果能彻底了解 Sirt 系列基因活跃度影响寿命的具体机制，就有望为人类长寿研究提供新线索。

（6）研究表示脑筋反应快慢与基因变异有关。

2015 年 4 月，爱丁堡大学伊恩·迪里教授参与，成员来自英国、美国、澳大利亚、德国和法国等国的一个国际研究小组，在《分子精神病学》杂志上发表研究成果称,他们发现,有些人脑筋反应比较快,其实是与基因有关。研究人员说,基因变异对中年以上人群大脑处理信息的能力存在一定影响。

据介绍,研究人员让来自12个国家共3万名45岁以上的志愿者,接受认知功能测试,并将所收集的数据与每人的基因组数据进行对比分析。

# 第二节　基因破译方面研究的新成果

## 一、微生物基因破译研究的新进展

### 1.破译细菌基因研究的新成果

(1)成功破译军团菌的全部基因密码。

2004年9月,纽约哥伦比亚大学的一个研究小组报告说,他们成功破译了军团菌的全部基因密码。

长期以来,军团菌引起的疾病具有极高的致死率,因此美国科学家取得的这一成果,将有助于加快新型疫苗的研制和寻找预防、治疗"军团病"的其他途径。

由于我们生活、工作的环境中,经常会有一些除菌效果不佳的制冷设备,尤其是中央空气调节系统,包含有危险微生物的微小水珠,很有可能会通过呼吸和破损的伤口,进入人的肺部。一般说来,在此情况下,有5%～30%的概率会诱发军团菌型肺炎。随着军团菌基因序列被全面破译,科学家们将能够更清楚地了解其细胞膜中蛋白质的构成,并利用相关成果有针对性地研制预防疫苗。

(2)破译世界上最具传染性的细菌基因序列。

2005年1月,英国南安普敦大学微生物教授比尔·凯维尔主持,英国国防部,以及美国和瑞士研究所专家参与的一个国际研究小组,在《自然·遗传》上发表研究论文称,他们已经破译出世界上最具传染性的细菌之一——弗朗西斯菌的完整DNA序列。弗朗西斯菌是制造生物武器的细菌之一,基因测序工作的完成,加速了对抗这种致命细菌疫苗的研究速度。

这种细菌会导致人类和动物产生一种叫作野兔病,或者"兔热"的疾病。是目前全世界高度警惕,会被用来制造恐怖袭击、生物武器的细菌,致病性极强。

凯维尔说:"直到现在,英国大众健康方面对这种细菌的研究很少,因为这种英国公众中由于该细菌导致的病例十分少见。但是,很明显的,在恐怖分子活跃的今天,我们应该对这种细菌给与更多的关注。"

自然界爆发的野兔病,曾席卷南美、欧洲和亚洲。得病的人们或者是由于扁虱、苍蝇、蚊子叮咬引起,或者是由于空气中的微小粒子(浮质)引起。2000年,曾经在美国马撒葡萄园发生的病例,可能是由于有人在割草的时候,受到携带病菌的野兔畜体而引起的,空气中悬浮的细菌使得两个人发生感染。

最早在1911年,弗朗西斯菌被认为是导致啮齿动物瘟病的致病菌,此后不久便发现它也是人类的致命菌。日本人在1932年到1945年的时间内,对这种细菌在生物武器方面的应用进行了研究。美国在20世纪50~60年代把这种细菌武器化。苏联生物武器研究者肯·艾黎别克说,苏联红军曾经在二战东欧战场上,对德军使用过这种细菌。现在还不知道苏联政府是否还保留着这些细菌的存货。

据世界卫生组织估计,在500万人口的居住地上空,播撒50公斤的弗朗西斯菌,就会杀死1.9万人,并且导致超过25万的人残疾。即使是不死亡的人,也会遗留持续数周或数月的慢性病。科学家希望这一持续5年之久的测序工程的成果,可以引发世界范围内针对弗朗西斯菌的生物防御技术的研究,制造出新的疫苗和诊断工具。

(3)破译5型荧光假单胞菌的基因组。

2005年6月,美国农业部农业研究中心乔伊斯·洛佩尔主持,美国基因组研究所研究人员参加的一个研究小组,在《自然·生物技术》上发表论文称,他们破译了一种对农作物有益的细菌"5型荧光假单胞菌"。这将为生物防治农作物病虫害做出重要贡献。

荧光假单胞菌是研究人员20年前发现的一种细菌,生活在棉花等农作物根部附近的土壤里,与农作物形成共生关系。它生成的中间代谢物和噬菌素能保护农作物根部不受线虫、真菌等侵害,也能消除部分土壤污染,是近年来生物防治病虫害的重点研究对象之一。

研究人员说,他们完成了5型荧光假单胞菌的全基因组分析,并发现这种细菌的基因组约由710万个碱基对组成,其中包含了大量重复的碱基对。

研究人员分析这些重复碱基对时发现,在5型荧光假单胞菌的DNA链中,有6段碱基对序列负责生成中间代谢物、7段碱基对序列负责生成噬菌素,而这些碱基对序列很可能是由其他微生物获得。

洛佩尔说,这项研究最大的收获是,探明了5型荧光假单胞菌负责生成中间代谢物的基因。这种细菌的中间代谢物对防治病虫害有重要作用。研究人员认为,其中含有的天然杀虫物质,一旦提取出来,将对生物方法防治病虫害产生推动作用。

(4)破译可让肉类保鲜的乳酸菌基因序列。

2005年11月,法国国家农艺研究科学家破译了一种乳酸菌的基因序列,这种细菌会抑制导致肉类腐败的细菌,从而让肉类保持新鲜。

目前在欧洲的肉类加工界,乳酸菌被广泛当作香肠发酵的发酵剂培养物,它们在让香肠的味道更好的同时,还会抑止与其竞争的细菌的生长,比如导致食物腐败的细菌以及偶尔出现的大肠菌、李斯特菌等。

据介绍,研究人员破译的这种乳酸菌,原先是在米酒中发现,后来发现它在肉类中,尤其是在生鱼肉中,大量出现。欧洲大多数食品企业,于是利用这种细菌,对肉制品进行处理,防止食品变质。研究人员认为,破译了这种细菌的完整序列,将使得进一步开发和利用它的保鲜潜力成为可能。

研究人员发现,这种乳酸菌有 1885 个碱基对,这些碱基对大约可编码 1883 个蛋白质,从而使得它不同于普通的其他已知乳酸菌。通过比较还发现,这种细菌,可以最大限度地利用肉类中有营养的微生物,为自己提供能量从而不断发展。与其他细菌相比,它还可以有效抵御恶劣的环境,如寒冷、高盐分、不同的氧化环境等。此外,它还能生成一种分子,这种分子可以杀死其他细菌。科学家相信,由于有了这些特点,这种细菌将有望被用来作为最好的食品天然生物性保存剂。

(5)破译一种豆类固氮菌的基因序列。

2006 年 3 月,墨西哥媒体报道,墨西哥国立自治大学基因学专家科利亚多领导的研究小组,在美国《国家科学院学报》上发表论文称,他们经过 7 年研究,成功破译了一种豆类作物固氮菌的基因序列,并首次为这种固氮菌绘制了完整的基因图谱。

科利亚多说,他们研究的这种细菌名为埃特里根瘤菌,它能在豆类作物根部固定游离氮元素,合成含氮养料供作物享用。专家在研究中发现,这种固氮菌拥有的碱基对,超过 650 万个,其基因序列很复杂。

科利亚多指出,破译固氮菌的基因序列有助于为豆类、玉米等作物研制新的生物肥料,使这些作物有可能在贫瘠土地中生长。

据墨西哥媒体报道,这是墨西哥首次在基因研究领域取得突破,墨西哥也由此成为拉美地区第二个破译生物基因序列的国家。此前,巴西科学家破译了与葡萄种植有关的一种细菌的基因序列。

(6)破译一种能吞噬石油的单细胞细菌基因。

2006 年 8 月,有关报道称,德国赫姆霍茨传染病研究中心,科学家曼弗雷德·布劳恩领导,意大利和西班牙专家参加的一个国际研究小组,破译了一种能吞噬石油的单细胞细菌基因,利用这种细菌可解决海洋石油污染问题。针对因战争和油轮事故发生的石油污染海洋事件,研究小组破译了一种在海洋里能吞噬石油的细菌的基因,这种单细胞细菌,具有很强的清洁水源的能力。根据专家的观察和研究,通常这种细菌在洁净的海水中数量很少,细菌在没有油污的情况下,虽能生存但不繁殖。一旦碰到油污,这种细菌就会急剧繁殖,快速吞噬油污。

研究小组破译了这种单细胞细菌基因之后,有望在人工环境下让这种细菌繁殖,并把它们投放到海洋有石油污染的地方,利用这些细菌来清除污染。布劳恩称,破译这种细菌基因,有助于人们更好地了解其吃油原理,并了解在何种条件下吃油效果最好。赫姆霍茨传染病研究中心还将与德国阿尔弗雷德－魏格纳极地与海洋研究所合作,对"吃"油细菌进行实际应用试验。

（7）破译一种口腔病原体"血链球菌"基因组。

2007年4月，美国弗吉尼亚联邦大学弗朗西斯·马克里纳领导的研究小组，在《细菌学》杂志上发表研究报告说，他们成功破译了口腔病原体"血链球菌"的基因组，这将帮助人们更好地认识这一病原体，有助于开发出针对血链球菌感染的新疗法及预防手段。

血链球菌为革兰氏阳性细菌，天然存在于健康人口腔中，是形成牙菌斑的若干细菌中的一种，正常情况下对人体无害。不过血链球菌一旦侵入血液中，比如通过口腔内小伤口进入血液，可能引发一种严重的甚至是致命的心脏感染：细菌性心内膜炎。

研究报告表明，血链球菌基因组，由大约240万碱基对组成。它的基因组，比此前科学家测序过的其他链球菌的基因组都要大。经过分析发现，血链球菌的超大基因组，有一部分明显是从另外一种细菌中"继承"而来，能够编码特定基因，使得血链球菌在人口腔卫生十分健康的情况下，仍能活得"很滋润"。

马克里纳说，破译血链球菌基因组，将为研究人员提供一个独特的视角，深入研究这种细菌复杂的生命循环周期、新陈代谢，以及它侵入宿主引发感染性心内膜炎的机制。

研究人员还指出，他们可以应用血链球菌的基因组分析成果，设计针对细菌性心内膜炎的新疗法或者预防方法。比如他们在对基因组的分析中发现，血链球菌细胞表面分布着数量惊人的蛋白质，这可能成为未来新型药物或疫苗的设计靶向。

（8）破译部分超级病菌密码。

耐甲氧西林金黄色葡萄球菌等具有耐抗生素能力的超级病菌，已成为家喻户晓的名字，它们威胁着人类的健康和生活。自2005年以来，仅美国每年就有超过18000人被金黄色葡萄球菌夺取生命。

2012年5月，有关媒体报道，一个以哈佛大学迈克尔·吉尔默教授为带头人，以维拉妮卡·科斯博士为助手，并由来自麻省理工学院、马里兰大学、罗切斯特大学、英国维康基金会桑格中心的生物信息和基因组学专家为成员组成的国际研究小组，在美国国家卫生研究院（NIH）的资助下，开展耐抗生素项目的专题研究，以便获得其基因组序列。经过多年努力发现，某些耐甲氧西林金黄色葡萄球菌，更易在交叉感染中获得耐药性的基因组特征。

吉尔默表示，基因组序列，能够帮助研究人员深入了解这些极具耐药能力细菌的标记。在研究中，他们发现一组耐甲氧西林金黄色葡萄球菌，不断出现耐万古霉素现象。对研究人员而言，其带来的问题是，何种原因导致这组耐甲氧西林金黄色葡萄球菌如此特殊——它是如何开始具有耐万古霉素能力的。

科斯介绍说，他们发现这组耐甲氧西林金黄色葡萄球菌，具有能够使其更社会化的特征，这让它们能够与类似肠球菌的病菌共生存，从而导致耐甲氧西林金黄色葡萄球菌更容易获得新的耐药物能力。

研究人员表示,他们正在利用,所获得的现有各种耐万古霉素金葡菌菌株的基因组序列信息开发新药,以帮助人们预防和治疗耐甲氧西林金黄色葡萄球菌、耐万古霉素葡萄球菌和耐万古霉素肠道球菌的感染。至今,研究小组确认了数种可阻断耐甲氧西林金黄色葡萄球菌侵害新目标的化合物,并正在对它们进行深入检测。

(9)公布抗药性结核分枝杆菌全基因组测序图。

2014年2月,弗兰西斯·德柔纽斯基等人组成的一个研究小组,在《自然·遗传学》杂志上,公布了从俄罗斯某一抗药性结核病高发地区病人体内获得的结核分枝杆菌的全基因组测序图。这项大型遗传学检测,让人们对高发人群中抗药性结核病的出现和进化,有了深入了解。

研究小组从过去两年中,在俄罗斯萨马拉这一多重抗药性和广谱抗药性结核病高发的地区,采集得病人体内1000个结核分枝杆菌株,并对其进行了全基因组测序。研究人员把这些菌株与从英国地区病人体内获得的多类菌株进行比较。他们分析了俄罗斯抗药性菌株的结构,发现其属于两种主要的谱系:其中642个属于北京谱系,355个属于欧美谱系。他们表征了抗药性和抗药性突变的模式,找到了发生在多重抗药性结核病菌株内的补偿突变,即这种突变能够增强菌株的健康程度和传播性。

(10)绘制出大肠杆菌完整的基因组序列。

2014年9月,美国加州大学一个研究小组,在《基因组公告》上发表相关论文表明,他们首次绘制出,可导致食物中毒的大肠杆菌的完整基因组序列。

本次大肠杆菌的测序工作,不仅完整没有缺失,而且还对跳跃基因进行了分析。所谓跳跃基因,是指那些能够进行自我复制,并能在生物染色体间移动的基因。它们具有扰乱被介入基因组成结构的潜在可能性,并被认为是导致生物基因发生渐变(有时候是突变),并最终促使生物进化的根本原因。跳跃基因,不仅可对个体基因产生破坏,同时也是产生耐药性的原因。

2001年,曾公布过这株在美国导致食物中毒的大肠杆菌的基因组序列,但由于存在大量的基因缺失,基因组无法闭合。在最新的测序工作中,研究人员采用了太平洋生物科学公司等机构的最新测序设备模式,并结合基因组测序数据,对病原菌进行了比较详细的分析,彻底揭秘了该致病菌的全部遗传特征。

拥有完整的大肠杆菌基因组序列,不仅可以使研究人员更加深入地理解该致病菌的特点,精确定位各种基因,而且还可以发现和利用其弱点,并可跟踪和治疗未来可能暴发的疫情。

2.真菌基因破译研究的新成果

(1)完成稻瘟病菌的基因组测序。

2005年4月21日,美国北卡罗来纳州立大学的一个研究小组,在《自然》杂志上公布了常见的稻瘟病菌的基因组草图,这是科学家首次完成植物病原体的基因测序。稻瘟病是一种常见的水稻疾病,由真菌病原体引起,多发于泰国、菲律宾这样气候湿热的国家,它造成的水稻产量损失可高达 15% ~ 30%。据测算,由于稻瘟病的危害,全球范围内每年减产的水稻足以养活 6000 万以上的人口。

研究人员说,测序结果表明,稻瘟病菌的基因超过 1.1 万个。另外,他们发现,这种真菌的孢子上存在一个受体,这种受体能够区别水稻和其他作物。研究人员还说,该受体的发现,在抗击这种病菌的道路上迈出了一大步。研究人员可以通过转基因方法,对水稻进行改良,使其不被受体识别。

目前,农民只能使用农药来预防稻瘟病,大量喷洒会导致他们健康受损,研究人员说,转基因水稻的出现将减少或消除农药的使用。

(2)测绘出三种霉菌基因组图谱。

2005 年 12 月 28 日,英国曼彻斯特大学,丹尼教授为项目协调人的一个国际研究小组宣布,他们破译出了曲霉菌、米曲霉素和烟曲霉素三种霉菌的基因组序列并绘制出基因图谱。这项成果有助于开发治疗诸如白血病、过敏症等多种疾病的新疗法和新药品。

曲霉菌是通过空气传播的常见霉菌,尽管无害,但早在 1848 年就被视为感染根源。目前,它被认为是白血病和骨髓移植患者感染死亡的主要原因。曲霉菌病灶是过去 50 年来用作各类细胞试验的主要系统,烟曲霉素是混合肥料的主要成分,米曲霉素则是东亚地区酿制米酒和酱油的菌类。

国际科研小组发表在《自然》杂志上的论文说,他们对三种霉菌的基因测序研究发现,尽管三种霉菌源自同一家族,基因组却有很大不同,就像人类和鱼的基因组遗传差别一样。三种霉菌只有 68% 的蛋白质相同,其基因组数量有明显差别。米曲霉素的基因数最多,比烟曲霉素多 31%,比曲霉菌多 24%。在研究人员识别出的 9500 ~ 14000 个基因中,有 30% 是新基因。此前,科学家根本不清楚这些基因的结构和功能。

丹尼表示,识别霉菌基因组序列具有重要的科学和医学意义。包括霉菌在内的真菌,在地球生态环境中扮演着重要角色,它们和氮循环对防止植被退化发挥着重要作用。霉菌是制造青霉素和环孢霉素等药物的重要原料,同时也可制造包括能引发肝癌的黄曲霉等毒素。

生物学专家认为,测绘霉菌基因组序列,有助于科学地理解霉菌的致命性及其导致过敏症等多种疾病的根源,有助于开发新药和诊断测试新方法,进而帮助防治白血病、过敏症、肺炎和鼻窦炎等疾病。有关基因组研究信息,还有助于深入了解混合肥料和霉菌毒素生产过程中的生物学问题。

(3)开展玉米黑粉菌基因组测序。

2006 年 11 月,德国马普所陆地微生物研究所、美国麻省哈佛总医院等 27 个研究单位组成的一个研究团队,在《自然》杂志上发表研究成果称,他们在对玉米黑粉菌基因组序列进行测定,这是第一次对活体植物病菌进行基因组测序。

当玉米感染上玉米黑粉病菌后,玉米棒上会长出大小不等的瘤状物。多年来,科学家们还没有找到有效治疗玉米黑穗病的方法。而现在,该研究小组在解决这个问题上有了非常重要的研究进展。

研究小组已经分析出玉米黑粉菌的基因组。在真菌的 7000 个基因中,他们发现一些基因致使真菌能够固定于活体植物,而不是使植物致病而死。这些基因也有可能帮助真菌躲避植物自身的防御系统而得以存活。研究人员希望能把这些理论应用于依赖于活体植物的玉米黑粉病菌研究。

在墨西哥,玉米黑粉瘤被当作一种观赏性的东西,但是世界其他国家的农民们都认为玉米棒上长出这种瘤状物是一件非常麻烦的事情。因为,长有这种瘤状物的玉米棒即不能再加工成玉米糊也不能制成爆玉米花,只能当作牲畜的饲料。美国的农业专家一直都在想办法对付这种黑粉菌,却一直没有什么实质性的进展。

该研究小组表示,他们已经识别出为功能未知蛋白编码的几个基因团:整个基因组范围的表达分析表明,这些成团基因的作用在患病期间被增强。这些基因团的突变经常影响到致病能力,其影响范围从致病能力完全丧失到致病能力超强不等。

### 3. 破译藻类基因研究的新成果

2010 年 7 月,美国能源部联合基因组研究所,与索尔克研究所人员共同组成的研究小组,在西蒙·普鲁克尼和吉姆·伍曼的带领下,破译了多细胞海藻类团藻的基因组。团藻能通过光合作用获取光能,这是探寻自然界中潜在新型燃料资源的重要成果。为给交通运输提供合适的燃料,美国能源部正采取多种途径,努力寻找包括从陆地上可作为纤维质原料的植物,到水中及其他生长环境中的产油生物如海藻和细菌。团藻基因组的破译,无疑是一条值得庆贺的喜讯。

据悉,美国能源部之所以大力支持光合成生物体内复杂机制的研究,为的是更好地认识生物体如何把阳光转换成能量,以及光合成细胞如何控制生物的新陈代谢过程。这些信息有助于未来可再生生物燃料的生产。

在本项目实施过程中,研究人员把团藻基因组,与它的近亲单细胞莱茵衣藻的基因组进行比较。三年前,能源部联合基因组研究所曾破译了莱茵衣藻的基因组。衣藻是人们深入研究的潜在海藻生物燃料资源。团藻和衣藻均属于团藻目家族,团藻基因测序的重要价值,在于它可以作为衣藻基因参照物,研究人员通过数据比较来研究它们的光合作用机理,以及多细胞生物的演化。

与衣藻不同,团藻包含两种细胞:一种是数量较少的生殖细胞,另一种则是数量较多的体细胞。生殖细胞能够分化形成新的菌落,与此同时,体细胞则提供机动力,并分泌能导致生物体扩展的细胞外基质。团藻内两种细胞的分工使得团藻比衣藻生长和游动都要快,从而帮助团藻能够躲避捕食者,同时在更深的水域获

取营养

伍曼表示，团藻特别令人着迷的地方，是它如何有选择地减少光合作用或调节光合作用，以支持另一种细胞。虽然目前人们还没有很好地认识团藻的这一特性，但该特性有可能帮助人们，通过转基因工程让光合生物进行相应变化，生产生物燃料或其他产品。

普鲁克尼克解释说，研究团藻目生物的兴趣点，在于单细胞祖先在较短的进化时间段，演化成多细胞和复杂的细胞过程。研究人员发现，尽管团藻和衣藻两种生物的复杂程度和生命史，存在很大差异，但两者的基因组却有相似的蛋白编码潜能。与莱茵衣藻相比，专家在团藻细胞内只发现了很少该生物特有的基因，也就是说，多细胞的团藻基因组缺乏创新。因此，越小越简单的理念开始受到挑战，研究人员由此推断，从单细胞生物演变为多细胞生物，并非必须大幅提高基因的数目，在这种演变中，基因如何及何时编码合成特定的蛋白，才具有决定意义。相信随着更多的单分子生物的基因组被破译，人们对此将会有更多的了解。

分析显示，大约有1800个蛋白质家族属于团藻和衣藻所独有。这些蛋白质家族，是多细胞物种生长和发生形态变化的基因物质资源。特别是，经查明，某些蛋白质家族与多细胞体相关。团藻和衣藻在利用这些蛋白质家族方面的不同之处，将是人们未来准备研究的问题。伍曼表示，团藻基因组，为衣藻基因组工程，以及精确认识形态进化和蛋白质创新，增加了巨大的价值，现在人们需要静下来研究这些基因的功能。

普鲁克尼克认为，团藻和衣藻作为易驾驭的实验模式生物，它们的信息可以被人们广泛使用，包括那些对团藻生物学不感兴趣的研究人员。他表示，团藻基因组是指导其对目标领域进行深入研究的极好资源。

### 4.破译原生动物基因研究的新成果

（1）破译痢疾阿米巴虫基因组序列。

2005年2月24日，美国基因组研究所，与英国威康信托基金会下属的桑格研究所，在《自然》杂志上发表一项合作成果：他们成功破译一种寄生性变形虫——痢疾阿米巴虫的基因组序列。这一研究成果，有望帮助治疗困扰全球数千万人的阿米巴虫性痢疾。

痢疾阿米巴虫学名溶组织内阿米巴虫，主要寄生于人的结肠，引起阿米巴虫性痢疾等，每年全球有5000万人感染阿米巴虫性痢疾，其中约10万人死亡，是危害最严重的传染病之一。美英研究人员的这项成果，是首次对一种阿米巴虫进行基因组破译和分析。对痢疾阿米巴虫基因组的分析，使研究人员对这一原先被认为"原始"的生物，有了新的认识。他们发现，在痢疾阿米巴虫由自然环境进入肠道寄生后，它的基因组会发生缩减，但与此同时，它能从人体内的厌氧性肠道共生菌中，"掠夺"到一些与新陈代谢相关的基因。

多年来，研究人员一直认为，阿米巴虫是介于细菌和真核生物之间的物种，因为它缺乏内质网和线粒体等真核生物才有的特征。但新研究揭示,痢疾阿米巴虫拥有不少较复杂生物才有的基因,比如一些基因负责细胞膜上的受体,这些受体能把阿米巴虫生存环境的变化,转变成细胞信号。

这一研究还显示,痢疾阿米巴虫基因组中,有大约 10% 的基因是负责转运RNA(tRNA)的转录的,这类基因数量之多史无前例,而且它们以排长队的形式,存在于基因组上,研究人员对其功能还不清楚。

此外,痢疾阿米巴虫还有一系列基因调控的表面蛋白,这可能是它"逃过"人类免疫系统识别和攻击的关键所在,也可以解释它为什么能隐藏在人类消化系统达数年之久。研究人员认为,痢疾阿米巴虫的新陈代谢机制和适应机制,可能和贾第鞭毛虫、阴道滴虫等有相似之处。

美国基因组研究所领导人弗雷泽说,破译痢疾阿米巴虫的基因组,将在许多方面改变对阿米巴虫性痢疾的研究。在诊断领域,新研究发现痢疾阿米巴虫既吞食肠道细菌,也通过相同的方式破坏肠道细胞,因此一些肠道菌的数量变化,可以作为诊断哪些阿米巴虫株系具有较大毒性的指标。在治疗领域,新研究发现,痢疾阿米巴虫的表面酶机制,与人体细胞的表面酶机制大不相同,这可能成为开发研制新药的基础。

(2)破译草履虫基因组。

2006 年 11 月 9 日,法国国家科学研究中心一个研究小组,在《自然》杂志上发表了研究成果称,他们成功破译了草履虫的基因组,它有助于研究生物的进化过程。草履虫是一种单细胞生物。由于它具有个体大、易培养和易观察等特性,使其长期以来成为生物学家的首选实验生物。

研究显示,草履虫基因组含有约 4 万个基因。科学家分析说,草履虫基因组,之所以拥有如此众多的基因,原因在于整个基因组经过了至少 3 次复制。

参与研究的专家指出,这项研究的重要意义,不仅仅是破译草履虫的基因组,而且还发现和观察到基因组分阶段复制的不同过程,这使人们进一步了解到生物进化的许多机制。基因组复制虽然罕见,但却是在真核生物进化过程中重复发生的。很久以来,科学界只是推断基因组复制,是生物发生重大进化的原因。

研究者说,世界上的所有生物都存在一些共性,不管它们是单细胞的还是多细胞的。草履虫基因组的破译,将有助于科学家更好地从这类简单生物入手,了解其他复杂的生物,并最终为临床医学服务。

5.病毒基因测序研究的新成果

(1)完成 2000 多种流感病毒基因组测序。

2007 年 2 月,美国国家变应性疾病和传染病研究所宣布,由该所资助发起的"流感基因组测序计划",已完成 2000 多种流感病毒的基因组测序工作,有关数据全部开放使用,将有助于各国研究人员开发新的流感治疗方法和流感疫苗。

据介绍,完成基因组测序的病毒既有人类流感病毒,也包括禽类流感病毒,病毒样本取自世界各地。病毒的基因组测序数据,将纳入美国的互联网基因测序公共数据库"基因银行",供各国科研人员通过网络免费获取使用。

(2)完成甲型 H1N1 流感病毒基因测序。

2009 年 5 月 6 日,加拿大联邦卫生部长阿格鲁卡克,在渥太华举行的新闻发布会上宣布,该国科学家已完成对 3 个甲型 H1N1 流感病毒样本的基因测序,这在世界上尚属首例,将为研制疫苗打下基础。

加拿大国家微生物学实验室科学家普卢默在新闻发布会上介绍说,完成基因测序,可以使科学家掌握甲型 H1N1 流感病毒的运行机制及反应方式,从而有助于疫苗的研制工作。加拿大进行基因测序的三个病毒样本,有两个来自加拿大,一个来自墨西哥。基因测序发现,墨西哥与加拿大病毒样本的基因结构并无二致。因此,这排除了该病毒已发生变异的可能。研究者认为,在排除病毒发生变异的可能后,目前初步认为人个体的基因差异,可能是导致感染病毒后有人症状轻,有人症状严重的原因。

据悉,加拿大已将甲型 H1N1 流感病毒基因测序结果,上传给国际上最大的基因数据库,各国科学家都可对其进行分析和研究。

(3)进行埃博拉病毒基因组的测序。

2014 年 8 月 29 日,病理学家史蒂芬·盖尔等人组成的研究小组,在《科学》杂志上发表文章称,他们已经对来自硅肺病人的 99 个埃博拉病毒基因组进行测序,西非是有记录以来发生最大规模埃博拉病毒感染暴发的地方。

这项研究成果,对埃博拉病毒在 2014 年暴发时,是如何及何时进入人群的提供了见解,它可能会指导控制埃博拉病毒的传播及了解治疗标靶的方法。过去的埃博拉病毒感染的暴发局限于中部非洲,但 2014 年的暴发,则是从西非国家几内亚开始,紧接着便蔓延到塞拉利昂、利比里亚和尼日利亚。与所有其他埃博拉病毒的暴发一样,有关的病毒株带有独特的基因变异。为了对它们进行描述,该研究小组应用深度测序技术,对来自塞拉利昂某医院的 78 名患者的 99 个埃博拉病毒基因组进行了评估。通过将 2014 年埃博拉病毒的测序数据,与早些时候的埃博拉病毒暴发的 20 个基因组进行比较,研究人员确定,2014 年的暴发,可能是在过去的 10 年内从中部非洲传播而来的。研究人员说,这次埃博拉病毒暴发,与过去相比,是对感染狐蝠等病毒储库的持续接触而造成的集中表现。此次病毒暴发始于某单一人储库的交换。它接着通过持续的人与人的相互交往而传播,它可能是通过将来自几内亚的两个埃博拉病毒世系引入塞拉利昂而传播到那里的。

研究小组说,几内亚一个接触过埃博拉病毒的治疗师葬礼,可能是这些病毒世系传播的源头。考虑到目前疫情中的高死亡率,像那些在此获得的埃博拉病毒样本的演化是有限的。这些样本,对了解独特的病毒突变,是如何能够影响 2014 年暴发的严重性,提供了一个起点。

这项研究结果还表明,在疾病流行期间对病毒基因组进行快速测序,对疾病监控和指导,以及找到治疗标靶,具有重要参考价值。尽管知道这些病毒序列,并没有即刻治疗上的意义,但这一资讯,对那些正在努力了解该疾病的科学家们是至关重要的。

## 二、植物基因破译研究的新成果

### 1.破译谷类作物基因研究的新进展

(1)开展破译玉米基因图谱工程。

2005年11月17日,美国华盛顿大学理查德·威尔逊领导的研究小组,对外界宣布,他们将牵头开展破译玉米基因图谱的科研工程。有关专家称,通过此项破译工程,获得的知识将有助于培育玉米优良品种。

威尔逊表示,目前,他们已从美国科学基金会和美国能源部,接受2.95亿美元科研经费,用于破译常规的代号为"B73"的玉米品种基因图谱。据估计,该玉米品种的基因数目为5万~6万,约是人类基因总数的2倍。威尔逊说,破译玉米基因图谱,目的在于:深入了解基因如何控制玉米作物生长机理。一旦破译玉米基因图谱后,就可以了解基因的作用,甚至每部分基因的具体功能。此外,美国能源部的基因研究中心,也在同时利用2500万美元经费,准备破译另一种不常见的玉米品种。威尔逊强调,有关玉米基因图谱破译的研究,除了有助于更好地了解玉米基因控制植物生长机理,也将有助于育种人员培育更多的玉米优良品种,如高产的、抗病虫害的、抗干旱的,以及改善玉米营养成分的品种。这对一般人来说,意味着将有更高品质、更高产和低成本的玉米食品。

(2)开发出破译复杂谷物基因组的方法。

2011年7月,德国莱布尼茨植物遗传学与农作物研究所等机构组成的一个国际科研团体,在《植物细胞》网络版上发表成果称,他们经过两年努力,终于首次观察到谷类作物大麦的全基因组。研究人员借助自己建立的新方法,已能确定大麦全部基因2/3的排序,这些成果成为完整破译大麦与相近的小麦基因组的基础。

根据世界粮农组织的统计,小麦与大麦在全球种植最多的谷物排名中,分别占据第一和第五位,它们对经济与科研具有重要意义。研究人员只有在掌握植物的遗传密码后,才能理解为其复杂性状负责的分子机制。而了解遗传密码,也是改善作物重要性能的基础,比如耐旱性与病虫害抵抗力。

然而谷物基因组极其庞大且构造复杂,这使得完整解码困难很大。研究人员称,大麦基因组约为人类基因组的两倍半,是水稻基因组的12倍。成功测试的新方法,现已用来研究更为庞大的小麦基因组。由于很多农作物具有相似性,研究人员可以将大麦的遗传信息与特征表现之间的关系,转用于研究比如黑麦等其他近似的谷类。

(3)绘出普通小麦基因组草图。

2014年7月17日,以卡特琳·弗耶为主席的国际小麦基因组测序协会,在美国《科学》杂志上发表论文说,他们绘制完成了普通小麦的基因组草图,距破译小麦全基因组序列这一曾被视为"不可能完成的任务"仅剩一步之遥。

在水稻和玉米基因组被破解多年后,三大粮食作物中最复杂、最困难的小麦基因组绘制工作,终于也有了突破性进展。研究人员说,他们对一种叫作"中国春"的小麦品种的每个染色体臂进行了分离、测序及组装,绘制完成了普通小麦的基因组草图。在这张草图中,研究人员可以"精确定位"12多万个基因,这些基因中有许多与谷物品质、病虫害抗性或环境耐受性等在农业上具有重要意义的特性相关。

该协会在一份声明中说,这一成果,将会带来"新一代更加高产和更有可持续性的小麦品种,在变化的环境中满足人口增长的需求"。

同期《科学》杂志,还发表了另一篇论文,公布了小麦最大的染色体——3B染色体的第一条参考序列,这为小麦其余染色体的测序,提供了概念验证与模板。

普通小麦是全球约30%人口的主粮。随着全球人口2050年预计达到90亿,有预测称普通小麦须增产70%才能满足未来需求。但普通小麦有21条染色体,每条染色体都大而复杂,其中最大的3B染色体有约8亿个遗传密码"字母",是水稻整个基因组的近3倍大,所以破译3B染色体与小麦基因组是一项"极其复杂的任务"。国际小麦基因组测序协会2005年成立,在50多个国家和地区拥有会员。弗耶说:"我们现在已知如何获得其余20条染色体的参考序列,希望能获得足够的资源,在未来3年内实现这一目标。"

2. 园艺作物基因破译研究的新进展

(1)蔬菜基因破译研究的新成果。

一是完成西红柿基因组测序。2012年5月31日,一个由中国、美国和英国等14个国家90家研究机构300多名研究人员组成的跨国研究团队,在《自然》杂志发表研究报告称,他们经过近10年的努力,完成了对西红柿的基因组测序工作。这项研究,不仅为培育高产、美味、抗病虫害甚至能适应环境变化的西红柿打下基础,也有助于科学家增加对植物生长机制的了解。

西红柿是人们常用的食物之一。2010年,全球西红柿产量超过1.45亿吨,意大利人平均每年要吃16.5千克西红柿,美国人吃得更多。但西红柿基因测序,也是一项具有挑战性的工作。植物基因组通常比动物基因组更大和更加复杂,测序难度也更高。西红柿有12条染色体,约3.5万个基因。西红柿基因组有约900兆碱基,比人类的1/4稍多。

《自然》杂志认为,西红柿基因组测序有三个重要意义。一是能帮助科学家了解西红柿,甚至自然界的植物之间,为什么会有巨大差别。西红柿属于茄科植物,而茄科植物属种广泛,从土豆到青椒有1000多种,比较它们的基因序列,有助于科学家了解它们的进化过程。二是西红柿基因测序,可让科学家了解更多的植物生长基本机制,比如是什么基因使西红柿变红,人们喜欢红西红柿,但自然界植物中甚至在西红柿中红色并不常见。三是了解西红柿基因组，可以帮助科学家改进西红柿质量。比如不用转基因技术就改变西红柿的味道、储藏时间、抗病虫害性能等。

二是公布甜辣椒基因组序列草图。2014年2月，唐伊尔·昌耶等人组成的一个研究小组，在《自然·遗传学》公布了一种甜辣椒的基因组序列草图。甜辣椒营养价值高，是全球产量丰富的蔬菜之一。这种特殊的辣椒植株产自墨西哥，对很多植物病原体都具有高抵抗性，同时被广泛用于研究和育种。

该研究小组公布了甜辣椒的全基因组序列图，并对两种培植辣椒和一种野生品种黄灯笼椒进行了重新测序。他们发现与近亲西红柿的基因组相比，甜辣椒的基因组将近多3倍。他们还发现了决定辣椒的辣味、成熟过程和抵抗疾病的遗传因素。

（2）破译瓜类基因研究的新成果。

绘制出西瓜等瓜类的基因组图谱。2009年6月，美国得克萨斯农机大学的一个研究小组，在《美国园艺科学协会杂志》上刊登研究报告说，他们绘制出西瓜等瓜类的基因组图谱，将来有望利用基因技术，开发出更甜、更可口、更健康的瓜类新品种。据介绍，此前法国和西班牙研究人员，曾经完成了瓜类某些DNA（脱氧核糖核酸）片段的图谱绘制工作。而该研究小组在此基础上，通过瓜类杂交，得出了瓜类的完整基因组图谱。

研究人员说，除了瓜类的完整基因组信息，他们还在实验中识别出瓜类的一些最重要基因，比如负责调控糖分的基因、与维生素C有关的基因等，这些对于培育新的瓜类杂交品种都十分有用。研究人员表示，下一步，他们还将从基因组图谱中，识别出与瓜类抗病、耐旱、形状、大小等有关的各种基因。

（3）水果基因破译研究的新成果。

绘制出黑品乐葡萄基因图。2006年4月，意大利媒体报道，黑品乐是美国加利福尼亚州出产的一种著名葡萄。其中该州桑塔丽塔山附近种植的黑品乐葡萄，是世界上最优质的黑品乐葡萄之一，也代表了加州葡萄的最高水平，口味粗犷而浓郁，但又不乏细腻柔滑的质感，是酿酒的上乘原料。

意大利和美国联合组成的研究小组，已经率先译出了黑品乐的基因组，了解到葡萄树含有19对染色体，其中包含了5亿个核苷酸，这些核苷酸构成了DNA链。接着，意大利科学家又着手绘制黑品乐葡萄基因图，进一步测定黑品乐的核苷酸完整序列和基因信息代码。这是世界首次测定水果的基因图。研究的目的是，帮助黑品乐更好地适应气候条件和抵御病虫害袭击，减少杀虫剂的使用。

该项研究者指出，葡萄酒有3000年的历史，是人类文明的重要组成部分，但葡萄的生物多样性几乎还没有得到研究。现在他们手上有了葡萄基因图，研发过程就会更快更科学。

3.破译饮料作物基因研究的新成果

咖啡基因组草图绘制完成。

2014 年 9 月 4 日，美国布法罗大学基因组学家维克多·艾伯特参与的一个国际研究小组，在《科学》杂志上发表了咖啡的基因组测序结果。这项研究，揭示了咖啡树，利用一套与茶、可可豆，以及其他让人兴奋植物基因完全不同的机制，合成出咖啡因。研究人员指出，咖啡的第一份基因组草图，揭示了咖啡因在咖啡中的演化历史，它有助于培育风味更佳、可抵抗气候变化与害虫的咖啡新品种。

全球大约有 1100 万公顷的土地种植咖啡树，而全世界每天大约要消耗超过 20 亿杯咖啡饮料。全世界的咖啡，基本上都是罗布斯塔咖啡豆，与阿拉伯咖啡豆这两种咖啡豆，经过研磨、烘烤和发酵而最终制造得来的。

如今，该研究小组在罗布斯塔咖啡基因组中，鉴别出 2.5 万多种蛋白质合成基因。罗布斯塔咖啡约占全球咖啡总产量的 1/3，大部分用于速溶咖啡品牌的生产，例如雀巢咖啡。阿拉伯咖啡则包含有较少的咖啡因，但较低的酸性和苦味，使这种饮品在咖啡爱好者中大受青睐。而研究人员之所以选择罗布斯塔咖啡进行测序，是因为这种咖啡的基因组，比阿拉伯咖啡的基因组更为简单。

咖啡因的进化，远远早于缺乏睡眠的人们沉迷于咖啡之前。这或许是为了帮助咖啡树，免遭天敌的侵袭以及获得其他益处。例如，咖啡叶中包含的咖啡因，比咖啡树中其他部位的咖啡因含量都高，而当这些叶子掉落到地面上时，能够阻止其他植物在咖啡树附近生长。

艾伯特表示："咖啡因还能使传粉者上瘾，从而使得它们想要回来传播更多的花粉，就像我们人类对咖啡上瘾一样。"

在这项研究中，科学家还找到了使咖啡与其他植物区分开来的基因家族，正是这些基因让咖啡因的含量在咖啡树中名列榜首。研究人员发现，这些基因编码了甲基转移酶。这种酶能够通过在 3 个步骤中增加甲基团，从而把一种黄嘌呤核苷分子转化为咖啡因。相比之下，茶和可可豆则利用与罗布斯塔咖啡中鉴别出的甲基转移酶不同的酶，合成咖啡因。

《科学》杂志同时配发的一篇文章强调，在全球咖啡类植物的多样性出现下降趋势的背景下，有必要把咖啡基因组，转变为帮助咖啡培育的新工具。科学家们必须分享香味及风味等特征的数据，与出口咖啡的发展中国家，展开国际合作，培育咖啡新品种。

研究人员表示，通过对制造咖啡因的基因进行灭活，还可以用来制造一种更美味的无咖啡因咖啡。一种经过转基因处理的不含咖啡因的咖啡栽培品种，将在无法忍受咖啡味道的人群中大受欢迎。目前，去除咖啡因的过程包括化学处理，而这也会影响咖啡的味道。艾伯特表示："我必须每天早上喝杯咖啡，但是白天我通常不喝，因为它会让我颤抖。"

据国际咖啡组织估计，2013 年，全世界共生产 87 亿吨咖啡，为 50 多个咖啡出口国解决了近 2600 万人的就业问题，并给这些国家创造了 154 亿美元的收入。

4. 药用作物基因破译研究的新成果

2010 年 1 月，英国约克大学，以及 IDna 遗传公司研究人员组成的一个研究小组,在《科学》杂志上发表研究报告说,他们已经绘制出青蒿的基因组图谱。青蒿中提取的青蒿素是重要的抗疟疾物质,因此将来通过基因改良有望大大提高青蒿素产量,生产更多抗疟药物。

青蒿学名黄花蒿,其中的天然成分青蒿素可提取用于抗疟疾。目前,以青蒿素为基础的药剂,已成为全球治疗疟疾的首选药物。

来自英国约克大学,以及 IDna 遗传公司的研究人员报告说,他们对青蒿植物所有的 mRNA(信使核糖核酸)分子进行了测序,并绘制出了有关基因组图谱。RNA 是由 DNA(脱氧核糖核酸)经转录而来的,带着相应的遗传信息。

研究人员从图谱中识别出,与青蒿繁殖有关的特定基因和标记分子,对它们进行改良,可用来提高青蒿产量,降低青蒿素的生产成本。研究人员随后在实验室中培育了数代青蒿,以验证他们的研究成果。他们证实,青蒿这种在中国已经栽种了 1000 多年的药用植物,可以改良成为一种种植范围更广的"全球性植物"。

5.破译树木基因研究的新进展

(1)合力成功破译杨树基因组序列。

2004 年 9 月,法国国家农业研究所表示,他们与来自全球的多个科研小组合作,成功破译了杨树的 4 万个基因,从而完成了全球第一例树木的基因组排序。

据介绍,此次破译的是一种名为美洲黑杨的杨树品种,之所以选中该树种,是因为其基因组结构紧凑、微小,比松树的基因组要小约 50 倍,是一种理想的树木实验标本。而且,它具有相当广泛的经济使用价值和环境保护作用。

该杨树的基因组包含 19 对染色体。大约有 200 名来自世界各地的科研人员参与研究。其中,法国国家农业研究所,有 4 个小组参与了此次破译基因组序列的工作。

参与研究的专家表示,利用此次研究的成果,再结合植物生理学、生物学和生态环境学的研究,有助于人类更好地了解认识树木,能更好地促进生物技术和造林业的发展。

法国国家农业研究所专家说,该所在此次研究成果的基础上,已经并将继续多项相关的科研项目,其中主要包括对树木成长、树木营养、抗干旱,以及共生真菌机制等相关的基因研究项目。

(2)绘制出三叶杨的基因组图。

2006 年 9 月 15 日,英国《泰晤士报》报道,美国科学家绘制出一种杨树的全基因组图。这一成果,使利用树木生产生物燃料的前景变得更加光明。

报道称,美国研究人员应用最新基因技术,绘制出三叶杨的基因组图。他们从这种树的 4.5 万个基因中鉴定出 93 个基因,这些基因与纤维素、木质素和半纤维素的生成有关,而这些物质经过发酵,可用来生产乙醇和其他液体燃料。

科学家认为,这种树的基因组图的绘制成功,将有助于利用生物技术,开发生长快且容易加工的新树种,用来生产乙醇等生物燃料。这一研究成果,使开发替代汽油等化石燃料的生物燃料事业,向前迈出了重要一步。

(3)完成楝树整个基因组的全部测序。

2011年10月,印度媒体报道,位于印度班加罗尔的甘尼特实验室,是一家综合基因组学实验室,由生物信息学和应用生物技术研究所,与生物信息学公司以公私合作伙伴关系,在2011年初建立,实验室负责人为潘达。该实验室10名成员组成研究小组,成功地对已知有药用价值的楝树进行了基因组测序。

潘达说:"这是印度第一次对较高级的生物体完成基因组测序。"虽然美国等国家的研究人员,做过一些复杂有机体的基因组测序,但楝树还没有人做过。

这家不以营利为目的的实验室,正在建立一个网上开放的存取数据库,公布有关基因组结构、编码部分和印楝植物分子进化的信息。

参与这项工作的前沿生命科学公司董事长兼首席执行官查德鲁说,这只是一个开始,"随着第二代测序设备变得更便宜和体积更小,印度开始实现其对基因组学的目标。到2025年,印度的生物技术产业,应该与信息技术产业一样强大。公私伙伴关系将有助于吸引急需的人才。"

(4)完成碱基对最多的火炬松基因组测序。

2014年3月,美国媒体报道,生长在美国佐治亚州奥古斯塔国家高尔夫俱乐部第17号洞附近的火炬松,曾挡住了美国前总统艾森豪威尔的很多杆球。1956年,他曾试图砍掉这棵树。如今,火炬松正在书写一段与众不同的历史:火炬松的基因组有221.8亿个碱基对,约为人类基因组的7倍多,是目前已完成测序的最大基因组。火炬松原产于美国东南部,是美国南方松中重要的速生针叶用材树种。在基因测序工作伊始,火炬松就被确定为研究对象。然而,火炬松基因组的庞大规模给传统的全基因组"鸟枪法"测序(只能对短的基因组片段进行测序)出了一道难题。

新研究中,研究人员改进了原有的"鸟枪法",他们利用基因克隆方法,对单独的DNA片段进行预处理,因而能够更容易地拼装出一个完整的基因组。该研究团队发现,82%的火炬松基因组由重复的基因片段组成,而人类基因组中重复的基因片段只占25%。研究人员把这一结果,发表于近日出版的《基因组生物学》和《遗传学》杂志上。研究人员还确定了能解释火炬松重要特性,如抗病性、木材形成、应激反应的基因。

### 三、动物基因破译研究的新进展

#### 1.破译哺乳动物基因研究的新成果

(1)哺乳纲灵长目动物基因破译研究的新进展。

首次绘制出倭黑猩猩基因图谱。2012年6月13日,德国马克斯·普朗克进化人类学研究所生物信息学专家凯伊·普吕弗领导,美国哈佛大学比较心理学家维多利亚·沃伯、加州大学圣地亚哥分校生物化学家阿基特·瓦尔基等人参加的一个研究团队,在《自然》杂志网络版发表研究成果说,他们首次绘制出一只名为乌林迪(Ulindi)的18岁雌性倭黑猩猩的基因图谱。

研究人员表示,收集到的数据,将有助于解释为什么倭黑猩猩与黑猩猩之间会有非常明显的行为差异,并帮助科学家们找出让人类与各种猩猩区分开来的遗传变异。他们说,这是继人(智人)、黑猩猩、猩猩和大猩猩之后,人类绘制出的第五种类人猿物种基因图谱。

当非洲第二长河刚果河刚形成时,就有一群黑猩猩在河南岸生活。200万年后,这些黑猩猩的后代倭黑猩猩,进化出了不一样的社交模式。与生活在河北岸的黑猩猩不同的是,它们避开了充满暴力的男性支配模式,并通过食物共享、一起玩耍等方式,构建出了比较亲密的社会关系。

人类、黑猩猩和倭黑猩猩拥有共同的祖先——大约600万年前生活在非洲。随后,人的谱系开始分裂。大约200万年前到150万年前,我们的直立人祖先开始在非洲大草原上漫游;而黑猩猩和倭黑猩猩的祖先则被刚果河分开。

普吕弗表示,从此之后,黑猩猩和倭黑猩猩可能很少,甚至没有交叉繁殖过。他们对得到的倭黑猩猩的基因图谱,与不同族群黑猩猩的基因图谱进行比较,结果表明,倭黑猩猩与生活在刚果河对岸的黑猩猩的关系,并不比生活在遥远的西非科特迪瓦的黑猩猩更近。这意味着,这种分离非常迅速而且是永久性的。

沃伯表示,刚果河北岸既有黑猩猩又有大猩猩,它们会相互争夺食物;但河南岸没有大猩猩,因此,倭黑猩猩面临的食物竞争要少很多,这就使得倭黑猩猩没有黑猩猩那么富有攻击性,性格更加平和。

普吕弗表示,黑猩猩和倭黑猩猩之间的行为差异,肯定与它们之间的遗传差异有关,但找出这些遗传差异,以及这些差异如何影响行为,需要耗费时间。

人类基因组中,与倭黑猩猩有关的遗传代码,要比与黑猩猩有关的多1.6%。知道人类的哪部分基因组,与其他灵长类动物共享,有助于科学家找出使人类成为独一无二猿类的遗传序列。瓦尔基表示:"绘制出倭黑猩猩遗传图谱的真正好处,是缩小了我们的寻找范围。"

不过,瓦尔基也表示,只绘制出一只倭黑猩猩的遗传序列并不够,其他倭黑猩猩可能与人类共享不同的遗传区域,如果我们只寄希望于一只倭黑猩猩,那么,我们可能会与这些基因失之交臂。瓦尔基说,科学家们正计划绘制几十只倭黑猩猩、黑猩猩以及大猩猩的基因图谱。沃伯也表示,乌林迪的行为并不能代表大多数倭黑猩猩的行为,他打算挑选其他倭黑猩猩的样本并绘制出其基因图谱。

(2)破译哺乳纲奇蹄目动物基因研究的新成果。

破译70万年前古马基因组图谱。2013年7月,哥本哈根大学、华大基因等多单位联合组成的一个研究团队,在《自然》杂志发表研究成果称,他们成功破译了约70万年前史前马的全基因组序列图谱,并利用该基因组信息,阐释了马的进化历程。据悉,这是迄今为止破译的最古老的基因组。

2003 年,在加拿大古老的永久冻土层,发现了冰封已久的马骨骼化石碎片。该马骨化石来自于一匹远古马的腿部,据今有 56 万 ~78 万年的历史。DNA 会随着时间的推移而逐步降解,理论和经验证据均表明,该马骨化石的 DNA 已经接近保存的临界值。而且到目前为止,还没有 11 万 ~13 万年以上的古 DNA 全基因组测序信息。科学家分析发现,该化石残存有一小部分胶原和血液。由此,决定重构该古马的遗传信息。

研究人员采用最先进平台进行测序,以降低污染的风险,提高对内源性 DNA 的获取。同时作为对照,还对一匹 4.3 万年前的马、5 匹现代家养马、一匹普氏野马和一头驴进行了全基因组测序。通过进化分析发现,现代马、驴和斑马最近的共同祖先存在的时间,在 400 万 ~450 万年前,比过去认为的时间要向前推进了两倍,因此,它们有足够长的时间进化成现在的马属种群。

科学家还发现,在过去的 200 万年间,马属种群发生了多次波动,特别是在气候剧变时期,多个冰期使得草原面积扩张,马的数量经历了一系列起伏。科学家推断,普氏野马和现代驯化马的种群分化是在 3.8 万 ~7.2 万年前。同时,基因组学数据表明,普氏野马并未与现代驯化马进行杂交,这也支持了普氏野马确实是现存最后一种真正的野马这一观点。

此外,研究人员还发现,一些在马的进化中,免疫系统和嗅觉系统受到不断选择的证据。科学家表示,对古 DNA 的测序,仍然是一项极具挑战性的工作,为解决一些关于近期物种演化、群体交流、人工驯化等争议问题,提供新的有效解决手段。

(3)哺乳纲偶蹄目动物基因破译研究的新进展。

一是完成牛基因组测序工作。2009 年 4 月 24 日,《科学》杂志登载的一项研究成果表明,在美国农业研究局和贝勒医学院的领导下,来自 25 个国家的 300 多位科学家,以海福特牛为样品牛,历经 6 年的牛基因组测序工作终于完成了。

研究人员发现,牛至少有 2.2 万个基因,其中 80% 与人类共享。牛在遗传上与人类的相似性,远远超过老鼠。这也意味着,牛可以替代实验鼠,作为研究人类疾病的动物模型。研究人员还认为,通过将人类基因组与牛等动物的基因组进行比较,可以更好地理解人类疾病的基因基础。

同一期《科学》杂志,还刊登了另一个研究小组的论文。这篇论文,比较了海福特牛与 6 种其他牛的 DNA 差别,并对 19 种地理及生物学上完全不同的 497 头牛,进行了研究。他们希望牛基因组测序工作的完成,能够有助于培育出肉质更好或产奶量更多的新品种牛。

美国农业部长汤姆·维尔萨克说,这一成果,对产值达 490 亿美元的美国养牛业,非常重要。了解牛基因组,并完成对其测序,将有助于认识牛类疾病的遗传基础,从而可以帮助减少养牛业对抗生素的依赖,并生产出质量更好的牛肉和牛奶。

　　二是绘制出猪基因组草图。2009 年 11 月 2 日，有关媒体报道，美国伊利诺伊大学生物医学教授劳伦斯·斯库克领导，英、法等多国科学家组成的一个国际研究小组，首次绘制出杜洛克猪的基因组草图。科学家认为，理解其基因组将提高家猪饲养技术，并开发出针对包括猪流感在内的猪类疾病疫苗。

　　报道说，杜洛克猪广泛分布于世界各国，是全球主要瘦肉型猪之一。这次科学家绘制出的草图包含杜洛克猪 98% 的基因。

　　斯库克认为，猪的生理结构与人类相似，是研究人类疾病的理想动物模型，目前科学家研究糖尿病、心脏病和皮肤病等都要依赖猪。寻找猪体内有助于提高猪肉产量及其免疫功能的基因，不但有利于猪肉生产，而且对提高猪以及人类的健康都有裨益。

　　斯库克说，通过比较家猪与野猪基因组的区别，科学家还可以找出驯养过程对猪的基因组变化造成的影响。

　　据介绍，这一项目启动于 20 世纪 90 年代初，共耗资 2430 万美元，其中 1000 万美元启动资金，由美国农业部国家食品和农业研究所提供。该所所长罗杰·比奇认为，理解猪的基因构成，将有助于包括猪流感在内的猪类疾病疫苗的开发。

　　(4)哺乳纲啮齿目动物基因破译研究的新成果。

　　一是完成老鼠全基因组测序图。2009 年 6 月，美国国立卫生研究院生物技术研究中心的戴拿·彻奇，与英国牛津大学的克里斯·庞亭教授共同领导的研究小组，在《公共科学图书馆·生物学》杂志上，公布了他们完成的老鼠全基因组测序图。老鼠成为继人类之后，第二个完成全基因组测序的哺乳动物。

　　研究人员在对人类和老鼠的基因测序图，进行综合性比较后，发现两者之间的遗传差异，要比人们预想的大得多。老鼠基因中，有 20% 属于新副本。这些副本，是在过去 9000 万年里演化而来的。人类与老鼠间的大量遗传差异，很可能决定着他们的生物学差异。

　　此项研究成果，填补了老鼠基因组研究的空白，强化了科学家的能力，使他们能找出最适于人类疾病的老鼠基因。同时，证明了如何把人类与老鼠共享的生物学特征，与某一物种所特有的生物学特征，区别开来。研究发现，这些新发现的基因，有许多以一种不寻常的速度，进行快速演化。

　　庞亭教授认为，这些新发现，可以帮助科学家确定，那些在所有哺乳动物中都一样的生物学基础基因。也可以帮助科学家分清，那些使人类与老鼠彼此之间存在巨大差异的基因。彻奇也认为，更重要的是，此项发现揭示了许多先前被隐藏着的老鼠生物学秘密。

　　二是首次绘出小鼠大脑皮层基因活性完整图谱。一个由美国国家人类基因组研究院、英国牛津大学等科研人员组成的国际研究小组，在 2011 年 8 月出版的《神经细胞》杂志上撰文称，他们使用一种最新测序技术，首次成功描绘出小鼠大脑基因活性的完整图谱。该图谱覆盖整个基因组的所有基因，十分详细地显示小鼠大脑皮层各层次的基因活性情况。研究人员指出,这项研究成果,不仅有助于科学家进一步理解哺乳动物大脑的组织结构情况,也为相关疾病研究指明了新的方向。

大脑是人体最神秘的器官,如果想了解它的工作方式,就必须了解其复杂的结构。大脑皮层则是所有哺乳动物大脑的最大组成部分,对记忆、感觉、语言和高级认知功能都至关重要。早在19世纪,科学家就意识到大脑皮层,是一个分层结构,六个层次中每一层的神经细胞类型和连接方式都不尽相同。而一旦了解了整个大脑皮层的基因活性,科学家就有可能更精确地将大脑解剖学、遗传学和相关疾病联系起来研究,意义十分重大。2003年,有科学家寻求利用微阵列技术,测定小鼠大脑基因活性,但他们至今仍没有完成所有已知基因活性的确定工作。

此次,国际研究小组,使用了一种称为RNAseq的新测序技术。与其他DNA(脱氧核糖核酸)测序技术不同,这种技术不是对DNA进行测序以了解静态的遗传密码,而是对组织样本里的所有RNA(核糖核酸)分子进行测定,来检测基因活性,确定哪些基因是活跃的。运用这种技术,研究小组成功描绘出老鼠大脑皮层基因活性情况的完整图谱。图谱显示,老鼠大脑中,有超过一半的基因在不同层次的活跃程度是不一样的。

研究人员称,这项研究成果,将使科学家能够更好地观察那些与疾病相关的基因。如图谱显示,与帕金森症相关的基因在大脑皮层的第五层尤为活跃,虽然这仅仅是一种关联,并不意味着一定会引发疾病,但却为该疾病的研究开辟了新的途径。

三是对老鼠基因组的调控序列测序。2012年7月1日,加州大学圣地亚哥分校,路德维格癌症研究所基因调控实验室主任任兵教授领导的研究小组,在《自然》杂志上发表论文称,他们首次详细标示出老鼠基因组功能序列中一个重要部分——调控序列的详细情况。老鼠是生物医学研究中,最广泛使用的哺乳动物模型。因此,最新研究,也将有助于我们进一步解读人类基因组。

任兵说,10多年前,我们就精确知道组成人类基因组的字母系统(包括碱基等),但是,这些字母如何编排成有意义的单词、段落甚至生命,还知之甚少。例如,我们知道,起作用的基因组中只有1%~2%的部分,会是蛋白质编码。但除此之外,基因组内还有很多区域,影响着基因和疾病的发育情况。很显然,这些区域会有自己特定的活动,而且它们本身也可能发生变化或者消失。

这些区域中最主要的是顺式调控元件,它们是存在于基因旁侧序列中,能影响基因表达的序列,调控着基因的转录活动,而基因调控出错可能会导致癌症等疾病的出现。该研究小组使用高通量测序技术,绘制出存在于老鼠19个不同的组织和细胞中,大约30万个顺式调控元件的详细情况。

研究人员表示,这项前所未有的研究工作,提供了老鼠约11%的基因组,以及老鼠和包括人在内的哺乳动物,共享的非编码序列中隐藏的70%以上的序列详情。研究人员有望借此,对这些序列,进行进一步的深入研究。

而且,就像研究人员此前设想的一样,他们找到了不同的序列。这些序列,会促进或者开启基因活动、增强基因活动,并决定在发育过程中基因会出现在体内何处。

2.破译鱼类基因研究的新成果

(1)硬骨鱼纲鲽形目鱼类基因破译研究新进展。

破译半滑舌鳎全基因组序列图谱。2014年2月2日,中国水产科学研究院黄海水产研究所、深圳华大基因研究院、哥本哈根大学、德国维尔茨堡大学、法国农业科学研究院和新加坡国立大学等单位组成的一个研究团队,在《自然·遗传学》杂志上发表研究成果称,他们破译了迄今为止首个比目鱼——半滑舌鳎全基因组序列图谱,揭示了半滑舌鳎性染色体起源机制和比目鱼底栖适应的分子机制,同时为后续半滑舌鳎的遗传改良、新品种培育奠定基础。

此外,研究人员还揭示了,半滑舌鳎温度控制下的,性别逆转现象的表观遗传调控机制,并发现了在这种表观遗传调控下的性别逆转的稳定遗传现象,该成果已发表在《基因组学研究》网络版上。

研究人员对半滑舌鳎雌雄鱼,分别进行了高深度全基因组测序、从头组装和分析。通过性染色体在雌雄鱼基因组测序覆盖深度的不同,并结合高密度遗传连锁图谱,构建了Z染色体的精细图谱和对应的W染色体序列图谱。

对于遗传和环境因素是如何相互作用来决定性别,目前还知之甚少。研究人员发现正常雌鱼性逆转成伪雄鱼之后,全基因组的DNA甲基化模型,几乎变得跟正常雄鱼一模一样。而且,性逆转后发生的甲基化改变,显著富集于跟性别决定通路有关的基因。另外,通过对亲本和子代样品进行比较,研究人员发现亲本伪雄鱼相对于雌鱼发生的甲基化改变,能够被后代继承,这可能解释了为什么伪雄鱼后代不需要温度诱导就能自然发生性逆转。

(2)破译硬骨鱼纲鲑形目鱼类基因研究新成果。

一是绘制虹鳟鱼完整基因组。2014年4月,法国国家农学研究中心、法国国家基因测序中心等多家机构组成的一个研究团队,在《自然·通讯》杂志上刊登研究报告称,他们完成了虹鳟鱼基因组的完整测序,并发现虹鳟鱼基因组较好地保留了1亿年前一次重要进化事件的遗迹,可以帮助了解脊椎动物的进化历程。

虹鳟鱼属鲑科,原产于北美洲太平洋沿岸。它肉质鲜美,在全世界被广泛养殖,同时也是被科学家研究最多的鱼类之一。这是科学界首次发布鲑科鱼类的完整基因组测序。

大约1亿年前,虹鳟鱼基因组经历了一次罕见的"全基因组倍增",也就是整个基因组复制出一个副本的现象。全基因组倍增对生物进化有着深远影响,但大多数已知的这类事件非常古老,往往有2亿年到3亿年历史,留下的痕迹不明显。

虹鳟鱼的这次全基因组倍增发生得相对较晚,为深入研究这类现象提供了一个独特的机会。分析显示，经过1亿年的进化，虹鳟鱼基因组里的"原版"和"副本"仍非常相似。

研究人员说，这两部分不仅整体结构相似，还保存了许多基因，尤其是帮助调控基因表达的微RNA基因几乎全部保留了下来，与胚胎发育和神经突触发育有关的基因，也保持了原始或近乎原始的样子。

这一研究结果证明，脊椎动物在发生全基因组倍增后，其基因组进化是一个缓慢渐进的过程。这推翻了此前被广泛认同的一个假设：全基因组倍增会，引发基因组结构和基因构成的迅速进化。

二是完成大西洋鲑鱼的基因组测序工作。2014年6月，海洋生物学家斯坦因尔·贝格塞思领导的"大西洋鲑鱼基因组测序的国际合作组织"，在温哥华举行的鲑鱼综合生物学国际会议上宣布，他们已经对大西洋鲑鱼的基因组进行测序。研究人员表示，鲑鱼的参考基因组将有助于水产养殖，保护野生种群，并助力相关物种（如太平洋鲑鱼和虹鳟鱼）的研究。

贝格塞思表示："全基因组的知识，让我们能够看到基因如何相互作用，并了解控制一定性状（如疾病抗性）的确切基因。"

大西洋鲑鱼，主要分布在北大西洋海域，以及流入北大西洋的河流中。然而，在过去的几十年，由于过度捕捞和栖息地变化等因素，野生大西洋鲑鱼的数量显著下降。为了满足市场需求，欧洲北部及北美洲的一些国家，开始大量养殖大西洋鲑鱼。在加拿大，大西洋鲑鱼的养殖每年带来了超过6亿美元的收入。

参与大西洋鲑鱼基因组测序研究团队，是一个由加拿大、智利和挪威的资助机构、产业界，以及研究人员组成的合作组织。早在2010年，该组织就在《基因生物学》上宣布了这一测序计划。不过，它也指出，鲑鱼基因组测序面临多个挑战。特别是，这是个同源四倍体基因组，包含长且频繁的重复。不过，该联盟也表示，它会通过测序双单倍体的雌鱼，来克服一些挑战。

通过大西洋鲑鱼基因组的测序，研究人员和业界合作伙伴，希望能够培育出更健康、生长更快的鱼类。

挪威鱼类养殖公司的养殖主管皮特·阿内森表示："鲑鱼的序列，将有助于开发更高效的选择性育种工具，这将让我们更好地选择出具有理想性状的亲鱼，用于鲑鱼的繁殖。"他补充说："对遗传物质的了解加深，让我们能够利用更多来自养殖鲑鱼的遗传变异。此外，这些序列为研究生物和生理过程开辟了新局面，"

3. 节肢动物基因破译研究的新进展

(1)破译昆虫纲膜翅目动物基因研究的新成果。

破译蜜蜂的全基因组。2006年10月25日，来自全球63个科研机构的百余名科学家组成的一个研究团队宣布，他们经过4年多努力，终于破译了蜜蜂的全基因组。

科学家说，基因密码不仅揭示了蜜蜂的进化奥秘，也带来不少与农业生产、人类健康有关的信息。继果蝇、蚊子之后,蜜蜂是第三种全基因组被破译的昆虫。科学家们的这一成果准备分别发表在《自然》和《科学》杂志上。蜜蜂是全球最重要的授粉昆虫,它还生成蜂蜜和蜂蜡等,因此对农业生产有重要意义。

在这一研究中,科学家们分析了蜜蜂16对染色体中包含的基因,其中共有约2.6亿个碱基对,初步发现约1万个有效基因,比果蝇和蚊子的基因总数少30%左右。对蜜蜂基因组的初步分析显示,蜜蜂的祖先与人类祖先一样来自非洲。科学家们认为,最古老的蜜蜂来自撒哈拉沙漠以南,然后逐步分布到欧亚大陆各个角落,并发生适合当地条件的进化,17世纪以后才来到美洲。这一发现突破了蜜蜂起源于欧亚大陆的传统观点。

科学家们的另一个重大发现是,尽管蜜蜂极其古老、进化缓慢,但它体内控制生理节奏、衰老、核糖核酸干扰的基因,与果蝇等昆虫的同类基因相差较大,反而与人类等脊椎动物的同类基因更为接近。

此外,基因组分析还表明,蜜蜂控制嗅觉的基因极为发达,数量超过果蝇和蚊子的同类基因,而控制味觉的基因明显较少,这说明,嗅觉是影响蜜蜂觅食和与同类通信的主要因素。

(2)昆虫纲双翅目动物基因破译研究的新进展。

一是完成埃及伊蚊基因组的测序。2007年5月18日,一个由美国、法国等国科学家组成的国际研究小组,在《科学》杂志上发表论文说,他们完成了对埃及伊蚊基因组的测序工作,这将为控制登革热和黄热病的传播提供重要线索。

登革热和黄热病,严重威胁着一些发展中国家人民的健康。埃及伊蚊是传播登革热和黄热病的主要媒介。

来自美国基因研究所等机构的研究人员说,他们将新绘制出的埃及伊蚊基因组草图,与已破译的冈比亚按蚊的基因组进行对比。结果发现,两种蚊子的基因组有诸多相似之处,但在基因组整体规模、基因密度、基因家族的构成等方面有所差别。

研究小组介绍说,埃及伊蚊和冈比亚按蚊代表了两类主要的蚊子亚科,分析它们的基因组差异,将有助于科学家了解蚊子内在生物学方面的特性区别,例如,不同种类蚊子对血液的不同偏好,在选择宿主时的行为差异,传播特定病原体时的个体能力差别等。

另外,研究小组还把埃及伊蚊的基因组,与已破译的果蝇基因组进行对比分析。他们认为,鉴别两者基因组的差别,将有助于科研人员理解,哪些基因及基因活动,是蚊子所特有的。

发现果蝇基因测序的新方法。2009年5月,美国斯托瓦斯医学研究所斯科特·霍利研究员领导的研究小组,在《遗传学》杂志上发表研究报告称,他们开发出一种名为"全基因组测序法"的果蝇突变基因测序新方法。研究人员指出,在寻找果蝇突变基因上,这种方法能大幅减少时间和精力。

研究人员介绍说，他们是通过测定果蝇突变后所产生的复合乙基甲（EMS），来绘制突变果蝇的基因图谱的。这一结果，将有助于对复合乙基甲的突变诱导机制，以及使用基因工具，来防止在同源染色体分裂后的基因重组的理解。

据了解，由于果蝇的基因可以被人工插入、删除或修改，可以被随机突变为人们所感兴趣的人类疾病特性以供研究，果蝇经常被用于对普通生物过程和人类疾病的研究。但要从大量的果蝇基因中，寻找出带有研究人员所感兴趣的特定的突变基因，却可谓是一个旷日持久的浩大工程，并且还有不少突变所导致的相关疾病尚未被发现。

研究人员表示，新的方法大幅降低了在寻找突变果蝇上的障碍。霍利说，这种方法将会改变现有的果蝇基因遗传学。传统测序方法的效率往往较低，而这种"全基因组测序法"，无论在时间还是在成本上，都要更胜一筹。除其他的潜在用途外，这种方法，还能准确地发现那些被几个基因同时控制的具有遗传特性的分子。

二是对导致昏睡症的采采蝇进行基因组测序。2014 年 4 月 25 日，美国康涅狄格州纽黑文市耶鲁公共卫生学院杰弗里·阿塔多主持，成员来自美、英等 10 多个国家 78 家研究机构约 140 名科学家组成的一个研究团队，在《科学》杂志上报告说，他们通过对一种使人虚弱甚至可能致命的疾病传播元凶采采蝇，进行基因组测序，公共卫生工作者向着消灭昏睡症（又称非洲锥虫病）迈出了关键一步。

研究人员表示，采采蝇的 3.66 亿个碱基序列，提供了有关这种昆虫的食物、视觉和繁殖策略方面的线索。阿塔多表示："这一成果，真的促进了我们对于这种昆虫进行基础研究的能力。"

采采蝇也称舌蝇，以吸食脊椎动物血液为生。在撒哈拉以南非洲，采采蝇携带了，一种能够在人类以及牲畜中，导致昏睡症或类似疾病的寄生虫。其中，人类锥虫病感染者，主要表现为过度睡眠，又称昏睡症。受昏睡症威胁的非洲人高达7000 万，每年数万人因昏睡症死亡。动物锥虫病又叫那加那病，非洲每年有 300万牲畜被那加那病感染，经济损失达数十亿美元。一些控制措施，如捕捉和杀死采采蝇，有助于降低发病数量，但对于这种疾病至今缺乏有效的疫苗。

阿塔多表示，破译采采蝇基因组，将帮助研究人员确定这种昆虫的具体特征，同时有望带来控制采采蝇种群数量新的或更有效的方法。

采采蝇已经成为科学家研究昏睡症的首选，部分原因在于对这种昆虫开展实验室研究十分安全。迄今为止，研究人员对于采采蝇的生物学和行为特征已经有了很多了解。

联合国粮农组织与国际原子能机构共同设立的食品与农业核技术部门，在一份声明中说："破译采采蝇的 DNA（脱氧核糖核酸）是一个重大科学突破，为更有效地控制锥虫病铺平道路，这对撒哈拉以南非洲的数千万农牧民来说是一个好消息。"

控制采采蝇的传统方法，包括投放不育雄蝇、诱捕器和使用杀虫剂，但成本高昂且效率不高。此外，由于采采蝇携带的寄生虫可以躲避宿主免疫系统，目前尚无有效疫苗预防采采蝇引起的锥虫病。在这一背景下，2004 年启动"国际舌蝇基因组计划"，旨在从基因学角度了解采采蝇及其引起的疾病。

采采蝇与实验室常用动物模型果蝇有亲缘关系，但新研究表明，采采蝇的基因组包含 3.66 亿个碱基对，是果蝇的 2 倍之多、约为人类基因组的 1/10。

研究人员在采采蝇基因组中找到约 1.2 万个基因，其中包括一个叫作 RH5 的感光基因，它可以解释为什么采采蝇会被蓝光、黑光诱捕器吸引。研究人员还发现了一些视觉与气味基因，这些基因会驱使采采蝇寻找宿主与配偶等行为反应。此外，采采蝇唾液腺中还有一组 TSAL 基因，可以帮助它们更顺利地吸宿主的血。

研究人员表示，"国际舌蝇基因组计划"所有研究数据，已上载到一个基因组数据库，全世界科学家都可免费使用。

北卡罗来纳州立大学昆虫学家布瑞恩·魏格曼，称赞这项耗时近 10 年完成的研究，是一篇"完整的生物学论文"。他说："它是放入基因组语境中的有机体生物学。"魏格曼指出，采采蝇基因组将帮助他理解昆虫各种适应性的遗传基础，以及与其他物种的差异。

与此同时，还有 5 项关于采采蝇基因组的研究，正在进行当中，其中包括一种导致最多人类昏睡症感染病例的河畔采采蝇的基因组分析。阿塔多说："这项研究的序幕正在拉开。"

**4. 破译其他无脊椎动物基因研究的新成果**

（1）腔肠动物基因破译的新进展。

宣布完成栉水母的基因组草图。2014 年 6 月 5 日，利奥尼德·莫罗兹等人组成的研究小组，在《自然》杂志上发表了栉水母"太平洋侧腕水母"的基因组草图，以及另外其他十种栉水母的转录组。

研究人员说，栉水母是谜一样的动物，它们把两个截然不同的神经网，与一个类似基础大脑的中心结合在一起，并具有适合其捕食性生活方式的、由中胚叶形成的肌肉。

莫罗兹表示，这些基因组的神经、免疫和发育基因含量，与其他动物基因组显著不同：没有 HOX 基因和标准的微 RNA 机制，免疫基因补充也减少了。很多双侧神经元特定基因和"经典"神经传输物通道的基因，在神经元中不存在或没有表达。于是，他认为，栉水母的神经系统，还可能包括肌肉分化，是独立于其他动物的方式演化的。

（2）破译线形动物基因的新成果。

公布三种鞭虫基因测序结果。2014 年 6 月，马修·贝里曼研究小组，与亚伦·杰克斯研究小组，各自在《自然·遗传学》网络版上发表一篇论文。他们成果表明,生物学家完成了三种鞭虫的基因测序。该成果或有助为鞭虫感染和肠道炎的治疗,提供新思路。

马修·贝里曼研究小组解码了两种鞭虫的 DNA 序列,它们分别寄生在人体和小鼠体内。研究人员观察了小鼠体内鞭虫在感染过程中产生的遗传变化,并将结果对应到人体感染上。他们发现,两种鞭虫的基因种类有很多重合,而且,有 29 种基因对鞭虫至关重要,现有药物可以对其产生作用。

亚伦·杰克斯研究小组对第三种鞭虫进行了基因组测序,这类鞭虫感染的对象是猪。与感染人的鞭虫致病作用不同的是,把第三种鞭虫的卵感染给人类,可使得人体免疫过激反应减少,从而帮助治疗肠道炎。研究人员还找到了,第三种鞭虫体内许多控制免疫反应的基因。

### 四、人类基因破译研究的新成果

1. 绘制不同国家人基因组图谱的新进展

(1)韩国人基因组图谱的绘制与比较。

一是成功绘制韩国人基因组图谱。2008 年 12 月,韩联社报道,韩国嘉泉医科大学和韩国生命工程研究院的两个研究团队,通过共同研究,已经成功绘制出第一个完整的韩国人基因组图谱。

报道称,这是人类染色体碱基序列第四次被完整破译。研究人员宣布,分析测序中使用的基因物质,来自于嘉泉医科大学教授金圣镇。

研究的目的,是建立韩国人标准染色体数据库。研究人员期待,在染色体碱基序列图谱基础上,进一步分析韩国人特有的遗传特性,有助于探明韩国人种发病率较高的遗传性疾病的病因,找到后基因时代的解决办法。

研究人员指出,对韩国人基因组图谱的初步解读,从科学意义上证实了韩国人同中国人和日本人的差异性。染色体碱基序列分析发现,在非洲人、西方人及东方人中,韩国人的基因属于东方人类型,居中国人和日本人之间。以单核苷酸多态性位点(SNP)分析,金圣镇的染色体,与美国沃森和中国杨焕明此前发表的染色体序列的差异度,分别为 0.05% 和 0.04%。

研究还发现,金圣镇的染色体,具有 323 万个单核苷酸多态性位点,与沃森、文特尔和杨焕明等三人,在研究成果中发表的染色体结构相对比,其中有 158 万个单核苷酸多态性位点未得到清晰阐述。这意味着,在每 1 万个 DNA 碱基中分布有 6 个。韩国研究人员相信,这些相当于人类染色体全长的 0.06% 的单核苷酸多态性位点,是韩国人所特有的。

二是发现韩国人与汉族人相同遗传基因较多。2009 年 7 月,韩国首尔大学医学院医学遗传体研究所的研究小组,在《自然》杂志上发表撰文称,他们在和美国哈佛大学联手制作完成了 30 岁健康韩国男性的基因组图后,又对基因组图进行了解读。

对韩国人的基因组图的解读,是继 2008 年 12 月嘉泉医科大学癌症糖尿病研究所,成功解读基因组图后的第二次。在全世界范围内是第 6 次。而此次的基因组图的解读,得到了精确度很高的评价。原有的基因组图解读中,对于一份基因组图会重复 10~30 次,而此次解读最多重复次数达到 1 万次。

将此次被解读的基因组图,与已经被解读的中国汉族、非洲黑人的基因组图,进行比较可以得知,韩国人和中国汉族人之间相同的遗传基因,比韩国人和黑人之间相同的遗传基因,数量要多。从人种学方面来看,可以确定韩国人和汉族人之间的关系较之更为密切。研究所所长徐延瑄教授表示:"此次对基因组图的解读,让世界了解了韩国的基因组图分析技术,是一件让人兴奋的事情。并且将提前开启个人医学的时代。"

解读两名韩国人的基因组图,可以说大大提高为韩国人开启"符合个人特质的医学"时代的可能性。根据人种的不同,基因组图也各不相同,药物的效果也不一样。利用基因组同解读结果,就可以事前了解一些药物是否会产生效果。另外,此次还发现与人体嗅觉器官有关的遗传基因有 660 个,而鼠类身上与气味相关的遗传基因达到了 1300 个。这项发现,可以证实在人类的生存演化过程中,对嗅觉的依赖逐渐降低,相关的遗传因子也出现了退化。

(2)破译墨西哥民族基因组图。

2009 年 5 月 11 日,墨西哥国家基因医学院主任赫拉尔多·希门尼斯·桑切斯宣布,成功破译墨西哥民族的基因组图。他在墨西哥总统府举行的新闻发布会上说,这一研究成果,将有助于医学界寻找与基因有关的多种疾病的治疗方法,如糖尿病、肥胖症、癌症等疾病。另外,有了这份详细的基因组图,医学研究人员就可以分析人们患某种疾病的基因风险,并制定个性化的治疗方案。

这一研究成果,发表在美国《国家科学院学报》上。科研人员对来自墨西哥 6 个州的 300 多个梅斯蒂索人(欧洲人和美洲印第安人的混血人种)以及南部瓦哈卡地区 30 个土著人的基因样本进行了分析。

基因序列分析表明,墨西哥民族是由多达 65 个不同种族构成的,其中梅斯蒂索混血人种占到总数的 85% 左右,他们与欧洲人、非洲人和亚洲人存在明显差异。另外,墨西哥北部州人的基因组更接近于欧洲人,而南部州人的基因组更接近于美洲印第安人。

当时,甲型 H1N1 流感在墨西哥的致命率,远高于世界其他地区。针对这一点,桑切斯说,虽然目前还不能断言其中原因是墨西哥民族的基因构造不同,但破译墨西哥民族的基因序列后,对包括甲型 H1N1 流感在内的许多疾病的研究可能会大大深化。

墨西哥总统卡尔德龙还在发布会上宣布,这项研究成果将通过网络,与全世界学术界免费共享。

（3）首个越南人基因组图谱绘制完成。

2014年1月16日，越通社报道，越南科学家首次成功绘制出一名越南人的基因组图谱。

来自河内国家大学下属科技大学的研究小组，公布了这份基因组图谱绘制与分析的初步结果。该研究小组主任黎士荣表示，2013年年底，研究小组收到一名越南人的基因组数据，在此基础上对其进行分析排序，成功绘制出基因组图谱。与标准的人类基因组图谱相比，这份图谱包含超过300万个单核苷酸多态性，即由单个核苷酸变异形成的基因组差异，其中许多是这份图谱独有的。

黎士荣说，这项成果，是进行多个遗传研究项目的第一步，为研究生物多样性，以及越南人与其他亚洲人，乃至世界其他种族之间的遗传差异，打下了基础。

**2. 古人类基因测序研究的新进展**

（1）完成最早的古人类基因测序。

2013年12月4日，德国马克斯·普朗克进化人类学研究所、中国科学院古脊椎动物与古人类研究所、西班牙马德里孔普卢栋大学等机构组成的一个研究团队，在《自然》杂志网站上发表研究成果称，他们完成了对约40万年前的欧洲古人类遗骨进行的基因测序工作，这是迄今所获最早的古人类基因测序结果，可能会改变科学界之前对欧洲人祖先"家谱"的一些看法。

研究人员表示，进行测序的样本，采自约40万年前古人类大腿骨化石，化石出土于西班牙胡瑟裂谷的一个洞穴中，那里共发掘出28具古人类遗骨化石。

本次研究获得了线粒体基因组测序结果。研究人员说，他们本以为将从中发现这种古人类与尼安德特人的渊源，因其骨骼特征与尼安德特人相似，并且后者曾在欧洲大陆和亚洲部分地区占统治地位。然而基因比对显示，这种古人类与西伯利亚地区古人类丹尼索瓦人更相似。

研究人员解释说，这个结果有可能说明，胡瑟裂谷古人类或许与尼安德特人及丹尼索瓦人都有血缘关系，而这将使欧洲古人类的家谱"更加混乱"。此前就有研究称，尼安德特人和丹尼索瓦人可能曾发生过杂交。

虽然这一结果提出的新问题比揭示的答案更多，但研究人员仍充满期待。因为此前针对古人类化石的基因测序一般局限于更新世晚期，而这是首次从更新世中期的化石中成功提取DNA并完成测序，使古人类基因研究范围扩大了约20万年，有助于进一步探索人类进化路径，使古人类图谱更加完善。

研究人员表示，他们下一步将对该地下洞穴出土的28具遗骨化石进行详细研究，从基因角度探索胡瑟裂谷古人类、尼安德特人及丹尼索瓦人之间千丝万缕的关系。

（2）进行大规模古代DNA测序分析。

2015年6月11日，丹麦哥本哈根大学，进化生物学家、DNA专家艾斯克·威勒雷夫领导的研究团队，在《自然》期刊上发表研究成果称，他们通过分析101个古代欧亚人的基因组，揭示了青铜时代欧洲和亚洲的大规模人口迁徙和变化，是如何塑造当今欧洲和亚洲的人口结构的。有关专家说，这项遗传学研究，是迄今为止对古代 DNA 样本分析的最大项目，加深了科学家对现今人们的身体特征以及语言传播的理解。

青铜时代，在考古学上是以使用青铜器为标志的人类文化发展的一个阶段，欧亚大陆的青铜时代（约 3000 年—5000 年前）时期发生了重要的文化变迁，但学界一直在争论其原因，也就是这到底是因为观念的流动还是因为大规模的人口迁徙？古代的基因组，能提供关于过去人口历史的详细信息，但能否获得足够的遗传数据用于详细分析，则一直是个挑战。

此次，威勒雷夫研究团队用改良的方法克服了这个问题。他们测序了来自整个欧亚大陆 101 个古代人的基因组，分析结果有助于科学家理解当今欧洲和亚洲的人口结构，其与发生在青铜时代欧洲和亚洲的大规模人口迁徙和变化密不可分。此次的研究能帮助人们深入了解某些特征的分布情况，比如肤色和乳糖耐受能力，并且能为理解印欧语系的传播提供相关数据。他们的分析表明，白皮肤的色素特点在青铜时代就已经很常见；很多现代北欧人都有的乳糖耐受力，在青铜时代的欧洲人中却相对很少，这表明人类喝牛奶的突变是在青铜时代开始散播开的，比以前认为的要晚。这项发现也支持了一个理论，即青铜时代早期的迁徙在印欧语系扩散中有一定作用。

3. 破译人类染色体的新成果

（1）破译人类第 2 号和第 4 号染色体。

2005 年 4 月 6 日，美国国家人类基因组研究所宣布，来自多个科研机构的专家们，已经完成对人类第 2 号和第 4 号染色体的解码分析工作。他们除了在两条染色体上发现大片"基因沙漠"外，也进一步证实，人类第 2 号染色体是由古猿的两条染色体融合而来。由华盛顿大学圣路易斯医学院为首的专家们发表的数据显示，人类第 2 号染色体由 2.37 亿个碱基对组成，包括 1346 个负责编码蛋白质的基因；而第 4 号染色体由 1.86 亿个碱基对组成，包括 796 个负责编码蛋白质的基因。他们的研究成果，发表在《自然》杂志上。

第 2 号染色体，是人类第二大染色体，它含有的基因能编码人体最大蛋白质。这个蛋白质是由 3.3 万多个氨基酸组成的激酶。第 4 号染色体，可能包含与亨廷顿氏病、多囊肾、肌肉萎缩症、沃夫·贺许宏氏症（一种因 4 号染色体短臂缺失导致的先天智障）等罕见疾病相关的基因。这两条染色体因而成为科学家长期以来关注的对象。

科学家在最新分析中取得的最大收获是，确认了人类第 2 号染色体是由古猿的两条染色体合并而来。人类有 23 对染色体，比黑猩猩等亲缘最近的大型灵长动物少了一对。科学家早先认为，人类第 2 号染色体，是进化中由古猿身上两条染色体 2a、2b 合并而来。2002 年，美国一个研究小组曾初步确定了这一融合发生的位点。

在这次对第 2 号染色体的详细分析中,科学家们发现了染色体融合的确凿证据:2 号染色体上的某一位置,存在具有丝点特征的 DNA 编码对称重复现象,而着丝点是染色体的中心点。科学家因此判断,这一位置是融合前一条染色体着丝点留下的残迹。他们也对这一位置进行了精确测定,鉴别出它周围的 3.6 万个碱基对序列。

在对第 4 号染色体的分析中,科学家发现了人类基因组上最大的"基因沙漠",也就是不负责编码任何蛋白质的大片 DNA 序列。科学家猜测,虽然这些DNA 序列不产生蛋白质,但它并非没有意义,而可能对人类生理有重要作用。此前对鸟类和其他哺乳动物的基因组分析中,都也发现了类似现象。因此,这可能是生命进化中的"保留地",科学家还将深入分析其功能。

随着第 2 和第 4 条染色体分析工作的完成,包括决定性别的染色体 X 和 Y 在内,人类所有 23 对染色体中已有 15 对被详细破译。科学家说,人类基因组项目的分析工作,已接近收尾阶段。

(2)解码人类第 17 号染色体。

2006 年 4 月 19 日,美国布罗德研究所、英国韦尔科姆基金会等机构专家组成的一个研究团队,通过美国媒体宣布,他们完成对人类第 17 号染色体的详细解码,并通过首次与鼠类第 11 号染色体对比,揭示高等灵长类动物快速进化的部分原因。

他们在《自然》杂志上撰文说,人类第 17 号染色体,由大约 8100 万个碱基对构成,包含 1500 多个基因,其基因密度之高,在所有人类染色体中列第二位。第17 号染色体,有许多与疾病相关的基因,比如乳腺癌基因、神经纤维瘤基因、遗传性神经紊乱基因等。在该染色体上,大段 DNA 编码重复的现象也很显著。

人类共有 22 对常染色体和 1 对性染色体。在第 17 号染色体分析完成之前,科学家已完成了 15 对染色体的解码分析工作。而在分析第 17 号染色体的同时,研究人员还首次详细解码了鼠类的第 11 号染色体,并将两者进行了对比。

他们发现,人类染色体有大量的"跨染色体重组"现象,即某条染色体会从其他染色体复制 DNA 片段。而鼠类染色体却保持相对稳定,人类染色体常见的DNA 编码重复现象,在被研究的鼠类染色体上也没有出现。专家指出,人类的"跨染色体重组"与其 DNA 编码重复有密切的联系,从其他染色体复制而来的 DNA编码,其重复出现的概率往往很高。

研究人员认为,人类染色体的这些特点,也出现在其他高等灵长类动物身上,这可能也是高等灵长类动物快速进化的奥秘所在。也就是说,基因组的进化,可能不取决于染色体的复杂程度,而取决于染色体之间如何互动。

(3)公布最后一个人类染色体基因测序图。

2006 年 5 月 18 日,据《自然》杂志网络版报道,美国和英国科学家公布了人类第一号染色体的基因测序图,这个染色体是人类"生命之书"中最长也是最后被破解的一章。

第一号染色体中共有2.23亿个碱基对,占人类基因组中碱基对总量的8%左右。碱基对是组成生物遗传物质的基本单位。

科学家这次测序,确定了人类第一号染色体中的3141个基因,这些基因中存在的缺陷与350种疾病有关,其中包括癌症、帕金森症、早老性痴呆等。

人类有22对非性染色体,最大的是第一号染色体,最小的是第22号染色体。另外还有性染色体决定人的性别。

公布第一号染色体的基因测序图,为人类基因组计划16年来的努力画上了句号。人类基因组计划,是由来自美国、英国、日本、法国、德国、中国等国家的科学家共同执行的一项计划,目的是完全破解人类基因组。

美国北卡罗来纳州杜克大学的西蒙·格雷戈里说,公布最后一个人类染色体的基因测序图,不仅标志着人类基因组计划的任务已经完成,而且也标志着建立在人类基因组测序图基础上的,生物和医学研究的浪潮将日益高涨。

(4)找到决定DNA链染色体最基本单位核小体的定位编码。

2006年7月,以色列魏茨曼科学研究院埃兰·赛杰尔博士领导的一个研究小组,在《自然》杂志上发表研究报告称,他们破译了决定核小体如何在DNA链上进行定位的基因代码。像绳珠一样沿着整个染色体进行排列的核小体,是染色体的最基本单位。它在DNA上的精确定位,对细胞日常功能的发挥起重要作用。当相邻核小体之间的自由区域只有约20个碱基长时,单个核小体大约包含着150个碱基对。正是在这些核小体自由区域,才能进行遗传信息的复制。

多年以来,科学家并不认为活细胞中核小体的位置,是由遗传排序自身控制的。赛杰尔研究小组则设法证明:DNA的排序,确实对如何放置核小体的"分区制"信息进行了编码。另外,他们还分析出这个代码的特征,并利用仅利用DNA排序,就精确地预测出酵母菌细胞中大量核小体的位置。

为完成这项研究,赛杰尔研究小组检查了大约200个不同核小体,在DNA中的位置,并且从它们的排序中寻找共同之处。他们用数学方法,分析核小体排序之间的相似之处,最后找到一种特殊的"代码世界"。这个"代码世界",是由一个在排序上,每隔10个碱基出现的周期性信号组成。这个信号有规则地循环,帮助DNA片断急剧弯曲成能够形成核小体所需要的球形形状。为识别这个核小体的定位代码,研究人员利用概率模型,来分析被核小体约束着的排序,并且开发了一个计算机算法,来预测一个完整染色体上核小体的编码组织。

研究人员发现,一个与结合位置有功能关联的基础信息,部分存在于核小体定位代码中:想要到达的地点,在核小体之间的染色体片断上被发现,从而允许它们接受不同转录因子的引导。因此,如果用相同结构的假结合位置,就能误导转录因子,从而帮助科学家找出这种结构。

(5)破解 Y 染色体演化历程。

2014 年 4 月 24 日,英国《自然》杂志上,发表了两篇遗传学研究文章,对 Y 染色体的演化和功能提出了新的见解。这两篇文章共同指出,被精心保留下来的基因,是由于剂量原因能保持功能稳定,且与一些其他基因的表达关系密切。

Y 染色体在演化进程中丢失了大量基因,不过这种丢失基因的过程,在大约 250 万年前就已停止,留下不到 100 种稳定的祖先基因。Y 染色体是大多数哺乳动物(包括人类)的两条性染色体之一,雄性所具有而雌性没有的那条性染色体即是 Y 染色体。但不同于与它同源的 X 染色体,人类 Y 染色体上的基因,在其数百万年的演变过程中越来越少,只保留了祖先基因的 3%,而 X 染色体在进化历程中却几乎保有了全部 2000 种基因。

由于有着大量的重复序列,Y 染色体的重建很不容易,长期以来制约了测序和相关的进化研究。但是瑞士洛桑大学的进化遗传学家亨利克·卡诗曼领导的研究小组,利用自己开发出一种新测序技术,研究了 15 种具有代表性的哺乳动物的 Y 染色体的演化历程。他们的分析结果显示:虽然有些 Y 染色体上的基因演化出了新的功能,但大多数 Y 染色体上的基因可能受剂量限值影响,保留了原来的功能。

同时,刊登的另一篇报告,则是由美国麻省理工学院丹尼尔·贝洛特领导的研究小组撰写的。在这项对于 8 种哺乳动物的 Y 染色体进行的独立研究中,他们确定了基因含量的偏差,其同样展示出 Y 染色体基因的生存率并非随机的,剂量限值正是保留 Y 染色体上祖先基因的重要选择压力。该研究小组提出,Y 染色体除了参与形成睾丸和生成精子外,对于雄性的存活也是十分必要的。贝洛特研究小组还认为,探明 Y 染色体的进化历史和功能,有助于了解两性在健康方面存在差异的根本原因,也有助于找出一系列遗传疾病的发病机制和治疗方法。

4.揭开人类基因开关转录因子的分布图谱

(1)成功绘制基因开关位置图谱。

2006 年 3 月 22 日,新加坡《联合早报》报道,新加坡基因组研究院黄学晖博士领导的研究小组,成功绘制出 4000 多个基因开关位置图谱,干细胞如何启动或抑制基因表达的谜底,有望随着这项发现而解开。

报道称,该研究小组由 23 人组成。他们的长期目标,是找出更多转录因子,了解各转录因子启动或抑制哪些基因表达。研究人员认为,基因开关位置图谱,就好比基因组图谱的"全球定位系统"。有了它,人们可以更准确知道在基因组的哪些位置,可以产生哪些基因表达。

黄学晖表示,干细胞的活动受一种特殊蛋白质转录因子控制,它们会在基因组的特定位置,与相应的蛋白质结合,产生后续作用,即启动或抑制某种基因表达,影响干细胞分化成各种组织和器官。

多年来,医学界都希望能以干细胞治疗各种疾病,如尝试糖尿病、心血管病、帕金森症、阿尔茨海默氏症、先天性肌肉萎缩症等领域的干细胞疗法。但是,由于无法掌控干细胞的分化,医学界始终无法有效地利用干细胞来治疗疾病。而基因开关位置图谱的成功绘制,有望为干细胞疗法带来突破。

（2）公布人类基因组中转录因子的系统性研究成果。

2015年3月,加拿大多伦多大学分子遗传学教授蒂姆·休斯领导的一个研究小组,在《自然·生物技术》上发表研究成果称,如果说基因是DNA(脱氧核糖核酸)串上的一盏灯,基因组就将成为一个无穷闪烁的灯环,因为数以千计的基因会在任何特定时间开启和关闭。他们目前正在探寻隐藏在这场协调紧凑的灯光秀背后的规律,因为它一旦出现故障,疾病就会随之而来。

基因由被称为转录因子的蛋白开启或关闭。这些蛋白和DNA上的精确位点结合,以充当路标,告诉转录因子其目标基因就在附近。现在,休斯研究小组公开发表了对最大一组人类转录因子(C2H2 – ZF)的首个系统性研究成果。

转录因子在发育和疾病形成中担当着重要角色,C2H2 – ZF转录因子数超过700个,占据人类所有基因数的3%。大多数人类C2H2 – ZF蛋白与小鼠等其他生物体的完全不同,这意味着科学家无法将动物研究成果适用于人类C2H2 – ZF。休斯研究小组发现,C2H2 – ZF如此丰富多样的原因在于,它们中的多数在进化过程中,形成了避免人类祖先基因组遭受"自私DNA"损害的防御能力。

自私DNA是一种寄生DNA,其唯一目的就是繁殖一种人类基因组病毒。它们利用细胞的资源来制作自身的副本,并随机插入整个基因组,沿途制造有害的变异。几乎一半的人类基因组由自私DNA组成,自私DNA来自古代的逆转录病毒,其亦可将DNA插入宿主基因组中。当这种情况发生在卵子或精子中时,病毒DNA被传递给下一代,而自私DNA就此成了内生性逆转录因子(ERE)。

进化生物学家认为,自私DNA有助于使基因组变得更大,给自然选择增添了额外的DNA材料。但休斯的研究数据表明,ERE占据了这场进化军备竞赛的中心舞台,这种变化催生了C2H2 – ZF这个蛋白新组群。休斯称,这是一个从古到今的"征服与反征服"的精彩故事。C2H2 – ZF最初进化成能关闭ERE、随着新的ERE入侵人类祖先的基因组,新的C2H2 – ZF就会出现以防止其破坏基因的功能。这就解释了C2H2 – ZF在不同的生命体中既丰富又多彩的原因。

此项研究表明,ERE是转录因子本身进化中的真正驱动力。所有的哺乳动物都有一大堆特定转录因子可静默ERE,而ERE和这些新的转录因子,在不同脊椎动物中也是不同的。这些ERE现在是无害的,因为其已有几百万年的古老历史。随着时间的推移,其累积的变异以恒定的速度布满整个基因组,最终的结果是其失去了繁殖和移动的能力。

C2H2 – ZF则开始承担新的角色,其使用分散在基因组中的ERE作为DNA对接位点,从这里对邻近基因进行控制。曾作为征服者的ERE最终落得"被奴役"的下场。

休斯介绍了这一过程中的一个精妙例证。C2H2 – ZF的一个家族成员

ZNF189 转录因子,逐渐进化成可静默一个具有一亿年古老历史的 LINE L2 逆转录因子。LINE L2 现在已处于非活动状态,但 ZNF189 仍然与 L2 绑定,因为它要使用 L2 残余到达其他的基因。

L2 序列的残余,恰好位于驱动大脑和心脏发育的基因附近。所以,ZNF189 担当了塑造这些器官的新角色,这一安排通过自然选择得以保留下来,因为它对胚胎的形成有益。类似于 L2 曾经担当的角色,ZNF189 可能会关闭"大脑基因",但在心脏细胞中,其实际上可能发挥着开启基因的作用,因为它已失去了可形成关闭功能的那一部分。

5. 破解人类遗传生殖细胞基因的新成果

(1)宣称破解人类卵细胞基因奥秘。

2006 年 9 月,美国密歇根州立大学生理学教授约瑟·斯贝利领导的一个研究小组,在美国《国家科学院学报》上发表论文称,他们已经成功破解人类卵细胞基因的全部奥秘。这一研究成果,使得人类首次彻底地了解卵细胞的独特基因,对于人类认识基因的相关功能具有极为重要的意义。在临床医学领域,这一成果为治疗不孕不育症,以及变性疾病提供了可能。

卵细胞通过与精子结合,将会持续不断地快速分裂,最终在人体内形成胚胎并诞生一个全新的生命。斯贝利说,人体的卵细胞为什么具备这种神奇的能力?从根本上说,完全是卵细胞的特殊基因,使得卵子拥有了这种魔力。我们论述了基因在卵细胞变化中起的作用,第一次彻底破解了卵细胞的基因奥秘。通过技术手段,我们可以让未成熟的卵细胞产生其他种类的特殊细胞,甚至包括干细胞,并培育出新的细胞组织。如果这一技术最终进入临床试验,将可以治疗人类目前面临的多种绝症,如白血病等。

(2)首次完成人类个体精子完整基因测序。

2012 年 7 月 20 日,美国斯坦福大学生物学教授斯蒂芬·奎克领导,妇产科学教授巴里·贝尔等参与的一个研究小组,在《细胞》杂志上发表论文称,他们首次对源自一名男性的 91 个精子细胞的全部基因组进行测序,这将有助于学界更加了解自然发生的个体遗传突变,对于不孕不育症的科研具有重要意义。

研究人员表示,这是第一次公布人类配子的全基因组序列。配子是指生物进行有性生殖时,由生殖系统所产生的成熟性细胞,它也是唯一能成长为孩童,并能遗传父母身体特征的细胞。

精子细胞测序十分有趣,是因为这涉及一个名为"重组"的天然过程,有了这一过程才能确保一个婴儿,能够融合来自其四个祖父母的 DNA。至今科学家仍需要依赖群体遗传研究,来预测"重组"在单个精子或者卵细胞中发生的频率,以及必需的遗传信息交汇数量。但是这些传统的方法比较粗略,无法了解单个细胞的具体情况。而借助单细胞测序技术进行的单个精子序列分析,能使我们更好地理解不同个体之间的"重组"差异。这些重要结果和数据,也能帮助研究人员探索人类"重组"的动力学基本机理,以及它与男性不育症之间的关联。

6.绘制人类疾病的基因组图谱

(1)绘制高血压患者基因图谱。

2005年2月,巴西利亚媒体报道,由巴西科学家伊万·戈多维尔任协调员、多学科专家组成的一个研究团队,正在开展一项绘制本国高血压患者基因图谱的研究,以便根据不同患者的基因变化,进行个性化治疗,获得更好的疗效。

戈多维尔说,目前已知6种基因变化与高血压病有关。只要其中4种基因出现变化,机体就会增加内分泌,致使更多液体在体内潴留,造成血压升高。他表示,通过这项基因研究,研究人员希望了解这些基因变化的过程,哪种基因变化对高血压影响最大,各种基因变化对药物的反应,以及药物可能造成的副作用。目前,145名年龄在35岁以上、用标准药物治疗无效的高血压患者正在参与研究。

戈多维尔指出,由于各国人种基因有一定差别,在一个国家绘制的基因图谱,不一定适用于另一个国家的患者。

(2)绘制出遗传性痉挛性截瘫基因突变图。

2014年1月30日,美国加州大学圣地亚哥分校,约瑟夫·格利森教授领导的一个研究小组,在《科学》杂志上报告说,他们绘制出导致遗传性痉挛性截瘫的基因突变图,向着开发这种疾病的疗法迈出第一步。

遗传性痉挛性截瘫,是一种罕见的家族遗传神经系统退行性变性疾病,临床表现为双下肢痉挛性肌无力,可伴有癫痫、失明、痴呆、精神发育迟滞与肌萎缩等症状。

研究人员说,他们对来自55个不同家族,100多名患者的基因组中最重要的区域外显子组,进行了测序。这些家族的遗传性痉挛性截瘫为隐性性状,即有些家族成员会患病,而另外一些则不会。

外显子又被称为表达序列,是基因组中直接控制蛋白质合成的部分,外显子测序是目前最高效的一种基因组测序方法。此次测序中,研究人员确认了13个基因突变,以及另外18个候选的基因突变。结合以前的发现,他们绘制出一幅称为遗传性痉挛性截瘫的基因突变图。

格利森说,这一基因突变图,将能帮助在遗传性痉挛性截瘫患者中寻找、确认更多的基因突变,并研究导致遗传性痉挛性截瘫的关键生物学机制。此外,它还有助于确认早老性痴呆症、肌萎缩性侧索硬化症等其他神经系统退行性变性疾病的基因突变,"为开发神经系统退行性变性疾病的有效疗法指明了道路"。

(3)完成癌症基因组图谱的实施计划。

2015年1月,美国媒体报道,美国一项从遗传学角度描述1万个肿瘤的庞大计划,近日正式落下帷幕。作为在2006年开始的一个斥资1亿美元的试点项目,癌症基因组图谱(TCGA),如今是国际癌症基因组联盟中最大的组成部分,该联盟由来自16个国家的科学家组成,已经发现了近1000万个与癌症相关的基因突变。

现在的问题是,下一步该怎么做。一些研究人员希望能够继续专注于测序;其他人则希望扩充他们的工作,从而探索已经被查明的基因突变如何对癌症的形成与发展产生影响。

纽约州冷泉港实验室主任布鲁斯·斯蒂尔曼表示:"癌症基因组图谱的完成,宣告着一次胜利。"他说:"对于一种特定癌症而言,总是会有新的与之有关的突变被发现。问题是:成本效益比率是多少?"

斯蒂尔曼是这个项目的早期倡导者,尽管一些研究人员担心该项目会导致资助个人研究的资金流失。这项最初计划为 3 年的项目,最终扩展至一个为期 5 年多的项目。

斯达德表示,国家癌症研究所将发起一项倡议,呼吁在临床试验中,利用由癌症基因组图谱建立的方法及分析途径,采集测序样本。

加拿大多伦多癌症研究所所长汤姆·哈德森表示,国际癌症基因组联盟剩下的工作,可能会采取类似的策略,并将在 2015 年 2 月发布第二轮项目的计划。

### 7.绘制多视角立体型的人类基因组图谱

(1)完成第一份人类基因多态性图谱。

2005 年 2 月 17 日,美国 ABC 新闻报道,在实现基于基因的个体化医疗目标的征途上,科学家们走出了重要的一步,在《科学》杂志上,公布了第一份人类基因多态性图谱。这将有助于预测某些疾病发生的可能性,以及施以最佳治疗方案。人类 DNA 单个位点上的信息,也称为单核苷酸多态性,被认为是制造基因药物的关键。人类个体间基因一致率高达 99.9%。剩下那一点点差异决定了每个个体的不同特点,从头发颜色到容易罹患不同的疾病。到目前为止,基因学研究获得的突破,都是围绕单基因突变和疾病的关系。但大多数常见病,如心脏病、糖尿病或抑郁症,都由多基因控制,加之环境和行为方面的高危因素,综合形成的。在这种情况下要找到致病基因元凶,几乎不可能。

DNA 由四种化学分子,按严格顺序排列而成,这四种基本组成分子用字母缩写分别为:A、T、C 和 G。单核苷酸多态性是基因变异的最常见方式,就像字母拼写时出现个别错误一样。但即便是那么微小的一点差异,也会带来显著的个体差异。拉什科举例说:吸烟者中只有一部分会罹患肺癌,而肺癌患者中只有 10% 对现有的治疗方法有反应。没人知道其中原因,也没有办法预测谁是倒霉的治疗无效者。只有单核苷酸多态性,能部分解决上述问题,它也是开发最佳疗效药物的金钥匙。

(2)制成人类基因组插入和缺失图谱。

2006 年 8 月,美国埃默里大学医学院,助理教授斯科特·迪瓦恩领导的一个研究小组,对人类基因组插入和缺失的多态性进行分析,其研究结果刊登在《基因组研究》杂志上。

据介绍,目前,该研究小组已确定并创造出人类基因组中,一个包含 40 万多个插入和缺失(INDELs)的图谱。这个图谱揭示出,个体中一种很少研究的遗传差异类型。INDELs 是自然基因变异的一种替代形式,它不同于研究较多的单核苷酸多态性(SNPs)。这两种类型的突变,都可能对人类产生重要影响,包括健康和对疾病的敏感方法。

人类基因组序列含有 30 亿个碱基对,并分配在 23 对染色体上。研究人员已经知道,所有人类具有的基因组,97% ~99% 的构成是相同的,并且只有剩余的1% ~3% 的成分决定个体的差异。揭示天然产生的差异即多态性,有助于解释不同个体面容、对疾病敏感性,以及对环境反应等方面的差异。

SNPs 是单独的化学碱基中的差异,而 INDELs 则是指基因组中插入和缺失了不同类型的大小的小片段 DNA。如果把人类基因组,看作是一本遗传说明书,那么 SNP 就好比书中单个字符的变化,而 INDEL 则相当于插入和删除词或段落。

大多数的多态性研究计划,都集中在 SNP,但迪瓦恩等人将研究目标锁定在了 INDELs 上。他们利用一种计算机方法,来分析 SNP 研究获得的 DNA 序列。到目前为止,他们已经确定并定位了 415436 个独特的 INDELs。但是,他们希望能够将这个突破扩增到 100 万 ~200 万。

迪瓦恩表示,INDEL 可以根据他们对基因组的影响划分为 5 个主要类别:第一类是单个碱基对的插入或缺失;第二种是只一个碱基对的扩增;第三类属于多碱基对的扩增;第四类是转座子插入;第五类是随机 DNA 序列的插入或缺失。

(3)组织相容性复合体区域人类基因变异详图绘制成功。

2006 年 9 月 24 日,加拿大蒙特利尔大学,副教授约翰·里奥克斯博士为主要成员研究小组,在《自然·遗传学》网络版上发表研究成果称,他们绘制成功主要组织相容性复合体中的人类基因变异详图。组织相容性复合体,是人类基因组里最重要的区域,广泛参与免疫应答的诱导与调节,激发机体特异性免疫反应,在免疫学上具有极为重要的意义。

专家认为,该项研究工作,是在这个重要区域分析基因变异性的一个里程碑,为今后进一步揭开免疫相关疾病的遗传根源打下了良好的基础。

里奥克斯表示,研究人员使用这个新图,将可发现基因对于健康和疾病的影响,以及基因对药物治疗的反应。新图将为组织相容性复合体中,基因的风险因素识别研究工作,提供必要的信息。与任何其他人类基因组区域相比,由遗传基因组成的组织相容性复合体,与各种疾病的关系都更密切。这些疾病包括动脉硬化症、关节炎、糖尿病、艾滋病、红斑狼疮、多发性硬化,以及克罗恩氏病。

研究人员为了绘制出组织相容性复合体的单模标本图形,分析了来自非洲、欧洲、中国和日本等不同地理区域,350 多人组织相容性复合体基因排序的可变性。他们还读取了,在单核苷酸多态性(SNP)基因编码里,7500 个单一字母变化,以及取自组织相容性复合体内部一组高可变的,叫做"HLA 基因"的 DNA 测序短片。这些基因形成一个独特的指纹,这个独特的指纹被每一个人的免疫系统承认,用于从自己的组织中区分外部组织,而且这些基因的 DNA 排序,频繁地在接受器官移植和患自身免疫性疾病的患者体内受到分析。此外,研究结果,还提供了组织相容性复合体区域详尽的进化史,包括它的早期起源和进化动力。

(4)绘制出最清晰立体人类基因组结构图。

2009 年 10 月,有关媒体报道,美国科学家通过把人类基因组,分成数百万个片段并重新排列组合,成功描绘出清晰度和分辨率最高的基因组三维图像。该图是引人入胜的分形体图像。这种技术能帮助科学家探索基因组的形状,而不仅仅是其 DNA 含量,对人类进化和疾病的影响。

多年以来,中、美、日、德、法、英等国科学家,始终致力于人类基因组图谱的研究。能够更加清晰准确地描绘人类基因组构造,说明生命科学已经发展到了更深的阶段,将推动基因组测序工作、功能基因的研究和基因技术的应用,从而推动整个生物技术的发展,也将对科技发展、经济发展,以及整个社会产生深远影响。

马萨诸塞大学医学院分子生物学家约伯·戴克说,很明显,染色体的三维结构是调控基因组的关键因素。清晰的三维图像,将有助于了解基因调节方面的更多信息,而且肯定会带来一系列新的疑问。

为了在无法直接观察的情况下确定基因组的结构,科学家最初将细胞核浸泡在甲醛溶液中,使其与 DNA 相互作用。甲醛将基因链上相互分离而在三维空间相互邻近的基因紧密黏合在一起。然后科学家添加一种化学药剂将紧紧排列在一起的基因链分解,但完整保留了甲醛链接。结果显示许多基因都是成对排列,仿佛一个冻住的面条球,被分切成一百多万层碎片并混合在一起。

通过对基因对的研究,科学家分辨出在最初的基因组中那些基因是互相邻近的。利用软件分析技术,科学家制作了一个基因组的数字雕像。

从数学角度看,这些基因组片段,按照接近于希耳伯特曲线的方式排列。希尔伯特曲线,是一种不经任何交叉和重叠而能填充满一个平面正方形、继而以同样方式填充满一个三维图形的分形曲线(空间填充曲线),由大卫·希尔伯特在 1891 年提出。

研究者还发现染色体划分为两个区域,一个区域是活跃的基因,另一个是不活跃的基因,而不相交叠的弯曲结构使基因能够轻易在两个区域间自由移动。

科学家希望了解基因组形态如何变化的。这种变化会在干细胞变成成熟细胞过程中不断发生。约伯·戴克说,在各种细胞类型结构中会发生多少变异?什么在控制着变异出现?变异到底有多重要?这些我们都还没搞清楚。他认为,这是一个崭新的科学领域。

(5)绘出能揭示基因组交叉区域的新基因图谱。

据《新科学家》网站 2011 年 7 月报道,美国哈佛大学医学院的科学家,绘制出目前世界上最先进的人类基因图谱,它能更准确地识别某些影响特定人群的遗传病根源。从这一基因图谱发现,西非人后裔的基因中,有着欧洲人后裔所没有的基因重组高发地带。这有可能，是导致特定人种先天性疾病诸如贫血症的遗传学原因。当然，该基因图谱，也在欧洲人后裔的遗传疾病研究中发挥作用。

这份基因图谱，能够帮助识别遗传病根源的原理在于：人类单个正常受精卵中有两条同样的染色体，一条来自父方，一条来自母方。性细胞减数第一次分裂末期，亲本的这两条同源染色体分离，染色单体之间发生交叉互换。这一过程称为基因重组（此处指非等位基因自由组合，并且只发生在特定基因组的交叉地带）。基因重组过程中，有可能发生错误——基因序列的某个片段也许会异常缺失或错位。这样的错误往往会导致遗传病。

研究团队在绘制这一基因图谱时，设计了新的基因演算法，通过对大约 3 万名非洲裔美国人的基因数据分析后，鉴定出约 210 万个发生基因重组的交叉地带。在此之前，世界上最精准的基因图谱基于 1.5 万名冰岛父母和其子女的数据，展示出 50 万处基因组交叉地带。研究团队正是利用了实验志愿者的混血血统，才发现了更多的基因组交叉地带。因为，通常来说，非洲裔美国人，通常有80% 的西非基因和 20% 的欧洲基因，这使他们染色体组的"非纯血统"基因片段，长且完整。科学家们，能通过寻找被西非基因片段"做上记号"的欧洲基因片段，来精确定位基因组交叉地带，反之亦然。

研究人员对比新基因图谱，与早先仅含有欧洲基因的基因图谱发现，西非基因中大约有 2500 个活跃的基因重组高发区域；而欧洲基因中这些区域则较为安静。这说明，这 2500 个基因重组高发区域，为拥有西非基因的人群所特有，因而，也可能成为这部分人群特有遗传病的根源。

（6）绘制全基因组"脆性位点"图谱。

2014 年 5 月 5 日，美国杜克大学医学院，分子遗传学和微生物学教授托马斯·皮特斯领导的一个研究人员，在美国《国家科学院学报》上发表论文称，通过全面绘制酵母中的脆性位点图谱，发现脆性位点似乎存在于基因组的一些特殊区域，在这些地方由于某些 DNA 序列或结构元件导致了 DNA 拷贝机器减速或停顿。这项研究，有可能让我们更深入地了解实体瘤中看到的许多遗传异常的起源。

人类细胞每次分裂，都必须首先对它的 46 条染色体，进行一次拷贝，以充当新细胞的指导手册。通常情况下，这一过程畅行无阻。然而有些时候，遗传信息没有获得正确地拷贝和校对，会留下一些缺口或断裂，细胞必须仔细地将它们拼接起来。研究人员很早以前就认识到，称作为"脆性位点"的某些染色体区域，更易于断裂，是人类癌症的滋生地。但他们一直难以了解遗传密码中的这些脆弱点首先出现的原因。

皮特斯说："其他的研究，一直局限于检测特定基因或染色体上的脆性位点。我们首次研究了整个基因组上数以千计的脆性位点，并探讨了它们的共同之处。"

"脆性位点"这一术语最早出现在 20 世纪 80 年代，用来描述当哺乳动物中负责 DNA 拷贝的 DNA 聚合酶分子,被阻断时发生的染色体断裂。在那之后,针对酿酒酵母的研究显示,当 DNA 复制之时,某些 DNA 序列可使得聚合酶减慢速度或停顿下来。但却没有研究揭示这些延迟是如何导致脆性位点的。

在这项研究中,皮特斯想找到复制机器功能失常,以及它在全基因组范围所造成的遗传影响之间的联系。首先,他把酵母细胞中 DNA 聚合酶的水平,降低至正常的十分之一。随后,他利用微阵列技术,绘制出一些 DNA 片段重新排列的位置,表明这曾经是一个脆性位点。

在找到这些脆性位点后,他的实验室用了 1 年多的时间,来梳理文献以求在他们发现的基因组区域中,找到重现位点。最终他们发现,脆性位点与停滞 DNA 复制的序列或结构,反向重复序列、复制终止信号和转移 RNA 基因等相关。

皮特斯说:"我们只是发布了冰山一角,还有许多工作,你没有看到,这是因为联系还不够显著。即便是现在,我们也还没有找到,任何一个可非常明确地预测脆性位点的序列基序。我认为,还有许多的途径减慢复制,因此不止一个信号表明会出现脆性位点。"

此外,皮特斯发现,这些脆性位点,构建出惊人不稳定的基因组,导致了一些 DNA 片段混乱的重排、复制和缺失,或甚至整套染色体获得或丧失。

(7)绘制出迄今最大人类基因组编码蛋白相互作用的图谱。

2014 年 12 月,加拿大高等研究院、美国达纳法博癌症研究中心,以及哈佛医学院等机构共同组成的一个国际研究小组,在《细胞》杂志发表研究成果称,他们已经绘制出迄今最大规模的人类基因组编码蛋白间直接相互作用的图谱,并预测出数十个与癌症相关的新基因。该项研究成果,对于理解癌症和其他疾病的形成机制,并最终开发出治疗和预防方案至关重要。

研究人员说,新图谱描绘了蛋白质之间的 1.4 万个直接的相互作用。它要比以往的同类图谱大 4 倍以上,包含了比以往所有研究加在一起还要多的高质量相互作用。

研究小组通过实验鉴别出这些相互作用,然后利用计算机模型,把目标聚焦于与一个或多个癌症蛋白"相联系"的蛋白质。该成果首次证实癌蛋白更有可能彼此相互联系,而不是与随机选择的非癌蛋白相联系。

研究人员表示,与同一疾病相关的一些蛋白更有可能彼此联系,这一相互作用网络,就可作为预测工具,来寻找新的癌蛋白及其编码基因。譬如,由两个已知癌症基因编码的两种蛋白,都与 CTBP2 相互作用。CTBP2 是在与前列腺癌相关的一个位点上编码的蛋白。前列腺癌可扩散至邻近的淋巴结,而该两个蛋白均涉及淋巴肿瘤,这表明 CTBP2 在淋巴肿瘤的形成中发挥了作用。利用此种预测方法,研究人员发现其预测的癌症基因中的 60 个,与一条已知癌症信号通路相符。

人体中绝大多数的蛋白质相互作用,是一个谜团。研究人员称,治疗患者疾病的医生好比是汽车修理工。"我们怎么能要求工人,去修理一辆零件清单不完整,也没有零件装配指南的汽车?"每个基因都可编码多个零件,研究人员正在致力于全面了解所有这些零件,及其存在于人体细胞内的位置和相互关联。

此前,科学家对面包酵母的研究,已在基因组水平上绘制出了相互作用图谱,而新研究则是首次在人体研究中达到了这样的规模。此项研究揭示出的蛋白相互作用网络所涵盖的基因范围,比过去的一些研究也要广泛得多。过往研究通常聚焦于已知与疾病相关或是其他原因,而让人感兴趣的"大众"蛋白,从而导致对蛋白相互作用的理解存在偏差。

该项研究是加拿大高等研究院"基因网络项目"的核心目标,旨在建立生物体基因型(整套基因)与生物体表型,包括外表和疾病易感性在内的特征之间的相互联系图谱。了解这些相互作用,或将推动全球对癌症基因组的测序和解译工作。

## 五、开发基因破译的新技术和新设备

### 1. 开发提高基因测序效率的新技术和新方法

(1)开发出一种更经济的 DNA 染色测序法。

2005 年 4 月 11 日,《新科学家》网站报道,美国哥伦比亚大学的一个研究小组,通过对组成脱氧核糖核酸(DNA)的碱基进行染色的技术,开发出一种更为经济和便捷的 DNA 测序方法。

DNA 由 4 种碱基的"砖块"搭建而成,即鸟嘌呤、腺嘌呤、胞嘧啶和胸腺嘧啶。研究人员给这 4 种碱基染上不同的颜色,然后从人类 p53 基因中抽取一个由 12 个碱基组成的片段,运用基因技术使染了色的碱基"砖块",自动排列成与该 DNA 片段互补的一个新片段。

所谓互补,就是根据 DNA 碱基配对的特点,新片段上的鸟嘌呤与旧片段上的胞嘧啶相对应,腺嘌呤与胸腺嘧啶相对应,反之亦然。因为新片段的碱基都染上了颜色,所以测序工作就非常简单。知道了新片段的序列,原始 DNA 片段的序列也就可以确定。

用于 DNA 测序的传统方法,有毛细管微阵列电泳测序和焦磷酸测序等,这些方法往往技术要求高、成本贵,而且容易出错。比较而言,新方法通过逐个观察 DNA 片段上碱基的颜色来确定序列,精确度很高。

对这项研究提供资助的,美国国家人类基因组研究所希望,在 10 年内将哺乳动物级的基因测序成本,从 1000 万美元降低到 1000 美元。这样,就有可能以合理的成本,对患者进行"量身定做"的基因组治疗。

(2)研制出快速分析 DNA 数据的新方法。

2005 年 4 月 22 日,有关媒体报道,南非裔科学家西德尼·布瑞尔博士,设计了一种新的方法,可以同时从数千个基因组中迅速采集数据,从而使科学家们可以更快地研究出各种疾病起因及新的治疗方法。布瑞尔与美国科学家罗勃特·何维兹和英国科学家约翰·萨尔顿三人,凭借他们在器官发育和细胞死亡方面的遗传基因研究成果,曾获得 2002 年的诺贝尔医学奖。

布瑞尔说,他设计了一种新的方法,能够帮助研究者们以更快的速度,进行人类遗传基因差异信息的研究。他说:"为了使各种疾病研究结果可以更快地造福于社会,我们没有必要全面地了解每一个基因的功能。但是,重点是要找出导致疾病的遗传变异基因。这种新技术,能够帮助使用者以极快的速度,从人类基因组资料中,发现有关各种变异基因的信息。"

世界上最大的研究资助组织之一威尔康信托基金会,已经同意向一个名为"种群遗传技术"的公司,提供 210 万美元的资金,来开发一种新的方法,以便研究者们能够进一步了解,为什么人们会对同样的药物,会产生不同的反应,以及如何开发适合不同个人的药物治疗方法。

该公司的创始人之一山姆·埃罗特博士说:"我们的新方法,如果成功的话,这将是一个巨大的进步。与其他一次只能分析一个基因组的技术相比,它拥有巨大的成本优势。"

(3)发明更快的基因排序技术。

2005 年 7 月 29 日,据英国《自然》杂志报道,1999 年,美国"454 生命科学公司"创始人乔纳森·罗兹贝格的儿子出生时,被送进婴儿特别护理病房接受治疗。那时,他整天都在担心自己的孩子会不会天生有什么问题,甚至希望能读取儿子的基因序列,来找出到底发生了什么事情。

在当时,这只是天方夜谭:直到 2001 年,研究人员在耗费上亿美元和十多年的时间后,才首次完全破译人类基因图谱,随后将研究成果发表在《自然》杂志上。受到自己之前为儿子担惊受怕的经历启发,罗兹贝格萌生出设计一个速度更快、成本更低的基因排序技术。于是,他出资建立了 454 生命科学公司。罗兹贝格和同事宣布,他们成功完成了这一研究。

454 公司的马塞尔·马古利斯、迈克尔·埃霍尔姆与同事,在《自然》上发表的论文中,阐述了一种基因序列读取技术,比利用"桑格法"技术阅读基因组序列快 100 倍。基于"桑格法"的机器,在 1 小时内一般能够识别出 6.7 万组 DNA 代码,这些代码也被称为基本代码,而罗兹贝格表示,他所设计的方法,能够在相同的时间内破译 600 万组以上基因组序列。罗兹贝格,我们比"桑格法"要快 100 倍。

454 公司的序列读取法,之所以能够在这样短的时间内完成测序,其中的奥妙在于:从最初的 DNA 片段增殖到基因组排序完成的整个过程,都使用了微流控芯片技术,同时分析数千个 DNA 分子。相反,"桑格法"排序需要分几步来完成,而且研究人员必须在不同的测序阶段间移动 DNA。

罗兹贝格表示,利用 454 公司的序列读取法,一个研究人员通过操纵一台机器就能够在 100 天内轻松地完成 30 亿对人类基因的排序。

罗兹贝格预计,测序过程越短,成本就越低。他说,很显然,我们还能够进一步降低成本,未来几年内,研究人员只要花费 1 万美元就能够完成人类基因测序的整个过程。如果预言成真的话,研究人员长期以来期待的"个性化医疗时代"就会成为现实,药品会根据个人不同的 DNA 量身定制。

目前,已经有几个基因序列测试中心,购买了 454 公司这一序列读取机器。研究人员曾利用这一技术,在一天内完成对腺病毒基因组的测序工作。最近,在研究治疗肺结核的药物时,研究人员也使用了这种方法,来对引起肺结核的细菌进行基因组排序。

(4)发明把 DNA 解链为有序结构的技术。

2005 年 12 月,美国俄亥俄州立大学分子生物学专业教授詹姆斯领导的研究小组,在美国《国家科学学院学报》网络版中发表研究成果称,他们发明一种方法,可以把长的 DNA 螺旋解链展开,并按照一种精确的模式进行组装。这些 DNA 链,日后有望在电子以及医疗设备等生物学领域中得以应用。

研究小组详细描述了,如何利用微细的橡胶梳,将 DNA 螺旋从水滴中分离出来的过程。

目前,虽然也有其他实验室,制成 DNA 简单结构的模型,并且在基因测序和医疗诊断中加以应用。然而,是詹姆斯等首次把 DNA 解链为有序结构,并使其严格按照转录方式进行排列。他们使用相对简便的设备,使 DNA 解链的准确度达到纳米级。解链的 DNA 最长为 1 微米,而直径只有 1 纳米。

在这项技术中,研究人员把细小的橡胶梳,插入含有 DNA 螺旋分子的一滴水中,当梳子被拔出的时候,DNA 螺旋就会沿梳子的表面进行解链。随后,将梳子放置在玻璃表面,根据放置方式的不同,也就形成不同长度、不同形状的 DNA 链。因此,这项技术中使用的设备,基本上只是一小块橡胶和一滴 DNA 溶液。

应用计算机芯片,进行化学分子及疾病的检测时,第一步就是需要制成大量的 DNA 环路。詹姆斯等发明的这项技术,为低成本地实现这一目标打下基础。

俄亥俄大学大力支持这项技术的进一步研究。目前,研究人员正试图建立,用于检测疾病特定分子标记的无线传感器。同时,他们还将与电子计算机工程专业的人员合作,来检测这种传感器的电子特征。他们也希望,可以应用这项技术,建立一种 DNA 纳米装置,进行基因方面的相关研究。

(5)发明鉴别"垃圾"基因的新方法。

2006 年 3 月 23 日,约翰·霍普金斯大学麦库西克遗传学研究所,副教授香农·费舍尔领导一个研究小组,在《科学》杂志网络版发表论文称,他们发明了一种低成本高效率的"垃圾"基因鉴定方法。研究人员还发现,不同物种的基因调控区功能相同,但其基因结构可以不同。

研究人员研发的新方法,是利用斑马鱼为模型,来检测哺乳动物的 DNA 和鉴定 DNA 序列,这些 DNA 序列就是开启基因表达的增强子。在研究先天性巨结肠和多发性内分泌综合征Ⅱ型的致病基因 RET 过程中,研究人员用新的方法鉴定出调控 RET 基因的增强子 DNA 序列,但是以往用常规方法是不能实现的。先天性巨结肠,是一种很常见的出生缺陷,其主要特点就是肠梗阻。而多发性内分泌综合征Ⅱ型患者,先天易患神经内分泌恶性肿瘤。

人们认为,增强子突变,在人类疾病过程中所起重要作用,但是一直很难证实这一点。因为增强子位于占人类基因组89%的基因中,而这些基因并不编码蛋白质,因此这些DNA被称为非编码DNA。非编码DNA即所谓的"垃圾基因",不像编码基有一定的结构和序列形式,因此,更难于进行研究。

麦库西克遗传学研究所的安迪·麦考莲博士说,研究人类疾病的遗传学方法的困难在于,我们不能对与疾病相关的基因进行准确的定位,这使得我们需要对众多DNA进行筛选。多数情况下,我们被局限在一些非常显眼的DNA部位,而实际上这些DNA,并不一定就是真正起作用的DNA,但是现在情况不同了,因为我们开发出了这种新的系统。

通常认为,结构相似的基因,功能也相似。因此,科学家常常用这种方法,对不同物种疾病的基因进行对比研究。从进化的角度看,人类和斑马鱼,在3亿年前有共同的祖先,因此,两者应该有一些共有的基因。但是,因为每种物种的DNA序列会随时间而发生变化,现在用传统的比较人类和斑马鱼DNA序列的方法,不能找到这两种物种有关RET基因的增强子的共有序列,因为两者的DNA序列有太多的不同。这正驱使约翰·霍普金斯大学的研究人员开发了这种新方法。

研究小组使用该方法,已经鉴定出几个能够控制人类RET基因的增强子,并且也找到了斑马鱼的RET相关基因。利用这种方法,可以利用一种标记基因,在斑马鱼胚胎内检测任何DNA序列的功能。这个方法与其他方法相比,它的明显优势在于使用斑马鱼作为模式生物,这使得研究人员能够在短期内可以研究更多的DNA序列。斑马鱼是大规模用于这种研究的理想系统。它们很小,身长只有1.5英寸,并且生长迅速,相对于饲养小鼠和猫来说,成本也比较低。费舍尔认为,斑马鱼胚胎是进行此类研究的最佳脊椎动物胚胎。

研究人员下一步的工作,是进一步研究RET基因的增强子。鉴定出有关先天性巨结肠和多发性内分泌综合征Ⅱ型的RET基因的其他突变,引导其他研究人员共同建立一个人类增强子数据库。

(6)利用纳米孔方法改进基因组排序。

2006年4月,美国加州大学圣迭戈分校约翰·拉格维斯特、马西米连诺·维特瑞、迈克尔·诸拉克等人组成的一个研究小组,在《纳米快报》杂志上发表论文称,他们发展了一种快速、廉价的DNA排序技术:把DNA链通过一个非常小的纳米孔,然后测量得到的电学信号,从而确定DNA链上的各种基的排序。这项技术将使基于基因组的个性化医学发展,更接近于实际应用。

研究人员提出一种在几个小时内,测量人类基因组排序的廉价新方法。他们把DNA链穿过一个非常小的孔,然后测量由此产生的电子学涨落。而用现在的DNA排序技术,对一个人的基因组排序,需要花几个月的时间和几百万美元。所以，研究人员说自己的新方法，可能会对医学产生革命性的影响。维特瑞说，利用现在的 DNA 排序技术，对单个人的基因组进行排序，并用于医学治疗太慢、太贵了，所以并不现实。我们的方法可能使这个梦想实现。

研究小组对 DNA 分子的运动和电子学涨落，进行数学计算和计算机模型，提出了一种识别组成 DNA 链的四种不同的基（A，G，C，T）的方法。他们使用直径大约一纳米的氮化硅孔，氮化硅在一般的纳米结构中很常用，实用也很方便。小孔旁边放置有两个金电极，它们可以记录下 DNA 链通过小孔时垂直于 DNA 链的电流信息。因为每种 DNA 基的结构和化学性质都是不同的，所以它们给出的电子学信号也不同。

以前用小孔测量 DNA 排序的方法之所以不成功，主要是因为 DNA 链上打了结或有弯折，这样就给信号引入非常大的噪声。新方法利用垂直于 DNA 链的电流的特性，它减小了 DNA 结构带来的信号涨落，所以它可以使噪声最小化。

诺拉克说，如果自然界太刻薄的话，那么 DNA 链通过小孔给出的电子学涨落信号，就给不出辨别 DNA 基的有用信息。但是，我们发明了一种特殊的方法，利用纳米孔/电极系统压低 DNA 链结构的影响，使得它不足以湮灭用于识别不同基的有用信号。

尽管如此，研究人员还是认为，有一些障碍需要克服，因为没人能做出带有特定结构电极的纳米孔。但是，他们认为，这只是一个时间问题，总会有人能够做出这种元件的。纳米孔和电极都能单独的做出来，但是要把它们组装到一起一直是一个技术难题，这个领域发展很快，所有有望在不久的将来解决这个问题。

纳米孔方法除了速度快、费用少之外，它另一个重要的优势是错误率比现在的方法少。拉格维斯特说，我们提出的 DNA 排序方法，比现有的桑格方法的错误少。我们的方法可以对含有几万个配对基的 DNA 链，甚至是一条完整的 DNA 链进行排序。桑格方法需要把 DNA 链切成很多小段，复制 DNA 分子，然后用很多排序工具，这都会引入很多额外的错误。

（7）开发出快速解读 DNA 碱基序列新技术。

2009 年 7 月，日本大阪大学产业科学研究所田中裕行等人组成的一个研究小组，在《自然·纳米技术》杂志网络版上发表论文说，他们开发出只需少量 DNA（脱氧核糖核酸）就能快速解读其碱基序列的新技术。这将有助于提高基因诊断、犯罪侦破等工作效率。

研究人员利用能在真空中以千分之一秒速度喷射液体的喷雾器，将含有微量 DNA 的水溶液喷射到铜板上。为使水溶液更容易附着到铜板上，研究人员令铜板倾斜 45 度，喷射后再冷却铜板。这时，在细胞内呈螺旋状的 DNA，就会在铜板上伸展开并停留在铜板上。这样一来，研究人员利用"扫描隧道显微镜"就很容易观察 DNA 的碱基序列。

上述新技术与目前现有解读 DNA 碱基序列的技术相比，不仅大大节省检测时间,而且研究人员还可以任意选取 DNA 中需要详细分析的片段进行解读。

(8)开发能精确统计重复片段的新型 DNA 测序算法。

2009 年 8 月 30 日,美国华盛顿大学基因组科学学院的肯·阿尔康领导,同事杰弗里·基德等参与的研究小组,在《自然·遗传学》杂志上发表研究报告称,他们使用一种被称为"mrFAST"的新型 DNA 测序算法,能够对基因的重复片段,进行精确统计,并对其作用作出初步判断。

据了解,早在 2003 年年底,绝大部分人类基因组就已获得测定。但基因组中仍有许多的区域未获得测序。这其中的首要原因是在每条染色体的中心区域,即着丝粒,含有大量重复 DNA 序列。这些重复片段中,常常含有不少未知功能的基因,不同个体间重复片段的拷贝数不同。不少科学家认为,诸如红斑狼疮、精神发育迟滞、精神分裂症、色盲、牛皮癣,以及和年龄相关的眼部黄斑变性等疾病,都与此相关。因此,对重复片段数量、含量以及位置的检测统计就显得尤为重要。

阿尔康指出,这种算法采用了新型 DNA 测序技术,可在重复片段中,精确检测出具有特殊功能的基因。基德补充说,由于难度太大,目前大多数基因组测序方法,都没有把基因重复片段考虑在内。mrFAST 将是应对人类基因组测序中,这个最复杂区域的一个方法,它能精确地统计出一个人到底有多少份重复基因片段。

据介绍,研究小组使用这种方法,已对 3 位来自不同种族的健康人的基因组进行研究,并已初步判断出不同个体间在重复基因片段上的差异。其中不少基因的作用,与目前生物学的认识存在差异。研究人员称,不少人类基因都有着可以变化的重复片段,这一过程与人由猿进化而来时的基因变化较为类似。

阿尔康认为,新的基因测序方法速度会更快,成本会更低廉,将为此后的研究提供一个新的平台。这最终将促使人们对基因变异现象产生更全面的理解。目前,研究小组已经与全球 1000 个基因组项目进行接触,他们在下一步的研究中,有望获得来自世界各地数百人的基因组。

(9)提出基因测序数据分类新标准。

2009 年 10 月,美国洛斯阿拉莫斯国家实验室遗传学家帕特里克·钱恩及其同事,在《科学》杂志上,提出一套旨在阐明可公开获取的基因测序数据信息的质量标准。新标准最终可使遗传研究人员开发出更有效的疫苗,有助于公共健康部门和安全部门人员,更迅速地应对潜在的公共卫生突发事件。

他们提出了 6 个基因组测序数据标签,可将基因测序数据按其完整性、准确性以及由此带来的可靠性进行归类。这些标签可在公共数据库中获取,而目前使用的标签仅为两个。此项成果的重要性在于,研究人员必须每天使用这样的数据,以对未知遗传数据和已知生物体的遗传数据进行相互参照,而有了这样的新的分类标准,数据的获取与对比工作的效率将大大提高。

每个生物体的细胞内都有 DNA,由 4 个分子构建模块(或称碱基对)组成,碱基对排成特定序列时就可构成基因。这些基因序列可包含对生物体有益或有害的遗传指令。基因组研究人员编目了数以千计的基因数据,并将其放在公众数据库中以供其他研究者使用。然而,由于基因数据的复杂性,公共数据库中的遗传信息范围从粗略到精致一概都有。过去,这些基因数据常被归类为"草图"和"成品"两大类,给基因数据的准确性留下了太多的不确定性。

钱恩表示,在过去几年里,基因测序技术已取得重大进步,公众可获得的基因数据已呈爆炸性增长,每天产生的碱基对序列数据量,要比过去几年产生的数据量还要多几十亿次。不同的测序技术具有不同的精确度。一个序列中的高度不确定性,可能会引导研究人员,走向一条耗时长达一年甚至数年的错误道路。因此,有必要建立一个标准,为研究人员提供对遗传测序数据质量的明确评估。

钱恩联合了大大小小的数个基因组测序中心,共同提议将现有的测序数据分类,从两大类充实为 6 大类。这 6 个标准,涵盖了从代表公众提交最低要求的"标准草图序列"到代表最高标准的"完成序列",而"完成序列"的验收标准,是每 10 万个碱基对中最多只能包含一个错误。

(10)开发出能用单个细胞分析基因组的测序新技术。

2011 年 9 月 18 日,美国加利福尼亚大学圣地亚哥分校克雷格·文特尔研究院罗杰·拉斯肯教授、加州大学圣地亚哥分校雅各布工程学院计算机科学教授、现代基因测序技术算法创建人帕维尔·帕夫纳领导的一个研究小组,在《自然·生物技术》网络版上发表论文称,他们对现代基因测序算法进行改良,只需从一个细菌细胞中提取的 DNA,就可组装成接近完整的基因组,准确率达到 90%,而传统的测序方法至少需要 10 亿个相同的细胞才能完成。这一突破为那些无法培养的细菌提供了测序方法。

实验室无法培养的细菌范围极广,约占 99.9%,从产生抗体和生物燃料的微生物,到人体内的寄生菌。它们的生存条件特殊,比如必须和其他菌种共生,或只能生存在动物皮肤上,因此很难进行人工培养。

拉斯肯教授 10 年前曾开发出一种多重置换扩增(MDA)技术,可对实验室无法培养的细菌测序,能恢复 70% 的基因。其工作原理是对一个细胞的基因片断多次复制,直到其数量相当于 10 亿个细胞那么多。不过,这种技术却给测序软件带来很多麻烦,它在复制 DNA 时会出现各种错误,而且并非完全统一放大,有些基因组被复制数千次,有一些却只被复制一两次。但测序算法不能处理这些不一致,而是倾向于舍弃那些只复制了少数次的基因,即使它们对整个基因组来说很关键。

帕夫纳和同事改进了这一方法,保留了那些少量复制的基因片断,并用新方法对一个大肠杆菌测序以检验其精确性,发现它能恢复 91% 的基因,接近传统的培养细胞水平。这已足够解答许多重要的生物学问题,比如该细菌能产生什么抗体。

研究小组还用新方法对一种以前未曾测序过的海洋细菌进行了测序,获得了相当完整而且能解释的基因组,掌握了它是如何生存和运动的,该基因组将被存入美国国家卫生研究院的基因银行。研究人员表示,还将对更多迄今未知的细菌进行测序。

(11)发明"拼写检查"基因序列的新方法。

2012年5月,澳大利亚昆士兰大学一个研究小组,在《自然·方法学》上发表研究成果称,他们发明了一种快速,可靠,简便的纠错方法,可如同计算机检查文字拼写错误那样,发现基因测序过程中产生的扩增序列DNA代码错误。

新方法编制的软件称为"刺槐",特别适用于分析微生物基因的重要片段——扩增子。基因测序仪阅读DNA碱基代码的四个字母表:As,Cs,Ts和Gs,并拼写出不同生物体的基因后,"刺槐"软件分析输出结果。"刺槐"通过使用似然性的统计理论分析DNA的特定碱基序列,而这些碱基常常在基因测序中被错误地添加或删除。该方法集成了计算机科学,统计学和生物学,属生物信息学范畴。

(12)用大数据解译DNA获重大突破。

加拿大多伦多大学工程学和医学教授布伦丹·弗雷,拥有加拿大生物计算领域首席科学家身份。由他领衔,专注研究自闭症的多伦多病童医院应用基因组学中心主任斯蒂芬·谢勒等人参与的一个研究小组,在2014年12月18日出版的《科学》杂志上发表研究成果称,他们已开发出的一种独一无二的过滤技术,可以用有效的方法告诉测试者,他们身上携带的数以百万计DNA代码,哪些基因突变会引起癌症,哪些只是导致简单的耳垢潮湿。

研究人员表示,这个新的计算系统,类似于通过强大的互联网搜索引擎搜寻答案,其梳理了人类基因组各种具有实质意义的突变。该技术最终可把医学研究成果,通过定向方式转化为疾病的遗传根源。研究成果表明,在没有患者及其病情相关信息的情况下,被命名为"基于拼接的突变分析系统",准确地证实了94%的常见疾病背后的基因"元凶"。该系统还可用于识别使人们更健康、更聪明、更快乐的生物性状。

主持该项10年研究计划的弗雷说,该系统是全球首个能够有效挖掘基因组的工具。其核心是被称为"机器学习"的计算技术,通过人工智能编程来进行检测并破译。机器学习的复杂形式——深度学习技术,已广泛应用于语音和图像识别软件,及语音控制系统等虚拟助手流行应用程序。基于拼接的突变分析系统,旨在检测调控基因的DNA广大区域中的小故障,而这些区域曾被天真地认为是垃圾。利用数据和算法进行训练后,该系统可根据每个突变对细胞行为的改变能力,进行分析和排名。突变的排名越高,意味着越有可能导致疾病。

弗雷表示,虽然计算机被用于读取基因组,已有相当长一段时间了,但是利用计算机来解译基因组尚属首次,且表现相当出色。

弗雷说,遗传研究通常需要收集和比较数万名病患和健康人的基因组,但即使如此多的样本,也不足以精确地找到与疾病相关的模式或突变。基于拼接的突变分析系统,或可给此类遗传研究带来急需的高精度。

弗雷认为,机器学习将引领个性化医疗时代,未来的疾病治疗可根据一个人的 DNA 展开,医生在理论上将能够使用基于拼接的突变分析系统,快速产生任何病人的重大基因突变列表。他预计,未来 10 年,人们可以在智能手机中安装这种应用程序,彼此分享和比较基因突变,并通过交换其疾病和性状细节,"围观"这些突变的真实含义。

人们已经开始将自己的遗传密码上传到谷歌云。去年夏天,谷歌透露,它已推出自己的基因组项目,以对健康人的生物标志进行编目。2014 年 12 月,加拿大黑莓公司也宣布,其最新款智能手机,将包含一个癌症基因组浏览器,以便医生能即时访问患者的基因数据。弗雷教授说,所有这些大数据都将需要某种形式的深度机器学习来解译。

2. 研制提高基因测序效率的新设备和新装置

(1) 研制出新型单分子 DNA 测序仪。

2008 年 4 月 4 日,美国赫利柯生物技术公司,蒂莫西·哈里斯领导的一个研究小组,在《科学》杂志上发表研究成果称,他们开发出一种新型的测序设备——单分子 DNA 测序仪。它能"阅读"单分子 DNA 的单个碱基。

在传统设备上,测序前要先对 DNA 链进行扩增。这一过程往往会引入错误,并且对某些 DNA 片断来说无法很好地实现,从而使得对整个基因组进行测序变得尤为困难。

该公司以病毒 M13 为实验对象,首先把它的基因组截成小的片断,用一种酶将短小 DNA 标签附于每个片断的末端,在适当的位置锚定 DNA 片断。之后加入 DNA 复制酶和带有荧光标签的碱基或碱基对。当荧光 DNA 形成链时,就用相机拍下每个新加上的碱基对。

这一新方法称为"合成测序",原则上与其他一些方法相同。不同之处在于,其他一些方法,需要同时测序数千个相同的基因组片断,以使信号足够"明亮",新方法能够侦测到单个碱基的荧光。

新方法避开了烦琐的扩增过程,将能大大降低测序的时间和成本。赫利柯公司估计,新仪器能够用 8 周的时间测序一个人的基因组。

美国能源部联合基因组研究所主任爱德华·鲁宾说,这太有价值了!最终,单分子测序将成为通行的方法。

(2) 发明 DNA 的快速阅读器。

2010 年 8 月,美国媒体报道,华盛顿大学简斯·冈德拉克、伯明翰亚拉巴马州立大学迈克尔·涅德维斯等专家参加,由美国国家卫生研究院和美国人类基因研究院资助的一个研究小组,运用新技术设计出一种脱氧核糖核酸(DNA)阅读器,可在纳米孔内对 DNA 进行快速测序,而且价格比较便宜。新方法可为癌症、糖尿病或某些成瘾患者,量身绘制个性化基因测序蓝图,提供更加高效的个体医疗。

冈德拉克表示,他们结合生物和纳米技术,研制出这种 DNA 阅读器。阅读器内纳米微孔使用一种取自耻垢分枝杆菌的细胞外膜孔道蛋白 A。这种纳米微孔只有 1 个纳米大小,仅够用来测量一个 DNA 的单分子链。

研究人员把微孔放在一层浸泡在氯化钾溶液中的膜上,并施加一个小的电压,让电流通过微孔。不同的核苷酸通过纳米微孔时,回路中的电流就会随之改变,这些电流称为特征信号。胞核嘧啶、鸟嘌呤、腺嘌呤和胸腺嘧啶这些 DNA 的基本组成要素,会生成不同特征的信号。

研究小组解决了两个主要问题,一是生成仅容一条 DNA 单链通过的纳米微孔,且每次只能通过一个 DNA 分子。涅德维斯改良了细菌,生成合适的微孔。第二个问题是让核苷酸以每秒 100 万个的速率通过纳米微孔,冈德拉克说,这实在太快了,阅读器还无法在这种速度下对每个 DNA 分子信号分类整理。为解决这一点,研究人员在每个要测量的核苷酸之间附带了一段双链 DNA,双链 DNA 在微孔中流动不那么顺畅,磕磕绊绊地通过微孔,便可将下一个通过微孔的单链延迟几毫秒。这种延迟尽管只有千分之几秒,电信号却有了充足时间来识别目标核苷酸,从而从示波器轨迹上准确读出这些 DNA 序列。

这项研究旨在降低人类基因组完整测序成本,使其降到 1000 美元或更少。该研究始于 2004 年,当时完整测序一个人的基因要花费 1000 万美元,而新的测序技术使人们向 1000 美元测序的目标迈进了一大步。

(3)开发基因测序更高效的石墨烯"原子鸡笼"。

2015 年 3 月,澳大利亚墨尔本大学,吉日·塞维卡和尼古拉·杜斯科特领导的一个研究小组,在《自然·通讯》杂志发表论文称,石墨烯是一种由六角形蜂巢结构周期性紧密堆积的碳原子构成的二维碳材料,从外形上看就如同制造鸡笼的铁丝网一般,被形象地称为"原子鸡笼"。他们正是借助这种材料,开发出一种新的 DNA 测序技术,有望为这项广泛应用于多个领域的技术带来一次新的变革。

研究人员表示,他们发现石墨烯这种像鸡笼一样的材料,能够准确地检测出组成 DNA 的 4 种分子——胞嘧啶、鸟嘌呤、腺嘌呤和胸腺嘧啶。正是这 4 种分子以一种独特的结构组合在一起,才构成了基因中的 DNA 序列。

杜斯科特说:"我们发现,每一个碱基,都可以通过影响石墨烯电子结构的方式进行测量。当石墨烯薄片与一个纳米孔结合起来使用的时候,单个 DNA 分子会穿过基于石墨烯的电传感器——这个过程就如同让一串珠子穿过鸡笼一样。高速、实时、准确、高通量的测序工作,就是在这一过程中完成的。"

目前,DNA 测序是医学诊断、法医检验和生物医学研究中,不可或缺的一个基本工具,重要研究、实验、检验都有赖于此。杜斯科特称,与目前普遍采用的测序技术相比,他们新开发出的这种基于石墨烯的测序技术,可大幅提高测序的速度、工作量、可靠性和准确性,同时也有望让测序成本更加低廉。

研究小组,用基于石墨烯的场效应晶体管,与同步加速器中的软 X 射线光谱进行了测试。结果发现,新技术能够准确地检测出通过石墨烯层的 DNA 分子。除墨尔本大学外,澳大利亚同步加速器实验室,以及拉筹伯大学的科学家也参与了这一课题。有关专家称,这项新的研究,有望为医学研究和科学实验带来一次革命性的变革。

石墨烯是世界上第一个二维材料,也是目前已知的最薄、最坚硬的纳米材料。石墨烯一直被认为是假设性的结构,无法单独稳定存在,直到 2004 年,两位来自英国曼彻斯特大学的科学家,安德烈·盖姆和康斯坦丁·诺沃谢洛夫,才真正找到了从石墨中分离出石墨烯的方法。2010 年,他们因此被授予了诺贝尔物理学奖。

# 第三节　基因重组和合成研究的新成果

## 一、研制和运用基因重组技术的新进展

### 1. 研制基因重组技术的新成果

(1)研制成更安全的基因植入细胞重组技术。

2006 年 2 月 28 日,《日经产业新闻》报道,日本大阪市立大学和九州大学的研究人员,共同开发出一项向细胞内植入基因的重组新技术,这项技术采用了从蟹壳中提取的脱乙酰壳多糖,比传统技术更为安全。

生物学研究经常需要向细胞内植入基因,一种常见做法是先将基因与某些化合物结合,再把两者与植入目标细胞结合。目前普遍使用的辅助化合物是聚乙烯亚胺,但该物质具有一定毒性,安全性较低。

研究人员说,他们从蟹壳中提取脱乙酰壳多糖,并通过改变它的化学结构以及让它与糖类结合等步骤,得到一种水溶性较高的化合物。这种化合物带正电,基因带负电,所以若将两者混合到一起,它们就能互相结合。实验结果显示,将这种新型化合物作为辅助化合物,能够顺利将需要的基因植入包括人体细胞在内的诸多细胞,且无毒无害,提高了植入过程的安全性。

(2)为细菌重编基因组密码以提高其抗病毒能力。

2013 年 10 月 18 日,美国耶鲁大学分子、细胞与发育生物学副教授法伦·艾萨克斯,与哈佛医学院乔治·切尔奇共同负责的一个研究小组,在《科学》杂志上发表论文称,他们为一种细菌重新编写了完整的基因组编码,并提高了其抗病毒能力。

艾萨克斯说:"这是第一次从根本上改变了遗传密码,创造一个有着新基因编码的生物,这让我们能利用许多强有力的方法来扩展生物功能的范围。"

蛋白质是由 DNA 指令所编码,并由 20 种氨基酸所构成,在细胞中执行多种重要的功能作用。氨基酸由 4 个核苷酸组合成的整套 64 个三联体编码,这 4 个核苷酸包含了 DNA 的主体部分。这些三联体(包含 3 个核苷酸的单元)叫做密码子,就是生命的基因字母表。

研究人员改变了生物学的基本规则,探索能否替换自然生物的某些密码子或整个基因组字母,然后再引入全新字母创造出自然界没有的氨基酸。实验中,研究人员替换了大肠杆菌的一个密码子,删除了其本身固有的停止标记,该停止标记可终止蛋白质合成。他们把"停止"密码子进行修改,使之编码了一种新型氨基酸,并以"即插"方式插入到基因组中。新基因组能限制病毒用来感染细胞的一种天然蛋白质的生产,从而让细菌拥有了抵抗病毒感染的能力。

创造一种基因组重编码的生物,使其造出强大的新型蛋白质用于各种目的:从对抗疾病到制造新材料,提高了研究人员改造自然的能力。本研究标志着人们首次能改变一个生物整个基因组的全部基因编码。

艾萨克斯认为,这项研究为把重编码细菌变成"活制造厂"搭建了广阔舞台,以生物制造方式,创造出新型"特异"蛋白质和高分子聚合物,而这些新型分子为新一代材料设计、纳米结构、治疗方法及药物递送工具奠定了基础。他说:"由于基因编码是通用,本研究也为重新编程其他生物的基因组带来了光明前景,并对生物技术行业带来巨大的影响,有可能开辟出全新的研究与应用之路。"

2.运用基因重组技术的新成果

(1)运用生物基因重组技术提取水果香精。

2006 年 7 月 12 日,科技资讯网报道,新西兰奥克兰生命科学研究公司园艺研究所,生物工艺科学家李察·纽科姆领导的研究小组说,对水果基因科学、全面的诠释,有助于在食品、化妆品以及香水的生产方法上找到一条革命性的途径。

研究人员表示,他们已经能够精确地测定水果和鲜花当中的基因,以及各自基因对应的味道及香味。他们说,结合传统的生物重组技术,这种方法使得重新产生水果的自然味道及香味变得有可能。

纽科姆认为,对于世界上的食品、香水及化妆品生产厂家来说,这无疑是一则令人振奋的消息,因为,无论是冰淇淋厂商还是洗发水厂商,他们一直在寻求模仿自然风味和香味的方法。

纽科姆说:"虽然这些厂商,已经成功掌握了,大量模仿自然风味和香味的方法,但他们常用的方法不外乎有两种,一种是通过化学合成处理,另外就是通过从自然未经加工的果实中提取。但这两种方法都不能达到理想效果。化学合成需要加热和加压,因此它的费用也更依赖于像石油这样的能源,并且还有污染。"

他说:"另外,化学合成法不能真实地还原自然,通过化学合成所提取出来的味道与香味,总与那些在水果和鲜花中的自然成分,有一些轻微的差异。"

（2）运用基因重组技术防止转基因生物扩散。

2015 年 1 月 21 日，美国哈佛大学乔治·丘奇教授领导的研究小组，与耶鲁大学助理教授费伦·艾萨克斯领导研究小组，同时在《自然》杂志上发表论文宣布，他们开发出一种新的基因重组技术，可以防止转基因生物的扩散，从而避免意想不到的生物灾难发生。这被认为是朝着生产更安全的转基因生物，迈出的突破性一步。新技术的原理大致是，运用基因重组技术，修改转基因生物的基因组，使其必须依赖一种人工合成的氨基酸才能存活，转基因生物自身不能制造这种氨基酸，必须依靠人工"喂养"，因此一旦它扩散至野外，就会因得不到该合成氨基酸的补充而死亡。

艾萨克斯说："这是针对转基因生物现有生物控制手段，做出的重大改进。"他接着说，这项工作，为农业领域转基因生物的使用，以及为更广泛的环境生物修复和医学治疗领域转基因生物的使用，建立了重要的安全屏障。

两项研究均使用常见的大肠杆菌，其中丘奇研究小组运用基因重组技术，对大肠杆菌的基因组，进行了 49 处修改，确保大肠杆菌完全依赖合成氨基酸存活，并在多个试验中培养了约 1 万亿个大肠杆菌。两个星期后的检查结果证实，没有大肠杆菌"逃跑"。

研究人员相信，这种基因修改和重组技术有可能应用在转基因作物上，从而帮助消除转基因作物扩散出指定种植区域的隐患。

一些没有参与研究的外部专家认为，这项技术是一个突破，为开发更安全的新一代转基因生物，打下了基础。亚利桑那州立大学，生物医学工程和合成生物学助理教授卡梅拉·海恩斯，对美国媒体评价说："这项研究，是朝着开发更可靠的转基因生物控制'开关'的一大飞跃。"

转基因生物，是指通过基因改造实现基因改变的生物，可用来生产胰岛素和其他药物成分，也可帮助生产生物燃料，还可用来修复被污染的环境，如漏油污染。但转基因生物应用的一大障碍是，人们担心它们会逃逸至自然环境中引发疾病或造成生态灾难，尽管现实中从未有此类事件发生。

## 二、研究基因合成及其技术的新进展

1. 基因合成研究的新成果

（1）合成遗传基因结合化合物。

2005 年 5 月 25 日，日本大阪大学产业科学研究所中谷和彦教授，与奈良先端科学技术大学的儿岛长次郎副教授等人组成的一个研究小组，在《科学》和《自然·医学生物》网络版上发表发表研究成果称，他们成功合成了遗传性神经变性疾病亨廷顿舞蹈病的遗传基因结合化合物"NA"，使用这种化合物制成的化学传感器，可以迅速便捷地诊断亨廷顿舞蹈病。这一研究成果，对开发治疗亨廷顿舞蹈病的药物具有重要意义。

亨廷顿舞蹈病,是因构成遗传基因的物质胞嘧啶、腺嘌呤和瓜柯脂排列的CAG复制过长而引发的。这种遗传基因部分过长,容易引起核糖核酸大分子链结构形态发生发夹状折叠。

目前,医学界对亨廷顿舞蹈病尚束手无策。新合成的化合物在折叠过程中腺嘌呤和腺嘌呤易于结合,利用这一原理的化合物传感器,比目前的方法更易于诊断CAG复制过长引发的亨廷顿舞蹈病。

遗传基因复制异常,会引发脆弱性X症候群和肌肉强直性肌无力病。研究小组根据此次新合成的NA与CAG的结合构造,正在开发其他结合复制排列的化合物。若能成功,不仅有助于亨廷顿舞蹈病的诊断,对肌肉强直性肌无力病药物的开发也有关键作用。

(2)成功合成自然界不存在的人造碱基对。

2006年8月,日本理化研究所和东京大学联合组成的一个研究小组,发布新闻公报称,他们用化学方法,成功合成自然界不存在的人造碱基对,并使含有这种碱基对的DNA(脱氧核糖核酸)顺利复制和转录。这项技术一旦成熟,就有望带来拥有崭新功能的DNA或蛋白质,而这一切是以往的转基因技术所无法实现的。

DNA由腺嘌呤、胸腺嘧啶、鸟嘌呤和胞嘧啶4种碱基排列而成,在DNA双链之间,腺嘌呤和胸腺嘧啶、鸟嘌呤和胞嘧啶相互配对,形成DNA整体的双螺旋结构。不同的碱基序列承载着不同的遗传信息,最终合成变化万千的蛋白质。如果在上述两种碱基对之外合成新的人造碱基对,就可以使遗传信息"无中生有"。

(3)成功合成人类历史上首个人造染色体。

2007年10月,颇具争议的美国著名科学家克雷格·文特尔领导的研究小组,美国《科学》杂志撰文宣布,他们已经合成出人类历史上首个人造染色体,并有可能创造出首个永久性生命形式,以此作为应对疾病和全球变暖的潜在手段。

文特尔说:"这是人类自然科学史上一次重大进步,显示人类正在从阅读基因密码走向有能力重新编写密码,这将赋予科学家新的能力,从事以前从未做过的研究。"他希望这项突破有助于发展新能源,应对气候变化造成的负面影响。如,创造出具有特殊功能的新微生物,可被用作替代石油和煤炭的绿色燃料,或用来帮助清除危险化学物质或辐射等;还可用来合成能吸收过多二氧化碳的细菌,为解决气候变暖贡献力量。不过,制造永久生命形式的前景极具争议性,有可能激起道德、伦理等方面的激烈辩论。

(4)推出近乎完全由人造"零件"搭建的DNA分子。

2008年7月7日,《每日科学》网站报道,日本富山大学的化学家,经过数年努力,合成出一个近乎完全人造的DNA分子。这项成果意义重大,将为基因疗法、纳米级计算机及此类高技术产业,带来突破性进展。

在所有生命形式的遗传蓝图上,DNA皆是由腺嘌呤(A)、鸟嘌呤(G)、胞嘧啶(C)和胸腺嘧啶(T)这四种核苷酸搭建而成,它对蛋白质进行编码,进而作用于细胞体的机能与发展。然而,由于 DNA 的信息存储容量,令人叹为观止,医学界一直不放弃利用人造 DNA 来扩展体外基因存储系统。

人工搭建 DNA,这并不是首度尝试。但此前的技术,只能将四个基本构件之一,或很少一部分,以人工材料取代,至于由四种全部人造"零件"构建而完的 DNA 分子尚属首个。

研究人员介绍,他们的实验,利用了高科技 DNA 合成技术,把这四个人造构件缝合于 DNA 分子的糖基之中,所形成的分子呈现出稳定的双螺旋结构,恰似天然的 DNA。科学家指出,该人造分子具备特有的化学性质及异常的稳定性,将为生物材料应用领域开辟出前所未有的广阔前景。

伴随着完全人造 DNA 分子的问世,另一种声音也同时出现。尽管离诞生还有颇长一段路要走,但人们已不可避免地想象着人造生命的降临。人造生命所需要的三项基本要素———培育生命的容器、可新陈代谢的系统、可储存复制基因,科学家们已在一步步实现。有专家认为,人造 DNA 分子的工业和医学价值自然不言而喻,但生命的形式,不仅存在于科学的范畴,还体现为哲学的意义。随着技术瓶颈的不断突破,关于伦理方面的考虑,有必要提早做准备了。

(5)合成世界最短双链 RNA。

2009 年 2 月 22 日,日本东京大学和科学技术振兴机构共同组成的一个研究小组,在《自然·化学》杂志网络版上发表研究成果称,他们借助纳米技术合成了只有 1 对碱基对的世界最短的双链 RNA 片段和只有 3 对碱基对组成的双链 DNA 片段。

研究人员说,在碱基对形成 DNA 和 RNA 的过程中,如果碱基对少于 4 对的时候,它们就无法抵御周围水分子的影响,不能形成稳定的结构。但是,水分子难以突破生命体中的酶所具有的纳米尺寸的构造,因此在酶的帮助下,碱基对就如同躲在"安全的口袋"里,3 对或者更少的碱基对也能形成双链 DNA 等,进行遗传信息的复制和表达。

研究人员受此启发,用有机化合物合成了一种纳米尺寸的"笼状构造物",这种构造物创造出一个高 0.6 纳米、底面直径约 2 纳米的笼状空间。通过向该构造物中添加 1~3 对碱基对,研究人员成功合成了稳定的只有 1 对碱基对的双链 RNA 片段和只有 3 对碱基对组成的双链 DNA 片段。

研究人员说,以这次研究成果为基础,今后有望从生命体内存在的各种长度和种类的 DNA 和 RNA 化合物中,按特定目的切取拥有相应性质和功能的部位,利用纳米空间,进行简便且低成本的基因诊断、化学分析和高效反应等。

(6)研发出新型人工合成 DNA 载体。

2010 年 11 月,美国《未来学家》报道,欧洲研究协调局(EUREKA)的科学家,研发出一种可携带 DNA 的新化合物,预示着一种从基因层面治疗疾病的药物,很快会变成现实。这一突破,标志着携带 DNA 的新型药物试剂,即将首次推出。

基因治疗,是指将新的遗传信息转移至受损或患病的细胞核中,给细胞重新编程,以此来修复受损的细胞。目前,科学家进行基因治疗时,通常采用三种载体来转移基因:病毒载体、逆转录病毒载体、非病毒类或合成试剂载体。

病毒转移基因法依靠"感染"来实现,它是目前将新遗传信息转入细胞的最有效方法,但会在转移过程中给细胞注入很多不利信息,因此这种转移方法风险非常高。尽管非病毒或者使用合成试剂进行基因转移的方法,更可能被身体所接受,但这种方法在将新的 DNA 注射进入细胞方面的效率并不高,且合成试剂很难实现大批量生产。与其他合成载体相比,欧洲研究协调局项目研究团队研制出的新化学试剂,能够更有效地把 DNA 递送进细胞核中,并且更容易批量生产。

美国奇点大学科学家安德鲁·塞尔表示,基因组合成和组配技术方面的进步一日千里,但进行基因治疗的工具非常简陋。科学家表示,在基因疗法这个数十年来经历过失败和失望的领域,上述突破让人看到了希望。虽然自 1959 年以来,人们就了解了改变 DNA 的技术,而且科学家希望基因疗法能在治疗癌症、艾滋病甚至心血管病中发挥作用,但它实际上未治愈任何一种疾病。不过,有个别例子表明,基因疗法在与其他疗法结合使用时,发挥过积极作用。

(7)首次用 DNA 合成出生物传感器。

2011 年 9 月,《美国化学学会会刊》刊载的一篇论文显示,美国和意大利科学家合作,首次使用人的 DNA(脱氧核糖核酸)分子,制造出生物传感器,它能快速探测,数千种不同的转录因子类蛋白质的活动,有望用于个性化癌症治疗,并监控转录因子的活动。

转录因子是生命的主控开关,控制着人类细胞的命运。转录因子的作用是阅读基因组并将其翻译成指令,指导组成和控制细胞的分子的合成,新传感器的主要工作是阅读这些设置。从细菌到人,所有生物都使用"生物分子开关"(由 RNA 或蛋白制成、可改变形状的分子)来监测环境。这些"分子开关"的诱人之处在于:它们很小,足以在细胞内"办公",而且非常有针对性,足以应付非常复杂的环境。

该研究团队受到这些天然传感器的启发,用 DNA 而不是用蛋白质或 RNA,合成出新的生物传感器。他们把三种天然 DNA 序列(每种能识别出不同的转录因子)进行了调整,将其编入分子开关中,当这些 DNA 序列与其目标结合时,这些分子开关就会变成荧光。科学家们能用这样的生物传感器,通过简单测量荧光强度来直接确定细胞内转录因子的活动。

专家解释道,临床试验中,通过细胞编程技术改变某些转录因子的浓度,可以把干细胞变成特定的细胞。新传感器能监测转录因子的活动,因此可确保干细胞被正确地重新编程。它也能确定病人癌细胞中的哪个转录因子被激活,哪个被抑制,以便医生对症下药。因为它能直接在生物样本体内工作,因此,它也能用于筛选和测试抑制肿瘤的新药。

（8）研制出可自我复制的人造脱氧核糖核酸结构。

2011年10月，美国纽约大学科学家组成的一个研究小组，在《自然》杂志上发表研究成果称，他们研制成一种能自我复制的人造脱氧核糖核酸（DNA）结构。

自然界中，自我复制在生物体中普遍存在，但人造结构的自我复制却很难实现。此次研究，是迈向自主复制任意类型"种子"结构过程的第一步。这些"种子"由DNA模片制成，可像字母般组合拼出特定"单词"。复制过程保留了模片序列及"种子"形状，从而提供了生成下一代结构所需的信息。

该研究的突破，在于成功复制包含复杂信息的DNA系统。研究人员首先从人造DNA模片开始，这是DNA的细小排列。DNA的腺嘌呤（A）和胸腺嘧啶（T）、鸟嘌呤（G）和胞嘧啶（C）互相结对，形成人们熟悉的双螺旋结构。研究人员制成含有3个DNA双螺旋结构的弯曲三螺旋分子（BTX）。每个BTX分子，由10个DNA索烃构成。与DNA不同的是，BTX的编码不局限于4个字母，它能够包含108个不同字母和模片，借助4个DNA单索的互补形成一对，或在每个模片上形成"黏性末端"，直至构成最终的6个螺旋束。

为实现BTX自我复制模片阵列，需要"种子"结构促进多代相同阵列的形成。BTX"种子"被放置于化学溶液中，由7个模片组成，模片可以互补形成子代BTX阵列，该阵列随后会在溶液加热至40℃时与"种子"分离，并循环重复这一过程，形成第三代阵列，从而实现材料的自我复制及"种子"的信息复制。值得注意的是，这个过程与发生在细胞内部的复制过程不同，因为执行中无须添加酶等生物成分，即使是DNA模片也由人工合成。

（9）首个成功合成酵母染色体。

2014年3月28日，纽约大学酵母遗传学家杰夫·伯克领导，成员主要由大学生组成的一个研究小组，在《科学》杂志上报告说，他们实现了生物合成学领域的一次重大飞跃：源自酿酒酵母的一种重新设计并合成的全功能染色体。这一成果，被誉为攀上了合成生物学的新高峰，也是向合成人造微生物等生命体迈出的一大步。美国遗传学家克雷格·文特尔，曾耗资4000万美元、历时15年合成了一个细菌寄生虫基因组。

作为一种真核细胞，酿酒酵母基因组比文特尔的寄生虫更为复杂。这个新合成的酵母染色体，被剥离了一些脱氧核糖核酸（DNA）序列，以及其他成分，它具有272871个碱基对，表达了酿酒酵母基因组1200万碱基对中的约2.5%。研究人员在5年的时间里，通过国际合作创造了这一合成版本的全酿酒酵母基因组。

研究人员介绍说，利用计算机辅助设计技术，他们成功构造了酿酒酵母染色体Ⅲ，尽管合成的仅仅是酿酒酵母16条染色体中最小的一条，但这是通往构建一个完整的真核细胞生物基因组的关键一步。

最让研究人员自豪的是，这条染色体被成功整合进活体酵母细胞之中。伯克说："携带这条合成染色体的酵母细胞相当正常，它们与野生酵母细胞几乎一模一样，只是它们还拥有一些新的能力，能够完成野生酵母无法完成的事情。"伯克认为，这是一项具有里程碑意义的研究成果，就像第一个人类基因组被测序完成一样。该项研究始于几年前与文特尔 2010 年展示的成果相比，当时伯克采取更彻底的变化方式合成酿酒酵母基因组。

2010 年，文特尔曾宣布，培育出第一个由人工合成基因组控制的细胞，当时引起了广泛争论。有科学家表示，文特尔的工作是在细菌中完成的，对象只是原核生物。相比之下，伯克研究小组认为，通过剥离基因组的某些特征进而测试其重要性，他们能够证明这样做的巨大价值，并努力合成出全部的酵母染色体。

伯克解释道："我并不怀疑这项研究的可行性。问题是我们怎样才能使它与一个正常的染色体不同，并且放入一些使其真正有意义的东西。"

在这项研究中，酿酒酵母染色体Ⅲ在酵母中的原始版本拥有近 32 万个碱基对，伯克等人进行了 500 多处修改，删除了近 4.8 万个被认为对染色体复制和生长没有用处的重复碱基对，还删除了一些被称为垃圾 DNA 的序列，例如不能编码任何蛋白质的序列，以及能够任意移动并可能导致变异的"跳跃基因"片段，最终构建的染色体拥有 27 万多个碱基对。

研究人员说，这项成果，将有助于更快地培育新的酵母合成菌株，用于制造稀有药物，包括治疗疟疾的青蒿素或治疗乙肝的疫苗等。此外，合成酵母还能用于生产更有效的生物燃料，如乙醇、丁醇和生物柴油等。伯克说："我们的研究，实现了合成生物学，从理论到现实的转变。"

（10）实验室中首次"撞"出构建生命的四种基本碱基。

2014 年 12 月，捷克科学院海依罗夫斯基物理化学研究所，科学家斯瓦托普卢克·思维斯领导的研究小组，在美国《国家科学院学报》上发表论文称，大约 40 亿年前，地球上开始出现早期生命。目前较为流行的一种理论认为，是陨石或小行星等地外天体的撞击触发了关键的化学反应，从而产生了一些与生命有关的物质。现在，他们在实验室中，重演了这一过程：他们利用激光轰击黏土和化学物质汤，模拟一颗高速小行星撞击地球时的能量，最终生成了构建生命的至关重要的基本组件——形成 RNA 必需的 4 种碱基。

思维斯说："这些发现表明，地球生命的出现并非意外，而是原始地球及其周围环境条件的直接结果。"实验并未证明地球生命就是由此诞生的，因为从这四种碱基到生命的出现，中间还有很多必不可少的神秘步骤，但这可能是这一过程的一个起点。

思维斯说，研究人员此前已经能够用其他方法制造这些 RNA 碱基，比如使用化学混合物和高压，但这是首次通过实验来检验"撞击产生的能量可触发关键化学反应"的理论。

（11）造出能像天然 DNA 那样连接的人造碱基。

2015 年 6 月，美国印第安纳大学的米莉·乔治亚蒂斯，与美国应用分子进化基金会的斯蒂芬·本纳等人组成的研究小组,在《美国化学协会会刊》上发表论文称,他们造出的两种人造 DNA"字母"Z 和 P,能像天然 DNA 那样组合连接在一起,将来有望把这两个新成员纳入到活细胞中。这项成果,有助于推进合成生物学的研究。合成生物学家一直在竞相研究遗传基本单位的人造版。本纳说:"从根本上说,我们一直在自下而上地重新发明'遗传字母表'。"从新药开发到人造生命,这些人造 DNA 在应用方面很有前景。

据英国《新科学家》杂志网站报道,早在 2006 年,本纳和同事就造出了两个碱基,称为 Z 和 P,具有标准的"匹配端"(沃森—克里克结构),能通过氢键重组连接在一起形成碱基对 ZP,就像天然碱基对 AT 和 GC 那样。此后不久,美国斯克里普斯研究所弗洛伊德·罗姆斯伯格领导的研究小组,又造出了另外两个碱基,并证明了它们能像天然 DNA 那样自我复制,但他们的碱基对连接方式与天然 DNA 不同。

在新研究中,乔治亚蒂斯和本纳证明了他们的 Z 和 P 能形成这种组合,就像天然 DNA 那样。经过 X 射线晶体检测,他们发现这两个碱基能自我结合,形成包含天然和非天然核苷酸的 DNA 链,其中 ZP 连接能达到 6 个碱基长度。他们还证明,含有 ZP 碱基对的 DNA 链具有细胞内正常 DNA 链的两种形式:熟悉的螺旋结构(A 型)和更广泛的蛋白质结合 DNA(B 型)。

乔治亚蒂斯说:"DNA 与不同的蛋白质结合时,通常采取不同的形式。Z 和 P 能形成这些形式,表明含有这些碱基的 DNA 链,在细胞中的表现就像天然 DNA 一样。研究的最终目标是创造出新东西"。

对此,罗姆斯伯格也表示,这项研究令人印象深刻。ZP 对"能像一对 GC 或一对 AT 那样发挥作用"。

2. 基因合成技术及装置的新进展

(1)利用单分子技术推进 DNA 转录研究。

2006 年 11 月 17 日,加利福尼亚州立大学和罗格斯大学联合组成的一个研究小组,在《科学》杂志发表的研究成果显示,他们揭示了转录过程中 DNA 旋转的重要结构信息和旋转产生的结果,从而解决了长久未能突破的有关 DNA 转录问题。

RNA 聚合酶全酶(RNAP),是负责以 DNA 或 RNA 为模板合成 RNA 的一种酶。该研究有助于加深我们对 RNAP 结构和作用机制的理解。

研究人员为 RNAP 和 DNA 双螺旋的关键结构,标记上多种荧光化学物质,并利用单分子光谱技术,监控转录初始过程中 RNAP 和 DNA 双螺旋间能量的转移。荧光标记物之间距离的改变,证实了转录初始过程的一种"弯转"的机制:RNAP 位置固定,拉动 RNAP 分子内部的柔软的 DNA 链,并将酶的催化中心传递过去,以形成 RNA 产物。而以往的一些理论认为,RNAP 沿着 DNA 链像尺蠖一样移动。

弯转模型,暗示着弯曲的 DNA 从酶通道中排出,并转移至可以和转录调节蛋白相互作用的预定地点。除了解决转录起始的机制,此项研究的意义在于,指明了一个重要的调控"检查点"。弯曲的 DNA,很可能在未来的转录调控研究中起主要作用,并可能成为研制抗生素的靶位点。

研究人员介绍说,在本项研究中,他们用到了单分子技术。以前单分子技术没有研制出来,一些问题无法得到解决,单分子技术涉及检测和操纵单个分子,每次针对一个分子,这是一个技术上的突破。

(2)发明简单有效的基因人工合成技术。

2010 年 10 月,《自然》杂志在线版报道,美国克雷格·文特尔研究所,丹尼尔·吉布森领导的研究小组,把 8 个由 60 个核苷酸组成的 DNA 片段,首次人工合成实验老鼠的线粒体基因组。研究人员表示,这是迄今为止,最简单有效的基因人工合成技术,可用来设计和制造出疫苗、药品,或将细菌的细胞变成清洁能源等。

2010 年 5 月 20 日,该研究小组在美国《科学》杂志撰文指出,他们以上千个含有 1000 个核苷酸的 DNA 片段为基本合成单元,将其放入一个酵母菌细胞中,让其紧紧结合在一起,最终,首次合成了一种细菌完整的基因组,并用它使一个被掏空的单细胞细菌"起死回生"。研究人员表示,这是第一个完全由人造基因指令控制的细胞。

吉布森说,被许多业内人士称为首次"人为创造生命"的这个细菌,由于基本合成单元较大,无法确定其基因组的顺序是否精确,因此,最后得到的"成品"很可能存在错误,确保合成出的基因组没有错误的唯一方法,是给所有的片段排序,然而这将花费很长时间。

研究人员指出,小的 DNA 片段容易验证顺序。因此,他们使用 8 个只含有 60 个核苷酸的 DNA 片段,让它们同酶和化学试剂的混合物相结合,在 50℃下孵化 1 小时,5 天内合成出了实验鼠的线粒体基因组问题。得到的基因组,能够纠正具有线粒体缺陷的细胞内的异常。

该小组认为,这是迄今为止最简单的人工合成基因组的办法。普林斯顿大学电子工程师兼分子生物学家罗恩·韦斯表示,这种技术,提供了一种更有效制造,更大没有错误 DNA 片段的方法。

(3)开发出能降低转基因生物扩散风险的合成技术。

2015 年 1 月 26 日,英国爱丁堡大学基因组自动合成中心主任蔡毅之教授,与美国纽约大学杰夫·伯克等人组成的一个研究小组,在美国《国家科学院学报》网络版上发表论文说,他们开发出一种基因合成新技术,能够设置生物"安全开关",可以控制转基因生物的生死,从而降低转基因生物扩散的风险。这项成果,在防范生物恐怖袭击和保护生物知识产权等方面,有着广泛的应用前景。

蔡毅之对记者说,这种"安全开关",实际上是一种纳米级的小分子组合,"这些小分子就像密码锁组合一样,要有正确的排列组合和正确的浓度才能打开"。把这种"安全开关"嵌入到转基因生物基因组内,就会实现对它的生死控制。

他说："如果该转基因生物逃脱给定的培养环境，就会失去小分子组合，将无法生存，从而不会对环境造成污染。可以理解为，当你断了电，电灯也就不亮了。"

在实验中，研究小组利用这种"安全开关"控制酿酒酵母，发现酵母逃脱率是10的负12次方，即对1000升的发酵罐而言，不会有单个细胞能够逃脱，这是目前世界上最低的生物遏制逃脱率。蔡毅之说，酿酒酵母是在工业发酵中经常使用的生物，和人类一样都是真核生物，但他们的基因合成设计原理是普遍适用的，可以用于细菌、病毒，以及更高级的真核生物中。

蔡毅之说，这个工作有三方面意义。一是防范生物恐怖袭击，可以把"安全开关"安装在病毒里，这样恐怖分子就无法破解密码锁也无法重新培养病毒；二是保护进行微生物操作的研究人员，使他们不会因为失误而感染；三是生物知识产权保护，比如植入"安全开关"的菌株，将无法被其他公司窃取重新培育。

一周前，美国哈佛大学和耶鲁大学两个研究小组，曾在《自然》杂志上报告说，他们通过改造大肠杆菌基因组，利用嵌入合成氨基酸进行生物遏制。这项工作被认为，是朝着生产更安全的转基因生物，迈出的突破性一步。

蔡毅之说，两项工作有互补性，那些美国学者主要针对原核生物，而他们主要针对真核生物。他接着指出："他们使用的合成氨基酸相对比较贵，1000升的发酵罐需要大概30万美元用于（制造）该氨基酸，而我们的系统只需要17美分，就可以遏制1000升的转基因生物。"

（4）开发出基于基因组编辑技术可销毁特定DNA序列的装置。

2015年5月19日，美国麻省理工学院科学家布莱恩·卡连多和克里斯托弗·沃伊特领导的研究小组，在《自然·通讯》杂志网络版上发表了一篇合成生物学论文，描述了一种基于"基因组编辑"技术的的装置，能销毁转基因生物中特定的DNA序列。控制住特定DNA序列销毁的能力，其应用范围将包括防止转基因生物的环境释放、帮助生物技术公司保护知识产权，以及避免偷窃等等。

出于对转基因微生物潜在的环境释放的担忧，科学家们早已开始开发各种诱导细胞死亡的方法。但是这些方法往往忽视了DNA分子释放到环境中的问题。DNA分子的稳定性以及测序技术的进步，通常意味着即使在严苛的消毒处理之后，仍然有基因信息被获取的可能。现有的靶向针对DNA分子的系统，也都聚焦在销毁全基因组上，这会让整个生物体死去。

自2012年以来，生物学界开始较为频繁地使用基因组编辑技术。这种强有力的工具可以对生物的DNA序列进行修剪、切断、替换或添加。以往研究认为，基因组编辑技术能使基因组更为有效地产生变化或突变，相对于转录激活因子类感受器核酸酶等其他基因编辑技术，其效率更高。

此次，该研究小组，设计出一种基于基因组编辑技术的装置，能稳定地结合到一个宿主细菌的基因组中。这个装置可以瞄准用户选择的DNA序列，例如质粒上携带的外源基因。对于这个装置的控制是可诱导的，在特定时间和特定条件下可以被激活。

研究人员表示,这个系统,可以有效地锁定并且摧毁预定的 DNA 序列,同时不给宿主的生长或者代谢产生明显的负担。

# 第四节　基因种类研究的新成果

## 一、发现与生命体成长相关的基因

1. 发现与生命体形成相关的基因

发现 8 种与染色体数目异常相关的基因。

2008 年 2 月 25 日,日本大阪大学蛋白质研究所篠原彰教授等研究人员,在《自然·遗传学》杂志网络版上发表文章说,他们在面包酵母体内,发现 8 种与染色体数目异常相关的基因。由于人体内也存在类似基因,这项成果,可能有助于研究染色体数目异常引起的流产和唐氏综合征等疾病。

人类染色体共有 23 对,46 条。46 条染色体经过减数分裂,平均分配到形成的精子或卵子中,受精后,染色体数目便恢复到 46 条。约 95% 的唐氏综合征患者由"21 三体"导致,即在卵细胞减数分裂过程中,一条 21 号染色体不分离,使受精卵的 21 号染色体增至 3 条,而不是正常情况下的两条。在很多情况下,流产也是因为染色体数目出现异常而引起的。

减数分裂中会发生同源染色体配对和基因重组,以往的研究发现,如果不经过基因重组,染色体就不能正常分离,最终造成精子和卵子染色体数目异常。

日本研究人员说,他们以染色体数目异常而不能正常产生孢子(相当于精子或卵子)的面包酵母为对象,研究它们体内的基因情况。结果发现,这些面包酵母体内有 8 个与染色体异常相关的基因,其中任何一个基因出现问题,酵母染色体基因不能重组的概率都会提高。他们还发现,这 8 个基因合成的蛋白质会结合成一个复合体,不能形成复合体的酵母染色体数目也会发生偏差。研究人员推测,这种蛋白质复合体,保证染色体基因重组顺利进行,如果能证实人类的流产等,是由这一复合体功能下降引起的,将有助于诊断和治疗相关疾病。

2. 发现与生命体发育相关的基因

(1)发现影响胚胎发育的新基因。

2005 年 1 月,纽约大学、耶鲁大学和哈佛大学的研究人员,在《胚胎发育》杂志报道,他们通过对线虫的研究发现,与胚胎发育有关的基因数目,是早先估计的两倍以上。研究人员认为,这一成果将有助于了解基因网络的结构和进化。由于线虫是基因组最早被完全破译的动物,所以,研究人员以它作为研究对象。基因的表达需要借助 RNA 来传递信息,因此科学家借助 RNA 干扰法来探明每个基因的功能。

研究人员重点研究了那些由线虫母体表达、然后遗传给卵细胞，并在胚胎发育的早期阶段起作用的基因。在他们所探查的部分基因组中，新发现有 150 个基因与胚胎发育有关。研究人员认为，还有更多的基因与胚胎发育有关，其总数为 2600 个左右，其中约 70% 是目前已知的基因。

研究人员说，这次研究，使他们能从基因组的角度，来宏观地认识涉及胚胎发育的基因。他们还初步研究了基因的"部分外显"，也就是同一个基因变异在不同的个体身上，会显示不同结果的现象。

线虫基因组有近 2 万个基因，相当于人类基因组的一半。研究人员还指出，人类身上的许多基因与线虫基因相对应，而它们的功能目前还不完全清楚。在新发现的线虫基因中，有 4 个在人类身上有对应基因，而且多少都与疾病有关，其中 2 个基因的变异还可能导致肿瘤。因此，研究线虫基因会对了解人类对应基因的功能提供线索。

（2）确认胚胎干细胞中控制人体发育的 3 种基因。

2012 年 4 月，耶鲁大学干细胞中心遗传学助理教授娜塔莉亚·伊万诺娃领导的研究小组，在《细胞·干细胞》杂志上发表研究报告宣布，他们新完成的一项研究成果，详细揭示了人体胚胎干细胞中，3 种基因是如何控制人体发育的。该成果，有望帮助人们深入了解如何培育这些细胞，并用于疾病治疗。

研究人员说，人体胚胎干细胞对人体的作用，不同于实验鼠胚胎干细胞对鼠体的作用，这凸显了利用人体胚胎干细胞开展研究工作的重要性。伊万诺娃指出，从实验鼠的情况，难以推断出胚胎干细胞在人体中的作用，人类的身体以不同的方式组织自己。

胚胎干细胞在受精后不久便形成，由于每个干细胞能转变成身体中的任何种类的细胞，因此它们十分独特。随着人体发育，细胞开始定性发展，失去了变成其他细胞类型的能力，当然，某些新干细胞的再生除外。研究人员希望能够了解干细胞自我再生和分化的过程，以便治疗那些与细胞受损相关的疾病，如帕金森症、脊椎受伤、心脏病和阿尔茨海默症。

研究人员确认的 3 种控制胚胎早期发育的基因，分别是 Nanog、Oct 4 和 Sox 2，它们是维持干细胞自我再生和防止自己过早分化成非正常细胞的关键。由于目前使用人体胚胎干细胞受到政府规定的限制，因而许多有关胚胎干细胞如何工作的研究，只能在实验鼠身上进行。

新的研究显示，在人体内，Nanog 基因与 Oct 4 基因成对后，控制名为外胚层神经细胞的分化，该细胞世系（lineage）能导致神经元和其他中枢神经系统细胞的产生。与之相反，Sox 2 细胞与其他基因合作，在外胚层、中胚层和内胚层所有早期细胞世系的控制和新干细胞的产生中，发挥着至关重要的作用。干细胞自我再生涉及多个类型的癌症。

(3)发现 12 个导致发育障碍的新基因。

2014 年 12 月,英国"破译发育障碍"计划一期研究成果,在《自然》杂志上发表,科学家对 1133 名儿童进行基因测序,发现了 12 个以前未知的导致发育障碍的新基因,这些基因都是新生突变基因,即这些变异只在孩子体内表达,而他们父母的基因组中没有。这一成果,使诊断比例提高了 10%,有利于改良临床管理,给病人以支持,帮助生育选择,为发育障碍提供分子学基础以开发新疗法等。

据报道,"破译发育障碍"计划,由英国国民健康服务体系与惠康基金会桑格研究所合作,旨在从基因层面研究罕见发育障碍的成因。该计划是一项全国范围的基因组诊断测序项目,对 DNA 测序,并与超过 1000 名儿童的临床症状对比,以找出罕见病的对应基因,包括智障、先天性心脏病及其他疾病。最终将分析 1.2 万个家庭的数据。

该计划由英国和爱尔兰 24 个地区遗传学机构,180 名临床医生合作,对 1133 名有严重发育障碍的儿童进行测序,分析了每名儿童的约 2 万个基因。他们的症状极为罕见,无法用常规临床测试诊断出来。

该计划收集临床信息建立数据库,记录病人基因组的基因变异信息。通过"破译发育障碍"全国安全数据共享网络,能发现和对比这些极罕见的疾病。如果有相同症状的病人也相同的基因变异,就有助于缩小致病变异在基因组中的范围。但这项工作极为困难,因为找到一种特殊变异的机会,只有五千万分之一。

论文作者之一、阿登布鲁克医院临床遗传学部"破译发育障碍"研究临床主管海伦·弗斯说:"为这些家庭找到诊断方法,从大尺度、全国基因组范围研究是任务的关键。没有英国国民健康服务体系成员的全国性参与,这项计划是不可能的。让我们能把相隔遥远的诸多家庭联合起来,那些家庭的孩子有着相同基因变异和极为相似的症状。"

在一个例子中,两个没有关系的孩子的 PCGF2 基因都有相同的变异,PCGF2 基因是在胚胎发育期起重要作用的调节基因之一,而他们在症状和面部特征上极为相似。虽然如此,医生还是无法诊断出该计划中的一些儿童得了什么病。研究人员指出,只靠研究英国病人是不够的,所以他们希望这一计划能激发全世界更多的临床与研究项目,共享无名基因和临床数据,在世界范围寻找相似病人,以确定更多的发育障碍的基因,提高国际诊断率。

3. 发现与生命体寿命相关的基因

(1)发现与人类衰老相关的线粒体基因病变。

2004 年 5 月,有关媒体报道,瑞典卡罗林斯卡医学院基因学教授拉松领导的一个研究小组,通过实验证实,人体细胞内线粒体基因病变,是导致人类衰老的一个重要原因。线粒体是细胞内的一个器官。此前有怀疑:人体的衰老症状与线粒体的基因病变有关联。瑞典研究小组对老鼠进行实验后证实了这一怀疑。研究人员发现,改变了线粒体基因的老鼠会提前衰老,其中掉毛、驼背、骨质脆弱、贫血、繁殖力下降、体重减轻、皮下脂肪减少等衰老症状,比正常鼠都要严重。

(2)发现调节人类寿命的微型糖核酸基因。

2005年12月,美国耶鲁大学细胞及发生生物学教授弗兰克·斯兰克领导的研究小组,在《科学》杂志上发表文章称,他们发现调节人类寿命的微型糖核酸基因。研究人员指出,控制人体器官发展形成过程的基因,同样在调节人类的寿命中发挥着作用。这个研究成果,为人类衰老过程中存在一个生物定时机制提供了有力证据。

研究人员在对线虫蠕虫基因的研究时,发现了直接决定其生命周期的基因,而且人类也拥有几乎同样的基因。研究人员发现,一种微型糖核酸基因,与其控制的调节器官生长的基因 lin-4,以及 lin-14,在特定的阶段,会对细胞的生长方式产生一定的影响。这些基因的转变,同时能够改变线虫蠕虫的生长阶段的时间和蠕虫的生命周期。线虫是研究人员从事人类衰老发生学研究的首选生物体,它也是控制哺乳动物衰老基因最好的预报器。

为了对这些基因的功能进行测试,研究人员使这两种基因发生突变,结果发现失去了 lin-4 基因转变功能的线虫,生命周期比正常的线虫大大缩短了。这个结果,显示 lin-4 基因可以预防生物体过早的死亡。同样,lin-4 基因过多的转变,就会延长生物体的生命周期。此外,由 lin-4 基因控制的生物体的生命周期,恰恰起到相反的作用,在 lin-14 基因转变功能失去后,生物体的生命周期能够增长31%。斯兰克表示,研究结果显示,生物体的生命周期和内部器官的正常发育,都是由其内部的一个生物钟来控制的。研究的结果还表明,控制生物体生命周期的基因在发生转变时,是通过胰岛素信号进行的,这表明由胰岛素推动的新陈代谢和生物体的衰老之间存在着一定的联系。

斯兰克表示,人类的基因中也有这种微糖核酸基因。因此,这个研究成果,将对控制人类寿命的研究,产生极大的帮助,其中包括人类衰老产生的疾病。研究人员已经开始研究其他的微型糖核酸基因,以找到这些基因发挥作用的地点。研究人员还将在老鼠身上进行实验,测试这些基因是否能够产生相同的影响,并最终确定这些基因是否在人类衰老引起的疾病中发挥作用。

(3)发现衰老进程的调控基因。

2006年7月19日,俄亥俄州克利夫兰市勒纳研究所的分子生物学家马里娜·安托和她的研究小组,在《基因与发育》杂志上发表发表论文称,其研究成果表明,人们衰老的进程,可能完全受控于一种与人体内部生物钟有关的基因。

研究人员最初在一种缺乏 BMAL1 基因的实验室小鼠体内,发现老化与生理节奏存在联系。BMAL1 是保持肌体,每天与太阳起落同步的分子机制的一部分,而缺乏这种基因的小鼠,则会出现不规则的行为模式。例如,它们会不分早晚地进行游戏。并且与普通小鼠相比,这些小鼠的死亡时间大为提前。然而迄今为止,还没有人对此进行过细致的研究。为了搞清 BMAL1 是否在生物体的老化过程中,扮演一个重要角色。研究小组,对 30 只缺乏 BMAL1 基因的小鼠,进行研究。研究人员发现,与 30 只正常小鼠相比,这些存在基因缺陷的小鼠寿命,只有前者的一半。他们同时发现,这些变异小鼠的衰老过程,是按照一个加速度的模式进行的——在生命的第 18 周,它们已经丧失了大量的脂肪、肌肉甚至骨骼。这些小鼠的脾脏、肾脏、肺和睾丸也出现了萎缩的特征——所有这些都是衰老的信号。并且与老年人一样,这些缺乏 BMAL1 基因的小鼠也开始脱毛,并有一只或两只眼睛出现了白内障。

研究人员通过更多的实验发现,缺乏 BMAL1 基因的小鼠组织中,有害的活性氧和氮粒子浓度高出了 10% ~50%,这些有害粒子均与生物的老化过程有关。研究人员指出,这一发现意味着,BMAL1 通过防止这些有害粒子的聚积,从而起到延缓生物体衰老的作用。

匹兹堡市宾夕法尼亚大学医学院的心脏病专家加勒特·菲茨杰拉德表示,我认为,下一步,需要把这一观测结果,与 BMAL1 的生物钟功能相结合。他指出,如果它们之间确实存在功能上的联系,那么有一天,我们或许能够通过控制生物钟,来预防因衰老造成的不良影响。

(4)发现可延长动物生命的"长寿基因"。

2007 年 5 月,美国加州圣迭戈索尔克研究所的研究小组,在《自然》撰文称,他们通过对蚯蚓进行一系列试验后,首次发现一种名为 PHA－4 的基因,在延长动物寿命方面,发挥着至关重要的作用。

这项研究的发起者之一、生物学家乌戈·阿吉拉纽克指出,延长寿命的方法主要有两种:一是降低细胞对胰岛素的敏感性,另一种是限制饮食。研究人员发现,如果动物只摄入正常食量的 70%,其寿命可以延长 20% ~30%。

阿吉拉纽克说,尽管长期以来,控制饮食和长寿之间的关系已众所周知,但科学家始终不知道其中原理。研究人员用一种缺失 PHA－4 基因的细菌来喂蚯蚓,结果在减少喂食量后,这些蚯蚓的寿命依然未能延长。

这个试验表明,PHA－4 基因对于节食所带来的长寿具有重要意义。研究人员还发现,提高这种基因的活性,可让蚯蚓在食物量没有减少的情况下将寿命延长 20% ~30%,从而证明了这一基因可独立发挥延长动物寿命的作用。

研究人员普遍认为,尽管人类基因的复杂程度远远超过一般动物,但这一发现无疑有助于更深入研究人体机能,寻找延长人类生命的长寿之道。

## 二、发现与体貌特征相关的基因

1.发现与毛发生长相关的基因

(1)发现调控纤毛的相关基因。

纤毛组织是细胞表面相当重要的一种结构,生物体通常利用纤毛来运输物质,维系体表组织,甚至感应环境的变化,因此纤毛分布的组织和器官相当的广泛,包括眼、鼻、耳朵、肾脏、精子及大脑内都找得到纤毛组织的痕迹。

2004 年 5 月,美国霍华休斯医学研究所的研究小组,在《细胞》杂志上发表论文指出,他们搜集了多种生物遗传序列的信息,包括含有纤毛组织的 8 种生物,有人类、果蝇、蛔虫、海藻及部分会引发疟疾及睡眠病的病原虫,及不含纤毛像酵母、阿米巴虫等生物的遗传序列,经筛选、剔除、比对,从 15 万个基因目标中,找出 187种可能和纤毛有关的基因。

(2)发现导致男子谢顶的关键基因。

2005 年 7 月,德国波恩大学一个研究小组,在《美国人类遗传学杂志》发表论文称,青年男子若想知道未来会不会提前谢顶,参照他们外公的头发就可以知道大概。原来男子谢顶与从母亲一方继承的一种基因有很大关系,这是他们最新研究的成果。

研究人员辨认出的这种谢顶关键基因,是 X 染色体携带的男性激素受体基因。他们分析比较了 95 个德国家族的男子谢顶情况后,得出了上述结论。研究人员对比了那些 40 岁前甚至更早谢顶的男子,与没有提前谢顶史家族成员的血样。他们发现,提前谢顶的男子,其男性激素受体基因,常出现一种特定变异。男性激素受体基因,协助管理男性激素的活动,男性激素的分泌促进身体毛发的生长,但过多的男性激素却会导致落发。研究人员认为,可能是男性激素受体基因变异导致男性激素活动增强,引起谢顶。研究人员同时指出,男子谢顶很可能也有来自父亲一方但尚未辨认出的基因同时在起作用,他们在继续寻找。

(3)发现与生长头发相关的基因。

2005 年 8 月,斯坦福大学史蒂文教授及其同事组成的一个研究小组,在《自然》杂志上发表的研究成果表示,头发脱落,以及其他的同衰老和疾病相关的症状,也许在将来可以得到扭转或者延迟,而这当中起神奇作用的,就是一种有"返老还童"之功的分子:端粒酶催化亚基基因(－TERT)。

身体发肤受之父母,但是随着年龄的增长或者疾病的困扰,不少人的满头青丝,往往变成了烦恼丝。为了斩断这烦恼丝,人们想尽办法,但是却总找不到治本的办法。现在,史蒂文研究小组为人们改变烦恼丝带来了希望。

不过,种植的头发,要达到理想效果的时间比较漫长,新种植的头发会先脱落,只留下毛囊,然后再重新生长出正常的头发。所有新长出的头发,都要经历从比较柔软弯曲到逐渐正常的过程,因此需要 6 ~ 9 个月。

新基因带来新希望。这种分子能够促进细胞的增殖分裂,而这同干细胞的作用相关。这一发现,为将来治疗衰老、软组织损伤以及癌症带来新的福音。同时,这种分子对皮肤细胞中的蛋白质有促活作用,特别是能够促使头发卵泡干细胞活跃,实现头发的快速生长。

(4)发现一种导致脱发的变异基因。

2006 年 11 月,俄罗斯媒体报道,俄罗斯科学院和莫斯科大学的研究人员,发现一种导致脱发的变异基因。这一科研成果,不仅有望解决众多患者的脱发问题,还可以帮助人们对一些不希望有毛发部位,减少毛发的生长。

通常情况下,人的头发主要会出现两种问题:一是脱发,二是在不该长毛发的地方却长了太多毛发。研究人员在伏尔加河流域丘瓦申和马利·艾尔两个地方,对 35 万人进行调研,结果发现了一种非同寻常的遗传病:这里的一些男性和女性体毛都很少,头发也生长缓慢,最终会全部脱落。虽然科学界已掌握了一些无毛动物的基因,但它与在伏尔加河流域居民身上发现的基因完全不同。当地 50 个被脱发折磨的家庭,患有一种很奇特的遗传病,他们的头发完全脱落,他们变异的基因也代代相传。

科研人员使用最现代的遗传分子方法研究发现,这种遗传疾病与第三染色体中的基因有关,它们只有 4 个。科研人员在被称之为 LIPH 的基因中发现了问题。该基因在毛囊中表现出很高的活性,从而引起变异,同时这一变异不是发生在一个点,而是从中分离出了上千个核甙酸。

基因 LIPH 决定着磷脂酶生成的遗传代码,参加脂肪交换。专家指出,由于该基因参与了一种特殊脂肪的形成,因此这一研究成果,完全可以用于研制治疗脱发和生发的药物。

(5)找到引起脱发的基因。

2009 年 5 月,日本国立遗传学研究所与庆应大学组成的一个联合研究小组,在美国《国家科学院学报》发表论文称,他们利用大鼠试验发现,转录因子"Sox21"与脱发有关。由于人也拥有这种基因,因此相同机理应该同样适用。

这种基因可以制造"Sox21"蛋白质,而这种蛋白质已知与神经细胞的产生和增殖有密切关系。研究人员首先培育出一种天生没有"Sox21"蛋白质的大鼠,然后再观察大鼠的脱毛过程。结果发现,这些大鼠刚出生的时候全身都覆盖有毛发,而从出生后第 15 天开始从头部开始脱毛,1 周之后全身毛发全部脱落,而从第 25 天开始重新又长出毛发。

一般来说,老鼠的毛发都是每 25 天更新一次,但在此过程中毛发生长脱落同时进行,因此其身体也总是被毛发覆盖。而此次的脱毛试验鼠却不同,它们的毛发生长周期和毛发生长机能虽然正常,但由于脱毛速度大大加快,因此有一段时间它们是全身都无毛的"裸鼠"状态。

研究人员仔细调查了这些"裸鼠"的毛发,发现在它们的毛发上几乎都没有角质护膜。角质护膜覆盖毛发表面,呈鳞状并有连接毛根的作用。研究人员分析认为,由于缺少"Sox21"蛋白质,构成角质护膜的重要组成部分——角质蛋白的生成受到了影响,而缺少角质护膜连接毛根,"裸鼠"的脱毛速度才会大大加快。

由于在人的毛发角质护膜中,也发现了这种可制造"Sox21"蛋白质的基因,因此相同机理在人的身上很可能也同样适用。研究人员称,头发稀少的人,有可能就是这种基因本身或者其活动出了问题,如果能够进一步弄清其中机理,对将来研制治疗脱发药物,将有很大帮助。

2. 发现与肤色和耐力相关的基因

(1)发现决定肤色的主要基因。

2005 年 12 月,美国宾州州立大学的一个研究小组,对外界公布项目研究信息称,他们发现,某个基因的一个小小变化,就决定了不同的皮肤色素。这一发现,将有助于解释欧洲白人和非洲黑人在肤色上的差别原因。研究人员希望,该发现能够有助于找到治疗皮肤癌的新方法。

从理论上说,由于这一发现,今后人们要改变皮肤颜色,可能将不必借助晒太阳或者痛苦的化学漂白程序。长期以来,决定人类肤色的基因,一直是生物学的一个谜。

人们知道,一些基因的变异,造成皮肤白化病,以及眼科疾病。但人类并不知道,到底是什么基因导致正常人的肤色差别。

该研究小组现在找到这个基因,它就是 SLC24A5。然而,人们以前一直没有想到,这个基因导致人类肤色差异。

研究小组把斑马鱼选为研究对象。这是由于斑马鱼,与人类有许多相同的基因。斑马鱼的色素细胞与人类相似,而且和人类一样有黑素体。

研究人员发现,普通斑马鱼的变种——金斑马鱼的黑素体,比普通斑马鱼数量少,体积小,而且色素分布稀。研究人员发现,金斑马鱼色素浅的原因,是 SLC24A5 基因发生变异,导致某一种主要蛋白质生产减少。一旦增加从普通斑马鱼提取的这种蛋白质数量,金斑马鱼的皮肤就会变黑。接着,研究人员通过对人类染色体的研究,得到了相同的研究结果。

绝大多数人种的 SLC24A5 基因相同,但是欧洲白人的 SLC24A5 基因发生变异,虽然只发生了一个变异。而正是这一个变异,导致欧洲白人和金斑马鱼一样,黑色素少、小,且色素分布稀。

研究人员希望,这一发现,有助于攻克皮肤癌等难题,但英国癌症研究中心的奈特博士说,现在就谈这一发现对治疗皮肤癌的意义还为时过早,因为在此以前,必须首先研究欧洲白人的 SLC24A5 基因发生变异的原因是什么,以及这种变异的功能又是什么等等。

(2)研究发现与熬夜耐力有关的基因。

2009 年 6 月,英国媒体报道,同样是熬了一个通宵,有的人会疲惫不堪,有的人却没觉得有多累。欧洲研究人员最新的研究证实,这种熬夜耐力的差异,实际上和一个名为 PER3 的基因有关。

此前研究,就发现 PER3 基因与人缺觉后的反应有关,这个基因分为长版和短版两种。拥有短版 PER3 基因的人,熬夜后认知能力仍然如常,显示对睡眠缺乏的承受有一定弹性。而拥有长版 PER3 基因的人,对熬夜非常敏感,熬夜后大脑活动明显减少。

此次,研究人员利用大脑扫描成像技术,揭示了长版和短版 PER3 基因,具体如何影响人对熬夜的反应。

研究人员说,有些特殊行业,比如医护人员、民航飞行员、卡车司机等,时常需要值夜班。而通过 PER3 基因检测,可以识别出哪些人群不适合夜班工作,从而可以个性化地安排工作。

（3）发现与肌肉耐力有关的基因。

美国宾夕法尼亚大学的一个研究小组,在 2011 年 7 月 18 日出版的《临床研究》杂志上撰文指出,移除 IL – 15Rα(白细胞介素 – 15 受体阿尔法)基因,会增强老鼠的耐力。也许在不久的将来,人类能通过让某种基因变异来提高身体耐力。

研究人员用老鼠做实验,先移除它们的 IL – 15Rα 基因,然后记录其活跃程度。实验过程显示,每天晚上,移除了 IL – 15Rα 基因的老鼠,来回奔跑的距离比正常老鼠多 6 倍。这些实验鼠,能不知疲倦地在转笼里来回奔跑好几个小时。

随后,研究小组对这些耐力强大的实验鼠进行解剖,发现它们的肌肉中有更多的纤维和线粒体。这样的肌肉不易感到疲惫,也不容易消耗完所提供的能量。研究人员发现,移除 IL – 15Rα 基因会使肌肉细胞变异,从快速抽搐、易疲倦的肌肉类型,向更慢收缩、耐力更强的肌肉类型转化。科学家们指出,这表明,IL – 15Rα 基因很可能与肌肉收缩有关。

## 三、发现与肿瘤和癌症相关的基因

### 1. 发现与良性肿瘤相关的基因

发现诱发垂体腺瘤的基因。

2006 年 5 月 26 日,芬兰赫尔辛基大学劳日·爱尔东恩教授和奥梯·菲力玛博士带领的研究小组,在《科学》杂志上发表论文称,他们发现一个低外显率的基因缺失会导致颅内肿瘤,也就是垂体腺瘤。尤其是个体携带缺失基因时,会容易感染分泌生长激素的肿瘤,而生长激素过量会导致肢端肥大症和巨人症。

研究人员使用 DNA 芯片技术,对这些基因缺失进行鉴别,进而了解相关的遗传方式,如对一个危险系数相对较高的遗传缺陷基因进行鉴别。研究小组提供了对易感垂体腺瘤的遗传学基础进行研究的最初结果,垂体腺瘤是一种常见的良性肿瘤,约占颅内肿瘤的 15%。

最常见的激素分泌垂体肿瘤类型,主要是过量分泌催乳素或生长激素,而这两种激素相互作用产生的效应,能解释肿瘤的发病率。生长激素分泌过多会引起肢端肥大症或巨人症,肢端肥大症的特征有面部特征粗糙、下颚突出和骨端扩大。

未及时治疗的肢端肥大症具有潜在的严重性,能导致发育迟缓,并且早期诊断也非常困难。而巨人症是出现过度的直线性生长,这主要归因于在儿童时期和青春期在生长激素分泌过量时骺生长板仍然没有关闭。

研究人员检测了芬兰北部的 3 个垂体腺瘤疾病家族,他们推测一个先前没有成型的低外显率垂体腺瘤遗传因子(PAP)可能是促成局部地区产生疾病的原因。

PAP 表现为非常低的外显率并且易感生长激素瘤和泌乳素瘤,不能很好地适应任何家族垂体腺瘤综合征,而低外显率意味着遗传因素相对较少容易感病,而且是罕见的疾病。

研究人员利用芯片技术发现 AIP 基因突变体是致病的潜在原因,对这些基因功能做进一步测定,证明了垂体腺瘤发生进程中的一些信息,包括潜在的药物靶。

2. 发现与一般癌症相关的基因

(1)发现关键致癌基因"波克曼"。

2005 年 1 月 20 日,美国斯隆·凯特林癌症中心的一个研究小组,在《自然》杂志上发表研究报告说,他们发现了一种导致癌症的关键基因。它不仅本身能使正常细胞发生癌变,而且还可以使其他致癌基因发挥作用。

这种新发现的基因,是几种致癌基因中关键的一种。致癌基因可导致细胞发生突变,并开始无控制地分裂,进而形成肿瘤。研究人员指出,这种新发现的基因,似乎控制着细胞突变的整个过程,此前发现的致癌基因,都不具备类似功能。他们把这种基因命名为"POK 红系髓性致癌因子",简称"波克曼"(POKEMON)基因。在动物实验中,研究人员发现"波克曼"基因,控制生成的蛋白质,会干扰其他正常蛋白质的活动,其中包括阻碍肿瘤生长的 ARF 蛋白质。他们还发现,"波克曼"蛋白质出现在多种癌细胞中。他们把"波克曼"基因,插入老鼠细胞,老鼠体内随后生成了恶性淋巴瘤。初步实验证明,其他癌细胞中也含有大量的"波克曼"蛋白质。

研究人员在报告中称,他们已经寻找到阻碍"波克曼"基因活动的方法。他们认为,今后有可能通过控制"波克曼"蛋白质的方法来治疗癌症。

(2)发现新的抗癌基因。

2005 年 4 月 14 日,《日经产业新闻》报道,日本名古屋大学与美国艾莫里大学联合组成的一个研究小组,研究中发现了一个与膀胱癌、胃癌、乳腺癌等多种癌症相关的抗癌基因,分析这一基因是否受到损伤,可更好地预测病情发展和后果。

研究人员说,新发现的抗癌基因名为"ATBF1"。由这一基因控制合成的蛋白质,在细胞中穿梭于细胞质和细胞核之间,其作用相当于控制细胞增殖的开关。因此,如果这一基因受到损伤,细胞就会发生异常增殖,甚至癌变。

报道称,研究小组对 66 名前列腺癌患者的基因进行分析。结果表明,这一基因受到损伤的概率很高。研究小组又和日本新潟劳灾医院合作,对膀胱癌患者的基因进行了认真研究。结果发现,如果膀胱癌患者癌组织中含有的"ATBF1"和另外一种基因 P21 都未受到损伤的话,治疗中预测病情发展和效果要好得多,患者 10 年以上的生存率可达 100%。

研究人员表示,至于在前列腺癌、胃癌、乳腺癌等癌症中,能否根据这个基因的受损状况进行预后判断,还需要进一步研究。

（3）发现促使癌细胞扩散的基因。

2006 年 4 月，有关媒体报道，英国利物浦大学菲利普·拉德兰教授、王正国博士和罗杰·巴拉克楼博士等人组成的一个研究小组，找到细胞里负责引发肿瘤细胞扩散的基因。

他们发现了一类称为 S100 的蛋白家族，与原位癌后期代谢转移的激活之间，有十分密切的关系。

临床上对于初次发现的原位癌，多半以手术的方式移除，而且只要不是发现得太晚，多半会有一定程度的疗效。但是，如果癌细胞已经进入了转移期，代谢到其他的组织或器官，那么医生就会选用化疗及放疗的方法。然而，这种传统治疗模式，在临床上的效果并不十分理想。因此，科学家一直致力于寻求激活癌细胞转移的机制。

在这项研究中，研究人员通过长期的追踪研究，确实发现了一些像是 S100A4、骨桥蛋白和最近发现的 AGR2 基因，参与肿瘤细胞的移动。接下来，研究人员将会依据这种类型的基因活动，找出阻止癌细胞扩散的策略，从而有效应对癌症对人类的威胁。

（4）发现能刺激和控制癌症扩散的基因。

2007 年 4 月，英国《自然》杂志报道，研究人员发现，有四种基因对人体内癌细胞的全面扩散起到了"推波助澜"的作用。与此同时，另外一项研究则发现了 87 种能让癌细胞更容易被药物控制的基因。医学界认为，只有在癌细胞扩散前进行治疗才能取得良好效果，因此上述发现，有助于人类开发更有效的抗癌药。

研究人员发现，老鼠体内的四种基因可刺激乳腺癌向肺部转移。当科学家们将小老鼠体内这四种"能刺激癌细胞扩散"的基因失去功能后，这些动物体内的乳腺癌细胞几乎完全停止了生长和扩散，并且无法进入肺泡内继续滋生。包括阿司匹林在内的多种药物对上述基因有抑制作用，常服此类药物的人能降低患某些癌症的风险。与此同时，研究人员发现，如果关闭人体内的 87 种基因，许多化疗药物将能发挥更好的杀灭癌细胞作用。据悉，在关闭上述基因后，杀灭肺癌细胞的用药量降低了足足 1000 倍。这样就能有效减少因服用药物引起的中毒和其他副作用。除了改进化疗药物外，其他研究机构也在利用这些基因开发抗癌疫苗。

最近几年来，各类全新的癌症筛查、扫描技术，以及基因测试等检查方法，不但能帮助很多人发现了自己体内刚处于萌芽期的致命癌症，也能诊断出微小的、处于潜伏期的良性肿瘤。很多患者从此开始焦虑，面临着是否做要手术的艰难抉择，任何不必要的手术，都会对患者自身健康产生严重负面影响，甚至刺激小肿瘤的急速增生。

癌症专家认为，虽然新一代的癌症检查方法，能够查出很多暂时不会危及健康的肿瘤，但总的来说"检查过细"的结果很可能弊大于利，因为有些异常细胞能与人"和平共处一生"。在这种情况下，最理想的治疗方法，就是判定哪些癌细胞是非常危险的,哪些是不会致命的。以免因为"反应过度"而对人体造成不必要的伤害。

一些研究人员宣称,发现了部分癌症患者,无论早期还是晚期病人,在接受了传统的外科切除手术治疗、化疗或者放射疗法后,身体内的肿瘤反而会越来越多,并最终因癌细胞四处扩散而去世的原因:人体内一种名为 TGF-beta 的物质。提高老鼠体内 TGF-beta 含量的结果,是刺激老鼠乳腺内的癌细胞向其肺部发生转移。

如果医生们让接受化疗或者放疗的癌症患者体内的某种抗体数量增多,就能压制住 TGF-beta 的水平,那么将有效抑制癌细胞的扩散和转移。因此,开发能调控 TGF-beta 的药物,将成为挽救众多癌症病人生命的关键所在。动物实验证明,假如让老鼠体内缺乏这种 TGF-beta 蛋白,其体内的癌细胞将根本不会发生扩散现象。也有科学家宣称,动物体内的原发性肿瘤可能会抑制其他肿瘤生长,但是一旦这个肿瘤被认为清除掉,那么其他的被抑制肿瘤可能就此开始疯长。TGF-beta 就是这样一种既能控制肿瘤生长,也能刺激癌细胞扩散的物质。与此同时,动物体内其他通过免疫系统产生的神秘蛋白物质,也可能会对肿瘤的生长和扩散造成不良影响。

专家指出,人体内肿瘤形态多样,在患者体内生存扩散的方式各异,因此根本无法找到能杀死所有癌细胞的"万能疗法"。相比较而言,医生们目前更希望寻找控制癌细胞的疗法:其最关键的着重点是防止癌细胞继续扩散转移。尽管患者有可能需要一辈子都服用这样的控制药物,但是依然能继续享受高质量的生活。

(5)发现两个可引起癌细胞端粒加长的基因。

2011 年 6 月 30 日的《科学快递》网站,发表美国约翰·霍普金斯医学研究院研究小组的成果,称其找到两个与癌细胞 DNA(脱氧核糖核酸)端粒延长有关的基因,当这两个基因出现变异时,就会导致端粒延长。普通细胞的分裂次数是有限的,而癌细胞则依赖其 DNA 端粒的延长机制,可以无限制分裂增生。所以,这一发现对探索癌细胞的成长机理,具有重要意义。

以往的研究表明,正常细胞每分裂一次,其 DNA 末端的端粒就会缩短一点,如果没有端粒,DNA 在复制时就会裁掉编码基因而破坏细胞功能,所以端粒长度限制着 DNA 的复制次数。但大部分癌细胞都分裂很快,有些是通过端粒酶来保持端粒长度,而有些不需要端粒酶也能保持端粒长度,这种现象称为"替代性端粒延长"。

研究小组在 2011 年 1 月,曾发表过一份胰腺神经内分泌肿瘤的基因组图,首次识别出与"替代性端粒延长"过程相关的基因线索。他们发现,肿瘤细胞中的大部分基因变异都发生在那些包含 ATRX 和 DAXX 片段的基因中,这些基因和特定的 DNA 片段相互作用形成的蛋白质,能改变 DNA 的编码方式。

为了进一步研究这两种基因在端粒中的作用,研究小组采集了 41 位胰腺神经内分泌肿瘤患者的组织样本,其中 25 个具有典型的替代性端粒延长特征,荧光染色标记端粒显示出"大量的 DNA 端粒",比正常细胞中 DNA 的端粒要长 100 多倍。在 25 个显出替代性端粒延长的样本中,19 个表现出 ATRX 或 DAXX 变异,6 个没有变异的是由于肿瘤细胞显示没有表达这两种基因。剩余的 16 个没有 AT-RX 或 DAXX 变异,也没有端粒替代性延长。而在 439 份其他肿瘤样本中,8 个胶质细胞瘤样本显出了替代性端粒延长,也都表达了 ATRX 变异体而不是 ATRX。

3. 发现与乳腺癌相关的基因

(1)发现与乳腺癌有关的新基因。

2008 年 5 月 1 日,美国西北纪念医院的肿瘤专家弗吉尼亚·卡克拉马尼领导的研究小组,在《癌症研究》杂志上发表论文称,他们发现,脂联素基因的变异,很可能增加女性患乳腺癌的风险,它将成为目前发现的与乳腺癌相关联的第三个基因。脂联素基因可以调控很多新陈代谢过程。有些女性在出生时,她们体内的脂联素基因就带有不同特性,会改变基因的功能,从而增加乳腺癌的发病概率。这一发现,与先前关于体内脂联素含量低会增加癌症风险结论相一致。如果其他辅助研究也得到证实,脂联素将和已经发现的另两个基因 TGF-beta 和 CHEK2,共同创造一个基因检测模式。这一模式,将帮助临床学家,更准确地预测乳腺癌的患病风险。目前,临床学家只能依赖流行病模式的诊断来检测乳腺癌,最常用的模式是"GAIL"模式,它通过测试包括女性年龄、月经起始年龄、绝经年龄、首次生育年龄、活体组织检查切片,以及家族病史在内的诸多因素,来测定女性乳腺癌的患病概率。目前,基因诊断,已被用于有乳腺癌家族史的检测,以鉴定乳腺癌遗传与 BRCA 基因是否存在关联。然而,每年确诊的大多数乳腺癌患者,都没有家族病史,这使得大量的乳腺癌病例无法解释和预测。

卡克拉马尼指出,据研究所知,1/8 的女性会因为不确定的原因患上乳腺癌,她们很可能是受基因影响,脂联素基因就是其中一个可能的诱发基因。通过明确哪些基因与乳腺癌患病相关联,我们就能更好地预测风险,并最终致力于预防癌症。他表示,希望通过进一步的研究,有朝一日能利用基因诊断的方法,使所有女性都能预先了解自己患乳腺癌的风险,而那些有较高患病风险的人,就可以与他们的保健医师共同采取防患措施,达到最佳预防效果。

(2)发现导致乳腺癌扩散的基因。

2009 年 1 月,美国新泽西癌症研究所和普林斯顿大学共同组成的一个研究小组,在《癌细胞》杂志上发表研究成果称,他们发现,一种基因不仅会增大乳腺癌扩散概率,还会增强癌细胞的抗化疗性。研究人员希望借助这一发现,研制出相关药物,防止癌细胞扩散,提高患者的存活率。

研究人员对 250 位侵袭性乳腺瘤患者的肿瘤样本,进行研究时发现,肿瘤内一种名为 MTDH 基因发生变异,表现异常活跃。

研究人员说,这种基因,可以帮助癌细胞,粘着在其他器官的血管壁上,导致癌细胞更易扩散。此外,该基因异常活跃,使癌细胞对传统的化疗药物产生抗药性。研究人员进行基因干预实验时发现，阻止 MTDH 基因发挥作用，乳腺癌细胞变得不易扩散，并在化疗的攻击下变得很脆弱。

阻止癌细胞扩散，对乳腺癌治疗至关重要。相关数据表明，癌细胞未转移的乳腺癌患者，其 5 年以上存活率为 98%，而癌细胞转移的患者，这一比例仅为 27%。

（3）发现乳腺癌向大脑扩散的关键基因。

2009 年 5 月，美国纽约的斯隆·凯特林癌症研究所的研究人员，在《自然》杂志上发表研究报告说，他们发现，小鼠体内的 3 个基因，可以帮助乳腺癌细胞突破肌体内的天然屏障向大脑扩散。这为相关治疗药物和方法的研发提供了线索。

研究人员指出，乳腺癌细胞在扩散到大脑的过程中，需要突破密集的毛细血管网络。为了弄清楚，癌细胞跨越这些肌体内天然屏障的具体分子机制，他们把已发生扩散的晚期乳腺癌患者体内的癌细胞，移入到实验鼠体内，并从中分离出能进入实验鼠大脑的癌细胞。

研究人员经分析发现，实验鼠体内名为"COX2""HB-EGF"和"ST6GALNAC5"的 3 个基因，在这一过程中起到关键作用。其中，在前两个基因的帮助下，乳腺癌细胞具有更强的移动和入侵能力，而后一个基因，则使癌细胞能长时间牢固地附着在大脑的毛细血管表面，以便其向脑部进一步渗透。

研究人员还指出，此前他们曾发现"COX2"基因和"HB-EGF"基因，可促使癌细胞向肺部扩散。

乳腺癌是全球女性的头号健康"杀手"。相关数据显示，每年全球新增乳腺癌患者约 120 万人，有 50 万人死于该病。

（4）发现阻止抗乳腺癌药物起作用的基因。

2010 年 1 月，美国波士顿丹纳·法伯癌症研究所，安德烈·理查德森等人组成的一个研究小组，在《自然·医学》杂志上发表研究成果称，他们发现了阻止常用抗乳腺癌药物起作用的基因。这一突破性的研究成果，或许每年能挽救数百人的生命。乳腺癌患者在手术后，通常服用化疗药物，来阻止肿瘤扩散或反复。但是，有些患者却对此类药物具有抗药性。该研究小组的研究结果，则从患者基因角度为用药无效找到了根源。这样，医生就可以给检验结果呈阳性的患者，服用其他的药物，令其活下来的概率大大增加。这项新研究，聚焦于一种名为蒽环类抗癌药。该药物通常作为"辅助"疗法给患者服用，有助于抑制患者术后病情反复。蒽环类抗癌药，包括阿霉素、道诺霉素等。研究人员对 85 名患者的乳腺癌细胞样本做了研究，在大约 20% 的样本中，有两种基因过于活跃，使得癌细胞对药物治疗具有抗性。

医疗记录证实，那些拥有这两种可疑基因的患者比没有它们的患者恢复情况更差。理查德森说，这些结果表明，对蒽环类抗癌药具有抗药性的肿瘤，可能对其他药剂敏感。所以，这种方法作为一种测试手段将非常有用，可以帮助挑选对这些患者最为有效的疗法。

（5）发现可诱发乳腺癌的变异基因。

2012年2月23日，芬兰媒体报道，芬兰奥卢大学一个研究小组，发现一种遗传性变异基因，它易导致有乳腺癌遗传家族史的女性患上乳腺癌。

报道称，研究人员对芬兰北部125个有乳腺癌患者的家族，进行脱氧核糖核酸样本分析，结果发现一种遗传性变异基因，它会抑制脱氧核糖核酸损伤修复机制的正常工作，从而诱发乳腺癌。此外，研究人员还发现，该变异基因还会增加患其他癌症的风险。

据悉，这一发现，将有助于对有乳腺癌遗传家族史的妇女进行检查，尽早发现，并有针对性地制定更具体的乳腺癌化疗和放疗方案。

（6）发现一个能遏制乳腺癌的基因。

2012年4月，日本大阪大学特聘副教授河合伸治领导的研究小组，在美国《细胞生物学杂志》发表报告说，具有肿瘤抑制作用的乳腺癌易感基因BRCA1，除可通过修复染色体异常来遏制乳腺癌和卵巢癌外，还能通过生成小核糖核酸来遏制癌症。这一成果，可协助研究人员开发出新治疗药物。

乳腺癌易感基因BRCA1，是近年来发现的一个肿瘤抑制基因，它的结构和功能变化，与家族型乳腺癌和卵巢癌的发生有关。研究证实，BRCA1基因发生突变的人，在40岁以前得乳腺癌的概率高达19%。

研究人员在调查人类细胞中与抑制癌症有关4种小核糖核酸的量时发现，如果加强细胞中BRCA1基因的作用，这些小核糖核酸的量会增加，而如果抑制这一基因的作用，这些小核糖核酸的量则减少；显示两者具有密切关系。

河合伸治说："很多癌症中，都发现了小核糖核酸的异常。这些异常有可能与BRCA1基因有关。这一发现，有可能协助研究人员开发出新的治疗药物。"

4. 发现与脑癌相关的基因

（1）发现注射人类干细胞可以引起脑肿瘤。

2006年10月，纽约罗切斯特医学中心的史蒂芬·高盛和他的同事组成的一个研究小组，在《自然·医学》杂志发表文章说，对帕金森疾病患者的脑中注射人类干细胞，可能会导致肿瘤的产生。

帕金森疾病，是由于多巴胺细胞在大脑中死亡引起的。所以，研究人员尝试用各种类型的移植细胞来治疗。高盛研究小组使用的人类胚胎干细胞，来自只有几天的胚胎中，这些细胞可以形成体内任何细胞。这些细胞在一定的物质培养下同样可以形成脑细胞。而先前的研究小组，希望使用同轴干细胞来形成多巴胺释放细胞。目前，高盛研究小组成功的移植这些干细胞，进入患有帕金森疾病的老鼠体内。这些动物恢复良好。但是，后来有些移植的细胞开始不再释放多巴胺了，其中一些细胞开始向癌症细胞的趋势发展。研究人员杀死了这些动物，并宣布这项试验如果在人体内实行，必须要额外的谨慎。

（2）发现脑癌与肿瘤抑制基因缺陷有关。

2009 年 6 月 2 日,密歇根大学医学院副教授朱原领导的研究小组,在《癌细胞》杂志上发表论文称,他们发现,脑癌与大脑神经干细胞中的肿瘤抑制基因 p53 缺陷有关。这项研究成果,有助于找到更好的预防和治疗脑癌的方法。

研究人员首次发现,恶性胶质瘤,可能来自位于脑下室区（SVZ）的神经干细胞。在试验小鼠身上,神经干细胞巢内的干细胞,会制造很多具有专门用途的神经细胞,并释放出去。而肿瘤抑制基因 p53 的突变,使得神经干细胞和它制造的神经细胞一样,出现转移,从而诱发脑瘤。

恶性胶质瘤,也称为多形性胶质母细胞瘤,是一种非常难以治疗的癌症。目前,几乎所有的治疗方法,包括手术、放疗和化疗,都不太有效,其死亡率在 20 多年来一直未有改观。研究人员最近发现,某些基因和细胞的作用途径,在恶性胶质瘤中被改变。其中最关键的变化,就包括 p53 基因突变。但研究人员一直不知道,是什么类型细胞的 p53 缺陷,促成脑细胞发生癌变。

研究小组采用中枢神经系统具有 p53 变异的小鼠,进行一系列试验。他们发现,这些小鼠中,大多数得了恶性脑肿瘤,肿瘤细胞中都出现 p53 变异。这一发现,将有助于对恶性胶质瘤,进行及时有效的早期筛查,表明变异 p53 可作为一个有用的标记,在各种阶段跟踪神经胶质瘤细胞。而在发病早期检测到疾病,无疑会提高治疗的成功概率。这个发现,也会有助于改善治疗手段,降低此种癌症患者的死亡率。如果人类的恶性胶质瘤,同小鼠一样,来自于脑下室区的神经干细胞,就必须在早期的诊断和治疗阶段,更多地关注干细胞巢,如同对待肿瘤一样对待它,进行有针对性的直接治疗,以消除癌症源并防止它死灰复燃。

研究结果表明,老鼠大脑的神经干细胞,具有较高的积累遗传病变的潜力,并成为癌细胞的攻击标靶。从某种程度上讲,癌症细胞在早期阶段与正常的干细胞并没有太大的差别,但它非正常地结合了,神经干细胞自我更新和专业子代转移的关键特征。所以,在对其进行约束和治疗之前,必须对其有更广泛深入的了解。

研究小组发现,这些有 p53 突变的细胞,具有高度适应性,如果治疗阻止了它们的活动路径,它们则会学着找到另一种方式来成长,这解释了为什么恶性胶质瘤会产生抗药性。他们计划继续进行小鼠实验,看看 p53 的功能是否可以在肿瘤细胞中恢复。他们也要检验,抑制脑下室区的神经干细胞,是否会是一种潜在的治疗手段。

（3）发现导致脑部神经胶质瘤的基因变异。

2009 年 7 月,美国德克萨斯大学安德森癌症研究中心,与英国肿瘤研究所研究人员等联合组成的一个国际研究小组,在《自然·遗传学》杂志网络版发表研究报告称,他们发现,5 种基因的常见变异,会增加患神经胶质瘤的风险,从而确定某些遗传因素,对这种疾病的产生发展具有重要作用。这项发现,将有助于识别该肿瘤的易患群体,并为预防和治疗这类疾病提供潜在目标。

神经胶质瘤,包括星形细胞瘤、少突神经胶质瘤和多形性胶质母细胞瘤等,是一种常见的脑癌,在原发性恶性脑瘤中约占80%。美国每年大约有2.2万例新发病例和1.3万例死亡病例。

研究小组对1878名神经胶质瘤患者和3670名对照者基因组中,521571个单核苷酸多态性(SNPS)进行分析,结果发现34个SNPS与神经胶质瘤有关。随后,他们在德国、法国和瑞典的独立病例对照研究中,对这34个SNPS,进行2545例神经胶质瘤病例和2973例比照病例的综合分析,遴选出14个SNPS,这14个SNPS映射到基因组中的5个位点。

这5种基因分别是:位于8号染色体的CCDC26,位于5号染色体的TERT,位于9号染色体的CDKN2A,位于20号染色体的RTEL1,以及位于11号染色体的PHLDB1。与没有这些基因变异的人相比,有这5种基因的最大变异者,患有神经胶质瘤的风险分别增加18%、24%、27%、28%和36%。研究人员还发现,这些基因的影响是相互独立的,因此,如果变异基因越多,患病风险就越大。这5种基因中,有8个或更多达14个变异的人,患有神经胶质瘤的风险是正常人的3倍。

迄今为止,这项研究,是世界上针对罕见肿瘤,所进行的规模最大的一次基因研究。其统计数据,具有很高的可信度。尽管仅用这些基因变异情况来确定易患病人群还为时过早,但这个发现仍令人鼓舞。这一成果,使研究人员第一次拥有足够大的样本,来了解与神经胶质瘤相关的遗传因素,从而为了解这些脑肿瘤可能的成因,打开一扇门,以对这种病进行更全面深入的研究。

研究人员表示,对于这些基因变异,如何影响其功能,以及怎样促使神经胶质瘤产生发展,仍有待进一步研究。因为该类疾病不仅仅是遗传性的,人口、行为和环境等因素,都会对其产生影响,需要建立一个更全面的模型来确定危险人群。

(4)发现决定脑癌患者存活时间的关键基因。

2009年7月15日,美国西北大学研究人员,在《美国医学协会周刊》上发表文章说,他们发现,人体脑瘤中有7个关键基因,不但决定着患者所患脑癌的严重程度,还决定患者存活时间的长短。这一研究成果将有助于相关药物的研制。

研究人员基于脑癌是由数百个基因变异造成的,对变异过程中诱发脑瘤的基因进行研究。他们从500多个脑癌患者头部,提取脑瘤基因样本。这些人大部分都患有恶性神经胶质瘤,其余则患有神经胶母细胞瘤。随后,研究人员对这些基因及其相互作用进行了检测,发现共有11个"核心基因"决定着患者所患脑癌的严重程度,在那11个"核心基因"中,有7个基因还决定着患者存活时间的长短。

研究人员表示,这项研究成果,将有助于确定脑瘤的诱发基因及其表达机制,从而了解哪些基因受损后将造成危害。

5. 发现与肺癌相关的基因

(1)调查结果显示可导致肺癌的64个基因变体。

2006年6月,英国《新科学家》杂志报道,英国萨顿癌症研究所理查德·霍斯顿教授负责,他的同事为主要成员的一个研究小组,正在开展一项迄今为止最大规模的基因调查,其结果显示,可能有 64 个基因变体与肺癌相关。这些基因,可能对某些特定的人群患肺癌有一定的影响。这一发现,将对开发相关诊断手段有积极作用。目前,科学家已经掌握了部分控制乳腺癌的基因,并且可以比较容易地指出携带哪些基因,会增加患乳腺癌的概率。如携带 BRCA 基因的妇女,一生中患乳腺癌的可能性为 80%;而携带 BRCA1 及 BRCA2 等变异基因的美国白人妇女,发生乳腺癌的可能性分别为 5% 和 8%。但是,科学家一直未能发现影响肺癌的类似基因,初步估计,每年全球约有 120 万人患肺癌。

研究人员说,他们的调查,鉴别出了 64 个基因变体似乎与肺癌相关联。新发现的肺癌基因变体很难观察到,这些基因变体都属于低显性等位基因,有时会刺激肿瘤发育,这意味着这些基因与 BRCA 等基因有明显区别。如果一个人体内仅遗传一种基因变体,他增患癌症的可能性会低于 1%;一旦某人遗传了许多这种基因变体,其患癌的风险则会累积增大。为了鉴别这些基因变体,霍斯顿研究小组搜集了 1529 个肺癌患者和 2707 位健康人的血样,并对 871 个基因进行分析。在所发现的 64 个基因变体中,有 11 个基因变体编码胰岛素样生长因子,霍斯顿建议研发肺癌治疗手段的科学家,应密切关注这部分关键的生物路径。但霍斯顿强调,这些基因变体对肺癌的作用有限,而导致肺癌的最大风险依然是吸烟。

(2)发现可引发肺癌的异常基因。

2007 年 07 月 12 日,日本自治医科大学的间野博行教授等研究人员,在《自然》杂志网络版撰文称,他们发现由两个基因融合而成的一个异常基因,可引发肺癌。

研究人员以一名有吸烟史的 62 岁男性为研究对象,从其肺癌细胞中提取大量基因,然后将这些基因,分别植入实验用的正常细胞,观察细胞是否发生癌变。结果,当植入由"ALK"基因和"EML4"基因融合而成的一个基因后,正常细胞就会癌变。他们又从 75 名,在同一所医院接受治疗的肺癌患者肺部,提取癌细胞进行分析,并在 5 名患者体内发现了这个异常的融合基因,其中 4 名患者有吸烟史。

"ALK"基因具有促进细胞增殖作用,"EML4"基因的作用是维持细胞的形状。研究人员推断,这两个基因融合后,源自"ALK"基因的片段,就会不受限制地发出增殖指令,导致细胞不断增殖,进而癌变。

研究人员推测,某些人体在试图修复受损的 DNA(脱氧核糖核酸)时,错误地融合了上述两个基因,而烟草可能是导致 DNA 受损的因素。

专家认为,检测与肺癌有关的异常融合基因的方法一旦成熟,就有望更早地发现早期肺癌。如果能安全地抑制这个融合基因的作用,将对防治肺癌产生重要影响。

（3）发现一种与肺癌有关基因。

2009年12月，意大利米兰大学等机构的研究人员发现，一种名为NOTCH的基因变异与肺癌有关。原因在于，负责控制这一基因的Numb蛋白质，对其丧失了控制力。研究表明，33%肺癌患者体内的NOTCH基因，发生了变异。研究人员接下来将开展临床试验，研究对NOTCH基因进行干预后的治疗效果。

（4）发现导致小细胞肺癌扩散的新基因。

据2011年7月19日的有关媒体报道，美国麻省理工学院研究小组，利用全基因组分析技术，找到了导致小细胞肺癌扩散的新基因。小细胞肺癌是较为严重的一种肺癌，占肺癌患者的约15%。约95%的小细胞肺癌患者，会在确诊5年内死亡。通过全基因组分析，研究人员确定了在患有癌症的小鼠体内，已复制或剔除的染色体断面，并发现了一些额外复制的DNA短片断，包括一个名为"核因子IB"基因的染色体4。这是"核因子IB"首次在小细胞肺癌里被发现，这个基因的具体作用尚不知晓，但是它与肺细胞的演变有关。核因子IB基因为转录因子指定遗传密码，意味着它控制了其他基因表达，所以现在正在寻找被核因子IB控制的基因。研究人员认为，如果发现它是怎样运转的，这将为小细胞肺癌治疗提供新的靶点。

（5）发现5种肺癌的遗传基因。

2012年2月，日本癌症研究所竹内贤吾项目主管、自治医科大学间野博行教授领导的研究小组，在《自然·医学》网络版上发表论文称，他们新发现引起肺癌的5种遗传基因。这些新发现的遗传基因，是调节细胞分裂的酶遗传基因与其他遗传基因融合的基因。该发现，对开发新的治疗药物具有重要作用。

研究小组对癌症研究会有明医院，接受手术的1500位患者肺癌标本的遗传基因进行了分析，发现负责激活ROS1和RET细胞的酶的遗传基因，与其融合的5种基因引发了肺癌。这种酶，原本只在必要时被激活，但融合后细胞无秩序增殖导致癌症发生。

大部分肺癌是非小细胞肺癌，分析中发现这5种致癌遗传基因，占调查的非小细胞肺癌患者的2%。

6. 发现与消化系统癌症相关的基因

（1）揭开结肠癌发生的一种新关键因子。

2005年2月1日，宾夕法尼亚州大学医学院，克劳斯·铠斯特纳领导的一个研究小组，在《基因与发育》杂志上发表论文称，他们发现并确定了一个影响结肠癌发生的分子因素。全世界每年有100万以上的人，死于胃癌和结肠直肠癌。到目前为止，有若干研究小组一直试图确定，引发这些肿瘤并刺激肿瘤生长的分子。已经知道干扰结肠腺瘤样息肉基因的功能，能够对结肠的上皮细胞层产生深层的影响，并且导致这些细胞扩增的失控而引发肿瘤。

研究人员发现，小鼠中对应于APC基因的基因，发生一种抑制性突变后所表现出的病理学特征,与在人类结肠癌看到的类似,并且它们的结肠中也长出了息肉瘤。人类细胞的 APC 基因失活,会导致一种叫做 β-连锁蛋白的物质,在这些细胞的细胞核中发生积累。

研究小组先前发现转录因子 Foxl1 也在结肠中表达,但不在上皮细胞层而是在间叶细胞层。他们发现缺乏 Foxl1 蛋白的小鼠上皮细胞层中,也积累了 β-连锁蛋白,但是却没有发生癌症。但是,如果缺少 Foxl1 的同时 APC 基因也失活,则会发生非常猛烈的结果。研究人员比较了缺乏 APC 基因的小鼠,在 Foxl1 存在或不存在时候的情况。这两种小鼠,都发生了肿瘤,但缺少 Foxl1 的小鼠的肿瘤,发生频率高出了 7 倍。

另外,这些动物在胃中也出现了肿瘤。其他的一些分析表明,Foxl1 缺陷影响肿瘤形成过程的起始,并增加了 1/3 的肿瘤发生风险。研究人员检测了这些肿瘤细胞中的 APC 基因的完整性,并且发现 90% 以上的肿瘤失去了 APC 基因的正常拷贝。

这项研究树立了胃肠肿瘤发生研究的典范,而且将促使研究人员对其他间叶细胞遗传修饰因子进行研究,并因此找到能够影响两个细胞层间信号传递的潜在治疗方法。

(2)发现遏制大肠癌发病的基因。

2006 年 9 月,韩国首尔江南圣母医院妇产科教授金振宇领导的研究小组,发现人体内有一种能遏制大肠癌发病的特定遗传基因,它的缺失有可能引发大肠癌。

研究人员在分析大肠癌发病机理时发现,一种被称为 DP1 的遗传基因,能对大肠癌发病起抑制作用。对 30 名大肠癌患者的检测显示,60% 的人体内缺少 DP1 遗传基因。研究人员指出,他们在 1999 年曾发现,引发癌症的"HCCR-1"遗传基因,对 DP1 遗传基因的功能有抑制作用。

研究小组根据他们的研究成果,开发出一种能诊断大肠癌的试剂。对 50 名大肠癌患者进行的试验表明,这种试剂的诊断准确率可达 76%。

(3)发现与胰腺癌发病有关的基因。

2009 年 3 月,美国密歇根大学迪亚纳·西梅奥内负责的研究小组,在《癌细胞》杂志上登载论文称,他们发现,在胰腺癌细胞中,一种名为 ATDC 的基因表达水平,是正常胰腺细胞中表达水平的 20 倍,而且这种基因,能增强胰腺癌细胞对现有疗法的耐受性。

研究人员把 ATDC 基因充分表达或被抑制的胰腺肿瘤细胞,分别注入两组实验鼠体内。60 天后,ATDC 基因充分表达组的实验鼠,体内胰腺肿瘤增大,良性向恶化发展,并出现扩散。而对照组实验鼠,只有很小的肿瘤生长迹象。研究人员认为,这表明 ATDC 基因,促进了胰腺肿瘤细胞的生长和恶性病变。

研究认为,这种基因在膀胱癌、肺癌的发展过程中,可能也扮演了某种角色。

西梅奥内说,ATDC 基因,不仅导致胰腺癌细胞生长更快、更富有攻击性,而且会增加其对化疗和放疗的耐受性。如果开发出以这种基因为靶向的药物或疗法,或许能增强现有化疗、放疗对胰腺癌的治疗效果。

7. 发现与皮肤肿瘤和皮肤癌相关的基因

(1)确认引发皮肤肿瘤的变异基因。

2004 年 5 月,有关媒体报道说,由钙质沉着引起的皮肤肿瘤,是一种十分痛苦的疾病,为防止患病皮肤感染、解除间歇性病痛,病人需要不断接受手术治疗。以色列理工学院日前宣称,该院医学系的研究人员经过多年研究,终于破解了这种引起皮肤肿瘤出现的钙质沉着的成因,从而找到了病根。

研究人员发现,患有家族性钙质沉着皮肤病的人,其体内的磷酸盐指标普遍很高。根据这一现象,研究人员追根溯源,终于确认,患有这种疾病的人携带的GALNT3 基因出现遗传变异,导致血液中磷酸盐指标增加,这些多余的磷酸盐与钙在一起,被储存在皮肤下面,诱发皮肤肿瘤。研究人员称,同样现象也发生在患有肾衰竭的患者身上。这些病人的体内磷酸盐指标也比较高,所产生的过多的钙容易被储存起来,导致发病和死亡。他们希望这一发现,将有助于了解,那些控制肾衰竭病人体内磷酸盐产生的蛋白质的作用,从而发现治疗这种皮肤病和肾衰竭的新方法。

(2)发现与皮肤癌相关的变异基因。

2008 年 9 月 15 日,在斯德哥尔摩召开的欧洲肿瘤内科学会会议上,葡萄牙肿瘤研究所的研究人员介绍说,携带 Cyclin D1 变异基因的人更易患皮肤癌。他们的研究表明,如果 Cyclin D1 基因发生变异,会使患皮肤癌的风险增加 80%。

研究人员说,他们分析了 1053 名志愿者的血样,其中 161 人是黑素瘤患者,892 人是健康者,结果发现携带两个 Cyclin D1 变异基因副本的人,患黑素瘤的风险高达 80%。Cyclin D1 能加速或减缓细胞生长,此前有研究认为它与一些癌症如皮肤癌和乳腺癌有关。葡萄牙研究人员说,他们的研究显示,黑素瘤病例中有14% 是由这种基因所致。

黑素瘤是一种危险性很大、很难治疗的皮肤癌,晚期患者的平均生存期大约为 6 个月。世界卫生组织估计,每年因过度暴露在紫外线光下而死亡的人大约有6 万,其中大部分人死于黑素瘤。

(3)发现与黑素瘤有关的基因变异。

2009 年 9 月,美国国家卫生研究院的研究人员,在《自然·遗传学》杂志上发表研究报告称,他们利用 DNA 测序技术,确认一组与黑素瘤相关的基因变异。他们指出,其中部分变异基因,正是目前一种乳腺癌治疗药物的靶点。

研究人员首先对 29 名转移性黑素瘤患者的肿瘤样本和血样中,负责编码蛋白酪氨酸激酶的系列基因,进行测序。进而经过排查,确认其中有 19 个基因发生了变异。蛋白酪氨酸激酶是一类具有酪氨酸激酶活性的蛋白质,在细胞内的信号传导通路中,占据十分重要的地位,调节着细胞体内生长、分化、死亡等一系列生化过程。蛋白酪氨酸激酶家族共有 86 个成员,这些成员发生变异能够引发多种癌症。

随后,研究人员扩大了研究范围,对 79 名转移性黑素瘤患者的上述 19 个"嫌疑"基因,进行详细分析。他们发现,其中一种名为 ERBB4 的基因,出现变异的情况最多,几乎 20% 的患者体内 ERBB4 基因都发生了变异。

在进一步的实验室研究中,他们发现黑素瘤细胞的生长,依赖于 ERBB4 基因变异的存在。而 ERBB4 基因抑制药物拉帕替尼,可减缓黑素瘤细胞的生长。拉帕替尼是一种治疗乳腺癌的药物。研究人员表示,下一步将开展临床试验,利用拉帕替尼,尝试治疗 ERBB4 基因变异的转移性黑素瘤患者。

(4)发现与黑素瘤有关的基因变异。

2014 年 4 月,英国桑格研究所研究员戴维·亚当斯牵头,成员来自英国、荷兰、澳大利亚和美国等国的国际研究小组,在《自然·遗传学》杂志上发表研究成果称,他们研究发现,一种基因变异可增加黑素瘤发病风险。新发现,有助于医学界开发出防治这种恶性皮肤癌的更有效方法。

研究人员对 184 名黑素瘤患者进行了基因测序,结果发现,名为 POT1 的基因如出现变异,会显著增加患上黑素瘤的风险。分析显示,该基因变异会抑制与之相应的蛋白质发挥作用,而这种蛋白质的主要功能就是保护染色体,防止其受损。皮肤癌等癌症与染色体受损有密切联系。进一步研究发现,带有这种基因变异的家族,出现白血病等其他类型癌症的概率也高于正常水平,这可能预示着该变异与其他类型癌症的患病风险也有关联。

亚当斯说,这一发现,不仅有助于对黑素瘤这种难治癌症进行风险筛查,未来还有望将这种基因变异作为治疗靶点,开发出有效的治疗方法。

黑素瘤是由于皮肤中的色素细胞发生病变而引起的一种癌症。据统计,最近 30 年全球黑素瘤发病率上升 4 倍,但一直缺乏有效的治疗药物。此前研究发现,黑素瘤发病风险与日光照射、皮肤类型和家族病史等有关。

8. 发现与儿童癌症相关的基因

(1)发现与儿童白血病相关的基因。

发现可能导致儿童白血病的基因突变。2004 年 10 月,美国哈佛大学医学院的研究人员,在《科学》杂志上发表论文称,他们发现基因突变,会导致儿童患上 T 细胞急性淋巴白血病,并指出针对老年痴呆症的药物可以治疗这一疾病。

据介绍,一种叫做 NOTCH1 的基因,发生突变后会变得过度活跃,大约 60% 的 T 细胞急性淋巴白血病肿瘤中,都存在这种突变基因。在这种疾病中,作为免疫细胞的 T 细胞会不受控制地过度生长,原因就在于本来有助于控制 T 细胞生长的 NOTCH1 基因发生了突变。

研究人员据此认为,治疗这种疾病的好办法,是阻断 NOTCH1 突变基因的作用,而治疗老年痴呆症的药物 γ 分解酶,可胜任这一使命。他们已从 T 细胞急性淋巴白血病人身上提取细胞,并用 γ 分解酶抑制剂阻断了细胞的 NOTCH1 突变基因。下一步,研究人员计划进行小规模的 γ 分解酶抑制剂临床安全试验。研究人员指出,约75%的 T 细胞急性淋巴白血病儿童,可通过化疗治愈,但化疗对儿童的伤害很大,会使其今后更易患上其他疾病。

发现防止少儿患白血病的基因。2011 年 7 月 19 日,加拿大国立卫生研究院报道,加拿大西安大略大学罗德尼·德柯特博士领导的一个研究小组,在美洲血液学会期刊《血液》上发表论文说,他们在加拿大国立卫生研究院的资助下,鉴别出 2 个预防 B 细胞急性成淋巴细胞性白血病(ALL)的核心基因。

急性淋巴细胞性白血病(ALL),是由于未分化或分化很差的淋巴细胞,在造血组织,特别是骨髓、脾脏和淋巴结无限增殖所致的恶性血液病。它主要发生于少年儿童中间,发病高峰年龄为 3~4 岁,男孩发病率略高于女孩。

有关专家指出,加拿大科研团队的这项发现,可以帮助人们彻底治愈少儿白血病。

(2)发现控制小儿脑肿瘤的体内干细胞基因。

2004 年 11 月,约翰斯·霍普金斯病理学研究中心和基梅尔癌症中心的研究人员,在《癌症研究》杂志上撰文称,他们发现一种由 Notch2 基因生成的蛋白质,能够促进儿童的某种脑肿瘤的癌症细胞增长约27%。这种常见于儿童患者的脑肿瘤,称为成神经管细胞瘤。同时这一成果也表明,体内 Notch2 基因活跃的儿童,所患有该脑肿瘤的情况,要比 Notch2 基因不活跃的儿童情况糟糕得多。

Notch2 基因,在调节脑部干细胞的成长与存活方面起着至关重要的作用。研究人员在果蝇的身上研究这一基因,已达一个多世纪。

在美国,每年约有 2000 名儿童,被诊断出患有脑肿瘤,而其中 20% 的肿瘤为成神经管细胞瘤。该肿瘤一般产生于大脑后部的小脑位置,外形看上去像一块大的脑部干细胞。这一新的研究成果,无疑为儿童脑肿瘤患者带来了新的希望,将为研究阻止该基因引发脑肿瘤能力的疗法开辟新的途径。

(3)发现与儿童复发性癌症相关的两个变异基因。

一个由芝加哥大学与南加州大学等机构联合组成的研究团队,在 2011 年 7 月出版的《自然·医学》上发表论文说,他们发现了两种变异基因。通过它们,可预测因放射治疗儿童霍奇金淋巴瘤引发的复发性癌症。

霍奇金淋巴瘤是常见的恶性肿瘤,结合放射和化学治疗,绝大多数患者可以治愈。但研究表明,受放疗影响,许多儿童霍奇金淋巴瘤治愈患者,在 30 年内会癌症复发,并且儿童患者接受放疗的年龄越低,治疗剂量越大,癌症复发的风险也越大。这是为什么呢?

研究人员选择了 178 名霍奇金淋巴瘤患者样本,对他们的基因组进行分析。这些患者,都是儿童时期得了这种病,通过长期接受放疗和化疗后获得治愈。但在治疗后的 30 年内,治愈患者中有 96 人复发癌症。经过分组对比研究,研究小组发现,复发性癌症患者,基因组中有两种变异基因明显增多。

研究人员认为,这两种变异基因,与癌症复发风险增加密切相关。这一发现,意味着可以更容易检测出受放疗危害的儿童霍奇金淋巴瘤患者,进而可以设法调整他们的治疗方案,避免其他癌症的发生。

9. 发现与其他癌症相关的基因

(1)发现急性骨髓性白血病人的基因组。

2008 年 11 月 5 日,华盛顿大学医学院的蒂莫西·雷领导的研究小组,在《自然》杂志上发表论文称,他们首次揭示了一个急性骨髓性白血病癌症病人的完整基因组,找出了一系列"新"基因。这一发现,有助于科学家更好地理解癌症病人的遗传病理,为更效地治疗该疾病扫清道路。

急性骨髓性白血病,是一种骨髓性白细胞(而非淋巴性白细胞)异常增殖的血癌。其特点是骨髓内异常细胞的快速增殖而影响了正常血细胞的产生。

这位急性骨髓性白血病人,是个 50 多岁的女性。研究小组排列了该病人一个正常皮肤组织样本的基因,同时采集了一个来自于骨髓的肿瘤细胞的基因。研究人员通过比较肿瘤组织和正常组织,准确地找出癌细胞组织中 10 个发生变异的基因,这些基因明显诱发了急性骨髓性白血病。据悉,以前的研究找到过其中的 2 个,而其余的 8 个从来没有列入"黑名单"。

研究人员解释说,在 8 个新发现的变异基因中,3 个在正常情况下能抑制肿瘤的生长,4 个会促进癌细胞的生长,另外 1 个可能影响药物进入细胞。蒂莫西·雷认为,在过去 20 年里,急性骨髓性白血病的治疗方式进步甚微,因为该疾病背后的大多数基因问题都没有弄清楚。这是第一个人类癌症基因组排列,过去我们一直关注该基因组的一部分,但现在我们了解了全部。

研究人员表示,在目前更快和更廉价的基因技术下,科学家可以更好地理解癌症的基因,也可以在未来找到更有效的诊断和治疗方式。

急性骨髓性白血病是成年人中较为常见的一类疾病。在美国,每年大约 1.3 万人被诊断为急性骨髓性白血病,且大多是 60 岁以上的老人,大约有 8800 人因该病死亡。

(2)确认与头颈癌相关的基因。

2009 年 10 月,有关媒体报道,美国底特律亨利·福特医院的研究人员,在一次专业学术会议上公布说,他们共识别出 231 个与头颈癌有关的基因。这一发现,为早期诊断及治疗头颈癌变提供了新途径。

据介绍,研究人员使用了名为"全基因组甲基化"的方法,识别出了上述基因。基因甲基化,是基因化学改变的一种形式。根据这种变化,他们能发现肿瘤标本内遗传信息的异常状况。

在这项研究中,研究人员新发现 231 个与头颈癌有关的潜在基因,比先前发现的 33 个基因多 198 个。研究人员指出,这些"新基因"的发现,使得与头颈癌相关的特殊基因的筛选工作,向前迈进了一大步,为头颈癌的早期诊断和治疗开辟了新途径。

头颈癌包括口腔癌、鼻癌、鼻窦癌、唾液腺癌及淋巴癌等。根据美国国家癌症研究所提供的资料,85% 的头颈癌与吸烟有关。此外,既抽烟又喝酒者,患头颈癌的危险,远高于烟酒不沾者。

(3)发现与恶性前列腺癌相关的基因变异。

2010 年 1 月 11 日,美国北卡罗来纳州韦克福雷斯特大学医学院,教授徐剑锋领导的一个研究小组,在美国《国家科学院学报》网络版上发表研究报告称,他们发现了与恶性前列腺癌患病风险相关的基因变异。尽管这项成果的临床应用仍比较有限,但将来有潜力与其他患病风险因素一道,用来尽早预测哪类男性更易患恶性前列腺癌。

在此之前,研究已确认,有大批基因与前列腺癌发病相关。为进一步筛选与恶性前列腺癌相关的基因,研究人员对 4849 名已发生扩散的恶性前列腺癌患者,以及 12205 名病情发展缓慢的前列腺癌患者的遗传信息,进行对比分析。结果发现,一种名为 rs4054823 的基因如果发生变异,患恶性前列腺癌的风险将提高 25%。

徐剑锋说,这项研究表明,人类基因组中的某些基因变异,确实会提高男性患恶性癌的风险。如果将来能够发现更多患病风险因素,医生就能尽早确定男性患恶性前列腺癌的具体风险。

## 四、发现与心脑血管疾病相关的基因

### 1. 发现与血液疾病相关的基因

研究发现控制人体血红蛋白含量的基因。

2009 年 10 月 11 日,英国帝国理工学院一个研究小组,在《自然·遗传学》杂志上发表研究成果称,他们发现了一种控制人体血红蛋白含量的基因,这将有助于研制治疗贫血症等病症的药物。

血红蛋白是高等生物体内负责运送氧的一种蛋白质,如果体内血红蛋白含量过低,就会出现贫血等症状。但如果血红蛋白含量太高,也会增加中风等疾病的风险。

研究人员说,如果能研发出增强基因 TMPRSS6 活动性的药物,就可以提高人体内的血红蛋白含量,帮助治疗贫血症等。同样,如果能用药物抑制该基因的作用,也可以根据需要降低血红蛋白的含量。

### 2. 发现与心血管疾病相关的基因

(1)发现两种导致年轻人心肌梗死的基因。

2006 年 5 月,美国科学家宣布,他们找到两个可能导致年轻人出现心肌梗死的基因。来自加利福尼亚大学、克里夫兰大学附属医院和布里格姆扬大学的专家们,曾分别开展了三项独立的研究活动。参与研究的志愿者超过 2000 人,其中,大多数人都曾在 60 岁之前出现过心肌梗死的症状。

研究人员发现，那些携带有 VAMP8 和 HNRPUL1 两种基因的人，在青年阶段患心肌梗死的概率，要比其他人高出近一倍。

据介绍，VAMP8 基因，与早期血栓的形成有关。如果血栓在冠状动脉中大量形成，便有可能导致心肌梗死的出现。而 HNRPUL1，则会调节核糖核酸的活性。其与心肌梗死早期发作之间的联系，目前还没有被完全查清。

研究人员介绍，新获取的成果将有助于确定那些人容易患上心肌梗死，从而帮助他们及时采取预防措施。除此之外，该项发现还扩展了新型抗心肌梗死药物的研制方向。

（2）发现与心肌梗死发病相关的基因。

2006 年 7 月，日本理化研究所和大阪大学等组成的联合研究小组，在《自然·遗传学》杂志网络版发表论文说，他们发现一个与心肌梗死发病相关的基因，它的特定碱基，对发生变异的人，患心肌梗死的概率比普通人高 1.45 倍。

研究小组通过比较 3459 名心肌梗死患者和 3955 名健康人的基因，发现基因"PSMA6"与心肌梗死发病相关。"PSMA6"指导合成一种与血管炎症相关的蛋白质，这一基因上的一个特定碱基对的变异，可使其合成的蛋白质增多，使血管内部更容易发生炎症。

越来越多的研究证明，炎症与心肌梗死有关，这可能是因为炎症会导致脂肪物质堵塞血管。

除不良生活习惯会导致心肌梗死外，基因也与这种病有着重要关联。这一研究小组，此前还曾找到两个与心肌梗死发病相关的基因。

（3）发现导致冠心病的罕见基因缺陷。

2007 年 3 月，《科学》杂志上发表的一项研究成果显示，美国耶鲁大学与伊朗阿米尔卡比尔理工大学等机构的研究人员合作，对伊朗一个大家族的家族遗传病进行研究，发现一种罕见的、可引发早发冠心病的基因缺陷。这一发现，为探索心脏病发病机理开辟了新途径。

据介绍，这个伊朗大家族，长期受到遗传因素导致的高血压以及糖尿病等病症的困扰，其成员长期以来，还一直与早发冠心病做斗争。早发冠心病是指男性55 岁之前、女性 65 岁之前发生的冠心病。

负责这项研究的耶鲁大学科学家理查德·利夫顿说："我们在这个家族成员中发现了一种特殊的遗传变异情况，并确定了导致变异的具体基因缺陷。"研究表明，这种基因缺陷，会对代谢综合征的多种风险因素产生重要影响。代谢综合征表现为多种代谢异常，同时存在于一个个体，包括高血压、高血脂和糖尿病等。早先的研究显示，代谢综合征还会导致早发冠心病。科学家认为，新发现的这个基因缺陷可能与早发冠心病发病有关。

在研究小组研究的这个伊朗大家族中，绝大多数拥有上述基因缺陷的成员，都在 50 岁出头时,死于突然发作的心脏病或心力衰竭。理查德·利夫顿指出,冠心病是人类几大主要死因之一,新研究结果虽然没有为所有冠心病的发病原因给出详尽的解释,但确定作为该家族冠心病发病根源的具体基因缺陷,将为研究其他类型心脏病的发病机理提供宝贵线索。

(4)发现与心肌梗死相关的基因变异。

2007 年 5 月,冰岛"遗传解码"公司与美国埃默里大学等机构组成的一个研究小组,在《科学》杂志报告说,他们通过大规模调查发现,一种常见的基因变异,会使人罹患心肌梗死的概率明显增加。

该研究小组,在过去 8 年内调查了 4587 名得过心肌梗死的患者,并挑选了 12769 名健康人作为对照组进行基因分析。

结果发现,染色体 9p21 区域内的一种常见基因变异,会使人罹患心肌梗死的概率显著增加。对比分析显示,与那些该基因未变异者相比,携带这种变异基因的人患心肌梗死的概率要高出 1.64 倍,而且男性在 50 岁以前、女性在 60 岁以前的早发心肌梗死概率,更是高出 2.02 倍。研究人员认为,这项发现,为揭示罹患心肌梗死的规律,提供了一种新思路。

(5)发现增加心绞痛风险的两种基因变异。

2009 年 12 月,德国莱布尼茨动脉硬化症研究所一个研究小组,在《新英格兰医学杂志》上发表论文称,他们发现两种基因变异,导致患心绞痛的风险分别是正常者的 1.7 倍和 1.92 倍。兼有这两种基因变异的人,患心绞痛的风险将是正常者的 2.57 倍。

专家利用基因芯片技术,检查了 3000 多名志愿者的 2000 多种可能与心绞痛有关的基因,在这些志愿者中,每个人至少有一名兄弟姐妹也患心绞痛。而心绞痛常与冠状动脉疾病引起的心肌缺血有关。专家们对比研究了上述基因检查结果和健康者的基因,结果确认有 3 种易感基因与心绞痛有很强的相关性。他们随后又仔细分析其中一种名为 LPA 的易感基因,最终确认 LPA 基因区,有两种单核苷酸多态性变异,是易患心绞痛的具体因素。

(6)发现可显著降低甘油三酯水平的基因变异。

2014 年 9 月,有关媒体报道,英国伦敦大学学院、布里斯托尔大学和维康信托基金会桑格研究所三家机构组成的一个研究小组,发现一种罕见的基因变异,可显著降低人体血液中的甘油三酯水平。

该研究小组,对 4000 名健康英国人的基因组序列数据分析研究后发现,一种名为 APOC3 的基因变异,与血液中的甘油三酯水平密切相关,携带该种基因变异的人,血液中的甘油三酯水平,显著低于没有该基因变异的人,他们患心血管疾病的风险也较常人要小得多。

研究人员说,这种基因变异十分罕见,大约只有 0.2% 的人会携带这种变异基因。研究人员认为,这种变异基因的发现极具临床意义,一旦弄清楚该变异基因的防护机制,科学家既可据此开发出新的疗法,帮助那些心血管疾病高风险人群。

3. 发现与脑血管疾病相关的基因

(1)发现与中风相关的基因。

2003 年 9 月,冰岛"遗传解码"公司科学家,在《自然·遗传学》杂志网络版上报告说,他们首次发现了一个与中风相关的基因,并正在根据这一发现,开发诊断及治疗中风的新手段。

冰岛研究人员发现的这个基因名为"PDE4D"。他们对约 1800 人的研究显示,该基因的微小变化,会影响到人患缺血性中风的风险性。缺血性中风是最常见的一种中风,在中风总发病比例中达到 80% ~90% 。

动脉粥样硬化是中风的一个关键诱因。研究人员推测,"PDE4D"基因所编码的磷酸二酯酶,有可能是通过影响动脉内平滑肌细胞的增生和扩散,使人患动脉粥样硬化,以及随后中风的风险性产生差别。他们认为,如果能针对高危人群体内磷酸二酯酶开发出抑制性药物,对防治中风也许会有帮助。

目前,研究人员对"PDE4D"基因的变化机理并不是完全清楚。他们认为,可能还有其他一些基因与中风相关。一些专家也指出,新研究主要在冰岛进行,有关结果对其他地区人口是否适用仍有待验证。

(2)发现与脑卒中有关的两个基因变异。

2009 年 4 月,得克萨斯大学埃里克·博尔温克尔等人,在《新英格兰医学杂志》上发表研究报告称,他们发现了两个会大幅度增加缺血性卒中风险的基因变异,美国有数百万人至少携带其中一个基因变异。研究人员指出,这一发现将有助于从分子层面上了解脑卒中,进而帮助预防和诊治卒中。

缺血性卒中是最常见的卒中类型,占所有卒中的近 90% ,它主要由脑血管堵塞引起。在美国,卒中是继心血管疾病和癌症之后的第三大致死疾病。

研究人员对约 2 万人的脱氧核糖核酸(DNA)进行分析,其中 1544 人发生过卒中,结果找到了与卒中有关的两个基因变异,它们位于第 12 条染色体的 NINJ2 基因旁。NINJ2 是一种与脑伤害修复有关的基因。

研究人员指出,参与者中约 20% 的白人和 10% 的黑人,至少携带其中一个基因变异,每个基因变异均使缺血性卒中的风险提高约 30% 。

美国国家神经失调和卒中协会副主任沃尔特·科罗舍茨说,新发现还不能用来帮助预防卒中,但它为科学家指明了研究方向,有助于了解发生卒中的生物学机制,最终有望带来预防和诊治卒中的新方法。

## 五、发现与神经系统生理及疾病相关的基因

1. 发现与大脑生理相关的基因

(1)发现人脑进化的关键基因。

2006 年 8 月 17 日,美国加利福尼亚大学,圣克鲁生物分子科学与工程中心主

任戴维·豪斯勒领导的研究小组,在《自然》杂志上刊载文章称,他们找到了帮助人类大脑进化的关键基因。在数百万年前从猿到人的进化过程中,这个基因的变化突然提速,并导致大脑进化驶入"高速公路"。

研究小组对比了人类基因组和黑猩猩基因组差异最大的 49 处,最终聚焦在一块,在较短的时间内发生非常戏剧性变化的区域。在数百万年前,人类基因组中的 HAR1F 基因,比其他基因的进化速度快了约 70 倍。

HAR1F 基因大约 3 亿年前,出现在哺乳动物和鸟类体内,无脊椎动物没有这一基因。它出现后变化并不大,黑猩猩和鸡的 HAR1F 基因只有两处差异。然而,人类和黑猩猩之间 HAR1F 基因的差异,多达 18 处。研究人员认为,这些差异出现在人类原始祖先进化成人的 600 万年间。

豪斯勒称,研究小组找到了间接但有力的证据,表明 HAR1F 的基因,在人脑进化中起了关键作用。人类大脑的体积是灵长类动物大脑的 3 倍,这种扩容就是在过去几百万年间形成的。

(2)发现两种负责脑神经细胞正常连续的基因。

2009 年 6 月,日本东京大学、理化学研究所与九州大学的一个联合研究小组,发布消息称,他们发现了两种负责脑神经细胞正常连续的新基因,在这两种基因控制下,脑神经细胞可切断相互间不必要的连接,保留必要的连接,从而保持神经信号的高效传输。如果这两种基因出了问题,脑神经细胞连接被过度切断,就可能引起帕金森病、阿尔茨海默氏病以及运动神经元病等各种脑部疾病。

人的大脑中有超过 1000 亿以上的神经细胞,它们之间通过突起相互连接,构成了一个十分复杂的神经回路系统。在人类的婴儿时期,神经细胞之间连接得更为紧密,不过随着人的不断成长,为了提高神经信号传输的效率,一些不必要的神经连接就会被切断。此次日本研究人员利用线虫实验,首先发现的就是负责切断神经细胞连接的基因"MBR - 1",继而又发现了能够抑制"MBR - 1"活动的基因——"Wnt"。在实验中研究人员发现,"Wnt"可以在神经突起被切断之前附着在神经细胞上,从而防止"MBR - 1"切断神经细胞之间的连接。

研究人员称,虽然此次的实验对象是只有 302 个脑细胞的线虫,但这种神经控制机理也同样存在于人的大脑之中。因此,可以说此次的研究成果将为未来治愈帕金森病、阿尔茨海默氏病等脑部障碍性疾病指明方向。

(3)发现决定人类语言能力的关键基因。

2009 年 11 月 12 日,美国加州大学洛杉矶分校丹·格施温德领导的研究小组,在《自然》杂志上发表论文,回答为什么人类能够说话而黑猩猩不能呢?他们认为,人类和黑猩猩身上都拥有的 FOXP2 基因,不仅"长相"不同,而且产生的氨基酸也不一样,这些差异造成了人类区别于黑猩猩的独特语言能力。

人类和黑猩猩有 95% ~98.5% 的基因一样。研究小组使用人类和黑猩猩的大脑组织,分析了 FOXP2 的功能和工作情况。他们发现,FOXP2 基因在人类语言功能形成过程中发挥着核心作用。这个基因会指导合成一种特殊蛋白质,该蛋白质又会与 DNA(脱氧核糖核酸)结合,对其他基因的功能造成影响。因此,虽然实验显示这个基因的人类版本与黑猩猩版本,只有两处氨基酸不同,但在同样的培养环境下,该基因的人类版本会增强 61 个基因的作用,同时抑制另外 51 个基因的作用。在这些受影响的基因中,一些与大脑发育有关,FOXP2 基因可以通过它们影响大脑中的语言功能区域和神经网络。另一些受影响的基因与咽喉部位的软组织发育有关,FOXP2 基因可以通过它们来影响与语言功能有关的器官结构。

研究人员认为,这表明在人类获得语言交流能力的进化历程中,FOXP2 基因发挥了关键作用。这些发现,有助于解释为什么人类的大脑天生带着说话和语言环路,而黑猩猩却没有。研究人员将进行深入研究,进一步揭示人类掌握语言的机制。

(4)发现形成脑神经的关键基因。

2011 年 2 月,日本理化学研究所的一个研究小组,《自然》杂志网络版上撰文说,他们发现了在脑神经形成过程中发挥决定性作用的基因,这一发现将有助于提高再生医疗的安全性和效果。

研究人员利用小鼠的胚胎干细胞,培育脑神经细胞时发现,在即将分化为脑神经前驱的细胞中,有一种称为 Zfp521 的基因非常活跃。研究人员抑制这种基因功能后发现,小鼠的胚胎干细胞无法再分化为脑神经细胞。研究人员确认,正是这种基因合成的蛋白质,发出了形成脑神经细胞的指令。

(5)找到影响人脑发育的关键基因。

2011 年 6 月,有关媒体报道,美国耶鲁大学和土耳其有关科研机构的研究人员,对一名大脑缺乏明显褶皱的土耳其病人进行研究后,发现了与人脑发育有关的独特基因——层粘连蛋白 γ3(LAMC3),它决定着人类大脑皮质的特征。这项研究,有望让人们理解大脑内的褶皱如何形成;也有助于科学家早日研制出"人造大脑"。

大脑皮质是大脑内的褶皱,它掌控着人类的感情、本能与短期记忆等。大脑内的褶皱仅出现于海豚、猿猴等脑部较大的动物身上,在人身上表现得最为明显。脑部褶皱是为了增加大脑皮质的表面积,也让复杂的思想和推理不需要占用大脑内的太多空间。然而,迄今为止,还没有人能解释大脑如何设法制造出这些褶皱。新研究表明,LAMC3 基因可能是这个创造过程的关键。

研究人员对 LAMC3 基因进行分析,结果表明,这个基因在胚胎阶段就已出现。胚胎阶段对树突的形成至关重要,而树突会形成突触,将大脑内的神经元联系起来。研究人员称,该基因尽管也会在拥有平整大脑的较低级生物,如老鼠等体内出现,然而,不知基于什么原因,随着时间的流逝,这种基因会不断进化,获得新奇的功能,而这种功能是人枕叶皮质区形成的基础,而且,这种基因发生变异也会使人脑区别于其他生物大脑的褶皱消失。

(6)首次确认与大脑智力有关的基因。

2014年2月,英国伦敦国王学院,精神病学研究所希尔文·德斯威瑞斯博士牵头的,一个英法德等国研究人员组成的国际研究小组,在《分子精神病学》杂志上发表论文称,他们首次确认了一个特定基因,该基因变异会影响到大脑皮质的厚度,进而对智力造成影响。

研究人员称,科学家很早就发现人的智力差异与特定基因有关,但具体是哪些基因对智力造成影响却一直不清楚。他们的发现,有助于科学家更好地理解某些智力障碍背后的生物机制。

该项研究是欧盟委员会资助的IMAGEN项目的一部分。IMAGEN项目旨在了解影响青少年大脑功能和心理健康的生物和环境因素,以助未来开发出更好的预防策略和治疗方法。研究人员,对隶属于IMAGEN项目的近1600名14岁青少年,进行DNA样本分析,以及脑部核磁共振扫描,并对他们进行了一系列智力测验,以期发现与智力有关的大脑结构差异情况。

他们通过对与大脑发育有关的5.4万个基因变异分析发现,一个特定基因变异,会导致大脑左侧半球皮质较薄,尤其是在额叶和颞叶部分,而相应的,这些人的智商测试成绩也要差一些。研究人员还发现,这一基因变异也会影响到NPTN基因的表达,而NPTN基因所编码的蛋白,会影响到大脑细胞信号的传递。

德斯威瑞斯表示,最新确认的基因变异与突触可塑性有关,这有助于科学家理解在某些智力障碍形式中,神经层面上到底发生了什么。她指出,人的智力会受到许多基因以及环境因素的影响,而新确定的基因变异对智力的影响只是很微小的一部分,因而并不能代表"智力基因"的全部,但这一发现,仍有助于探明包括精神分裂症、孤独症等在内的,与认知能力受损有关的,精神疾病的发病机制。

(7)发现8个影响脑组织的基因突变。

2015年2月,澳大利亚新南威尔士大学生物专家参与,成员来自约30个国家,由近300名科学家组成的一个国际研究团队,在《自然》杂志上发表报告说,不同人的大脑有很大差异,这是生活中一个显而易见的事实,不久前他们发现了其中的部分原因。一项大规模国际研究显示,一些基因变异会显著影响大脑不同区域的大小,进而影响人的能力和行为。

研究人员分析了3万多人的基因数据和脑扫描图像,揭示了较小规模研究无法发现的一些现象。研究人员说,这项研究专注于人类大脑的"皮层下区域",该区域与运动、学习、记忆和激励密切相关,其脑组织的大小直接影响人的总体认知能力。

此次研究发现,影响脑部关键区域大小的8个基因突变,它们可导致大脑组织总量缩小。其中影响最为显著的是"KTN1"基因,决定着大脑"壳核区域"的脑细胞分布,壳核区影响人的行走、奔跑等运动能力。

壳核区的另外两个基因突变,关系到该区域脑细胞的数量。其余5个基因突变,也有着各自的功能,其中包括抑制细胞凋亡。细胞凋亡是一种自然过程,如果出现异常,可能导致大脑区域缩小。

这8个基因中的大部分在大脑发育过程中非常活跃,可能与自闭症、精神分裂症等神经疾病相关。新南威尔士大学的专家认为,这项研究,将促进对大脑生物学的理解,可能有助于寻找神经性精神病的遗传基础。

(8)发现对人类大脑发育起关键作用的基因。

2015年3月,德国马克斯·普朗克分子细胞生物学与遗传学研究所一个研究小组,在《科学》杂志上发表研究成果称,人类与黑猩猩的基因大约99%是相同的,但人脑容量却是黑猩猩的3倍,他们就此展开研究,发现导致这一重大区别的一个基因奥秘。

科学家认为,生物进化过程中,人类的先祖一定发生了基因组变异,刺激了脑生长。德国研究小组介绍说,他们识别出一种只有人类,以及现已灭绝的人类近亲尼安德特人与丹尼索瓦人才有的基因。这种名为"ARHGAP11B"的基因,有助于基底脑干细胞繁殖,从而导致人脑发育过程中产生更多的神经元,使负责说话和思维等高级认知能力的大脑体积增加。

研究人员为验证这种人类特有基因对大脑发育的作用,又将这种基因植入鼠胚胎中。结果发现,在该基因影响下,鼠脑干细胞明显增多。有约一半实验鼠甚至出现了人脑发育时才有的新皮层折叠。研究人员认为,这一实验结果意味着,该基因在人脑进化中发挥了关键作用。

研究人员说,识别出这一基因要归功于他们开发的一种新技术,能从正在发育的人类大脑中分离和识别脑干细胞特殊亚群。通过对其中活跃基因进行比较,进而识别出了对人类大脑发育起关键作用的基因。

2.发现与神经疾病相关的基因

(1)发现成人肌肉营养不良新类型及其相关基因。

2005年1月26日,美国梅约医学中心的研究人员,在《神经病学纪事》杂志的网络版上发表研究成果称,他们已经发现并确定先前未知的一种肌肉营养不良类型。这种新确定的形式,发生在40岁之后的人身上,并且能够造成肌肉损伤、四肢肌肉衰弱和神经损伤。肌肉营养不良是一种遗传性疾病,其特征是身体逐渐虚弱并且肌肉发生退化。

目前,大约有50000美国人,患有某种类型的肌肉营养不良症,而且现在还没有能够治愈的方法。梅约医学中心的这项研究,可能有助于找到一种有效疗法。这项研究,增加了人们对肌肉营养不良疾病过程和相关基因的了解。由于这些基因,为新的治疗方法提供了一个有潜力的靶标,因此这项研究是发现新疗法关键的第一步。

研究人员发现,一种编码叫做"ZASP"的蛋白基因,它的三种突变中,任何一种都能导致这种新发现的疾病类型。这种与zapopathy有关的基因,能够以显性的方式遗传给后代。这意味着儿童将可能通过遗传途径患上这种病。

这种新类型的肌肉营养不良的发现过程，突出了科学合作和整合不同类型资料的重要性。Zapopathy 发现的重要意义，还在于它表明了"候选基因"方法，对寻找能够导致人类疾病的突变的重要价值。

（2）发现与偏头痛有关的基因变异。

偏头痛是一种常见的慢性神经血管性疾患，多起病于儿童和青春期，中青年期达发病高峰。虽然偏头痛发生的确切原因尚不清楚，但普遍观点认为偏头痛与遗传因素有关。多项医学研究显示，神经细胞对刺激物的过度反应是导致偏头痛的重要原因，女性患偏头痛的概率是男性的 3 到 4 倍。

2011 年 6 月 12 日，《自然遗传学》杂志网络版，发表美国布里格姆妇科医院一项研究成果，宣称偏头痛与 3 个基因变异有关。这一发现，有助于了解偏头痛的发病机制，也有助于以这一基因为靶向开发治疗药物。

研究人员选出 2.3 万多名妇女的基因数据样本，其中有 5000 多人患有偏头痛。他们对这些妇女的全基因组进行关联研究，在约 30 亿个人类基因碱基对中，找出具有关联性的序列。

结果显示，偏头痛患者的 3 个基因较常出现变异，这 3 个基因分别为 TRPM8、LRP1 和 PRDM16。如果被调查女性的上述基因中的任何一个发生变异，她们患偏头痛的概率会提高 10% ~ 15%。

据研究者介绍，TRPM8 基因，控制着人们对寒冷和疼痛的敏感程度，LRP1 基因负责向神经元传递信号。PRDM16 基因能够调控肌肉脂肪代谢，其与偏头痛的关联正在研究中。

（3）发现新的神经"痛觉基因"。

2015 年 5 月，英国剑桥大学医学研究所教授杰夫·伍兹等人领导的国际研究小组，在《自然·遗传学》杂志上发表论文称，他们识别出一种新基因 PRDM12，对痛觉神经的产生和形成至关重要，可作为药物标靶，有助于开发出缓解疼痛的新方法。

痛觉是进化过程中保留下来的一种预警机制，能警告生物环境中的危险和潜在的组织伤害。有极少数人天生不会感到疼痛，但他们时刻处在危险中，会积累大量身体损害而不自知，往往导致寿命变短。人们也不希望感受过度疼痛或慢性疼痛，现有的缓解疼痛措施并不理想。

研究小组利用详细的基因组图，分析了亚洲和欧洲，11 个有先天性痛觉缺失症状的家族的基因构成，找到了这种症状的原因是 PRDM12 基因变异。PRDM 蛋白，是一个表观遗传调节子家族，控制着神经分化和神经形成。该基因与染色质修改有关，其功能就像开关，能打开或关闭基因（称为表观遗传影响）。研究人员识别出先天性痛觉缺失患者 PRDM12 基因 10 种不同的纯合变异，所有变异都阻碍了基因功能。受先天性痛觉缺失影响的家族成员，携带该基因变异的两套副本,如果他们只从父母那里遗传了一套副本,就不受先天性痛觉缺失影响。

研究人员观察了先天性痛觉缺失患者的神经组织,结果发现他们的痛觉神经缺失。从这种疾病的临床特征推测,先天性痛觉缺失患者在胚胎发育期间,在形成痛觉神经元时出现了障碍。研究人员通过研究小鼠和青蛙模型,并结合人体诱导产生干细胞研究证实了这一点。

伍兹指出,对自我保护来说,感受疼痛的能力至关重要,而人们对痛觉缺失的了解还很少。他说:"在开发新的疼痛疗法上,这两方面同等重要:如果我们知道了痛觉背后的机制,就有可能控制并减少不必要的疼痛。"

迄今为止,PRDM12 基因是人们发现的与痛觉缺失有关的第五个基因,以往发现的 2 个基因为人们带来了新的止痛药,目前已进入临床测试阶段。PRDM12 基因也可作为缓解疼痛的药物标靶。研究人员表示,希望新基因在药物开发中能成为优秀候选。

3. 发现与精神疾病相关的基因

(1)发现与恐惧情绪相关的基因。

2005 年 11 月,美国拉特格斯大学等机构的研究人员,在《细胞》杂志上报告称,他们发现一个与动物恐惧情绪相关的基因,它能控制大脑恐惧反应区域某种蛋白质的生成。

研究人员说,该基因多聚集在脑扁桃体区域。这一区域,能使动物和人产生恐惧感,以及学习躲避伤害性刺激所带来的疼痛。新发现的这个基因,能控制细胞内磷酸化蛋白质的生成。这种蛋白质与细胞分化和生长的信息传递有关。这也是研究人员首次发现该蛋白质,与恐惧条件反射的路径有关联。新研究结果表明,细胞内磷酸化蛋白质基因,可能控制动物的经验性和先天性恐惧情绪。

(2)发现导致不同抑郁症的基因变异。

2006 年 8 月,有关媒体报道,德国和加拿大两个研究小组同时发现,代号为"P2RX7"的基因的变异体,导致了不同形式的抑郁症。这一发现,为基因治疗抑郁症开辟了新途径。抑郁症通常有两种表现形式,一种是抑郁型抑郁症,又称为单向型抑郁症,病人表现为情绪极度跌落,自我攻击。另一种是狂躁型抑郁症,也称为双向型抑郁症,病人表现为情绪亢奋,有狂想和攻击他人倾向。抑郁症具有遗传性,研究人员发现,双向型抑郁症的遗传概率介于 83% ~93%,单向型抑郁症遗传概率介于 34% ~75%。

德国慕尼黑的马普精神病学研究所所长弗洛里安·霍尔斯勃、专家贝特拉姆·米索克等人组成的研究小组,在对 1000 例单向型抑郁症病人的研究中发现,30% 的病人有 P2RX7 基因变异的现象。与此同时,加拿大 CHUL 研究中心和位于魁北克的纳瓦拉大学共同组成的研究小组,发表论文称,在对双向型抑郁症病人的研究中也发现,40% 的病人存在 P2RX7 基因变异的问题。

米索克称,P2RX7 基因的变异体,很可能影响大脑神经细胞,改变大脑神经信号的传递,引起患者情绪的过分紧张反应。这一发现,找到了导致不同精神疾病的变异基因,为进一步治疗抑郁症开创了新路。

(3)发现与儿童患自闭症相关的基因变异。

2009 年 5 月,加州大学洛杉矶分校大卫·赫芬医学院,人类基因学教授内尔森等人组成的研究小组,在《分子精神病学》杂志上撰文称,他们发现,人体内 17 号染色体上的一个名为 CACNA1G 的基因产生变异,可能会增加儿童,特别是男孩患自闭症的风险。

研究人员发现,在患自闭症的儿童中,CACNA1G 基因变异的现象十分普遍。这种基因的主要功能是帮助体内的钙在细胞之间移动。

研究小组对 1046 名来自不同家庭的人进行调查。被调查者的家庭,都至少有两名以上男孩罹患自闭症。结果发现,40% 的被调查者,都出现了 CACNA1G 基因变异现象,但这种基因变异现象,并没有使女孩患自闭症。

研究人员并没有解释为什么这种基因变异会增加儿童,特别是男孩患自闭症的风险。一般来说,男孩患自闭症的风险要比女孩高 4 倍。

内尔森认为,从基因角度说,CACNA1G 基因变异,只是问题的一部分,研究人员仍需对与自闭症有关的其他基因进行更深入的研究,然后才能得出明确的答案。

(4)发现导致抑郁症的基因。

2012 年 2 月 16 日,《日刊工业新闻》报道,日本国立精神神经医疗研究中心功刀浩研究员,通过可排解大脑应激物质的 P 糖蛋白研究,分析日本抑郁患者的遗传基因,发现里面存在一种被称为"ABCB1"的基因。该基因致使 P 糖蛋白功能下降的 DNA 发生变异,导致抑郁症发生。掀开该原理,有望找到治疗抑郁症的新方法。

专家对日本 631 名抑郁症患者,与 1100 名正常人的遗传基因进行解析。许多患者的基因显示,在带有 ABCB1 的 DNA 某个特定场所,发生了胞嘧啶向胸腺嘧啶的置换。生物体出现应激,血液中释放出一种被称为糖皮质激素的应激物质,本来 P 糖蛋白具有将侵入大脑的糖皮质激素排出大脑的功能,可一旦带有变异性的 ABCB1 后,大脑里的糖皮质激素上升,诱发抑郁症的可能性增大。

功刀浩研究员称,亚洲和欧洲人中,也许一半的人带有同类基因的变异,也就是说,许多人存在患抑郁症的风险基因。

3. 发现与老性痴呆症或阿尔茨海默症相关的基因

(1)确认与早老性痴呆症有关的基因。

2007 年 1 月 14 日,加拿大、美国、德国、以色列和日本科学家组成的一个国际联合研究团队,在《自然·遗传学》杂志网络版上发表研究报告称,他们发现,一个名为 SORL1 的基因的某些变种能够增加患早老性痴呆症(又称阿尔茨海默氏症)的风险。这一发现,有助于找到治疗早老性痴呆症的新方法。

　　研究人员分析了来自不同族群的 6000 多人的 DNA,并通过两种途径证明 SORL1 的变种,在早老性痴呆症中的作用。78% 的研究对象,显示这一基因的某些变种与致病具有相关性,且显现在多个族群中,如非裔美国人、加勒比西班牙人、北欧人和以色列阿拉伯人。

　　另外,研究人员在实验室中发现,当抑制 SORL1 活性的时候,细胞会产生更多贝塔淀粉状蛋白,而该物质被认为在早老性痴呆症致病机理中起着关键作用。因此,研究人员认为,SORL1 的变种通过抑制基因活性,而导致早老性痴呆症。

　　早老性痴呆症,是一种以进行性认知障碍和记忆力损害为主的,中枢神经系统退行性疾病,目前医学上还没有有效的治疗手段。在发达国家,已成为仅次于心脏病、癌症和中风的第四位死因。

　　美国范德比尔特大学专家乔纳森·海恩斯评论称,研究人员的发现,是"在理解早老性痴呆症基因原理的道路上,向前迈出的非常实质性的一步。"

　　(2)发现可帮助预测阿尔茨海默症的基因。

　　2009 年 7 月,有关媒体报道,美国杜克大学医疗中心艾伦·罗西斯领导的研究小组发现,一个名为 TOMM40 的基因,可以帮助预测哪些人易患阿尔茨海默症,以及大概什么年龄会发病。这一成果,将有助于寻找预防和治疗阿尔茨海默症的新思路。

　　研究人员说,TOMM40 基因预测阿尔茨海默症的准确度很高。有可能是迄今为止,医学界发现的,预测阿尔茨海默症患病风险最为准确的基因。医生可以通过这种基因,准确推测出 60 岁以上危险人群,在未来 5～7 年内发病的具体年龄。

　　罗西斯说,此前研究发现,载脂蛋白 E 基因,特别是载脂蛋白 E4 基因,与阿尔茨海默症密切相关。现在,又证实 TOMM40 基因,能准确预测阿尔茨海默症。今后,医生就能根据这两种基因和人们的年龄,来推测他们罹患阿尔茨海默症的风险,以及大体发病年龄。这种"基因推测"尤其适用于 60 岁以上的人。

　　据悉,研究人员正计划用 5 年时间对载脂蛋白 E 基因和 TOMM40 基因,进行更深入的研究,并研发预防和治疗阿尔茨海默症的药物。

　　(3)发现诱发痴呆症的基因。

　　2010 年 1 月 28 日,据韩国媒体报道,韩国教育科学技术部宣布,韩国首尔大学医学院教授徐维宪领导的研究小组,首次发现诱发人类痴呆症的基因,从而开启痴呆症治疗的新途径。

　　研究人员指出,患有痴呆症的病人脑组织内 S100a9 蛋白,检出率高于平均水平。而使用 SiRNA 抑制 S100a9 蛋白,能够降低痴呆症发病的可能性。还发现,使用 SiRNA 抑制 S100a9 的 mRNA 之后,细胞内的钙离子、被认为诱发心血管病和糖尿病等疾病的炎症性细胞因子、细胞毒性物质氧游离基的检出量,都有所降低。

　　该项目研究负责人表示,抑制 S100a9 的物质,有助于阻碍痴呆症发病或缓解病情,这对开拓痴呆症治疗药物研究的新方向,具有重要意义。

S100a9 又被称为"钙粒蛋白 B",是一种与细胞内的钙(Ca2 +)相结合的蛋白质,主要分布于脾脏、肺脏和皮肤等器官的细胞质内,人们认为该蛋白与炎症、创伤、肿瘤等病症关系密切。

SiRNA 有时被称为短干扰 RNA,有众多不同种类,在生物学上亦有多种不同的用途。目前已知 SiRNA 的主要作用,是通过调节基因表达参与 RNA 干扰(RNAi)现象。

据悉,该研究得到了韩国教育部和韩国研究财团"科研带头人支持计划之创造性研究"项目和"新技术融合型成长动力"项目的支持。

(4)发现可抗老年痴呆的基因变异。

2012 年 7 月 11 日,冰岛"遗传解码"公司卡里·斯特凡松等人组成的研究小组,在《自然》杂志网络版上报告说,他们发现了首个有助抗老年痴呆的基因变异类型,携带这种基因变异类型的人,进入老年后出现痴呆症状的风险大大降低。这一发现,有助寻找治疗老年痴呆症的方法。

研究人员对 1795 名冰岛人进行健康调查和基因测序后发现,影响老年痴呆症的基因淀粉样前体蛋白基因有不同的变异类型,有些携带其中一个变异类型的人,相对来说更不容易出现老年痴呆症。

与其他人相比,这些幸运儿在年纪很大的时候,也不容易出现老年痴呆症状。分析显示,就活到 85 岁而仍不出现严重的认知能力下降、记忆力减退等症状的概率而言,这些幸运儿是其他人的 7.5 倍。同时,他们的寿命也相对更长,活到 85 岁的概率也要比其他人高出 50%

研究人员解释说,老年痴呆症的病因是大脑中出现 β 淀粉样蛋白堆积。再追根溯源,这是由于 β 淀粉样前体蛋白裂解酶 1 会把大块蛋白质"剪"成小块引起的,这些小块的蛋白质就成为堆积的"原材料"。而淀粉样前体蛋白基因上的这个变异类型就可以限制 β 淀粉样前体蛋白裂解酶 1 的功能,从而降低老年痴呆症的风险。

4. 发现与癫痫发病相关的基因

与癫痫发病有关的基因获得实验证实。

2004 年 10 月,《日刊工业新闻》报道,日本理化研究所,研究员大野博司领导的研究小组发现,负责在生命活动中给细胞器分配蛋白质的基因"AP - 3B",与癫痫发病有关。

研究人员说,在细胞内部存在若干细胞器区域,如果不给这些细胞器分别提供蛋白质,细胞就不能正常发挥作用。在负责分配蛋白质的基因中,有一种基因名为"AP - 3B"。但其具体功能,一直没有被专家充分了解。

该研究小组为了深入研究该基因,用基因技术培育出"AP - 3B"基因不发挥作用的老鼠,然后观测老鼠的生理变化。结果发现,老鼠脑内负责储存和释放神经传导物质的突触小泡,其形状和数量都出现了异常,控制神经兴奋的神经传导物质的释放量减少,老鼠出现了痉挛等癫痫症状。

据大野博司介绍,研究人员过去发现的与癫痫发病相关的基因,均对神经网络中负责信息传递的离子通道和受体施加影响。发现能影响突触小泡的形状、数量,从而引发癫痫症状的基因目前尚属首次。

### 六、发现与消化系统疾病相关的基因

1. 发现与肠道疾病相关的基因

发现与节段性回肠炎有关的基因。

2007 年 4 月 15 日,蒙特利尔大学的约翰·里乌领导,成员来自加拿大和美国的一个联合研究小组,在《自然·遗传学》杂志上撰文指出,他们研究发现,一些特殊基因的作用,会增加人类患上节段性回肠炎的可能性。这一发现,有助于找到治疗该病的新方法。

研究人员表示,他们研究了大约 6000 个人的基因组。在被研究者中,节段性回肠炎患者约占一半。

参加研究的专家介绍说,他们此前只知道有两种基因与节段性回肠炎有关,但在这次研究中发现,至少有另外 8 种基因与这种病有"瓜葛",它们的作用会增加人类患上节段性回肠炎的可能性,其中的一些基因与人体应对微生物的能力有关。

里乌说:"我们已经对此展开研究 10 多年,试图将所有信息拼凑在一起。最终,我们找到一些与节段性回肠炎有关的基因,这令人非常满意。"

2. 发现与胰腺疾病相关的基因

(1)发现引起胰腺炎的两种不同基因。

2006 年 4 月,有关媒体报道,印度细胞分子生物学中心和印度亚洲肠胃病研究所联合组成的一个研究小组,通过大量而广泛的试验,发现了引起胰腺炎的两种不同基因:一个是基因突变体 SPINK1;另一个是组织蛋白酶 cathepsin B,它能诱发罹患致命热带性钙化性胰腺炎,进而会导致胰腺逐渐被破坏。

胰腺炎是一种慢性病,能破坏胰腺,并导致死亡。患者胰腺一旦异常或发展为慢性胰腺炎,就会导致不能分泌胰岛素,造成葡萄糖无法正确调节,有可能罹患糖尿病。胰腺炎还会演变为胰腺癌,这对于患者而言是致命的。热带地区包括印度在内的一些国家,胰腺炎是常见病,许多患者受其折磨。

研究人员介绍说,SPINK1 产生胰蛋白酶,其正常功能就像是胰腺内部的一个 0 抑制因子。不过,SPINK1 基因的突变体能减小胰蛋白酶的抑制作用,如果胰蛋白酶活性增强,它会开始消化胰腺本身。研究人员指出,并不是在所有的慢性胰腺炎患者中,都能发现 SPINK1 基因的突变体,并且它的存在能增加其他基因引起同样疾病的可能性。他们通过进一步的研究,又发现了基因 cathepsin B,能引起同

样的疾病。

研究人员表示,接下来,要深入研究这两个基因及其功能之间是否存在联系。同时,有可能通过基因筛查,来预测新生儿罹患胰腺炎的可能性。

(2)确认与患急性胰腺炎有关的基因。

2011年9月,日本秋田大学大西洋英等领导的研究小组,在《胃肠病学》杂志上发表论文表明,他们确认与急性胰腺炎发病有关的基因。

急性胰腺炎很容易发展成为重症,会引起多脏器衰竭和败血症,死亡率达到60%。在急性胰腺炎发病过程中,存在一种自我消化的现象,即胰液中消化酶的功能异常升高,损伤患者自身的胰腺组织。

日本的研究小组,对"干扰素抑制因子2"的编码基因进行研究。他们发现,这一基因存在缺陷的实验鼠,胰腺功能存在异常。具体表现是,实验鼠胰腺原来向外部分泌的消化酶无法排出,导致胰腺部位出现剧痛,这与急性胰腺炎的症状相同。此次发现,有助于开发出治疗急性胰腺炎的新方法。

(3)发现与胰腺发育不全相关的"垃圾基因"。

2013年11月10日,英国惠康信托高级研究员安德鲁·哈特斯雷教授领导,埃克塞特大学医学院高级讲师麦克·维登等人参加的埃克塞特大学研究小组,伦敦帝国学院研究小组合作,在《自然·遗传学》杂志上发表研究成果称,他们首次利用一种新技术,分析了以往被称为"垃圾基因"的全部基因组,以寻找某些遗传病的成因,结果发现,一种叫做胰腺发育不全的疾病,正是由位于染色体隐蔽部位的调控基因变异造成的。

胰腺发育不全,会导致婴儿一出生就没有胰腺。胰腺在调控血糖(葡萄糖)水平上起着至关重要的作用,因为胰岛素由胰腺β-细胞合成并释放,这种细胞还能产生帮助消化和吸收食物的酶。没有胰腺的婴儿会终生在糖尿病中度过,而且消化方面也有很多问题。

"垃圾基因"也被称为基因组中的"暗物质",是基因广阔延伸的部分,它们负责确保体内基因在正确的时间、正确的地点、正确地"开关"。这些区域,对人体生长发育影响深远,人们只是刚开始研究它们。

研究小组利用来自全世界11个胰腺发育不全病人的样本,结合"表观基因组注释"技术,对人类胚胎干细胞生成的胰腺前细胞,进行全基因组测序转译。他们在新发现的PTF1A(编码胰腺—特殊转录因子1a)调控区,发现了6个不同的变异。这种变异,消除了增强子的活动,是独立胰腺发育不全的最常见原因。

全基因组测序,能分析所有基因编码的30亿个字母,与表观基因组注释结合,能帮人们揭示人体发育与疾病背后的非编码因素。维登说:"这一突破深入到基因组'暗物质',以往想要系统地研究它们非常困难,现在基因测序技术上的进步,让我们有了新工具,能完整探索这些非蛋白编码区,这些区域对人体发育与疾病有着重大影响。"

哈特斯雷说:"这一发现,让我们对受这种基因紊乱影响的家族有了更多了解,也告诉我们更多胰腺发育的情况。在今后更长时期里,这一发现,将对Ⅰ型糖尿病的再生干细胞疗法产生重要影响。"

### 七、发现与代谢性疾病相关的基因

1. 发现与肥胖症相关的基因

(1)发现引发肥胖的基因变异。

2006年4月14日,美国波士顿大学克里斯特曼教授领导,波士顿大学医学院、哈佛大学公共卫生学院、德国慕尼黑大学、慕尼黑工业大学等10多个科研机构联合组成的一个国际研究小组,在《科学》杂志上发表的一项研究结果显示,人类的肥胖症,可能与一个常见的基因变异有关,这种基因变异影响全球约10%的人口。

研究人员共分析了约9000名志愿者的基因信息,这是迄今为止,针对肥胖症和基因变异最大规模的研究项目。

肥胖可引发心血管疾病、糖尿病等多种疾病,已成为困扰全球的重大健康问题。早先的研究发现,约一半的肥胖症患者有家族遗传。此前已有一些基因变异被发现与肥胖症相关,但它们大都比较罕见,只影响到很少一部分人,不能解释大批人体重超标的事实。

近年来,研究人员已发现胰岛素导入基因2,可能对肥胖症有重要影响。这一基因参与调控人体的胰岛素分泌,而胰岛素又能控制体内脂肪酸、胆固醇和血糖的水平。动物研究表明,这一基因的缺陷可能导致肥胖和糖尿病等。

基因组的基本单位是碱基"字母"。在最新研究中,研究人员观察了不同人的基因组上8.7万个有单个"字母"差异的地方。结果发现,在一个调控胰岛素导入基因2作用的区域里,某个特定位置上的"字母"G被换成C之后,很可能影响胰岛素导入基因2的功能,使人体内脂肪异常积累,导致超重和肥胖。

在西欧裔、非洲裔和儿童3组接受试验的人群中,拥有这个变异的比例分别达到8%至10%。分析显示,这个变异可能使人患肥胖症的风险增加30%,它有可能是肥胖症的常见因素之一。

克里斯特曼指出,他们估计还有更多的这类单个"字母"变异与肥胖有关系,但受技术手段所限,目前只确定了一个。这一成果,初步揭示了影响肥胖的分子机理,为未来研制抗肥胖药物指明方向。不过研究人员同时强调,不应把肥胖症完全归咎于基因,饮食等后天因素也非常重要。

(2)发现与儿童肥胖症相关的3个基因变异。

2009年1月,法国国家科研中心、英国伦敦帝国理工学院等机构,联合组成的一个国际科研小组,在《自然·遗传学》杂志上发表研究报告说,他们新发现3个与儿童肥胖症相关的基因变异,这将有助于医学研究人员预测乃至治疗儿童肥胖症。在这 3 个基因变异中,与儿童肥胖症,以及成年肥胖症关联最密切的一个,位于 PTER 基因附近,研究人员目前尚不清楚该基因的功能。他们估计,儿童由于这个基因变异得肥胖症中的占 1/3 左右,成年肥胖症中与它有关的约占 1/5。

第二个基因变异位于 NPC1 基因中。此前以老鼠为对象的研究已经表明,这个基因与食欲有关。研究人员估计,儿童肥胖症中与这一基因变异相关约占 1/10。

第三个基因变异位于 MAF 基因附近。它负责控制胰岛素、胰高血糖素,以及胰高血糖素样肽的产生。这些激素和肽,在人体葡萄糖和碳水化合物的代谢中,都扮演关键角色。儿童肥胖症中,大约有 6% 的病例,与这个基因变异有关。

这项研究成果,将有助于医学界开发出基因工具,预测哪些儿童是"高危"肥胖儿,并提前予以干预,避免儿童出现肥胖症状。

2. 发现与糖尿病相关的基因

(1)发现支配糖尿病发病的基因变异。

2004 年 9 月,日本媒体报道,日本爱媛大学一个研究小组发现,如果体内第 19 号染色体上 DNA 的一处碱基序列发生变异,患 Ⅱ 型糖尿病的可能性,将比没有此种变异的人高出一倍。

据报道,研究人员以 Ⅱ 型糖尿病患者和健康人各 500 名为研究对象,发现在体内第 19 号染色体上的某一处区域,在健康人体内一般是胞嘧啶,而在多数 Ⅱ 型糖尿病患者体内则变异成了鸟嘌呤。

糖尿病患者中大约有 95% 的人患 Ⅱ 型糖尿病。除遗传因素外,运动不足、肥胖和精神压力等也是发病的重要原因。

研究人员认为,这一成果,可以用来判定不同人糖尿病的发病风险,帮助人们在事先把握自身体质的前提下,预防糖尿病。那些两条 DNA 链都出现变异的人,尤其要注意自己的生活习惯。此外,利用这一成果,还有望在将来开发治疗糖尿病的新药。

(2)发现 Ⅱ 型糖尿病新致病基因。

2009 年 7 月,德国营养研究所、德国癌症研究中心和莱比锡大学组成的研究小组,在美国《科学公共图书馆·遗传卷》月刊上发表研究报告说,他们对基因组与人类非常相似的老鼠进行了研究。结果发现,同样出现肥胖的老鼠,有些未出现血糖升高等患糖尿病的风险征兆,有些却会出现脂肪和糖的代谢失衡,罹患糖尿病。在研究这一现象的原因时,发现了老鼠体内一种名为 Zfp69 的基因,它可导致老鼠患 Ⅱ 型糖尿病的风险增加。与此同时,研究人员还在这种基因的非编码区,发现了一种几乎能完全抑制该基因表达的"转位子",如果没有这种"转位子",Zfp69 基因就能充分表达,使肥胖老鼠容易患上 Ⅱ 型糖尿病。

研究人员指出,他们在随后对糖尿病人的研究中发现,部分糖尿病患者体内也存在一种与 Zfp69 类似的基因。在该基因作用下,人体内过多的脂肪会滞留在肝脏中,从而增加患糖尿病的风险。研究人员认为,人类基因组中也有不少"转位子",在对人类糖尿病患病风险的研究中,既要关注那些致病基因,也要重视"转位子"的具体作用。

(3)发现新的干扰脂代谢的基因变异。

2010年1月,德国亥姆霍兹慕尼黑中心、德国健康与环境研究中心卡斯滕·祖雷教授领导的研究小组,在《自然·遗传学》杂志网络版上发表研究成果称,他们综合应用"代谢组学"方法,发现了9个不同的基因变异,可能与脂代谢干扰有关。

研究人员说,这些基因变异,导致人体重要脂肪成分代谢的大部分差异,增大了人们罹患代谢类疾病特别是糖尿病的风险。

研究小组首先在1800个血液样本中,确定了163种代谢产物的浓度。这些样本,来自于德国人口普查项目的参与者。然后,科学家们首次综合分析已知糖尿病危险基因MTNR1B和GCKR的变异,所带来的脂代谢变化,研究了代谢情况与基因变异之间可能的广泛联系,确认了9个与干扰脂代谢有关的基因。最后,科学家们通过另一个独立的重复实验,证实了这一发现。

祖雷表示,该研究结果,标志着人们向糖尿病等严重代谢类疾病的早期诊断和治疗,迈出了重要的一步。

(4)发现与导致Ⅱ型糖尿病相关的基因变异。

2011年8月,日本熊本大学研究生院教授富泽一仁率领的研究小组,在《临床检查杂志》网络版上发表论文指出,很多并不肥胖的日本人,也会患Ⅱ型糖尿病,这是他们体内的特定基因出现变异,导致有降血糖功效的胰岛素分泌减少引起的。研究小组在利用实验鼠进行的研究中发现,多种氨基酸在胰腺中组合,生成胰岛素的时候,一种名为"CDKAL1"的基因,能促进氨基酸正确组合。这种基因若因变异而不能发挥作用,异常的胰岛素就会增加,进而妨碍正常胰岛素的分泌。在这种基因变异的情况下,即使实验鼠并不肥胖,也会患上Ⅱ型糖尿病。

专家指出,现在不管什么人种都使用相同的糖尿病治疗药物,这实际上是不科学的。此次发现,将有利于开发对亚洲人种更加有效的药物。

## 八、发现与传染病相关的基因

1.发现与细菌性传染病相关的基因

(1)发现导致结核杆菌抗药性的基因。

2004年9月,有关媒体报道,墨西哥国立理工学院科学家豪尔赫·冈萨雷斯领导的研究小组,过5年多的研究,终于发现了结核分枝杆菌的一种叫做IDSA2的基因,它能使结核杆菌对抗生素产生抗药性。

结核病能侵犯人体的肺部等组织,是一种传染性很强的疾病。世界卫生组织的材料显示,每年有近800万人患结核病,300多万人因患此病而死亡,40%的艾滋病患者也死于此病。

冈萨雷斯介绍说,目前,全世界有200多万结核病患者,使用传统的疫苗治疗结核杆菌,但这种细菌对药物产生了很强的抗药性,治疗效果不理想,结核病又有重新抬头的趋势。因此,科研小组在欧盟、墨西哥国家科委和墨西哥国立理工学院的资助下,从1998年起开始项目研究工作,揭示到底是什么导致结核杆菌具有抗药性。

研究人员在对结核杆菌的基因组序列进行比较中,未能辨认出对患者肺部等组织造成伤害的全部致病因素,然后就用生物芯片分子技术,对细菌进行克隆并对细菌中的各类蛋白质序列进行比较,终于找到了导致结核杆菌对抗生素产生抗药性的结核分枝杆菌的基因。

冈萨雷斯表示,他们将继续对这种细菌的基因进行研究,以确定启动其基因表达的条件,进而实现最终抑制这种基因的作用。他指出,发现结核杆菌抗药基因的真正价值,在于为今后诊断和治疗这种疾病提供新的科学依据,也将有助于制药厂商开发生产对症下药的药品,及早有效地治疗结核病,防止这种传染病在世界一些地区的蔓延。

(2)发现麻风病易感的6个基因。

2015年3月,新加坡基因组研究院副主任刘建军教授主持,他的同事,以及中国山东省医学科学院专家参与的一个国际研究小组,在《自然·遗传学》杂志上发表研究报告说,他们发现了6个可能增加麻风病患病风险的人体基因。这使得目前医学界已知的麻风病易感基因,数量增至16个。

新加坡基因组研究院在新闻公报中介绍说,人的基因是成对出现的,所以理论上看,一个人可能携带的麻风病易感基因最多可达32个。个体携带的这类基因数量不定,一个人携带的麻风病易感基因每增加一个,其患麻风病的风险就会增加20%~50%。那些携带20个以上麻风病易感基因的人,其患麻风病的风险要比携带12个以下这类基因者高出8倍。

麻风病是由麻风杆菌引起的一种慢性传染病,这种病菌的传染能力不强,但能严重侵蚀皮肤和神经系统,毁坏手指、脚趾和四肢,造成永久性残废或肢体变形。麻风病潜伏期长,一般为2~5年,有的甚至在10年以上。

科学家认为,识别麻风病易感基因,可以帮助预测麻风病染病风险,还能用于在潜伏期进行基因筛查,防范麻风病传播,同时也有利于公共卫生部门制定更有效的防护措施,保护与麻风病患者密切接触的医护人员。

刘建军说:"随着更多可能增加麻风病患病风险的人体基因被发现,我们可以更好地完善诊断和治疗方法及预防策略,以期将来可以永久根除麻风病。"

目前,全球每年仍有20多万人因麻风病丧生,200万~300万人因麻风病而永久致残。尤其在部分发展中国家,麻风病是一个严重的公共卫生问题。

2. 发现与病毒性传染病相关的基因

(1) 发现与严重登革热症状相关的两类基因。

2011 年 11 月,有关媒体报道,登革热是由蚊子传播的仅次于疟疾的第二大疾病。据估计,每年全球有 1 亿人感染登革热病毒。但被感染人群的症状却有很大差异,有的病人症状非常轻微,有的人却高烧不退,甚至危及生命。特别是儿童病患,发生登革休克综合征后常会导致死亡。目前,对登革热还没有研制出疫苗。

以往的研究表明,某些特定人群对登革热病毒较敏感,易出现严重症状。这提醒科学家,去探寻人类的何种基因特性,使得他们出现这种情况。英国剑桥大学医学研究小组和新加坡基因组研究所的研究人员,与卫尔康生物医疗慈善信托基金人员一起,在越南胡志明市对此进行研究和实验,并取得了一定成果:他们通过研究发现,人类的两类基因变体,会导致人体发生严重的登革热感染症状。

研究人员首先针对登革热易感儿童,与对比人群,进行基因组相关性研究。他们对 2008 名患者和 2018 名对比人群展开研究,随后将研究结果在 1737 名患者和 2934 名对比人群中进行验证。结果发现,儿童患者体内两类基因上的 DNA 代码发生变化,将会导致他们更易发生登革热休克综合征。这两类基因是第六染色体上的 MICB 和第十染色体上的 PLCE1。

研究人员认为,MICB 在人体免疫系统中发挥重要作用,它的某种变体会激发人体的免疫细胞,更加积极地抵抗病毒感染;反之,如果这些免疫细胞无法正常工作,登革热病毒就会在人体内占据上风。

研究人员还发现,某种 PLCE1 的变体,会导致登革热出血点的出现,这是登革休克综合征最显著的临床特点。

(2) 发现与引起严重流感相关的基因突变。

2015 年 3 月 26 日,法国巴黎第五大学,与美国洛克菲勒大学等机构组成的一个研究小组,在《科学》杂志上发表论文称,他们发现,在一名曾差点死于流感的女孩体内,有一种基因存在罕见突变,导致其免疫力削弱,流感病毒一旦侵入便会引发严重病情。

多数流感患者,通常治疗调养一周便可康复,但有些人的病情非常严重,极少数情况下会引发致命的呼吸衰竭等问题。2011 年,法国医生接诊了一名只有 2 岁半的女性流感患者,她感染了常见的甲型 H1N1 流感。由于呼吸困难,医生只得让她住进重症病房并使用呼吸机,总共治疗 20 天才挽救了她。

让医生困惑的是,这名小女孩并未患有会加重流感的其他病,也没有肺部疾病家族史。为此,该研究小组最近对小女孩及其父母进行了基因组测序,结果发现她的"运气"有点差。

人体内有一种名为 IRF7 的蛋白质,可刺激产生抵御病毒感染的干扰素。编码合成这种蛋白质的 IRF7 基因有两个,它们互为"复本"。

研究显示,小女孩父母的 IRF7 基因的两个复本中,均有一个出现突变,而小女孩就遗传了这两个突变的复本,结果她的免疫细胞和皮肤细胞,在流感病毒入侵时不能产生干扰素,造成流感病毒在不受控制的情况下进行复制。而小女孩的父母由于分别有一个 IRF7 基因复本是正常的,因此他们能正常产生抵抗流感病毒的干扰素。

小女孩现在 7 岁了。由于流感疫苗不需要靠 IRF7 基因诱发保护效果,因此她接种疫苗后,未得过流感。

研究人员在论文结尾写道:"总之,我们证明了与免疫力相关的先天性基因错误,可导致儿童患上严重流感,而基于干扰素、为患者量身订制的治疗方案,可帮助病情危及生命的流感患儿。"

## 九、发现与其他疾病相关的基因

### 1. 发现与眼科疾病相关的基因

(1)发现控制视网膜疾病的基因。

2007 年 8 月,有关媒体报道,荷兰遗传学家罗纳德·罗弗蒙,与德国国立环境与健康研究中心的科学家合作,发现了一种控制视网膜疾病的基因 LCA5,并且获得了这种基因是如何运行的证据。LCA5 的发现,是在失明研究领域里的一个重大进展,有望给眼盲的基因诊断与治疗带来新的机遇。

常染色体隐性视网膜营养不良导致的最为严重的疾病类型,是勒伯尔先天性黑蒙(LCA),通常在婴儿出生的几个月时间里导致失明。在不同的基因里,只通过一次单一的变异就能发病。加上新发现的 LCA5 基因,目前已经发现了 10 种 LCA 基因,这些基因与 60% 的眼病有关。德国国立环境与健康研究中心的马瑞斯博士说:"所有的这些基因缺失最后将导致同一症状,但是要针对不同的个体采取有效的治疗,必须知道发生变异的基因在哪一部位,以及它会导致什么后果。"

研究人员分析了 LCA5 基因,对一种尚不完全清楚的蛋白质进行编码的过程,并研究了 LCA5 与其他在光学细胞运输中起作用的蛋白质是如何相互作用的。LCA5 基因编码的蛋白,在光感受器功能、视觉成像时转运视觉蛋白上起了重要的作用。如果 LCA5 的蛋白质合成受到干扰或破坏,视觉蛋白不能恰当地被转运到相应的外层部分,将导致光感受器停止工作并最终死亡,视觉功能就会丧失。

目前,LCA 疾病本身还很难治愈。LCA 基因治疗,已经成功地应用到狗身上,因 LCA 缺陷而失明的狗经过治疗后,已恢复了视力。在伦敦一家大型医院里,12 名盲人已经开始接受基因临床治疗,并取得了令人振奋的结果。专家们表示,如果这些结果能经得起检验,有望在 5~10 年的时间里,将此方法应用于因 LCA5 基因缺陷而致盲的患者。

（2）发现与青光眼相关的基因突变。

2014年9月，英国伦敦大学国王学院专家领导的一个国际研究小组，在《自然·遗传学》杂志上发表研究论文称，他们确认了4个新的与青光眼有关的基因突变位点。这一发现，或将为未来开发青光眼的早期诊断和治疗手段奠定基础。

青光眼是一种常见的疑难眼病，病因多样，难以预防，患者眼内压力会间断或持续升高，若得不到及时治疗，将造成不可逆的视野丧失甚至失明，是导致人类失明的主要致盲眼病之一。

研究人员说，他们通过对来自欧亚7个国家的3.5万多人的数据，进行荟萃分析后，获得上述研究成果。这4个基因突变，都与高眼压和青光眼有关的。其中一种突变，发生在人们较为熟悉的ABO血型基因上，这种基因决定着人的血型，似乎在B型血个体中最为常见；还有一种突变发生在负责调控细胞胆固醇和血脂水平的ABCA1基因上，目前研究人员还不清楚这种基因在眼睛内部的运行机制，需要进一步深入研究，来揭示突变基因是如何促使青光眼的发生的。

中国和澳大利亚研究人员，发表在同期《自然·遗传学》杂志上的另两篇研究论文，也证实ABCA1与青光眼有关。

青光眼虽然很难治疗，但如果及早发现并及时治疗，还是可以降低其对视力的损害程度的。与青光眼相关基因突变的发现，使得未来对高危遗传风险人群，进行密集筛查成为可能。而在早期治疗阶段，则可以围绕这些基因设计针对性治疗方案，例如可通过药物阻断基因生产蛋白，或改变基因的表达方式，来降低眼睛中ABCA1基因数量，达到减轻视神经和视网膜神经纤维所受压力的目的。

2. 发现导致其他疾病的相关基因

（1）发现与砷中毒易感性相关的基因。

2006年3月，印度化学生物学研究所爱速克·吉里领导的研究小组，在《国际癌症杂志》发表的一项研究成果表明，人接触砷后是否中毒，以及中毒深浅，可能在一定程度上取决于人的基因。

该研究小组首次把特定基因和人类对砷中毒的易感性联系起来。砷中毒是南亚部分地区的一个主要公共卫生问题，在印度及其相邻的孟加拉国，超过1亿人面临着砷中毒的风险。在印度西孟加拉邦，超过30万人出现了接触砷之后的中毒症状，这包括从皮肤损伤到皮肤和内脏的癌症。

研究人员在西孟加拉邦，选出400多人作为研究对象。这个地区饮用水中的砷含量，是世界卫生组织安全标准上限的5~80倍。他们发现，那些缺少一种叫做GSTM1基因的人们，不太容易出现皮肤损伤，而皮肤损伤是砷中毒的最常见症状。此前的研究表明，完全失去GSTM1基因，可以防止人产生从慢性胰腺炎到肺癌等一系列疾病。

吉里说，过去已知GSTM1基因在分解香烟的有毒化合物的过程中，能够发挥作用。但是，如果针对砷中毒而言，拥有这种基因的人们，产生皮肤损伤的风险反而会显著增高。他还指出,除了 GSTM1 基因,其他基因也可能影响人们对于砷的易感性。

美国加州大学伯克利分校公共卫生学院负责砷研究的艾伦·史密斯说,尽管这项研究表明,人们有一天可以测试他们对于砷的易感性,但是减少人们接触到这种有毒物质才是更重要的。他说:"一些人对砷中毒的遗传易感性可能高于其他人,但是应该减少所有人对砷的接触。"

(2)发现日光过敏症的致病基因。

2012 年 4 月 2 日,日本长崎大学和佳丽宝公司联合组成的一个研究小组,在《自然·遗传学》杂志网络版上发表研究成果称,他们发现紫外线敏感性综合征的一个致病基因。这一发现,将有助于今后弄清人的皮肤被晒伤的机制,从而研究出相关防晒伤的新方法。

研究人员说,这项研究开展于 2010 年 7 月,他们通过利用能在短时间内对人类基因组 DNA 序列进行解析的最新技术,即下一代基因序列解析法,确定了一个可能是紫外线敏感性综合征患者致病原因的基因变异。

研究人员发现,由于这个基因出现变异,导致无法产生对受损的 DNA 进行快速修复的蛋白质,或者产生的量非常少,研究小组把这种基因命名为 UVSSA。研究人员对紫外线敏感性综合征患者进行基因修复后,肌体对 DNA 进行快速修复的功能,恢复到了与健康人同等的水平。

研究人员高桥庆人指出,紫外线敏感性综合征,除了强烈日晒症状外基本没有其他症状,是一种轻度的遗传性光敏性疾病,发现 30 多年来其致病原因一直未解。今后,通过对该基因进行详细分析,将有助于开发出防止皮肤被晒伤的新方法。

## 十、发现与植物生长相关的基因

1. 发现与拟南芥生长相关的基因

(1)发现影响拟南芥感知二氧化碳的基因。

2006 年 3 月,《自然·细胞生物学》杂志网络版,发表日本九州大学和美国加利福尼亚大学圣地亚哥分校共同完成的一项研究成果,报道他们发现一个名为"HT1"的基因,对植物感知周围环境中的二氧化碳起着重要作用。这一成果,有望为研究二氧化碳浓度上升对植物的影响提供线索。

据报道,当周围环境中二氧化碳浓度降低时,植物会打开叶片上的气孔,以吸收更多二氧化碳,而当二氧化碳浓度升高时,叶片的气孔就会关闭。研究人员在拟南芥的多种突变体中发现,有一种基因突变的拟南芥在二氧化碳浓度发生变化时,不能相应地开关叶片气孔。进一步的研究显示,这些拟南芥细胞中的基因"HT1"出现异常。

研究人员又通过基因技术,使正常拟南芥植株的"HT1"基因不能发挥作用,研究发现,这样的植株对二氧化碳浓度变化也没有反应。研究人员由此认为,

"HT1"基因指导合成的酶,在植物感知二氧化碳的过程中作用非常大。

大气中二氧化碳浓度上升,是导致全球变暖的重要因素,相关研究也受到关注。参与这项研究的九州大学教授射场厚说,大气中二氧化碳浓度持续升高对植物生长的影响,目前仍有许多疑问。此次的研究成果,将为未来研究植物吸收二氧化碳等课题打下基础。

(2)发现一种与拟南芥低温长势有关的基因。

2010年8月,英国媒体报道,该国约克大学和爱丁堡大学相关人员组成的一个研究小组,在农作物研究中发现,如果缺失一种基因,其观察对象拟南芥会更好地生长。

报道称,研究人员发现,一种代号为SPT的基因与拟南芥低温生长有关。实验显示,在低温环境下,没有这个基因的拟南芥植株,不但抗寒能力不会下降,而且比有SPT基因的拟南芥植株长势更好。

拟南芥是农作物培育研究方面的一种模式植物,它的很多基因与农作物的基因具有同源性。

研究人员史蒂夫·彭菲尔德说,这一发现,对于某些农作物增产具有重要意义,如果能借助基因手段,培育出在低温下长势更好的农作物,就能使农作物在春秋两季的有效生长时间,得以延长并实现增产。

2. 发现与草莓和水稻生长相关的基因

(1)发现参与草莓维生素C合成的基因。

2004年11月,有关媒体报道,西班牙生物学家费尔南达·阿吉斯主持,成员来自马拉加大学和科尔多瓦大学的一个研究小组,证明了一种名叫D-半乳糖醛酸酯还原酶的生化酶,对生物合成D-抗坏血酸维生素C中的一个关键步骤有催化作用。他们从成熟的草莓果实中提取出一种GalUR基因,并发现该基因正是这种生化酶的编码者。

在拟南芥中过度表达GalUR基因,结果维生素C物质增加了二到三倍。根据这些发现,研究人员表示,利用这一信息可以研制富含维生素C的转基因作物。传统的方法维生素合成方法相当费时,而且要综合微生物方法和化学方法,GalUR基因的发现,为生产这种极有价值的化合物提供了新的远景。

水果和蔬菜中的D-抗坏血酸维生素C(通常称做维生素C),作为维持免疫系统功能的抗氧化剂和生化酶余因子,是人体必需的营养成分。

(2)发现控制水稻吸收砷的基因。

2008年6月18日,英国科学促进会主办的"阿尔法伽利略"科学新闻网站报道,丹麦哥本哈根大学和瑞典哥德堡大学科学家组成的一个研究小组发现,一种帮助农作物抵御真菌感染的基因,同样有助于农作物吸收有毒的亚砷酸盐。这一成果有望应用于开发不吸收砷的转基因水稻,降低人们因饮食而导致慢性砷中毒的概率。砷是一种毒性很大的致癌物质,它在自然界中主要以亚砷酸盐等形式存在。在世界许多国家,砷导致水、土壤和农作物污染。在一些发展中国家,水源污染导致饮用水和农作物中的砷含量较高,砷中毒成为严重问题。据联合国教科文组织的统计,仅在南亚地区,就有2000多万人遭受慢性砷中毒的危害。

报道称,研究人员以两组酵母菌为研究对象,第一组酵母菌注入了上述基因的大米版本,对照组酵母菌未注入。研究结果显示,在有毒亚砷酸盐环境下,第一组酵母菌体内逐步积聚亚砷酸盐,对照组酵母菌未出现这种情况。

研究人员说,这种基因也有助于农作物的细胞壁吸收硅,抵御真菌感染,但农作物区分不出砷和硅。砷对人类非常有害,硅对人类却非常重要。科学家计划通过转基因方式培育出只吸收硅而不吸收砷的水稻等农作物。

# 第五节 基因治疗方面研究的新成果

## 一、基因检测方面出现的新成果

1. 开发基因检测的新技术

(1)开发用于预测乳腺癌疗效的基因芯片技术。

2005年10月,瑞典卡罗林斯卡医学院乔纳斯·伯格领导的一个研究小组,在《乳腺癌研究》杂志上公布的一项研究成果表明,基因芯片技术能够用于确定疾病的个性化疗法,并且能预防乳腺癌患者经历疼痛且无效的治疗。这种基因芯片技术,研究分析了肿瘤组织样本并确定含64个基因的基因群,能够用于预测病人在接受乳腺癌辅助治疗后5年内的反应。

研究人员说,确定出其乳腺肿瘤中表达这些基因的病人,将有助于预测出哪些病人,能够从辅助治疗中获益。同时,避免一些病人,反而因接受这种治疗而起到更糟糕的效果。

研究小组利用DNA芯片,分析了159个乳腺癌患者的基因表达特征。在这些样本中,他们确定出38名预测后果差病人中的基因标记。剩余的121人则被划入预测后果好的组别。研究人员还利用基因表达分析,来分离开对辅助治疗反应好的病人和没有进行辅助治疗的病人,以及那些对治疗没有反应的病人。

由于确定针对个体病人乳腺癌疗法标准的缺少,人们需要开发出,能更好地预测病人对辅助治疗反应的新技术。该研究小组的研究人员认为,DNA芯片分析技术,能够用于确定出可从辅助治疗获益的病人,并避免了疼痛且无效的治疗。

(2)开发出检测DNA突变的新技术。

2005年12月,美国亚利桑那州立大学,单分子生物物理研究中心张培明和陶农建教授负责的研究小组,在美国《国家科学院学报》上刊登研究成果称,他们开发出一种检测DNA突变的新方法。

据介绍,研究人员采用测量单一 DNA 分子电导率的方法,首次证明直接确定 DNA 突变,或单核苷酸多态性 SNPs 的可能性。在人基因组的 30 亿个碱基中,平均每 1000 个碱基,就可能出现遗传密码中单个碱基的变异,但并不是每个突变都会产生疾病。张培明说,目前,已有的这类突变检测手段,既费时价格又高。所以,新开发出的方法,在未来的癌症研究和人性化的医疗应用领域,都有很广阔的前景。

研究人员表示,下一步,他们计划采用自动化技术,同时分析不同 DNA 序列,使测定更加简单快捷。

(3)同步检测大量突变基因技术获得新突破。

2006 年 9 月,美国波士顿达纳—法伯癌症研究所、哈佛大学布洛德研究所和麻省理工学院共同组成的一个研究小组,在美国癌症研究协会举办的,第一届分子诊断癌症治疗的发展研讨会上,公布的一项研究成果表明,他们研制出一种性价比高的基因定型方法,能够灵敏地检测多种癌症基因中的基因突变谱型。研究人员称,假如能经过实验检验的话,有望发展为可及时向患者提供有效治疗手段的新技术。

这项新技术,有助于消除药物研发中的"重大瓶颈",以便能够同时对多种类型癌症遗传学改变进行检测。参与研究的加拉威博士说,利用 DNA 序列检测单一 DNA 的突变,至少需要上千美元,而我们检测整条染色体上的基因不过 60 美元,并且随着技术不断升级价格还有可能下降。

这项技术的原理是:利用以高通量质谱为基础的基因定型,灵敏准确地检测 DNA 中单核苷酸多态性。以前此技术,主要是用于研究正常个体的基因组中,单一的核苷酸与患病风险的关系,现在研究人员用其寻找基因组中的原癌基因。

实验靶标为能够诱发胃肠道间质瘤的 c-kit 酪氨酸激酶和与肺癌有关的 EGFR 基因突变体。因为以上两种癌症,分别能够被格列卫和特罗凯手段,通过影响相关的原癌基因进行治疗。

实验材料为新鲜的和经过冻存的肿瘤样本。扩增样本的 DNA,在 17 个原癌基因中寻找 250 种已知的突变位点,它们包括 ras、EGFR、pi3 和 c-kit 激酶家族等。为了核对基因定型的功能,研究小组检测了代表 15 种类型肿瘤的 1000 多个肿瘤样本。然后,用传统的 DNA 序列分析技术,或者其他手段,对其中一半以上的样本依次进行检测。研究人员发现,两种途径得到的实验结果有 92% 是相同的,其他 8% 的原因不是由于质谱本身,而在于费时费力的人工 DNA 序列分析。

加拉威强调,质谱检测法与现在常用的组织微阵列基因表达检测法,不同之处在于,后者依据基因表达,而前者直接在基因组中寻找问题基因。

(4)发明利用纳米通道精确检测 DNA 的新技术。

2007 年 4 月,有关媒体报道,美国普渡大学纳米技术中心的研究小组,向公众展示如何利用"纳米小孔通道"来快速精确的检测特定 DNA 序列。这一技术,能用于医药、环境监控及国土安全等诸多领域。

纳米通道直径约为 10 到 20 纳米之间，长度为数百纳米，它们是由内部结合了单链 DNA 的硅质通道构成的。研究人员表示，此前其他的研究小组已经制造出过这一类通道，但是普渡大学研究小组，是世界首个把特定 DNA 单链结合到这种硅通道内的小组，然后科学家就可以用其探测液体中的 DNA 分子了。

每个通道都建造在一个很薄的硅膜上，然后放入含有 DNA 的液体中。由于 DNA 是带负电的，跨膜施加一个电压就会造成遗传物质穿过通道。科学家发现那些和通道内部附着的 DNA 完全匹配的 DNA 能更快速地移动，并且穿过孔的数量也更大。

研究人员说："我们能通过测量通道的电流大小，来确定特定 DNA 链的移动。从本质而言，可以利用特殊的信号脉冲，作为特定 DNA 移动的结果。"DNA 是由 4 种不同的核苷酸基构成的，这些基之间两两结合，就形成了双链螺旋结构。

专家指出，这一技术能快速探测 DNA 分子，并且不需要任何标记分子，它有望用于很多 DNA 检测领域。

（5）发现一种基于细胞层面的 DNA 检测新方法。

2008 年 2 月，有关媒体报道，法国波尔多市血液研究实验室一个研究小组，发现一种能更精确检测 DNA 的新方法。该成果，对于在细胞层面进行基因印记的研究，具有重要意义。

据介绍，此次新发现，参考了以往用于肿瘤学研究的一种检测方法，并结合了细胞显微解剖学和激光等相关技术。这样，以往需要至少数十个细胞才能进行基因检测，并建立相应基因档案的研究，现在只需通过 1 到 20 个细胞就能实现。

这项新的 DNA 检测方法，已经引起医学界、法医界和司法界等专业人士的高度关注，认为它特别适合对于罪案调查的科学介入和检测，以及对于空难等恶性事故中遇害人员身份的辨认等。

（6）开发出能区分真伪 DNA 的检测技术。

2009 年 9 月，以色列纽克莱克斯生物技术公司发表研究报告称，一个人的 DNA 样品，在生物实验室，不需要很复杂的技术，就能够被复制或修改，所需的只是相关 DNA 序列数据。在生物技术迅速发展的今天，进入 DNA 实验室已不是一件很难的事，如果有人想伪造证据，只需事先通过加工，特意制造出某人的 DNA 样品"喷洒"到犯罪现场，就有可能误导警方将注意力从真正的罪犯身上移开。

DNA 检测，一直被司法界作为具有法律效力的身份识别方式，在打击犯罪中发挥着重要作用。然而，由于 DNA 可以利用实验室造假，检测前需要进行真假鉴别。针对此况，该公司开发出一种真伪 DNA 检测技术。

研究人员指出，现在一些生物实验室大量复制 DNA，主要为了满足医学研究的需要，而不是用于其他目的，但这无形中却为犯罪分子伪造 DNA 数据，或窃取他人身份信息和遗传隐私，提供了便利。由于现在的法医实验室，还无法有效区分天然 DNA 和人工合成 DNA,从而为违法分子以假乱真提供了空间。

针对这一问题,他们研发出一种 DNA 检测结果确认技术,利用该技术可区别出被检测的 DNA 是天然 DNA,还是在实验室制造出来后洒到犯罪现场的。研究人员认为,如在现有执法部门的 DNA 鉴定程序中加入该技术,将有助于提高检测结果的可靠性。

(7)开发出 DNA 损伤快速检测新方法。

2010 年 5 月,有关媒体报道,美国麻省理工学院生物工程系副教授贝文·恩格尔沃德,与电子工程和计算机科学系教授桑吉塔·巴蒂亚领导的一个研究小组,开发出对脱氧核糖核酸(DNA)损伤进行快速分析的新方法。这种方法,将有助于试验潜在的抗癌药物和了解环境毒素的影响。

研究人员把已有 30 年历史的彗星化验(comet assay),改造成一项全新的分析技术。它把分析 DNA 损伤的彗星化验,与新型高产平台相对接,不仅能加快 DNA 损伤分析进程,还能应用于流行病学和药物筛选等。

彗星化验,基于实验室化验常见的凝胶电泳技术,它是把带有 DNA 的聚合物凝胶置放在电场中,由于受损 DNA 在凝胶上比无损 DNA 运动更快,结果在凝胶上产生了由 DNA 形成的"彗星"状 DNA 图形。

彗星化验既灵敏又多能,但是却费力和烦琐。对每种实验条件,它需要至少 1 个显微镜载片,这意味着即使只做少量的实验条件,也需要变换数十块显微镜载片。此外,彗星化验采用人工读数,因而研究人员不得不花费数小时盯着显微镜,选择需要进行分析的细胞。

研究小组的工作目标,是充分利用彗星化验的长处,同时克服它在产量和费力方面的不足。研究人员利用巴蒂亚等人开发的微"井"技术,把由众多微小尺寸"井"组成的网格,压印在 DNA 电泳凝胶上,每个网格为单细胞大小,并被逐一编址,便于全自动读取。他们同时把显微单元阵列制作成 96 口"井"的板,这样就可同时化验多种细胞类型和药物等。

采用上述设计,研究人员能在一块显微镜载片上化验数十种实验条件,并采用专门开发的图像软件自动分析每块载片。

对流行病学家而言,这项技术有望为他们了解有害的环境提供新途径。对临床医生而言,有望为他们提供更好的癌症治疗方法。对研究人员而言,有望帮助制药业鉴定新药物并筛选出有害药物。

(8)开发出基因兴奋剂检测法。

2010 年 9 月 2 日,德国美因茨大学与图宾根大学发表公报说,这两所学校的研究人员,成功开发出一种基因兴奋剂检测法。只需验血,就可检测出运动员是否注射基因兴奋剂,即使注射时间已过去两月也能检测出来。

基因兴奋剂注射到特定的肌肉部位中,会令人体产生大量激素并刺激促红细胞生长素等物质的分泌,从而促进身体运动机能,提高运动成绩。过去,要检测基因兴奋剂非常困难。

现在,研究人员利用他们此前开发出的一种 tDNA(转移脱氧核糖核酸)追踪技术,来检测血液中的 tDNA。人体自身不会产生 tDNA,如果检测出 tDNA,那么运动员很可能服用了基因兴奋剂。

研究人员在老鼠身上进行试验,结果老鼠注射了基因兴奋剂两个月后,仍能检测出来。研究人员接着又检测了 327 份运动员血样,结果也表明这种方法安全有效。

**2. 开发基因检测的新材料**

(1)用细菌蛋白质作为检测受伤基因的新材料。

2006 年 5 月,以色列耶路撒冷希伯来大学分子生物系本·耶胡达博士领导的研究小组,在《细胞》杂志上发表的研究报告显示,他们首次成功地观察并描绘出在自然状态下,以细菌蛋白质作为检测材料,使受伤基因被识别出来。

在一定条件下,细菌会进行分裂,产生孢子。这些孢子对热、辐射、干燥等具有抵抗能力,并且用常规使用化学物质(如抗生素等)处理的方法难以消除。目前,所知的绝大多数有关细菌孢子形成的知识,都来自于对一种被称之为杆状菌的细菌的研究。当这种细菌,进入孢子形成期之后,它会将自身的 DNA 按照合理的次序进行排序,不让其产生任何变异。但是,人们以前并不知道这一过程是如何发生的。

耶胡达研究小组通过观察,在细菌中发现了一种新的蛋白质,这种蛋白质在细菌孢子刚刚开始形成的时候,对 DNA 进行扫描。该蛋白质沿着染色体迅速移动,寻找 DNA 受损伤部分。当它发现受伤部位时,它会在该处停下,并向 DNA 修复蛋白发出信号。

耶胡达博士说:"这一过程是第一次被观察到。被细菌触发的蛋白质,像我们在实验室中发现的其他蛋白质一样,可以在包括人类在内的各种生命体的细胞中找到。因此,可以得出的结论是,细菌蛋白扫描受伤 DNA 的做法,与其他生命体寻找受伤 DNA 的方法是类似的。"

研究人员认为,在分子水平上认识 DNA 修复机理,对于今后进一步掌握因 DNA 受损伤而引发的疾病,如癌变等,迈出了最基本的一步。

(2)开发可瞬间检测出目标基因的新材料。

2014 年 6 月,日本名古屋大学一个研究小组,在《科学报告》杂志网络版上发表论文称,他们开发出一种基因检测新材料,用它能在几秒钟内检测出极少量血液中的目标基因。

目前,基因检测的常用方法,是从血液中提取 DNA,并对可能含目标基因的 DNA 片段进行复制,以找出目标基因。但 DNA 片段的复制,需要几小时甚至几十个小时,并容易出现误差。

该研究小组开发出的新材料,由不到 1 平方毫米的玻璃基板和上面如枞树叶般密布的金属丝组成。只需让一滴血流经这种新材料,DNA链就会分解成碎片,其中含目标基因的片段,会与金属丝所含溶液中特定的荧光色素发生反应,从而被检测到。如果这项新技术能投入实际应用,那么细菌引起的食物中毒等都能当场检测出原因。另外,作为癌细胞标志物的多个DNA片段,以及蛋白质,都能在短时间内一次性检测出来。

### 3.研制基因检测的新设备

(1)发明DNA快速检测箱。

2005年3月,英国媒体报道,该国科学家发明了一种DNA快速检测箱。它能把复杂的实验过程,浓缩在20分钟内完成,病人则随时得到准确的化验结果,从而赢得治疗时机。

报道称,这个研究成果,最初是来自英国国防部的一个研究项目。检测器采用的是聚合酶链反应技术,这是一种提取和放大DNA片段最简单的方法。样本中的DNA片段与生化酶一起经过加热冷却后,会生成数十亿个DNA拷贝,这将便于仪器的检测。检测箱里的加热装置由一种特殊塑料制成。有了它,原先只能在实验室里完成的加热工作,就可以在野外完成了。

英国波顿当军事基地,已经利用这种DNA快速检测箱,检测军事基地中是否有炭疽菌等生化武器的存在,以便在危险到来时做出快速反应。只要将采集到的样本放进检测器里,按下开关,等待20分钟就可以看到检测结果。

医院有了这种DNA快速检测箱,病人就不用花几个星期等待化验结果。目前,科学家已经开始研究新一代的DNA快速检测箱。他们说,有朝一日,检测箱会变成检测盒,人人都可以像带手机一样,把它揣在兜里。

医学和食品检测机构,也看好这种DNA快速检测箱的发展前景。如果海关配备了这种检测箱,就会为预防口蹄疫和禽流感的蔓延增加一道有效防线。

(2)研制出可测量单个DNA分子质量的新设备。

2005年5月,康奈尔大学应用和工程物理学教授哈罗德·克瑞海德等人组成的一个研究小组,在《纳米快报》发表论文称,他们研制出一种新设备,利用一种高度精密的技术,已经测量出单个DNA分子的质量,大约是995,000道尔顿,它比1微微微克稍重。该设备还可以通过对质量进行计算,得出附在单个受体上的DNA分子个数。

研究人员称,这种设备,属于纳米级电子机械设备,可以把悬臂制造得很小,来进一步增强敏感度。他们还说,这种技术,可以与微应用流体学结合,来对体积极小的DNA样本进行基因分析,甚至分析一个细胞中的样本。目前,基因分析技术需要对更小的DNA样本进行研究,使其通过一种叫多聚合酶连锁反应扩增的技术来多次进行复制。DNA分析的用途之一,就是可以探测癌症易感基因的基因制造者。

DNA、蛋白、以及其他有机分子的质量,常常都是用道尔顿来标示。1道尔顿,同样是原子质量的单位,大约等于单个质子或中子的质量。与其他质量单位相比,1 道尔顿是千分之一渺克,1 渺克是千分之一微微微克,1 微微微克又是千分之一毫微克,1 毫微克又是千分之一皮克,而 1 毫微克是十亿分之一克。

当 DNA 的体积很大,大到像分子的时候,它们与大多数病毒相比仍然小得多,病毒主要是 DNA 核,以及覆盖在核上的一层蛋白组成。康奈尔大学的研究人员相信,这项研究能用于发现更小的有机分子包括蛋白,并且可以在医疗或法医诊断中获得更广泛的应用。克瑞海德说,如果拥有识别蛋白质和其他有机分子的能力,就可能会研究出针对一系列疾病,包括艾滋病的探测器。

## 二、基因治疗取得的新进展

### 1. 基因疗法寻找病因的新成果

(1)揭示基因影响不同种族病人药物剂量的原因。

2006 年 8 月,有关媒体报道,新加坡国立大学医院血液与肿瘤学系,高级顾问古奔成博士领导的一个研究小组,在《临床药理学和治疗学》杂志上发表的论文称,他们解开了一个迷题,即为什么印度、中国和马来西亚病人,使用普通抗血液凝结的华法令阻凝剂时,为了获得同样的效果使用的药物剂量却不相同。此项谜题的解开,使未来依据种族开处方药成为可能。

研究小组在使用抗血液凝结的华法令阻凝剂时,发现印度病人的药物使用量,比中国和马来西亚病人多 60% ~ 70%。华法令阻凝剂,广泛地被包括整形外科专科医生、心脏病医生、外科医生和妇科医生在内的许多医生所使用。古奔成博士说:"华法令阻凝剂药物使用所面临的一个问题就是,如果用量过多就会导致病人流血过多死亡。但是如果用量过少,血液凝块却又会继续存在。药物使用量必须非常严格"。

以前在用药前必须进行血液测试,以决定稀释血液的需用量,这要花费 3 周的实验室测试时间。后来,研究人员选择 275 名中国、马来西亚和印度病人作为研究对象,他们父母和祖父母同样来自相同种族。经过跟踪研究,发现华法令阻凝剂在抗凝结过程中攻击的目标,是病人体内的一种维生素 K 基因。

研究发现,种族不同这种基因结构也不相同,从而导致印度人一天华法令阻凝剂的需求量为 6 毫克,而中国人只需 3.5 毫克,马来西亚人的需求量则介于印度人和中国人之间。华法令阻凝剂,可能会成为全球首种,根据病人父母种族来决定处方药剂量的药物。该医院同时着手对另外 10 种药物进行研究,以论证不同种族对它们的反应差异。

(2)使用基因外显子测序方法查找出致病原因。

2009 年 8 月 16 日,由美国国立卫生研究院资助,美国华盛顿大学、安捷伦科技公司、国家人类基因组研究所,以及尤尼斯·肯尼迪·施赖弗国家儿童健康与人类发育研究所的科学家共同参与的研究小组,在《自然》杂志网络版刊登研究成果称,他们成功地对 12 名对象的基因外显子进行测序,从而证明使用外显子测序方法确定罕见致病变异基因,具有可行性和应用价值。

外显子是人类基因的一部分,包含着合成蛋白质所需要的信息。全部外显子,称为"外显子组"(exome),只占人类基因组的 1%。测定外显子序列,只需针对外显子区域的 DNA 即可,因此远比进行全基因组序列测序更简便、经济,已成为现阶段基因测序工作的重心。

该研究小组为了验证外显子测序的实用性,选取 12 名测序对象进行外显子测序。其中 4 个非洲约鲁巴人、2 个东亚人、2 个欧裔美国人等 8 人的 DNA 图谱,已由国际人类基因组单体图计划确认。另外 4 人无亲缘关系,同为弗里曼谢尔登综合征患者,该症是由 MYH3 基因变异引起的一种罕见遗传性疾病。引入这 4 人参与测序的目的,就是确认外显子测序是否能检测到他们 DNA 中的 MYH3 基因突变。

研究人员首先把 12 个基因组 DNA 样本制成片段,再使用特殊探针选出其中仅含有外显子的片段。经过对 12 组外显子组的测序和分析,总计确定了 3 亿个 DNA 序列碱基,这是到目前为止,使用第二代测序技术,获取的人类基因编码序列的最大数据。

与常用的人类基因组测序相比,外显子测序在检测基因变异方面,无论是普通变异还是罕见变异,都表现出很高的灵敏度。通过这种测序,研究人员能够识别出一系列 DNA 错拼,如单核苷酸多态性变异(SNPs),以及基因序列的插入和删除。

研究人员通过采用多步骤分类检测法,滤掉普通变异和个人独具的变异后,从 4 名弗里曼谢尔登综合征患者的 DNA 中,准确找出致病基因变异。他们的研究表明,对于单个基因变异引起的疾病,外显子测序同样可以准确找到致病基因,与全基因组测序无异。研究人员认为,外显子测序,也可用于多重基因变异引起的常见疾病,如糖尿病和癌症的研究中,来揭示该种疾病的致病基因。

美国国家心肺血液研究所主任伊丽莎白·诺贝尔博士指出,进行外显子测序,可以得到关于疾病遗传基础的相关信息,希望这种指向性的目标测序,有朝一日能用于大量人群,以帮助发现常见疾病如高血压、高胆固醇的遗传学基础。

这项研究,除了美国国立卫生研究院资助外,也是国家心肺血液研究所和国家人类基因组研究所的合作项目外显子组计划的一部分,旨在开发、验证并应用一种低成本、高效率的外显子测序方法。

(3)采用基因组测序法追查疫情暴发路径。

2012 年 2 月,哈佛大学公共卫生学院和布洛德研究所共同组成的一个研究小组,在美国《国家科学院学报》网络版上发表研究报告称,他们采用全基因组测序法,已经追查到 2011 年在欧洲大范围致病的大肠杆菌(E. coli)暴发路径。

这是第一个采用基因组测序的方法,来研究食源性疫情暴发的动态,由此为了解未来疫情和传染病的出现和蔓延提供了新途径。这项研究的合作者,还包括法国巴斯德研究所、丹麦国立血清研究所等。

在生物学中,一个生物体的基因组,是指包含在该生物的 DNA(部分病毒是 RNA)中的全部遗传信息。确定哪些 DNA 变异导致特定性状或疾病,则需要进行个体间比较。研究人员说,寻找疫情暴发的多种细菌的基因组之间差异,即可得到疫情发生的线索。像做侦探工作一样,研究人员通过这种方式跟踪疫情,可了解未来疾病暴发路径。

在德国,2011 年夏天,因大肠杆菌病毒的肆虐,致使成千上万人生病,50 多人死亡,之后在法国也引起了小范围的暴发。研究人员把这两国的致病大肠杆菌株对比分析,发现菌株相同。然而,利用全基因组测序分析菌株之间的差异时,研究人员发现:所有与德国当地相关暴发的菌株都几乎是相同的,而出现在法国菌株表现出更大的多样性,显示出是从德国菌株分离出来的一个子集。

随着基因组测序成本的下降,未来将其与传统的流行病学方法相结合,可以为人们对传染病的出现及蔓延提供更深入的了解,将有助于指导公共卫生预防措施。

2.基因治疗方面获得的新发现

(1)发现利用他人 DNA 碎片可抑制肿瘤。

2006 年 4 月,有关媒体报道,俄罗斯科学院西伯利亚分院细胞与遗传研究所,通过实验发现,用他人的 DNA 碎片为基础制成的药物,可抑制肿瘤发展并减缓肿瘤的转移。

细胞学上已经证实,染色体 DNA 碎片存在于任何机体的血液中,并被看作是死亡了的细胞的残余物。但是它们还可以重新从血液中进入活的细胞,甚至细胞核中。在细胞核中,合适的 DNA 碎片还可以被染色体利用,并重新开始发挥正常的作用。生命的信息蕴涵在机体的 DNA 中,因此 DNA 的更新意味着机体将会出现新的变化。俄罗斯科研人员正是在这种科学理念的指导下研究 DNA 碎片对肿瘤发展的影响作用。

俄研究人员认为,镶嵌于相应的基因片段中的 DNA 碎片既可以导致基因突变,也可能恢复染色体的变异。为了用实验进行验证,他们先对一组实验鼠注射了三种不同的肿瘤针剂,再给它们注射在 DNA 碎片基础上制成的药物。这些 DNA 碎片,分别来自人的胎盘和实验鼠以外的两种老鼠。

实验研究发现,DNA 药物对以上老鼠三种肿瘤的发展都具有抑制作用,从人体胎盘和老鼠中获得 DNA 药物都具有同样的药效,甚至还观察到有些老鼠的肿瘤不再发展了。同时发现,如果把药物直接注入注射肿瘤针剂的地方,还可以延长老鼠的寿命。

(2)基因疗法延长寿命的动物实验新发现。

发现通过基因变异或许能够延长人类寿命。2009 年 5 月 26 日,英国《每日邮报》网站报道,伦敦大学学院老年健康研究所,所长琳达·帕特里奇领导的一个研究小组发现,通过基因变异或许能够延长人类寿命,并治愈衰老引发的各种疾病。

研究人员用蠕虫、果蝇和小白鼠进行实验后发现,让单基因变异,能够延长上述受试对象的寿命,还能推迟衰老病症的发病时间。

减少受试对象的食物摄取量,虽然能够对部分动物起到延长寿命的作用,但是这种方法并不适用于人类。与之相比,控制动物体内各种输送营养的"通道",是比较可行的方法。

实验中,研究人员在让受试动物,体内控制蛋白质含量"通道"的基因发生变异后发现,这种方法,在一条旋毛线虫、一只果蝇和部分小白鼠身上均起到了延长寿命的作用。

他们发现,人体内运输营养的"通道"同样也可用来控制寿命。例如,如果能够减少人体脂肪组织中一条"信号通道"的活动,那么就可以将人类寿命延长概率最多提高50%。

帕特里奇说,如果能够研发出抑制人体内"营养通道"活动的药物,就能够起到"一箭三雕"的作用,既能减少食物摄取量,又能延长寿命,也能医治心脑血管疾病、癌症、糖尿病和老年痴呆症等多种老年病。

发现提高长寿基因活跃度可延长小鼠寿命。2012年2月,以色列巴伊兰大学的一个研究小组,在《自然》杂志上发表论文称,他们不久前发现,提高与长寿相关基因的活跃度,可延长雄性小鼠的寿命。

包括人类在内的许多生物体内,都有Sirt基因家族的基因。此前的研究表明,Sirt系列基因,能延长线虫和果蝇的寿命。哺乳动物通常拥有7种Sirt基因,但确认这类基因的活跃度与延长寿命相关,尚属首次。

以色列研究人员说,他们在实验中发现生物如果没有Sirt6基因,其生存状态就会出现异常,这种异常与衰老类似。于是他们通过转基因技术培养出Sirt6基因更为活跃的两个小鼠种群,并研究它们的寿命变化。结果这两个种群中的雄鼠平均寿命分别延长了14.8%和16.9%,但雌鼠未发生类似变化。

研究人员说,如果能彻底了解,Sirt系列基因活跃度影响寿命的具体机制,就有望为人类长寿研究提供新线索。

(3)研究发现早产风险与母系基因有关。

2009年12月,有关媒体报道,丹麦和瑞典研究人员分别在两项研究中发现,虽然母亲和父亲的基因,会对妊娠时胎儿生长共同产生影响,但母系基因是造成婴儿早产的重要因素之一。

丹麦哥本哈根国家血清研究所的研究人员,在《美国流行病学杂志》上报告说,他们统计了超过100万名,1978 – 2004年出生的丹麦婴儿及其父母的数据。结果发现,如果这些婴儿的母亲第一胎早产,那么她们第二胎早产的风险会增加。如果孕妇的母亲或姐妹(包括同母异父的姐妹)有早产历史,那么这些孕妇早产的风险,要比没有这一家族史的孕妇高 60%。

但如果父系亲属有早产史,那么其女儿怀孕时的早产风险不会提高。同时该孕妇男性亲属的妻子在怀孕时,其早产风险也不会比普通水平高。

在另一项研究中,瑞典卡罗琳医学院的研究人员统计了 98.9 万名1992—2004 年出生者及其父母的资料。统计结果显示,如果某些女性有早产史,那么她们的姐妹面临的早产风险,要比没有这种早产史的妇女高 80%。此外,该研究没有发现吸烟等非遗传因素,会对家族性早产产生影响。

但研究人员指出,虽然母系基因与婴儿早产有关,但这并不意味着某孕妇的母亲或姐妹早产,则该孕妇一定早产。

(4)史上最大自闭症基因组研究项目获得重大发现。

2015 年 1 月 26 日,多伦多病童医院应用基因组学中心、多伦多大学麦克劳克林中心主任斯蒂芬·舍雷尔博士领导的研究小组完成的一项课题报告,以封面文章形式在《自然·医学》杂志上发表。该课题,是"自闭症之声"资助的,史上最大自闭症基因组研究项目。自闭症的遗传基础,要比此前认为的更复杂,大多数自闭症谱系障碍(ASD)患者的兄弟姐妹拥有不同的自闭症相关基因。

研究人员表示,该项研究获取的近 1000 个自闭症基因组数据,历史性地首次上传到基于谷歌云平台的"自闭症之声"门户网站,这些已标识数据将对全球研究人员开放,以加速对自闭症的理解和个性化治疗方法的开发。

舍雷尔称,这是一个历史性的日子,因为这标志着全球研究者,将可首次利用"自闭症之声"开放数据库中的自闭症全基因组序列开展研究,开放获取的基因组学,将引领诸多发育和内科疾病的个性化治疗方法的出现。

"自闭症之声"首席科学官罗伯特·林表示,以云平台向全球研究人员共享自闭症基因组数据,是一种之前未曾有过的打破壁垒的新方式。"自闭症之声"一如既往的目标就是加速科学发现,最终改善全球自闭症患者的生活质量。"自闭症之声"项目的最终目标,是上传至少 10000 个自闭症基因组,同时提供最先进的"工具箱"来帮助分析。

在该项研究中,舍雷尔研究小组,对来自 85 个家庭的 340 个全基因组进行测序,参与研究的每个家庭都有两个自闭症孩子。研究发现,大多数兄弟姐妹(69%)在已知的自闭症相关基因变异上,几乎没有重叠,共享相同的自闭症相关基因变异的比例不到1/3。

这一发现,对长期以来的推论提出了挑战。由于自闭症常常发生于同一家庭,专家们过去倾向于认为,患有自闭症的兄弟姐妹,会从其父母继承相同的自闭症易感基因。舍雷尔博士称,现在看来,这未必是真的。人们早已了解自闭症具有差异性,但最新研究结果,使这种差异成为"板上钉钉"的事实。因为事实表明:"每个自闭症孩子都像是一片雪花,与别的雪花不尽相同。"

舍雷尔表示,这意味着,人们不应像普通的诊断基因检测那样,只是寻找具有自闭症风险的嫌疑基因,而是需要对每个个体的基因组进行完整评估,以确定如何最好地利用遗传知识,开展个性化治疗。全基因组测序,在分析个体的完整DNA序列方面,已远超传统基因检测方法。

"自闭症之声"是北美最大的自闭症科学与宣传机构。自2005年成立以来,为自闭症患者家庭,投入超过1.6亿美元资金用于研究和开发新资源。该机构致力于资助与自闭症起因、预防、治疗等相关的生物医学研究,提高公众对自闭症的关注度以及提倡关爱自闭症患者及家庭。此外,"自闭症之声"还建立了一系列自闭症资源库,并开展相关研究项目,包括自闭症遗传资源交流数据库,及其他科学和临床研究项目。

3. 基因疗法获得成功的动物试验

(1)首次利用纳米颗粒把基因传递进活体小鼠大脑中。

2005年7月,布法罗大学研究人员组成的研究小组,在美国《国家科学院学报》网络版上发表研究报告称,他们利用特制的纳米颗粒,首次把基因传递进活体小鼠的大脑中。这种方法的效率,能与使用病毒载体传递的效率相媲美甚至更优,并且没有观察到任何毒副作用。

研究人员说,他们利用基因纳米颗粒复合体,活化活体成熟大脑干细胞/祖细胞的过程。并且表明,这种方法,有可能启动这些闲散细胞(大脑干细胞)来有效替换掉那些被神经退化疾病如帕金森症破坏的细胞。这种纳米颗粒,除了将治疗性基因传递入大脑来修复功能障碍的脑细胞,还为研究大脑基因的遗传机制提供了有价值的模型。

基因治疗使用的病毒载体,具有恢复到野生型的威胁力量,并且一些人类试验甚至导致了患者的死亡。因此,新的研究,将把更多的精力放在非病毒的载体上。病毒载体只能由专家在严格控制的实验室条件下制造,而这种新的纳米颗粒,可以由有经验的化学技师在数天内轻松合成。

研究小组用杂合的有机修饰硅(ORMOSIL),制造这种纳米颗粒。这种材料的结构和组成,能够使研究人员构建出,靶向不同组织和细胞类型基因的个性化纳米颗粒库。这种纳米颗粒最关键的一个优势是它的表面功能性,这使得它能被靶向特定的细胞类型。

在试验中,被靶向的多巴胺神经元,吸收并表达了一种荧光标记基因,因而可以表明纳米技术有效地把基因传递到大脑中特殊细胞类型中的能力。

研究小组利用一种新的光学纤维活体成像技术,能够观察到表达了基因的大脑细胞而无须伤害试验动物。而且,这项研究首次证明,非病毒载体能够像病毒载体一样有效、定向地传递基因。

(2)用抗转录疗法治愈犬类假肥大型肌营养不良症。

2009年4月,美国全国儿童医疗中心艾瑞克·霍夫曼领导的一个国际性研究小组,在《神经学年鉴》上发表研究成果称,他们成功地对犬类假肥大型肌营养不良症（DMD）进行了治疗。DMD 是一种可快速发展并最终致命的疾病，每 3600 个男孩中就有一个该病的患者。研究人员使用一种称为外显子跳跃的新技术，恢复了与 DMD 相关基因的部分功能。此项研究成果，为以类似方法治疗人类 DMD 带来了希望。

DMD 是由编码抗肌萎缩蛋白的基因发生畸变引起的。抗肌萎缩蛋白，是肌肉细胞中的一种重要结构蛋白。

不像传统基因疗法试图用一个功能性副本来取代突变基因，外显子跳跃则是依赖一种称为抗转录的改进技术，设计合成 DNA 或 RNA 小分子，再将这些小分子嵌入 DNA 或 RNA 的特定区域，从而阻断其功能。目前，已有企业正在开发癌症、糖尿病、心脏病及自身免疫性疾病等的抗转录疗法。

这种方法，源自于 DMD，与一种较温和的肌营养不良症（BMD）的对比。当患者丢失部分抗肌萎缩蛋白基因的外显子（编码蛋白质的 DNA 区域）时，就会引起这两种疾病。但奇怪的是，某些丢失了更多基因片段的 BMD 患者，却要比 DMD 患者健康得多。

几年前，科学家们发现，两者的不同，并不在于基因缺失的多少，而在于这些缺失成分如何影响保留的基因序列。大多数 DMD 患者都有移码突变，这会干扰细胞读取 3 个字母的 DNA 编码。这些缺失将存留的 DNA 序列转变成不同的 3 个组别，使得基因无法被读取。在 BMD 患者身上，存留的 DNA 仍然可以正常读取，使得它们产生虽很小但尚具功能的抗肌萎缩蛋白。

霍夫曼表示，把存留的编码返回入序列，基本上就能重建较温和的 BMD，以此种方式创建一个"补丁"，以阻断部分基因的转录，将会对 DMD 患者有所帮助。

霍夫曼研究小组联合日本国家神经学和精神病学中心的研究人员，每周或隔周给 3 只天生就患有犬类 DMD 的比格犬，通过静脉注射一种含有 3 种不同抗转录分子的混合液。经过几周治疗，这些狗在肌肉功能的测试和症状上有了明显改善，其细胞产生的抗肌萎缩蛋白，达到了正常值的 26%，这与人类 BMD 患者身上的值相类似。霍夫曼说，这是研究人员第一次，成功地系统实施抗转录疗法，来减轻大型动物身上的 DMD。

（3）用短尾猴开展基因治疗帕金森氏症的研究。

2009 年 10 月，法国巴黎亨利·蒙多医院一个研究小组，在美国《科学转化医学》杂志上发表研究报告说，他们在实验室中利用基因疗法，治疗罹患帕金森氏症的短尾猴，改善了短尾猴的运动能力，且未出现常见疗法所引起的副作用。

他们给罹患帕金森氏症的短尾猴植入 3 个基因，促使其大脑中特定细胞分泌化学物质多巴胺。接受基因治疗后，病猴的运动能力大大改善，且治疗效果维持了 44 个月。初步结果显示，这种基因疗法在动物身上是安全的。

科研人员称，人体试验也在进行中，6 名帕金森氏症患者，接受了这种基因疗法的治疗，从改善运动能力和减少脑炎等副作用看，效果"令人非常鼓舞"。不过，由于目前还有一些技术问题需要解决,这种基因疗法离临床应用仍有一段距离。

美国迈阿密大学米勒医学院运动紊乱科主任法塔·纳哈布,在评价这项研究成果时说,运动障碍和手脚颤动是帕金森氏症的主要症状,这些症状主要是由于患者脑中严重缺乏多巴胺造成的。但患者也会出现其他症状,如痴呆、抑郁、焦虑、心脏病、味觉丧失和便秘等,而这些症状多数与多巴胺无关。纳哈布说,基因疗法目前仅解决多巴胺缺乏问题,并不能解决其他问题。

(4)血友病基因疗法动物试验获成功。

2014 年 8 月 16 日,日本京都大学和奈良县立医科大学共同组成的一个研究小组,在《公共科学图书馆·综合卷》杂志网络版上发表论文称,他们成功发明了一种血友病基因疗法,在实验鼠身上取得了成功。

血友病是遗传性凝血功能障碍导致的疾病,其特征是人体无法生成凝血因子或者凝血因子生成不足,导致凝血时间延长,出血难以止住。人类的凝血因子主要是由肝脏生成的一种蛋白质,但是血友病患者的肝脏缺乏生成这种蛋白质的正常基因。

利用特殊的转运分子,将凝血因子基因植入患有血友病的实验鼠肝脏内,结果发现实验鼠肝脏开始制造凝血因子,效果持续了 300 多天。而且实验鼠出血后很容易止住,表明凝血机能得以恢复。

目前,血友病尚无根本的治疗方法,重症患者只能每隔数天,注射一次凝血因子制剂,费用高昂。今后,研究小组计划利用这种基因疗法,将控制凝血蛋白质生成的基因,植入人类诱导多能干细胞(iPS 细胞)内,分化生成肝脏细胞移植给人体,对血友病患者进行治疗。诱导多能干细胞,是通过对成熟细胞进行"重新编程"培育出的干细胞,拥有与胚胎干细胞相似的分化潜力。

4. 基因疗法成功的人类病例

(1)用基因成功治疗儿童免疫缺陷症。

2004 年 12 月,英国《柳叶刀》杂志报道,英国伦敦的医生,用基因疗法为严重联合免疫缺陷儿童进行治疗,获得成功。

报道说,4 位患有严重联合免疫缺陷的儿童已被基因疗法治愈,使利用基因疗法治疗严重联合免疫缺陷的成功案例增加到了 18 例。医生先将一个矫正的基因序列,置于一个失去致病能力的病毒中,然后把病毒注入患者体内。病毒就会在患者体内四处乱窜,感染细胞,同时把矫正基因带入细胞中,从而治愈疾病。

2000 年,法国最早开始尝试用基因疗法治疗免疫缺陷。但由于接受治疗的 2 名婴儿先后患上了白血病,使基因疗法的安全性受到质疑。但有专家认为,出现这种情况的原因,是接受治疗的患儿年龄太小,还不到 3 个月大。

严重联合免疫缺陷是一种遗传性疾病,患者体内缺少免疫细胞,因而非常容易受到疾病侵袭。以往的治疗方法,是让患者生活在绝对洁净的保护罩中,或者在幼年时接受骨髓移植。

(2)研制出血管再生的基因工程结构。

2005 年 11 月,有关媒体报道,俄罗斯医学科学院外科手术科学中心,与俄罗斯科学院分子遗传研究所,成功研制出用于血管再生的独特基因工程结构。这种基因工程结构,含有血管生长基因,将其移植到下肢严重贫血疾病患者体内,可避免患者截肢,治愈疾病。贫血是由于营养血管腔径的功能性狭窄等原因造成的。这种疾病,大多数情况下,需要对患者进行血管手术,但对于处在膝盖下的动脉很难进行这样的手术,失去营养的肌肉渐渐坏死,从而不得不截肢。为避免截肢,只能注射血管生长的蛋白质来产生新的循环血管。目前,最流行的有两种血管生长蛋白质:血管内皮生长因子(VEGF)和成纤细胞生长因子(FRF)。但注射这两种蛋白质的效果也不佳,并会出现严重后遗症:VEGF 可引起血管瘤,FRF 可能引起血栓。

后来,有关研究人员认为,应该移植相关的基因而不是蛋白质,细胞在获得这样的基因后,自己会合成所需的蛋白质。俄研究人员利用血管生长基因研制出独特的基因工程结构,并先在鸡的胚胎中试验了其生物活性,后在老鼠身上进行了试验,成功后再进入临床试验。

参加试验的是 9 名年龄从 42 岁到 70 岁的志愿者,并患有不可治愈的小腿血管动脉粥样硬化疾病。由于剧烈疼痛,这些患者平时行走只能在 50 米以内,病情再发展下去,就只能进行截肢。实验中向所有患者受损的小腿肌肉注射了上述含有血管生长基因的结构,6 个月到 22 个月后,分析患者的病情发现,所有的患者感觉良好,并能轻松地移动 200 ~ 1000 米;患者的小腿肌肉供血变好了,并开始恢复功能;除了患者在开始阶段出现体温升高外,没有其他副作用。

研究人员指出,上述临床试验成功证明,含有血管生长基因的结构,促进了患者新循环血管的生长。有关专家指出,该科研结果将能广泛用于临床治疗

(3)通过基因疗法加速烧伤皮肤愈合

2007 年 2 月,美国辛辛那提大学、辛辛那提儿童医院桃乐茜·萨普医生主持的科研团队,在美国烧伤协会杂志《烧伤治疗与研究》上发表研究成果称,他们正在使用基因疗法,使皮肤细胞加速愈合,希望能对付重度烧伤之后潜在的致命感染。

萨普说:"我们研究所使用的基因就是在人类体内找到的,但是通常它并不出现在皮肤中。我们将这种基因植入皮肤细胞进行培养,以提高其抗菌能力。"这种技术能够改善治疗效果,尤其适用于烧伤面积达到全身皮肤 50% 以上的患者。

过去,一般采用从体外抗击烧伤问题。在一些病例中,医生经常使用患者自身的皮肤细胞,在实验室中培养出更多的细胞。这些新细胞,随即与一种海绵状物质放在一起以培养出皮肤替代品。医生就用这些皮肤替代品来做移植手术,免疫系统自然认为其是自身皮肤的一部分。这样做,有利的方面是,移植这类细胞,身体不会有任何的免疫反应。而不利的方面也存在,因为这些培养出来的皮

肤没有血管,它对患者服下的抗生素丝毫没有反应,就无法与口服抗生素一起抵御感染。为了解决这个问题,医生通常会在患者伤口处缠上浸满抗菌药的绷带。但是这种措施,并不能百分百保证伤口远离感染,还有可能导致抗药细菌的出现。

萨普医生带领的科研团队,不是从体外,而是采用由内而外的方式抗击烧伤问题,即基因疗法。他们了解到一种名为 HBD4 的基因,通常能在身体的其他部位发现它的踪迹,比如男性生殖道中就有 HBD4 基因。当某个部位红肿发炎或者出现微生物之后,HBD4 基因就变得活跃起来。HBD4 基因出现之后,能促使某种蛋白质的产生,这种蛋白质能在细菌细胞膜上戳洞继而杀死细菌。

萨普团队把分离出 HBD4 基因,植入病人的皮肤细胞中。接着,他们让这种细胞不停地分裂,一直增长到一大片细胞群,其中每一个新细胞中都包含有 HBD4 基因。此后,他们把这个基因修改细胞,与医院中常见的菌株放置在一起。研究人员发现与未进行修改的细胞相比,修改细胞中的细菌减少了 25%。萨普认为即使经他们修改的皮肤细胞,不能杀死全部微生物,它们也足以削弱细菌的威力,使其无法抵挡抗生素的攻击。最后,萨普将基因修改细胞与海绵状胶原质相结合,以培养出皮肤替代品。

(4)新基因疗法可望让盲人重见光明。

2007 年 5 月,英国《独立报》报道,英国伦敦大学学院罗宾·阿里教授领导,他的同事和穆尔菲尔兹眼科医院专家共同参加的一个研究小组,发明了一种可以帮助盲人获得视力的基因疗法。这种技术,已被证明对患有先天性视网膜变性疾病的动物有效。

据报道,研究小组正在对 12 名患先天性视力障碍的病人,试验这种新疗法。这些病人中,年龄最小的只有 8 岁,大的 20 多岁。

阿里说,这是一件非常激动人心的事,是朝着基因治疗各种眼科疾病迈出的一大步。他说:"如果我们掌握了把基因移植到视网膜的技术,那就能为它用于目前无法治疗的其他先天性疾病铺平道路。从长远看,它可以为治疗黄斑变性之类的常见病开辟道路。"阿里同时表示,这项工作还处于早期,这类基因疗法实际投入使用还要等很多年。

(5)利用基因疗法治疗心脏病。

2009 年 9 月,有关媒体报道,在巴西第 55 届基因大会上,巴西南大河州心脏病研究院外科医生雷纳多·卡利乌等研究人员,介绍了利用基因疗法医治心脏病的科研项目,认为基因疗法对医治心脏病是"可靠的"和"有效的"。

这一新疗法的主要要素是 DNA 的一个片断,其中含有产生"构建血管内皮生长因子"VEGF－165 的机制。这是一种促进血管生长的因子,在低氧条件下产生 VEGF－165,它可以消除局部缺血症状及由于动脉、静脉损伤而导致的血流受限。

研究人员介绍说,他们对 10 名巴西心脏病患者的心脏进行 DNA 注射,心脏功能均有改善,泵血更加有力。经过一段时间观察,只有一名患者由于糖尿病的原因而住院治疗,其余患者均获得良好治疗效果,生命均得到维系。心脏血液循环区域均有扩大,患者在身体功能测试中的力量表现均有改善。

（6）基因疗法治疗血友病获得成功。

2011年12月,英国伦敦大学学院,医学专家阿米特·纳特瓦尼等人组成的一个研究小组,在美国《新英格兰医学杂志》上发表研究报告称,他们用基因疗法治疗乙型血友病,取得初步成功。小规模临床试验表明,患者只需要接受一次注射,自我凝血的能力就大幅改善,且没有发现副作用。

据介绍,乙型血友病是由于患者基因缺陷,不能合成第九凝血因子引起,造成患者不具备正常的凝血功能。目前,对这种疾病的治疗方法,是定期注射第九凝血因子。

研究人员说,他们通过使用8型腺相关病毒作为载体,可以把正确版本的相关基因,运载进入人体细胞内,细胞在获得正确的基因后就可以合成第九凝血因子。

有6名患者参与了本次试验。结果显示,他们接受一次注射后,体内第九凝血因子的含量,从以前不足正常含量的1%,上升到2% ~11%之间。这样的浓度,已经可以显著改善病情,缓解受伤时血流不止的情况。

对这些患者的跟踪显示,由于是在基因层面上进行治疗,他们体内第九凝血因子的含量可以长期稳定达16个月,不需要再反复注射第九凝血因子。此外,也没有发现这种基因疗法,有明显的副作用。

纳特瓦尼说,对于乙型血友病患者来说,这是一种可以完全改变其生活的疗法。研究人员接下来将进行更大规模的试验,进一步验证这种疗法的有效性,并探索能否用类似方式来治疗甲型血友病。

（7）基因疗法首次用于囊肿性纤维化。

2015年6月,英国媒体报道,牛津大学底波拉·吉尔领导的一个研究小组,在导致囊肿性纤维化的基因得以确认26年后,他们证实,患有肺损伤疾病的人能从基因疗法中受益。

尽管肺功能的改善很小,和安慰剂组相比只有3.7%。但它证实,研究人员花费数十年,试图找到一种把有缺陷基因的健康拷贝,植入囊肿性纤维化患者肺细胞中的方法是有效的。

囊肿性纤维化是全球最常见的遗传疾病之一,影响着约7万人。单一基因CFTR的突变会导致身体出现各种问题,但以肺部尤重。患有囊肿性纤维化的人会产生浓稠的黏液,而这能堵塞器官,并使其成为有害细菌的滋生地。

因此,小的改善能产生很大的不同。研究小组设计出在试验中被植入的遗传指令序列。吉尔说:"尽管我们清楚这种疗法还未作好为病人开处方的准备,但就个人而言,我对这一结果非常满意。它比预期的要好。"

长久以来,囊肿性纤维化隐藏着基因疗法的诱人前景,因为它很常见,由单一基因引起,而且肺细胞很容易通过吸入气化物质接触到。不过,肺的内部"固若金汤",找到将大量健康 DNA"运入"这些细胞的方法,被证明很困难。最终,开展这项试验的约 80 位科学家和临床医生,利用被称为脂质体的脂肪泡沫,把基因携带入细胞。

### 三、研发基因治疗的新载体和新技术

1. 研制用于基因疗法的新载体

(1)发现一种病毒可以作为基因治疗的载体。

2004 年 8 月 28 日,《联合早报》报道,新加坡生物工程和纳米科技研究院王朗领导的基因治疗小组,经过两年时间的研究,发现从昆虫细胞里分离出来的杆状病毒,可以作为基因治疗的载体。这种载体,能够安全有效地在人类中枢神经系统的神经细胞里移动。

王朗指出,时下能够有效地在神经细胞里移动的病毒载体,多为腺病毒和单纯疱疹病毒等。这些病毒,在漫长的进化过程中,形成了一套独特的方式把自己的基因递送到人体细胞中。在基因治疗中,研究人员除去病毒基因组中导致人体患病的基因,并加入治疗基因,然后利用病毒递送到人体细胞中,修补人类基因缺陷,治疗疾病。但是,以往的病毒载体进入人体后,通常会引起患者严重的免疫反应,影响治疗效果。

此次新发现的载体,是从多种昆虫的细胞里分离出来的,它们不会在人体内繁殖,也不会引起人体免疫反应,因此要比原先的载体安全得多。

目前,研究人员已经在老鼠身上,展开治疗帕金森症方面的试验,希望能在较短时间内,进一步鉴定新的病毒载体,在治疗神经疾病方面的效果和安全性。在早先的研究中,研究人员已确定帕金森症患者受损的神经细胞位置,因此研究人员可以直接利用杆状病毒载体,把治疗基因传送到这些受损的神经细胞上。

(2)开发出以高分子纳米胶囊为载体的基因疗法。

2005 年 11 月 21 日,日本媒体报道,日本东京大学工学系,片冈一则教授领导的一个研究小组,最近开发出一种基因疗法,用高分子纳米胶囊为载体,把用于治疗的基因输送到患处,从而实现了真正意义上的"对症下药"。

研究人员把治疗基因和能使其发挥作用的药物,日混在高分子材料中,制成了直径 100 纳米的球状胶囊。把胶囊注射到患处并用激光照射时,胶囊便会分解,药物发生反应并使基因活性化。

研究人员介绍说,这种基因疗法,是把用于治疗的基因植入病变的细胞,从而达到治疗的目的,主要使用除去了病原性的病毒作为输送治疗基因的手段。但有人担心,这样会引起炎症等副作用,甚至有可能伤及"无辜"细胞。

不过,研究人员在实验鼠身上试验发现,治疗基因仅对患处发挥作用,对其他正常部位没有影响,副作用也很小。有关应用研究,还在进一步推进中,有望应用

到癌症等疾病的"定位治疗"。

（3）以纳米涂层细菌为载体转运口服 DNA 疫苗。

2015 年 4 月，新加坡南洋理工大学平远，与中国浙江大学唐谷平领导的一个研究小组，在《纳米通讯》上发表的论文，表明标记免疫疗法治疗癌症又向前迈进了一大步。研究人员表示，他们已经证明了作为载体的纳米涂层细菌，能有效转运口服 DNA 疫苗，这种疫苗能刺激人体自身的免疫系统发挥作用，并摧毁癌细胞。这是第一次把纳米涂料细菌为载体，在体内转运口服 DNA 疫苗。

与未经涂层的细菌相比，涂层细菌可以绕过很多"路障"。这些"路障"，到目前为止限制了免疫反应，成为 DNA 疫苗治疗癌症面临的最大挑战。

通常来说，免疫疗法，被认为是目前多种治疗癌症方法中，一种潜在替代化疗和放疗的可行方法。化疗和放疗能直接攻击并摧毁癌细胞，但也在治疗过程中损害了正常细胞。因为免疫疗法激发身体自身的免疫系统来对准并消灭癌细胞，因此，比其他疗法更加安全，带来的副作用也更少。

平远说："我们工作的最重要贡献，是为有效增加口服癌症疫苗生物利用程度，提供了一个重要的运输方案"。

研究人员正在攻克的一种 DNA 疫苗被称为 NP/SAL，能抑制肿瘤血管的生成。许多肿瘤分泌的血管生长因子，如血管内皮生长因子（VEGF）来促进血管生成，最终导致肿瘤转移。NP/SAL 疫苗能刺激免疫系统产生 T 细胞（白细胞）和细胞因子（化学信使），反过来能干扰血管内皮生长因子通路，进而减少血管形成并最终抑制肿瘤生长。

这里的前提是，把疫苗运送到合适的位置。疫苗接种到沙门氏菌中后，细菌就以典型的方式侵入人体，人体感染细菌、细菌在体内繁殖并传播它们的 DNA 从而达到免疫效果。在疫苗能记起免疫反应之前，必须克服两个主要障碍——巨噬细胞的吞噬，以及胃与小肠的高酸性环境，只有一小部分原始菌种能通过两道屏障，这也是到目前为止疫苗失败的主要原因。

该论文指出，研究人员第一次证明了纳米涂层细菌为载体，比未涂层细菌更容易攻克这两道屏障，也更容易激发更强的免疫反应。研究人员发现，在 60% 被注射疫苗的小鼠中，存活了 35 天而没有肿瘤扩散，小鼠几乎没有体重减少，反映了这种疫苗的低毒性。

研究人员希望纳米涂层细菌 DNA 疫苗载体策略，能被应用于研发治疗各种癌症的疫苗。平远说："我们希望这种疫苗，能在未来 3～5 年内项，以传统小瓶的药剂形式应用于临床。除了沙门氏菌，还有不少细菌可供选择，我们希望设计出不同类型的疫苗战略，个性化纳米药物治疗免疫性疾病将迎来新的曙光。"

2. 开发基因疗法的新技术

（1）使用铁蛋白推进基因治疗技术。

2005 年 5 月，以色列魏茨曼科学研究院分子遗传系，尼曼教授领导的研究小组,《瘤形成》杂志上发表研究成果称,他们在美国同行的协助下,发明了一种用非入侵性磁共振成像(MRI)方法,来跟踪细胞中携带铁元素分子的技术。这种分子,可作为描绘基因性状的先进工具。研究人员称,这项技术今后可用于基因治疗领域。

尼曼研究小组,通过为细胞制造基因修饰,使这种携带铁元素的铁蛋白分子,成为基因特征的表述。他们的技术方法显示,铁蛋白对四环素(TET)等抗生素产生敏感性:当 TET 出现时,铁蛋白消失;没有 TET 时,铁蛋白出现。研究人员把携带修饰铁蛋白的肿瘤细胞植入到老鼠身上,然后使用 MRI 进行跟踪。通过控制使用 TET,研究人员在被植入的细胞中控制着铁蛋白的表达。当停止使用 TET 时,相当于"开关"打开,铁蛋白分子的数量增加,因而导致铁在肿瘤细胞中数量的增加。可以通过 MRI(它对于铁等磁性粒子非常敏感)的方法,将此时的铁容量与通常细胞周围的铁容量对比显示出来,有效地鉴别出基因被修饰过的细胞。

这种方法,实际上是基于 10 年前发现的一种联合视觉的方法。研究人员认为,他们发明的这种方法,已经远远超出监控基因治疗效果的范畴。如在治疗糖尿病时,它可用于激活身体中胰岛素的生产,因为基因在注射之前能够被做上记号,然后,治疗基因可以被 MRI 跟踪,以确定是否到达目的地,以及希望产生的活化作用是否发生。尼曼教授说,使用铁蛋白作为一种反应基因特性的信号员,对于许多情况的处理非常有益。

(2)研究出基因治疗肿瘤的新方法。

2006 年 12 月,有关媒体报道,俄罗斯科学院生物有机化学研究所科研人员,把基因导向治疗法与运用抗原法合二为一,成功研究出一种基因治疗肿瘤的新方法。据悉,研究人员已研制出能够把抗原导入到乳腺、胰腺肿瘤部位的外源基因及其载体。有关专家指出,该科研成果为基因治疗肿瘤开辟了新方向,并对肿瘤疾病的治疗具有重要意义。

基因治疗肿瘤,就是把具有杀伤或抑制肿瘤细胞的外源基因导入人体细胞,以纠正基因的缺陷或消灭肿瘤细胞。目前最流行的,是基因导向治疗与利用抗原把抗癌药物转移至肿瘤部位两种方法。

基因导向治疗是一个非常复杂的过程。为了定向消灭肿瘤细胞,对杀伤基因附加了一系列调控顺序,使其在指定的组织内工作。利用抗原把抗癌药物转移至肿瘤部位的方法,是把治疗蛋白质与抗肿瘤抗原结合,由于抗原的特异性,在肿瘤细胞周围形成了较高的表达,以抗击肿瘤细胞。但上述两种方法存在着以下问题:难以高效地杀伤或抑制肿瘤细胞的外源基因;注射抗原蛋白质既存在风险,也非常昂贵;如何控制外源基因在人体内的适量表达非常复杂。

俄国研究人员把上述两种方法结合起来,推出一种新的治疗方法。新方法中的外源基因,同时包含抗原基因与治疗蛋白质基因。这样的外源基因,进入肿瘤细胞后,能够合成由抗原与药物因子组成的复杂蛋白质。这一蛋白质能够找到肿瘤细胞,并与它们发生作用,最终达到杀伤肿瘤细胞而又不损伤正常组织的目的。

（3）培育基因靶标剔除大鼠的新技术。

2009年7月24日,美国威斯康辛医学院、桑加莫生物科学公司、西格玛·阿尔德里奇公司、开放单克隆技术公司,以及法国国家卫生院等研究人员组成一个科研团队,在《科学》杂志上发表论文称,他们利用锌指核酸酶技术,成功地培育出首个基因靶标剔除的大鼠。

据介绍,研究人员使用锌指核酸酶技术,在不影响对其他基因测量效果的情况下,剔除一个插入的外来基因和两个天生的大鼠基因。重要的是,基因变异大鼠的后代,也携带这个变化。这表明,该基因改变是永久的和可遗传的。

大鼠在许多生理特性上,要比小鼠更接近人类,是建立人类疾病模型的理想对象。广泛的遗传特征表明,大鼠2.5~3万个基因中的90%,与人类和小鼠相似。其较大身材,使它成为通过连续采样进行药物评估的高级模型。培育剔除突变基因的大鼠,一直以来是一项重大挑战。但此项新技术,将使大鼠在生理学、内分泌学、神经学、新陈代谢、寄生虫及癌症形成和发展的研究中,发挥更大的作用。同时,也有望利用这些基因剔除大鼠,更好地了解高血压、心脏病、肾功能衰竭和癌症等疾病的进程。

锌指核酸酶,是一种可诱导生物体内的DNA,在特定位置产生双链断裂的工程蛋白。这种双链断裂,刺激细胞的天然DNA修复路径,并导致DNA序列中特定位置的变化。此前,锌指核酸酶技术,曾用于剔除果蝇、蠕虫、人工培养的人体细胞,以及斑马鱼胚胎中的特定基因。现在,正用于人体临床试验以治疗艾滋病。利用此项技术,在哺乳动物胚胎中,进行基因编辑则是首个成功的例子。

（4）运用基因改造激活细胞电活性的技术。

2011年7月,有关媒体报道,美国杜克大学的一个研究小组,对正常情况下不活跃的细胞进行基因改造,引入能形成离子通道的基因,从而使它们产生电流并导电。这项成果,对深入研究生物电行为、开发神经系统和心脏病新疗法,具有重要意义,还可用于设计新型传感器来探测疾病和环境毒素等。

细胞间通讯能力,对心脑组织来说尤其重要,而通讯功能要有电脉冲通过才能实现。离子通道,是带电分子或离子进出细胞的门户,可将电流从一个细胞传导到下一个细胞。根据理论预测,要让哺乳动物心脏产生和传导电脉冲,有3种通道至关重要:钾离子通道、钠离子通道和一个间隙连接通道。间隙连接通道,是一种支持细胞间电通讯的高度特殊结构。

研究人员引入了这3种特殊的离子通道,让正常情况下没有电活性的细胞产生了电活性。根据小鼠实验,在这些转基因细胞内部和细胞之间,具有修复较大间隙的能力。在实验中,他们设计了一个"S"形的路径,两端是普通的小鼠心脏活细胞群。在两群细胞之间,要么充满不活跃细胞,要么充满转基因细胞。再分别对一端的心脏细胞群,施加一个电脉冲刺激,在填充不活跃细胞的路径中,电脉冲传过开端心脏细胞后,立刻消失了;在充满转基因细胞的路径中,电脉冲很快再生,而且传过了 3 厘米长的"S"路径,引发了另一端细胞群放电;用电脉冲刺激路径中央的转基因细胞,电脉冲会向两个方向传播,激活两端的心脏细胞。此外,研究人员还证明,通过转基因改造,能让不活跃的人类肾脏细胞变得活跃。

研究人员认为,心脏病突发会造成心肌损伤形成断路,不能跟周围的健康心肌细胞保持同步。转基因活性细胞在治疗心脏病发作方面大有前景,还可用于开发治疗活组织紊乱的新疗法。

(5)发明纳米隧道电穿孔基因治疗技术。

2011 年 10 月,《自然·纳米技术》杂志网站上,公布了美国俄亥俄州立大学的一项发明:纳米隧道电穿孔新技术。它给细胞注射基因治疗药剂时,不用针头,而是用电脉冲通过微小的纳米隧道,能在几毫秒内,把精确剂量的治疗用生物分子,"注射"到单个活细胞内。

长期以来,在进行基因治疗时,人们无法控制插入细胞的药剂数量,因为人体内绝大部分细胞的个头都太小,最小的针头对它也无能为力。现在有了这项新技术,就可以把定量的抗癌基因,成功地插入白血病细胞中并杀死它们。

据介绍,研究人员是这样操作的:他们用聚合物压制成一种电子设备样机,用脱氧核糖核酸(DNA)单链,作为模板构建纳米隧道。他们发明了一种使 DNA 链解旋的技术,并使其按照需要形成精确结构。他们给 DNA 链涂上一层金涂层并加以拉伸,使之连接两个容器,然后将 DNA 蚀去,在设备内部留下一条连通两个容器的尺寸精确的纳米隧道。

隧道中的电极,将整个设备变成一个微电路。几百伏特的电脉冲,从一个装药剂的容器经纳米隧道,到达另一个装细胞的容器,在隧道出口处形成强大的电场,与细胞自身的电荷相互作用,迫使细胞膜打开一个小孔,足够投放药物而不会杀死细胞。调整脉冲时间和隧道宽度,就能控制药物剂量。

为了测试这项新技术能否递送活性药剂,研究人员把一些治疗用核糖核酸(RNA)插入白血病细胞,发现 5 毫秒的电脉冲,能递送足够剂量的 RNA 杀死这些细胞;而更长的脉冲,如 10 毫秒,能杀死几乎所有的白血病细胞。作为对照,他们还把一些没有药用价值的 RNA,插入白血病细胞中,结果这些细胞都没死。

(6)开发出有望治疗镰状细胞贫血的新基因技术。

2015 年 5 月,澳大利亚新南威尔士大学,科学系主任默林·克罗斯利教授领导的一个研究小组,在《自然·通讯》杂志上发表论文称,他们通过一种新型基因技术,重新激活人体红细胞中一个"沉睡"的基因,成功提高了红细胞的血红蛋白产量。在此基础上,有望开发出治疗镰状细胞贫血等血液疾病的新方法。

研究人员说,在人类胚胎发育阶段,有特定基因负责编码合成胎儿血红蛋白,帮助胎儿从母体血液中获取氧气。但胎儿出生后,大部分人的这一基因自动关闭,另外一个基因开启,负责编码合成成人血红蛋白。后一基因发生变异会导致

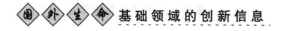

各种血液疾病。

研究小组发现,某些人体内的胎儿血红蛋白基因,并未如期关闭,而是一直保持开启状态,原因是该基因发生了微小变异。这些人即使通过遗传患上镰状细胞贫血,其症状也较轻。研究人员把这类特殊人群的胎儿血红蛋白基因的变异,引入目标红细胞中,相当于重新激活了胎儿血红蛋白基因,使红细胞内的血红蛋白产量显著增加,红细胞活力明显增强。

# 第二章　蛋白质领域研究的创新信息

蛋白质与基因一样,也是生命的物质基础。它是组成生命体所有细胞、组织和器官的重要成分。它在生命体活动中,起着重要作用。可以说,没有蛋白质,就没有生命活动的产生和存在。蛋白质的基本组成单位是氨基酸,它是氨基酸按照一定顺序结合产生的多肽链,经过盘曲折叠形成的具有一定空间结构的物质。蛋白质的氨基酸序列,是由对应的基因进行编码的。氨基酸的种类、数目、排列顺序,以及肽链空间结构的差异,形成了生命体内性质、功能和种类各异的蛋白质。本章着重考察国外在蛋白质领域研究取得的成果,概述国外蛋白质领域出现的创新信息。21世纪以来,国外在蛋白质生理方面的研究,主要集中在蛋白质性质、蛋白质结构及功能、蛋白质机理等。在蛋白质种类方面的研究,主要集中在与生命基础及生命体、癌症、心血管疾病、神经疾病、免疫疾病、呼吸疾病、消化疾病、代谢性疾病、生育和妇科疾病、骨科疾病、五官科疾病、皮肤疾病等相关的蛋白质。在酶领域的研究,主要集中在酶的结构与功能、与生命和疾病防治相关的酶,酶资源在生产和生活中的应用。在蛋白质开发利用方面的研究,主要集中在人工制造蛋白质、疾病防治领域利用蛋白质,以及相应的技术设备创新。

# 第一节　蛋白质生理方面研究的新成果

## 一、蛋白质性质研究的新进展

1. 研究蛋白质性质的新发现与新方法

(1)确认非典病毒内两种独特蛋白质的特性。

2004年7月4日,《联合早报》报道,新加坡分子细胞与生物研究院的研究人员在研究非典病毒时,在其体内发现名为"U274"和"U122"的两种独特蛋白质。目前,研究人员已经初步确认了两种蛋白质的特性,并由此开发出新的非典诊断方法。

研究人员在2003年就发现了这两种新的蛋白质,并随即对其展开研究。他们发现,非典病毒虽然与流行性感冒病毒同属于"冠状病毒"家族,但前者的杀伤力却比较强。非典病毒侵入人体内的细胞后,会把它的基因材料注入细胞中,进而利用宿主的细胞组织来进行复制,然后生成新的病毒。这一过程不断重复,宿主细胞最终会破裂、坏死,并释放出大量的病毒。

研究人员说,他们发现"U274"蛋白质,扮演攻击并侵入人体内细胞的角色,导致细胞遭到破坏并死亡;而"U122"蛋白质,则被认为是负责将病毒进行重新组合和繁殖,让病毒在体内不断扩散。根据所发现的"U274"蛋白质的特性,研究人员还开发出诊断非典的新方法。

研究人员说,迄今为止,上述两种蛋白质只在非典病毒内发现过,这表明它们可能是了解非典病毒独特性质的最佳途径。

(2)发现最耐热的蛋白质"CutA1"。

2006年7月,日本理化学研究所油谷克英领导的研究小组,在《欧洲生物化学简报》上撰文称,他们对一种嗜热菌的蛋白质"Cu 鄄 tA1"进行研究,发现这种蛋白质在高达148.5℃时才会遭到破坏。这一发现,比目前所知的耐热蛋白质的最高耐热温度提高30℃,是迄今为止发现的最耐热蛋白质。

蛋白质是生物体的主要构成材料,而蛋白质的立体构造是蛋白质发挥其功能的关键。但是蛋白质的立体结构,会由于温度,以及酸度等轻微的环境变化,出现敏感反应遭受破坏。但是,在温泉附近接近水沸腾温度的环境中生活的微生物所产生的蛋白质,却具有高度的热稳定性。

"CutA1"蛋白质,广泛存在于微生物和动植物体内,人的脑细胞中也含有这种蛋白质。研究小组通过对这一蛋白质立体构造的分析,还发现它的分子表面分布的离子键,是保持热稳定性的关键。覆盖蛋白质分子表面的离子键形成网络状,起到隔热材料的功能。研究小组在各种条件下观察热分解的过程,发现蛋白质的立体结构,能够抑制氨基酸残基的热分解,并在接近150℃的高温环境下保持蛋白质的形状。

这一发现,对设计高耐热性蛋白质,以及分析普里昂异常蛋白质在体内的功能,具有重要作用。

(3)发现单个蛋白质拼接具有产生多种抗原多肽的性质。

2006年9月,一个由全球路德维希癌症研究所比利时布鲁塞尔分所、以西雅图为基地的哈钦森癌症研究中心的科学家组成的研究小组,在《科学》上发表文章说,他们发现了一种具有被重新组合性质的蛋白质,因此它与编码它的DNA就不再是共线性的了。

研究人员说,想要理解一些医学基础研究的问题,人们经常要依靠蛋白质序列和编码这个蛋白质的DNA之间直接、线性的关系。实际上,DNA和蛋白质序列的共线性被认为所有遗传密码的基本特征。然而,他们的研究成果对此提出了不同看法。

研究人员指出,一段基因的DNA链上,既有编码(蛋白质)DNA序列,也散落着非编码DNA序列。制造蛋白质的第一步是将整个基因序列忠实地转录为RNA序列。而后就是RNA被拼接的过程。这些散落非编码序列被移除,编码序列便集合成线性方式从而形成了 RNA 翻译为蛋白质的模板。

该研究表明,蛋白质也有拼接现象,有时甚至产生的蛋白质片段或多肽以与亲本相反的方向拼接在一起。这种新现象,常发生在一种名为"抗原加工"的生理过程中,抗原加工会产生抗原多肽,从而使靶细胞被标上"红旗"标志,以便免疫系统将其摧毁。这项研究,描述了单一蛋白可产生数目众多抗原多肽的现象,由此可扩大癌症和感染性疾病的肽类疫苗的应用。值得一提的是,第一个人类癌症特异抗原,就是在全球路德维希癌症研究所布鲁塞尔分所鉴定得到的,它使抗原特异的癌症疫苗得以成功开发,目前有关这种疫苗的临床实验,已在世界范围内蓬勃开展起来。

(4)开发出用纳米微粒观察蛋白质分子运动性质的新方法。

2012 年 4 月,有关媒体报道,德国美茵茨大学物理化学研究所研究人员,开发一种利用黄金纳米微粒观察蛋白质分子运动性质的新方法。

研究人员使用黄金纳米微粒,这些纳米微粒犹如微小的"纳米天线",能够发射微弱的辐射,通过这种微弱的辐射"感知"无标记的蛋白质分子,并产生极其微小的辐射频率变化,即辐射的"颜色"发生变化。

此项研究成果的主要贡献是,成功地"看"到这种微弱的"变色"现象,并由此观察蛋白质分子的运动情况。这种观察单个蛋白质分子运动性质的新方法,为许多新的研究领域打开了道路,比如,可以对蛋白质涂层的荧光现象和蛋白质分子的吸附现象,进行实时分析。

据介绍,利用这种新的手段,可以观察到蛋白质分子的运动、对接和蛋白质分子的折叠过程,使"目光"进入分子的世界,对化学、医学和生物学研究具有重要意义。蛋白质分子运动学研究,对于在分子水平研究蛋白质生物性质和功能,具有非常重要的意义。目前,通常使用的观察蛋白质分子运动的方式,是荧光标记法。此方法最大的缺点,是对所观察的蛋白质分子及其生物学过程,会产生一定影响。新的方法,第一次实现了无标记动态观察单个蛋白质分子的运动。

2. 推进蛋白质性质研究的新举措

(1)成立世界首个锯蛋白性质研究网。

2004 年 5 月 28 日,欧盟委员会宣布,为集中欧盟国家在锯蛋白性质领域的研究能力,减少这种毒蛋白对人类健康及畜牧业的影响,欧盟决定成立欧洲神经锯蛋白研究网,并投资 1440 万欧元,支持该网的有效运转。这是世界上成立的第一个锯蛋白性质研究网。

据悉,欧洲神经锯蛋白研究网,由欧盟 20 个国家的 52 个实验室组成,它集中了整个欧洲,在锯蛋白领域 90% 以上的研究能力。其主要任务,是集中力量,在锯蛋白所致疾病的预防、控制、治疗及危险分析方面取得突破。此外,为促进全球范围内的成果交流,该网每年将在一个欧洲国家的首都,举办一次锯蛋白研究国际大会,邀请世界各国的专家学者讨论交流研究成果。

欧盟委员会负责科研事务的委员菲利普·比斯坎表示,锯蛋白导致的疾病及其给畜牧业造成的经济损失是巨大的。多年来,欧盟委员会,一直不遗余力地支持欧盟各国在锯蛋白性质领域的研究。欧洲神经锯蛋白研究网的成立,是欧盟在该领域一贯努力的继续,它将进一步推动和促进欧洲在该领域的研究。

锯蛋白,又称普里昂蛋白或毒蛋白。在正常情况下,它以无害的细胞蛋白质的形式存在,但它能导致有害粒子的形成,从而使人和动物患早老性痴呆症、新型克雅氏症、疯牛病、疯羊病等多种致命性脑病。

欧盟委员会提供的数据显示,自 1986 年首次发现由锯蛋白导致的疯牛病以来,仅在英国就发现 18 万例疯牛病,在欧盟 25 个成员国中,迄今只有 4 个国家尚未宣布发现疯牛病。此外,截至目前,全球已发现 146 例新型克雅氏症病例或疑似病例。欧盟国家由此遭受的经济损失已超过 900 亿欧元。

(2)绘出含有几千张人类细胞和组织的蛋白质图集。

2005 年 9 月,瑞典有关媒体报道,瑞典斯德哥尔摩皇家技术研究院的微生物学家马蒂亚斯负责的项目研究小组,在近日发布一个数据库,其中包括几千张人类细胞和组织中各种蛋白质的图片。这个数据库被称为"蛋白质图集",目的是协助生物化学家识别新发现的蛋白质的性质和功能。

马蒂亚斯指出,从 20 世纪 90 年代起,科学家们开始测定人类基因序列,确定每个基因编码的蛋白质在细胞中的位置,成为当务之急。他说,图集能通过提供有关蛋白质功能的线索,推动它们成为疾病标志或药物靶物质。两年前的一次小规模试验,使瑞典克努特(Knut)和爱丽丝·沃伦贝格(Alice Wallenberg)基金会决定,为一个持续研究两年的大规模"蛋白质图集"计划提供资助。

为了确定蛋白质在人体组织内的定位,马蒂亚斯研究小组的 100 多名科学家,把这个问题分成两部分:一是找到每种蛋白质的抗体,二是利用抗体寻找组织内的蛋白质。马蒂亚斯研究小组创造出一系列标准物,其中含有 48 种正常人体组织和 20 种肿瘤组织的微样品,这样可以使研究过程变成流水作业。给抗体做好标记,以便弄清每种组织中所表达的蛋白质。尽管这套新图集目前只包括大约 700 种蛋白质,但研究小组将继续添加 2.2 万种左右的蛋白质,每个人类基因对应一种蛋白质。

美国耶鲁大学的迈克尔·斯奈德,正在领导一个大规模酵母蛋白定位计划,他表示:"这是你能得到的最有价值的数据库之一。"在判断蛋白质是位于细胞核、细胞膜还是其他部位的过程中,酵母菌的数据库已被证明是一种缩小定位范围的必要工具。

"蛋白质图集"还有些地方需要确认。如果抗体与一种以上的蛋白质反应,组织定位可能会无意中指向其他蛋白质。对此,马蒂亚斯研究小组将另请专家来解决这个问题。

### 二、蛋白质结构及功能研究的新成果

1. 蛋白质结构研究的新进展

（1）探明细胞内一种大型蛋白质的结构。

2009 年 1 月，日本兵库县立大学、大阪大学和北海道大学等高校组成的一个研究小组，在《科学》杂志上报告说，他们探明了，生物细胞内一种大型蛋白质"穹窿体"的结构，这将有助于开发效果更好的癌症治疗药物等。

"穹窿体"是细胞内已知最大的蛋白质之一，它与生物机体的免疫反应以及耐药性等相关，但具体形态一直不为人所知。该研究小组利用位于兵库县的大型同步辐射加速器 Spring－8 的强 X 射线，照射这种蛋白质，发现它由上下各 39 根、共计 78 根绳索状的分子聚集在一起，编织成中空的竹笼形状。

研究人员推测，在多种抗癌剂都不起作用的耐药癌细胞内，抗癌剂被吸收到"穹窿体"蛋白质中间的空洞后再排出细胞外，导致癌细胞的耐药性。本次研究，探明了"穹窿体"蛋白质的结构，将有助于今后开发效果更好的癌症治疗药物等。

（2）发明快速测定蛋白质结构的新技术。

2009 年 7 月 20 日，美国劳伦斯伯克利国家实验室专家牵头，斯克利普斯研究所和乔治亚州大学研究人员参与的研究小组，在《自然》杂志网络版上发表研究报告称，他们开发出一种利用小角度 X 射线散射技术，测定蛋白质结构的新方法，大大提高蛋白质结构研究分析的效率，使过去需要几年时间完成的工作，仅需几天就可完成，这将大大加快了结构基因组学研究发展的进程。

结构基因组学，是一门研究生物中所有蛋白质结构的科学。通过对蛋白质结构的分析，可大致了解蛋白质的功能。结构基因组学重视快速、大量的蛋白质结构测定，而快速结构测定技术，正是该学科研究面临的一个瓶颈问题。目前通常使用的两种测定技术，X 射线晶体衍射和核磁共振质谱技术，虽然精确，但速度很慢，测定一个基因的蛋白质结构，往往需要几年的时间。随着新发现的蛋白质及蛋白质复合物越来越多，目前的分析速度远远不能满足研究的需要。

为突破这个瓶颈，研究小组借助劳伦斯伯克利国家实验室的先进光源（ALS）。他们运用一种称为小角度 X 射线散射（SAXS）的技术，对处于自然状态下，如在溶液之中的蛋白质，进行成像，其分辨率大约为 1 纳米，足够用来测定蛋白质的三维结构。ASL 产生的强光，可使实验所需材料减至最少，这使得该技术可以用于几乎所有生物分子的研究。

研究小组为了最大限度提高测定速度，安装了一个自动装置，可自动使用移液器吸取蛋白质样品到指定位置，以便利用 X 射线散射进行分析研究。他们还使用美国能源部国家能源研究科学计算机中心（NERSC）的超级计算资源，进行数据分析。利用这一系统，研究小组取得了惊人的研究效率，在 1 个月内分析测定了火球菌的 40 组蛋白质结构。如果使用 X 射线晶体衍射技术，这可能需要花几年

时间。同时,他们所获取的信息十分全面,涵盖了溶液中大部分蛋白质样本的结构信息。然而,在结构基因组学启动计划中,使用核磁共振和晶体衍射技术,仅能获取15%的信息量。新技术与其相比,可谓是十分巨大的进步。

研究人员表示,这种技术也有不足之处,追求速度会造成一种失衡,使成像质量相应打了折扣。与X射线晶体衍射成像的超高分辨率相比,小角度X射线散射成像的分辨率比较低。但这并不妨碍该技术的应用前景,因为并不是所有的研究都需要超高精度成像。对于结构基因组学研究来说,有时只要知道一种蛋白质与另一种蛋白质具有相似的结构,就可以了解其功能。而且,小角度X射线散射技术能够提供溶液中蛋白质形状、结构及构造变化等方面的精确信息,足以弥补其在成像精度方面的不足。

(3)揭示人体内鸦片类物质的受体蛋白质结构。

2012年3月22日,美国斯坦福大学和斯克里普斯研究所的两个项目小组,分别在《自然》杂志刊登研究报告说,他们各自探明了人体内鸦片类物质的两种受体结构。这将有助于医学界研发出不上瘾的鸦片类止痛药。

受体是能与某些信号分子结合的蛋白质的总称。鸦片类物质要在人体内发挥作用,也是要先释放出一些信号分子,等它们与相应受体结合后,再引发一连串的生理反应。过去人们对相关受体了解甚少,但近来随着技术的进步,逐渐可以通过X射线探测等方式,来揭示受体的分子结构。

美国两个项目小组的研究人员,分别探明名为"μ – OR"和"κ – OR"的受体的结构。这两种受体,是鸦片类物质得以在人体内发挥作用的重要渠道。比如鸦片类物质常带来的止痛、精神愉悦和镇静等效果,都是经由μ – OR受体传导。

研究人员认为,在探明这两种受体的分子结构后,可有针对性地开发新药物,把鸦片类物质变毒为宝。比如,鸦片会通过受体分子,同时传送止痛和上瘾两种作用,而新药物也许可以只保留与止痛相关的效果,而避免或抑制与上瘾相关的效果,从而开发出不上瘾的止痛药。

(4)破解人体免疫系统关键蛋白的结构。

2013年11月,物理学家组织网报道,英国莱斯特大学,研究感染、免疫和炎症的生物化学教授拉塞尔·沃利斯领导,成员来自该校以及英国沃里克医学院、美国加州大学圣迭戈分校和匈牙利科学院的一个国际研究小组,成功绘制出人体免疫系统中的关键部分:补体成分C1的结构。这种"看起来像一束花一样"的复合体,能够识别并启动反应通路来抵消细菌和病毒的进攻。该研究成果,将有助于更深入地了解我们自身的免疫系统,开发出补体抑制剂,以防止免疫反应损害身体。C1复合体是一种蛋白质,它负责侦察血液中可能会导致疾病的"外来者",也就是我们所称的病原体。当它遇到细菌、病毒、真菌和其他目标时,便会启动一个被称为补体系统的过程,从而刺激人体的免疫系统,包括激活膜攻击复合体蛋白攻击和杀死外来细胞。虽然C1复合体,早在50多年前就已经被发现,但科学家对它的工作方式一直知之甚少。现在,研究人员绘制出了 C1 复合体的结构图,它看起来像一束花,由三个部分组成:C1q 负责识别目标,C1r 和 C1s 负责激活补体系统过程的下一步。

沃利斯说:"我们的研究,首次揭示了这个复合体,是如何由其组成蛋白装配而成,以及它是如何激活补体级联反应的。"

这项研究,对于加深对人体免疫系统的认知非常有用。在某些情况下,比如心脏病发作或中风后,补体系统会攻击病人自己的组织,导致身体无法恢复。而了解 C1 复合体的结构,可以帮助科学家开发出补体抑制剂,阻止补体系统错误地损害身体。沃利斯指出:"这一发现,有助于我们理解免疫系统如何预防疾病,从长远来看,可能促进新疗法的开发。"

2. 蛋白质功能研究的新进展

(1)发现具有生发功能的蛋白质。

2004 年 12 月 7 日,《读卖新闻》报道,日本狮王公司生物科学中心研究人员最近发现,在血管形成等方面发挥作用的蛋白质 EPHRIN,有增加和巩固动物毛根的功能和作用,这还是首次发现增加毛根数量的蛋白质,有望用于开发生发剂。

毛根是毛发埋在皮肤内部的部分。据报道,研究人员对男性脱发者的毛根分析后发现,在脱发部位的毛乳头细胞中,负责合成 EPHRIN 蛋白质的基因功能变弱。因此,研究人员用老鼠进行实验,给刚出生的老鼠皮下注射 EPHRIN。到老鼠出生后的第六天就发现它的毛根数量比一般老鼠多 40%,到第 12 天毛根又增加了 30%,而且毛根长在皮肤较深的部位,比一般老鼠的毛根粗,很难拔除。

到目前为止,注射 EPHRIN 的老鼠,没有出现疾病等异常现象。研究人员计划下一步将对成年老鼠进行实验,分析该蛋白质的作用。

(2)发现细胞蛋白质具有识别病毒的功能。

2006 年 4 月 9 日,日本科学技术振兴机构的一个科研小组,在《自然》杂志网络版上发表文章称,他们发现细胞质内部的蛋白质群(RIG－I 和 MDA5),具有感知不同病毒入侵的功能。这一发现,对特异性病毒感染症的预防和治疗具有重要意义。

人体的自然免疫系统,对禽流感病毒等多种病毒向细胞内部入侵,具有感知和抗病毒反应。但是,迄今为止,仍不了解细胞内部的蛋白质,如何认知和区分各种 RNA 病毒。科研小组使用小鼠细胞试验,证明细胞内的"RIG－I"和"MDA5"两种蛋白质,分别具有区分各种不同病毒的作用。其中"RIG－I"具有识别禽流感等病毒功能,"MDA5"能够识别引起心肌炎、脑脊髓炎等病毒的功能。研究小组对这两种蛋白质损伤的小鼠进行试验,发现这两种蛋白质对防御病毒感染均有重要作用。

病毒能够引起各种疾病,病毒携带有遗传信息的基因核酸,侵入到其他生物的宿主细胞开始增殖。人类等宿主被病毒感染后,首先产生自然免疫反应,在感染初期起防疫反应作用。担当自然免疫的收容体,在认知病原体的特异构成成分,使免疫细胞活化,分泌出干扰素加强宿主的免疫功能。科研小组分别制作出小鼠破损"MDA5"和"RIG－I"蛋白质,观察其反应。在"RIG－I"损坏的小鼠细胞感染禽流感等病毒时,干扰素分泌技能明显低下,"MDA5"蛋白质损坏的小鼠细胞,在感染禽流感等病毒时干扰素分泌正常,而在感染引起心肌炎、脑脊髓炎等病毒时干扰素分泌明显减少。

揭开细胞蛋白质认知病毒的功能,将对今后病毒感染症的预防、治疗起到积极作用。

(3)发现一种蛋白质具有调节介导时间的计时器功能。

2006年4月,韩国浦项工业大学柳成浩教授领导的研究小组,在《自然·细胞生物学》杂志上发表研究成果称,他们经过研究,发现一种名为"PhospolipaseD"的蛋白质,能够调整激素受体的介导作用时间,从分子水平阐明了这种时间调节机制的机理。这项成果,有助于了解激素受体细胞的信号传导机制。

研究人员发现,胰岛素等激素类物质细胞受体的介导效果,不仅取决于激素的浓度,也取决于介导作用持续的时间,而PhospolipaseD蛋白质能够起到调节介导时间的作用。该蛋白质被研究小组称为计时器蛋白质。

在激素浓度相同的情况下,计时器蛋白质的浓度,决定了细胞受激素影响的程度。对糖尿病病人来说,在相同的胰岛素浓度下,计时器蛋白质的分布情况决定了人体的血糖浓度。

糖尿病和癌症的发病原因之一,是细胞膜受体受到异常刺激。此项研究成果,有助于揭示上述疾病发病的深层原因。研究小组认为,对计时器蛋白质的研究有助于开发新型药物。

(4)发现特殊脑蛋白BP5具有阻止神经细胞死亡的功能。

2006年7月,澳大利亚墨尔本弗洛里研究所大脑科学家、华裔教授陈翔成领导的一个研究小组,在《美国脑科学月刊》上发表研究成果称,他们已发现,一种特殊蛋白质,可在受损伤的大脑中,起到一个勤力清洁工的作用,帮助拯救人的生命。

研究小组分析了大脑的1.8万种蛋白质,发现其中一种有能力阻止神经细胞死亡。研究人员发现,这种天然产生的蛋白质BP5,在大脑中起着"住家工"的作用,能够清除坏死的细胞或神经元。

他们还发现,万一人的大脑遭受中风、撞车摔倒之类的创伤,这种蛋白质可成倍增加,变成一位勤力清洁工。陈教授介绍说:"它像一位清道夫,立即行动起来,清除毒素和受损的神经元和清理混乱的细胞,帮助保住可存活的细胞。"研究小组对受创伤的老鼠大脑,进行研究和运用分子生物技术,把这种蛋白质放入细胞当中,能看到它拯救神经元的能力。

该研究小组在研究报告上,首次揭示这种蛋白质,可以被有效地利用来阻止大脑细胞死亡。研究人员表示,他们将继续研究因大脑受创伤而死亡的人脑,看看这些大脑中是否有较高数量的这种蛋白质。陈教授说,如果确实如此,下一步挑战将是了解 BP5,如何发挥它拯救脑神经元的功能,并研制可以发挥同样作用的药物。

(5)证实乳铁蛋白具有抑制中性脂肪的功能。

2007 年 3 月 8 日,《日经产业新闻》报道,日本国立癌症中心研究所、狮王公司等组成的研究小组,通过动物实验确认,乳铁蛋白具有抑制胆固醇及中性脂肪增加的功能。乳铁蛋白是牛奶、人类母乳中都含有的一种铁结合糖蛋白质。研究小组曾在 2005 年发现,导致牙周病的脂多糖,会使血液中的胆固醇和中性脂肪增加。他们预测,能够抑制脂多糖毒性的乳铁蛋白,应该有抑制胆固醇和中性脂肪增加的可能性。

实验中,研究人员用添加了 1% 乳铁蛋白的饮用水,喂实验鼠,连续喂 4 周后,向它们体内注射脂多糖。分析显示,这些实验鼠,与未摄取乳铁蛋白的对照组实验鼠相比,体内总胆固醇量约减少 10% ,而中性脂肪量约减少 20% 。

在另一项实验中,研究人员连续 8 周喂食实验鼠高胆固醇食品,同时喂给浓度为 1% 的乳铁蛋白水溶液。最终,这些实验鼠体内总胆固醇值,比未饮用乳铁蛋白水溶液的实验鼠约低 40% 。

中性脂肪的主要来源是碳水化合物。人体内中性脂肪含量过高后,会囤积在皮下组织、血管壁、肝脏及心脏等部位,导致肥胖、动脉硬化、脂肪肝、心脏肥大等疾患。研究小组下一步,计划确认乳铁蛋白对人类是否有同样效果,并研究将这种蛋白用于生产新的功能食品和口腔保健品的可能性。

(6)发现一种蛋白质具有强分化诱导功能。

2008 年 6 月 23 日,《产经新闻》网站报道,日本千叶大学教授小室一成等研究人员,发现一种蛋白质,能显著提高胚胎干细胞分化成心肌细胞的效率。这一成果,在心脏再生医疗领域可能具有应用价值。

报道说,研究人员发现的,是一种名为"IGFBP4"的蛋白质。它除了具有调节激素作用外,还具有很强的分化诱导功能。研究显示,在添加这种蛋白质的培养液中,培育的实验鼠胚胎干细胞,其分化成心肌细胞的效率,达到不添加时的 20 倍。研究人员还发现,这种蛋白质,对于心脏的正常形成是不可或缺的。

研究人员说,这一成果对于心脏再生医疗很有意义,今后将继续加强实用化研究。他们还计划进一步确认,这种蛋白质在诱导多功能干细胞分化中的作用。

(7)发现早老性痴呆症致病蛋白的新功能。

2011 年 1 月,法国国家科研中心等机构的联合组成的研究小组,在《生物化学杂志》上撰文说,他们发现,早老性痴呆症的致病蛋白质 Tau,虽然经常扮演神经细胞"杀手"的角色,但它在正常情况下,却能对细胞的 DNA(脱氧核糖核酸)进行保护。

以往的研究表明,在患者脑中,已经发生变异的蛋白质 Tau,会大量吸附磷酸盐,然后聚集在神经细胞里,从而引发早老性痴呆症。

近日,法国的研究小组发现,如果 Tau 一直处于正常状态,没有吸附过量的磷酸盐,那么它就会进入神经细胞的细胞核,对其中的 DNA 形成保护。研究人员利用实验鼠进行测试,结果证实,在缺乏正常 Tau 蛋白质的情况下,老鼠脑细胞中的 DNA 更易受到损害。

研究人员表示,这一发现,将帮助人们进一步了解蛋白质 Tau 的特性,从而研究出针对早老性痴呆症的新疗法。

(8)发现一种蛋白具有帮助心脏缓解压力的功能。

2012 年 2 月,英国伦敦帝国理工大学托马斯·布兰德教授领导,他的同事、伯明翰大学,以及德国维尔兹堡大学专家参加的一个研究小组,在《临床研究杂志》上发表研究成果称,一种名为 Popdc 的蛋白,在促使心率加速过程中起着关键作用,这种蛋白会对肾上腺素信号做出反应,从而使心脏能够在面对压力时,产生正确的应激反应。

研究人员说,当面对压力或刺激时,人体会分泌大量的肾上腺素,加速心跳频率,促进血液流动,为身体提供更多能量。到目前为止,学界对肾上腺素加速心跳频率的机制,还不十分清楚。他们的研究成果,为此提供了一种新解释。

研究人员针对小鼠的研究发现,在缺乏 Popdc 蛋白的情况下,小鼠在面对压力时,其心率不会加快。这与健康小鼠的应激反应完全不同,后者会在肾上腺素增多时心跳频率加快,以保证体内的氧气供应。

Popdc 蛋白位于心脏起搏细胞外膜,其被发现已有十年,因大量存在于肌肉组织中,因此这种蛋白,也被称作"大力水手"蛋白。研究人员发现,它会对肾上腺素发出的信号分子做出反应,进而改变细胞膜的电特性。研究人员认为这正是肾上腺素影响心跳频率的机制。

许多老年人,在面对压力时,常会出现心律失常的状况,并可能患上病窦综合征,这意味着他们需要安装人工起搏器。造成这种状况的原因,科学家们并不十分清楚。对此,布兰德表示,针对小鼠的新研究表明,Popdc 蛋白在调节心率方面起着重要作用,而同样情况也适用于人类。进一步的研究,将会提供更多有关心律失常病因的线索,从而帮助科学家研发新的药物和疗法,以应对如病窦综合征、房颤等心律失常疾病。

### 三、蛋白质机理研究的新发现

1. 蛋白质机理或机制研究的新发现

(1)发现一些生物防冻蛋白质阻止结冰的机理。

2007 年 3 月 6 日,在美国物理学会上,一个由美国俄亥俄大学、加拿大女王大学生物化学和生物学专家组成的研究小组,宣布了一项研究成果,他们观察到一些生物防冻蛋白质的运行过程,揭示了它们阻止结冰的机理。这一发现,将来可望用于医疗、农业,以及食品加工行业等许多领域。

在很多动物体内,都存在防冻蛋白,包括一些鱼类、昆虫、植物、真菌,以及细菌等,它们会结合在冰晶的表面,从而阻止冰晶的进一步生长,这样就能保护生物不会被冻死。但是科学家一直不大清楚为什么有些生物蛋白,例如在美国和加拿大常见云杉蚜虫的蛋白,要比其他生物的更活跃。

现在,该研究小组利用荧光显微镜,发现了这种活跃的蛋白质是如何保护蚜虫细胞的。在这项研究中,研究人员在实验室把蚜虫,以及鱼类的防冻蛋白,先分别用荧光物标记。再用一种荧光显微技术,观察这些蛋白质如何与冰晶表面相互作用。结果发现,蚜虫体内的蛋白,能阻止冰晶向某一特定方向生长,而鱼类蛋白的这一作用则相对较弱。

研究人员表示,防冻蛋白,特别是这些在云杉蚜虫体内找到的非常活跃的蛋白质种类,将会有多种可能的用途。它们可用来保护器官移植过程中的器官,以及组织,也能用于防止冻伤。防冻蛋白还能阻止冰淇淋中冰晶结构的生长,这一技术,目前已经被某些食品制造商使用,同时还可以防止农作物受到霜冻的伤害。

(2)确定荧光蛋白"光控开关"的运作机制。

2007年4月,美国俄勒冈大学物理学和分子生物学教授詹姆斯·雷明领导的研究小组,在美国《国家科学院学报》网络版上发表研究成果称,他们发现了决定荧光蛋白发光的分子机制,并通过插入一个单氧原子,使荧光蛋白处于"关闭"状态长达65小时。

该研究成果适用于大多数可光控荧光蛋白。新的模型展现了荧光蛋白分子的开关机制,科学家将能够在未来设计出更多用于分子标记的荧光蛋白变种,使其在基因表达和细胞活动研究等方

此前,人们并不了解荧光蛋白"光控开关"的机制,不发光的荧光蛋白,有时候会随机地回到发光的稳定状态。在这项新研究中,研究人员利用合理的突变和定向进化,确定出高分辨率的荧光蛋白"打开"和"关闭"状态的晶体结构,该荧光蛋白源自海葵。

研究发现,当荧光蛋白分子处于稳定的发光状态时,两条原子侧链以共面的方式,平坦而有序地排列;而用明亮的激光对其进行照射时,环状链旋转180度并翻动约45度,荧光蛋白迅速变暗,最终两条原子侧链停止在非共面的不稳定状态。通过这两种状态,研究人员有机会观察到,荧光蛋白相邻原子团间相互作用的变化。

据介绍,荧光蛋白处于不发光状态时,分子吸收了紫外线,但并不放射出任何光线。然而,当发色团吸收紫外线后,就会偶尔产生电离而带上负电,导致环状链跳回原来的发光状态。

此外,研究发现,在不发光状态时,如果荧光蛋白中,某些碳原子和氧原子处

于相邻的位置,两者之间的相互作用并不稳定,但如果在合适的位置精确插入一个氧原子,就会使整个结构状态趋于稳定。研究人员最终利用单个突变,使得荧光蛋白"打开"时间从5分钟推迟到65个小时。

雷明指出,对"光控开关"的控制,将有助于细胞内部更加精确的研究。此外,对荧光蛋白开关状态的控制,也将对包括单分子存储器在内的光存储器的发展产生重要影响。

(3)探明肌体处理异常蛋白质的机制。

2007年10月9日,日本奈良尖端科学技术研究生院大学的木俣行雄等研究人员,在《细胞生物学》杂志上发表论文说,他们探明肌体处理异常蛋白质的机制,这将有助于找到新方法,治疗阿尔茨海默氏症等由异常蛋白质堆积引发的疾病。

研究人员发现,细胞内有一种名为"Ire1"的感应物质,当它检测到结构变形的异常蛋白质的量增多时,就会发挥作用,促使名为"分子伴侣"的蛋白质合成量上升,而"分子伴侣"蛋白质,能帮助异常蛋白质的结构恢复正常。

(4)发现驱动蛋白和动力蛋白存在"默契"机理。

2009年12月27日,日本《读卖新闻》报道,日本大阪市立大学教授广常真治等人组成的研究小组发现,与细胞内物质运输相关的驱动蛋白和动力蛋白间存在"默契"机理,前者在完成自身运输任务的同时,还能通过其蛋白质"货架"装载动力蛋白,帮助动力蛋白完成运送任务。

细胞内分布着从中心部向四周呈放射状延伸的微管,微管是运输维持生命所必需的蛋白质等物质的通道。承担运输任务的,是驱动蛋白和动力蛋白。这两种蛋白质都是单向"行驶",但驱动蛋白只从细胞中心向细胞外侧运输一趟,就结束使命,而动力蛋白却可反复执行运输任务。然而,此前研究表明,动力蛋白只能朝着细胞中心部运动,它是如何完成反方向运送任务的一直是个谜。

该研究小组发现,驱动蛋白上存在的一种蛋白质"货架",是解决问题的关键。当动力蛋白运行到"线路"尽头时,驱动蛋白会用"货架"载着动力蛋白重新回到细胞外侧。此外,这个"货架"同时还运载其他多种多样的蛋白质和细胞器。

研究人员指出,细胞内的物质运输如不能顺畅进行,就有可能引发神经变性疾病和癌症等。今后,他们计划深入研究驱动蛋白和动力蛋白之间,相互协调运作的具体机制,以帮助解开上述疾病的发病机理。

(5)发现人体酸碱调节蛋白的运行机制。

2011年7月,有关媒体报道,经过20多年的努力,俄罗斯科学院生物有机化学研究所的研究人员,发现人体酸碱调节蛋白的运行机制,其调节功能类似于胰岛素。

该所项目负责人表示,实际上,4年前俄罗斯研究人员就已经发现了这种蛋白,3年来通过各种实验试图弄清其作用机理。一个典型的例子,素食者只食用植物食品,其体液呈碱性,正是这种蛋白将其体内酸碱度维持在正常值范围内。如果在此基础上弄清其作用机理,可有助于研制相应特效药品。

研究人员谈到该项目的意义时强调,人体内的蛋白超过20万种,我们对其中的一半知之甚少。PH值是人体诸如肝脏、胃和胰腺等器官的重要医学指标,世界医学领域内此类发现可谓屈指可数。该项目研究的进一步深入,有助于我们研制出治疗这些器官疾病的新一代药物。

(6)发现蛋白能够抑制转位子的作用机制。

2012年10月,日本科学技术振兴机构,与东京大学共同组成的一个研究小组,在《自然》杂志网络版上发表论文说,他们经动物实验发现,人类以及许多动物体内都有的Zuc蛋白质,在抑制转位子造成的基因组损伤过程中发挥着重要作用,这项研究成果将有助于解开不孕症发病的机制。

研究人员说,动物基因组中都存在转位子,这是一种有特定功能的基因片段,它可以自我复制并在基因序列中四处移动。转位子的移动在许多情况下会造成基因组损伤,进而引发各种疾病,因此,生物体内存在抑制转位子的机制。

此前的研究显示,一种由约30个核苷酸组成的小核糖核酸PiRNA,能保护基因组不被转位子损伤,确保生殖细胞中的遗传信息能正确地传递给后代。PiRNA是由一条长链RNA演变而来的,但是究竟是如何形成的尚不明确。

研究人员以果蝇和小鼠为实验对象,注意到一种名为Zuc的蛋白质,拥有可切断单链RNA的分子结构。而生化学分析显示,这种蛋白质切断RNA,是PiRNA的形成,以及抑制转位子的表达所必需的。

(7)发现线粒体呼吸链蛋白复合物的运行机理。

德国哥廷根大学彼得·瑞林教授领导的"线粒体膜蛋白复合物生物合成和组装"研究小组,与哥廷根马克斯—普朗克生物物理化学研究所密切合作,在2012年12月21日出版的《细胞》杂志上发表研究成果称,线粒体是细胞的"动力工厂",而其中呼吸链复合物起着重要作用,只是一直以来人们都不知道这些复合物是如何生成的。现在,他们的研究表明,新发现的蛋白复合物"MITRAC",是实现这一过程的关键。

众所周知,线粒体是真核细胞中,由双层高度特化的单位膜围成的细胞器。主要功能,是通过氧化磷酸化作用合成三磷酸腺苷(ATP),为细胞各种生理活动提供能量,因此有细胞"动力工厂"之称。

线粒体进化起源的祖先来自于细菌。在数百万年的过程中,它们已经失去了大部分的遗传信息。大多数在这个细胞的"发电厂"内起作用的蛋白质,都是从外面被运送到线粒体内的。不过,线粒体也拥有自己的遗传物质。它们能合成一组非常小的13个必需的蛋白质。这些蛋白质是呼吸链复合物的核心蛋白。长期以来,人们一直不了解,线粒体内产生的蛋白质和外面导入的蛋白质是如何被组装在一起的。

现在,德国研究人员,对呼吸链膜蛋白复合物是如何被组装的问题,进行了深入研究。瑞林说:"了解我们细胞中的动力工厂,以及呼吸链生成的过程,是我们研究小组的一个中心目标。这是我们进行线粒体疾病研究的基础。"

通过研究,瑞林研究小组发现:新发现的蛋白复合物"MITRAC",在装配呼吸链复合物 IV 的过程中,起重要作用。输入的蛋白质和在线粒体中生成的蛋白质,在这里结合在一起。与此同时,MITRAC 复合物的蛋白质成分,规范着线粒体内蛋白质的新合成。这种耦合保护着线粒体,从而生成比它们的需要更多的蛋白质。作为 MITRAC 复合物的组成部分,研究人员可以识别出更多的导致了严重的人类疾病的蛋白质。

该研究小组的工作,首次揭示了这些蛋白质在呼吸链的生物合成中的具体功能,确切地说是在复合物 IV 的合成中。研究结果,回答了基础研究中多年来都没能理解的重要问题,从而为理解严重的心脏和神经系统疾病提供了重要的新见解。

2. 蛋白质机理变化及其相关性研究的新成果

(1)发现正常普里昂蛋白质过剩可诱发神经细胞死亡。

2004 年 5 月,有关媒体报道,日本国立精神神经中心一个研究小组发现,与疯牛病没有直接关系的正常普里昂蛋白质过剩,会引起神经细胞凋亡。这一发现,对了解疯牛病发病机理和预防疯牛病大有帮助。

大脑中一般存在很多正常的普里昂蛋白质,但这些普里昂在大脑中到底有什么作用和影响,人们并不清楚。研究人员在研究正常普里昂增加以后,老鼠大脑呈海绵状而死的原因时,发现了与神经细胞死亡有关的两种蛋白质。一种是搬运正常普里昂的蛋白质,另一种是在神经细胞表面接受普里昂的蛋白质,这种蛋白质会不断发出让神经细胞死亡的信号,诱发神经细胞凋亡。

普里昂是蛋白质的一种,多存在于大脑和脊髓中,正常型呈螺旋状,异常型呈薄板状。普里昂异常是导致疯牛病的原因,体内一旦侵入异常普里昂,正常普里昂就会逐渐变为异常普里昂。

(2)开发出可揭示蛋白间相互作用的新技术。

2014 年 3 月,加拿大多伦多大学细胞与生物分子研究中心伊戈尔·斯坦戈利亚教授、茱莉亚·佩斯奇尼格研究员领导,多伦多和波士顿地区的 5 个实验室的研究人员及癌症临床医师、生物信息学家参与的一个研究小组,在《自然·方法学》杂志网络版发表论文称,他们开发出一种研究人体蛋白质的新技术。该技术,可追踪膜蛋白与其他蛋白之间的相互作用。

膜蛋白占人体所有蛋白的约 1/3,有 500 多种疾病与其失能相关。膜蛋白的研究难点在于,要了解其作用,必须基于对它与其他蛋白相互作用的观察。

斯坦戈利亚称,新技术为检视人体细胞自然环境中的膜蛋白,提供了新工具。其灵敏度,足以检测到引入药物的微量变化,因此对癌症及神经疾病治疗方法的研发,具有重要意义。

　　研究人员采用一种被称为"哺乳动物膜双杂交法"的新技术,来确定 CRKII 蛋白在最常见肺癌——非小细胞肺癌中的作用。CRKII 蛋白,可与表皮生长因子受体蛋白相互作用,而表皮生长因子受体的基因突变可导致癌细胞的增殖。

　　佩斯奇尼格称,CRKII 蛋白最有可能调控突变表皮生长因子受体的稳定性,并通过促进癌细胞间的信令传递或通信,来推动肿瘤生长。研究发现,可抑制这些突变受体和 CRKII 蛋白的一种组合化疗法或对肺癌治疗大有助益。

　　佩斯奇尼格及其实验室历时 4 年,对适用于酵母的蛋白—蛋白相互作用的类似技术进行了改进,从而开发出新的哺乳动物膜双杂交法技术。研究人员下一步将对其他人体疾病中的突变蛋白进行研究。

　　(3)认为细胞外基质蛋白浓度与认知能力衰退有关。

　　2014 年 7 月,有关媒体报道,卢森堡大学研究人员发表报告说,随着年龄的增长,人脑学习能力和记忆力会慢慢衰退。对此,研究人员使用最先进的高通量蛋白质组学和统计学方法,发现了导致认知能力衰退的分子机制。

　　当人们在记忆或回忆信息时,脑细胞会出现化学物质和结构的改变。尤其是,大脑神经细胞之间的连接部位(即神经突触)的数量和连接力度会发生变化。为了弄清认知能力衰退的原因,研究人员对健康实验鼠的脑神经突触构成进行了分析。这些年龄在 20 周至 100 周的实验鼠,相当于处于青春期至退休期的人类。

　　他们发现,细胞外基质蛋白浓度的变化,对认知能力衰退有重要影响。细胞外基质蛋白是位于大脑神经突触之间的一种网状物。正常浓度的细胞外基质蛋白,可以确保脑神经突触的稳定性与灵活性之间的平衡,而这种平衡对学习和记忆能力至关重要。

　　实验结果显示,在四种类型的细胞外基质蛋白中,有一种细胞外基质蛋白浓度,会随着实验鼠年龄的增长而大幅上升,而其他三种基本保持稳定。研究人员表示,由于年龄增长导致这一细胞外基质蛋白的浓度上升,会使脑神经突触变得僵硬,从而降低大脑接受新事物的能力,学习会更加困难,记忆力开始减退。

　　研究人员还分析了细胞外基质蛋白之间的相互作用。他们发现,一个健康的脑神经网络可以使所有的细胞外基质蛋白分子保持适当浓度,从而发挥正常功能,但在老龄化的实验鼠脑神经网络中,细胞外基质蛋白的分子构成比年轻实验鼠更为复杂多变。这说明脑神经网络正在失去自我控制,更容易受到干扰。

　　这一发现,将有助于更好地分析,痴呆症和帕金森症等复杂的神经退行性病变。研究人员表示,研制调节细胞外基质蛋白浓度的新药物,将为治疗认知能力失调和记忆力缺失带来希望。

　　(4)发现铁蛋白水平与认知能力相关。

　　2015 年 5 月 19 日,澳大利亚墨尔本大学弗洛里神经科学与心理健康研究所,艾希礼·布什领导的一个研究小组,在《自然·通讯》杂志上发表论文称,他们的疾病研究显示,更高水平的铁蛋白(一种储存铁的蛋白质),与大脑认知能力的降低相关联。该研究结果,可用来预测一个患有轻度认知障碍的病人,是否会继续转化发展成为阿尔茨海默病患者。

作为一种进行性发展的神经系统退行性疾病,阿尔茨海默病的病因迄今未明。以往研究中,科学家就曾在阿尔茨海默病患者的大脑中,发现有更高水平的铁,但是大脑铁水平和这种病症的临床结果之间是否有关联,科学家并没有明确认识。

此次,该研究小组检测了302个人脑脊液中的铁蛋白水平,以及七年当中各种结果之间的关系。这些数据,都源自一个阿尔茨海默病神经影像学行动,前瞻性临床追踪研究的参与者。

研究人员发现,铁蛋白水平和认知表现之间存在负相关关系。而在认知正常人群、轻度认知障碍者和阿尔茨海默病患者中,都发现了这种负相关关系。并且,铁蛋白水平,还被发现可以预测从轻度认知障碍,向阿尔茨海默病患者的转化。铁蛋白和阿尔茨海默病生物标志物载脂蛋白E也高度相关,在那些携带阿尔茨海默病风险基因变异APOE－ε4的人当中,铁蛋白的水平也相当高。

新的研究结果,把APOE－ε4变异基因和大脑铁水平联系在一起。同时,也指明一种潜在机制,即这种变异是如何提高阿尔茨海默病的患病风险。另一方面,这项研究,也支持采用降低大脑铁含量的方法,来治疗阿尔茨海默病的方法。但是,这一点,仍需要在未来的研究中,进一步加以探讨。

# 第二节　蛋白质种类研究的新成果

## 一、发现与生命基础及生命体相关的蛋白质

### 1.发现与胚胎或器官细胞发育相关的蛋白质

（1）发现控制胚胎细胞发育的特殊蛋白。

2005年5月,以色列魏茨曼科学研究院分子遗传系沃克教授领导的研究小组,在《现代生物学》杂志上发表研究成果称,他们发现细胞中存在一种特殊蛋白,它能暂时中止细胞分裂,让其他过程得以进行。

胚胎中的细胞在受精之后,立即呈现出不同的形状,并分成多个层面,这些层面最终将发育形成不同的有机组织和器官。但细胞分裂与变化的形态,则是两个截然不同的过程,不能同时发生。这两个过程是如何在胚胎发育过程中交替发生的,以及如何用外力来控制两种活动的交替发生时间,是生物学研究的重要课题。

沃克研究小组揭示了胚胎细胞中蛋白质之间存在一系列交互作用,这些蛋白质用于维持胚胎发育早期的排序。他们通过对果蝇胚胎的发育过程进行研究发现,一种名为HOW的果蝇蛋白起着"交通警"的作用,它的工作是"捕捉"正要制

造第二个蛋白质的 RNA 链。第二个蛋白的水平称为 Cdc25,控制着细胞分裂的时机,而它的生产则是由另一个蛋白 Twist 控制的,这种蛋白调整着运动的进程。在这个杂乱过程中,细胞从初生胚胎的外部转向胚胎内部,发生着形状的改变。这些细胞形成了中胚叶或"中间层",并最终将促使肌肉和其他内部组织的产生。

沃克研究小组研究,由突变异种产生、缺少 HOW 基因的最新形态果蝇胚胎时发现,早期发育的时机呈偏态分布。当被内部中胚叶束缚的细胞移动滞后时,细胞分裂过度。一旦中胚叶构造完成,细胞则面临着一个新的分裂波。当细胞完成形状变化和定位在某处时,Cdc25 可达到一个促进细胞分裂的临界水平。研究人员认为,HOW 在调节果蝇中胚叶的未来发展时,可发挥几方面的重要作用。所有喜欢发布信息的普通目标 RNA,像许多调整蛋白质一样,这将给予它们相应的快速反应时间,帮助细胞有效地调整复杂的发育排序。

(2)发现与器官发育相关的蛋白质。

发现形成健康器官必不可少的蛋白质。2004 年 8 月,德国不伦瑞克市生物技术研究协会安德烈亚斯·伦格林等人组成的一个研究小组,在《生物学杂志》上发表论文说,他们研究发现,磷脂酰丝氨酸受体对于所有较高等级的动物和人类来说,是形成健康的器官和组织必不可少的蛋白质。

研究人员表示,磷脂酰丝氨酸受体,是构成每个细胞的基本分子。如果缺少这种蛋白质,器官发育将出现严重障碍。实验表明,如果没有磷脂酰丝氨酸受体,实验鼠在胚胎发育阶段就会出现严重的器官缺陷,大多数幼鼠一出生就会死亡。

一直以来,科学家们相信磷脂酰丝氨酸受体,在清除体内死亡细胞过程中起到关键作用。而伦格林研究小组惊讶地发现,实验鼠在没有这一蛋白质时,也能完全正常地将死亡细胞排出体外。

伦格林认为,老鼠体内的磷脂酰丝氨酸受体合成过程,实际上与人的一样,因此目前对这种蛋白质的研究,具有普遍意义。

发现控制器官发育的关键蛋白。2007 年 2 月 21 日,美国贝勒大学医学院的研究小组,在《自然》杂志上发表研究报告称,他们在以果蝇为对象进行的实验中,发现一种对器官发育起关键作用的蛋白质。

这种小分子蛋白质名为"转录控制肿瘤蛋白",之所以引起研究人员注意,是因为它在癌细胞中过量表达,如果降低其水平,癌细胞就能回到正常状态。

研究人员此次通过实验发现,如果降低果蝇细胞中这种蛋白质的水平,果蝇发育就会比正常情况下小很多,尤其眼睛和翅膀都长得较小。如果果蝇彻底缺失这一蛋白,它们就活不了太长时间。研究人员说,这表明"转录控制肿瘤蛋白",在细胞的生长和增殖过程中,扮演了"重要角色"。

研究人员通过进一步的实验分析发现,这种蛋白能通过特殊的酶促反应,直接调控大脑内一种控制生长和分化的蛋白质 Rheb 的水平,进而影响细胞的大小和数量。研究人员说,一种罕见的遗传性疾病结节性硬化症,也与这一酶促反应调控通道有关。这一发现,将有助于科研人员找到治疗结节性硬化症的新线索。

2.发现与细胞分裂相关的蛋白质

(1)发现与细胞分裂检查点有关的蛋白。

2006年6月,美国巴克研究所首席执行官和科学总监戴尔·布雷登森主持完成,英格兰曼彻斯特大学戈登·利思戈等人参加的一个研究项目,其成果在《科学》杂志上发表。研究人员在报告中说,他们发现了一种新的天然蛋白,与细胞分裂的检查点有关,它不仅可以防止细胞癌变,而且还能决定人们寿命的长短。这一发现,为研究年龄增长与癌症的关系提供了新思路。

研究显示,在正常的细胞分裂过程中,有一个必要的检查点,以保证新合成细胞能够维持遗传物质的稳定性。与检查点有关的蛋白,在癌症发生中扮演着重要角色。假如它产生缺陷,就会导致人体癌症或肿瘤。

利思戈说,我们发现,与检查点有关的蛋白,保证细胞在受损后不进行分裂,从而可防止癌症发生。而在线虫中,这种蛋白还能决定它们的寿命。他说,这些蛋白以前被认为只在分裂细胞中起作用,但新的研究发现,它在不分裂细胞中也同样发挥功能。利思戈进一步解释道,假如把与检查点有关的蛋白看作一个齿轮的话,很久之前我们就已经意识到,是它在驱动着癌症的引擎。现在我们发现,它同样也在驱动着寿命的引擎。这种具有双重功能蛋白的发现,是一件足以令人兴奋的事。

布雷登森认为,通过进一步研究,科学家最终能使正在分裂的细胞中,与检查点有关的蛋白保持活跃状态;分裂已结束的细胞(如脑细胞)中,与检查点有关的蛋白则停止运转。这样,可增加脑细胞或"神经元"的存活量,为神经退化性疾病例如老年痴呆症的治疗,提供新的解决方案。

(2)发现与细胞分裂是否异常相关的蛋白质。

2011年8月出版的《自然·细胞生物学》杂志,登载美国北卡罗来纳大学和杜克大学的一项合作研究成果:发现细胞分裂的一些新现象,有望为帕金森症、阿尔茨海默症等神经退行性疾病,乃至某些癌症的研究,提供新的视角。

线粒体被称为细胞的"发电厂",它们能产生三磷酸腺苷(ATP),而这是细胞的化学能来源。细胞繁殖和裂变若要保持一个健康的轨道,线粒体必须在有丝分裂过程中,以一定比例重新分配到子代细胞中。这个细胞分裂过程非常重要。

研究人员发现,一种与Ras基因相关的蛋白质RalA,与几种不同类型的癌症有关,它恰好聚集在线粒体细胞内。当RalA蛋白质和Aurora-A蛋白质,共存于线粒体细胞时,它们的相互作用会导致线粒体在细胞分裂中出现异常。

研究小组对这些出现异常的线粒体进行研究后发现,在调节细胞分裂过程中,RalA蛋白质,处于线粒体分配的蛋白质信号链起点位置。如果这些蛋白质被破坏掉,线粒体在有丝分裂中不能恰当地裂变,同时也不能在子代细胞中按比例地分配。其结果之一,就是细胞中ATP的水平下降,导致细胞代谢异常。

3. 发现与细胞生理机制相关的蛋白质

（1）发现一种可抑制细胞迁移的蛋白质。

2005 年 8 月,北卡罗来纳州大学教堂山分校医学院,与莱恩伯格综合癌症中心联合组成的一个研究小组,在《细胞生物学杂志》上公布的研究成果认为,细胞的运动,即迁移,对人类的胚胎发育、新血管形成以及伤口的痊愈至关重要。现在,他们发现并确定了一种可以抑制细胞迁移的蛋白质。

这种叫作 CIB1 的蛋白,是在 1997 年发现的,当时确定其功能为一种血小板蛋白。

本项研究表明,在癌细胞中,CIB1 能够通过结合并激活 PAK1 蛋白,来抑制细胞的迁移。当 CIB1 活化 PAK1 时,这种激酶就会通过把一个磷酸基团,添加到细胞中其他一些蛋白内,来抑制细胞的迁移。因此,这项研究,暗示 CIB1 可能成为抑制肿瘤在身体中转移、扩散的新药物的一个靶标。

（2）发现两种确保细胞遗传机制安全的蛋白质。

2006 年 5 月,有关媒体报道,以色列魏茨曼科学研究院,利夫莱赫教授领导的研究小组发现,肌体中存在一种安全机制,可以阻止产生 DNA 复制指令的酶的突变增殖,从而将癌变的风险减少到最小的程度。

物种变异是指保持遗传性状的 DNA 发生了遗传"错误"。细胞中发生 DNA 变异的现象越多,发生癌症的风险就越大。过去的研究表明,在产生遗传变异的最初阶段,如果变异发生的频率较低,那么就可以使癌症免于扩大。但问题是,如何能够让身体及时侦测到这种变异现象的发生,并采取措施,使之不至于失去控制发展成为癌症。

先于分子分裂之前产生的 DNA 复制指令,实际上是一种被称为 DNA 聚合酶的酶。DNA 聚合酶沿两条分子链中的一条进行运动,阅读和复制遗传物质上的每一个代码,并且创造出新的 DNA,而这个新 DNA 将在细胞分裂时,被放到新分裂出来的子细胞中。这种酶对精确性要求很高,当它遇到辐射和曝光等影响受到伤害,从而危害 DNA 链上的遗传物质时,可以自动停止工作。但这种工作中断,就意味着细胞的死亡。事实上,并不是所有的 DNA 损伤都是至关紧要的,为避免发生细胞大面积的死亡现象,肌体中还存在着另一种类型的 DNA 聚合酶,这种酶时刻准备着替代 DNA 聚合酶,发挥补充作用。但这是一种被研究人员称为工作"粗心大意"的聚合酶,它对 DNA 的修复会产生一些错误的现象,因为它工作的"原则"是:可以让细胞活着,但在其分裂时必须付出遗传变异上的代价。这种特殊类型酶的存在,意味着系统需要精确的校验,否则,通过"粗心"酶进行的复制,可能会失去控制,并导致不健康的突变增殖。

以色列科学家发现,身体内有种机制确保正确的酶,在正确的时间里进行工作。这种机制的主要部分是由两种蛋白质组成:p53 和 p21。p53 在几年前被《科学》杂志称之为"年分子",它在阻止细胞癌变的过程中发挥着中心作用。在本研究中,p53 蛋白质看上去承担着监督、驯服"粗心"酶,并使之认真开展检查的工作。研究发现,如果 p53 的机能或与之相关的 p21 受到伤害,那么,"粗心"酶的活动量将会过度,从而导致更多的突变发生。

这种安全机制是与一种分子夹一起发挥作用的。这种分子夹的作用是把 DNA 复制酶放置到 DNA 链上。当复制酶遇到受伤 DNA 片断时,会产生一个小分子附着到分子夹上,这个小分子,会把取代 DNA 聚合酶发挥作用的"粗心"酶,固定到分子夹上。当复制过程中出现伤害警报时,p53 将进入角色,并引起 p21 被复制出来。然后,p21 作为一种工具,可以帮助正确的小分子固定在一定的位置,并且把失去作用的 DNA 聚合酶清除出去,以便它的替代者可以开展工作。因此,这两种蛋白质帮助身体中的细胞,保持着一种重要的平衡状态,即在保持一定的变异率的情况下,允许细胞进行分裂和繁殖,从而将癌变的风险减少到最小的程度。

(3)发现驱动线粒体钙通道机制的关键蛋白。

哈佛大学医学院和马萨诸塞综合医院联合组成的一个研究小组,在 2011 年 6 月出版的《自然》杂志上撰文称,他们查阅人类基因组项目数据库资料并结合实验分析,终于发现了驱动线粒体钙通道机制的关键蛋白。

线粒体就像生物体内的电池,为几乎所有细胞供应能量,而支持这一供能过程的分子机制一直是个谜。

钙通道是专门针对钙离子的膜通道。生物体中的钙含量与许多最基本的生物过程密切相关,也和神经退行性疾病、糖尿病等的疾病环境有关。半个世纪以来,人们用生理和生物物理学的方法来研究钙通道,未能找到它的分子基础。

2010 年 9 月,研究人员通过 MitoCarta 目录,找到一个与线粒体摄取钙有关的特殊蛋白,命名为 MICU1。但它并没有跨越膜,只是钙通道机制中一个重要组成部分,作为膜通道调控器,与它相对应的蛋白才是真正的"运输车"。

研究小组再以 MICU1 为引线,搜寻了全部 RNA 基因组和蛋白质表达数据库,以及包含了 500 个物种的基因组信息,终于发现有一种未知的、功能不明的蛋白质,在形状上跟 MICU1 正相对应。研究人员给它取名为 MCU,即"线粒体钙单输送体"。

为了证实 MCU 是线粒体钙吸收的关键蛋白,研究人员利用一种 RNAi 工具(能选择性地使细胞中基因丧失活性),让小鼠肝脏中的 MCU 丧失了活性,尽管小鼠没有立即显出反应,但它们肝脏组织中的线粒体已经丧失了吸收钙的功能。

研究人员表示,这在某些人类疾病中也能得到证实。神经组织退化类疾病的患者,其大脑神经元常会出现线粒体钙负荷超标。胰岛素等许多激素也是由于细胞质中的钙介入而释放,清除细胞质中的钙,线粒体就会发出相关信号。MICU1 和 MCU 不仅对研究能量代谢和细胞信号之间的关系具有重要意义,对缺血性损伤、神经退行性疾病、糖尿病等多种疾病,也是重要的药物标靶。

（4）发现细胞信号通路新"刹车"的蛋白。

2012 年 1 月，英国格拉斯哥大学，生物医学与生命科学学院徐天瑞博士牵头，他的同事和爱尔兰都柏林大学专家组成的一个研究小组，在《分子与细胞生物学》杂志上发表论文称，真核翻译起始因子 3a（EIF3a），可以通过和 RAF 激酶结合，抑制 RAF – MEK – ERK 细胞信号通路，是这一细胞信号通路的重要"刹车"蛋白。这一发现，意味着 EIF3a 可能成为下一代抗癌药物全新的靶标蛋白，为抗癌药物的研发提供新思路。

细胞的癌变，是细胞在信号通路调节失控情况下的无限制增生，而 RAF – MEK – ERK 信号通路的持续性激活，则是诱导细胞癌变的重要原因。因此，对 RAF – MEK – ERK 信号通路的研究，一直是分子生物学研究的热点。

EIF3a 是细胞蛋白质翻译起始复合物的重要构件。该研究小组发现，EIF3a 能够与细胞外信号调节激酶通路的两个组成部分 SHC 蛋白和 Raf1 蛋白绑定，不仅可以调节蛋白质翻译，影响细胞的生长和分化，还通过和 RAF 激酶结合，抑制 RAF – MEK – ERK 信号通路，成为 RAF – MEK – ERK 信号通路的重要"刹车"蛋白。同时，研究人员还发现，EIF3a 和另一个"刹车"蛋白——β 抑制蛋白（β – arrestin2）结合，能够调节细胞的另一条最主要信号通路：G 蛋白偶联受体（GPCR）信号通路。

徐天瑞指出，RAF – MEK – ERK 信号通路，是细胞外信号传递入细胞内的主干通路，绝大多数细胞外信号，都可以通过 RAF – MEK – ERK 通路影响细胞行为，诸如细胞增殖、细胞分化、细胞凋亡。新发现表明，EIF3a 可以抑制 RAF – MEK – ERK 信号通路，从而抑制癌症的产生；其通过与 β 抑制蛋白结合影响其功能，可治疗由 G 蛋白偶联受体信号通路失控而导致的癌症；同时，EIF3a 可以抑制 RAF 激酶活性，诱导细胞凋亡，从而杀灭癌细胞；而对 EIF3a 本身蛋白质翻译的调节，也可以作为治疗癌症的重要手段。

徐天瑞说："信号抑制蛋白 EIF3A 的发现意义重大，《科学·信号传导》杂志最近将其列为 2011 年度细胞生物学领域八项重大进展之一。我们的新研究证明，EIF3a 不仅是蛋白质翻译起始因子，也是 RAF – MEK – ERK 信号通路和 G 蛋白偶联受体信号通路交汇点上的重要调控蛋白。通过对 EIF3a 的调控，有可能四管齐下地杀灭癌细胞，从而使 EIF3a 可能成为下一代抗癌药物全新的靶标蛋白，为抗癌药物的研发提供新思路。"

4. 发现与细胞及生命体寿命相关的蛋白质

（1）发现一种可延长细胞寿命的蛋白。

2004 年 7 月 29 日，莫斯科媒体报道，俄罗斯医学科学院生物调节和老年学研究所，专家哈维松等人组成的一个研究小组，在实验中发现，一种人工合成蛋白能使人类细胞的寿命延长。

报道说，研究人员发现，动物的一种内分泌腺松果体，能分泌一种名为"Epithalamin"的缩氨酸,这种成分可被人工合成为一种名叫"Epithalon"的蛋白,用于恢复老年人体内淋巴细胞染色体两端的端粒长度,人类细胞寿命因此能得以延长。

研究人员从 6 个月大的胎儿肺部提取细胞,并对其进行培养。当这些细胞分裂增殖了 28 次后,再将它们分成 A、B 两组,并向 A 组细胞的培养物中,加入了该人工合成蛋白。此后的对比研究显示,B 组细胞在增殖到第 34 代时便不再分裂,并开始老化;而 A 组细胞在增殖到第 44 代后仍没有停止增殖的迹象。

哈维松介绍,这种人工合成蛋白,能够促使 A 组细胞内部合成更多的端粒酶,并使之工作。在这些端粒酶的作用下,因增殖变短的染色体端粒可恢复到正常长度。哈维松认为,这一发现,可以帮助专家进一步认知人类的衰老机制。

此前的研究证实,细胞染色体两端有一种名为端粒的保护性结构,它会随着细胞的分裂和增殖逐渐变短,其长度缩短到一定程度后细胞就会逐渐死亡。因此,端粒长度被认为是决定细胞寿命的关键因素之一。

(2)发现能延长果蝇寿命的蛋白质。

2004 年 8 月,日本国立遗传学研究所广濑进教授等人组成的研究小组,发现一种能延长果蝇寿命的蛋白质,这种蛋白质同样存在于人体内。

活性氧也叫自由基,是生物体进行新陈代谢的副产物,与机体老化、癌症等疾病的发生有关。科学家发现,生物体内有一种名为"AP1"的物质有抑制活性氧的作用。

广濑进研究小组,发现了一种名为"MBF1"的蛋白质能激活"AP1"。研究人员通过基因技术,培育出不含"MBF1"蛋白质的果蝇和这种蛋白质偏多的果蝇,然后和正常果蝇相比,研究这几种情况下果蝇的寿命。研究发现,普通果蝇的平均寿命在 95 小时左右,不含"MBF1"蛋白质的果蝇只能存活 70 小时,而这种蛋白质偏多的果蝇能活 105 个小时,这说明这种蛋白质能帮助果蝇延长寿命。

广濑进说,生物自身本来就有利于长寿的物质,"MBF1"仅是其中的一种,这一研究成果可能使人们延年益寿的梦想又向现实前进一步。

(3)发现两种可延缓动物衰老的蛋白。

2014 年 5 月,日本大阪大学武田吉人助教等人组成一个研究小组,对当地媒体宣布,他们在老鼠实验中,发现了两种可以起到遏制老化作用的蛋白。此外,这两种蛋白的缺失还会导致呼吸功能减弱。

这两种蛋白是四次跨膜蛋白 CD9 和 CD81。四次跨膜蛋白位于细胞膜上,是一种跨膜受体糖蛋白,对细胞间的信息交换和细胞增殖等各种基本的细胞生理过程进行调控。

慢性阻塞性肺病,被认为是由于吸烟或吸入其他有害物所致。研究人员在对该病进行研究时,培育出不能产生四次跨膜蛋白 CD9 和 CD81 的老鼠。结果发现,缺乏这两种蛋白的老鼠会较快出现骨质疏松、白内障、组织萎缩等衰老现象,其体内被视为与长寿相关的基因"Sirt1"基因的功能也有所减弱。这些因素,可导致寿命通常为 2 年的老鼠减寿至 1 年半。

该研究小组还发现,这种老鼠在出生两个月后,就患上了慢性阻塞性肺病。而普通老鼠须持续半年暴露在吸烟产生的烟雾中,才会患上这种肺病。

研究人员认为,如果能设法增加生物体内的四次跨膜蛋白 CD9 和 CD81,就有可能延缓衰老,并改善老年保健。

5.发现与微生物相关的蛋白质

(1)发现与细菌相关的蛋白质。

发现一种人体中有助于清除结核杆菌的蛋白质。2014 年 8 月,日本九州大学生物调控医学研究所山崎晶教授领导的研究小组,在《免疫》杂志网络版上报告说,他们发现人体免疫细胞中的一种蛋白质,能有助于免疫细胞清除结核杆菌。这一发现,有望促进结核病治疗药物的研发。

这种蛋白质名为 Dectin-2,位于人体免疫细胞内,具有与糖结合的特性。发现,Dectin-2 能识别结核杆菌中最具特征的一种糖脂:脂阿拉伯甘露聚糖,并由此激活免疫细胞,进而清除受感染细胞内的结核杆菌。

研究小组在实验中发现,实验鼠的免疫细胞如果不含 Dectin-2 蛋白质,就不会对结核杆菌产生反应。

山崎晶表示,这种蛋白质本来就存在于人体内,如果以这种蛋白质为基础研发结核病治疗新药,有望对已经产生耐药性的结核杆菌发挥作用。

结核杆菌是引起人和动物结核病的病原菌,可侵害全身各器官,以肺结核最为多见。结核病至今仍为主要传染病之一,全球 1/3 人口面临结核病威胁。据世界卫生组织调查,2012 年全球死于结核病的患者约有 130 万人。

(2)发现与真菌相关的蛋白质。

一是发现抑制真菌感染的蛋白质。2006 年 12 月,日本媒体报道,东京大学医学研究所教授岩仓洋一郎等研究人员,发现蛋白质"dectin-1",能保护肌体免受引发卡氏肺孢子虫肺炎(PCP)的真菌的感染。

卡氏肺孢子虫肺炎又称间质性浆细胞肺炎。免疫力低下的艾滋病患者、接受器官移植的人、儿童等容易患这种较为罕见的肺炎,严重时可致命。

研究人员报告说,肌体受真菌侵袭时,与真菌的细胞壁所含糖链结合的蛋白质"dectin-1",具有促使肌体杀灭真菌的作用。研究人员设法,让一些实验鼠体内,合成这种蛋白质的基因变得"沉默"。两周后,这些实验鼠感染的卡氏肺孢子虫肺炎真菌数量,大大增加。此外,研究人员还发现,不能合成"dectin-1"蛋白质的实验鼠,感染的真菌数量超过普通实验鼠的 5 倍。

二是发现能生成黄曲霉素的蛋白质。2009 年 10 月,美国加利福尼亚大学欧文分校,研究人员弗兰克·梅斯肯斯等人,在《自然》杂志上发表研究报告说,他们发现,一种蛋白质能够生成黄曲霉素。这是科学家首次发现黄曲霉素形成的原因。

黄曲霉素是一种毒性极强的剧毒物质，经常在谷物、豆类、玉米、花生和一些干果中检测到它，而在湿热地区的食品和饲料中，出现黄曲霉素的概率最高。该毒素对人及动物肝脏组织有破坏作用，严重时，可导致肝癌甚至死亡。

据介绍，研究人员发现，一种名为PT的蛋白质，是导致黄曲霉素产生的关键物质。梅斯肯斯，这一发现，有助于了解黄曲霉素究竟是如何引发人体肝脏癌变的，同时也有助于开发出相应的治疗药物。

（3）发现与病毒相关的蛋白质。

发现与非典病毒共存亡的蛋白质。2005年3月26日，《联合早报》报道，新加坡理工学院生命科学技术中心主任潘春木等新加坡研究人员，与中国上海药物研究所的研究人员一起，经过两年潜心钻研，已经找到可使非典冠状病毒主蛋白酶（简称3CL－PRO）蛋白质停止工作的方法，这对人类有效对付非典病毒将会产生重要影响。

据报道，在这项研究中，研究人员发现非典病毒会产生冠状病毒主蛋白酶蛋白质。病毒把这种蛋白质用于自身的复制和传播，因此让这种蛋白质停止工作，就可以消灭病毒。

潘春木介绍说，他们利用高性能电脑进行分析，从220万种化学物品中，找出能使3CL－PRO蛋白酶失效的有机化合物。这种化合物对人类没有严重副作用，利用该化合物结合其他药物治疗非典，能够获得良好疗效。

6. 发现与植物相关的蛋白质

（1）发现植物中能抑制病毒的蛋白质。

2004年8月，《日经产业新闻》报道，日本京都大学和自然科学研究机构基础生物学研究所组成的研究小组发现，植物中所含的VPE蛋白质，具有抑制病毒感染的作用，这有助于开发出抗病植物。

据报道，利用转基因技术培育出一种烟草，抑制烟叶中VPE蛋白质的作用，然后让烟叶感染病毒。经过12小时后，感染病毒的部分烟叶并没有枯萎，不久病毒逐渐蔓延，感染了烟叶其他部分，最后导致整棵烟草死亡。而正常的烟叶由于VPE蛋白质充分发挥作用，感染了病毒的部分烟叶中的细胞会"自杀"，在12小时内，感染病毒的部分会枯萎，从而切断病毒感染整棵烟草的路径，最终起到"丢车保帅"的作用。

研究小组认为，如果通过转基因技术使VPE蛋白质更加活跃，植物对于病原体就会有更强的抵抗力。目前，病虫害肆虐每年都会造成农作物减产，这项新的研究成果，有助于减少病虫害对农作物的危害。

（2）发现一种能促进植物"深呼吸"的蛋白质。

2011年7月，日本名古屋大学木下俊则教授领导的研究小组，在《当代生物学》杂志网络版上撰文称，他们利用十字花科植物拟南芥进行实验时，首次发现催促植物开花的FT蛋白质，还具有调整叶片气孔开闭的作用。增加FT蛋白质，可促进植物"深呼吸",从而吸收更多的二氧化碳。

通常状态下,植物感受到蓝光后,为进行光合作用会打开气孔,吸收二氧化碳。但日本研究人员找到一株即使感受不到蓝光,也会打开气孔的拟南芥。经过分析,研究人员发现,它遏制 FT 蛋白质生成的功能遭到了破坏。

研究人员猜测,有可能是生成的 FT 蛋白质过剩,导致这株变异的拟南芥的气孔一直张开。于是研究人员在野生拟南芥中的气孔部分增加了 FT 蛋白质,结果发现气孔大大张开,而减少 FT 蛋白质后,气孔就会变得难以打开。

有关专家指出,如果操作 FT 蛋白质,就可人为打开植物气孔,此法或许能用来使植物更多地吸收大气中的二氧化碳,防止地球变暖。

(3)发现决定兰花花朵形状的蛋白。

2015 年 5 月,植物学家杨昌献等人组成的一个研究小组,在《自然·植物学》网络版上性发表论文称,兰花的花朵形状由两组竞争关系的蛋白所决定。这一发现,大大拓展了人们对兰花多样性之美背后的主导机制的理解。

研究人员说,大多数兰花与普通花不同,它有一个花瓣较大且形状不规则,被称为"唇"的器官。兰花的唇可以吸引那些传粉的昆虫前来,并作为其着陆平台,这被认为是兰花在促进繁殖方面的一个很有利的进化。

该研究小组检测了一种与花瓣发育有关的已知基因的表达。据基因表达模式显示,在成熟的兰花中,两种具有竞争关系的蛋白复合物,他们将其命名 L 复合物和 SP 复合物,它会分别促进唇和标准花瓣的形成。研究人员把这种机制称为花被代码,借指花瓣和萼片。

研究人员发现,不同亚科中,有着不同类型的唇和花瓣的那些兰花种类,都遵循花被代码。他们还通过基因沉默的手段,降低 L 复合物的活性,从而成功地把两种兰花的唇转化成花瓣。

巴巴拉·格拉凡德尔在一篇相关评论中写道,这两种蛋白复合物的发现,为"我们完全了解兰花在缺乏'物质奖励'的情况下,如何吸引传粉者的原理,迈出了重要的一步"。

## 二、发现与癌症相关的蛋白质

### 1. 发现与一般癌症相关的蛋白质

(1)发现影响癌细胞增殖的蛋白质。

2004 年 11 月,《朝日新闻》报道,日本九州大学教授中山敬一领导的研究小组,发现一种名为 KPC 的蛋白质,会对癌细胞增殖产生影响。这项成果,有望为开发新型抗癌制剂提供帮助。

据报道,科学家们在早先研究中发现,控制癌细胞增殖的 p27 蛋白质失去作用,会导致癌细胞不断增殖,p27 蛋白质主要被一种名为 skp2 的酶分解而失去作用。但中山敬一研究小组,利用老鼠进行的新实验显示,即使没有 skp2,p27 蛋白质也会遭到破坏。中山的进一步研究表明,一种 KPC 蛋白质也会对 p27 蛋白质起破坏作用。

与 skp2 在癌细胞正在进入增殖周期时发挥作用不同,KPC 蛋白质在癌细胞从休止向增殖发展的早期施加影响。从治疗癌症的角度而言,控制 KPC 蛋白质更加重要。科学家们在实验中还培育出了不合成 KPC 蛋白质的癌细胞,结果未发现癌细胞增殖现象。

中山敬一说,利用可阻止 KPC 蛋白质和 p27 蛋白质结合的药物,来控制癌细胞扩散,然后再用其他抗癌制剂杀死癌细胞,有可能为治疗癌症开辟一条新途径。

(2)发现一种刺激肿瘤细胞繁殖的蛋白质。

2005 年 2 月 18 日,美国白头研究所大卫·萨巴蒂尼主持,麻省理工学院研究人员参加的一个研究小组,在《科学》杂志上发表研究报告称,他们发现了癌细胞分裂过程中的一个重要环节,为研制抗癌新药找到了一条新路。

研究人员说,他们研究的核心是名为 Akt 的蛋白质,它对决定细胞是否分裂起到了重要作用。研究人员过去发现,在各种癌组织中 Akt 蛋白都表现出了非常高的活性,如果 Akt 蛋白移动到细胞膜,就会刺激细胞开始分裂,这常常导致了肿瘤细胞的繁殖。如果 Akt 蛋白仍然停留在细胞质中,它就不会表现出活性。这是因为人体中作为肿瘤抑制剂的 PTEN 蛋白破坏了细胞膜中能够将 Akt 蛋白吸引到细胞膜上的脂类,从而阻止了 Akt 发挥作用。

从某种意义上来说,PTEN 蛋白束缚了 Akt 蛋白,从而抑制了细胞的分裂。但是,如果 PETN 蛋白发生了变异,不再发挥作用,Akt 就可以自由到达细胞膜,并刺激肿瘤细胞繁殖。由于研究人员对 Akt 蛋白,在到达细胞膜后刺激细胞分裂过程的了解并不充分,因而研究人员也就对如何阻止这一过程并没有一个明确的观点。

针对这种情况,萨巴蒂尼研究小组报告说,这一活化过程中的关键环节就是 mTOR 分子,它是一种能够影响细胞体积扩张能力的蛋白质,曾被作为免疫抑制药而广为研究。2004 年 7 月,该研究小组发现了一种与 mTOR 蛋白质相互作用的新蛋白 rictor,最近,他们发现这两种蛋白质结合形成的一种复合物,能够使 Akt 蛋白质的氨基酸磷酸化,从而激活 Akt 蛋白的活性。研究人员说,如果我们找到一种能够阻止 mTOR/rictor 结合的分子,就能够阻止 Akt 蛋白活化从而避免肿瘤形成。

长期以来,研究人员一直试图弄清楚癌细胞中的信息传导途径。虽然过去的研究已经确定了其中的一些步骤,但某些关键环节依然还是一个谜。萨巴蒂尼说,我们相信我们已经找到了科学家自 1996 年以来一直在寻找的东西。

(3)发现会促进癌细胞增殖和转移的蛋白质。

2006 年 7 月,韩国生命工学研究院林东洙博士领导的研究小组,在《自然·医学》杂志网络版上发表论文称,他们通过研究证实,一种蛋白质会促进癌细胞的增殖和转移。研究人员说,这一成果将有助于开发治疗多种癌症的药物。

研究人员对老鼠和人的活体组织样本,进行分析后首次发现,名为"E2 – EPF 泛素载体"的蛋白质(UCP),会通过与其他 2 种蛋白质的特定作用,促进癌细胞增殖和转移。他们的研究显示,E2 – EPF 泛素载体蛋白质,可能与多种癌细胞的增殖和转移有关。他们认为,以该蛋白质为标靶,也许可以开发出治疗肝癌、大肠癌和乳腺癌等原发性癌变和转移性癌变的新药。

研究人员说,他们已制成可抑制 E2 – EPF 泛素载体蛋白质的短干涉 RNA,并已就此在韩国申请专利。但韩国专家指出,在此基础上开发出有效的癌症治疗手段,可能还需要 10 年时间。

(4)发现与受损细胞癌变相关的蛋白质。

2009 年 12 月,加拿大西安大略大学罗伯兹癌症研究所席尔德·保尔特领导的一个研究小组,在《分子癌症研究》杂志的网络版上发表文章称,细胞的凋亡过程表现为,当细胞经历 DNA 损伤时,它们通常都会尝试修复,但是一旦修复失败,受损细胞就会自我毁灭,出现个体凋亡。他们发现了一种能够调节细胞凋亡机制的蛋白质。这一研究成果,对癌症的诊断和治疗都将产生影响。

研究人员说,鉴别出的蛋白质 RanBPM,可直接参与激活细胞凋亡。癌症的主要特点之一是,细胞尽管在其遗传物质中有缺陷,但细胞并不主动凋亡。换句话说,受损细胞不能确保会自杀,从而发展成癌症。无法激活细胞凋亡也造成了癌症治疗的难点。由于这些细胞抵御死亡,因此也就无法用化疗或放疗方法引发 DNA 损伤来杀死这些细胞。

研究人员表示,虽然还需要进行更多的研究来充分了解这些蛋白的功能,但 RanBPM 能成为重新激活细胞凋亡、杀死癌细胞的靶标。此蛋白也可成为预测肿瘤是否会发展为恶性的一个标记。

(5)发现可影响肿瘤细胞代谢的三种阻抑蛋白。

2010 年 1 月,美国纽约冷泉港实验室阿德里安·克莱内尔教授领导的研究小组,在美国《国家科学院学报》网络版上发表论文称,他们在肿瘤细胞中发现 3 种阻抑蛋白,可影响丙酮酸激酶的两个亚型的剪接,从而改变细胞代谢机制。该发现,有助于研究人员理解并克服困扰医学界长达 80 年的难题——"瓦伯格效应",并将有助于找到一种抑制肿瘤细胞代谢和肿瘤生长的新方法。

20 世纪 30 年代,德国生物化学家奥托·瓦伯格发现,肿瘤和正常成体组织存在着代谢差异,它们通过糖酵解产能,并产生大量的副产品——乳酸。如此代谢性质,使得肿瘤细胞的耗糖速度,远大于正常细胞。这种肿瘤细胞对糖酵解通路产能依赖增强的现象,称为"瓦伯格效应",它会极快地促进细胞增生和肿瘤生长。而最近有研究表明,是一种叫做 PK – M2(丙酮酸激酶 M2)的蛋白,促进肿瘤细胞的这种代谢。它对肿瘤的形成和生长,起着至关重要的作用。

PK – M2 是丙酮酸激酶的一个亚型。而丙酮酸激酶的另一个亚型 PK – M1,则与 M2 不同,是无害的。这两种亚型都源于同一基因——PK – M 基因。该基因以一种独一无二的方式,进行可变剪接(即基因的 mRNA 前体按不同的方式剪接,产生出两种或更多种 mRNA),生成 M1 和 M2 两种亚型。在肿瘤细胞中,PK - M 基因的可变剪接为何会只产生有害的 M2,而不产生无害的 M1,则一直是个谜团。

克莱内尔研究小组,对多种类型癌症细胞中的众多剪接因子,进行筛查。最终,发现决定着 M1 和 M2 开关的 3 种剪接阻抑蛋白。研究人员发现,这 3 种蛋白在肿瘤细胞中的含量很高,是它们抑制 M1 亚型的剪接,使肿瘤细胞只产出 M2。通过降低细胞中这 3 种蛋白的水平,可降低 M2 水平和乳酸生成量,恢复 M1 的生成,从而在很大程度上逆转"瓦伯格效应"。

克莱内尔指出,这 3 种阻抑蛋白被阻断后,细胞并不会完全停止 M2 的生产。它表明,可能还有其他的剪接因子,影响着 M1 和 M2 的开关。

目前,该研究小组,正在寻找其他可能的剪接因子。而这种恢复正常的代谢状态,是否会阻碍肿瘤细胞的快速生长,则有待进一步研究。

克莱内尔表示,虽然对于"瓦伯格效应"还有几个基本问题尚未解决,目前也还不十分清楚该效应的作用机制,但关于细胞代谢机制的研究,或许有助于揭开这一谜底,从而发现新的分子药物标靶,开发出剪接因子抑制药物和逆转"瓦伯格效应"的药物,从而通过改变肿瘤细胞的代谢机制来治疗癌症。

(6)发现阻止肌体抑制癌症的蛋白质。

2011 年 8 月,日本九州大学铃木聪教授领导的研究小组,在《自然·医学》杂志网络版上发表论文称,他们发现,人体细胞核内一种蛋白质,是阻止肌体抑制癌症的障碍物,如果能减少这种蛋白质的数量或减少其表达,癌症发展就能得到一定程度的抑制。这项成果,有助于抗癌新药的研发,也有助于更准确地预测癌症复发状况。

研究小组研究了人体细胞核内的蛋白质"PICT1",发现如果这种蛋白质的数量减少或表达被抑制,另一种已知具有抑制癌症作用的蛋白质"p53"的量就会显著增加。

研究人员针对癌症患者进行的病变组织分析显示,"PICT1"蛋白质数量少或表达不活跃的癌症患者,5 年生存率比这种蛋白质数量多或表达活跃的患者要高。

研究发现,癌细胞中"PICT1"含量高的食道癌患者 5 年生存率为 25%,而"PICT1"含量低的患者 5 年生存率可达到 42%;直肠癌患者癌细胞内"PICT1"含量高和含量低的,5 年生存率分别为 62% 和 81%。

2. 发现与乳腺癌相关的蛋白质

(1)发现乳腺癌的守护蛋白。

2006 年 7 月 1 日,南加州大学凯克医学院的一个研究小组,在《美国病理学杂志》上发表研究成果称,他们发现了一种使乳腺癌细胞避过身体先天免疫反应的蛋白质,同时发现它有可能成为将来癌症药物的一个靶标。

研究小组首次揭示细胞表面上的 EphB4 蛋白,是如何发挥作用的。这项研究表示,如果我们能将蛋白质 EphB4 关闭,那么肿瘤细胞就会死亡,即这种蛋白质的功能,是帮助癌细胞存活。

研究人员把一种荧光染料,附着在这种蛋白质的抗体上,以确定它在肿瘤细胞上的定位。研究人员的第一步,是要找到这种蛋白质在癌细胞上的位置,并确定它出现的频率。结果,他们发现,这种蛋白质出现在 60% 的肿瘤上,并且它在癌症发生的最初阶段就得以表达。

接着,研究人员着手确定 EphB4 的功能。他们发现 EphB4 蛋白质能够充当一个岗哨,保护肿瘤细胞不受来自身体的任何防御攻击。携带这种蛋白质的肿瘤细胞,能与附近的血管进行交流。它给血管发信号,促其生长。

研究人员认为,将来的抗癌药物或许能通过抑制这种蛋白质,来干掉肿瘤细胞的一个卫兵。利用相似的思路,人们已经开发出了第一个乳腺癌生物治疗药物——赫赛汀。赫赛汀能以 her2 蛋白质为靶标。研究表明,20% 的肿瘤细胞表面存在着 her2 蛋白质。

Her2 蛋白质也在这项研究中起到一定的作用。这种蛋白质和它的几个兄弟蛋白质能够活化 EphB4。目前,研究人员正在深入研究这种蛋白质在癌细胞中如何被开启和关闭。

(2)发现保护乳腺癌免于化疗影响的蛋白质。

2006 年 8 月 15 日,南加利福尼亚大学,罗瑞斯全身肿瘤中心的生物学教授艾米·莉领导的一个研究小组,在《肿瘤研究》杂志上发表研究报告称,他们在肿瘤内发现了一种新的生物标志物,它能预测常规化疗药物是否可以对患者发挥作用。

大约一半接受标准化疗的乳腺癌患者,在五年内还会复发。多数化疗药物,都有一些人们意想不到的副作用。但是,至今还没有办法确定哪些患者会受益于化疗,哪些患者对化疗不敏感。该研究小组就是针对这些问题展开研究的。

艾米·莉在 1980 年分离得到了 GRP78 蛋白(葡萄糖调节蛋白 78)的基因,通常情况下这种基因能够保护细胞免予死亡,特别是在缺乏葡萄糖的应急状态时。现在,她发现具有高水平 GRP78 的乳腺癌患者,对阿霉素的化疗效果不好,阿霉素是一种拓扑异构酶抑制剂,常用于化疗。艾米·莉说,这项研究的重要性在于,它可能有助于临床医生决定哪些患者适合进行化疗,有助于医生将对某些化疗不起作用的患者鉴别出来,而这些患者往往有较高的复发率。

研究小组对罗瑞斯全身肿瘤中心的 432 名,处于 II 期或 III 期的女性乳腺癌患者,进行研究。这些患者中有 209 名患者,接受了阿霉素化疗。在进行化疗前采集了 127 名患者的肿瘤标本,这些标本通过抗体方法检测 GRP78 蛋白,从而对其进行分析。分析结果表明,67% 的肿瘤组织中 GRP78 水平较高。接下来,研究人员对这些患者的医疗记录进行研究。结果表明,那些肿瘤组织中 GRP78 水平较高的患者,更容易发生癌症复发。并且在经过阿霉素化疗后,进行乳房切除术的女性,如果她们的肿瘤组织 GRP78 水平较高,那么这些患者与低 GRP78 的患者相比,她们癌症复发的概率还是比较高。

研究结果显示,患者在接受阿霉素化疗后,应该再接受紫杉醇治疗。这样,即使患者肿瘤组织中 GRP78 的水平较高,其癌症复发的风险也比较小。艾米·莉希望,其他研究人员在研究中能够对她的研究结果加以确证。这样,就可能使 GRP78 筛查,成为确诊的乳腺癌患者的一种标准实验室检测。GRP78 检测,将会有助于制定针对不同患者采取不同的个性化治疗方式,从而避免用一种治疗方案对所用患者进行治疗。该研究有望有更加广泛的应用,因为在其他癌症中也发现有 GRP78 增高的现象。并且,艾米·莉正在与南加利福尼亚大学病理学家理查德·科特合作,对 GRP78 在前列腺癌中的作用进行研究。

3.发现与其他癌症相关的蛋白质

(1)发现影响恶性脑瘤生长的蛋白质。

2004 年 12 月,德通社报道,德国蒂宾根大学医院米夏埃尔·韦勒领导的研究小组,通过控制脑肿瘤细胞中一种蛋白质分子,使实验鼠免疫系统恢复工作,并成功阻止脑肿瘤细胞的生长。

研究小组认为,恶性脑肿瘤之所以难以控制,肿瘤细胞增殖速度快,可能是由于脑肿瘤细胞抑制了患者免疫系统,使其无法发挥防御保护作用。他们发现,肿瘤细胞中有一种名叫转化生长因子 $\beta$(TGF-$\beta$)的蛋白质分子对抑制免疫系统起主要作用。

实验中,韦勒研究小组首先使用基因技术,阻止转化生长因子 $\beta$,在肿瘤细胞中继续产生,肿瘤生长随之得到抑制。研究人员又给实验鼠服用一种试验药品 SD-208,该药可以保护健康细胞,免受转化生长因子 $\beta$ 的破坏。结果显示,实验鼠服药后,转化生长因子 $\beta$ 不再能影响实验鼠免疫细胞,其脑肿瘤细胞的生长得到进一步抑制,肿瘤细胞的恶性程度也明显下降。

研究小组希望今后在 SD-208 基础上继续开发出类似药物,并形成一个新的恶性脑肿瘤治疗概念。

(2)发现皮肤癌扩散中的关键蛋白质。

2005 年 3 月 18 日,斯坦福大学医学院教授卡哈瓦里等人组成的研究小组,在《科学》杂志上发表论文称,他们发现,一种蛋白质对恶性皮肤癌的扩散有重要影响。这一研究成果,将为治疗皮肤癌提供重要线索。

研究人员说,这种蛋白质被称为胶原质 7,是表皮细胞的细胞外基质的重要成分,通常的功能是保护表皮细胞不受外界损害。但是它的一种变异形态,却可能成为致命的表皮鳞状细胞癌的扩散媒介。

研究小组,在研究一种罕见的遗传性皮肤病"隐性萎缩型水泡上皮解离症"的时候,发现了这一蛋白质的作用。此前的研究已经证实,胶原质 7 的变异或缺失,会引发隐性萎缩型水泡上皮解离症。研究人员在研究中发现,大约有 2/3 的隐性萎缩型水泡上皮解离症患者特别容易患上表皮鳞状细胞癌,另外 1/3 患者则不会患皮肤癌。

研究人员用 12 名患有隐性萎缩型水泡上皮解离症儿童的表皮细胞样本,进行实验,他们激活了表皮细胞发生癌变的细胞开关。结果发现,有 4 名患儿的表皮细胞,无论怎样激活其细胞开关都不会发生癌变,而另外 8 名患儿的表皮细胞很容易变成癌细胞。

研究人员进一步分析发现,那些不会得皮肤癌的隐性萎缩型水泡上皮解离症患者,是胶原质 7 缺失的类型;而容易得皮肤癌的患者,是胶原质 7 变异的类型。胶原质 7 蛋白的一个片断,是癌细胞向正常组织扩散时的关键媒介。

研究人员还用正常人的皮肤细胞验证了这一发现,他们用一种抗体阻断了胶原质 7 蛋白,然后激活皮肤细胞的癌变细胞开关,结果发现,无论如何也不能使其变成癌细胞。

研究人员指出,表皮鳞状细胞癌只有在扩散的情况下,才会对人致命,否则就是一种良性的肿瘤。他们的研究证明,胶原质 7 蛋白在癌细胞扩散中的关键作用,将来可以通过阻断这种蛋白质来治疗这种癌症。

不过,这一疗法也可能带来副作用。在同期《科学》杂志上,美国国立癌症研究所的尤斯帕博士发表评论说,医学界将面临两难选择,如果要阻断胶原质 7 蛋白治疗皮肤癌,患者就会因缺失这种蛋白罹患隐性萎缩型水泡上皮解离症。

(3)发现使大肠癌恶化的蛋白质。

2006 年 6 月,日本和美国 3 所大学研究人员组成的小组,在《自然》杂志上报告说,他们发现,蛋白质"CRD－BP"在大肠癌恶化的过程中起着主导作用。

研究人员在实验器皿中培养大肠癌细胞,发现蛋白质"CRD－BP"可促进"贝塔连环蛋白"等 3 种蛋白质结合,使 3 种蛋白质协调发挥作用,而"贝塔连环蛋白"等此前就被证实和大肠癌恶化相关。

在验证实验中,科学家依靠基因操作,破坏"CRD－BP"的功能,在不施加其他任何外因的情况下,癌细胞的自然死亡率约上升 2.5 倍,其增殖也被控制在原先的约 1/3 内。同时,对比多名大肠癌患者病灶周边组织和健康部位可发现,病灶周边存在较多"CRD－BP",证明了这种蛋白质确实对癌症恶化产生影响。

研究人员认为,半数大肠癌患者的病情恶化,与"CRD－BP"蛋白质相关。利用这一蛋白质的特性,有望开发更具针对性的疗法。

(4)发现与口腔癌相关蛋白质。

2012 年 7 月,英国癌症研究会等机构相关人员组成的一个研究小组,在《癌症研究》杂志上发表研究小组称,他们发现了一种在口腔癌中起关键作用的蛋白质,以它为靶点进行治疗,可以延长患癌实验鼠的生命。这一发现,有望为人类带来口腔癌新疗法。

研究人员说,他们发现名为 FRMD4A 的蛋白质在口腔癌中起着关键作用。这种蛋白质会促进癌细胞生长,机体中这种蛋白质的含量越高,癌症就越容易扩散,或是越容易在治疗后复发。

研究人员接下来开展的动物实验显示,如果使用药物阻碍这种蛋白质的功能,则癌细胞的生长会被抑制,患有口腔癌实验鼠的生命得以延长。

研究人员斯蒂芬·戈尔迪表示,现在已有的一些药物,可以用来对付蛋白质FRMD4A,因此有望很快在本次研究的基础上展开人类临床试验。对于使用传统手术和化疗不奏效的口腔癌患者来说,这有望成为他们新的治疗选择。

据介绍,过去虽然出现了一些口腔癌新疗法,但口腔癌患者的生存率,在过去30年中并没有出现明显改善,本次研究成果有望为此带来新希望。

4.发现能够发挥抗癌作用的蛋白质

(1)发现能够防止癌症肿瘤成长的关键蛋白质。

2004年11月1日,英国心脏疾病基金会讲师戴夫·贝茨医生,与布里斯托尔大学生理学学院微脉管实验室高级研究员史蒂夫·哈珀两人带领的一个研究小组,在《癌症研究》杂志上发表研究成果称,他们发现人体组织中含有一种蛋白质,可以阻止肿瘤生长。

研究人员说,他们发现:在人体的包括血液在内的一般组织中,有一种脉管内分泌生长蛋白质(VEGF),它能够有效地防止癌症肿瘤的成长。

癌症肿瘤的生长,依赖于其能够从血液中吸取养料的能力。随着一个肿瘤从针头大小成长为一个高尔夫球的大小,血液养料的供应量也随着肿瘤的增大而增多。多数种类的蛋白质VEGF在血液养料提供的过程中起着促进作用。该研究小组早在2002年就发现了蛋白质VEGF的新品种——VEGF 165b。它能够抑制新血管的生长,肿瘤就会因为得不到足够养料而无法增大超过一毫米。

该研究小组还发现,这种VEGF蛋白质,存在于人体组织的许多普通器官里,比如说前列腺。但同时他们也发现在前列腺肿瘤中就不存在这种VEGF。通过实验验证,他们得出了这种蛋白质VEGF,是如何在血管中起到抑制肿瘤生长作用的。

这项研究的成果,即鉴别新发现的VEGF品种如何运作,以及它对肿瘤的影响,具有积极意义。这表明,我们可以利用人体内原有的抗肿瘤蛋白质VEGF 165b来切断肿瘤的养料供应,阻止其生长。

使用VEGF 165b比使用其他治疗肿瘤的复合药剂,具有明显优势,因为VEGF 165b是一种人体在常规环境下产生的自然蛋白质。目前,许多新的肿瘤治疗方法,主要是通过攻击肿瘤血液供应渠道来抑制其成长,而不是采用抑制肿瘤细胞生长的方法。而且最近在美国进行的大规模临床实验中,堵塞性VEGF抗体在治疗结肠癌症肿瘤方面效果非常显著。

新的血管生长,对人体其他功能也是必需的,例如胚胎的成长、伤口的愈合、怀孕期间胎盘的生长,以及在做锻炼时肌肉的发育。然而,成年人在不进行血管生长的情况下，也可以保持身体健康很长时间。控制血管生长的因素很多，但是VEGF 无疑是其中最强有力的。

（2）发现两种可阻止肿瘤细胞增长的蛋白质。

2006 年 3 月，美国国立犹太医学研究中心，负责细胞生物学计划的助理教授威廉·希曼领导的一个研究小组，在《癌症研究》杂志上发表研究报告称，他们发现，两种蛋白质——Fibulins3 和 Fibulins5，可以通过阻止血管的生长，来减缓实验鼠体内肿瘤细胞的增长速度。

希曼说，健康人体就能产生 Fibulins 蛋白质，它能控制细胞的繁殖、移动和入侵，而且在细胞培养中可起到抑制新血管形成的作用。过去他们发现，在许多转移癌中，这些蛋白质被耗尽。

肿瘤为了生长，通常需要通过血管输送养分和氧气，它们还利用血管来扩散，成为癌症患者死亡的主要原因。近年来，通过抑制给肿瘤供给养分和氧气的血管生长来治疗癌症，引起医学专家极大的兴趣。

在实验中，研究小组给实验鼠注射了一种名为基底膜基质的生物物质，其中包含有一种促进血管生长的生长因子，还含有 Fibulins3 或 Fibulins5 蛋白质或对照物质。7 天后，研究人员发现，含任何一种 Fibulins 蛋白质的基底膜基质生成的血管，只有对照组的一半。

研究人员接着向实验鼠体内注射了纤维肉瘤。这种瘤细胞，经过基因改造可以产生 Fibulins3 或 Fibulins5 蛋白质。在细胞移植的 3 个星期后，研究人员发现，肿瘤的成长比对照组小了 24% ~45% 。他们还发现，Fibulins 作用的生物通路不止一个，这证明它具有非常强大的效果。

研究人员希望实验鼠能忍受更大剂量的 Fibulins 蛋白质，从而解决毒性问题。

不过，研究人员尚未发现 Fibulins 与哪种受体相互作用，从而产生抗血管新生的作用。但他们声称，Fibulins 蛋白，可改变参与胞外基质消融和改建的细胞外蛋白质的水平，调节血管的生长。

（3）发现一种可引导癌细胞自杀的新奇蛋白质。

2006 年 10 月，以色列魏茨曼科学研究院，分子遗传系主任阿迪·科米奇教授领导的一个研究小组，在有关刊物上发表研究报告说，他们发现了一种新奇的蛋白质，这种蛋白质可对细胞产生影响，使它们选择对人体有益的自杀方式。

细胞是以两种方式自我消亡的：一种方式称之为"跌落"，即像叶子从树上落下一样。这种方式的基本过程，是细胞产生有毒蛋白导致细胞破裂，死亡后的细胞被邻近细胞"吃掉"。另一种方式称之为"自我吞噬"，即细胞从内部把自己吃掉。如果细胞以"自我吞噬"方式自杀，就有可能导致一些疾病的产生，例如癌症。

在研究中，以色列研究小组发现了一种奇特的蛋白，它可以影响癌细胞选择"消灭自己"的自杀方式。这种蛋白，实际上是过去已经认知的一种蛋白质的短体形态，在没有缩短时，通常不能引导细胞选择"跌落"方式自杀。尽管这两种蛋白，以不同形式给癌细胞发出自杀指令,但它们都受同一种基因编码的控制。研究人员发现,正是这些丢失了某些片断的短体蛋白,向细胞发出了使用"跌落"方式自杀的指令,而不是那些遗传正常的蛋白给细胞发出的"自我吞噬"信号。

(4)发现能阻止细胞癌变的蛋白质。

2007年6月,日本媒体报道,千叶大学研究生院教授远藤刚领导的研究小组,发现一种名为"DA - Raf"的蛋白质,具有阻止人体细胞癌变的作用。这一发现,有望用于开发癌症基因疗法和新的癌症治疗药物。

研究人员指出,人体细胞在癌变过程中,由于细胞内基因突然变异,一种名为"Ras"的蛋白质被激活,引起细胞异常增殖,由这种原因导致的癌症病情恶化病例,约占癌症患者的1/3。

研究小组经过研究发现,一种名为"DA - Raf"的蛋白质具有阻止细胞癌变的功能。它通过与蛋白质"Ras"结合,可以阻断蛋白质"Ras"促使细胞增殖、分化的途径,进而防止细胞癌变。

研究人员首先在老鼠体内发现蛋白质"DA - Raf",继而在人体细胞内也发现有这种蛋白质。

(5)发现能抗胰腺癌的蛋白质。

以色列舍巴医学中心的研究小组发现,一种可以延缓衰老的蛋白质或许能防治胰腺癌。这种称为Klotho(克罗托)的蛋白质,是大脑和肾脏产生的一种天然激素。

2008年,该研究小组通过实验发现,Klotho蛋白质具有阻止乳腺癌分化的作用,它出现变异,会大大增加妇女患乳腺癌的概率。其他一些国家的研究表明,它还具有阻止肝癌和子宫癌细胞扩散的能力。

负责这项研究的专家表示,胰腺癌是一种侵入性强、扩散迅速的癌症,以色列每年诊断出的胰腺癌患者有600多人,目前对这种癌还没有有效的治疗方法。实验显示,使用他们研发的方法,注射一两周后,癌细胞停止了扩散,肿瘤也逐渐缩小。由于Klotho蛋白质在人体内有控制钙和磷的重要作用,改变这种蛋白质如同改变体内任何其他激素一样,可能会增加激素活性的副作用。因此,为安全起见,在商业化开发前,研究人员还将进一步检测,这种蛋白质是否会导致严重的副作用。如实验表明是安全的,将为防治胰腺癌开辟一条新途径。

(6)发现能抑制乳腺癌转移的蛋白质。

2009年2月9日,日本筑波大学一个研究小组,在《自然·细胞生物学》杂志网络版上发表研究成果称,他们发现,人体细胞中的蛋白质"CHIP",可以抑制乳腺癌细胞增殖和转移。

研究人员说,他们注意到,在人体细胞中,蛋白质"CHIP"的水平,随着乳腺癌的发展而降低,用实验鼠进一步研究发现,减少"CHIP"的量,实验鼠乳腺癌细胞形成大块肿瘤,且转移加快;增加"CHIP"的量,乳腺癌细胞增殖和转移能力则受到极大的抑制。这一发现表明，可以通过提高"CHIP"蛋白质的量，或促使其活跃来抑制乳腺癌细胞的增殖和转移。这项成果为开发防治乳腺癌新药提供了思路。

此外，由于"CHIP"蛋白质也存在于乳腺以外的组织，研究人员推测，它可能还能抑制其他癌症细胞的增殖和转移。

（7）发现蛋白"磁铁"能阻止癌症向全身扩散。

2009年3月，英国曼彻斯特大学帕特森学院，安格利克·马利里博士领导的一个研究小组，在《分子细胞》杂志上发表研究成果称，他们发现一类蛋白"磁铁"，能够有力地阻止癌症向全身扩散。

研究人员表示，他们在研究Tiam1和Src两种蛋白时，发现Tiam1可以把其他一组蛋白吸附到自己身上，就像铁钉被吸附到磁铁上一样。而且，被吸附的这组蛋白还不会破坏Tiam1。因此，Tiam1成了防止细胞粘在一起的关键因素，从而破坏了癌细胞之间的连接，达到防止癌细胞随意扩散的目的。如今，科学家希望开发能防止破坏Tiam1毁灭的药物，从而可望阻止癌症扩散。

研究人员同时发现，另一种蛋白Src，则具有Tiam1截然相反的作用，能导致细胞之间的连接瓦解，使细胞分散并自由迁移。这一过程，出现在人体的正常发育和伤口的治愈上，但也出现在癌细胞全身扩散的过程中。科学家发现，Src蛋白的作用，是把一种化学物吸附到细胞中的其他蛋白上，此过程叫磷酸化作用。这一过程，能导致其他蛋白的功能出现差异。

马利里说："我们已经在这一过程上实现了关键性的突破，可以破坏癌细胞之间的连接。更重要的是，我们研究还显示阻碍Tiam1的毁灭，能防止癌细胞转移和扩散。如果我们能模仿癌症患者体内的这种效应，我们就能重建正常细胞之间的连接，从而可望阻止癌症扩散。控制早期癌症的转移和扩散，实际上意味着癌症治愈的成功率更高。"

英国癌症研究中心癌症信息处的主任莱斯利·沃尔克博士说："我们将看到如果此研究能开发出新药物来阻止癌症扩散，这将使我们更能了解癌症是如何扩散的。"

研究人员说，一些蛋白能帮助单个细胞和组织聚合在一起。Tiam1蛋白，最初是在T细胞淋巴瘤细胞中识别出来的，如今已经发现它在其他细胞中，具有维持和确定邻近细胞连接类型的作用，又叫黏着连接。除其他蛋白之外，Tiam1在防止此连接处细胞之间的连接方面起了关键作用。

科学家认为，Src蛋白能够通过磷酸化作用，导致黏着连接瓦解。于是，科学家在实验室里做细胞成长实验来验证其理论，最终，他们通过检查不同种类的人类癌症，包括肺癌、肠癌和颈癌等，来查看这些组织中的Tiam1蛋白是否被酸化，这些癌变组织中是否能发现活性的Src蛋白。结果发现，Src蛋白，把磷酸化的集合，附着在Tiam1蛋白的黏着连接上，触发黏着连接瓦解，导致细胞自由扩散。

(8)发现一种有助于控制前列腺癌的蛋白质。

2011年2月,英国帝国理工学院等机构组成一个研究小组,在《癌症研究》杂志上撰文称,他们在检查前列腺癌病变组织中各种蛋白质的含量时,发现一种名为FUS的蛋白质含量,与组织癌变程度之间,存在"反比"关系。研究人员于是又对一些前列腺癌患者进行了检查,结果显示,那些症状较严重者,体内这种蛋白质含量较少,而这种蛋白质含量较多者的病情往往较轻。

为探明其中原理,研究人员首先在试管中培养了前列腺癌组织,随后增加组织中这种蛋白质的含量,结果发现,癌变细胞的生长被抑制。接下来,他们又用实验鼠实验,用基因手段让实验鼠体内生成更多的这种蛋白质,结果这些实验鼠体内的肿瘤也随之缩小。

研究人员指出,这说明人体中天然存在的蛋白质FUS,对前列腺癌肿瘤细胞的分裂增殖,起着某种抑制作用。其含量与前列腺癌呈"反比"关系,即那些前列腺癌症状较重患者体内这种蛋白质的含量较少,而增加这种蛋白质含量有助控制前列腺癌。专家指出,这项成果,可以帮助诊断前列腺癌患者的病情,也可以促进开发新的治疗药物。

(9)发现一种能抑制癌细胞扩散的蛋白质。

2011年8月1日,美国每日科学网报道,美国劳森健康研究所的约翰·刘易斯、安·钱伯斯及同事组成的研究小组,在《实验室研究》杂志上发表论文称,他们发现一种叫做"maspin"的蛋白质,能抑制乳房癌、卵巢癌、头颈癌等癌细胞的形成、增长和扩散。为了评估这种蛋白在肿瘤生长和发展方面的作用,研究小组从癌症中选出两种测试对象:一是高侵略性的头颈癌,二是会扩散至淋巴结和肺部的乳腺癌。他们把一个maspin蛋白,注入癌细胞的细胞核,另一个被阻绝在细胞核之外,随后分别注入患癌症的鸡胚和小鼠。

实验结果显示,当该蛋白注入癌细胞的内核时,其基本扩散能力明显降低,新陈代谢的发生率从75%降至40%;而maspin蛋白在细胞核外时,则使癌细胞更易扩散。这些发现表明,maspin蛋白在细胞中的位置显然影响到了癌细胞的行为,从而最终决定了癌症的扩散性以及治疗效果。但由于maspin蛋白,在细胞中所处位置不同,可能会导致正反两种结果,目前将这一信息用于预测癌症患者的进展有点困难。

研究人员表示,新陈代谢占到了癌症死亡原因的90%,而细胞核中的maspin蛋白显著减少了癌症远端转移的范围和大小。这个研究,可能有助于医生更好地了解癌症的扩散性,为药物开发提供新的靶点。

(10)发现可治黑色素瘤的蛋白质。

2012年7月,美国哈佛大学医学院等机构组成的研究小组,在《自然·医学》杂志刊登报告说,他们发现一种蛋白质,具有治疗黑色素瘤的功效,这种蛋白质可被人体合成。因此,有望在此基础上,开发出促进人体自身对抗该疾病的新疗法。

黑色素瘤是一种恶性皮肤癌,患者的死亡率较高。研究人员对一些黑色素瘤患者的组织样本,进行检验时发现,与正常水平相比,患者体内代号为白细胞介素 -9 的蛋白质含量,要低很多,甚至缺失。

研究人员又通过动物实验,探索这种蛋白质对黑色素瘤的效果。结果发现,如果给实验鼠注射对白细胞介素 -9 有抑制作用的物质,它们所患的黑色素瘤就会迅速生长,与体内含这种蛋白质较少的人类患者的情况类似。

同时,如果给实验鼠,注射一些能促进其体内白细胞介素 -9 含量上升的物质,它们所患黑色素瘤的生长速度,则会明显下降。这表明,白细胞介素 -9 这种蛋白质,具有抑制黑色素瘤的功效。

白细胞介素 -9,在人和实验鼠的体内都可以自我合成。过去,知道它是一种可以调动免疫系统的信号分子。研究人员建议,今后在对黑色素瘤患者治疗时,可以想办法促进人体合成更多的白细胞介素 -9,调动患者免疫系统自身的力量来抑制肿瘤的生长。

(11)发现能对抗所有癌症或病毒侵袭的新蛋白。

2015 年 4 月,英国帝国理工学院医学系免疫生物学部教授,艾菲利普·里卡德主持的一个研究小组,在《科学》杂志上发表研究报告称,他们发现了一种能增强免疫系统功能、使其能对抗所有癌症或病毒的蛋白。他们正在研发一种基于这种蛋白的基因疗法,希望能在三年内启动人体实验。

一般情况下,当免疫系统探测到癌症时,它会进入紧接戒备状态,源源不断地派遣可以杀死癌细胞和病毒感染细胞的"T 细胞",充盈病人的整个身体,但当面对严重感染或晚期癌症时,T 细胞往往无法增殖至足够大的数量来对抗疾病,导致抗癌过程偃旗息鼓。

而科学家们在对拥有遗传突变的老鼠进行筛查时,发现一种老鼠在受到病毒感染时,生成了正常老鼠 10 倍数量的 T 细胞,而且,免疫能力获得增强的这种老鼠,能产生更高浓度的这种未知蛋白,使其能更有效地抑制感染,并且能更好地抵御癌症。研究人员将之命名为淋巴细胞扩增分子(LEM)。他们随后进一步证实,它也可以调节人类 T 细胞增殖。另外,他们还发现,这种老鼠还生成了更多的第二种 T 细胞——免疫记忆细胞,使其能识别从前遭遇过的感染、肿瘤或者病毒,并快速启动反应。

科学家们解释道,新蛋白会导致 T 细胞能量的大幅提升,使 T 细胞大量增殖,从而对抗癌症。里卡德表示:"这是一种完全未知的蛋白,迄今还未曾有人意识到它的存在,它与其他蛋白在外观和行为上都完全不同,它或许会成为治疗多种癌症和疾病的游戏规则改变者。"

科学家们希望能基于这种蛋白研制出一种基因疗法,让癌症病人的 T 细胞通过这种方法获得增殖,接着再将其重新注射回身体内。这一方法或许可以终结令人痛苦的化疗方法,因为其依靠身体本身而非有毒的药物来对抗癌症。

### 三、发现与心血管疾病防治相关的蛋白质

1. 发现与血管和血液相关的蛋白质

（1）发现与血管相关的蛋白质。

发现对血管生长有重要作用的蛋白质。2004年10月，有关媒体报道，法国国家医疗和健康研究院的科研人员，与美国及比利时的同行联合组成的研究小组，成功发现对于血管生长有重要指导作用的蛋白质，从而找到了血管生长的控制机制。

研究小组发现，如同在神经系统的分叉过程中，一种名为 NETRINE 的蛋白质，对于神经突起的生长具有指导作用一样，对于血管系统的生长也具有指导功能。他们也由此发现了控制血管系统生长的机制。

在人体内，包括动脉、静脉和毛细血管在内的血管总长度要超过10万公里，而血管系统在生长过程中，存在着不断的分叉过程。研究人员发现，血管系统的生长形成，受控于蛋白质 NETRINE 和它的受体 UNC5B，这些受体位于血管壁上的细胞的表面，尤其是在毛细血管顶端。这些血管壁细胞的突起部分，起着为血管分叉"探路"的功能。当周围环境适合存在诱发因子时，这些突起部分就"指引"着细胞向该方向发展；反之，当周围环境存有抑制因子时，这些突起部分就会回缩。

这项研究成果，对于人类正确了解血管系统的生长机制具有重要意义，也有助于研究出抗击癌症病魔的新"武器"。通过发现和了解控制血管系统生长的指导机制，就可以利用阻止目标区域血管系统的增长繁殖来抗击癌症。

首次发现称作血管"生长开关"的蛋白质。2009年6月11日，德国马普分子生物医学研究所所长拉夫·亚当斯领导，该所细胞生物学家鲁伊·贝内迪特博士，以及明斯特大学科学家参与的研究小组，在《细胞学》杂志上发表论文称，人的生命，依赖于向人体各个器官输送氧气和营养成分的血管网。而血管网的生长，或破裂血管的痊愈，是由两种被称为"生长开关"的蛋白质决定的。这个医学机理，有望用于治疗癌症和心血管疾病。

人们很容易从中风或心肌梗死等心血管疾病中，了解到血管输送功能对人体健康的重要性。德国研究人员，数十年来一直在研究让血管重新生长，并能修补器官损伤的办法，例如通过构建新的血管，重新激活肿瘤手术后的受损器官。德国的研究人员，首次发现了决定血管生长的"开关"，这个被取名为"Notch"的"开关"，是一种附在血管细胞表面的受体，即所谓的内皮细胞。这个受体上，可以吸附不同的表面蛋白质，使"开关"处于开或关的位置。

这个生化机理的单个成分已经搞清楚，即"开关"处于关的状态时，是受到 Notch 受体表面像阿拉伯数字4一样的三角蛋白质（简称 D114）和生长因子 VEGF 的影响。"开关"处于开的状态时，受到同样是表面蛋白质的另一种锯齿状蛋白质"Jagged1"的影响。

亚当斯说:"我们现在第一次明白,这些单个成分之间是如何作用的,Jagged1蛋白质作为开关的开启作用是完全新的认识。在接下去的实验鼠试验中,我们将进一步了解血管的生长,以及开发可用于人体的新药。"

抑制生长因子VEGF的方法,多年来已应用在治疗癌症和特殊的眼科手术,但这种治疗方法非常昂贵,只有少数病人承受得起。贝内迪特补充说:"由于VEGF也能增加血管的渗透性和导致出血,这种因子不能用于血管生长的治疗需要,通过对Jagged1蛋白质功能的了解,我们有望找到一种新的替代治疗方法。"

(2)发现一种新型的血液蛋白。

2007年4月,美国、日本两国科学家组成的研究小组,在《美国实验生物学会联合会会会刊》发表论文说,他们在鱼鳃中发现了一种能帮助排出氨的蛋白,它与人类血液中的Rh蛋白很类似。通过Rh蛋白,就可能找到新的帮助肝肾损伤病人,排出血液中毒性氨的方法。

Rh蛋白,将是治疗肝脏疾病导致的血液氨浓度过高症的重要手段。对于肝肾损伤病人而言,去除血液中的氨是至关重要的。脑部细胞对于氨最敏感,低浓度的氨就会导致各种程度的混乱、嗜睡及颤抖。而高浓度氨会造成昏迷及死亡。

人体中的Rh血蛋白,通常用于帮助人们决定血型,例如具有A、B、AB或O阳性血型的人,其体内红血细胞表面有Rh血蛋白,而具有A、B、AB或O阴性血型的人,其体内红血细胞表面则没有Rh血蛋白。专家指出,这一研究,对于肝肾疾病有着广泛的影响。

**2.发现与防治心血管疾病有关的蛋白质**

(1)发现心肌梗死导致细胞死亡的关键蛋白质。

2005年3月,美国辛辛那提儿童医院杰夫·莫尔肯廷博士主持的一个研究小组,在《自然》杂志上发表论文称,他们发现了心肌梗死过程中导致细胞死亡的关键蛋白质,抑制这种蛋白质,可能会大幅度提高心肌梗死和中风患者的急救成功率。

研究人员说,他们已经通过动物实验证明,抑制这种名为亲环蛋白D的蛋白质,能够保护实验鼠的心脏细胞,在心肌梗死时不死亡。而且,适用于人类的抑制亲环蛋白D的药物早已存在,只不过先的研究,还没有充分验证这些药在挽救心肌梗死和中风患者方面的功能。

莫尔肯廷指出,亲环蛋白D存在于细胞的线粒体中,而线粒体是细胞的"能源工厂",提供了新陈代谢所需的大多数能量。当细胞缺氧时线粒体就会破裂,导致细胞死亡。但如果从线粒体中,除去亲环蛋白D或者抑制其作用,细胞就不会死亡了。

研究人员说,心肌梗死或中风患者被送到医院时,其心脏处于缺血状态,但多数心肌细胞还没有死亡。医院急救的第一步是恢复血液循环,但血液中的氧是不够细胞新陈代谢所需的,这时细胞才开始大量死亡。这使研究人员认识到,如果在恢复血液循环的同时,为病人注射抑制亲环蛋白 D 的药物,那就可以保护心脏细胞。

莫尔肯廷说,在抑制亲环蛋白 D 的药物中最著名的就是环孢素,曾被广泛用于抑制器官移植后的免疫排斥,但由于环孢素具有损伤免疫系统的副作用,目前临床应用已逐步减少。

不过,同样能抑制亲环蛋白 D 而不损伤免疫系统的药物还有许多。早先的动物实验,已经证明这类药物能在中风发作时保护细胞,只是还没有对病人临床试验而已。研究人员认为,目前,临床试验的条件已经成熟。他们说,此类药物还可用来保护大脑、肝脏、肾脏等器官的细胞在缺血时不死亡。

(2)发现能修复心肌的蛋白质。

2006 年 3 月,有关媒体报道,日本和美国科学家经动物实验发现,胚胎发育过程中,与神经和毛根形成相关的一种蛋白质,具有修复成年动物血管和心肌的功能。

科学家发现,在小鼠的受精卵发育为胚胎的初期,与神经及毛根形成相关的蛋白质"sonichedgehog",同样存在于成年小鼠的心脏中。科学家向患心肌梗死的小鼠和大白鼠体内植入指导合成这种蛋白质的基因,一个月后,实验鼠因血流不畅而缺血的心脏部位面积减少了约 40%。科学家又对患重度心绞痛的猪进行了类似实验,结果猪心脏缺血部位面积减少约 70%,新生出了粗大的血管,心肌得以修复。

进一步研究发现,动物体内该种蛋白质水平增高,会诱发其他 3 种蛋白质同时增多,而这 3 种蛋白质可以使防止心肌细胞死亡,同时形成血管的骨髓干细胞聚集到病灶部位,从而使身体组织的"修复工程"得以顺利推进。

(3)发现与心律不齐有关的蛋白质。

2007 年 4 月 9 日,庆应义塾大学、札幌医科大学和名古屋大学等组成的研究小组,在《自然·医学》网络版撰文称,他们经动物实验证实,一种阻碍神经再生的蛋白质出现异常,可引发心律不齐,从而导致猝死。

研究人员说,蛋白质"semaphorin - 3a"合成量不足或过量,都会使心脏交感神经的分布形式发生异常,导致心脏电活动不稳定,从而引发致命的心律不齐。

心脏的搏动频率由交感神经调节。研究人员通过基因技术,使实验鼠体内不能生成上述蛋白质,之后检查实验鼠心脏,发现交感神经的分布无序。这种实验鼠有 80% 出生不到 1 周就会死亡。研究人员对幸存下来的老鼠进行研究发现,它们的心律不齐,心跳有时会突然停止。

另外,研究人员还培养了一些可以过量分泌"semaphorin - 3a"蛋白质的实验鼠,发现它们的心脏交感神经大量减少,出生 8 周以后,心跳异常、猝死的倾向比较明显。

### 四、发现与神经系统疾病防治相关的蛋白质

1.发现与大脑生理或疾病相关的蛋白质

(1)发现人脑中调节食欲的蛋白质。

2006年6月,韩国蔚山医学院首尔峨山医院内分泌科李起业教授、眄宣和峨山生物工程研究所金永美教授等组成的科研小组,发现人类大脑中的食欲调节蛋白质,为肥胖症治疗找到新的方向。

研究人员发现,在大脑丘脑下部活动的,一种名为"FOXO1"的蛋白质,是产生调节食欲物质的重要因素。动物实验显示,实验鼠的食欲水平,同FOXO1蛋白质的供应水平,呈对应关系。食欲增加的实验鼠,其体重也相应增加。

丘脑下部是大脑的中枢机关之一,其功能包含对食欲的调节。此前,人们通常把FOXO1蛋白质,当作一种能够直接与糖原异生基因DNA分子结合的转录因子。FOXO1可直接依附于,调控葡萄糖异生作用基因的DNA分子上。

人们在2003年发现,包括FOXO1和PGC-1alpha在内的,应答胰岛素分子开关中的一对蛋白组合的缺陷,是导致蛋白质过量产生的主要原因,而能够阻断这两个开关蛋白相互作用的药物,或许就可以有效治疗糖尿病。韩国研究人员表示,这项发现,将开起人们制造基于生物科学的食欲抑制剂的新时代。同现行的产品不同,新的食欲抑制剂将小有副作用。

(2)发现有关大脑疾病的蛋白质。

2006年10月21日,韩国光州科学技术研究院生命科学系张圣镐教授领导的研究小组,在《欧洲分子生物学》杂志网络版上发表论文称,他们发现,"旋转90(SPIN90/WISH)"蛋白质,在突触处会对树突棘的形成产生调节作用。

所谓树突棘,是指在信号传达的过程中,在突触处的神经细胞会接受神经传达物质。该研究小组,通过研究发现,在后突触位置上的"旋转90",会对细胞构造上的树突棘的形成,产生调节作用,在人们学习和记忆的过程中,都受这一调节功能的影响,同时会影响突触的形成。

突触是神经细胞间进行神经传达的场所,它不仅影响大脑的正常工作,还会对多种大脑疾病产生很深的影响。树突棘会在突触部分,接收信号,影响人体神经细胞的构造。最近研究发现,在人类学习和记忆的过程中,树突棘的数量和形状都会大大增加。因此,这种新突触的形成,也被认为是神经界的朔化现象。

特别是患有精神障碍疾病的儿童,其脑神经细胞,要比正常的儿童少。所以,这种非正常状态的现象,以及导致这一现象形成的物质,在以前一直未被发现。

张圣镐教授表示:"树突棘的形成和变异过程,对人脑的学习和记忆过程会产生深远的影响。在治疗各种各样的精神疾病时,通过观察树突棘的变化和数量,可以治疗脑部疾病患者的病症。"

2. 发现与神经生理或疾病相关的蛋白质

（1）发现控制骨骼部位神经突触形成的蛋白质。

2006 年 6 月，日本东京医科齿科大学教授山梨裕司的研究小组，在《科学》杂志上发表文章说，神经细胞和骨骼肌结合部位的神经突触，是大脑指令向骨骼肌传递的"信使"，他们发现了对这种"信使"形成来说必不可少的蛋白质，有望推动重症肌无力治疗方法的研究。

人们试图通过意识控制身体运动时，大脑发出的指令经由运动神经传递给骨骼肌，在此过程中，运动神经和骨骼肌结合部位的神经突触起着中转指令的作用。而围绕神经突触的形成过程，尚有许多问题等待解答。

日本研究人员注意到，神经突触靠近肌肉一侧集中存在着一种蛋白质，并将这种蛋白质命名为"Dok-7"。如果通过基因操作使实验鼠体内不能生成"Dok-7"，实验鼠运动神经和骨骼肌之间的神经突触便不能形成，同时，参与呼吸运动的肋间肌和横膈肌，也不能在神经控制下运动。实验鼠呼吸运动停止，不久便死去。

研究小组认为，"Dok-7"是形成神经突触必不可少的蛋白质，这可能帮助科学家，找到因神经突触异常而导致的重症肌无力等疾病的治疗方法。

重症肌无力是神经和肌肉结合部位，因乙酰胆碱受体减少，出现信号传递障碍所导致的自体免疫疾病。支配肌肉收缩的神经在多种病因影响下，不能将大脑指令正常传递到肌肉，使肌肉丧失收缩功能。重症肌无力病情突然加重或治疗不当，可引起呼吸肌无力或麻痹，患者可能出现严重呼吸困难，甚至有生命危险。

（2）发现可防神经细胞死亡的蛋白质。

2006 年 8 月，日本媒体报道，日本大阪市立大学教授木山博资等人，通过动物实验发现一种蛋白质，可在轴索受损后阻止神经细胞死亡。这一发现，可能有助于研究与神经损伤有关的肌萎缩侧索硬化症。

研究人员介绍说，神经纤维犹如电缆，轴索如同电缆的芯。运动神经的轴索连接着肌肉，轴索损伤造成的神经细胞死亡可使肢体出现运动障碍。

研究人员发现，小鼠的轴索受损后，其神经细胞会缓慢死亡，症状与人类肌萎缩侧索硬化症的患者类似，但大白鼠在轴索受损后则不发生神经细胞死亡。研究人员分析两种实验鼠的差异后发现，大白鼠神经细胞的细胞质中大量存在一种蛋白质，它可与促进细胞死亡的酶结合，使这些酶不能发挥作用，从而防止神经细胞死亡，而小鼠体内的这种蛋白质含量较低。

研究人员推测，如果通过基因操作使这种蛋白质得以大量合成，小鼠的神经细胞就有望在轴索受损后逃脱死亡命运。

（3）发现导致运动神经元病之一"渐冻症"的蛋白质。

2006 年 10 月，德国慕尼黑路德维希-马克西利安斯大学专家曼努埃拉·诺伊曼领导，成员来自德国、美国和加拿大的研究小组，在《科学》杂志上发表研究成果称，他们发现了导致发生被称为当今五大绝症之一的"渐冻症"的蛋白质。

"渐冻症"的医学名称,叫做肌萎缩侧索硬化症,是运动神经元病的一种。"渐冻症"患者多在 40 岁后发病,全身肌肉渐渐萎缩,吞咽和呼吸困难,逐渐丧失生活自理能力。

研究小组在研究中发现,病人的大脑中堆积着蛋白质 TDP－43,这种蛋白质能导致神经细胞衰竭,从而引发疾病。研究人员希望,这一发现有助于开发针对"渐冻症"的疗法。

"渐冻症"患者被称为清醒的"植物人",世界卫生组织将其与癌症和艾滋病等并称为五大绝症。"渐冻症"患者通常存活 2～5 年,最终因呼吸衰竭而死,目前尚无根治方法。

（4）发现一种影响神经细胞突起形成的蛋白质。

2006 年 11 月,日本九州大学教授中山敬一等研究人员,在《科学》杂志刊登文章称,他们发现一种影响神经细胞突起形成的蛋白质。促使这种蛋白质的功能变得活跃,或许可帮助缓解由神经细胞变性引起的运动机能失调。

神经细胞的细胞体,延伸出许多长短不一的神经突起,最长的可达 1 米以上。这些突起就像电话的听筒和话筒,对于传送和接收神经信号至关重要。如果不能正常形成突起,神经系统就无法正确掌控机体各部分的运动。

神经突起形成时,细胞膜内所含的脂质会聚集到细胞一端,并朝一个特定的方向运动。研究人员注意到这一现象,并由此开始关注一种神经细胞特有的、与细胞膜内物质输送相关的蛋白质。

研究人员把这种蛋白质添加到子宫细胞中,发现子宫细胞像神经细胞一样长出了突起。他们又使神经细胞不能生成这种蛋白质,结果原本应该朝一个方向伸长的细胞膜会向各个方向延伸,神经细胞整体变大,而不会形成突起。

研究人员认为,这种蛋白质对神经突起形成来说至关重要,他们给蛋白质起名"protrudine",即"突起伸长"之意。研究者说,因脊髓小脑变性导致运动机能失调的患者中,有一部分人是由于合成这种蛋白质的基因发生变异,补充这种蛋白质或许可以治疗此类疾病。

（5）发现可能导致运动神经元病的变异蛋白质。

2006 年 12 月 5 日,《日经产业新闻》报道,日本东京都精神医学综合研究所的研究人员,在运动神经元病患者脊髓中,找到一种共有的变异蛋白质。他们认为,这种变异蛋白质,很可能触发这种至今原因不明的疾病。

报道说,研究人员对 5 名因这种疾病死亡的患者脊髓进行分析。结果发现,在这些患者的脊髓中,一种与遗传信息表达相关的蛋白质"TDP－43",都异常得发生磷酸化,并堆积起来。而在正常人的脊髓中,它不存在异常。研究人员因此认为,这种变异蛋白质,很可能与运动神经元病的发病相关。

有些运动神经元病患者,还会并发额颞叶痴呆症。科学家在额颞叶痴呆症患者死亡后,分析他们的大脑成分,结果也发现了相同的蛋白质变异。他们认为,这种伴随着行动异常等症状的痴呆症,可能与运动神经元病具有极其相似的发病机制。

运动神经元病,是一种青壮年时期多发的中枢神经系统疾病。患者发病年龄一般在 20 岁 ~40 岁之间,30 岁左右为发病高峰,症状包括记忆力衰退、语言障碍、视力减退和痉挛性瘫痪等。

(6)发现与摧毁神经细胞有关的蛋白质。

2007 年 3 月,芬兰生物学家组成的一个研究小组,在《自然·神经科学》杂志发表研究成果称,长期以来被认为在癌症发病方面起重要作用的 RHO 蛋白质,在摧毁神经细胞方面也起着关键作用。

研究人员表示,许多神经退化性疾病的病因是,大脑中的神经元被过分刺激,从而导致神经细胞死亡。他们进一步研究发现,RHO 蛋白质因这种过分刺激而被激活,因此能发出摧毁神经细胞的信号。实验显示,通过基因改造抑制 RHO 蛋白质活性,可使这种蛋白质处于怠惰状态,这样神经细胞就可以"免遭不幸"。

研究人员认为,这一发现,有助于研究脑细胞退化的机理,并开发治疗神经性疾病的新药。

(7)发现在神经元轴突生长中不可或缺的一种多功能蛋白。

2012 年 7 月,英国媒体报道,该国曼彻斯特大学,安德烈亚斯·普罗科普博士领导的研究小组,发现一种名为血影斑蛋白(spectraplakins)的多功能蛋白,对于神经元轴突的生长不可或缺。这一发现,为研究神经退行性疾病开辟了一条新路。

神经元轴突的生长发育,是一个复杂的过程,涉及复杂的生化和细胞反应,并与诸多神经疾病起源密切相关,是当前神经科学界的主要研究对象之一。

该研究小组,一直致力于,轴突生长的关键驱动力细胞骨架的研究。细胞骨架由微丝、肌动蛋白和微管构成,可以帮助维持细胞的形状。在神经细胞中,微管是轴突生长的关键推动力量,而肌动蛋白则有助于调节轴突生长的方向。研究小组着重研究了,一种名为血影斑蛋白的多功能蛋白,他们发现,血影斑蛋白会将肌动蛋白和微管链接起来,以使它们能够依照轴突生长的方向延展;如果没有了这种链接,微管网络便会变得混乱不堪,无法与轴突的生长方向一致,从而阻碍轴突的生长。

研究人员还发现,血影斑蛋白不仅只在微管顶端聚合,他们也会沿着微管的轴分布。这有助于他们在轴突中保持稳定的结构。

普罗科普说:"了解细胞骨架的机制,是目前细胞研究中的最重要课题,具有重要的临床意义。细胞骨架对于细胞活动的方方面面都极其重要,如细胞形态的变化、细胞分裂、细胞运动、细胞间信号的传递等。许多脑部疾病都与细胞骨架有关。所以,破解轴突生长过程中细胞骨架的内部机制,有助于研究众多疾病的病因。而血影斑蛋白作为这个机制的核心所在,为我们开辟了一条研究的新途径。"

普罗科普指出,了解血影斑蛋白如何执行其细胞功能,对于生物医药研究具有重要意义。除其在神经元轴突生长中的作用外,血影斑蛋白对于许多病理都具有重要的临床研究价值,如皮肤疱疹、神经退化、伤口愈合、大脑发育过程中突触的形成和神经元迁移等。研究血影斑蛋白,对于了解该蛋白其他相关临床作用的研究具有指导意义。

(8)发现一种能改善渐冻症症状的蛋白质。

2014年5月,日本京都府立医科大学和京都工艺纤维大学共同组成的一个研究小组,对当地媒体宣布,他们发现一种蛋白质能够改善运动障碍等症状,有望在此基础上开发出治疗渐冻症的方法。

渐冻症是肌萎缩侧索硬化症的俗称,它表现为患者运动神经会出现障碍,导致全身肌肉逐渐变得无力。渐冻症患者约有10%属于遗传性患病。由于不清楚详细的致病原因,医学界一直没有找到根治渐冻症的方法。

该研究小组,通过减弱特定基因的功能,培育出患有渐冻症的果蝇,然后利用这种果蝇进行实验。结果发现,如果增强患病果蝇体内"ter94"基因的功能,其运动能力和神经细胞的异常会得到改善,而如果减弱这种基因的功能,其渐冻症症状就会恶化。

研究人员指出,"ter94"基因制造的蛋白质负责运送细胞内的物质,而人体内的VCP基因也能制造同样的蛋白质。因此,如果制造出与这种蛋白质具有相同作用的物质,该物质也许可以用作治疗人类渐冻症的药物。

3. 发现与记忆或睡眠相关的蛋白质

(1)发现与大脑记忆相关的蛋白质。

一是发现与大脑记忆储存有关的蛋白。2005年7月26日,美国加州大学尔湾分校的一个研究小组,在美国《国家科学学报》上发表研究成果称,他们的研究表明,一些激烈的情感事件,可以引起大脑杏仁核的反应。这个大脑杏仁核部分,是负责情感学习和记忆的。它的活动,可以增加海马中神经元一种叫Arc蛋白的含量。海马是负责储存长期记忆的地方。研究人员相信,就是Arc蛋白通过加强突触的联系功能,从而储存了激烈情感事件的长久记忆。

一般的情感事件,是不会引起我们长久的记忆的。但是,一些强烈的情感事件就可以让人们把它储存到脑子里作为长久记忆,因为它触动了杏仁核。

研究人员把大鼠放在一个光亮的小房间里,在旁边有一个黑暗的小房间。鉴于老鼠是个夜行者,它总是趋于向黑暗的地方去,所以它会主动走到黑暗的房间。当大鼠走到黑暗房间时,就会被轻轻地打一下脚,这样大鼠就会退回到光亮的房间。

此后,有些大鼠,会记得黑暗房间的遭遇,而不再去那里了。可是,有一些却仍然会过去。研究人员发现,那些不再去的大鼠,是上一次的打脚事件激发了杏仁核,它促使Arc蛋白在海马中增加。而打脚时没有激发杏仁核的大鼠,由于海马中Arc蛋白没有增加,仍会执迷不悟地奔向黑暗的房间。

二是发现帮助人类维持长时间记忆的蛋白质。2007年5月,韩国首尔大学的一个科研小组,在美国《细胞》杂志上发表论文称,他们发现神经细胞中的CAMAP蛋白,可以起到把外界刺激转化为神经信号的作用,从而使人们得以保持较长时间的记忆。这是科学家首次发现传递控制记忆信号的蛋白。

研究人员发现,CAMAP蛋白,可以通过对不同刺激作出反应而在神经细胞内磷酸化,即发生生物化学反应。之后CAMAP蛋白与神经细胞核内的CREB蛋白结合,帮助维持长时间的记忆。他们进行的临床试验表明,抑制CAMAP蛋白的基因表达,将导致丧失维持长时间记忆的能力。

研究人员说,希望通过研究CAMAP等蛋白,可以找到治疗与记忆相关疾病的方法,且最终能对神经系统的运作有更好的了解。他们还说,这项发现,可能最终帮助科学家"控制"人类记忆的形成。

三是发现可提高记忆力的蛋白质。2012年7月,德国海德堡大学希尔马·巴丁等人组成的研究小组,在《自然·杂志神经学专刊》的网络版上发表研究报告说,随着年龄增长,人们的记忆力减退,能否让人重拾记忆备受关注。对此,他们进行研究,发现了一种可以提高记忆力的蛋白质。

研究人员发现,随着年龄增大,实验鼠大脑中一种名为Dnmt3a2的蛋白质越来越少,这可能是其记忆力减退的原因。

随后,研究人员在不具备传染性的病毒载体中注入这种蛋白质,再将其注入老年实验鼠的大脑。结果显示,老年实验鼠的记忆力得到改善,达到与年轻实验鼠相当的水平。而当研究人员减少年轻实验鼠体内的Dnmt3a2蛋白质时,年轻实验鼠的记忆力则会下降。

巴丁说,科学界将来有望利用这种蛋白质,来治疗人类记忆力减退。不过人类的组织结构更为复杂,向人类大脑中注入这种蛋白质并非易事。

(2)发现可影响睡眠的蛋白质。

2007年4月,韩国项浦工科大学生命科学系金景泰教授,与金汰暾博士等组成的研究小组,在《基因和发展》上发表论文称,他们发现在人体内部存在一种起到"定时器"作用的蛋白质。这种蛋白质控制着褪黑激素的分泌时机,而褪黑激素是人体内具有调节睡眠机能的神经激素。通常褪黑激素在夜里的分泌量会增加,从而使人处于想睡觉的状态。

研究人员发现,这种起"定时器"作用的蛋白质,可以根据太阳光的照射情况判断时间,会在见不到阳光的夜里,诱导褪黑激素分泌并形成别的酶蛋白。

以往的研究已经得知,褪黑激素不能完全分泌时,人就会患上抑郁症或失眠症。但褪黑激素为什么只在夜间具有旺盛的分泌机理,一直没有作出正确的解释。现在,韩国研究人员发现的这种蛋白质,或许是对人体此类现象的最好解释。研究人员希望这一发现,有助于开发出新的药物,能够用于治疗因褪黑激素异常分泌导致失眠和抑郁症等疾病。

金景泰教授进一步解释说,人脑中负责分泌激素的组织松果腺体,会随着昼夜和季节变化把握光照的时间变化,起到"体内时钟"的作用。人脑内形成的蛋白质,在夜里会诱导褪黑激素分泌并且使其他蛋白质的分泌量增加。也就是说,"体内时钟"松果腺体,能够在阳光消失后判断出已经到了夜里,并起动这个"计时器",促使褪黑激素开始大量分泌,让人进入睡眠状态。

4. 发现与精神疾病相关的蛋白质

(1)发现与抑郁症有关的蛋白质。

一是瑞典和美国合作研究发现一种与抑郁症密切相关的脑蛋白。2006 年 2 月,有关媒体报道,瑞典和美国研究人员联合组成的一个研究小组,通过一项研究发现,抑郁症的发生和发展,与一种叫做 p11 的脑蛋白联系密切。这一发现,为人类更好地了解抑郁症的起因提供了新的思路。

研究人员介绍说,长期以来人们认为,在人的大脑中,有一种叫做 5 – 羟色胺的化学物质,不仅能够调节人的情绪,同时也与抑郁症的产生有关。但是,人们却一直不清楚,5 – 羟色胺在引发抑郁症中是如何发挥作用的。

一些有关抑郁症形成的理论认为,当抑郁症患者身上没有足够的 5 – 羟色胺时,大脑细胞之间的信号传递就会出现故障。此外,5 – 羟色胺与抑郁症的互动关系也比较复杂,主要取决于大脑神经传递素(如 5 – 羟色胺)与受体(大脑细胞表面)之间的联系有多牢固。到目前为止,人们已发现 14 种不同的 5 – 羟色胺受体。

在本次研究中,研究人员发现,大脑细胞是否能对 5 – 羟色胺做出反应,主要受制于一种叫做 p11 的蛋白物质。研究人员又对一个叫做 1B 的受体进行了研究,发现它在诱发抑郁症中起着举足轻重的作用。而 p11 蛋白则能增加细胞表面 1B 受体的数量,并调动这些受体与 5 – 羟色胺一起工作。

为了验证这一过程,研究人员利用从已逝去的抑郁症患者身上获得的大脑细胞,以及白鼠,进行了一系列的实验。结果发现了如下情况:

抑郁症患者大脑细胞中的 p11 蛋白水平们,比没有抑郁症的人要低许多。在实验白鼠的身上,也发现了同样情况。

给实验白鼠服用抗抑郁症药物,或实施电击疗法,尽管两种方法的治疗机制并不一样,但均引起白鼠大脑内的 p11 蛋白水平升高。

研究人员繁育了一些不能产生 p11 蛋白基因的实验白鼠。这些白鼠,不但具有明显的抑郁症状,且身上的 1B 受体数量及 5 – 羟色胺的活性,均比一般白鼠低。此外,这些白鼠在服用抗抑郁症药物后,并无明显的改善。与此相反,那些通过基因手段使 p11 蛋白产生量增加的白鼠,不但没有抑郁症状,而且它们的大脑细胞也多带了一些 5 – 羟色胺的受体。

这些重要的发现,说明为什么有些人会得抑郁症,而有一些人则不会得这种疾病。

二是日本发现与抑郁症有关的蛋白质。2012 年 2 月,日本爱知县身心障碍者精神发育障碍研究所,与名古屋市立大学共同组成的一个研究小组,在《科学公共图书馆·综合卷》的网络版上发表研究成果称,他们发现,脑部神经细胞内含量很高的一种蛋白质与抑郁症有关。如果阻碍这种蛋白质发挥作用,能获得与使用抗抑郁药物相同的效果。

(2)发现与焦虑症有关的特定蛋白质。

2007年8月1日,美国艾奥瓦大学研究小组,在《生物精神病学》杂志上发表的一项成果称,他们发现改变老鼠体内一种特定蛋白质,天性胆小的老鼠会变得勇敢许多。这一发现,有助于理解人类焦虑症等精神疾病,并开发新疗法。

在这项实验中,研究者把老鼠体内一种名为ASIC1a的蛋白质剔除,或通过化学方法抑制其作用,老鼠那种天生的惧怕感及其焦虑症就会降低。

对许多动物来说,有些恐惧感很大程度上是与生俱来的,而非后天环境所致。比如,实验室培养的动物,即便从一出生没见过任何天敌,如果被放到某些捕食它们的动物面前,也会产生恐惧感。科学界对造成这种先天恐惧反应的大脑机理,还知之甚少。

此前的动物研究曾发现,ASIC1a蛋白质对于后天环境中养成的恐惧感,起到重要作用。因此,艾奥瓦大学的研究小组在研究先天恐惧时,仍将注意力集中在这种特殊蛋白质上。他们发现,破坏ASIC1a蛋白质会明显改变老鼠的本能恐惧感及其焦虑症。

在实验中,体内缺乏该蛋白质的老鼠,被放到露天空地上、高噪音环境中或者被置于某种捕食者气味环境中时,明显表现得比一般老鼠胆大。

另外,通过某种特殊化学成分抑制这种蛋白质的功能,也有同样的"壮胆"效果。研究人员说:"从理论上来说,我们将来可以据此研究采用类似方法,治疗精神疾病患者的某些焦虑、担忧症状。"

研究人员指出,将来他们还会进一步研究这种蛋白质的编码基因,看是否可通过基因技术改变蛋白质的作用。

## 五、发现与免疫系统疾病防治相关的蛋白质

1. 发现与肌体免疫生理相关的蛋白质

(1)发现控制肌体免疫应答的蛋白质。

2006年3月,美国《免疫》杂志上,发表日本理化研究所的一项研究成果,报道他们发现,在B淋巴细胞中表达的蛋白质"BANK"控制着肌体的免疫应答。这一成果,将有助于研究自体免疫疾病、传染病等的机制和治疗方法。

在免疫应答过程中,承担重要作用的B淋巴细胞,能针对外界侵入肌体的抗原产生抗体。如果缺少促使B淋巴细胞活跃的信号传递,肌体就会陷入免疫缺陷。反之,如果信号传递过剩,就会引发过敏或自体免疫疾病。因此,肌体需要将信号传递控制在合适范围内。

研究人员说,利用基因工程小鼠证实,"BANK"蛋白质,通过B淋巴细胞表面的膜蛋白CD40,抑制信号传递物质蛋白激酶B的活性,从而控制B淋巴细胞的数量,最终起到抑制过度的免疫反应的作用。

膜蛋白CD40及B淋巴细胞,同一些自体免疫疾病和传染病密切相关,研究人员认为,上述成果将成为研究这些疾病机制和治疗方法的线索。

(2)发现控制人体免疫系统的蛋白。

2007年1月,有关媒体报道,美国约翰斯·霍普金斯大学的研究小组,发现一种能控制人体免疫系统的蛋白,这使我们对人体免疫系统如何发挥作用,有了更深入和更全面的了解,同时也将有助于我们弄清为什么像打喷嚏和鼻塞之类的感冒症状,会持续一段时间。

据报道,美国研究人员发现,这种此前不为人知的蛋白,能控制免疫系统工作。它在人体受到感染时加速运转、消灭病菌,而在病愈后自动停止工作,以免损害健康细胞。这种蛋白,平时在白细胞里含量较少,但在免疫系统发挥作用时会有所增加,当数量增加到一定程度后,免疫系统会逐渐停止工作。

研究人员指出,这种蛋白,为我们研究人体免疫系统如何受到控制,提供了新线索。如果进一步研究证实这种蛋白,是抑制人体免疫系统发挥作用的主要因素之一,那将对研究和治疗自体免疫疾病产生深远影响,还能防止接受器官移植手术的病人出现排异反应。

(3)发现起免疫系统"开关"作用的蛋白。

2011年8月,德国波恩大学科研人员领导的一个国际研究小组,在《自然·免疫学》杂志撰文称,他们发现一种可以起免疫系统"开关"作用的蛋白质。这一发现,为治疗癌症以及免疫系统过激反应引起的慢性炎症,提供了新思路。

人体免疫系统,一方面需要在病原侵入时作出及时反应,消灭入侵者,另一方面又不能反应过激,使人体自身组织受到破坏。调节性T细胞,在维持免疫系统正常运作中,发挥了特殊作用,它能避免免疫反应过度。

而最新研究则发现,一种名为"SATB1"的蛋白质,在这种免疫调节中起了"开关"的作用。它可以使调节性T细胞,转变为进攻性T细胞,帮助杀死抑制免疫系统的癌细胞。另一方面,抑制这种蛋白质的基因表达,则可以使引发慢性炎症的免疫系统过激反应,恢复到正常水平。

研究人员在实验鼠身上的测试显示,给健康鼠植入这种蛋白质的编码基因,上调其免疫细胞的数量,实验鼠会患一种慢性肠炎。如抑制这种蛋白质的基因表达,鼠体内的调节性T细胞会占优势,实验鼠体内就不会发生炎症。

研究人员表示,通常的癌症治疗,往往先要完全抑制程序错误的免疫系统,让骨髓产生新的免疫细胞,但这种方法对不少高龄患者作用有限。而新发现的蛋白质,可以使患者免疫系统现有的调节性T细胞,转变为进攻性T细胞,帮助战胜癌症。不过,这种疗法真正投入临床应用,还有很长的路要走。

参与研究的专家指出,这项研究,首次发现通过植入一种基因,就可以使调节性 T 细胞转化为正常的免疫细胞,这表明进攻性 T 细胞和调节性 T 细胞虽有不同的特点,但并非以往认为的那样是不同的种类,而是可以通过新发现的蛋白质实现互相转换。

2.发现与免疫系统疾病有关的蛋白质

(1)发现与免疫系统对传染病反应有关的蛋白质。

2007 年 4 月,有关媒体报道,一个国际研究团队,辨认出一种重要的蛋白质,与免疫系统对于疟疾、结核病等传染病的反应有关。这项研究结果,将有助于研发出治疗这些全球性疾病的新疗法。

早在 2001 年,爱尔兰都柏林大学圣三一学院的卢克·欧尼尔教授辨认出一种名为 Mal 的蛋白质。它可以提醒免疫系统对于侵略的细菌产生反应。

2007 年,英国牛津大学的阿德里安·希尔教授发现,人类有两种 Mal 变异型,这些变异型的组合决定免疫系统的反应。研究者表示,Mal 实际上是免疫系统的报警系统,当身体受到疟原虫或其他病菌感染后,一套名为类铎受体的感应器会锁定入侵者。它会激发 Mal 的侦查功能,而 Mal 会唤醒免疫系统以保护身体。

(2)发现导致类风湿性关节炎的蛋白质。

2014 年 10 月 17 日,日本京都大学一个研究小组,在《科学》杂志网络版上报告说,类风湿性关节炎是手脚等关节部位的慢性炎症,给患者造成很大痛苦,他们发现了类风湿性关节炎发病时被免疫细胞错误攻击的蛋白质,这一发现有助于开发预防和治疗类风湿性关节炎的新方法。

在正常情况下,免疫 T 细胞会将病原体视为外敌并引发免疫反应,但是类风湿性关节炎患者的 T 细胞,会将人体的正常物质错误地视为病原体并引发免疫反应,从而导致关节和周边骨骼功能受到破坏,出现畸形。长久以来,医学界一直未能确定作为 T 细胞攻击目标的蛋白质。

该研究小组对患有类风湿性关节炎的实验鼠进行研究后发现,实验鼠血液中被 T 细胞召集而来攻击异物的抗体,只与一种名为"RPL23A"(核糖体蛋白 L23A)的蛋白质结合。

此后,研究人员对 374 名类风湿性关节炎患者进行研究,发现其中有 64 人(约占 17%)体内存在针对"RPL23A"蛋白质的错误免疫反应。

另外,研究还显示,"RPL23A"蛋白质,参与体内一些必要物质的合成。研究人员认为,"RPL23A"蛋白质尽管本身没有"过错",但它可能是引发类风湿性关节炎的导火索。

研究小组指出,由于一些 T 细胞敌视"RPL23A"蛋白质,因此如能去除这部分 T 细胞或者减弱其功能,就有望防治类风湿性关节炎。

类风湿性关节炎,发病多见于 40 岁~50 岁女性,女患者数量约是男性的 3~5 倍。目前,日本国内有 70 万~80 万类风湿性关节炎患者。

### 六、发现与呼吸系统疾病防治相关的蛋白质

1. 发现与流感防治相关的蛋白质

（1）发现导致甲型流感病毒致命性的蛋白。

2007 年 1 月，德国黑尔姆霍尔茨传染病研究中心维克托·雷领导，他的同事，以及埃朗根－纽伦堡大学专家参与的一个研究小组，在美国《生物化学杂志》上发表研究成果称，他们发现了导致甲型流感病毒具有致命性的关键蛋白。这一发现，将为预防重大传染病的研究，提供新的重要依据。

研究人员表示，甲型流感病毒中一种被称为 PB1－F2 的微小蛋白分子，是导致该病毒具有致命性的关键因素。维克托·雷介绍说，这种蛋白分子会破坏病毒宿主细胞的细胞膜，使正常细胞丧失接受养分的能力而逐渐死亡。

值得一提的是，德国科学家在艾滋病病毒和白血病病毒中，也发现了类似蛋白。埃朗根－纽伦堡大学的病毒专家乌尔里希·舒伯特表示，如果未来的研究能够证明，这些病毒都通过相似的方式侵害人体，那么人类就有可能研究出新方法来对付它们。

（2）发现天然抗流感病毒的蛋白。

2009 年 12 月 17 日，美国哈佛大学医学院的遗传学家斯蒂芬·艾勒吉和同事组成的研究小组，在在《细胞》杂志上发表研究报道称，他们通过在家禽和猪身上进行试验，发现了一类抗病毒蛋白——干扰素诱导跨膜蛋白家族，其中又以 IF-ITM3 蛋白尤其能够对抗甲型流感病毒、西尼罗河病毒、登革热病毒等多种病毒。科学家表示，这种蛋白或许可以帮助人类对抗流感病毒，也有助于流感疫苗的研发。

研究小组在试验中使用了 RNA 干涉技术（RNAi），系统性地关闭了某些基因，然后让细胞暴露在流感病毒中。

使用这种方法，他们发现，干扰素诱导跨膜蛋白能够激发身体自身对抗病毒感染的能力。如果去除这个蛋白，病毒复制的速度会加快 5～10 倍。而如果让细胞过度生产这种蛋白，也会大大强化其对抗流感病毒的能力。艾勒吉表示，这种蛋白质就像细胞天然的"守护神"，可保护细胞免受外来流感病毒的袭击。

研究人员说，该蛋白家族中的一个特殊的蛋白—IFITM3 能够对抗甲型流感病毒、西尼罗河病毒、登革热病毒、黄热病病毒等几种病毒。但是，该蛋白对艾滋病病毒、丙型肝炎病毒毫无招架之力。

研究小组发现，如果病毒躲开了 IFITM3 蛋白的攻击，该蛋白将激活名为干扰素免疫反应的警报系统，救细胞于"水火"之中，同时向身体的其他部位发出警告，制造更多的抗病毒蛋白。

艾勒吉表示，这个发现，让我们重新认识身体天然的抗流感和其他病毒的能力，了解这一点有助于人们更好地对抗流感病毒感染，也有助于科学家更好地研

发出流感疫苗。

2. 发现与下呼吸道生理相关的蛋白质

发现人体下呼吸道一种新蛋白质。

2009年3月,瑞典乌普萨拉大学一个研究小组,在美国《国家科学院学报》网络版上发表研究报告说,他们经过研究和识别,发现人体下呼吸道细胞中一种前所未知的蛋白质,它对免疫系统非常重要。这一发现,有助于提高自体免疫性疾病的早期诊疗水平。

瑞典研究人员把发现的这种蛋白质命名为KCNRG,它存在于人体下呼吸道支气管表面的细胞中,对人体免疫系统发挥正常的"防御"作用十分重要。

研究人员说,借助这种蛋白质,他们可以进一步探究自体免疫性疾病发病的初级阶段,即原本应该攻击外来病菌或病毒的免疫系统,何以错误地攻击自身组织,从而为研究自体免疫性疾病早期诊疗新方法提供依据。

研究人员说,发现这种蛋白质,也将有助于医学界,进一步认识哮喘和慢性支气管炎等常见病的发病机理。

## 七、发现与消化系统疾病防治相关的蛋白质

1. 发现与肠道疾病防治相关的蛋白质

(1)发现可治疗致命大肠杆菌感染的蛋白质。

2005年11月8日,加拿大女王大学华裔生物化学研究员贾宗超,与他的研究生迈克尔·休茨等人组成的一个研究小组,在美国《国家科学院学报》网络版上发表研究成果称,他们发现了一种促进大肠杆菌0157:H7获得铁元素的蛋白质,而铁则是大肠杆菌在体内存活的必需物质。研究结果,为寻找致死性大肠杆菌感染疾病的更有效疗法,打开了一扇门。

铁是细菌生长的催化剂,因此当人体被细菌入侵时,它会自然地产生一种蛋白能紧紧绑定铁以限制细菌的生长。而细菌则通过探测并使用,人体中从肺部传送氧气的亚铁血红素蛋白,来获得铁。

研究人员发现的蛋白质,能分解亚铁血红素,并将释放出来的铁原子储存在那里,供给致命细菌使用。该发现,为亚铁血红素中的铁,在大肠杆菌中的相关功能研究,提供了新的途径。同时,使研究人员能进一步研究,如何通过对这种蛋白质的治疗性分离,来抑制细菌的繁殖。

研究人员说,加拿大沃克顿镇水源大肠杆菌污染事件,导致的致命疾病的罪魁祸首,就是大肠杆菌0157:H7。该疾病又被称作"汉堡包疾病",这是一种很平常的疾病,通常由煮得欠熟的肉质食品、不洁的牛奶和受污染的水源导致。

研究人员表示,他们下一步要进行的研究,是通过检测不同蛋白质的功能,进而找到一个能有效治疗大肠杆菌0157:H7的方法,并希望新的方法,能处理其他严重的细菌感染疾病。

（2）发现影响小肠吸收营养的蛋白质。

2007年6月，日本群马大学一个研究小组，在《自然》杂志网络版上发表论文说，他们找到一种特定的蛋白质，这种蛋白质决定转运蛋白，在小肠内壁的分布状况，进而影响细胞从小肠获取营养。

小肠内壁集中分布着转运蛋白和酶，这些转运蛋白，负责将营养物质从小肠运入细胞。而决定转运蛋白在小肠内壁分布状况的物质，此前一直没能被找到。

研究人员在实验中，首先确定了几种候选物质。在随后的研究中，他们发现实验鼠，如果缺失其中一种被其称为"拉布8"的特定蛋白质，它们就会患上营养失调症，并在出生3~4周后死亡。

研究人员发现，缺失这种蛋白质的实验鼠，小肠内的转运蛋白和酶停留在细胞内部，不能正常发挥作用，导致细胞几乎无法获取糖分和氨基酸。研究人员认为，如果能对这种蛋白质的机能实现人工调控，将有望治疗营养失调症及肥胖症。

2. 发现与肝脏疾病防治相关的蛋白质

发现有助于保护肝细胞的蛋白质。

2009年12月14日，美国加州大学圣地亚哥分校医学院教授大卫·布伦纳领导，日本大阪大学的研究人员参与的研究小组，在美国《国家科学院学报》网络版上发表论文称，他们发现一种有助于防止肝损伤的蛋白质开关，其作用范围包括炎症、纤维化和癌症。研究人员说，对这种名为TAK1的蛋白的研究，将有助于开创肝病及肝癌治疗的新局面。

布伦纳认为，TAK1似乎是肝功能一个主调节器。了解其在肝病以及肝癌中的作用，或许有助于制定出新的治疗策略。

TAK1是一种激酶，在细胞的信号传导及其复杂的生命活动中，起着重要的作用。科学家们已经知道，TAK1能激活两种特定的蛋白：NF - kappaB 和 JNK。在肝脏的免疫、炎症、编程性细胞死亡，以及癌变过程中，均能发现这两种蛋白的存在，它们的分工恰好相反：NF - kappaB 负责保护健康肝细胞、防止癌细胞发展；JNK 则会促进细胞死亡并导致癌症。但对于其激活开关 TAK1 的作用，却一直以来都没有明确的描述。

为了找到答案，研究人员建立了一个肝细胞 TAK1 基因缺失的小鼠模型。通过一系列的实验，他们发现，在 TAK1 基因缺失的年轻动物个体中，肝细胞死亡率较高。研究人员解释称，在这样的情况下，实验动物的肝脏会加速细胞的生产，以弥补损失。然而，过多的肝细胞，会造成炎症和纤维化，并最终导致肝损伤和癌症。

## 八、发现与代谢性疾病防治相关的蛋白质

1. 发现与胆固醇代谢相关的蛋白质

发现参与胆固醇传输的蛋白。

2005年9月，《自然》杂志2005年第9期，介绍了韩国光州科学技术院"钙代

谢系统生物学研究所"的研究员任荣俊博士的研究成果。它表明,韩国学者在世界上首次发现人体内的氧化胆固醇结合蛋白,参与胆固醇传输和代谢调节的原理。

自2004年6月起,任荣俊博士对人体内结合蛋白的作用原理,进行为期一年的研究。他采用X射线结晶学的方法,解释氧化胆固醇结合蛋白的三维结构。

研究人员已知,由于人体内低密度和高密度脂蛋白的作用,胆固醇才经血管在细胞与细胞间传输。但是,对于胆固醇在体内传输和胆固醇传输的信息调节,科学家们只有过间接的推论,尚未弄清其原理。任荣俊经研究发现,氧化胆固醇结合蛋白与胆固醇相结合,起到胆固醇传输和传输信息调节的作用。

据学术界评价,氧化胆固醇结合蛋白作用原理的发现,非常有利于研究和治疗由胆固醇代谢引起的相关疾病。

2. 发现可防止代谢性疾病的蛋白质

(1)发现可防止肥胖和糖尿病的蛋白质。

2005年3月21日,日本庆应大学与山之内制药公司共同组成的研究小组,《自然·医药》网络版上发表论文称,他们发现了可防止肥胖的蛋白质,这种蛋白质还具有防止糖尿病的作用,将来可利用该蛋白质开发减肥药品及降血糖药品。

研究小组曾于2003年,首次在人的血液中,发现了这种蛋白质具有促进血管延伸的作用,并命名为"AGF"。在对两组小鼠所做的对比实验中,对其中一组小鼠使其停止产生"AGF",给予普通食物,结果小鼠在出生半年之后体重比普通小鼠增加约一倍,内脏脂肪也有显著增加。这组小鼠自身无法调节血糖值,出现类似糖尿病的症状。而另一组使其产生更多"AGF"的小鼠,半年后体重只增加了普通小鼠的约3/4大小,没有内脏脂肪存积现象。这组小鼠即使投予高热量食物,也没有发生肥胖或糖尿病现象。研究小组确认了,"AGF"的功能,与以往发现的与肥胖有关的生理活性物质,具有明显差异。

目前,这种防止肥胖和糖尿病的蛋白质还处于研究阶段,研究小组今后将进一步了解其功能,希望能开发出治疗肥胖及糖尿病的药物。

(2)发现一种可能对减肥起关键作用的蛋白质。

2011年5月,有关媒体报道,以色列魏茨曼科学研究院分子遗传学系的研究小组发现,一种称为PTPe的蛋白质在肥胖中起关键作用。

这一发现,是在对雌性实验鼠的骨质疏松研究中,偶然获得的。最初,研究人员利用基因工程方法,培育了一些缺乏PTPe蛋白质的雌性实验鼠,并摘除了它们的卵巢。通常摘除卵巢的实验鼠,很快会变得很胖。但研究人员惊奇地发现,它们依然身材"苗条",并没有变胖,即使给它们吃特意配制的高脂肪食物,也没有发胖的迹象,说明它们能消耗掉更多能量,并保持稳定的葡萄糖水平。

为了弄清是否因缺乏PTPe蛋白质,导致这种结果,他们仔细研究大脑的视丘下部。该区域可接受多种刺激,并以新的激素和神经信号的方式发出信息。研者发现,这些 PTPe 蛋白质,阻挡了来自瘦素的信号。瘦素是一种由脂肪组织分泌的激素,具有减小胃口、增加能量释放的作用。看似矛盾的是,肥胖的人,反而经常会产生更多瘦素,因为他们的细胞对这种激素有抵抗力,大脑需要产生更多作为补偿,PTPe 蛋白质在这种抵抗中显然起了作用。缺乏这种蛋白质的实验鼠,对瘦素非常敏感,因此吃高脂肪食物也不发胖。有趣的是,这种蛋白质,似乎只对雌性实验鼠起作用。

下一步,研究人员将确定这种方法,是否能在人类中产生同样效果,以及是否有危险的副作用。

### 九、发现与生育和妇科疾病防治相关的蛋白质

1. 发现与生育疾病防治相关的蛋白质

(1)发现促使精卵结合的关键蛋白质。

2005 年 3 月 10 日,日本大阪大学科学家组成的一个研究小组,在《自然》杂志上报告说,他们发现了促使精子和卵子结合的关键蛋白质,为开发新型男性不育症疗法和避孕方法奠定了基础。

一颗精子排出男性体外,要穿越女性的子宫颈、输卵管等器官,经过长途跋涉后才能来到卵子身旁。而要与卵子结合,还必须通过包裹着卵子的一层厚膜,也就是透明带,因此只有非常"优秀"的精子才能有幸使卵子受精。然而,某些男性的精子无法同女性的卵子结合,这一直是困扰生育学家的一个问题。

研究人员在报告中说,为解决这个问题,他们从一种已知的阻止精子和卵子结合的单克隆抗体入手。首先,他们在精子上寻找到该抗体附着的蛋白质。然后,他们利用转基因技术培育出精子表面缺乏这种蛋白质的实验鼠。科学家发现,这些实验鼠看起来很健康,却没有生育能力。显微镜观测表明,实验鼠的精子看似正常,实际上无法穿透卵子的透明带,原因是其表面缺少了这种蛋白质。

研究人员以日本人祈求婚姻幸福的出云神社为这种蛋白质命名,将其叫做"出云"蛋白质。他们说,出云蛋白质是精子独有的一种蛋白质,而且存在于细胞体外,因此还能够成为非激素类避孕药的标靶蛋白质。

(2)找到影响催产素分泌的蛋白质。

2007 年 2 月,日本金泽大学从事神经化学研究的东田阳博教授主持,成员来自金泽大学、东北大学、群马大学和九州大学等机构的一个研究小组,在英国《自然》杂志的网络版上发表论文称,动物实验证实,蛋白质"CD38"能够影响动物体内催产素分泌量,并进而影响动物与同类交流、保护后代等"社会行为"。

研究人员发现,通过基因操作,使约 30 只实验鼠不能合成"CD38",结果发现缺乏这种蛋白质的雄性实验鼠,怎么也识别不出本应熟识的雌鼠,而鼠妈妈对鼠宝宝的注意力变得不再集中,但它们的记忆力却没有下降。这些症状和体内缺乏催产素的实验鼠表现非常相似。

进一步对实验鼠的血液和脑脊髓液进行分析,研究人员发现在缺乏"CD38"的实验鼠体内,催产素的浓度只有正常实验鼠的50%左右。催产素是与子宫收缩、母乳分泌等相关的一种激素。近年的研究显示,催产素与动物的"社会行为"相关。

研究人员之后又采取措施,让这些实验鼠能够重新合成"CD38",这样它们血液和脑脊髓液中的催产素浓度就会重新升高,异常行为也得以改善。因此,东田阳博教授说,他们断定"CD38"是分泌催产素所必需的蛋白质。

2. 发现与妇科疾病防治相关的蛋白质

在硅树脂乳房灌输物上发现新蛋白质。

2006年12月,澳大利亚科学家乔格·韦克主持的一个研究小组,在美国化学学会《蛋白质组学研究》杂志上发表文章,声明他们研究发现,在硅树脂乳房灌输物被灌输入人体后,在其上会积累一种没被发现过的蛋白质。研究人员认为,这种蛋白质可能会产生乳房或其他部位灌输了硅树脂患者的免疫反应。

这项研究,对23位因为化妆原因,而进行过乳房硅树脂灌输的年轻健康女性,进行了研究。其中一部分人,因为并发症等原因要求去除灌输的硅树脂。

在文章中,研究小组描述了他们使用标记蛋白质学方法,来分辨在硅树脂表面吸附的蛋白质。因为这些蛋白质,被认为是影响硅树脂附近免疫反应的主要因素。到目前为止,他们识别出30种在硅树脂上积累得最多的蛋白质,其中最多的一种蛋白质是以往从来没有见到过的。

目前,还没有任何结论表明,硅树脂灌输与自身免疫性疾病有关系,这次科学家们的报道,只是确认了硅树脂至少提升了自蛋白改变和黏附,而这也许会引发免疫系统的自免疫反应。

## 十、发现与其他疾病防治相关的蛋白质

1. 发现与骨科疾病防治相关的蛋白质

(1)发现能够促进骨骼愈合的蛋白质。

2006年4月15日,英国《新科学家》杂志报道,血管再生是骨骼愈合的重要步骤,比利时科学家组成的一个研究小组,为此深入研究了骨骼愈合过程的血管生长机制,发现一种称为胎盘生长因子(PIGF)的蛋白质,具有促进血管形成和生产的功能。

研究人员说,肌肉上的伤口愈合后往往会留下疤痕,骨骼复原后则几乎完好如初,这是因为骨骼的愈合过程与骨骼发育过程类似。在愈合过程中,炎症细胞聚集到骨骼断裂处清除死亡细胞,随后被撕裂的血管重新生长,形成骨骼的成骨细胞和分解骨质的破骨细胞增生,在断裂部位生成新骨。

研究人员培育出体内缺少PIGF蛋白质的实验鼠,在它们长到11个星期时,将其胫骨折断。与普通实验鼠相比,它们的骨骼伤口处炎症细胞更少,血管再生

也不活跃。骨折后 13 天,7 只普通实验鼠都在平稳地恢复,骨骼断裂处开始融合。但在 9 只体内缺少胎盘生长因子的实验鼠中,有 6 只未能形成连续的骨骼,断裂处出现的是一团不牢固的软骨。

研究人员认为,这显示胎盘生长因子能促进骨骼愈合,有可能以此为基础研制出治疗骨折的无副作用药物。不过,同样的机理在人体中是否有效,还需要实验验证。这一成果,发表在美国的《临床研究杂志》上。

(2)发现一种保护骨骼的蛋白质。

2012 年 4 月 18 日,东京医科齿科大学高柳广教授领导的一个研究小组,在《自然》杂志网络版上报告说,他们在动物实验中,发现一种蛋白质既可增加成骨细胞,也可减少破骨细胞,从而保护骨骼健康。据称,这是世界上首次发现,同时作用于成骨细胞和破骨细胞的蛋白质,可能有助于开发治疗骨质疏松症、风湿性关节炎、骨折等的新方法。

研究小组分析了实验鼠成骨细胞分泌的蛋白质,发现其中与神经细胞生长等有关的蛋白质"Sema3A",不仅能够促进骨骼形成,同时还能阻碍破骨细胞的形成,遏制骨骼破坏。

研究小组通过基因操作,使一些实验鼠的"Sema3A"蛋白质,不能正常发挥作用,结果与正常的实验鼠相比,前者的破骨细胞增加了约 1 倍,骨密度降至原有水平的 1/3 以下。如果通过静脉向正常实验鼠注射这种蛋白质,它们的骨密度则出现增加。通过这种蛋白质治疗,患有骨质疏松症的实验鼠的症状得到改善。

研究小组发现,人体内也存在这种蛋白质。高柳广指出,这一发现,有助于开发出新疗法,可在减少骨骼破坏的同时,促进骨骼的形成。

2. 发现与五官科疾病防治相关的蛋白质

(1)发现一种会导致耳聋的蛋白质分子变异。

2007 年 2 月,美国伊利诺伊大学听力研究专家,在《物理评论通讯》撰文称,他们发现,人耳耳蜗内一种蛋白质分子发生变异,会导致耳聋。这一新发现,将为人们了解耳聋的病理提供新线索。

声波传至内耳的耳蜗内,会引起基底膜振动,刺激膜上的毛细胞,产生神经冲动并传导到大脑。研究人员发现,当毛细胞中一种名为 espin 的蛋白质发生变异时,毛细胞内的纤丝蛋白束,就会变得松软、削弱,毛细胞传导振动的能力,导致耳聋。espin 是一种典型的连接蛋白,常见于耳蜗毛细胞等人体感官细胞中。

研究人员还发现,向变异的 espin 蛋白质中,注入一些正常蛋白质,就能阻止纤丝蛋白束的结构发生变化。研究人员由此认为,如果能通过基因工程方法,激活控制 espin 蛋白质合成的基因,哪怕只产生一小部分的正常蛋白质,就有可能恢复一定程度的听力。

(2)发现形成牙釉质的关键蛋白。

2011 年 8 月,美国《国家科学院学报》网站,发表了匹兹堡大学牙科医学院一项有关牙齿釉质研究的成果。文章称,牙齿釉质是生物体中含矿物质最多的组织,硬度高且再生能力强。研究人员正在探索牙齿釉质的形成过程,希望以此开发出功能更强的生物性纳米新材料。

研究人员指出,牙齿釉质通过生物矿化作用形成,它们具有高硬度和复原能力,这是因为它们拥有一种类似复杂的陶瓷微纤维的独特结构。研究者说,当牙齿生长成形后,釉质就开始生长,微小的矿物晶体悬浮着。他们实验中再现了釉质形成的早期阶段。在此过程中,有一种名为釉原蛋白的蛋白质发挥了关键作用。

研究小组发现,釉原蛋白分子的自行组装是逐级进行的,先形成一种较小的低聚材料,再由这些低聚材料组成更复杂的高级材料。它们先将微小的磷酸钙粒子稳定地连在一起,就像把一系列小点连成线,这个过程是牙齿和骨骼形成釉质的主要矿化阶段,然后再把线排成平行阵列,排列完毕后,纳米粒子就会融合在一起形成结晶,成为高度矿化的釉质结构。

3. 发现与皮肤疾病防治相关的蛋白质

(1)发现使皮肤免受感染的蛋白。

2004 年 12 月,德国基尔大学总医院米夏埃尔·施罗德教授领导的研究小组,在《自然·免疫学》杂志上撰文说,他们研究发现,人的皮肤中的银屑病蛋白可以杀死肠细菌,保护皮肤免受感染。银屑病蛋白,是在银屑病角质形成细胞中发现的一种新的蛋白质。

研究小组指出,病原菌一般在肠道附近生成,并可以到达身体许多部位。研究人员一直关注的问题是,细菌为什么通常不会感染健康皮肤,尽管它常常出现。他们认为,健康皮肤在与肠细菌接触时有明显反应,产生大量的保护物质——银屑病蛋白。从表皮薄膜隔离出来的银屑病蛋白,从肠细菌中抽走了生命中重要的物质锌,致使肠细菌死亡。

研究人员对人体皮肤的调查,证实了实验中得出的结果。他们发现:在细菌集中的部位如头部皮肤或者腋窝,银屑病蛋白分布最集中。研究人员认为,这一认识,将来可能有助于找到防止黏膜感染的方法。另外,还可以帮人们获得皮肤护理的要领。

施罗德教授说,过度清洁皮肤反而会破坏其保护作用。而且使用什么成分的清洗、护肤用品,也直接关系到皮肤的保护作用。他说,那些有去脂功效的东西,同样也会侵害皮肤的保护机制。因此,应该慎重地挑选有益于皮肤健康的护肤品。

(2)发现诱发干癣病的蛋白质。

2004 年 12 月 14 日,《日刊工业新闻》报道,日本住友医院皮肤科医师佐野荣纪发现,干癣病与皮肤细胞内特定的一种蛋白质异常活跃有关。他表示,将利用这一发现,研究用生物技术预防和治疗干癣病。

　　干癣病因淋巴细胞在皮肤上异常聚集所致,特征是皮肤表面红肿干燥,出现许多上面覆有银白色皮屑的红斑,是一种慢性皮肤病,虽然不传染,但无法根治,给患者带来很大痛苦。欧美有很多干癣病患者,在日本患这种病的人数也在不断增加。

　　佐野荣纪发现干癣病与皮肤外伤治愈后的状态相似,于是他从这一现象入手进行研究。结果发现,在外伤疤痕中异常活跃的 STAT3 蛋白质,在干癣患处也十分活跃。他推断,淋巴细胞聚集,是生理活性物质所致,生理活性物质由某些基因控制合成,STAT3 蛋白质起着打开基因开关的作用。在利用老鼠进行的实验中,他用基因技术使老鼠皮肤出现了大量 STAT3 蛋白质,结果老鼠患上了干癣病。

　　4. 发现与其他疾病防治相关的蛋白质

　　(1)发现一种可加速伤口愈合的蛋白质。

　　2014 年 2 月,瑞士洛桑联邦工学院教授杰弗里·哈贝尔领导的研究小组,在《科学》杂志上发表研究成果称,他们发现一种名为"PIGF-2"的生长因子,可以大大促进机体组织的生长,加速伤口愈合。这一发现,将有助于再生药物研究。

　　人体受伤后,通常会自我修复受损组织。这一过程,是由一种被称为生长因子的蛋白质所控制的。细胞内的生长因子,可以加速伤口愈合,避免失血过多及并发症,对胚胎发育也很重要。

　　生长因子则是通过聚合一种名为"细胞外基质"的蛋白质,来促进机体组织细胞的生长。细胞外基质好比机体组织的"框架",通常情况下,生长因子聚合细胞外基质的能力越强,伤口愈合得越快。但目前含有生长因子成分的药物,却往往效果不佳,无法到达天然生长因子在人体内的修复效果。

　　该研究小组对 25 种生长因子进行动物实验,结果发现,"PIGF-2"生长因子,对细胞外基质的聚合能力最强,促进组织器官修复的效率最高。

　　研究人员把一部分"PIGF-2"生长因子,与其他三种修复效率较低的生长因子相融合,结果发现,它们对细胞外基质的聚合能力增加了近 100 倍,从而在未来或可大大减少生长因子药物的使用剂量。此外,经过生物工程技术处理而相互融合的生长因子,能加快血液凝块结痂,进一步提高伤口愈合效果。

　　目前,研究人员仅对实验鼠进行了动物研究,他们还将展开更多的动物实验,并最终用于人体。

　　(2)发现一种或可预防急性肾损伤的蛋白。

　　2015 年 3 月,美国俄亥俄州立大学麻建杰教授负责,他的同事及中国专家参加的一个研究小组,在《科学·转化医学》杂志上发表研究成果称,急性肾损伤是心脏手术及化疗等常见的危重并发症,他们发现,一种叫做 MG53 的蛋白也许能预防出现这一危及生命的医学难题,从而改变目前无药可治疗或预防急性肾损伤的局面。

　　麻建杰说,MG53 是一种"细胞修理工",一旦发现细胞膜中有个伤口,便会马上调动细胞的一切功能进行修复。这种蛋白主要存在于心脏和肌肉中,但他们发现,肾中其实也有 MG53,只不过含量是肌肉中的四十分之一,用于维持肾功能中最需要保护的部分——肾上皮细胞,肾损伤都是从这种细胞开始。

研究人员利用老鼠肾细胞进行的试验发现,MG53 蛋白基因被"敲除"的细胞用针扎一下,马上就会死亡;而正常细胞扎几次都不会死掉。这证明 MG53 对肾确实具有修复作用,可以预防肾损伤出现。研究人员又利用大肠杆菌人工生产出 MG53 蛋白,并注射到老鼠体内,然后通过堵住通往老鼠肾的血管来人为制造肾损伤,结果也证实 MG53 对肾有保护功能。为确认这种疗法的安全性和有效性,他们还在狗身上重复了类似试验,也获得预期结果。

麻建杰说:"这项研究使我们认识到,MG53 对人体肾也可能起到至关重要的保护作用。"至于距离临床应用有多远,他说,一是需要进一步改进人工生产 MG53 蛋白的工艺;二是需要通过大动物进一步验证 MG53 的安全性和有效性,在这之后还要通过人类临床试验,估计人类试验还需要一两年时间。

# 第三节  酶领域研究的新成果

## 一、酶结构及运作机制研究的新进展

### 1. 酶结构方面研究的新成果

(1)揭开端粒酶三维结构秘密。

2008 年 9 月,美国费城威斯达研究所,伊曼纽尔·斯柯达雷克斯教授领导的研究小组,在《自然》杂志上发表研究报告称,他们揭开在大多数癌症生长过程中起关键作用的端粒酶秘密,这为研发新型抗癌药物开辟了新途径,也是基础癌症生物学的一大突破。

端粒酶是化学疗法的理想靶标,因为它在几乎所有人类癌症肿瘤中均具活性,但在绝大部分正常细胞中却不具活性。这也意味着,抑制端粒酶药物也许能用来对抗所有癌症,且较少副作用。

在癌细胞内,端粒酶被激活,允许疾病细胞不停地分裂增殖,并达到科学家所称的"细胞永生",这是所有癌症的标志。端粒酶抑制剂的寻找过程,已经长达 10 年之久,但迄今为止,一直受阻于对该酶结构的了解。

该研究小组首次全面监视了端粒酶分子中一个极其重要的蛋白质,从而在原子层次揭示端粒酶如何复制到染色体的末端,而这个程序对于肿瘤发展来说至关重要。这种相同机制也同样涉及老化过程,这表明任何新的端粒酶抑制药物可能都会有助于长寿。

研究端粒酶复杂结构的主要障碍,是无法容易获得足够数量的酶。研究人员筛选了,包括原生动物和昆虫在内的各种各样的有机物后,最终发现赤拟谷盗能稳定地产生数量丰富的端粒酶。赤拟谷盗是一种昆虫,属于鞘翅目,拟步行虫科。分布于世界热带与较温暖地区。寄主于玉米、小麦、稻、高粱、油料、干果、豆类、食用菌等。主要为害面粉,该虫有臭腺分泌臭液,使面粉发生霉腥味。

研究人员利用 X 射线晶体分析法,分析了 X 光照射在分子晶体上产生的该酶活性区域的三维结构图,并重点研究端粒酶逆转录酶蛋白(TERT)亚单位结构。发现它是一个环状结构,在外形上与 HIV 病毒中的逆转录酶相似。斯柯达雷克斯表示,这种相似并非巧合,表明了一种共同的进化起源,这将有助于改进抗 HIV 药物,以在癌细胞中抑制端粒酶活性。揭开 TERT 区域的结构,就使破译该酶的运作机理成为可能。这是第一次了解到在初始端粒复制中,端粒酶是怎样在染色体末端进行组装的。

英国癌症研究协会的专家表示,端粒酶结构的确定,毫无疑问对了解癌症生物学极其重要,而且可能有助于开发出端粒酶抑制剂。端粒酶的发现者、美国加州大学旧金山分校的伊丽莎白·布莱克本称,这一研究是迈向根本性理解端粒酶及其潜在的医疗应用的重要一步。

(2)揭示免疫蛋白酶体的晶体结构。

2012 年 2 月 17 日,德国康斯坦茨大学的免疫学教授,同时也是瑞士图尔高生物技术研究所主任的马库斯·格林特瑞普,与慕尼黑工业大学化学教授迈克尔·格罗尔领导的研究小组,在《细胞》杂志上发表研究成果称,他们首次揭示了免疫蛋白酶体的晶体结构,给出了针对糖尿病、类风湿性关节炎,或多发性硬化症等疾病药物研发的关键线索,在自身免疫性疾病研究中,取得突破性进展。

蛋白酶体是一种圆柱形蛋白复合物,它可把不再需要的蛋白质切分成小片段,使它们与主要组织相容性复合体(MHC－I)受体结合。正常情况下,免疫系统会把这些被降解的蛋白质片段当作"异物"来消灭,但在很多类型的癌症和自身免疫性疾病中,如风湿、I 型糖尿病和多发性硬化症等,这一清除异物的过程被破坏。而限制免疫蛋白酶体就可以减少蛋白质片段这些"异物"的形成,从而重新建立正确的平衡来治疗疾病。

以前的抑制剂只能基于肽类似物而产生,这些药物的缺点是它们在体内易被迅速降解。为了研发不基于肽类似物的更有效抑制剂,对于免疫蛋白酶体晶体结构,特别是其结合位点的认识,就显得非常重要。

现在,成功使老鼠的免疫蛋白酶体结晶,并利用瑞士保罗谢勒研究所的瑞士同步辐射光源的 X 射线,确定了免疫蛋白酶体的晶体结构,在自身免疫性疾病的研究中,迈出了意义深远的一步。

研究人员进一步找到一种很有前途的蛋白酶抑制剂,它的活性成分是 PR－957(ONX 0914),其特别之处在于只抑制免疫蛋白酶体,不抑制与免疫蛋白酶体有几乎相同氨基酸序列的组成型蛋白酶体。研究人员发现,这两种蛋白酶体只是在蛋白酶体空腔内的蛋氨酸周围有微小差异。正是这微小差异,使得免疫蛋白酶体的氨基酸,与正常蛋白酶体旋转得不一样。它扩大了免疫蛋白酶体的空腔,使较大的氨基酸片段能够进入,并与抑制剂结合。而组成型蛋白酶体的空腔小,作用物质不适合进去。

未来借助免疫蛋白酶体精确结构新发现的帮助,科学家们可以研发专门抑制免疫蛋白酶体,而不影响组成型蛋白酶体的新药物。格罗尔教授说,"我们现在首次能够在原子水平上观察,抑制剂如何以及在何处攻击这两种类型的蛋白酶体。在此基础上,我们可以开发出新的、更精确的抑制剂,这是一个很大进步。"

2. 酶运作机制研究的新成果

揭示细菌酶制取甲酸的生物机制。

2015年2月,法国原子能及可替代能源署、法国国家科研中心和艾克斯—马赛大学等机构组成的一个研究小组,在《自然·通讯》杂志上发表研究成果称,细菌酶可在自然环境下,把二氧化碳转化成富含能量的甲酸。近日,他们发现了甲酸脱氢酶把二氧化碳转化成甲酸的生物机制,这对通过生物技术制取可再生能源,具有重要意义。

自然环境中,很多细菌通过甲酸脱氢酶(FDHs),把二氧化碳转化为甲酸($CH_2O_2$)。甲酸在一定条件下可以转化为氢气,可用于制造燃料电池,在可再生能源领域拥有重要价值。

生物酶发生催化反应,往往需要与一种叫做"辅因子"的非蛋白质化合物相结合,因而辅因子可以称作"激活"生物酶的"开关"。该研究小组以结构生物学、生物化学和分子生物学等多学科相结合的方式,对大肠杆菌进行研究,发现甲酸脱氢酶把二氧化碳转化为甲酸,需要与一种含有钼元素的辅因子相连接,这一过程,是由含钼辅因子把硫原子固定(脱硫)来实现。

通常情况下,甲酸脱氢酶的含钼辅因子非常不稳定,无机状态下的硫又具有很高的活性,将硫原子固定在辅因子化合物上十分困难。但大肠杆菌含有一种特定的"伴侣蛋白",可将提供硫原子的L-半胱氨酸(生物体内一种常见的含硫氨基酸),与含钼辅因子链接在一起,硫原子通过"伴侣蛋白"内部的一条"管道",安全、准确地被运输并安装到辅因子上。这样,含钼辅因子,在获得硫原子后,即可与甲酸脱氢酶相结合,激活一系列后续的催化反应。

## 二、酶功能方面研究的新成果

1. 发现有些酶具有延缓衰老的功能

(1)研究证实抗氧化酶具有延缓动物衰老功能。

2005年5月5日,华盛顿大学医学院教授彼得·拉比诺维奇领导,加利福尼亚大学欧文分校、得克萨斯大学研究人员参加的一个联合研究小组,在《科学》杂志网络版上发表论文说,他们通过对实验鼠的研究证明,在细胞内增加抗氧化酶的生成,会显著延长动物寿命、减少与衰老相关的疾病。这一成果,也进一步支持了自由基引起衰老的理论。

研究人员通过转基因方法,在实验鼠体内植入人类的过氧化氢酶基因,分别使细胞内的细胞质、细胞核,以及线粒体中的过氧化氢酶含量显著提高。

过氧化氢酶是细胞内的一种抗氧化酶,它能够消除细胞新陈代谢的副产物过氧化氢。过氧化氢又名"双氧水",它是活跃的强氧化剂,能引起氧化反应破坏细胞的新陈代谢过程,同时又会产生一系列新的氧化性活跃物质即自由基。

研究小组发现,细胞内过氧化氢酶增加的实验鼠,寿命比对照组的实验鼠都有不同程度的增加。特别是细胞线粒体内增加过氧化氢酶的实验鼠,平均寿命达到四个半月,比对照组的实验鼠延长了20%,而细胞核、细胞质中增加过氧化氢酶的实验鼠,寿命延长则没有那么显著。

研究人员还发现,线粒体内过氧化氢酶增加的实验鼠,心肌纤维远比对照组的实验鼠健康。同时,这些实验鼠的细胞线粒体突变更少,基因中发生氧化的部分也更少。

拉比诺维奇说,新研究成果的意义在于:一是支持了自由基引起衰老的理论。这一理论认为,衰老首先是机体在细胞水平上受自由基损害的结果,自由基能干扰细胞的新陈代谢过程,损害基因,进而引起心脏病、癌症等,如果能保护细胞不受自由基的损害,那么不仅可以预防衰老相关的疾病,还可以延缓衰老进程。二是证明了线粒体在衰老过程中的关键作用,揭示了衰老发生的步骤。线粒体是细胞的"能源工厂",在生成细胞能源的过程中,会产生大量自由基,因此,在线粒体这个"源头"上防止自由基生成,将是延长寿命最有效的方法。

(2)研究表明端粒酶具有延缓衰老的功能。

2009年11月,美国纽约阿尔伯特·爱因斯坦医学院的研究小组,在美国《国家科学院学报》上,对一组平均年龄为97岁的老人及其子女进行研究。结果表明,这些人都继承了可阻止细胞衰老的端粒酶,其体内端粒酶的浓度比普通人高。研究人员表示,这项研究结果,有助于抗衰老药物的研发。

研究人员表示,通过增加端粒酶,人们最终能够阻止细胞死亡,从而延缓衰老。端粒是染色体末端的DNA重复序列,是染色体末端的"保护帽",它能维持染色体的稳定,防止染色体相互融合。但在正常人体细胞中,端粒会随着细胞分裂而逐渐缩短,因为DNA聚合酶不能完成DNA末端的复制,而是要依靠端粒酶来合成。端粒酶可以合成端粒,在端粒受损时能把端粒修复延长,可以让端粒不会因细胞分裂而有所损耗,使得细胞分裂的次数增加,端粒酶让人类看到了长生不老的曙光。

2. 发现具有分解木质纤维素功能的酶

(1)在白蚁消化道中发现能把木材分解成糖的酶。

2011年7月,一个由美国普渡大学和佛罗里达大学联合组成的研究小组,在

《科学公共图书馆·综合》杂志上撰文称,他们在白蚁消化道发现一种可把木头分解成糖的混合酶,有助于扫清木材转化为生物燃料过程中存在的障碍。

植物中的木质素,是木材分解成糖的最大障碍,而糖是生产生物燃料的基本成分。木质素是构成植物细胞壁的最坚硬的部分,封锁了生物质中的糖。

研究人员发现,白蚁自身消化道能产生分解木材的酶,而且它的肠道中还有一种微小的共生生物,也能产生某种酶,协同帮助白蚁消化木材。他们分离出了白蚁的肠道,并把样本分成含有共生生物和不含共生生物的,分别放在锯末上,然后对二者的产糖量进行检测。实验结果表明,有3种功能不同的酶,能分解不同生物质,其中两种能释放葡萄糖和戊糖,另一种能分解木质素。

研究人员指出,长期以来,人们认为共生生物仅有帮助消化的作用,其实它的功能还有很多。实验证明,宿主产生了某种酶,与共生生物产生的酶结合起来发挥了更大作用。宿主酶加共生生物酶的效果,就好比是 1 + 1 = 4。

来自白蚁和它们共生生物的酶,能有效克服木质素转化成糖的障碍。将制造这些酶的基因插入病毒中喂给毛虫,就能产出大量的酶。实验显示,人工合成的宿主白蚁酶在分解木质释放糖分方面很有效。人们可以把宿主白蚁作为产出酶源的主要部分,用来生产生物燃料。

(2)揭示蛀木水虱体内能分解木头酶的结构功能。

2013 年 7 月,英国约克大学新型农产品研究中心克拉克·麦森教授领导,朴次茅斯大学的结构生物学家约翰·麦克吉汗博士,以及美国国家可再生能源实验室科学家参加的一个研究小组,在美国《国家科学院学报》上发表研究论文称,他们使用先进的生物化学分析方法和 X 射线成像技术,找出蛀木水虱体内能分解木头的酶,并揭示出它的结构和功能。研究人员表示,这一研究成果,将帮助人们在工业规模上再现这种酶的效能,以更好地把废纸、旧木材和稻草等废物,变成液体生物燃料。

为了用木材和稻草等制造液体燃料,人们必须首先把组成其主体的多糖分解成单糖,再将单糖发酵。这一过程很困难,因此,用此方法制造生物燃料的成本非常高。为了找出更高效而廉价的方法,科学家们将目光投向了能分解木材的微生物,希望能研究出类似的工业过程。

蛀木水虱是海洋中的一种小型甲壳动物,会蛀蚀木船底部、浮木、码头木质建筑的水下部分等。研究人员在蛀木水虱体内,找到了一种纤维素化合物,即一种可以把纤维素变成葡萄糖的酶,它拥有很多非比寻常的特性。他们也借用最新成像技术,厘清了这种酶的工作原理。

麦森表示:"酶的功能由其三维形状所决定,但它们如此小,以至于无法用高倍显微镜观察它。因此,我们制造出了这些酶的晶体,其内,数百万个副本朝同一方向排列。"

麦克吉汗表示:"随后,我们用英国钻石光源同步加速器朝这种酶的晶体,发射一束密集的 X 射线，产生了一系列能被转化成 3D 模型的图像，得到的数据，让我们可以看到酶中每个原子的位置。美国国家可再生能源实验室的科学家接着使用超级计算机，模拟出酶的活动，最终，所有结果向我们展示了纤维素链如何被消化成葡萄糖。"

研究结果，将有助于科学家们设计出更强大的酶，用于工业生产。尽管此前，科学家们已在木质降解真菌体内发现了同样的纤维素化合物，但这种酶对化学环境的耐受力更强，且能在比海水咸 7 倍的环境下工作。这意味着，它能在工业环境下持续工作更长时间。除了尽力从蛀木水虱中提取这种酶之外，研究人员也将其遗传图谱转移给了一种工业微生物，使其能大批量地制造这种酶，他们希望借此削减将木质材料变成生物燃料的成本。

英国生物技术与生物科学研究理事会，首席执行官道格拉斯·凯尔表示："最新研究既可以让我们有效地利用这种酶把废物变成生物燃料，也能避免与人争地，真是一举两得。"

（3）发现可把木屑废料转化成生物燃料的酶。

2013 年 12 月 22 日，加拿大约克大学化学系保罗·沃尔顿教授与吉迪恩·戴维斯教授，以及法国马赛第一大学、法国国家科学研究中心的伯尼教授等参与的一个研究小组，在《自然·化学生物学》杂志上发表研究成果称，他们在拓展开发第二代生物燃料方面，取得显著进步。他们发现，有一种酶家族能够把在自然中"难以消化"的生物质，降解为自身糖的成分。

第一代生物燃料，对于寻找可再生能源和能源安全产生了一定影响，特别是利用自然界中"易于消化"的生物质如玉米淀粉，来制造生物乙醇。但这种方法，需要大量能源作物，由此占用了宝贵的可耕土地，进而危及食品价格的稳定，还限制了生物燃料的产量。

研究人员说，新发现的酶家族，名为溶解性多糖单加氧酶（LPMOs）。它可以把植物的茎、木屑、废硬纸板或昆虫/甲壳类动物壳等废料，转化成自身糖的成分，然后发酵成生物乙醇。这是生物燃料研究中的一个重大进展，由这些原料制成的燃料，被称为第二代生物燃料。

研究小组表示，这项技术，开辟了采用可持续原料生产生物乙醇的新领域。研究人员通过研究这种酶家族的生物起源，及详细化学反应，已经证明，通过在大自然中找到各种各样的生物降解方法，人类现在能够努力生产出可持续性的生物燃料。

沃尔顿说："毫无疑问，这一发现，不仅将会对世界各地解决生产第二代生物燃料问题产生影响，更重要的是，现在还会给生物乙醇生产商提供一个强有力的工具，以帮助他们将废弃原料有效地转化成生物燃料。"

### 三、发现与生命基础或生命体相关的酶

1. 发现与细胞运动相关的酶

（1）发现控制细胞死亡早期阶段的重要酶。

2005年7月，美国媒体报道，德州大学西南医学中心的生化教授、霍华德休斯医学院的研究员王晓东等人组成的一个研究小组，发现一种对细胞死亡早期阶段控制至关重要的酶。研究人员认为，细胞死亡在正常情况下，是一种有益且正常的过程，但是当这种过程失灵时，就可能导致癌症的发生。于是，他们着手检测癌症患者的组织，以试图确定这种酶基因的突变与癌症的关系。

研究人员表示，这种基因将成为研究的一个热点。细胞的生死是一个复杂的反应过程，并且由处于生化"金字塔"顶上的一些分子控制着。研究人员把这种新发现的酶命名为"Mule"，它能够破坏这个金字塔顶上的一个关键分子，并因此导致细胞的崩溃。这些发现，还意味着找到了一种控制肿瘤形成的新的药物靶标。

王晓东认为，Mule酶的发现，将为研究这种酶在正常的细胞死亡和癌症中的作用，开辟出道路。

研究人员发现的关键部分，是Mule酶与细胞死亡的一种关键因子Mcl-1的相互作用。研究人员指出，虽然细胞发生凋亡可能有多种路线，但是这种相互反应，则充当了控制这些途径是否被触发的一个"主控开关"。

正常情况下，Mcl-1通过避免细胞发生凋亡而维持细胞的存活。而在一个将死的细胞中，Mcl-1已经瘫痪了。一个健康的有机体需要适量的Mcl-1：Mcl-1太少，能够导致免疫系统受损甚至死亡；Mcl-1太多，则导致细胞在应该死去的时候却仍然存活，因此导致癌症的发生。

通过使用人类细胞提取物，研究小组发现，Mule酶使一种叫做泛素的蛋白，结合到Mcl-1上的多个位点。当泛素结合到一个分子上时，它就会成为需要摧毁的分子的一个目标。

研究人员用了两年的时间，终于找到Mule酶。Mule酶和Mcl-1之间的反应，将可能用于帮助癌症患者。例如，一个肿瘤可能含有携带一种缺陷性的Mule酶细胞，并因此可能使肿瘤更快生长或对化疗产生抗性，那么对这种肿瘤的治疗，就可以集中在Mule酶和Mcl-1的生物化学上。

（2）发现能影响变异细胞凋亡的酶。

2007年3月，日本东京医科齿科大学研究人员，在《分子细胞》杂志上发表文章说，他们找到能影响变异细胞凋亡进程的一种酶，如果能加强这种酶的作用，就有望开发出副作用小的癌症新疗法。

细胞中的DNA发生变异，细胞就会癌变。在此前的研究中，研究人员发现，细胞中抑制癌变的基因"P53"，会判断DNA变异的程度，如果变异较小，这种基因

就促使细胞自我修复,若 DNA 变异较大,"P53"就诱导细胞凋亡。

"P53"能在某种酶的作用下被激活,但科学家一直未确定是哪种酶。日本研究人员利用人类癌细胞进行实验时发现,"DYRK2"是激活"P53"、进而启动细胞凋亡的"开关"。

在实验中,研究人员用药剂使细胞的 DNA 受损,他们观察到"DYRK2"酶,从细胞质移动到细胞核,细胞凋亡进程开始。如果人为造成这种酶缺损,细胞凋亡现象就不会发生。

(3)发现剑蛋白酶对调节细胞运动至关重要。

2011 年 4 月,有关媒体报道,美国叶什瓦大学阿尔伯特爱因斯坦医学院的研究人员发现,剑蛋白酶在调节细胞运动方面发挥着至关重要的作用。这一发现,对治疗糖尿病溃疡,以及转移性癌症,具有重要意义。

细胞运动类似于人类的行走过程,反复循环,其中的每个步骤都受到精巧的调节控制。细胞向前"迈步",主要以形成前端突出进行。细胞运动不仅对于组织器官的生长发育,以及基础免疫反应和伤口愈合十分关键,同时不受控制的细胞转移也会导致智障、血管疾病和癌症转移等灾难性疾病。

研究人员发现,剑蛋白酶家族的某些特定酶可动态调节细胞运动。剑蛋白酶是一种与微管有关的 ATP 酶,可使微管断裂,并使微管解聚为微管蛋白的二聚体。它主要集中在非分裂细胞外缘,可控制被称为伪足的突起。

研究人员利用可抑制剑蛋白的药物,处理果蝇的运动细胞时,发现处理后的细胞,移动速度显著增加,明显快于对照细胞。这表明剑蛋白酶可控制细胞运动,并防止细胞移动过快。研究人员在人体细胞中也观察到了类似的结果。

研究人员认为,剑蛋白酶可以描述为微管调节器,它能够调节细胞运动的速度和方向。临床药物,可通过抑制剑蛋白酶,来刺激细胞向某一特定方向迁移,进而达到治病效果。

(4)发现调控细胞清除受损蛋白质的酶。

在生物体老化过程中,细胞能否及时清除损坏的和错误的蛋白质,显得至关重要。许多神经退化性疾病,就是由于神经细胞中损坏的蛋白质,积累过多而造成的。

据 2011 年 10 月的有关媒体报道,美国加利福尼亚大学圣地亚哥分校和欧文分校的科学家,最近发现,有一种名为 UBLCP1 的蛋白酶体磷酸酶,能有选择地脱去蛋白酶体的磷酸基而降低其活性,从而对细胞清除损坏的蛋白质起着调控作用。

专家指出,磷酸酶活性缺陷,可能会大大改变细胞清除受损蛋白质的能力。迄今为止,UBLCP1 是在哺乳动物细胞中已发现的、唯一的蛋白酶体专用磷酸酶。

发现这种酶,认识它对细胞的调控功能,将对治疗癌症和帕金森症等许多疾病,产生重要影响。

2. 发现与生育健康相关的酶

发现一种保护精子的抗氧化酶。

2009年7月，法国国家科研中心、法国国家健康与医学研究所和克莱蒙费朗大学，联合组成的一个研究小组，在美国《临床检查杂志》月刊上发表研究成果称，他们发现了一种抗氧化酶，它能对男性未成熟的精子起保护作用。

精子一般在附睾中发育成熟，但发育过程中，精子非常脆弱，极易受到氧化，轻则细胞膜的脂质受损，重则脱氧核糖核酸遭到破坏。

研究小组发现，附睾上皮组织能够分泌出一种名为GPx5的抗氧化酶，它能够在精子未成熟前对其进行保护。为进一步验证GPx5的作用，科学家用实验鼠进行实验。他们发现，在没有GPx5的情况下，雄鼠精子的形态并没有什么变化，发育到一定程度后也同样能与卵子结合，但此后受精卵发育异常、流产以及幼鼠死亡的比例都居高不下，这说明精子的DNA等物质，在没有GPx5保护的情况下已被氧化，从而遭到了一定程度的破坏。

研究人员表示，这一发现，为治疗不育等病症开辟了新的思路，具有重要意义。

3. 发现与微生物存活相关的酶

发现细菌用于破坏宿主细胞抑制剂的酶。

2014年4月，生物学家伊凡·贝格等人组成的研究小组，在《自然·化学生物学》网络版上发表研究成果称，他们发现，细菌对宿主细胞产生毒性所需的一类重要基因，可用于编码一类酶，而这类酶，能够让哺乳动物身上的抑制剂发生转变，从而不再对抗食物中的这些细菌。

研究人员表示，某些能够产生化合物亚甲基丁二酸的哺乳动物细胞，能够对细菌感染产生反应。亚甲基丁二酸可以抑制细菌代谢中的一种中心酶，防止细菌生长并帮助清除感染。人们已经弄清细菌在不利的宿主环境中的几种存活机制，但其如何阻止亚甲基丁二酸的抑制效果却是未知。

贝格研究小组，检测到细菌体内一组对细菌毒性起重要作用的基因，能够编码一种酶。这种酶，可将宿主细胞中的亚甲基丁二酸降解成单一单元结构。反过来，这些单元结构，又能用于细菌细胞的生长，以及细菌正常的代谢过程。研究人员报告称，这些基因存在于许多细菌，包括非致病性种类中，这表明它能在各种环境中，为细菌提供一个选择性优势

## 四、发现与疾病防治相关的酶

1. 发现能致癌或能抗癌的酶

（1）发现能促进癌症发展的酶。

一是发现使大肠癌和肝癌细胞增殖加速的酶。2004年7月5日，《读卖新闻》报道，日本东京大学医学研究所教授中村佑辅领导的研究小组，发现使大肠癌和

肝癌细胞增殖加速的酶,抑制这种酶的作用,有望开发出副作用小的抗癌剂。

据报道,这是一种被称为 SMYD3 的甲基基团转移酶。癌症一般是由沉默的诱发癌症基因和抑制癌发病基因等多数基因异常所致。研究人员发现,诱发癌症基因和抑制癌发病基因异常可激活 SMYD3,其中一部分基因由于附有甲基基团,因而 SMYD3 甲基基团转移酶活跃的结果导致细胞增殖加速。SMYD3 不仅使癌细胞增殖加速,还可使正常细胞发生异常增殖,向癌变方向恶化。另外,研究人员在实验中确认,如果抑制 SMYD3 的作用,大肠癌细胞和肝癌细胞会自然死亡。

甲基基团附着于基因某一特定部位,对这一基因合成蛋白质产生影响,SMYD3 除了影响蛋白质合成以外,同时也是一种导致细胞异常增殖的关键酶。

日本厚生劳动省有关统计表明,在日本人第一杀手癌症中,大肠癌男性占第 4 位,女性占第 1 位,肝癌男性占第 3 位,女性占第 4 位,中村教授认为,这一发现将对治疗大肠癌和肝癌大有帮助。

二是发现使癌细胞保持活性的酶。2006 年 6 月 3 日,英国科学协会主办的阿尔法伽利略网站报道,丹麦哥本哈根大学生物技术研究和创新中心的一个研究小组发现,一种名为 JMJ 的酶。

研究人员说,这种酶,在癌细胞中出现的概率,远大于在正常细胞中出现的概率,它们会阻止癌细胞衰老,能使癌细胞保持活性,这一成果有望帮助医学界找到癌症发生的机制。

研究人员表示,癌细胞在老化过程中会变得更加紧密,DNA 结构也会发生改变,从而导致基因失去活力,阻止细胞分裂。研究人员发现,如果癌细胞中含有过多的 JMJ 酶,细胞的生长就会不受控制。

(2)发现能抑制癌症发展的酶。

一是发现一种抑制肿瘤生长的酶。2006 年 7 月,美国伊利诺州立大学科学家蒂姆·加罗,与捷克科学院的吉日·吉莱克教授,共同为他们发现的一类化学物质申请了专利。这类化学物质,将来可用做治疗癌症的药物。它是甘氨酸－高半胱氨酸－S－甲基转移酶(BHMT)的抑制剂。

BHMT 能够催化高半胱氨酸,转化为甲硫氨酸。因为癌细胞需要高水平的甲硫氨酸,所以减缓甲硫氨酸的产生能够选择性抑制癌症的生长。甲硫氨酸是一种非常重要的氨基酸,它参与几种重要的生物学过程,其中包括参与合成癌症细胞生长所需要的一种复合物的过程。加罗说,当减少患有癌症的试验动物,摄入的甲硫氨酸后,癌细胞生长受到明显影响。许多药物就是通过抑制某种酶的作用,来抑制肿瘤的生长。这类药物包括抑制素类,这种药物通过降低胆固醇水平起作用。BHMT 在肝脏中比较丰富,在肾上腺内比较少。血液中高半胱氨酸水平升高和许多疾病有关,包括血管疾病和血栓。

密西根州立大学玛莎·路德维希的实验室,一直致力于调整血浆内高半胱氨酸水平的研究,并且解决了 BMHT 晶体结构的问题。加罗说,BMHT 晶体结构的解决,使得我们能够看清这种酶的三维立体结构,这有助于我们设计该酶的抑制物,我们设计的几种抑制复合物,已经能够有效阻断这种酶与其正常底物的结合。把 BHMT 抑制物注射入小鼠腹腔内后,能够提改变高半胱氨酸的代谢浓度,并能提高其在动物体内浓度。这表明,我们设计的 BHMT 抑制物,能够从小鼠腹腔转移到肝脏内,在肝脏内 BHMT 抑制物,能够像我们预期的一样阻断 BHMT 催化的反应。

加罗认为 BHMT 抑制物的另一种治疗应用与甘氨酸三甲内盐有关,甘氨酸三甲内盐是 BHMT 的一种底物。他说,当 BHMT 被抑制时,甘氨酸三甲内盐的利用也被阻断。甘氨酸三甲内盐不仅为高半胱氨酸提供甲基从而形成甲硫氨酸。它还是一种渗透物,有助于细胞调节细胞内的水分。他认为,BHMT 抑制物还可以作为一种抗利尿剂。

二是发现一种能够"阻击"癌细胞转移的酶。2014 年 1 月 23 日,日本熊本大学一个研究小组,在美国《科学信号》杂志的网络版上发表论文称,他们发现人体细胞分泌的一种酶,具有遏制癌细胞转移的效果。由于很少有药物能够防止癌细胞的转移,因此这一发现有可能促进医学界开发出新的癌症药物。

该研究小组此前曾发现,与正常的细胞相比,癌细胞会大量分泌一种蛋白质,名为血管生成素样蛋白 2。这种蛋白质能够促进肿瘤血管的生成,提高癌细胞的运动性,从而促进癌细胞转移和浸润到周围的组织中。

研究人员注意到,在癌细胞大量分泌这种蛋白质时,与正常细胞相比,其分泌的 TLL1 酶却有所减少。研究人员随后在骨肉瘤细胞中加入了这种酶,并把细胞移植到实验鼠体内。结果发现,患癌症的实验鼠的生存时间延长了,癌细胞的转移也受到了遏制。

研究人员说,癌症患者最令人担心的问题就是癌细胞转移,而 TLL1 酶具有遏制癌细胞转移的作用。如果医学界能够开发出激活其发挥作用的药物,就有可能大幅提高癌症患者的生存率。

2. 发现与血管和血液相关的酶

(1)揭示一种与血管收缩相关的酶。

2006 年 3 月 15 日,日本奈良尖端科学技术大学教授箱嶋敏雄等研究人员,在美国《结构》杂志网络版上发表文章说,他们揭示出一种具有收缩血管功能的蛋白质的构造,如果能抑制这种蛋白质的作用,将有助于开发扩张血管的药物。

研究人员在实验中人工合成具有收缩血管功能的蛋白质"Rho - 激酶",然后利用 X 射线分析这种酶的结晶构造。研究人员发现,"Rho - 激酶"通过两个分子相互作用产生酶的活性,如果用阻碍剂令"Rho - 激酶"不发挥作用,再观察其结晶构造,就会发现双分子部分的局部构造出现变化。

此前的研究证实,一种治疗蛛网膜下出血的药物,通过作用于"Rho - 激酶"产生疗效。在此次研究中,研究人员着重研究这种药物对"Rho - 激酶"的作用部位,并完成对这一部位详细构造的解析。

研究人员认为,"Rho - 激酶"还能导致神经类疾病,因此如果抑制它的作用,神经就能再生,从而使脊髓损伤、阿尔茨海默氏症的治疗成为可能。

(2)制成可将 A 型和 B 型血转为 O 型的突变酶。

2015 年 5 月,加拿大不列颠哥伦比亚大学化学系大卫·克万研究员和史蒂夫·威瑟斯教授,以及该校血液研究中心加亚钱德安·吉扎克达苏副教授等人组成的一个研究小组,在《美国化学学会杂志》上发表研究成果称,他们利用基因工程制造的一种经过 5 代进化的突变酶,可以剪去 A 型血和 B 型血中的糖,或者说抗原,使它们更像万能的 O 型血,从而可以输给任意血型的病人。

输血在许多医疗过程中非常重要,但红血细胞中抗原的存在,意味着在输血之前必须验血,以避免引起不良的甚至致命的反应。当病人需要输血,而血库中又没有血型相符的血怎么办?科学家们为此努力了好多年,但一直没能找到一个经济的解决方案。利用酶分别去除 A 抗原和 B 抗原的终端 N - 乙酰半乳糖胺,就可得到万能的 O 型血,但此前这种方法的效率并不高。

克万说:"我们制造了一种突变酶,能够非常有效地切掉 A 型血和 B 型血中的糖,并且对于去除亲本酶需要与之抗争的亚型 A 抗原更加熟练。"克万介绍道,他们从属于肺炎链球菌的 98 糖苷水解酶家族入手,利用一种名为定向进化的新技术,让编码这种酶的基因发生突变,并选出在切割抗原方面更加有效的变种。经过短短的 5 代进化,所获酶的有效性提高了 170 倍。

吉扎克达苏和他的同事利用这种酶,去除了 A 型血和 B 型血中的大部分抗原。不过,在应用于临床之前,还需要让它去掉所有的抗原才行,因为免疫系统对血型极其敏感,即便残留少量的抗原,也可能触发免疫应答。

威瑟斯说:"这并不是个新概念,但一直以来我们需要非常多的酶才能奏效,因此不太实用。但现在,我们有信心让这一领域的研究,向前迈进一大步。"

3. 发现与免疫系统疾病防治相关的酶

(1)发现可同时控制肌体两种免疫反应的酶。

2006 年 4 月,日本理化研究所齐藤隆领导的科研小组,在《科学》杂志网络版上发表论文称,他们发现,在肌体自然免疫反应过程中必需的一种酶,也控制着获得免疫反应,这是人们首次找到能同时控制两种免疫反应的活性分子。

免疫系统可分为自然免疫和获得免疫。自然免疫反应,对所有病原体实施无差别攻击;而获得免疫反应,通过 T 细胞和 B 细胞等淋巴细胞,专门攻击特定病原体。研究人员经动物实验发现,在自然免疫反应过程中必需的"IRAK - 4"激酶,也能调节 T 细胞的活性;缺乏"IRAK - 4"的 T 细胞,对病毒等外来病原体的反应能力,明显低于正常 T 细胞。

此前,科学家一直认为,自然免疫和获得免疫经,由完全不同的两条通道传递信号。而日本科学家的新成果证明,两种免疫反应过程中,至少有一部分,是依靠共同的活性分子"IRAK－4"激酶来控制的。

专家指出，如果能找到调节"IRAK－4"激酶的物质，将有望开发出同时增强两种免疫反应的药物，使患者能够更有效地抵抗侵入体内的病原体或癌细胞。

（2）发现可防止肌体干扰素过剩的酶。

2006年5月15日，日本东京医科齿科大学、横滨市立大学和美国哈佛大学等组成的研究小组，在《自然免疫学》杂志上发表的论文称，他们通过动物实验发现，一种名叫Pin1的酶，可以抑制肌体产生过量的Ⅰ型干扰素。这一成果，有望用于治疗因干扰素过剩造成的自体免疫疾病。

担负着免疫重任的Ⅰ型干扰素，具有抑制病毒增殖的作用，但如果Ⅰ型干扰素分泌过多，就会误导免疫系统将自己的身体组织也当作异物攻击，导致自体免疫疾病。

Pin1酶存在于所有的动物细胞中，当促使肌体合成Ⅰ型干扰素的物质开始活跃时，Pin1酶就会附着到这种物质上并使之分解。研究证实，不能合成Pin1酶的实验鼠，体内生成Ⅰ型干扰素的量，比普通实验鼠多4倍。

研究者指出，在免疫方面，重要的是保持"加速"和"刹车"之间的平衡。如果能调节人体中Pin1酶的活动，将可能找到针对异常免疫反应引发疾病的新疗法。

（3）发现诱发风湿性关节炎的酶。

2012年7月，韩国首尔大学医院和首尔医科学院共同组成的一个研究小组，在《免疫学期刊》杂志上发表论文称，"经证实，如果位于细胞内的烯醇酶转移到细胞表面，就会变成'炎症诱发物质'，导致患上风湿性关节炎"。

研究小组以35名风湿性关节炎患者、14名退行性关节炎患者和35名正常人共84人为对象，从其血液和膝盖关节液中分离出了一种免疫细胞——"大食细胞"，然后针对原本应该存在于细胞内部的烯醇酶进行观察，结果显示，风湿病患者的细胞中，移动到细胞表面的烯醇酶所占的比例高达95%～100%，而退行性关节炎患者的比例不到3%，正常人则为零。

研究小组姜教授表示："通过血液检查测量烯醇酶的数值，将可以预测关节炎发病的危险，并能够对治疗后的情况进行评估"。他还说，"有望开发出治疗药剂，使烯醇酶无法从细胞内移动到细胞表面"。

4. 发现与消化系统疾病防治相关的酶

发现有助肝炎等病治疗的酶。

2004年6月，日本媒体报道，东京都临床医学综合研究所藤田尚志研究员主持的研究小组发现，一种名为"RIG－I"的酶，可以促进干扰素的分泌，这一发现，将有助于肝炎等疾病的治疗。

正常情况下，人体组织或血清中不含干扰素，它是一种人体细胞在病毒、细菌及其产物的诱导下产生的可溶性糖蛋白，具有抗病毒、抗肿瘤和免疫调节作用。根据产生细胞类型等综合因素，干扰素可分为抗病毒干扰素和免疫干扰素两种。

该研究小组对人体细胞分泌干扰素时起作用的基因,进行了研究。结果发现,人体细胞感染病毒后,细胞中有基因合成了一种名为"RIG-I"的酶。这种酶在病毒增殖过程中,可以与病毒基因结合,促进感染病毒的细胞分泌干扰素。

在动物实验中,研究人员先让老鼠细胞合成RIG-I,然后再让老鼠细胞感染病毒。与一般感染病毒的老鼠细胞相比,病毒增殖受到了明显抑制。24小时以后,细胞内的病毒量只有平时的1%。这说明,RIG-I有促进干扰素分泌的作用,只要促进RIG-I的合成、不额外注射干扰素,就能起到抗病毒的作用。

研究人员认为,如能制成RIG-I激活药物,患者自身可增加干扰素的分泌量,不必注射干扰素。此外,还可通过增加编码合成RIG-I基因的基因疗法促进自身干扰素的分泌,这些新方法将为肝炎、癌症等疾病患者带来福音。

5.发现与代谢性疾病防治相关的酶

(1)发现一种能导致代谢变差的酶。

2012年3月28日,日本熊本大学的一个研究小组,在《自然·通讯》杂志网络版上报告说,他们发现细胞核中一种酶,能够抑制与能量代谢相关的基因,从而使代谢变差。这一发现,将有助于了解代谢综合征的发生机制,及开发相关治疗方法。

在小鼠实验中发现,在肌体处于肥胖状态时,细胞核中一种被称为"LSD1"的酶,能够抑制与能量代谢有关的基因的功能。基因的功能受到抑制后,向细胞内供应能量的线粒体的活跃性就降低,导致代谢变差。研究人员向长期进食高脂肪食物的肥胖小鼠,投放能够影响这种酶的药物后,发现与能量代谢有关的基因功能恢复作用,小鼠难以继续变胖,肥胖状态受到了控制。

研究人员指出,特定代谢基因的功能受到影响后,将导致代谢综合征等多种疾病。代谢综合征,指由人体蛋白质、脂肪、碳水化合物等物质代谢紊乱引起的一系列病理状态,包括体重超重或肥胖、高血压、高血糖、高血脂等。

(2)发现脂肪酸合成酶可能是引起肥胖症的原因。

2012年8月2日,美国华盛顿大学医学院伊尔凡·洛迪领导的研究小组,在《细胞·代谢》网络版上报告说,他们在动物实验中发现,一种名为脂肪酸合成酶的物质是治疗肥胖症的潜在靶点。

研究人员发现,实验鼠摄入碳水化合物等食物后生成脂肪时,脂肪酸合成酶会发挥重要作用。他们利用转基因技术,培育了脂肪细胞中不含脂肪酸合成酶的实验鼠,结果它们即便在日常摄入高脂食物也不会变胖。

实验鼠体内有两种脂肪——白色脂肪和棕色脂肪,前者是动物体内的常见脂肪,能够存储多余热量,与肥胖相关;后者则能消耗多余的热量。研究人员开展的进一步研究显示,在转基因实验鼠体内,部分白色脂肪转化为与棕色脂肪相似的组织。

伊尔凡·洛迪指出,体内缺乏脂肪酸合成酶的转基因小鼠,明显更能抵制肥胖,这并非因为它们吃得少,而是因为它们能代谢更多脂肪。

棕色脂肪,此前一直被认为仅在啮齿动物和人类婴儿体内存在。但近3年来,陆续有研究证实,成年人体内也有微量棕色脂肪,它们主要分布在颈部与肩部之间。

6. 发现与治病药物作用相关的酶

发现一种能提高药效的酶。

2012年7月,日本福井县立大学副教授滨野吉十率领的研究小组,在《自然·化学生物学》杂志上发表论文称,他们发现一种酶具有集结"β-赖氨酸"的能力,而这种氨基酸又具有较容易渗透进细胞的构造,如果在一些药物中加入这种酶,就有可能提高其药效。

研究人员发现,"β-赖氨酸"不仅容易渗透进入细胞,而且它对动物没有副作用。他们在分析土壤微生物"放线菌"生成抗生素"链丝菌素"的过程中发现,名为"ORF19"的酶能够集结很多"β-赖氨酸"。

研究人员说,如果把这种酶加入到无法渗透进细胞、并对某些患者失去效力的药物中,有可能使其再次发挥作用。比如长期使用抗癌剂时,癌细胞产生耐药性使得药效下降,如果利用酶"ORF19"聚集很多"β-赖氨酸",可帮助药物渗透进细胞,理论上有可能恢复药效。这种方法或许还有助于研发新药。

## 五、开发利用酶的新进展

1. 开发利用酶取得的新成果

(1)研究乳制品中生物酶的改性。

2005年6月,有关媒体报道,随着波兰乳制品工业的发展,今后将会把研究重点放在牛奶成分的生物酶改性上。在由波兰奥什尔丁两所大学组织的研究中心里,主要的培训课程就是研究牛奶蛋白、乳糖和脂质中生物酶的改性。

波兰乳制品加工企业和业界人士,共同致力于研究生物酶改性对于牛奶蛋白和其他成分功能性的影响。拿牛奶蛋白举例来说,如果生物酶改性,会改变、提高其特有功能特点。

研究人员发现,由于酶对氨基酸有特殊作用,在加热的情况下,蛋白质水解会大大提高生物乳球蛋白合成凝胶物质的能力。通过转谷氨酰胺酶,另一种功能性改性,促成蛋白的交叉结合。另外,如果PH值降低之前进行牛奶酶处理,形成酸析干酪素凝胶的系数将会提高6~8倍。限制性水解会提高发泡形成、热稳定性、低PH值的稳定性和乳清蛋白的乳化。波兰这所研究中心会组织一些演讲、实验等活动,把研究的理论与实践结合起来。

(2)围绕极光激酶B推进抗癌药物研制。

2006年10月,英国曼彻斯特大学,生化学家斯蒂芬·泰勒领导的一个研究小组发现,抑制一种称为"极光激酶 B"的物质,可以有效杀死癌细胞。这一发现,将为研制抗癌药物开辟新路。

极光激酶是一类蛋白质激酶,可以"修改"别的蛋白质,在细胞有丝分裂和癌变过程中有重要影响。极光激酶过度活跃,导致细胞不受限制地异常增殖,被认为是细胞癌变的原因之一。

目前,许多制药企业正围绕极光激酶寻找癌症新疗法,但由于极光激酶分为 A、B、C 等几种,具体哪种方案更有前途,人们还莫衷一是。研究人员原本希望用化学物质抑制极光激酶 A 来控制癌症,结果发现抑制极光激酶 B 可以更有效地杀死癌细胞。

初步试验还显示,针对极光激酶 B 的药物没有引起严重副作用,在抗癌药物中毒性相对较低。负责这项研究的斯蒂芬·泰勒说,尽管抑制极光激酶 A 作为一种有潜力的疗法仍有一定价值,但以极光激酶 B 为重点进行研究更具吸引力。

(3)研制出新型啤酒过滤酶。

2007 年 5 月,有关媒体报道,丹麦诺维信公司一个研究小组研制成功一种新型生化酶,可以帮助啤酒制造商增加产量,减少成本花费,延长过滤周期。

研究人员介绍说,这种新型生化酶,已经成为该公司的专利产品。因为它能毁坏麦芽糖汁的细胞屏蔽,减少其黏性,因而它可以延长或者强化过滤周期。这种可以减少黏性的酶,仅仅上市几周时间,它可以减少蒸馏时的能量花费,估计减少量可达 15% ~25% 。

在过去的几年时间里,许多的加工商一直面对制造成本的增加,特别是随着能源和原材料的价格不断上涨,所以想办法减少成本至关重要。

诺维信公司谷物食品和饮料工业市场总监安得烈·福代斯称,这种酶将从根本上帮助酿酒商。它主要靠分解葡聚糖和木聚糖而执行其功能。高级葡聚糖有时过滤周期很短,它们的黏性很高。但是近来的研究表明,木聚糖也不能忽视。

诺维信公司的国际啤酒市场部经理帕特里克·帕特森表示,使用高级麦芽糖的啤酒商,将从这种新型生化酶中获益匪浅。这种酶通过延长过滤周期,增加了产量,减少了过滤装置的需求量和清洁的成本。

(4)开发出溶于油但不溶于水的酶。

2007 年 6 月 19 日,《日经产业新闻》报道,东京农工大学副教授中村畅文等人,以一种水溶性酶为基础,开发出一种溶于油但不溶于水的酶。利用这种人造酶,可实现蛋白质等高分子化合物的高效分离。

报道说,研究人员在水溶性酶"P450"的基础上,开发出这种新型酶。该技术解决了采用传统合成法不易分离生成物的缺点,有助于药品材料的研发工作。

水溶性酶"P450",可在诸多物质的反应过程中起催化作用。反应结束后,水中溶解有"P450"和生成物,在水中使生成物与酶相互分离需要大量时间。因此,尽管"P450"这种酶理论上可以催化多种反应,但是在实际工业生产中却难以应用。

研究人员对"P450"进行特殊处理,并在此基础上,开发出一种溶于油但不溶于水的酶。在上层是油、下层是水的溶剂中,新研制的酶和原料物质在油层反应,完成催化作用的酶停留在油中,而不溶于油的生成物会沉入水中并被溶解,省去人工分离生成物和酶的工序。此外,生产这种酶可以继续利用现有设备,不会造成生产成本的增加。

(5)培育出能有效分解玉米秸秆的新酶。

2009年7月,据《科学美国人》网站报道,美国生物科学家克利夫·布拉德利和化学工程师鲍伯·卡恩斯,携手合作,共同培育出一种新酶。这种酶,可让目前的玉米乙醇工厂,更便宜地处理价格低廉的玉米秸秆等木质材料,从而降低成本。

两位研究人员挑选出把难以分解的纤维素作为食物的土壤真菌,并在腐败的植物中进行培植,获得某些功能强大的酶。这些特殊的酶,可以分解价格更便宜的玉米秸秆废物,如叶子、叶柄、壳和玉米棒子等,在减少玉米使用量的同时,也降低了生产纤维素乙醇的成本。

据悉,这些玉米废料可以取代35%的玉米,并将成本降低1/4。这个把淀粉和纤维素进行整合的基本处理过程,也适用于生产其他类型的生物燃料。富含纤维素乙醇的非食用植物原料,成为生物燃料公司的"新宠",但是,如何分解这些植物原料,则是令生物燃料公司头疼的问题。

在过去的几十年内,这两位研究人员,一直致力于寻找有效的方式,来喂养能够分泌这种关键酶但很难培育的土壤细菌。他们在固体营养颗粒潮湿的表面种植细菌,而其他标准的大规模发酵过程在水箱内进行。卡恩斯解释说,其他研究人员把有机物放在装满水的水箱中,然后想方设法提供充足的氧气来使这些需要氧气的细菌高兴,而他们让这种有机物适应环境,而不是制造出使有机物满意的环境。

这两位研究人员找到的其中一种酶,能够很好地对纤维素进行降解,另一种酶有独特的分解玉米淀粉的能力。使用这些酶,可以让当前的玉米乙醇工厂,把纤维素材料整合进标准的淀粉发酵过程。布拉德利说,这个整合过程使用同样的设备,在目前很难获得资金的现状下,这一点相当重要。

(6)研制出丝氨酸水解酶新抑制剂。

2011年5月出版的《自然·化学生物学》杂志,发表美国斯克利普斯研究所研究团队的成果,报道他们鉴别并合成出一类新化合物,能有力地、有选择地阻止很多丝氨酸水解酶的活动,它在基础研究和药物研发领域具有重要用途。

过去的研究证实,阻止丝氨酸水解酶的化学物,可作为药物治疗肥胖、糖尿病以及阿茨海默病,同时,在治疗疼痛、焦虑和抑郁方面也有一定效果。人体细胞中有200多种丝氨酸水解酶,其中一些丝氨酸水解酶还没有找到抑制其活动的抑制剂,新研究扩展了可使用的抑制剂范围。

该研究团队,在以往研究的基础上,进一步探索一群能抑制丝氨酸水解酶活动的分子,它们的名字叫做"尿素塑料"。实验开始时,他们使用最新技术,测量这种分子抑制丝氨酸水解酶的强度和专一性。结果发现,1,2,3-三唑尿素塑料,能够有力地抑制很多丝氨酸水解酶的活动,却不会影响其他酶的活动。

接着,研究人员合成出1,2,3-三唑尿素塑料的基本结构,将其与现有的抑制剂相比发现,这个基本结构能抑制更多丝氨酸水解酶的活动。他们通过简单的"点击化学"技术,制造出20种化合物,经过测试发现其中3种化合物,对很多丝氨酸水解酶具有强大的抑制效果。

此后,研究人员通过两个化学步骤,对该基本结构进行了修改,让其只抑制特定的丝氨酸水解酶。其中一种抑制剂AA74-1,能有效地抑制酰基缩氨酸水解酶(APEH)的活动,而不会明显地影响其他酶。科学家还借用抑制剂AA74-1,研究了APEH对蛋白质的化学修饰作用,实验结果显示,当APEH被抑制时,超过20种蛋白质的浓度会显著下降。

(7)首次用人工遗传物质合成一种酶。

2014年12月1日,英国剑桥大学一个研究小组,在《自然》杂志网站上发表研究报告说,他们首次用自然界中并不存在的人工合成遗传物质制造出一种酶,这种合成酶能像天然酶那样,引发简单的化学反应。这一合成生物学领域的新成果,对研究生命起源、研发新药等具有重要意义。

此前普遍认为,对于生命体来说,脱氧核糖核酸(DNA)及核糖核酸(RNA)是生命遗传密码的仅有载体。

不过,该研究小组,在2012年合成一种名为"XNA"的物质,同样能储存和传递遗传信息。有人据此推论,宇宙中或存在遗传方式不同的生命形式。也有人认为这使得"人造生命"更具可能。

在自然界的生命体中,酶作为一种催化剂,负责启动一系列化学转换过程,使细胞等发挥相应功能,帮助生命体完成各种基本任务,比如消化食物等。此前普遍认为,只有DNA和RNA才是各种酶形成的"基本模块"。

该研究小组报告说,他们在实验室中,利用先前合成的XNA合成出"XNA酶"。这种人造酶,也能启动一些基本的生物化学反应,比如在试管中切开并接入天然的RNA链之中。

研究人员指出,新成果进一步说明,人类关于生命起源所必需的条件,还需要加深认识,除DNA和RNA之外,可能存在其他化学物质可启动生命的形成和进化。同时,人工合成酶,还有助于研发有针对性的药物,启动人体自然反应来对抗疾病。

2.开发利用酶出现的新方法

(1)开发出高通量激酶组分析法。

2006年2月,耶鲁大学迈克尔·斯奈德领导的一个研究小组,在《自然》杂志发表了一篇关于高通量识别蛋白组目标物的论文,文中的方法被用来筛选87种不同的酵母激酶。这项成果,为研究人员提供了酶类研究的丰富信息源,有助于他们选择酶类的目标物和调节机制。

研究小组开发了一种含有75%酵母蛋白组的蛋白组表达文库,在复制序列上进行蛋白质点标记。接着,他们把这些序列,暴露于含有放射性ATP的激酶中,以便在可重复产生信号的质点上,鉴别特定性的交互作用。研究小组对4000多次磷酸化过程进行鉴别,然后把它们集合起来,制作成一个详细的激酶组图谱。

这篇论文,也介绍了有关调控机制的重要信息,通过这一机制,激酶和目标物系列,能进行交互作用和调节彼此的活动。斯奈德说,很显然,真核细胞恰恰喜欢使用一些基本的回路。

斯奈德说,希望自己的研究小组能开始构建酵母激酶组的精细图谱,其他研究小组的参与将非常重要。这就是我们为何要将数据尽可能快地向科学界公布的原因。他还说,可以肯定的是,前面还有很多工作要做。

(2)开发可定位酶活性中心的分子"GPS"方法。

2014年12月,德国波恩大学物理与理论化学研究所教授奥拉夫·希曼领导,研究生第纳尔·阿布杜林等人参与的一个研究小组,在《应用化学》杂志上发表研究成果称,在日常生活中,全球定位系统(GPS)能可靠定位一辆车在行驶途中的即时位置。近日,他们开发出一种分子"GPS",用它能可靠确定金属离子在酶里面的位置,这些离子在新陈代谢和生物产品合成中都扮演着重要角色。

如果没有酶,地球上就不会有生命。这些酶分子控制着各种生化反应,从食物消化到遗传信息复制。希曼说:"酶的空间结构很复杂,有着多重折叠,许多层和许多弯曲。"

而这种"蛋白质结"的反应中心,叫做"活性中心",通常有一种或多种金属离子。在化学反应中,物质会附着或接近金属离子,离子帮助破坏和重建分子键,由此将一种物质转变为另一种新物质。比如在人们胃里,就不断地发生着这种转变,食物被分解成身体容易吸收的物质。

为了研究这些酶是怎样运作的,研究人员需要精确掌握单个原子,在这些生物分子中是怎样排列的。希曼说:"只要我们知道酶里面的金属离子在什么地方,就能精确掌握反应进程。"他的研究小组利用一种与GPS(全球定位系统)原理极为类似的新方法,确定了一种酶的活性中心的位置。

研究人员解释说:"酶的结构复杂重复,就像交通高峰时的高速迷宫。"要在繁忙的高速路上,定位一辆车几乎是不可能的,金属离子就像高速路上的车,"隐藏"在酶的重重缠绕和折叠中。就像GPS能定位某辆车的位置,分子GPS也能定位金属离子的位置。

阿布杜林说:"我们的'卫星'是自旋标记。"这是一些小的有机分子,有不成对电子而且很稳定。研究小组把6个这种"分子卫星",散布到天青蛋白(中心有铜离子的蓝色蛋白)酶模型中,首次通过计算机程序,跟踪这些微小"卫星"在缠绕的酶中的"轨道"。他们用一种叫做 PELDOR 的分光计,确定各个"卫星"和金属离子之间的距离。阿布杜林指出,就像 GPS 那样,我们能精确定位酶里面活性中心的位置。

希曼说:"我们开发了用于基础研究的方法,还能用它来弄清其他酶的结构。"更好地理解活性中心的物质转变,最终也是工业制药的基础。

3. 开发利用酶出现的新设备

开发研究酶分子机理的新仪器。

2006 年 10 月,有关媒体报道,美国能源部生物科学项目部,与美国西北太平洋国家实验室签订一份为期三年,总额为 150 万美元的合同,以开发研究酶分子机理的新仪器和方法。西北太平洋国家实验室首席研究员埃里克·阿克尔曼,与雷陈红、胡德红、查克、温蒂斯等组建了一个研究小组。

细胞内蛋白质纳米动力的酶,在能源方面具有许多潜在应用前景,比如氢制造、燃料电池开发和环境治理。但是,为了获得这些应用,研究人员们还必须首先填补有关酶作用过程的基础知识。新的研究计划,将氧化还原酶定为研究目标。氧化还原酶,是所有生命形态的基础,因为通过细胞内电子转移,氧化还原酶能使细胞内的还原和氧化反应不断循环。

作为研究的第一步,美国西北太平洋国家实验室研究人员,计划把一种称之为"循环伏安法"的电气化学方法,与单分子光谱学相结合,开发一种新型电气化学单分子分光计。该新型设备,将使研究人员能够对基本酶氧化还原反应进行动态研究。

由于酶具有在细胞外不稳定的特性,这使研究人员很难对它展开研究。在前期研究中,研究人员发明了一种新方法,即把酶诱入一个纳米结构矩阵之中,从而增加酶的稳定性和延长其寿命。

酶在纳米结构矩阵中稳定存在之后,再把它放入一个微型电化电池中。这时,它会释放出受控电流。由于电流的微小摇晃会影响酶的催化反应,因此研究人员将对单个酶分子的情况进行观测。研究人员把利用新型电气化学单分子分光计产生的化学信息,对催化电子转移过程展开研究。

研究小组为了获得必需的酶变异体,将使用一种新的无细胞方法,而不是传统的蛋白质制造分子方法。实验表明,独特的机械仪器,一天的制造量可以达 384 个蛋白质,或者蛋白质变异体。

阿克尔曼说,期望此项研究取得的成果,能提供了解催化反应中电子转移所必需的基础知识。此项研究,将在包括生物能源和环境治理在内的许多领域得到应用。

# 第四节 蛋白质开发利用研究的新成果

## 一、人工制造蛋白质的新进展

### 1. 以氨基酸为基础人工合成蛋白质

2005 年 9 月,美国西南医学中心药理学副教授拉玛·阮冈纳赞及其同事组成的一个研究小组,对有关媒体发布消息称,他们通过研究自然界中蛋白质的进化史,成功地找到蛋白质合成过程中的某些规律,这些规律可以用来帮助研究人员合成人工蛋白质。目前,研究人员利用此项技术,以氨基酸为基础合成的蛋白质,无论从外形还是功能上来说,都同自然界中某些蛋白质很相似。

研究人员说,他们已找到一种人工合成蛋白质的新方法。这种方法,完全利用研究人员从自然界中的蛋白质经过分析而得出的信息。

研究人员从蛋白质的进化记录中,得到大量的数据资料。依靠这些数据资料,可以更快地合成目前自然界中存在的蛋白质。研究人员已取得巨大的成功,至少在实验室的试管中,人们不可能把这些人工合成的蛋白质与自然界中存在的蛋白质区别开。

阮冈纳赞说,这些人工合成的蛋白质,肯定与自然界中的蛋白质存在某些区别。研究人员现在要做的就是,把这些蛋白质植入生物体内,以对这些人工合成的蛋白质,进行更为细致的研究。他针对本次研究实验还说,研究人员发现目前自然界中存在的蛋白质,有许多地方都继承于它们的祖先,无论是在结构上,还是在其他方面,都与其祖先有许多共同之处。但同时,又很可能在漫长的进化过程中,带有自身的某些特殊的性质。

研究人员认为,目前,自然界中存在的蛋白质,都是由很久以前非常古老的蛋白质进化而成。这个蛋白质,就成为目前自然界中存在的蛋白质的原型或者说是模板。

蛋白质是生物体完成各种生命功能所必需的特殊物质,由许多氨基酸组成,数十年前,研究人员就知道,正是由于这些氨基酸的排列顺序,以及它们的空间位置决定了这些蛋白质的结构,以及功能。研究人员一直都被一个问题所困扰,那就是这些氨基酸序列中的何种信息控制了蛋白质的结构。

目前,自然界中所有的蛋白质,都是由 20 余种不同的氨基酸所组成。通过排列组合,自然界中可能存在的蛋白质数量,以及种类将会是惊人的,甚至比整个宇宙中存在的原子数量还要多。

研究人员就此引发出一个问题,大自然是如何把这些氨基酸排列成合适的顺序,并且可以让这些蛋白质完成特有的功能呢? 阮冈纳赞解释说,在某种程度上,研究人员已接近其中的奥秘所在。研究人员此次的实验研究表明,自然界中蛋白质的进化、结构,以及合成过程有可能并不像人们想象的那样复杂。

研究人员先前的研究已表明,当研究人员研究特定的某类蛋白质,或者说是某种蛋白质家族时,人们会发现这些蛋白质,都具有共同的结构,以及功能特征。通过研究一类蛋白质家族中的一百多种蛋白质之后,美国西南医学中心的研究人员,终于发现自然界中的蛋白质家族,都有各自特殊的氨基酸选取模式,并且这种选取模式都不同于其他蛋白质家族。

阮冈纳赞说,研究人员已从自然界很久以前的蛋白质中,找到很多有价值的信息,并且这些信息,已足够帮助研究人员合成出目前自然界中存在的蛋白质。

研究人员通过已编写好的一套计算机程序,来测试他们找到的这些很久以前的蛋白质的合成信息。这套程序完成测试之后,研究人员利用这些信息合成出新的人工蛋白质。当研究人员把这些由人工合成的蛋白质,放入实验室中培养的细菌中时,这些人工合成的蛋白质完成了研究人员预先设计的生物功能。

阮冈纳赞说,当研究人员把这些人工合成的蛋白质进行分解时发现,这些蛋白质与自然界中存在的对应蛋白质,具有相似的结构,以及生物功能。

研究人员准备进行真正的测试,将把这些由人工合成的蛋白质放入有机体中,比如酵母或者是苍蝇,从进化的角度来讲,这些由人工合成的蛋白质,将会与自然界中存在的蛋白质互相竞争。

2. 以微生物为基础开发人造蛋白质

(1)模仿细菌培育出人造细胞能连续生成的蛋白质。

2004年12月,美国洛克菲勒大学的科学家,在《自然》杂志上公布一项成果,他们在实验室里模仿细菌培育出一种"人造细胞"。这种简单的"细胞"并不是真正的生命体,不能分裂和进化,但能连续数日生成蛋白质。专家认为,此项研究结果不仅有利于制药研究,也是"人造生命"方面的一项进展。

研究人员把能够生产蛋白质的生物分子混合物,悬浮在油中,形成微小的颗粒。然后,他们在这些颗粒外包裹住两层肥皂状的磷脂分子,像细胞膜一样,把生物分子混合物颗粒包裹在其中,"人造细胞"就诞生了。

目前,该大学的研究人员,正在研究如何使这些"人造细胞"的细胞膜相连,使这些细胞像细菌那样复制。

(2)利用细菌开发出超稳定的氟化蛋白质。

纽约大学理工学院的研究小组,在2011年7月出版的《化学生化》杂志上撰文称,他们受到特氟龙材料的启发,制造出一种能在高温下保持活性和功能的氟化蛋白质,具有非常广阔的应用前景,可以广泛用于工业洗涤剂、国防和医疗等多个领域。

特氟龙是高分子合成材料,由氟取代聚乙烯中所有氢原子而制成,它的学名叫做聚四氟乙烯,具有抗酸碱、抗各种有机溶剂和耐高温的特点,是不粘涂层的首选材料,普遍用于厨房锅灶涂层,给人们带来了"不粘锅"。

特氟龙的制造过程表明,氟化高分子材料能使表面固化。受到这一现象的启发,研究小组,研制出一种能增强蛋白质界面的工艺过程。他们利用基因工程技术,吸引一种细菌,前来附着在构成蛋白质基本单元的氨基酸上,再加入氟发生化学反应,让它们能抵抗分解破坏,由此形成一种名为对氟苯丙氨酸的氟化蛋白质。这种蛋白质具有类似于特氟龙的耐热性能,在 $60℃$ 的高温下,仍可保持结构稳定,活性和功能也没有丝毫减弱。而在同样温度下,天然蛋白质分子中的氢键会断裂,导致结构改变而发生蛋白质变性。

研究人员表示,实验的下一步,是对氟化蛋白质的耐受界限进行测试,并希望能把这种稳定效果,扩展到更多种蛋白质上。

3. 以植物为基础分离和研制蛋白产品

(1)从豌豆中分离出微小蛋白结晶。2010 年 3 月,特拉维夫大学生物系的研究人员,从豌豆植物光合系统 I(PSI)超复合体中,分离出微小的蛋白结晶。这种微小蛋白晶体,既能像小蓄电池那样充电使用,也能用作高效人造太阳能电池的核心部件。植物为了产生有效能源,进化出了异常精密的"纳米机器",它以光为能量来源,光能转化率达到了完美的 $100\%$。

研究者介绍说,植物拥有生物界最复杂的膜结构,现在人们已经破译了一种复杂膜蛋白的结构,这种结构正是新模型的核心部分,可以利用这种新模型来开发环保能源。植物通过叶片把太阳能转化为糖,本项研究的目标,就是试图模拟植物的这一能量产出过程。

光合系统 I 反应中心,是一种色素蛋白复合体,负责将光能转换为类似化学能的能量形式。如果有上千个这样的反应中心,被精确地装进光合系统 I 复合体晶体中,这样的晶体就可以用来将光能转化为电能,或者当作电子元件安在多个不同的装置上。

(2)发明用玉米制造胶原蛋白。

2011 年 6 月,《BMC 生物技术》杂志载文称,美国艾奥瓦州立大学等机构的研究人员,以玉米为原料,开发出可用于人类的胶原蛋白,它具有安全性高、成本低等优点。

据介绍,胶原蛋白是人和许多动物体内都含有的一种蛋白质。可用于手术后敷在伤口上止血、美容上用于修复皮肤凹痕,还可用于制作口服保健品等。现在人们常从动物组织中提取胶原蛋白,但使用动物胶原蛋白的问题是,它们给人体造成感染的风险大,成本也高。

相比之下,来源于植物的胶原蛋白,可能带来的感染风险较小。同时,玉米易于种植、储存和加工处理,用玉米制造胶原蛋白,与从动物组织中提取胶原蛋白相比成本更低,也为生产胶原蛋白提供了一个较好的替代来源。

但需要解决的问题是,源于植物的蛋白质,需要经过名为羟基化的过程,才能成为可在人体中正常发挥功能的胶原蛋白。研究人员说,为了解决这个问题,他们在玉米中加入一个基因,培育出转基因玉米。这种转基因玉米,可以直接用来制造能用于人类的胶原蛋白。

**4. 以动物蛋白为基础合成新型蛋白质**

(1)以动物肌红蛋白为基础研制出可分解"苯"的新型蛋白质。

2004年6月,日本媒体报道,名古屋大学研究生院教授渡边芳人等人组成研究小组,对一种蛋白质进行改造,使它可分解汽车尾气等污染物中的致癌物质——苯,这种新型蛋白质,有望用于清洁环境。

报道称,新型蛋白质的基础,是从动物肌肉中提取的肌红蛋白。肌红蛋白是肌肉中储存氧的蛋白质,含有铁元素。研究人员把肌红蛋白里的铁原子置换成锰和铬等金属原子,得到了新的蛋白质。

蛋白质是大分子,各原子按一定的结构"搭"起来,中间有不少空隙,这使得小分子化合物可以"挤"进蛋白质分子内部。试验发现,苯分子进入新型蛋白质分子后,蛋白质中的锰和铬等金属原子就会起催化剂作用,使苯变成不会诱发癌症的酚。

渡边教授说,分解苯等化学物质一般需要数百摄氏度的高温,如果利用这种蛋白质,在常温状态下也可以分解苯。目前这一成果还处于实验阶段,科学家正在研究如何批量生产这种蛋白质,以用于在常温环境中大量分解苯,净化环境。

(2)以水蚤荧光蛋白为基础研制出高强度发光突变蛋白。

2012年6月,俄罗斯媒体报道,为了观察细胞内部的现象,科学家常需使用荧光蛋白。俄罗斯科学院西伯利亚分院生物物理研究所一个研究小组,在研究细胞内部活动变化的过程中,通过对海洋桡足类水蚤荧光蛋白基因编码的重组、蛋白质改性,以及对分子发光强度的研究,首次获得了发光强度超过自然水蚤蛋白5倍的突变发光蛋白。

在某些情况下,使用荧光蛋白长时间监测细胞内部的变化过程非常困难,特别是如果使用萤火虫科的荧光蛋白,荧光反应只能发生在特定的条件下,需要氧气、三磷酸腺苷和镁离子的共同作用,而保持这些成分在细胞内的有效含量比较困难,使得荧光分析不能维持较长时间。而桡足类细长长腹水蚤的荧光蛋白的荧光反应则简单得多,仅需钙离子和氧气的共同作用。

研究人员通过对细长长腹水蚤的发光蛋白基因进行克隆,借助于基因操作,替换蛋白质中的正常氨基酸,获得突变蛋白质,再将这种蛋白质的核苷酸编码,插入质粒的环状DNA中,并使其在宿主细胞(大肠杆菌)中复制,通过宿主细胞得到荧光蛋白。

研究人员在研究过程中首次发现,水蚤荧光蛋白的发光现象位于荧光蛋白质N端部分,并不影响氨基酸的活性。如果切断N端部分(蛋白质分子一端的氨基酸),就会增强荧光反应的强度,并使其发光强度达到以前的5倍,此外,该水蚤荧光蛋白的远端氨基酸非常接近于哺乳动物。

## 二、疾病防治领域利用蛋白质的新进展

1.把蛋白质作为治疗癌症标靶开发的新成果

（1）以蛋白质为标靶设计出只杀癌细胞的"智能导弹"。

2004年9月24日，《科学》杂志网站报道，美国德克萨斯大学两位癌症生物学家，设计出一种"智能导弹"药物分子，能杀死癌细胞而不损害健康组织，用它治疗前列腺癌和乳腺癌的动物实验，已经取得成功。

报道称，这种"智能导弹"由两部分组成，一部分是负责使癌细胞自杀的蛋白质，另一部分是起"精确制导"作用的氨基酸短链，它能使药物准确作用于癌细胞。

癌细胞经常混杂在健康组织中，一般化疗方法在杀死癌细胞的同时，也不可避免地损坏了健康组织。为了设计出只杀死癌细胞的药物，科学家正在寻找癌细胞独有的分子，希望以这些分子为"靶子"，引导药物到达癌细胞。

研究者发现，前列腺癌细胞带有一种称为 GRP78 的蛋白质，而健康细胞不会产生该蛋白质。此外，该蛋白质位于癌细胞的表面，药物很容易与它结合，这使它成为一个很好的"靶子"。他们设计了一种只与 GRP78 蛋白质结合的氨基酸短链，将它附着在一种螺旋形的蛋白质上，形成既有"制导装置"又有"杀伤装置"的"智能导弹"分子。它注入肿瘤部位后，会在氨基酸短链的作用下与癌细胞结合，然后螺旋形蛋白质进入癌细胞内部，使癌细胞自杀。

用移植了人类前列腺肿瘤组织的实验鼠，进行的实验显示，这种"智能导弹"分子准确地寻找到并杀死了癌细胞，而没有对机体的其他任何组织造成损害。它对乳腺癌也有同样的效果。科学家下一步将在人身上进行临床试验，确认新药的安全性。

（2）通过阻止特定蛋白质来抑制乳腺癌。

2006年5月，日本大阪生物科学研究所的佐边寿孝等研究人员，在美国《国家科学院学报》网络版上撰文称，他们完成的一项研究成果显示，阻止乳腺癌细胞中两种特定蛋白质结合，可抑制癌症恶化和转移。这一研究结果，有望为开发治疗乳腺癌新药提供帮助。

研究人员发现，浸润性乳腺癌的多数癌细胞中，存在大量 AMAP1 蛋白质和皮层蛋白结合而成的复合体。于是，他们推测，用化学物质阻止这种复合体形成，或许可以抑制乳腺癌恶化。为此，他们合成了与 AMAP1 和皮层蛋白结合部位类似的"诱饵"，希望能让蛋白质附着到"诱饵"上，从而避免它们彼此之间互相结合。

研究人员向人类乳腺癌细胞内注入这种"诱饵"，结果成功抑制了癌症恶化。对癌细胞已从乳腺转移到肺部的实验鼠进行的实验显示，这种"诱饵"也可以抑制癌症转移。

研究者说，如果能进一步确认上述方法没有副作用，将有可能在此基础上开

发出治疗乳腺癌的新药。

（3）以癌症干细胞中特定蛋白为攻击目标研制药物。

2008 年 9 月，美国俄克拉荷马大学癌症研究院，考特尼·侯臣医学博士和希瑞堪特·安南特博士领导的研究小组，通过多年研究，开发出一种从肿瘤中分离出癌症干细胞的方法，并发现癌症干细胞的标识蛋白。这项研究成果，有助于人们锁定癌症细胞靶标，并把它们杀死，同时防止癌症卷土重来。

研究小组发现一种特殊的、仅仅在癌症干细胞中存在的蛋白。在此之前，研究人员所知的相同的蛋白，既能在普通癌症细胞中找到，也能在癌症干细胞中找到，没有仅存在于癌症干细胞中的蛋白。

据悉，研究人员已开始寻找把这种蛋白作为攻击目标的新化合物，计划利用它杀死癌症干细胞，从而消灭癌症。他们认为，通过杀灭癌症干细胞的方法，有望杜绝癌症死灰复燃。研究中，研究小组之所以把研究重点放在成人癌症干细胞上，其原因是癌症干细胞，在癌症的出现、生长、扩散和复发中，均具有十分重要的作用。

现代癌症疗法，通常并不以肿瘤中的干细胞为杀灭目标，这使得癌症干细胞，能够等到化疗或放疗结束后，再开始分化。研究人员相信，癌症干细胞是癌症患者接受治疗后旧病复发的主要因素。此次癌症干细胞标识蛋白的确认，可让研究人员开发以癌症干细胞为目标的新疗法。

研究人员期望，能够尽早对新的化合物药物，进行首期临床试验。如果药物通过人体试验，那么，针对癌症干细胞的新药，就会很快投入市场。

研究人员表示，成人干细胞能补充坏死的细胞和再生受损的组织，如同器官中的基本组成单元。与胚胎干细胞不同，在研究和疗法中，使用成人干细胞不会引起争议，其原因是获取成人干细胞不需要破坏人体胚胎。

（4）通过药物抑制蛋白的相互作用来治疗癌症。

2009 年 7 月 5 日，美国乔治敦大学隆巴迪综合癌症中心杰弗里·托雷茨基领导的研究小组，在《自然·医学》网络版上发表论文称，他们发现了一种阻断尤文氏肉瘤相关融合蛋白活性的新方法。尤文氏肉瘤，是一种发生在儿童和青少年期的罕见癌症。这项研究成果，为研发治癌药物打开了新思路。

研究人员说，他们发现了一个小分子，并成功对其进行测试。这个小分子，可阻止融合蛋白与形成肿瘤的另一个关键蛋白相结合。研究人员表示，尤文氏肉瘤融合蛋白，具有非常高的活性，这使得它能不断改变形状。因此，这次发现的这种分子作用，是非常独特的。

托雷茨基指出，现有的大多数小分子癌症药物，集中于抑制单个分子的内在活性，但新研究中的药物，却能阻止两种蛋白的相互作用。此前，致癌融合蛋白，从未表现过这样的特性，这也许代表了一种新的药物疗法。

研究人员表示，该研究为设计治疗其他由两种蛋白相互作用引起的疾病，提供了一种模式,对由基因易位引起的癌症,如尤文氏肉瘤和白血病治疗来说,也许特别有帮助。目前针对融合蛋白的药剂,通过抑制一个单一蛋白,来阻断内在的酶活性而发挥疗效。但是,尤文氏肉瘤融合蛋白(EWS – FLI1)本身就缺乏酶活性,此种差异就是此项研究的意义所在。

尤文氏肉瘤,是由两个染色体间的 DNA 交换引起的,这一过程也被称为易位。这个新的尤文氏肉瘤融合蛋白基因,是在 22 号染色体的 EWS 基因,与 11 号染色体的 FLI1 基因,发生融合时建立的。这种融合基因,会引发癌症的形成。该基因是一个无序基因,没有严密的结构。某些致癌蛋白就具有这样的无序结构。

托雷茨基研究小组,在探寻尤文氏肉瘤的治疗方法过程中,首次对尤文氏肉瘤融合蛋白进行重组。他们发现,融合蛋白可黏附于另一个 RNA 解旋 A 蛋白(RHA)。RHA 分子,可形成蛋白复合物,以控制基因转录。研究人员表示,RHA 与 EWS – FLI1 绑定后,其结合体将具有更大的力量,来打开或关闭基因。

研究人员通过筛选 3000 多种分子,终于发现 NSC635437 分子,可阻止 EWS – FLI1 的融合蛋白与 RHA 相结合。此后,研究人员又设计出一种更强的衍生化合物 YK – 4 – 279。他们把它在患有尤文氏肉瘤的两种动物模型上进行试验,结果发现这种药物可明显抑制肿瘤的生长。与非治疗组相比,使用 YK – 4 – 279 治疗的动物模型,其肿瘤细胞减少 80%。

研究人员表示,虽然药物还需进行不断优化,但其已显示出抑制蛋白的相互作用,或许可以作为一种只针对癌细胞的创新治疗方法。

(5)通过阻止刺猬蛋白信号通路来治疗结肠癌。

2009 年 8 月,瑞士日内瓦大学的研究小组,在《欧洲分子生物学学会期刊》杂志上撰文称,他们发现了一种可以阻止人类结肠癌细胞生长和转移的新技术,并在动物实验中获得了成功。

据介绍,早期结肠癌的发病部位大多位于肠壁,相对容易治疗。但在日常病例中,大多数结肠癌,在发现时已到了难以医治的晚期。

瑞士的研究小组发现,在结肠癌发展为晚期的过程中,刺猬蛋白信号通路(HH – GLI 或 Hedgehog – GLI)发挥了重要作用。HH – GLI 是一种细胞之间用于传递信息的信号通路,一般被用来确定细胞存活、发育,以及位置等信息。

项目负责人说,先前已有相关研究提出,HH – GLI 在结肠癌中具有重要作用的假设,但遭到了不少学者的否认。此次,研究人员通过实验,证明 HH – GLI 在结肠癌生存和发育中的重要作用,并在结肠癌上皮细胞中,发现具有活性的刺猬蛋白。此外,他们还发现转移性肿瘤,也必须依靠 HH – GLI 才能维持生长。因此,识别出 HH – GLI 并将其作为标靶,就为结肠癌的治疗提供了一种新途径。

具体来说,就是运用 RNA 介入和环靶明(KAAD – cyclopamine)阻断癌变组织中 Hedgehog 信号传导通路,以影响其后续基因表达,从而达到阻止癌细胞生长、转移和复发的目的。

研究人员发现,通过遗传学或者药理学的手段,阻断 HH－GLI 的方法,还可以防止癌细胞的自我更新。这种疗法,对癌症转移和复发的控制也同样有效。在对小鼠的实验中经过环杷明阻断治疗后,小鼠体内原先存在的肿瘤逐渐消失。患癌小鼠在接受治疗一年后,仍然健康,未见复发或其他不适症状。

有关专家称,这项研究,证明 HH－GLI 在人类结肠癌细胞中的重要作用,为癌症的治疗开创一个新局面,提供了一种既能消除肿瘤又能防止其复发和产生副作用的新技术。

（6）把 LMTK3 蛋白质作为帮助治疗乳腺癌的新靶点。

2011 年 5 月,《自然·医学》杂志,发表英国帝国理工学院研究小组的一项研究成果,宣称找到对治疗乳腺癌有帮助的新靶点。动物实验显示,如能影响这个靶点,可以增强现有药物的作用,使肿瘤显著缩小。

目前,治疗乳腺癌的常用药物是他莫昔芬等,但许多病人的肿瘤逐渐出现耐药反应。本次研究发现,一种名为 LMTK3 的蛋白质,在这种耐药性中发挥了重要作用。研究人员利用基因手段,使实验鼠不能产生这种蛋白质,结果在治疗它们所患的乳腺癌时,药物作用明显增强,肿瘤迅速变小。

研究人员还对人类乳腺癌患者,进行体内 LMTK3 蛋白质水平的检测。结果发现,对于肿瘤内蛋白质 LMTK3 水平较高的患者,某些常规药物的疗效较弱,患者寿命较短。而因天然基因变异,导致这种蛋白质水平较低的患者,往往能够活着的时间更长。

（7）通过纠正蛋白质基本单位蛋氨酸位置来治疗癌症。

2011 年 6 月,英国伦敦大学玛丽女王学院的研究人员,在《自然·细胞生物学》杂志撰文称,他们发现蛋白质的基本单位之一蛋氨酸（Met）分子位置偏差,会刺激癌细胞生长和扩散,一旦给它重新定位,则可有效阻止癌细胞的生长。这一发现有助于科学家开发新药治疗恶性肿瘤。

蛋氨酸是人体必需的氨基酸之一,与细胞的生长关系密切。研究发现,在许多不同类型的癌症肿瘤中,都有蛋氨酸的存在,而且蛋氨酸水平越高,肿瘤的侵害性就越强。鉴于此,有的研究人员试图通过阻断蛋氨酸分子的功能来治疗癌症,但实际效果并不理想。

近来,研究人员发现,蛋氨酸分子,会刺激癌细胞生长和扩散的原因,是由于它们的位置出现了偏差:通常是在细胞之外的蛋氨酸分子,出现在癌细胞的内部;如果把它从细胞内部,移到细胞表面,就可以阻止癌细胞的生长。研究人员在实验中,通过化学方法,对实验小鼠癌细胞中的蛋氨酸分子,进行重置,结果不仅成功地阻止了肿瘤生长,还使得肿瘤出现萎缩。

研究人员表示,目前这一研究,还处于早期阶段,但其前景看好,使用化学手段,阻止蛋氨酸分子进入癌细胞内部,将会是一个可行的癌症治疗方法。据此,开发的新药或许会成为未来治疗恶性肿瘤的有力武器。

(8)发现抑制 NF - kB 蛋白质可"饿死"癌细胞。

2011 年 8 月出版的《自然·细胞生物学》杂志,发表英国帝国理工学院等机构的一项研究成果。它告诉人们,研究人员找到一种能够限制癌细胞能量来源的方法,可以通过这种方式"饿死"癌细胞,帮助治疗癌症。

癌症的重要特点之一,是癌细胞快速分裂和生长,而这个过程需要耗费大量能量。癌细胞通常依靠分解葡萄糖来获取能量,如果体内的葡萄糖含量不足则转向别的能量来源。研究人员发现一种名为 NF - kB 的蛋白质,控制着它的能量供应方式转换。如果抑制这种蛋白质的功能,癌细胞就不能按需转换能量供应方式,会进入能量供应不足的状态,甚至"饿死"。

研究人员在实验室中,用肠癌细胞进行实验。结果显示,可以通过这种限制能量供应的方式,杀死癌细胞。此外,如果在抑制蛋白质 NF - kB 功能的同时,使用一种已有的糖尿病药物二甲双胍,则"饿死"癌细胞的效率会大大提高。

领导研究的专家说,这是首次揭示蛋白质 NF - kB 具有调节细胞能量来源的功能。以前虽然也知道,它在癌症中发挥着某种作用,但具体机理不是很清楚,因此与之相关的癌症治疗方式效果也不太理想。本次研究还发现,可以将它和二甲双胍联合使用,有望在此基础上研究出更有效的癌症治疗方式。

(9)利用 P 糖蛋白筛查阻止癌症复发的化合物。

2012 年 6 月,美国南方卫理公会大学(SMU)副教授约翰·怀斯等人组成的研究小组,在《生物化学》杂志的网络版上发表研究报告称,他们为人体 P 糖蛋白(P - glycoprotein),构建了动态的三维计算机结构模型,使其能更直观地显示 P 糖蛋白的工作原理,这有助于找到合适的化合物,阻止癌症的复发。

P 糖蛋白又被称之为多药耐药性蛋白,很多化疗药物不起作用,都与它有关。P 糖蛋白能够自发地从细胞内吸出毒素,但当癌症细胞表达出比正常细胞更多的 P 糖蛋白时,化疗药物将不再有效,因为 P 糖蛋白会把它当作毒素,在其摧毁癌细胞之前将其抽出。

研究人员通过进化关系和有关 P 糖蛋白组成的科学知识,推断出了人类 P 糖蛋白的结构。并利用计算机模型,动态模拟展示了这种蛋白的抽吸动作。他们基于囊括了 2100 万可商购化合物的 ZINC 数据库,展开了模拟筛查,其每天可借助 SMU 的高效计算机筛选大概 4 万种化合物。怀斯等人还能在计算机中构建这些化合物分子,并将温度提升至 37℃,以模拟人体环境,或是保持适当的盐分和其他适宜的环境等,就像在实际的实验中一样,从而营造出可遵循物理定律和生物化学原理移动的三维模型。借助这种方式,科学家能看到化合物如何与蛋白发生动态的相互作用。

研究人员称,新的模型是一种功能强大的发现工具,尤其是与高效的超级计算共同作用时效果更好。他们已经利用动态的三维模型,筛选了超过 800 万的潜在药物化合物,并对有希望成功制止化疗失败的几百种进行了测试。结果显示,其中有少数化合物能够抑制 P 糖蛋白的抽吸机制。下一步，他们还将回溯至三维计算机模型，继续找寻类似的化合物，但其最终是否能制成抗癌药物仍有待检验。

怀斯表示，这是一种良好的原理验证，在计算模型中筛查化合物，能够快速、经济而有效地从大量化合物中，选出可进行测试的药物，为找到摧毁癌细胞的潜在新药铺平道路。

2. 其他疾病防治方面利用蛋白质的新成果

(1)创建首个大脑关键神经组织蛋白质组成图。

2010 年 12 月 20 日，美国物理学家组织网报道，英国剑桥大学韦尔科姆基金会桑格学院研究所，塞特·格兰特教授领导的一个研究小组，通过研究人类脑部疾病的样本，发现人脑中一种名为"突触后致密区"（PSD）的神经组织，含有 1461 种蛋白。该组织病变，会导致痴呆等 130 多种脑部疾病。这项研究成果，有望为科学家治疗脑病指明方向，也有助于科学家更好地理解人脑和行为的进化。

大脑是人体内最复杂的器官，脑内有数百万个通过数十亿个突触相连的神经细胞。在每个突触内有一组蛋白，蛋白与蛋白连接在一起成为突触后致密区，尽管科学家对动物突触的研究表明，突触后致密区对人类的疾病和行为非常重要，但科学家对人脑突触的了解还知之甚少。

该研究小组，从接受脑手术病人的突触中，提取出突触后致密区，并使用蛋白质组学方法发现了其蛋白质构成。研究人员在人体突触内发现了 1461 种蛋白，每一种蛋白都被不同的基因编码。包括阿尔茨海默病和帕金森病等普通的衰弱性疾病、癫痫等神经退化性疾病，以及自闭症和学习障碍等，超过 130 种脑部疾病，与突触后致密区有关，远远多于之前的预期。研究结果，使科学家首次能系统性地识别出影响人体突触的疾病，并为科学家研究大脑和行为的进化提供了一种全新的方式。

该研究小组在研究中，创建出第一个分子网络，即人体突触的蛋白质分子组成图，展示了许多蛋白和疾病之间的相互作用。在获取突触后致密区的蛋白质清单后，研究相关疾病时就可以按图索骥，直接检查有"嫌疑"的蛋白质，加快研究进程。

据介绍，这份清单中，某些蛋白质还是"惯犯"，在多种疾病发展中都发挥作用。因此，如能有针对性地研发出相关药物，还有望一药多用。格兰特表示，既然很多不同的疾病与同样的蛋白有关，未来研发出的新疗法，可以同时治疗多种疾病，新发现将为科学家提供新方法来对付这些疾病。爱丁堡大学乔纳森·塞可教授表示，这项研究，最终能让科学家透彻地阐释许多精神疾病和神经紊乱的发病机理，也为科学家研发出新疗法指明了方向。

研究小组还检查了突触后致密区蛋白，在哺乳动物百万年进化期间的进化速度，结果表明，突触后致密区蛋白进化的速度，比其他蛋白的进化速度更慢，这表明，在整个进化过程中，突触后致密区保存得非常完好或者其进化受到了限制。

被突触后致密区支配的行为,以及与它们有关的疾病,在几百万年间并未发生变化。

(2)研制出可用来治疗肝炎等疾病的重组蛋白。

2006 年 9 月,国外媒体报道,巴基斯坦享有声望的旁遮普大学,生物学院纳恩姆·拉希德博士领导,纳西尔·马哈茂德为关键成员的一个研究小组,成功的制造出一个抗病毒和抗癌重组蛋白——人类干扰素 Alpha2B。

该研究小组,使用克隆技术研制出这种重组蛋白,主要用来治疗肝炎等疾病。马哈茂德说,对于这个人均收入非常低的国家而言,这种蛋白的出现,可使巴基斯坦治疗肝炎的费用降低。

根据报道,这是巴基斯坦研究人员第一次在本地制造这种抗癌蛋白,拉希德说,他们想把这个蛋白商品化,从而制造出当地居民能够承受的价格的产品,使得当地居民从中受益。

3. 有害物质检测方面利用蛋白质的新成果

推出可速检水中有害金属的合成蛋白。

2010 年 8 月,日本宇都宫大学副教授前田勇宇,在国际学术刊物《生物传感器与生物电子学》网络版上发表论文说,他用人工合成方法形成的一种可发出荧光蛋白质,能够用来快速检测地下水等水源中是否含有砷、镉和铅等有害金属。这种检测技术成本低,操作简便,研究人员希望一两年内将其实用化。

据悉,研究人员把容易与有害金属结合的"反式作用因子"与绿色荧光蛋白融合,制造出可发出荧光的人工合成蛋白质"GFP – 反式作用因子"。

检测时,让这种人工合成蛋白质与地下水等样品混合,然后使其通过特制的多孔平板进行过滤。约 15 分钟后,用重蒸馏水清除出平板上与有害金属结合的人工合成蛋白质。

## 三、开发利用蛋白质的新技术和新设备

1. 开发利用蛋白质出现的新技术

(1)开发出蛋白质分析新技术。

2004 年 5 月 23 日,日本岛津制作所研究人员、2002 年诺贝尔化学奖得主田中耕一,在美国举行的生物技术学会年会上发表论文称,他新开发出一种蛋白质分析技术,可通过蛋白质片断信息快速查明蛋白质种类。

蛋白质由数百个以上氨基酸连成的链组成,新技术在分析某种蛋白质时,将试样封闭在质量分析仪装置中,仅对蛋白质的大约 10 个氨基酸进行检测,就能分析出氨基酸链的种类等。然后将获得的信息与蛋白质分析数据库对照,确定蛋白质种类。新方法可以大大提高蛋白质分析效率。蛋白质是生命活动的基础,有效分析蛋白质对查明疑难病症大有帮助,因此,这一成果在生物技术领域颇为引人注目。

（2）发明利用微生物提取活性蛋白质的新技术。

2004 年 8 月，韩国延世大学成白林教授领导的科研小组宣布，首次发明在微生物遗传基因中，把蛋白质诱导成为活性结构的新技术。

该科研小组参加了韩国科学技术部组织的 21 世纪"微生物遗传基因（RNA）活用技术开发工程"。据介绍，这项技术是通过多次化学处理，从非活性的蛋白质中，生产活性蛋白质的新技术。与以往的技术不同，它可以利用 RNA，极大地改善蛋白质的性能与生产速度。

成白林表示，以前大家都说，是一种名叫"赛泼仑"的蛋白质，担任使蛋白质活性化的功能。而在此次研究中发现，RNA 也具有使蛋白质活性化的功能，可以把从微生物中获得的 RNA，作为制造用于开发新药的活性蛋白质的工具。

（3）发明一种细胞内蛋白定位的新技术。

2005 年 1 月，美国卡内基梅隆大学生物学专家墨菲和研究生项辰，在《生物医学和生物技术》上公布的研究成果称，他们首次能够对高分辨率的细胞图像的荧光标记蛋白，进行自动化的分类。通过显示细胞的蛋白质群这一技术突破，为确定疾病蛋白和药物靶标，开辟了一条新的道路。有关专家表示，这项发明的新技术，优越于现有的定位细胞内蛋白的可视化方法。

利用这种技术来确定蛋白质群，将帮助研究人员，确定出一种能使这些蛋白，聚拢在细胞某个部分的普遍性蛋白结构。而获取这些信息对战胜疾病，是至关重要的。

墨菲这种方法有两个关键组成部分。其中之一，就是一套能够记述细胞图像中一个蛋白位置的亚细胞定位特征。亚细胞定位特征能够检测蛋白的简单和复杂的方面，如形状、质地和相对的背景特征等。和指纹一样，一种蛋白的亚细胞定位特征，是一套独特的标识符号。利用一套已经确定的亚细胞定位特征，墨菲等人发明了一种自动化分类的计算机分析方法。研究中，墨菲利用随机挑选的荧光标记的蛋白质图像。通过使用一种叫做 CD 标记技术，使生活细胞能够制造出这些蛋白。计算机分析部分由墨菲和研究生项辰一起完成。

研究人员发现，这种新工具，比现有的确定细胞中重叠蛋白的方法更加优越。他们目前正在利用 CD 标记技术，收集更多的蛋白图像资料，以使他们能够进一步改进这种方法。

（4）发明可对活体细胞蛋白进行计数的新方法。

2005 年 12 月，美国媒体报道，美国耶鲁大学生物化学专家托马斯·波拉德和武建秋等人组成的研究小组，通过荧光融合蛋白定量测量法，成功解决了内源蛋白浓度的测量问题。

目前，由于人们对细胞内工作机制的了解日益加深，因此开发活体细胞中有关生化过程和物质结构的工具和技术也就有了基础。研究细胞系统的生物化学过程的一个关键因素，就是要知道参与的生物分子的浓度大小，但是，这一定量信息并不容易获得。

波拉德和武建秋希望改变上述情况,他们同时提供了一种能测量活体细胞中,内源蛋白的全细胞浓度和局部浓度的方法。虽然免疫印迹技术,已经被用来测量细胞中蛋白的拷贝数,但是这种方法并不能用于局部浓度的测量。荧光反应可有效显示物质的局部浓度,但是很少有研究者,愿意不辞劳苦地去从事细胞中标记蛋白的荧光反应校准工作。

武建秋和波拉德在工作中,使用裂殖酵母作为实验对象。他们根据同源重组原理,通过内源启动子表达,将一种荧光融合蛋白替代原有的内源蛋白。由于对胞质分裂的机制特别感兴趣,他们就把黄色荧光蛋白(YFP),在 27 个不同胞质分裂蛋白的氨基或羧基端,整合到基因组中。他们仔细对细胞进行检测,以确保YFP 融合并没有实质性地改变内源蛋白的功能或表达。使用共焦点显微法和定量免疫印迹技术,他们校准每个 YPF 分子的荧光强度,过去他们用它来计算一个活体细胞中荧光融合蛋白的数量。最后,他们得出胞质分裂中,各种蛋白的浓度大小,范围从每一细胞的 600 个拷贝到每一细胞的 143 万个拷贝。

甚至在像酵母这样的基因友好型的生物体中,要对被基因组编码的每一个蛋白进行标记,也是不太可能的。武建秋和波拉德在研究肌动蛋白时,也碰到了这样的难题,但他们找到了一个解决的办法:一个被标记的荧光融合蛋白,在低水平的情况下可通过质粒进行表达。此时,在不大量增加它的内源总体浓度的情况下,有可能对该蛋白的移动过程进行可视化摄影。当研究那些不具有同源重组特征的生物体时,这种策略也可能被派上用场。

尽管人们对活体生物中各种传统的生化过程,已经进行分离研究,但是,能够获得活体细胞内的定量信息,仍然为生物学家提供了关于细胞系统的更为精确的图像。波拉德说,今天的生物学,最终就是要把所有能收集到的定量信息综合在一起,来帮助理解诸如胞质分裂这样庞大的生命活动系统是如何进行工作的。

(5)开发出一种大量合成蛋白质的技术。

2007 年 11 月,日本媒体报道,日本爱媛大学远藤弥重太教授等,研究成功一种大量合成蛋白质的技术,用它合成蛋白质,产量要比用原有方法高 5 倍多。

新技术的关键物质,是从小麦的胚芽细胞中提取出的核蛋白体,它是细胞合成蛋白质的"工厂"。研究人员将这种核蛋白体,与信使核糖核酸(mrna)、合成原料氨基酸一起,放入容器里发生反应,在两、三天之内,就能大量合成所要获得的蛋白质。研究发现,这种方法,比使用动物的核蛋白体合成蛋白质,产量要高 5 ~ 10 倍。两家日本企业的实验结果证实,运用这一技术,能够合成包括人、老鼠及昆虫等在内的 14 种蛋白质。

(6)开发细胞内蛋白质相互作用的标识技术。

2007 年 11 月,美国耶鲁大学化学教授阿兰娜·谢蕾紫领导的研究小组,在《自然·化学生物》杂志上发表论文称,他们开发出一项新技术:利用微小荧光分子,快速发现和识别活细胞中蛋白质的相互作用。该技术避免了旧方法中可能产生生物破坏的缺陷。

通常,人们利用不同的绿荧光蛋白质(GFP),来为其他蛋白质做标识。但是,绿荧光蛋白质不仅大,而且对许多活细胞具有毒性,因此难以用于研究活细胞。此外,绿荧光蛋白质还往往会自动聚集,让研究人员不容易利用和观察它们。

(7)实现活体生物体内蛋白质状态的可视化技术。

2012年7月9日,日本九州大学广津崇亮助教,他的同事,以及东京大学专家联合组成的一个研究小组,在英国《科学报道》杂志网络版上发表论文说,他们利用长约1毫米的线虫进行的实验时,通过这项可视化技术,首次成功看到活体生物体内蛋白质变化的情况。

研究人员研究了线虫头部嗅觉神经中,负责传递气味信号的Ras蛋白质。他们通过基因操作,把一种发光颜色会随Ras蛋白质状态变化而变化的分子,引入线虫的嗅觉神经细胞。这种分子在Ras蛋白质被激活后,会发出黄色荧光,未被激活时发蓝光。

研究人员给线虫施加气味刺激,并拍摄了荧光分子的发光情形。结果发现,在施加刺激后Ras蛋白质立即被激活,约3秒钟后迎来活性峰值,之后恢复非活性化状态。研究人员施加刺激时,使用了大肠杆菌产生的一种气味物质。这种大肠杆菌是线虫的食物。此前的研究表明,线虫在寻找食物时,每隔约3秒钟会摆动一下头部,并朝气味强烈的方向前进。研究人员由此认为,Ras蛋白质参与控制了这种行动。

Ras蛋白质是一类能与鸟苷三磷酸结合的蛋白质,参与细胞内的信号转导。由于哺乳动物体内也有这类蛋白质,研究人员认为,此次发现将成为弄清高等生物嗅觉信息传递机制的线索。

此外,由于这类蛋白质还与癌症和心脏病等众多疾病的发病相关,所以这一技术,还将促进相关的医学的研究。

(8)开发出揭示蛋白质何时何地制造的显微技术。

2015年3月20日,美国叶史瓦大学阿尔伯特·爱因斯坦医学院,格鲁斯·利帕生物光子学中心副主管罗伯特·辛格负责,他的同事及德国专家为成员的研究小组,在《科学》杂志上发表论文称,他们开发出一种新奇的荧光显微技术,第一次显示了蛋白质是何时何地制造出来的。当信使RNA分子(mRNAs)在活细胞中被转译成蛋白质时,研究人员能直接观察到单个的mRNAs。

据悉,这一技术称为利用外壳蛋白减少实现转译RNA成像。经过在活的人体细胞和果蝇中进行实验,研究人员认为,该技术有助于揭示"违规"的蛋白质合成,在发育异常和人类疾病过程中起了哪些促进作用,包括与老年痴呆症和与记忆紊乱有关的疾病。

以往人们无法确切知道mRNAs在何时何地被转译成蛋白质。辛格说:"这种能力对研究疾病的分子基础非常关键,比如在神经退化过程中,脑细胞中的蛋白质合成失调,会导致记忆缺失。"

制造蛋白质的指令,在细胞核基因中编码,指令会带来真实的蛋白质。这包括两个步骤:第一步叫做"转录",由 mRNAs"读取"基因 DNA,然后这些 mRNAs 从细胞核出来进入细胞质,黏附到一种核糖体结构上,在这里进行第二步,即蛋白质合成:以黏附在核糖体上的 mRNAs 为模板,构建蛋白质。

为了将转录可视化,辛格和同事利用了第一轮转录过程中的一个关键事项:核糖体要与 mRNAs 粘在一起,必须替换 mRNAs 上的一种 RNA 结合蛋白。他们合成了含有两个荧光蛋白(一红一绿)mRNAs 副本。在细胞核中,mRNAs 有红绿两个蛋白标记显出黄色,进入细胞质后,会根据情况改变颜色。

在 mRNAs 结合核糖体时,核糖体会取代 mRNAs 的绿色荧光蛋白而使其显出红色,所以与核糖体成功结合的 mRNAs 显红色,并将被转译成蛋白质;同时,未转译的是黄色。

在实验这一技术时,德国合作人员研究了果蝇卵母细胞中一种叫做 oskar 基因的 mRNAs 的表达。他们给 oskar 的 mRNAs 标记了红色和绿色荧光蛋白,然后插入果蝇的卵母细胞核中。

辛格说:"利用这项技术,oskar 的 mRNAs 在到达卵母细胞的后极以后才被转录。以前我们对此还有怀疑,现在有了确切的证据。下一步,我们将利用这一技术,来剖析 mRNAs 转录过程中的一连串调控事项。"

2. 开发利用蛋白质出现的新材料

研制出可使蛋白质形成晶体的"智能材料"。

2011 年 6 月 20 日,英国帝国理工学院手术和癌症系的教授劳米·查彦领导,萨里大学的专家参加的一个研究小组,在美国《国家科学院学报》上发表论文称,他们已经找到一种能使蛋白质结晶的"智能材料",它能记住分子的形状和"性格"。研究人员表示,这种新材料,有望通过帮助人们确定靶向蛋白的结构,从而研发出新药物。

研发新药物的过程一般如下:研究人员会先找出一个与疾病有关的蛋白质;接着设计出一个能同该蛋白质相互作用的分子,来刺激或者阻止该蛋白质的功能。为了做到这一点,需要首先了解目标蛋白质的结构。

一项名为 X 射线晶体学的技术,能被用来分析一个蛋白质晶体内原子的排列,但是,让蛋白质从溶液中析出并形成晶体,是一个主要的障碍。随着科学家们在基因组学和蛋白质组学领域不断取得新进展,可以作为潜在靶向药物的蛋白质数量,呈指数级增加,科学家们使用了很多蛋白质进行试验,然而目前的方法获得有用晶体的成功率不足 20%。

现在,该研究小组使用名为"分子印迹聚合物(MIPs)"的材料,研发出一种更有效的制造蛋白质晶体的方法。分子印迹聚合物是一种由小单元组成的化合物,这些小单元紧紧包围着一个分子,当其中的分子被提取出来后,会留下一个洞穴,这个洞穴能够保持其形状,并对靶向分子具有很强的亲和性。这种属性使分子印迹聚合物成为一个理想的成核剂,它能把蛋白质分子绑在一起,并使蛋白质分子更容易集结从而结晶。

查彦表示,需要很强的力量才能让蛋白质脱离溶液并形成晶体。分子印迹聚合物,可以成为这个过程的"幕后推手",它会使用这个蛋白质作为其形成晶体的模板,一旦第一个或第一组分子被放在正确的地方,其他分子能自我排列在它周围并且开始结晶。研究发现,有6个不同的分子印迹聚合物诱导9个蛋白质形成了晶体,而这些蛋白质在此前的实验中结晶情况并不理想。

查彦表示:"合理的药物设计,依赖于科学家们了解靶向蛋白质的结构,得到好的晶体对研究这个结构来说不可或缺。使用分子印迹聚合物这种新材料,我们能得到比使用其他方法更好的晶体,也能增大让新蛋白质结晶的可能性,这对新药研发将产生深远的影响。"

### 3. 开发利用蛋白质出现的新设备

(1)开发出可追踪活细胞内蛋白质运动的新软件。

2006年6月,英国曼彻斯特大学生物学家道戈·凯尔领导的研究小组,研制出一套可以自动追踪活细胞内蛋白质运动的计算机系统。运用这一系统,可以大大节省研究人员在显微镜下,手工分析细胞内蛋白质运动的时间。

该系统被称为细胞追踪器,可以自动分析显微镜下观察到的一系列静止数字图像。凯尔认为,这一软件系统,可以在很大程度上加快细胞功能的研究。先前主要是把细胞固定于特定部位进行研究,这种方式会损坏细胞自身的代谢,如果能够直接在活细胞内观察,那么取得的结果将会更加真实可靠。

新开发的这一系统,可以通过图像识别运算规则,确定细胞膜,以及包含DNA的细胞核,并且可以同时对多个细胞内部的活动状态进行检测。细胞追踪器,也可以通过使用不同颜色的荧光染料,标记细胞内的不同蛋白质,监控不同时间点蛋白质出现的变化。这将有助于生物学家,了解细胞内蛋白影响细胞功能的途径。凯尔指出,以往分析细胞内的蛋白质变化,是一项非常耗时的工作,而现在使用细胞追踪器,在半小时内就,可以完成以前需要12小时才能完成的工作。

凯尔研究小组计划使用这一系统软件,进行细胞内信号通路的研究,细胞内不同组分之间的联系,对于研究细胞功能至关重要。其他研究小组也都可以免费使用这一软件。

(2)发明能分离蛋白质的分子筛。

2006年9月,麻省理工学院的一个研究小组,在《物理评论快报》等杂志上发表研究成果称,他们发明的新技术,能提高精确分离蛋白质的速度,这将有助于疾病的诊断和治疗。

从血液这类复杂的生物溶液中分离蛋白质,对于了解疾病,发展新治疗方法

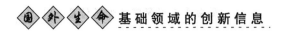

有着重要意义。新发明的分子筛,可以比传统方法更精确的区分蛋白质。

分子筛由微纺织技术制成,其关键结构是无数大小一致的微孔。通过这些微孔,蛋白质能被区分开来。指甲大小的芯片上分布着数百万个小孔。这些分子筛能区分特定大小和形状的蛋白质。

比较而言,传统区分方法——凝胶电泳就显得太费时间,而且不可预期。凝胶中的小孔大小不一,而电泳法本身的过程也让科学家们困惑。研究人员说,没人能精确测量凝胶中的孔大小。但在我们的微孔体系中,能精密控制孔的大小,因此也可以操控蛋白分子经过分子筛的过程。这表明,蛋白质能更有效的被区分,所以可以帮助科学家更好地了解这些重要的分子。

研究小组在硅芯片上制成了分子筛。含有蛋白质的生物样品,正是应用这个筛进行分离的。在分子筛中,向深层,以及浅层运动的蛋白质联合起来构成能垒。这些能垒,按大小将蛋白质分开。小的蛋白质分子通过得较快,然后是较大的蛋白分子,最大的蛋白质最后通过。

一旦分离完成,研究人员就能提取他们感兴趣的蛋白质,其中包括生病时才会出现的"生物标记"蛋白质。通过研究这些生物标记的变化,研究人员可以在症状出现前,就对疾病作出早期诊断,同时发展新的治疗方法。

# 第三章　细胞领域研究的创新信息

细胞是生命体基本的结构和功能单位。它一般含有细胞壁、细胞膜、细胞质、细胞器和细胞核等构成要素。细菌细胞壁的主要成分是肽聚糖，真菌细胞壁主要由几丁质、纤维素等多糖类组成。植物细胞壁则以纤维素为主要成分，它经过有系统的编织形成网状的外壁。动物没有细胞壁。细胞壁内侧紧贴着的一层极薄的膜，就是细胞膜。它由蛋白质分子和磷脂双分子层组成，水和氧气等小分子物质能够自由出入，但某些离子和大分子物质则不能自由通过。细胞膜内裹着的黏稠而透明的物质，称作细胞质。细胞质中存在着一些具备特定结构和功能的颗粒，它们发挥着类似于生物体器官的作用，所以称其为细胞器。细胞器的表现形式有线粒体、内质网、中心体、叶绿体，高尔基体、核糖体、液泡、溶酶体、微丝及微管等。细胞质同时含有细胞核。细胞核是细胞质中一个近似球形的物质，它由比细胞质更黏稠的物质构成，通常位于细胞的中央。本章着重考察国外在细胞领域研究取得的成果，概述国外细胞领域出现的创新信息。21世纪以来，国外在细胞生理方面的研究，主要集中在细胞生理特性与功能、细胞分裂行为、细胞控制开关、细胞生理机制和研究细胞生理的方法。在细胞治疗方面的研究，主要集中在培育或转变细胞、合成细胞、用细胞培育器官，以及细胞治疗各种相关疾病。在干细胞生理方面的研究，主要集中在提取和研制干细胞、培育干细胞、培育和制造干细胞的相关技术。在用干细胞培育细胞与器官方面，主要集中在用干细胞培育生命体细胞、生命体组织和生命体器官。在运用干细胞治疗疾病方面，主要集中在用干细胞治疗癌症和艾滋病、心血管疾病、神经系统疾病，以及其他疾病等。

# 第一节　细胞生理方面研究的新成果

## 一、细胞生理特性与功能研究的新进展

1.细胞构成要素生理特征研究的新发现

（1）发现细胞生长因子的全新信号通道。

2008年9月2日，美国路德维希癌症研究所，与瑞典乌普萨拉大学遗传学和病理学系研究人员，组成的一个国际研究小组，在《自然·细胞生物学》杂志上发

表论文称,他们发现了生长因子的一个全新的信号通道。生长因子对癌细胞的存活和生长至关重要,有关专家认为,这项成果为乳腺癌和前列腺癌等癌症的研究开辟了一个全新的方向。

人体细胞对来自各种生长因子的信号的理解能力,是胎儿正常发育的关键。癌症细胞的侵入性和存活能力,同样也受生长因子的管控,其中转化生长因子 b(TGF – b)发挥着突出的作用。在最新研究中,研究小组已经确定由 TGF – b 调节的一个全新的信号通道。研究人员说,这项发现,对于确定 TGF – b 使用什么信号通道,来抑制细胞生长或刺激癌细胞的存活和转移,非常重要。

以一种在绝大多数动物体内生存的类似方式,TGF – b 通过黏附在细胞膜上的受体,将其信号传至细胞内部。十多年前,科学家发现 Smad 蛋白,可充当活跃 TGF – b 信号的独特信使。当磷酸盐绑定于其上时,这些蛋白就会被激活,激活方式依赖于 TGF – b 受体内酶——丝氨酸—苏氨酸激酶的活性。

不过,现在,研究人员确定的这个全新信号通道,完全不受丝氨酸—苏氨酸激酶活性的调控。研究显示,使用的受体相反会激活黏附于其上的另外一种酶 TRAF6。TRAF6 是一种泛素连接酶,一旦被激活,会在自身和其他蛋白上安置短小的蛋白链。因此,TRAF6 作为一个开关,可决定细胞内的什么信号应当被打开。TGF 利用 TRAF6,可定向激活一种称为 TAK1 的激酶,TAK1 随后就能激活其他激酶,导致细胞死亡。

研究人员表示,发现 TGF 利用 TRAF6 激活细胞内信号通道,为未来的研究工作开启了全新的远景,将使研究人员得以开发出如乳腺癌和前列腺癌等,一些依赖于 TGF 的晚期癌症的新治疗方法。

(2)揭示控制细胞分化的转录因子的特征。

2009 年 4 月 20 日,日本理化研究所发表新闻公报说,该所研究人员与文部科学省项目小组,通过大规模数据分析,找到一群控制细胞分化状态的转录因子,并揭示了其中的具体特性和功能。

公报说,研究人员以白血病患者的人体免疫细胞株 THP – 1 为研究对象,借助先进的基因测序技术,按细胞分化过程中不同时间段,收集它们从原单核细胞,分化成单核细胞过程中整个基因组的数据。研究人员通过计算机对收集到的相关数据进行了解析,结果发现 30 种转录因子支配着细胞的分化过程,并了解了这些转录因子间相互作用的网络。

公报指出,该研究成果,将使研究人员通过这些转录因子控制细胞分化状态成为可能。

(3)发现细胞"中心粒"可能具有生物信息载体的性质。

2015 年 4 月,洛桑联邦理工学院瑞士实验癌症研究所皮埃尔·格克兹主持的一个研究小组,在《细胞研究》杂志上发表论文说,他们发现携带生物信息的可能不仅只有基因,一种被称为"中心粒"的细胞构成要素,或许也可充当信息在细胞代际间传递的载体。受精卵中仅遗传自父亲的原始中心粒,在胚胎发育中可持续经历十次细胞分裂。这意味着中心粒很可能也是信息载体。研究人员认为,该发现,对生物学和疾病的治疗,将产生深远影响。

中心粒是细胞内的一种桶状结构,由多个蛋白质组成。由于这些组分蛋白质的突变可引起一系列疾病,包括发育异常、呼吸系统疾病、雄性不育和癌症等,中心粒已成为目前许多研究的焦点。中心粒最为人熟知的是它在细胞分裂中所起的作用——确保染色体正确地传递给新的子细胞。新受精胚胎会从父母双方继承遗传物质,但大部分细胞器,如线粒体来自卵细胞;而中心粒则全部来自精子,任何"异常"都会随之传递给第一批胚胎细胞。

研究小组想弄清楚,在受精卵不断进行细胞分裂,直至完全发育成胚胎的过程中,这些来自父亲的原始中心粒,能够持续存在多久。他们利用线虫进行了研究,线虫是研究胚胎发育和人类遗传疾病常用的模式生物,与包括人类在内的其他物种一样,线虫的中心粒也完全来自精子。

实验所用的是转基因线虫,研究人员用荧光信号标记三种不同的中心粒蛋白,然后让被标记的雄性线虫与未标记的雌性线虫交配,这样就能在胚胎形成过程中跟踪来自父亲的中心粒蛋白组分。他们发现,在经过多达 10 次细胞分裂后,原始中心粒蛋白竟然还能存在。

这表明能够持续经历好几个细胞分裂周期的中心粒,实际上很可能是非遗传信息的载体。如果这一结论得到证实,将颠覆我们对这种真核生物的细胞器的认识和理解。此外,这项研究在医学领域也有重要意义。由于很多疾病与中心粒相关,而功能异常的中心粒可由父亲直接传递给后代,这有望为开发创新的治疗方法打开大门。

格克兹说:"中心粒一直被认为只是推动了胚胎的发育,现在我们表明,中心粒可能是信息单向遗传的途径,对早期发育有相当大的影响。"接下来,他领导的研究小组,将调查中心粒在其他系统内,包括在人体细胞中,是否也能持续存在如此之久。

(4)发现细胞膜张力具有控制细胞运动的功能。

2015 年 5 月 5 日,日本神户大学生物信号研究中心,伊藤俊树教授领导的研究小组,在《自然·细胞生物学》网络版上报告说,他们发现细胞在生物体内的运动受到细胞膜张力的控制,并且确认一种能感知膜张力的蛋白质,在此过程中发挥着传感器的作用。

这一成果,首次在分子级别弄清了膜张力与细胞运动的关系,将有助于尽早发现癌症并预防癌细胞转移。

构成身体的细胞,为了维持身体的正常功能,其运动会受到适当控制。但如果控制细胞运动的机制崩溃,就会出现类似癌细胞转移这样的细胞运动。因此,弄清细胞运动的控制机制对于遏制恶性肿瘤非常重要。

研究人员利用猴子和人类癌细胞进行了实验,结果发现位于细胞膜内的蛋白质 FBP17 如果感知细胞膜膜张力减弱,就会集中到张力减弱的部位,而这种蛋白质具有使细胞膜弯曲的性质,能将细胞膜向细胞内部拉伸,进而决定了细胞的运动方向。

研究人员尝试降低猴子和人类癌细胞内 FBP17 蛋白质的浓度,结果癌细胞的运动随之停了下来,但是添加 FBP17 蛋白质以后,癌细胞又重新开始运动。不过,如果添加的 FBP17 蛋白质,被人为改造失去了使细胞膜弯曲的能力,癌细胞就不会恢复运动。研究小组表示,这项研究显示 FBP17 蛋白质对细胞运动不可或缺,他们推断正常细胞和癌细胞的膜张力存在差异。如能根据这一线索深入研究,就有可能根据膜张力的强弱来及早发现癌症,或者实现对细胞运动的抑制,从而防止癌细胞转移。

2. 细胞一般生理特征研究的新发现

(1)发现中子辐射可激发细胞之间的合并。

2005 年 7 月,俄罗斯科学院科拉科学中心首次实验证明,宇宙辐射与大气作用中产生的次级辐射中子流可激发细胞之间的合并。有关专家指出,这项基础研究成果,对细胞学研究具有重要意义。

太阳辐射发出的高能粒子,进入大气层时可产生强大的中子流,因此研究人员的实验是在宇宙辐射很强的北方进行的。在实验中,研究人员把从淡水鲑生殖腺、原仓鼠卵巢中提取的细胞,放置在相同的条件下进行人工培育,并周期性地检查通常情况下合并的多核细胞的数量,最后把获得的大量数据,与通过卫星获得的宇宙次级辐射中子流、大气压力等数据进行比较。

实验发现,在太阳风积极照射地球的阶段,细胞的合并非常活跃,中子流的强度越强,组织中发现的多核细胞越多;但太阳辐射中质子流和阿尔发粒子流增强的情况下,则出现相反的现象,组织中细胞的合并减缓了,同时还发现气压增高也会使细胞合并减缓。

有关专家指出,上述实验结果说明,中子辐射对细胞的发展具有特殊作用,这意味着在机体中,某些细胞对太阳活动的作用具有天然调解作用。

(2)发现细胞内锌浓度变化可调节免疫功能。

2006 年 8 月,日本理化研究所和大阪大学的研究人员,在《自然·免疫学》杂志网络版上发表研究成果认为,锌是生命活动必需的营养元素,它在体内免疫反应调节方面也承担着重要作用。他们通过动物实验显示,名为树突状细胞的免疫细胞内部的锌浓度下降,是激活这种细胞的"信号",锌浓度下降后,这种免疫细胞发挥功能的能力明显增强。

研究人员用荧光探针标记树突状细胞中,不与其他物质结合的游离锌,以观察细胞中锌浓度的变化情况。当树突状细胞受到外界刺激开始工作时,游离锌的浓度下降;同样,若用药物去除这种免疫细胞中的游离锌,它就会活跃起来。

　　研究人员还发现,树突状细胞中的锌浓度,受细胞膜表面两种蛋白质调节,一种蛋白质将锌离子"拽"进细胞质,另一种将锌离子"踢"出细胞质。通过基因操作,使前一种蛋白质合成量增加,导致细胞内锌浓度上升后,可以观察到树突状细胞的活动被抑制。

　　锌是维持生命必不可少的微量元素,缺乏锌可导致发育障碍、神经系统异常等,而在树突状细胞中,发现锌浓度变化能调节免疫功能,尚属首次。

　　据报道,本次研究成果,意味着有可能通过调节树突状细胞中锌离子的浓度,控制肌体免疫应答。

　　3. 生殖细胞和胎儿细胞生理研究的新发现

　　(1)生殖细胞生理研究的新发现。

　　一是发现外在行为会破坏卵细胞的生化平衡。2004年12月,有关媒体报道,俄罗斯科学院理论与实验生物物理研究所一个研究小组,在分析了老鼠单细胞胚胎细胞核移植前后钾离子浓度变化后发现,针对卵细胞进行的任何外在行为,必将破坏它的生物化学平衡,导致胚胎细胞正常发育进程的改变。因此,对卵细胞的任何行为不可能不留下痕迹。有关专家指出,这一实验成果,有助于解释大量克隆动物出现不正常的原因。

　　细胞核移植,是现代生物技术中常见的现象:克隆、细胞核与细胞质相互作用、人工授精等,都要对卵细胞核施加外在作用。这种外在的行为,是否影响未来胚胎细胞的发育与成长呢?

　　科学界已知,自受精开始,胚胎的发育即按确定的计划进展,何时何地出现何种组织,都具有一定的规律,同时发展过程是不可逆转的。不管发生什么外在行为,原先确定的计划只能向前进展。而细胞核移植正是在胚胎发育最关键的时刻——首次分裂时进行的,如果首次分裂受到某种程度的破坏,就可能在机体遗传计划实现的过程中发生错误,这将导致机体的发育出现不正常或畸形。

　　为此,该研究小组进行了下列实验:他们首先测定老鼠单细胞胚胎中首次分裂前钾离子的浓度,然后去掉其中的核,重新植入细胞核或移植其他的体细胞核,之后用电子显微镜再次确定钾离子的浓度,结果发现,钾离子的浓度降低了3～4.5倍,其量值基本与没有受损的胚胎首次分裂前的量值相当。同时发现,钾离子浓度的变化,与被移植的细胞核种类——即细胞本身的核或者其他的细胞核无关。由此,研究人员认为,钾离子浓度的降低,只与对细胞核的移植这一外在因素有关,对细胞核的移植导致胚胎开始提前分裂,从而破坏了卵细胞发育的进程。

　　二是发现人类生殖细胞发育首个路线图。2012年12月16日,美国加州大学洛杉矶分校阿曼德·克拉克等人组成的研究小组,在《自然·细胞生物学》上,发表了一项针对人类生殖细胞早期发育情况的研究成果,它或许为不孕症疾病的治疗带来希望,让人造生殖细胞离现实又近了一步。世界上约有10%的夫妇患有不孕症,致病原因多种多样,其中之一便是不能正常产生精子或卵子细胞。

人类生育年龄为 15~45 岁,负责生产卵子和精子的前体细胞的生成时间,则要更早一些。当受精卵在母体子宫内发育为一个很小的细胞球时,其中所含的多功能干细胞能够分化为人体的其他各类细胞。研究人员一直希望借此治疗包括不孕症在内的各种疾病。

美国加州大学洛杉矶分校的研究人员,以胎龄为 6~20 周的人类胚胎作为研究对象,对人类生殖细胞的早期发育阶段进行研究,弄明白基因何时"打开"或"关闭"。这些胚胎来自华盛顿大学生育缺陷研究实验室,由匿名的人流者提供并已获得当事人同意。

研究人员发现,人类早期生殖细胞内的 DNA 携有一种被称为"表观遗传修饰"的物质。虽然其结构的改变不会影响 DNA 序列本身,但却会影响基因的表达方式。父母体内累积产生的这些变化,需要在胎儿发育阶段予以清除。该研究发现了"表观遗传修饰"清除或者重组,大部分发生在 6 周之前,但也存在 6 周之后才完成重组的情况。他们还发现,由实验室造出的 6 周龄生殖细胞,不同于人体内自然发育成的 6 周龄生殖细胞。这暗示实验室造出的生殖细胞,在发育过程中存在着科学家迄今依然无法探明的问题。

克拉克说,下一步,我们希望能够找到人造生殖细胞不能发育为精子或卵子的原因,如果我们没有可遵循的路线图,就只能猜测。新研究让我们对此有了初步的了解,为进一步的研究创造了条件。

(2)胎儿细胞生理研究的新发现。

发现胎儿细胞会进驻母亲大脑。2005 年 8 月 10 日,新加坡国立大学加文·S·道和新加坡中央医院肖志成等人组成的研究小组,在《干细胞》杂志网络版发表论文认为,胎儿的细胞能够进入母亲的血液。而且,人类胎儿出生之后,胎儿细胞还能在母亲血液里保存至少 27 年。它们就像干细胞一样,能够分化成许多其他种类的细胞,而且,理论上说还可以协助修复受损器官。

研究人员针对母亲大脑里为什么总是装着她们的孩子?展开实验研究。结果发现,老鼠胎儿的细胞可以迁移到怀孕母鼠的大脑之中,并且发育成神经系统中的细胞。

实验中,神经生物学家们通过修改雄鼠的遗传基因,使它们能产生一种绿色荧光蛋白,再让这些雄鼠与雌鼠交配。最后,他们在怀孕母鼠的大脑里,发现了带绿色荧光标记的胎儿细胞。研究人员报告说,在母体大脑的某些区域里,每 1000 个细胞中就有 1 个来自胎儿,有时甚至高达 10 个。胎儿细胞可以转化为神经元细胞、星形胶质细胞(可为神经元细胞提供养分)、少突胶质细胞(可分隔神经元细胞)、巨噬细胞(可吞噬消化细菌和受损细胞)。此外,当科学家们用化学方法损伤老鼠大脑时,进入受损区域的胎儿细胞是进入别处的 6 倍,这暗示了这些细胞可能对大脑释放的分子胁迫信号做出反应。

胎儿细胞,如何通过把大脑与血液系统分隔开的毛细血管群?这个问题,目前还不得而知,因为这些毛细血管的细胞排列密集,能够阻止大多数化合物通过。研究人员推测,镶嵌在胎儿细胞表面的生物分子,如蛋白质或者糖类分子等,能够与这道血脑屏障发生相互作用,从而允许胎儿细胞蠕动通过。研究人员推测,胎儿细胞应该也能通过雄鼠或未怀孕雌鼠的血脑屏障进入大脑,因为还没有证据表明,与怀孕雌鼠相比,它们的血脑屏障有什么明显的区别。科学家们希望,接下来可以找到证据,证明胎儿细胞可以转化为有功能的神经元细胞。

这项发现,给治疗大脑功能紊乱带来新的希望。由于血脑屏障的存在,对大脑区域的移植治疗,通常的构想是颅骨钻孔。若能辨识出此类可以进入大脑而成为神经系统细胞的典型胎儿细胞,将有助于找到来自胎儿以外的类似细胞,例如来自脐带血液的细胞。此类研究,使通过静脉注射完成大脑的非入侵细胞移植成为可能。不过,用于治疗的细胞必须尽可能与患者的细胞相似,以免引发免疫后遗症。至今还不能确定的是,注入人体的、本应前往大脑的细胞,是否会转移到其他地方去。研究人员表示,现在还不知道,这种细胞转移的可能性是否足以成为问题。

如今,研究人员还在观察,胎儿细胞进入大脑的这种通道,除了存在于老鼠体内以外,是否也同样存在于人体内。他们计划检查那些生育过男婴,并且死亡不久的女性,从她们的大脑组织入手。如果母亲的大脑里有 Y 染色体的反应信号,则可以确认人体中也有同样现象。研究人员指出,这也将提出一个新的问题,即这种细胞迁移是否会对行为和心理产生影响。

4. 心肌细胞和心脏细胞生理研究的新发现

(1)发现心肌细胞能通过不断更新而获得再生。

2009 年 4 月,瑞典卡罗林斯卡医学院神经学家,乔纳斯·费瑞森主持的研究小组,在美国《科学》杂志上发表论文宣布,他们已经证明人体的心肌细胞,每年能以 1%的比率更新。这为利用人工方法刺激心脏自我修复,带来希望,甚至有可能让"心脏移植"成为历史。

这项成果,是对传统理论的重要突破。过去,人们一直以为心肌细胞,属于"终末分化细胞",即这种细胞的寿命与人一样,从人出生后不再分裂繁殖,数量保持不变。报道称,瑞典研究小组,是通过核试验发现心肌细胞能再生的。

利用碳元素的衰变周期来测定时间,是考古学上最普遍的方法。近年来,科学家把这项技术,应用到动物身上来测定细胞的更新速率,但由于危险性和道德伦理原因,不能在人身上直接使用该技术。而瑞典研究小组,则利用非常巧妙的方法,间接把这项技术"实施"在人类身上。

费瑞森介绍说,20 世纪 60 年代,是人类进行核试验最频繁的时期,那些在荒漠中爆炸的原子弹,不仅在历史中留下记忆,而且在人类身上也留下了痕迹。冷战时期的地面核试验,催生了纯粹自然环境下并不存在的碳 − 14,使碳元素增加了一种放射性同位素。地球是一个生态循环系统,在食物链底端的植物,通过光合作用把碳－14摄入体内,动物又通过食用植物再将碳－14摄入,在食物链顶端的人类则通过食用植物和动物,以及呼吸作用等方式,把碳－14留存在体内。根据这一特点,推断人体细胞在DNA的分裂过程中,势必会受到碳－14的干扰,也就是说在人类核试验后出生的人体DNA中,应该有碳－14。

费瑞森说,根据心肌细胞不可再生理论,在碳－14进入食物链之前,也就是在人类核试验之前出生的人,心肌细胞内不会有碳－14。但是,费瑞森的研究小组,对那些在核试验之前出生的人,进行检测后发现,他们的部分心肌细胞同样含有碳－14。费瑞森指出,该测定结果说明,这些含有碳－14的心肌细胞,是参加试验者后天产生的,即心肌细胞是具有再生和更新能力的。

据报道,瑞典研究小组的实验,还发现心肌细胞的更新速率。他们对50个志愿者进行了历时4年的研究,他们使用现今通用的放射性碳测量法,通过探测一个碳同位素碳14的踪迹来探测心脏是否出现了新生细胞,测试证明,所有50个志愿者的心脏都比其年龄要"年轻"。

研究人员进一步研究得出结论说,心肌细胞随着年龄增长而更新速率减慢,当25岁时,每年有1%心肌细胞更新,而到75岁这一数字降低到0.45%。实验数据显示,人在50岁的时候,其心肌细胞中大约有55%年龄也是"50岁",而剩下的45%则要平均"年轻"6岁,从整个生命周期看,心脏要比人的实际寿命年轻4岁。

对这一实验结果,美国华盛顿州立大学的心脏研究专家查理·莫瑞,在评论中指出它是"近年来心血管医学方面最重要的发现"。他说:"我们一直把心肌细胞定义为不可再生细胞,直到现在医学院的教材仍然如此,今天我们终于可以为这一争论已久的话题画上句号。"费瑞森接着说,新发现,还让人们看到心脏病治疗的新希望——即通过加速心肌细胞更新,来替代受损的心肌组织。

(2)首次确定心脏细胞最佳组成结构与比例。

2013年11月,加拿大多伦多大学,生物材料与生物医学工程学院博士生尼马伦·萨瓦迪伦主持,该校学者米利卡·雷迪斯科、麦克尤恩再生医学中心干细胞生物工程研究主席彼得·萨斯特拉等人参与的一个研究小组,在美国《国家科学院学报》上发表论文称,他们首次确定了与心脏功能有关的最佳结构和细胞比例。这一发现,也让该小组转向另一项研究:设计制造迄今为止第一个活的三维人类心律失常组织。这也标志着研究人员首次试图确定一种精确的细胞类型与比例的"配方",按这种"配方"就能生产出高度功能化的心脏组织。

萨瓦迪伦说:"心脏不是由一种细胞构成。"以前在培养心脏组织时,科学家不知道该怎样把不同类型的细胞混合,才能让它们发育成心脏结构,逐渐成熟变成自然的人类心脏。

该研究小组把由人类多能干细胞发育而来的不同细胞类型分离开来,再精确地"组装"回去。通过得分度量法,把它们与心脏功能,如收缩、电活性和细胞排列等联系在一起,形成了一种"配方"公式,据此能制造出高度功能性的心脏组织。

萨瓦迪伦说:"细胞的比例构成非常关键。我们发现,以 25% 的心脏成纤维细胞(类皮肤细胞)对 75% 的心肌细胞(心脏细胞)效果最好。"经过精心混合的细胞比例,会模拟人类心脏组织的结构,生长成三维的"线"。

找到了恰当的心脏细胞比例构成后,研究人员设计了第一个三维心律失常组织模型。他们对该组织施加了电脉冲,"击中"了不规律跳动的组织,将其转变成有规律收缩的状态。心律失常是指心脏电脉冲被打乱,不能有效收缩和泵血,每年都有数百万人遭受心律失常。雷迪斯科说:"现在我们能把这种比例构成与电刺激和机械刺激结合起来,得到一种用于心脏研究的、真正的生物模拟系统。"

萨斯特拉接着说:"研究中一个令人兴奋的成果是,我们能培养出人类心脏微型组织,用于测试健康的和有病的人类心脏对药物的反应。"

由于人类心脏细胞生长不易,用人类干细胞制造出高效的功能性心脏组织,是科学家极为关心的问题。在药物筛选方面也对高度功能性心脏组织需求迫切。目前,研究小组正在与再生医学商业化中心合作,推广他们的组织模型平台。

5. 神经细胞和大脑细胞生理研究的新发现

(1)神经细胞生理研究的新发现。

一是发现对神经细胞存活具有保护作用的分子。2010 年 1 月,英国巴巴拉汉姆研究所科尔曼博士领导的一个研究小组,在网络学术期刊《公共科学图书馆·生物卷》上发表研究报告称,就像鲜花需要水的滋养,神经细胞也需要某种分子的"呵护",他们新发现一种名叫"Nmnat2"的分子,是神经细胞的呵护者或保卫者。

研究人员说,Nmnat2 分子对神经细胞具有明显的保护作用。它通常沿着神经元之间的突触,被输送到各个神经细胞。如果缺少它,即使是健康未受伤的神经细胞,也会迅速退化。然而,受伤的神经细胞如果能得到这种分子的"悉心治疗",其退化速度就会明显延缓。

科尔曼博士在接受采访时,依然使用水和鲜花这个比喻。他说,如果把花朵从枝头剪落,在没有水的情况下它会迅速枯萎死亡,而如果放在水中则可以存活更长的时间。与此类似,虽然神经细胞需要许多不同的物质才能生存,但 Nmnat2 是其中非常关键的一种,短时间内缺少其他一些物质,对于神经细胞的影响并不太大,而它则不可或缺。

二是发现调节运动速度的神经细胞。2014 年 12 月,有关媒体报道,日本东京大学高坂洋史领导的一个研究小组报告说,他们发现了调节果蝇运动速度的神经细胞,这将有助于弄清动物控制运动的原理。动物以适当的速度运动,对于确保食物、地盘及寻找配偶,都非常重要。

该研究小组在果蝇实验中发现,一种名为"PMSIs"的神经细胞会影响运动速度。如果强制使"PMSIs"发挥作用,运动神经就会受到遏制,果蝇幼虫随之停止活动。反之,如果遏制"PMSIs"的功能,则运动神经发挥作用的时间就会延长,运动速度则变得迟缓。

高坂洋史解释说，"PMSIs"能够强力遏制运动神经细胞的活动，果蝇幼虫要想以适当速度运动，就需要"PMSIs"保持适当的活动。

此外，研究人员还在鱼类、两栖类、哺乳类动物的运动神经回路，发现了与果蝇幼虫"PMSIs"非常类似的神经细胞。研究小组认为，这显示不同物种，对于运动速度的控制都使用了相同的机制，人类应该也具备同样的机制。

(2)大脑细胞生理研究的新发现。

虽然人体内的大部分细胞正在不断地被替换，但是人类会一直拥有他们出生时几乎全部的神经细胞。该研究小组想要了解，神经细胞是否能够比它们所属的生物体存活得更久。研究人员从家鼠体内收集了神经细胞，并且把它们植入到大约60只老鼠胎儿的大脑内。

接着，研究小组让这些老鼠度过一生，在它们进入垂死状态而且不太可能活过两天的时候，为它们实施安乐死，然后对它们的大脑进行了检查。研究人员发现，这些老鼠完全正常，在它们生命末期没有任何神经疾病的迹象。

家鼠的寿命只有大约18个月，而老鼠的寿命是它们的两倍。而当老鼠死亡的时候，从家鼠植入的神经细胞仍然存活。那就意味着，有可能当这些细胞被植入到一个更长寿的物种当中后，它们就能够存活得更久。

这些发现表明，我们的脑细胞，不会在我们身体衰退前死亡。马格罗斯说道，虽然这项研究是发现于老鼠而非人类，但是它们也能够对治疗变性疾病的神经细胞植入产生影响。但是，大脑细胞有可能无期限存活，并不能代表人类能够永生。马格罗斯称，老化不仅仅取决于身体中器官的寿命，而且科学家们仍然不能确切的了解是什么导致了人类老化。

## 二、细胞分裂行为研究的新进展

### 1.细胞分裂行为研究的新发现

(1)发现防止细胞分裂出错的"控制器"。

2005年9月，有关媒体报道，过量射线和化学元素，都会造成细胞内遗传基因的损伤。然而，大多数情况下，肌体都可以修复这些错误，从而让细胞正常分裂。法国居里研究所和国家科研中心的科学家，终于发现了细胞分裂自动纠错的奥秘。

他们发现，细胞分裂，是生命发展的重要一环。母细胞复制其所有的组成部分，然后分裂成两个子细胞。在这一过程中，任何微小的差错都会导致"衰弱细胞"出现，这种不正常的细胞，往往发展成癌细胞。人体内的"监测系统"，负责的就是阻止细胞分裂时出现错误。

一旦发现任何微小的错误，该系统会立即阻止细胞分裂继续进行，从而使母细胞有时间"纠正"自己的错误。在母细胞改正错误后，"监测系统"才能"放行"，让母细胞继续分裂。科学家将这一系统形象地比喻为"安全栓"。

Chk1 蛋白,是这一"安全栓"的关键部分。细胞从一个阶段发展到另一个阶段时,都受到这种蛋白的控制。这种蛋白,负责查看细胞是否遵照"规则"发展,如果符合要求就让细胞继续工作。当细胞内的基因,出现错误或损伤导致复制程序不正常时,Chk1 蛋白立刻作出反应,阻止一切复制程序。Chk1 蛋白的这种作用使其成为启动"安全栓"的控制器。

(2)发现原始生殖细胞减数分裂的原因。

2006 年 7 月,日本东京大学教授山本正幸等人组成的研究小组,在《自然》杂志上撰文称,以酵母为研究对象,发现一种名为"Mei2"的核糖核酸结合蛋白,发挥着启动原始生殖细胞减数分裂,并控制分裂进程的作用。

细胞分裂包括有丝分裂和减数分裂。原始生殖细胞分化成精子和卵子的减数分裂,是包括人类在内的真核生物最根本的生命现象之一。虽然生物体中所有的细胞都拥有减数分裂必需的基因,却只有原始生殖细胞才发生减数分裂。

通过酵母试验,从分子水平找到其中原因。研究人员通过实验确认,"Mei2"核糖核酸结合蛋白,承担着切换有丝分裂和减数分裂两种分裂模式的开关作用。

日本研究人员认为,虽然酵母是单细胞真核生物,但高等真核生物可能也拥有相同的机制。这将有助于探索不孕症和唐氏综合征(先天愚型)的病因,以及开发高效的农作物杂交技术。

(3)发现细胞分裂依靠微管结构分配遗传物质。

2006 年 10 月 27 日,德国柏林马克斯普朗克研究所一个研究小组,在《科学》杂志发表文章指出,当细胞进行分裂时,控制机制保证了遗传物质染色体,能正确的分配到子代细胞中去。他们成功揭示了这一过程的分子学机制。一种控制此过程的酶——检测点激酶并不直接与染色体关联,这与之前的想象不一样。相反的,它们与细胞纺锤体的多种相关蛋白发生作用。

该研究小组发现检测点激酶,还与伽马微管蛋白环形复合体有关。同时,他们还证明这些酶存在于中心体旁,并在那里发挥作用。这是很重要的发现,因为它表明这些微管两端的正确排列,对于正确分离染色体都很重要。

另一个意外发现是,这些控制机制并不依赖于着丝点或中心体的完整性。这说明,细胞中存在多种控制遗传物质分离的机制。这对癌症研究很重要,检测点激酶在癌细胞中常有异常。下一步科学家将研究正常细胞和癌细胞的区别,以提出新治疗方法。

(4)发现细胞有丝分裂时 DNA 修复机制停摆成因。

2014 年 3 月,加拿大多伦多西奈山医院高级研究员丹尼尔·迪罗谢博士领导,亚历山大·奥斯维恩博士为主要成员的一个研究小组,在《科学》杂志上发表论文称,在细胞生命周期中,纠错机制可快速行动以修复 DNA 链断裂。唯一的例外,发生在染色体最为脆弱的细胞分裂的关键时刻。该研究小组揭示了 DNA 修复在有丝分裂过程中关闭的成因,从而解决了这一存在了 60 年的谜团。

迪罗谢博士表示,新研究揭示了至关重要的 DNA 修复进程,为什么只在细胞开始分裂为两个子细胞时"罢工"。DNA 修复,可阻止癌症发展并使细胞处于最佳状态。

研究小组首先确定了修复机制在细胞分裂过程中,无法识别染色体断裂并采取行动的原因,然后对修复蛋白进行修改,以在有丝分裂过程中强加 DNA 修复。研究发现的一个惊奇效果是,在细胞分裂期间修复染色体损伤,会导致其产生缺陷。

问题最终被导向在染色体末端发现的端粒结构,当 DNA 修复被重新激活时,端粒开始相互融合。在细胞分裂那一刻,细胞将自己的端粒误读为受损 DNA,从而开始修复动作。这表明,端粒是有丝分裂过程中的危险结构,因为细胞暂时失去了区分受损 DNA 链和正常端粒的能力。

奥斯维恩称,这一发现表明,细胞在有丝分裂的脆弱时刻,面临着艰难的选择,它会采取激烈行为关闭 DNA 修复。这一过程,通常对防止染色体因为误读而相互融合高度有益。

研究人员表示,紫杉醇这样的化疗药物,通过阻止细胞分裂发挥作用。基于此项研究成果,未来增强这些药物的功效,在理论上就有了可能性。

2. 细胞分裂行为实验演示的新进展

2012 年 1 月,明尼苏达州立大学威尔·拉特克利夫、迈克尔·特拉维萨诺等学者,在美国《国家科学院学报》上发表论文称,他们在实验室,用普通的啤酒酵母菌,演示了从单细胞生物到多细胞体这一过渡的发生过程。5 亿多年前,地球表面的单细胞生物,开始形成多细胞簇,最终变成了植物和动物。

研究人员把啤酒酵母菌加入到培养基中,在试管内生长了一天,然后用离心机搅动使试管中的成份分层。当混合物稳定下来,细胞簇会更快地落在试管底部,因为它们最重。研究人员把这些细胞簇取出来,转移到新的培养基中,然后再次搅动它们。六轮循环后,细胞簇已经包含了几百个细胞,看起来就像球形的雪花。

酵母菌"进化"成了多细胞簇,能协同合作、繁殖并改变它们的环境,基本上变成了今天地球生命的初期形式。分析显示,细胞簇并不是随机粘在一起的细胞群,而是互相关联的,它们随着细胞分裂而保持连接。这表示它们具有遗传相似性以促进合作。当细胞簇达到临界大小时,一些细胞就会进入凋亡过程而死亡,将后代细胞分隔开来。而后代细胞簇的繁殖扩展也只能到达它们"父母"所达到的大小。

拉特克利夫指出,一个细胞簇还不能称为多细胞体,只有当其中的细胞开始合作,自我牺牲以达成公共利益并能适应变化,这就是向多细胞体进化的一种过渡。要形成多细胞生物,大部分细胞要牺牲它们的繁殖能力,这是一种有利于整体却不利于个体的行为。比如人体的几乎所有细胞从本质上说就是一个支持系统,只有精子和卵子负责把 DNA 传到下一代。所以多细胞体是由其合作性来定义的。进化生物学家们估计,这种多细胞体独立地进化成了 25 个体系,将来通过对比多细胞簇留下来的化石,可进一步揭示每个体系中相应的发展机制和基因异同。

3. 细胞分裂行为数据库建设的新进展

2010 年 4 月,生物学家迈克尔·彼得斯任项目协调员的一个研究团队,近日分别在《科学》和《自然》杂志上,发表研究成果的不同部分。这个研究团队,由奥地利分子病理学研究所牵头,欧洲 11 个研究机构和公司参与,他们历时 6 年,研究了细胞分裂的遗传基础,并建立了开放的细胞分裂研究数据库。

细胞如何从一个分裂为两个,两个分裂为 4 个,最后由少数细胞发展成整个生物体,一个半世纪以来生物学家和医生一直对此饶有兴趣。尽管人们很早以前就可以在显微镜下跟踪细胞分裂,但至今尚未完全了解哪些基因对此负责。而根据这些基因蓝图产生的蛋白质的作用人们知道得更少。为了弥补这一不足,6 年前,11 个欧洲研究机构和公司联合起来,开始系统地研究人类细胞分裂的分子基础。为了找出哪些基因是细胞分裂所必需的,位于海德堡的欧洲分子生物学实验室的项目组研究人员,系统地逐个灭活所有人类细胞中的基因,总数达到了 2.2 万个。然后,研究人员在显微镜下进行跟踪研究,看这些细胞是否能继续正常分裂。维也纳分子病理学研究所的研究人员则进一步研究:由这些基因产生的蛋白质如何组装成小分子机器,接着触发细胞分裂的不同步骤。

这个国际研究团队的工作结果,是所有人类细胞分裂所需基因的第一个目录。同时,研究人员有了完成这些基因功能的分子机器的结构图。所有的数据都汇集到了公开的人类基因组数据库模型中。

彼得斯说:"我们的数据库,将成为许多生物医学研究领域的重要信息源。这也是一个良好的范例,在科学上通过国际合作,更难和更宏大的计划才有可能实现。"该项目的研究成果,不仅是理解细胞分裂的一个里程碑,也将被其他生命科学体系使用。针对该项目的工作已经大大推动了新技术的发展,例如开发自动显微镜和蛋白质组学。

### 三、细胞控制开关研究的新进展

1. 发现决定脂肪细胞和皮肤细胞发展的开关

(1)发现决定脂肪细胞发展类型的开关。

2008 年 8 月,有关媒体报道,美国的一项研究成果表明,一种决定脂肪组织发展类型的"开关",它可以决定人身材胖瘦,对"开关"的控制或许将使节食变得不再必要。

研究人员发现,哺乳动物具有不同类型的脂肪细胞,它们来源不同,而且在体内承担着完全不一样的任务。棕色脂肪组织,能燃烧人体摄入和储存的脂肪;白色脂肪组织,则负责储存脂肪。

哈佛大学医学院科学家罗纳德·卡恩和同事首先证明,一种名为 BMP7 的小型蛋白质,控制着前体细胞向棕色脂肪细胞的转化。让实验的老鼠体内,产生过量的这种脂肪"开关",形成大批棕色脂肪,而不再有白色脂肪。这样老鼠消耗的能量更多,体重也会降低。

哈佛大学医学院的布鲁斯·施皮格尔曼的研究小组,发现并证明,棕色和白色脂肪细胞,从不同的前体细胞转化而来。棕色脂肪细胞,在胚胎发展过程中由前体细胞形成。前体细胞也可能变成肌肉细胞。细胞朝哪个方向发展,由 PRDM16 基因决定,一旦这个"开关"形成,则产生棕色脂肪细胞;缺少它,则产生肌肉细胞。

对于美国学者的研究成果,瑞典斯德哥尔摩大学的研究人员认为,与其说棕色脂肪是白色脂肪的变体,不如说它们是"储藏着脂肪的肌肉细胞"。通过模拟棕色脂肪的形成过程,有望治愈肥胖病患者。

(2)发现人类皮肤细胞形成的控制开关。

2009 年 9 月 14 日,欧洲分子生物实验室,联合西班牙环境能源暨科技研究中心的研究人员,在《自然·细胞生物学》网络版上发表论文称,他们发现,有两种蛋白可控制皮肤基底中的干细胞,何时及如何打开以形成皮肤细胞。这项成果,有助于阐明皮肤形成,乃至皮肤癌和其他上皮癌的基础机制。

皮肤基底中的干细胞,在其生命的某个点上会停止增殖,并开始分化成可形成皮肤的细胞。为此,研究人员必须关闭在其基因中的"干细胞程序",并打开"皮肤细胞程序"。研究人员怀疑,一个称为 C/EBP 的蛋白质家族,可能参与了这一进程。虽然已知这些蛋白,在其他干细胞类型中,可调控这一进程,但人们至今远未能确定,到底是哪个 C/EBP 蛋白,控制着皮肤中的开关。欧洲分子生物实验室的克劳斯·内尔洛夫及其研究小组,则发现这样的蛋白不是一个,而是两个: C/EBPα 和 C/EBP。

研究人员利用基因工程技术,删除小鼠胚胎皮肤中的 C/EBPα 和 C/EBPβ 基因,结果发现,如果没有这些蛋白,小鼠皮肤就无法正式形成。所形成的紧绷且有光泽的皮肤无法使体内保持水分,缺乏许多可使皮肤具有机械强度和水密度的蛋白,因此小鼠在出生后不久就会因为缺水而死亡。

但是,这两个基因中的任何一个,都足以保证皮肤的正常发育,这意味着这两种蛋白在皮肤干细胞中通常做着同样的工作。而皮肤中有如此多的干细胞,并非好事,人体必须动用调节机制,对干细胞的数量加以严格控制,以避免诱发皮肤癌。

上皮癌(包括皮肤癌、乳腺癌及口腔癌)的标志之一,就是它们会打开那些通常只在胚胎干细胞中表达的基因,并帮助癌细胞持续分裂下去。这些基因就会在缺乏 C/EBP 的皮肤中再次表达。因此,研究人员希望,通过了解 C/EBPα 和 C/

EBPβ，如何关闭这些干细胞程序，也许就能找到对抗这些癌症的方法。

研究人员还发现，这两个蛋白还可对控制皮肤发育的一些其他分子进行调控。在缺乏 C/EBPα 和 C/EBPβ 的小鼠身上，一些已知可控制皮肤或头发形成的重要路径，会被不正确地激活。

研究人员表示，这项重要发现，将开辟诸多新的领域，因为这些蛋白，控制着几乎每一个调节皮肤细胞分化的分子，这也是揭开皮肤形成，及其在生命过程中得以维持之谜的关键。

2. 发现人体细胞变化或被激活的开关

（1）发现人体细胞变化有分子开关。

2009 年 8 月，德国马普生物化学研究所与丹麦哥本哈根大学的研究人员，在《科学》杂志上发表论文称，他们发现，人体蛋白质化学组分中的醋酸根，对人体细胞的变化有很大影响，不管是细胞分裂，还是 DNA 遗传，或是细胞老化过程，醋酸根都起着分子开关的作用。这一发现，将对开发治疗癌症、老年痴呆症和帕金森氏病药物有重要意义。

研究人员发现，蛋白质分子与醋酸根的结合，可以控制蛋白质特定功能的开启或关闭，而通过特定化学酶的乙酰化作用，醋酸根可以与蛋白质分子分开，这一可逆过程对细胞的许多变化起着决定性的作用。德国研究人员利用自己开发的新技术，首次对蛋白质与醋酸根的结合，及整个蛋白质分子开关的过程状态进行了检测，在约 1800 个蛋白质中，总共发现超过 3600 个分子开关节点，并发现蛋白质乙酰化的能力远远超过迄今的想象。

研究人员过去认为，蛋白质的乙酰化对细胞核的基因调节只起到一定的作用，而最新的研究结果显示：所有的细胞变化过程都与此有关，例如细胞分裂、DNA 信息的遗传或 DNA 的修补。没有乙酰化，细胞就丧失功能。使蛋白质乙酰化的是各种酶，例如 Cdc28，这种酶对酵母细胞的分裂是必需的，没有这种酶的参与，乙酰开关就无法工作，酵母细胞就会死亡。

蛋白质调节功能的缺损，是导致许多疾病的根源，因此，利用蛋白质乙酰化原理开发新药具有重要的意义，特别是治疗癌症的药物。丹麦研究人员认为，另一重要的应用领域是治疗老年性疾病，如老年痴呆症和帕金森氏病。虽然蛋白质乙酰化在生物和临床医学上有重要意义，但研究人员对活细胞的乙酰化过程还了解甚少，借助于这项最新的研究成果，研究人员可以对乙酰开关的功效有更全面的认识，并将极大地促进相关新药的开发。

（2）发现人体内有个激活免疫细胞的开关。

2012 年 4 月 10 日，日本自然科学研究机构生理学研究所，加盐麻纪子和富永真琴等人组成的一个研究小组，在美国《国家科学院学报》网络版上发表研究成果称，人体内的巨噬细胞承担着与入侵病原体斗争的任务，这种免疫细胞在人发烧的时候活性会更强。他们的一项研究显示，巨噬细胞在人体温升高时活性更强，是因为它们活性吞噬病原体时,产生的过氧化氢做了"开关"。

人体内的 TRPM2 是一种与温度、压力和疼痛等感觉改变相关的离子通道,广泛存在于脑组织、粒细胞和巨噬细胞。研究人员说,他们注意到,巨噬细胞的免疫反应产生的过氧化氢和 TRPM2 之间可能存在某种关联,并着手进行研究。

研究结果显示,在活性物质不存在的情况下,TRPM2 这一"温度传感器",要到接近 48℃ 的高温才发生反应,因此,TRPM2 在正常体温下不活跃。而如果存在过氧化氢,TRPM2 在 37℃ 的体温下就能被激活。一旦 TRPM2 被激活,那么在它调节下,巨噬细胞吞噬异物的功能在 38.5℃ 的体温下会变得更强。

研究人员说,这项研究,揭示了巨噬细胞这样的免疫细胞,在与细菌战斗的过程中,会因为温度传感器对体温的反应,而变得更加活跃的机制。这种机制,或许是人们感染细菌等病原体后,免疫力会因为发烧而得到提高的原因之一。

## 四、细胞生理机制研究的新进展

1. 细胞一般生理机制研究的新发现

(1)发现细胞内酸碱平衡维持机制。

日本科学技术振兴机构与理化学研究所的联合研究小组,通过实验,发现能够控制细胞内酸碱平衡的新的蛋白质。

研究小组发现,调整细胞内钙浓度的"肌醇三磷酸受体"(IP3R)与"肌醇三磷酸"(IP3)结合后,IP3R 释放出来的蛋白质"IRBIT"分子,与细胞表面的钠、重碳酸离子共同传输体(NBC)结合,可使这两种离子的传输活性急剧上升,从而调节细胞内的酸碱度(pH 值)。这一成果,是对外分泌机制新的重要发现,与以前发现的控制机制完全不同。新发现对 pH 值失衡导致的疾病治疗,以及由于分泌消化酶减少等临床疾病具有积极作用。

人体是由细胞组成的,细胞中的酸能使身体中产生的二氧化碳,转换成"重碳酸离子",输送至细胞膜。细胞内的酸还与由细胞组成的脏器器官的活动密切相关,如胰脏细胞分泌重碳酸离子,起到中和胃酸的作用。肾脏的细胞控制血液中的酸度,如果打破了这种平衡,动脉中的血液 pH 值就会偏低,最受 pH 值异常影响的器官之一的眼球,会出现青光眼、白内障、角膜障碍以及失明等症状。

(2)揭示细胞之间存在的融合机制。

2006 年 11 月,美国儿童健康与人类发展国家研究所,与以色列理工学院生物系联合组成的一个国际研究小组,首次向人们揭示出细胞融合的详细发生过程,其成果发表在《细胞发育》杂志上。

细胞融合又称细胞杂交,是指两个或两个以上细胞融合成一个细胞的现象。在多细胞生物中,它是一种基本的发育与生理活动。尽管细胞融合的重要性如此之大,但细胞的融合过程是如何在基因控制下发生和发展的,人们一直没有搞清楚。为彻底解开细胞融合之谜,该研究小组利用一种名为秀丽隐杆线虫的蠕虫作为研究对象,对此现象展开了研究。

2002 年,以色列研究人员在两名美国同行的协助下,发现了 EFF-1 基因,该基因对细胞融合过程的发生非常重要。2004 年,他们又成功证明了 EFF-1 基因导致细胞融合的发生,并且这种基因能够独立引起细胞融合现象。在此基础上,他们终于发现了这种基因是如何导致细胞融合现象发生与发展的。

研究人员把秀丽隐杆线虫的 EFF-1 基因,插入到一种昆虫的细胞中,首次在肌体外部的培养器皿中实现了细胞融合。研究人员由此断定,即使没有其他蛋白质帮助,EFF-1 基因也能促成细胞融合。他们又比较了由 EFF-1 基因引起的细胞融合机制,是否与过去在病毒膜融合中观察到的融合现象相似。对比发现,尽管细胞融合和病毒膜融合,是两种完全不同的融合现象,但两者实际遵循同一融合机制。

研究人员解释说,细胞膜有内外两层,细胞融合首先发生在外层,然后再到内层,由此就出现了两种融合通道,细胞体内物质通过这两种通道转移。病毒膜与目标细胞融合时,只出现一种融合通道,即导致融合的基因只能在病毒中找到,而在目标细胞中却找不到。但是,通过 EFF-1 发生的细胞融合,则是一个双向融合过程,需要 EFF-1 出现在两个相互融合的细胞中。

了解细胞融合机制,在医学上有重要意义。例如,通过把病变组织和器官细胞与健康干细胞融合,可起到治疗效果。又如可开发出一种新方法,通过阻止癌细胞融合来控制癌症发展。此外,或许在不久的将来,精子和卵子的融合机制破解之后,还能为不孕夫妻提供更为有效的受孕方案。

(3)发现细胞分裂过程收缩环的作用机制。

2008 年 6 月,美国加州大学圣迭戈医学院,路德维格癌症研究所研究员朱莉·坎曼领导,凯伦·欧伊吉马等参加的一个研究小组,在《科学》杂志上撰文称,他们发现了在细胞分裂过程中收缩环的作用机制。研究显示,收缩环的作用是细胞分裂的一个重要步骤,它使得母细胞分裂成两个子细胞。

收缩环由肌动蛋白和肌球蛋白这两种蛋白的细丝组成,肌动蛋白和肌球蛋白常见于肌肉中。在细胞分裂过程中,基因组被复制,两个复制品在有丝分裂纺锤体的作用下,被分离并移至细胞的两旁。随后,在纺锤体的指挥下,收缩环生成,它在细胞中心周围形成一个带状结构。

研究人员表示,类同于肌肉收缩时的情景,肌球蛋白丝能沿着肌动蛋白丝运动,并紧缩收缩环。当收缩环紧缩、细胞内中心周围带状结构收紧时,母细胞被迫分裂成两个子细胞。

欧伊吉马说,通常,收缩环由长而直的肌动蛋白丝组成。肌动蛋白丝如同条条跑道,肌球蛋白可在其上运动,以驱动收缩。我们发现了,收缩环收缩中的一个重要步骤,这就是关闭一个通道可能会在这些肌动蛋白丝上形成分支,防止它们成为肌球蛋白丝运动的有效跑道。

坎曼认为,这项发现,将为旨在改进癌症化疗的细胞分裂深入研究,打开大门。她表示,目前,用于化疗的药物,对人体内所有细胞的分裂均有影响。如果人们能够将化疗的目标,明确地锁定正在分裂的癌细胞上,那么就有可能减少副作用,同时提高癌症化疗的效率,让病人在接受治疗的同时,享有更好的生活质量。

(4)探明捣乱细胞被"刺杀"机制。

2010年10月,一个由澳大利亚莫纳什大学、墨尔本彼得·麦卡勒姆癌症中心和英国伦敦大学伯克贝克学院的研究人员组成的联合研究小组,在《自然》杂志上发表论文称,他们发现一种被称为穿孔素(Perforin)的蛋白质,可在细胞膜上打孔,从而杀死体内的无赖细胞(rogue cell)。无赖细胞也叫捣乱细胞,是入侵体内或不受控制的不良分子。专家指出,发现这种"刺杀"机制,有助于开发提高免疫力或是根据需要抑制免疫力的新方法。

研究人员指出,穿孔素是人体中的死亡武器和清道夫。它们能强行闯进被病毒劫持了的细胞或癌细胞中,从而使有毒的酶进来,从内部破坏细胞。没有它们,我们的免疫系统就无法杀死受感染细胞和癌变细胞。目前我们已经掌握穿孔素蛋白发挥作用的机制,这将为治疗癌症、疟疾和糖尿病带来福音。

诺贝尔奖获得者朱尔斯·波迪特,第一次观察到人类的免疫系统,能在目标细胞上穿孔,但它们是如何做到这一点的呢?

该联合研究小组通过为期10年的合作,共同分析穿孔素的蛋白质职能,也就是它的结构和功能。他们利用在澳大利亚的同步加速器,揭示了蛋白质的结构。然后通过伯克贝克学院强大的电子显微镜,根据单个穿孔素分子的精细结构,构建了穿孔素蛋白在样本膜上形成孔洞的系列模型,揭示了这种蛋白质是如何装配组合并在细胞膜上打出孔洞的。

新研究也证实,穿孔素蛋白分子,跟一些细菌分泌的毒素非常相似,比如炭疽病菌、李斯特菌和链球菌。

研究人员说,如果穿孔素不能胜任其工作,身体就无法和感染细胞战斗。实验室小鼠的研究显示,穿孔素缺乏,会导致恶性肿瘤细胞急剧上升,尤其是白血病细胞。但是,当正常细胞被误认为是应该清除的细胞时,穿孔素也会犯错误,这种情况就会导致自体免疫疾病,比如组织对骨髓移植的排斥。

目前,研究人员正在寻求一种方法,加强穿孔素在癌症防御方面的能力,用于治疗急性病。同时,他们也在研究一种抑制剂,抑制穿孔素以克服机体组织的排异反应。

(5)揭开人体细胞生物传感器分子的机制。

2011年6月10日,美国加州大学洛杉矶分校的研究人员,在《生物化学杂志》撰文称,他们首次发现了人体细胞生物传感器分子的机制,为复杂的细胞控制系统提出了新的解释。阐述。这一成果,有望帮助人们,开发出治疗高血压病和遗传性癫痫症等疾病的新方法。

人体细胞控制系统,能够引发一系列的细胞活动,而生物传感器是人体细胞控制系统的重要组成部分。被称为"控制环"的传感器,能够在细胞膜上打开特定的通道,让钾离子流通过细胞膜,如同地铁入站口能够让人们进入站台的回转栏。钾离子参与了人体内关键活动,如血压、胰岛素分泌和大脑信号等的调整。然而,过去人们一直不了解控制环传感器的生物物理功能。

如同人们能够通过烟雾报警器监视周围环境一样,细胞也能够通过分子传感器的变化和反应来控制细胞内的环境。

研究人员发现,当钙离子与控制环结合时,构成了被称为 BK 通道的细胞内部结构,细胞作出的反应是允许钾离子通过细胞膜。BK 通道存在于人体多数细胞中,它们掌控着基本的生物过程,如血压、大脑和神经系统电信号、膀胱肌肉收缩和胰腺胰岛素分泌等。

研究人员首次证明控制环如何被激活,以及如何重新调整自己,以便打开让钾离子穿过细胞膜的通道。利用实验室中先进的电生理学、生化和光谱仪技术,研究人员观察到钙离子与控制环的结合,以及控制环结构的变化。这一变化,是其将钙离子结合的化学能,转化为帮助打开 BK 通道的机械能。

研究人员认为,人体分子生物传感器是令人兴奋的研究领域,希望研究成果能够让人类更深入地了解复杂的生物传感器是如何运作的。由于 BK 通道和其传感器与正常生理机能的许多方面相关,因此他们还相信,生物传感器的工作过程,也许与不少疾病相关。例如,已证明 BK 传感器的失常与遗传性癫痫病有关。

2. 细胞自噬作用机制研究的新发现

(1)发现细胞自噬作用机制失灵会导致细胞异常。

2006 年 4 月,日本东京都临床医学综合研究所水岛升领导的科研小组,在《自然》杂志网络版上发表论文说,他们发现细胞自噬作用,充当着细胞内分解变异蛋白质的"垃圾处理厂",自噬作用机制失灵,将导致细胞异常甚至死亡。

自噬作用,是细胞为摆脱饥饿状态,将自己内部的部分蛋白质分解为氨基酸,从而获取养分的现象。科学家此前发现幼鼠体内自噬作用比较旺盛,但即使细胞养分充足,自噬作用也不会停止,这其中的道理一直未得到解释。

现在,日本研究人员说,自噬作用事实上,还承担着"清扫"细胞内变异蛋白质的任务。他们通过改变实验鼠的基因,使新生的幼鼠全身细胞自噬作用都陷于停顿状态。结果,变异蛋白质逐渐在幼鼠的神经和肝脏中堆积,一天后幼鼠死亡。

如果只让幼鼠神经细胞的自噬作用停止,一个月后,幼鼠开始出现运动障碍的症状,对刺激不能充分反应。研究人员分析了它们的大脑和小脑后发现,幼鼠脑神经细胞中堆积了变异蛋白质形成的块状物质,大脑和小脑神经细胞死亡的现象较突出。这些症状与人类阿尔茨海默氏症、帕金森症,以及亨廷顿舞蹈病等神经系统疾病十分相似。

该研究所代理所长田中启二和顺天堂大学组成的科研小组,在同一期杂志上也发表了相同的观点。他们采取其他方法妨碍实验鼠细胞的自噬作用,得出了同样的结论。田中启二说,如果能够通过调节营养状态或使用药物,使自噬作用机制正常运作,或许对预防和治疗神经系统疾病有帮助。

(2)发现细胞自噬作用机制相关基因异常可引起罕见脑病。

2013年2月25日,日本横滨市立大学、东京大学等机构组成的一个研究小组,在《自然·遗传学》网络版上报告说,他们确定了一种与自噬作用机制相关的基因,这种基因若出现异常,会导致一种罕见的脑病。

研究人员说,这种罕见脑病,被称作"伴随成人期神经退行性变性的儿童期静态脑病"(SENDA),患者大脑萎缩并伴随认知障碍。

研究人员对确诊为SENDA的5名患者的基因,进行了分析,发现这5名患者的WDR45基因都出现了变异。

自噬是细胞吞噬自身细胞质蛋白或细胞器的过程,细胞借此分解无用蛋白,实现细胞自身的代谢需要和某些细胞器的更新。研究人员发现,WDR45基因编码合成与自噬作用相关的蛋白质,而5名患者细胞中的WDR45基因变异后功能降低,使自噬作用出现异常,有可能由此最终导致了认知障碍。

自噬作用异常,还会导致阿尔茨海默氏症和帕金森氏症等神经变性疾病。参与研究的横滨市立大学教授松本直通指出:"此次研究成果显示,自噬作用的异常有可能导致认知障碍,希望今后进一步研究以自噬作用为基础的治疗方法。"

3. 生殖细胞生理机制研究的新发现

(1)揭示卵细胞停止分裂的机制。

2007年4月5日,有关媒体报道,一个由增井祯夫教授牵头,来自日本科学技术振兴机构和九州大学科技人员组成的研究小组,探明脊椎动物未受精的卵细胞,停止减数分裂的分子机制。这项成果,不仅能对未来医学生物学领域基础研究的发展做出贡献,而且有望帮助人们揭示不孕症的原因,并找到有针对性的治疗方法。包括人类在内的脊椎动物,未受精的卵细胞,都会在第二次减数分裂中期停止细胞分裂,等待受精。这种细胞分裂停止的现象,对防止脊椎动物出现类似低等动物的孤雌生殖现象,即卵子可在不受精的情况下直接发育成新个体的现象,起着重要作用。

该研究小组在1971年,发现一种物质使卵细胞,在第二次减数分裂中期停止分裂,并把这种物质称作细胞分裂抑制因子。此后,研究人员又找到一系列,与卵细胞停止分裂相关的蛋白质和激酶,但一直未找到最终叫停卵细胞减数分裂的物质。在本次研究中,研究人员以非洲爪蟾的卵细胞为对象进行实验,发现其卵母细胞,在发育为成熟的卵细胞过程中,开始合成蛋白质"Erp1"。卵细胞停止减数分裂,首先是细胞中的"Mos"蛋白质发生磷酸化,并开启一系列其他蛋白质的磷酸化进程,最后是"Erp1"的磷酸化。磷酸化后的"Erp1"与卵细胞中促进细胞分裂的

Cdc2/CyclinB 蛋白质复合体结合,使卵细胞停止减数分裂。

专家指出,未受精的卵细胞停止减数分裂的机制,是生殖生物学等领域的重要课题之一,本次研究揭示卵细胞停止减数分裂的分子基础和整个路径,将有助于研究人类不孕症和卵巢畸形瘤的成因,并为研发相关预防、诊断和治疗方法提供新的突破口。

(2)发现动物生殖细胞回避细胞死亡的机制。

2007 年 4 月,有关媒体报道,日本自然科学研究机构基础生物研究所小林悟教授领导的研究小组,发现卵子和精子等生殖细胞回避细胞死亡的机制。

研究小组发现,在发生过程的初期,原始生殖细胞中一种叫做诺纳的蛋白质(nanos),抑制细胞死诱导蛋白质的合成。这一成果,使动物的生殖细胞的运行机制得以明了。

细胞死亡是细胞从诞生开始,一定时间后自然死亡的现象。生殖细胞要变成下一代的个体,并承担传种接代的任务,与其他细胞不同,必须避免细胞死亡。动物中为何不发生生殖细胞死亡,至今尚不明了。

研究小组利用猩猩蝇进行试验,对原始生殖细胞的细胞死诱导遗传基因,进行活性化处理,发现了带有 RNA 的细胞死亡程序,然后发现细胞死亡,必须由 RNA 合成细胞死诱导蛋白质参与,而诺纳蛋白质能够抑制细胞死诱导蛋白质的合成。

4. 其他细胞运行机制研究的新发现

(1)揭示与神经系统疾病相关的细胞凋亡机制。

2006 年 8 月,日本东京大学一个研究小组,在美国《细胞》杂志上发表论文说,他们利用果蝇,探明一种与神经系统疾病相关的细胞凋亡机制,由于同样的机制也应该存在于哺乳动物体内,所以这项成果将有望用来研究一些神经系统疾病。

凋亡是细胞死亡的机制之一,细胞凋亡是一种主动的过程,就像树叶或花的自然凋落一样,而一类称为胱天蛋白酶(CASPASE)的物质,被认为是细胞凋亡的"执行者"。研究人员在研究中证实,胱天蛋白酶的活跃程度控制着细胞分裂、增殖等众多生理机能。

在实验中,研究人员找到了能增加胱天蛋白酶活跃程度的另一种酶,通过向果蝇体内的一些细胞群添加这种酶,他们发现胱天蛋白酶的活跃程度增加了,这直接导致果蝇体内特定细胞的凋亡数量也随之增加。而减少这种酶的数量,会减弱胱天蛋白酶的活跃程度,从而抑制细胞的凋亡。研究人员由此得出结论,胱天蛋白酶活跃程度,确实左右着细胞命运,并且它受到另一种酶的控制。

研究人员表示,以往有报告称胱天蛋白酶与某些神经系统疾病相关,本次的研究成果可能有助于探索有关疾病的病理。

(2)发现神经细胞内质网功能机制。

2009 年 9 月,瑞士弗雷德里希·米歇尔生物医学研究所,在美国《国家科学院院刊》网络版上发表论文称,他们经过多年潜心研究,终于确定神经管微观网络——内质网(ER),调节神经细胞间连接强度的功能机制。这一发现,解答了困扰科学家长达 50 年的谜题,使人类对大脑学习和记忆的认识更深入了一步。

突触可塑性,即神经细胞间连接强度可调节的特性,对学习和记忆至关重要。神经细胞上的所有突触,是否都具有相同的表达长期可塑性的能力,目前并不是很清楚。突触组织,会影响局部信号级联的功能,进而对单个突触的可塑性进行差异性调控。这导致大脑中神经细胞间突触连接的两种类型:一种连接会不断地形成、增强或减弱;另一些连接则会保持稳定状态,而正是这种状态使我们能够保持某种记忆很多年。但突触组织的功能机制是怎样的?学界对此认识一直模糊不清。

瑞士弗雷德里希·米歇尔生物医学研究所的一个研究小组,对 CA1 锥形神经细胞树突棘中的内质网,是如何影响突触后信号的机制进行研究,终于阐明这种神经管微观网络的作用:正是神经细胞树突棘中内质网的存在,决定了突触连接的稳定与否。这也是自 1959 年爱德华·乔治·格雷首次描述神经管微观网络——内质网以来,科学家第一次阐明该结构的功能机制。

研究表明,在神经细胞树突棘中,内质网会有目标地选择含有强壮突触的大棘。当神经细胞受到刺激时,含有内质网的棘会释放大量的钙,从而引发突触功能的变化。对这些树突棘的低频刺激,会导致突触效力被长期抑制。相反,在缺乏内质网的棘中就没有这种功能的改变。因此,在同一个神经细胞中,两种类型的突触连接能够并存,并被单独控制。

据悉,该研究小组,将下一步目标,转到脆性 X 染色体综合征的研究上。作为最常见的一种遗传性认知障碍,该种病症患者会出现智力下降、学习困难、注意力不集中等问题。专家指出,该病症患者的神经树突棘会出现异常。他们怀疑,是含内质网的树突棘应激产生的信号级联在患者体内遭到过度刺激,才导致某些症状的出现。

(3)发现促使胰岛 β 细胞再生机制。

2011 年 9 月 19 日,有关媒体报道,以色列希伯莱大学医学研究所,与耶路撒冷哈达萨医学中心和罗彻制药公司的科研人员合作,发现了促使胰岛 β 细胞再生的生物机制。这一发现,有助于开发出治疗 I 型糖尿病的药物。

实验中,研究人员摧毁了成年实验鼠 80% 的胰岛素生产细胞,使之呈现出糖尿病症状。与对照组实验鼠比较显示,患糖尿病实验鼠血液中的葡萄糖水平明显升高,并产生出大量新的胰岛 β 细胞,表明葡萄糖水平与胰岛 β 细胞再生有关。

进一步研究发现,细胞中一种可感应葡萄糖水平的酶——葡萄糖激酶,在触发 β 细胞再生中有重要作用。当血液中的葡萄糖水平增加时,它会告诉 β 细胞进行更新。研究显示,β 细胞对葡萄糖感应能力很强,当探测到血液中葡萄糖含量增高时,会发出信号启动 β 细胞再生程序。这是研究人员首次发现,β 细胞再生与葡萄糖激酶水平的关系,据此人们或许可以开发出对葡萄糖激酶进行调节的新药,或诱导 β 细胞再生的其他途径和方法。

Ⅰ型糖尿病是因异常免疫反应,杀死产生胰岛素的 β 细胞而导致的一种疾病。如果缺乏胰岛素,人体将无法把从食物中,摄取的葡萄糖转化为能量,故Ⅰ型糖尿病患者,必须每日注射补充胰岛素,否则葡萄糖在血液中积累可导致多种严重后果。这一突破,为Ⅰ型糖尿病患者的治疗带来了希望。

## 五、细胞生理研究出现的新方法

1. 运用图表和图像法研究细胞生理现象

(1)利用三维图表表现视觉细胞活性。

2004 年 10 月,日本媒体报道,东京医疗中心的研究人员,成功利用三维图表,表现视网膜中视觉细胞的活性。这项新技术如果被应用于眼科领域,将有效帮助医生,尽早发现可能导致视力下降和失明的疾病。

报道称,研究人员用红外线对猴子的眼底进行照射后发现,视网膜在暗处和亮处活动的差异产生三维图表。当眼睛受到外界光线刺激时,眼底发生神经活动,改变了光的反射率。研究人员用数学方法,对这一变化进行分析,并绘制成三维图表,以便直观地区分视网膜上视觉细胞的活跃部分和不活跃部分。

目前,医生主要根据眼底照片或询问患者看到物体的情况,判断他们的眼睛是否出现异常或需要接受手术。如果利用三维图表的新技术,能尽快实现临床应用,届时只需几秒钟就能精确地发现视网膜的异常情况,有助于尽早发现老年人的黄斑变性症,以及新生儿的视网膜病变。

(2)获取细胞核中染色体活动的图像证据。

2006 年 4 月 17 日,美国伊利诺斯州大学厄巴纳－尚佩恩分校的一个研究小组,在《现代生物学》公布一项研究成果认为,细胞是高度组织化的,不同的区域有不同的功能,分子马达穿梭其间。他们从生活细胞,获得了细胞核中进行的组织和运输的第一个图像证据。

此前,已经知道,活动的基因主要定位在细胞核的中心区域,而不活动的基因则定位在外围。但是,研究人员却苦于无法追踪细胞核内的染色体活动,或确定染色体位置是不是随机扩散的结果。

在这项新的研究中,研究小组证实细胞核中的染色体,依赖肌球蛋白和肌动蛋白,进行定向的长距离的运动。

由于染色体运动对光及其敏感,因此要发明一种能够观察细胞核运动的系统,变得非常困难。一接触光,染色体就可能不在运动。通过长期广泛的研究,研究小组发明了一种能够在不影响这种染色体运动的情况下,获得活动影像的方法。利用这种系统,研究人员分析了,一种通常待在细胞核外围,并处于非活动状态的染色体,同时,发现它在接受一个活化信号时,会向着细胞核内部运动。

这种在活化后的染色体运动,不同于此前在细胞核中观察到的迅速但短距离的扩散运动。观察结果很清楚地表明,这是个需要马达的定向运动,因为染色体几乎向着细胞核进行着直线运动。

(3)成功获得神经细胞信息传递的实时成像。

2009 年 8 月,哥本哈根大学神经学与药理学系副教授迪米特里奥斯·斯塔莫主持,他的同事,以及该校纳米科学中心研究人员参与的研究小组,在美国《国家科学院学报》上发表研究成果称,他们采用荧光共振能量转移法(FRET),成功地实现了神经细胞囊泡融合过程的实时成像。这一技术的运用,不仅会增进人们对神经系统疾病和病毒感染的了解,还可能有助于开发出治疗神经疾病和精神疾病,如精神分裂症、抑郁症、帕金森氏症、早老性痴呆病的新疗法。

囊泡是装载神经递质的微小容器,这种只有纳米级大小的小囊是神经细胞彼此沟通的桥梁。囊泡与神经细胞的膜融合,会向周围释放神经递质,从而被下一个神经细胞检测到,神经信号以此方式进行传递。神经细胞的这种沟通过程一旦中断,会造成多种疾病和精神紊乱,如抑郁症。然而,目前科学家们对于这种囊泡融合是如何进行的依然缺乏详细了解。

研究人员说,他们使用了一种称为荧光共振能量转移的方法。这种方法众所周知,但研究人员的使用方式却与众不同。他们在实验室中制作出含有荧光供体分子的囊泡和固定在一个表面的含荧光受体分子的细胞膜。只有当两个不同的荧光分子彼此接近对方时,才会发出荧光,研究人员据此检测囊泡融合情况。研究人员称,这种方法可实时判定囊泡的形状,其清晰度达纳米级。

斯塔莫指出,囊泡与膜的联系接触,是很多重要生理过程的基本步骤。过去一直缺乏有效方法,来测量纳米级尺度上囊泡融合的实时情况,现在也仅是有可能获取这个进程的高清静止图片或者是解析度很低的实时影像。而使用这个新方法,研究人员就能以极高的分辨率,实时观测融合过程中囊泡形态的变化,量化囊泡间的接触区域,判定囊泡的大小和形状。这有助于研究人员了解,囊泡融合过程中的分子特性,为神经系统和感染性疾病的研究提供了一个广阔的前景。

2. 运用颜色显示法推进细胞生理现象研究

(1)开发出用颜色观察细胞变化的新方法。

2004 年 11 月,日本媒体报道,大阪府立大学杉本宪治教授领导的一个研究小组,开发出用红、绿、蓝三种颜色,观察活细胞内蛋白质活动的新方法,这对研究未知的蛋白质功能大有帮助。

从事生命科学研究的杉本教授,分别利用珊瑚的蛋白质、水母的蛋白质以及改良后的水母蛋白质,制成红、绿、蓝三种颜色。然后,通过基因技术让三种颜色与要观察的蛋白质结合在一起,制成可视化的质粒,植入活细胞内,这样就可以观察细胞分裂的情形和蛋白质的活动。在实验中,研究人员观测到了被植入活细胞内的三色蛋白质,分别在 12 分钟、64 分钟、80 分钟后变化的情形。

研究细胞内的现象往往要破坏细胞。如果利用这种新方法,细胞就不会被破坏,仍属于活细胞,细胞内的酶,以及各种各样蛋白质的活动可以直接观察到。今后,该研究小组计划能用四种颜色,对细胞内蛋白质进行观察。

(2)通过绿色荧光蛋白观察到小神经胶质细胞活动。

2005年4月,德国马普学会医学研究所,与实验医学研究所等机构组成的一个研究小组,在《科学》杂志上发表论文称,他们通过转基因实验鼠体内的绿色荧光蛋白,观察到一种名为小神经胶质细胞的脑细胞,在鼠脑内搜寻脑损伤及炎症迹象的活动过程。这一发现,对研究小神经胶质细胞如何保护大脑,有重要意义。

小神经胶质细胞,是免疫系统在大脑内的"步兵"。当脑损伤发生时,小神经胶质细胞会在受伤的大脑区域创建一层保护性屏障,并将死亡细胞等废物清除。由于在显微镜下观察脑细胞需要大量脑组织,脑组织被切除分离后很难使细胞处于应急状态,科学家一直没能观察到小神经胶质细胞,在脑损伤未发生时的活动状态。

德国研究小组对实验鼠进行转基因处理,使其小神经胶质细胞能够产生一种绿色荧光蛋白。他们随即去除实验鼠的部分颅骨,只剩下一条呈透明状态的骨。通过一种名为2-光子显微镜的非创伤性技术,研究人员成功拍摄到了实验鼠脑表面发光的小神经胶质细胞的活动。

研究人员发现,在未发生脑损伤时,小神经胶质细胞的"身体"基本处于静止状态,但其纤细的"触手"却十分活跃。研究人员估计,以这些"触手"的活动速度,能在几小时内搜寻一遍整个大脑。当研究人员用激光使鼠脑产生轻微脑损伤时,受损部位的小神经胶质细胞能够立即伸出新的"触手",在受损部位建立一道屏障,并收回其他部位的"触手",增援受损部位的保护活动。

美国艾奥瓦大学研究小神经胶质细胞的迈克尔·戴利说,人们一直认为小神经胶质细胞在大脑未发生脑损伤时处于静止状态。新发现改变了人们对小神经胶质细胞的基本看法,具有重要意义。

(3)用颜色显现细胞中蛋白间的"小动作"。

2015年1月26日,加拿大阿尔伯塔大学化学家罗伯特·坎贝尔领导的一个研究小组,在《自然·方法学》发表论文称,他们开发出一种新技术,将使活细胞中蛋白间相互作用的检测和成像,变得更加丰富多彩。这种新方法,可将生化过程转换为更易可视化的颜色变化,从而为细胞生物学家和神经学家提供一种新工具,以帮助其解决从细胞生物学基本机制到精神疾病根源,乃至开发新颖疗法等方面的问题。

研究人员表示,蛋白基本上控制着细胞中所有的生物过程,虽然蛋白有时也会单独行动,但其最平常的行为,就是与其他蛋白相互作用,以执行其正常的生物功能。检测蛋白间相互作用的关键,是理解细胞中的正常和异常功能。

该研究小组开发出一种被称为FPX的新技术,可利用基因编码的荧光蛋白,对活细胞和组织中的动态生化事件进行成像。FPX 技术,可将蛋白间相互作用的变化,转换成即时可见的从绿到红(或反之亦然)的颜色变化。坎贝尔称,可将荧光蛋白,变换成细胞内生物化学过程的活性生物传感器的现有方法,不仅数量很少,在技术上也具有挑战性。新技术可在细胞水平上对蛋白间活性过程进行即时成像,从而为现有检测和成像方法提供一种替代。

FPX 技术,基于工该研究小组此前发现的,绿色和红色的二聚化依赖的荧光蛋白。2012 年,该大学博士生丁怡丹首次发现,在单细胞中组合使用绿色和红色的荧光蛋白,可使蛋白同时变为绿色或红色(二者之一)。将改性蛋白引入活细胞,并利用绿色和红色荧光互斥的优点,丁怡丹构建了多种生物传感器,其在响应所关注的生化过程时,可展现出明显的荧光变化。

通过添加荧光蛋白这个新维度,并将其设计成可对特定生物事件,作出颜色变化响应的生物传感器,研究小组的新技术,为研究人员提供了可在细胞层级即时发现重大变化的工具,最大限度地减少了各种生物传感器的优化过程,并为构建下一代生物传感器,提供了一种通用技术。坎贝尔表示,该项新技术,具有广泛的应用范围,其与细胞生物学基础研究及其药物发现等实际应用直接相关,最终将有助于研究人员在神经科学、糖尿病和癌症等生命科学领域取得突破。

3.运用高分辨率显微镜推进细胞生理现象研究

(1)用受激发射损耗显微镜开展细胞纳米级领域研究。

2006 年 8 月,有关媒体报道,德国哥廷根马普生物物理化学研究所,斯蒂帆·赫尔教授领导的研究小组,4 个月前,他们利用几年前开发的显微技术获得细胞 60 纳米分辨率的清晰图像。现在,进一步深入开展细胞纳米级领域的研究,首次把受激发射损耗显微镜的分辨率提高到 15 纳米。这样,研究人员可以通过进一步减少受激发射损耗显微镜的有效焦点,深入细胞内部,拍摄到比以前更加详细的细胞内部图像。

病毒是如何感染细胞的?神经细胞是如何传输信号的?蛋白质是如何工作的?人类还无法看清自然界的纳米级世界。然而,为了能够感知从表面上无法看清的东西,我们需要对目标物体进行放大,比如使用荧光显微镜。将荧光标记附在蛋白质和其他生物分子上,这样研究人员就能观测到这些标记。很久以来,低分辨率一直妨碍研究人员进一步深入观测蛋白质功能。一个单一蛋白质的尺度在 2～20 纳米之间,直到现在,这个尺度对研究人员来说,还是太小了。

现在,该研究小组已将他们开发的受激发射损耗显微镜的分辨率,提高到 15 纳米。他们所使用的荧光显微镜的分辨率,比普通的高 12 倍。

仅仅在几年前,物理学家们还相信了解 200 纳米以内的纳米级领域的详细情况,是不可能的事情。阿贝定律巩固了这一"200 纳米"的极限设定,因为该定律认为一个光学显微镜的分辨率,不可能超越进入显微镜内光的波长一半的精确度。

赫尔研究小组利用一个窍门,突破了这一极限设定。他们发现激发附在蛋白质上的荧光染料出现了一个蓝光束。尽管该光束斑点的尺寸,还不能突破阿贝定律所设定的 200 纳米极限,但是在光斑中受激分子能发荧光之前,光斑以外区域的分子被迫转入放松状态。为了利用这种效果,他们将受激发射损耗环形光束重叠在了激发斑点之上。这就意味着,只有靠近光环中心明亮小斑点的分子,才会保持激发,从而最终能够发光。

受激发射损耗光束越强,能使分子发荧光的斑点就越小。但是,同样附上荧光染料的分子,在一个强光束中的漂白速度也就越快,这会使我们无法看清任何东西。研究小组发现,发荧光分子被漂白的最主要原因,是这些分子始终持续保持一微秒一次向更暗状态转变,物理学家将这种情况称之为三线态。处于这种状态下的分子一旦被一个光粒子撞击,它不会不可逆转地进行漂白。对此问题的解决办法,就是使用间隔 4 微秒的光脉冲照射分子,间隔 4 微秒的目的,就是让分子有足够的时间回复黑暗状态。而后,这些分子,可以再一次被激发和松弛下来。

赫尔教授说:"受激发射损耗技术的全部潜力,仍然还没有完全挖掘出来"。一个附上染料分子的分辨率,达到 1 纳米或者 2 纳米是可能的。荧光显微镜方法,经常广泛应用于生物领域。它的优势在于,不用破坏细胞就可以观测到活细胞内部情况。通过采用受激发射损耗技术,赫尔研究小组已经观测到 Bruchpilot 蛋白质,是如何在空间上聚集于神经键中,如何触发活性神经键区域的形成,在该区域内神经细胞有选择性释放神经传递素。此外,他们还对神经键区域形成期间所释放出来的蛋白质,是如何在突触前膜进行组装的,进行了探索。

(2)用新型高清显微镜观察活脑细胞。

2012 年 2 月,德国马克斯·普朗克研究所物理学家斯蒂芬领导,其同事参与的研究小组,在《科学》杂志上发表研究成果称,他们发明了一种叫做"受激发射损耗"的超高分辨率显微镜,可以观察到动物体内活的脑细胞。

科学家们一直希望能够更清楚地看到大脑是如何工作的。以前研究人员只能在电子显微镜下摆弄死亡的脑细胞,而从来没有用高分辨率显微镜,清晰地看到活的脑细胞,在有生命的动物体内的活动图景。现在,该研究小组将这一梦想付诸实现。

研究人员介绍说,他们研制的超高分辨率显微镜,把观察活脑细胞的工作提高到一个新水准。为了让实验结果更清晰,他们首先对一只老鼠的特定脑细胞进行基因修改,使其能够发出荧光,然后切掉老鼠头盖骨的一小部分,放进玻璃器皿里,通过"受激发射损耗"显微镜,观察那些发亮的脑细胞。同时,研究人员启动该显微镜中所装配的软件,以遮盖鼠脑里那些没有变亮的部分,这样即可在有生命的老鼠外部,实时地再现出神经细胞的高清活动影像。

这个新型显微镜提供的清晰度,可以达到 70 纳米级以下,四倍于以前的显微镜,足以帮助科学家观察到脑部树突棘的活动,树突棘是存在于哺乳动物大脑神经元树突上的小突起,构成中枢神经系统兴奋性突触传递的原始位点。

未来,研究人员将有可能进一步发现这种新型显微镜的许多种用途,而其中最重要的领域是用于观察治疗精神病药物在脑部神经元突触里是如何工作的,也许还会引发制药学针对特殊疾病开发新药的突破性进展。

# 第二节　细胞治疗方面的新成果

## 一、细胞治疗研究的新发现

1.神经系统细胞治疗研究的新发现

(1)发现可帮助生成神经细胞的新物质。

2005年2月28日,瑞典《每日新闻》报道,不久前,瑞典哥德堡大学研究人员燕妮·尼贝里,在人类大脑中发现了一种物质,它能对新神经细胞的生成起到很大的促进作用。这一发现,有可能为治疗抑郁症、神经衰弱和痴呆症开辟新路。

据悉,这一物质被称为GIP,是一种缩氨酸。由于该物质分子适合用于传统的鼻腔喷雾剂,研究人员希望今后能用含有新成分的鼻腔喷雾剂,来治疗抑郁症、神经衰弱和痴呆症。

这一物质发现者燕妮·尼贝里,现在哥德堡大学攻读神经学,师从彼得·埃里克松教授。埃里克松因在1998年发现成人大脑中新的神经细胞,而在医学界引起不小的轰动。因为此前人们一直认为,人类在成年后不可能再生成新的神经细胞。

埃里克松对其学生的这一新发现说:"这一发现的好处,在于GIP这个物质来自人本身。我认为,我们可在几年内就开始人体实验,在5~10年间推出新药。"

GIP并不是一种全新的物质,但以前研究人员大都以为它只存在于小肠中。尼贝里利用一个偶然机会,发现GIP在人的大脑中也起着很重要的作用。目前,研究人员已经在实验鼠身上,证实这一物质可以帮助生成很多神经细胞。有关专家已就这一成果申请了专利,并和一家日本医药公司开始合作,以便尽快开发出新药。

(2)发现常动脑有助于抑制脑细胞死亡。

2006年4月,日本东京大学的一个科研小组,在《细胞》杂志上发表论文称,他们研究发现,人上了年纪,脑细胞会因为死亡而减少,但经常动脑却有助于抑制脑细胞死亡。

研究人员利用小鼠进行实验,对在细胞内承担运送物质任务的蛋白质"KIF4"的活动,进行了观察。他们发现,在不经常使用的神经细胞内,这种蛋白质会和一种名为"PARP1"的酶结合,使其失去活性而无法参与修复受损基因的工作,最终导致神经细胞死亡。但在经常使用的神经细胞内,大量钙随着细胞活动流入,这会导致"PARP1"磷酸化,使之不能与"KIF4"结合,从而使神经细胞避免死亡的命运。

研究者指出,他们的研究显示,"KIF4"蛋白质会对神经细胞等的生死产生重要影响,这与它已知的细胞内"搬运工"的角色大相径庭。专家认为,这项成果,将有可能用来研究阻止脑细胞死亡、甚至使神经得以再生的方法。

**2. 免疫细胞治疗研究的新发现**

(1)发现可保护移植器官的免疫细胞。

2004 年 7 月,在加拿大蒙特利尔召开的免疫学国际会议暨临床免疫协会联合会议上,调节 T 细胞成为本次大会的焦点。美国与加拿大的研究人员在大会发言中说,他们在实验室的小鼠体内,发现一种名为调节 T 细胞的免疫细胞,能够使移植的心脏完好无损,并免受免疫系统的攻击。专家相信,这一发现,为今后进行更为安全有效的人体器官移植,带来新的希望。

器官移植能够挽救病人的生命,但是术后往往容易造成感染。如果不使用大量的免疫抑制药物,接受移植者体内,将很快对这些移植器官产生排斥反应。长期以来,医生们一直在寻找一种途径,能够在器官移植的同时,避免使用大剂量的药物。现在,这类新发现的免疫细胞,有望成为解决该问题的有效方法

研究人员说,调节 T 细胞仅仅是 T 细胞中的一小部分,但是他们最近发现,这类 T 细胞所具有的调节免疫系统活性的功能,却似乎是无限的。尽管研究人员至今尚未完全搞清调节 T 细胞的工作机制,但是他们知道这种细胞能够调控其他许多种类 T 细胞的行为,这其中就包括能够使免疫细胞即将进行的一次免疫攻击终止。调节 T 细胞的这一特点随即引起了自体免疫疾病研究人员,以及从事器官移植工作的科学家的极大兴趣。

美国南加利福尼亚大学洛杉矶分校,风湿病学家及免疫学家戴维·霍维茨领导的研究小组,在 12 只实验室小鼠体内进行了心脏移植。在移植之前,研究小组采集了这些小鼠的血液。他们将其中 6 只小鼠的血液细胞用两种类型的信使蛋白质进行了处理,这些信使蛋白质能够将 T 细胞转化为调节 T 细胞,并且最终使这些调节 T 细胞被供血小鼠的细胞所接受。随后,研究人员将这些经过处理的细胞重新注入 6 只小鼠体内。其中的两只经过心脏移植的小鼠顺利地存活了 100 多天,而另外 6 只血液没有经过处理的小鼠,则全部在 11 天内对移植的心脏产生了排斥反应。

另外一项研究,由加拿大多伦多大学鲍里斯·李负责,他们利用另一种类型的调节 T 细胞进行了相同的实验室小鼠心脏移植试验。该研究小组发现,这些调节 T 细胞会迅速向新移植的心脏靠拢,并且绕过身体内的其他器官。霍维茨指出,这一现象表明,"这些调节 T 细胞,能够在其他 T 细胞对这些移植器官展开攻击之前,最先接近移植器官,这将有助于解释为什么这些调节 T 细胞具有保护移

植器官免遭免疫系统攻击的功能"。

调节 T 细胞的这种特殊功能,使许多科学家对它产生了,兴趣,因为这预示着,未来在进行器官移植后,有可能无须再使用大剂量的免疫抑制药物。

(2)发现免疫细胞"自杀式攻击"可帮助痛风自愈。

2014 年 6 月,德国埃尔朗根大学发表研究公报称,该校一个研究小组发现,人体免疫系统的嗜中性粒细胞,在抗击痛风引发的炎症中发挥了关键作用。实验显示,这种免疫细胞会在关节等组织的炎症部位聚集,然后破裂死亡,死亡细胞释放的 DNA 和蛋白质等物质,形成了一张紧密的网络,包裹住痛风石。

痛风发作会在人体关节部位引发炎症和剧烈疼痛,但过了一段时间后,炎症通常会自动减弱,疼痛感也逐渐消失。这为何会发生?研究人员说,原因在于一种人体免疫细胞的"自杀式攻击"。

痛风的病因是体内嘌呤物质新陈代谢紊乱,导致尿酸合成增加、排出减少,造成高尿酸血症。血液中尿酸浓度过高时,尿酸会以微小的钠盐结晶(俗称痛风石)形式析出,积累在关节、软骨和肾脏中,引发炎症。

该研究小组发现,炎症反应越激烈,就会有越多的嗜中性粒细胞参与抗炎,形成的网络会越紧密和复杂,能捕获的痛风石晶体也越多。被这张网络捕获的痛风石晶体会逐渐分解,患者的痛风症状也就慢慢消失。

此外,研究人员指出,嗜中性粒细胞的免疫机制在抑制囊肿性纤维化和系统性红斑狼疮中,也扮演了重要的角色。他们希望,这一发现,将有助于在未来研发治疗多种疾病的药物。

3. 细胞治疗研究的其他新发现

(1)发现能"识别"和"消灭"癌细胞的特殊细胞。

2004 年 12 月,以色列魏茨曼科学研究院宣称,该院免疫学系主任爱诗哈教授领导的研究小组,通过多年研究,终于找到一种方法,可以直接治疗已扩散到骨骼的前列腺癌。

前列腺癌在人体中扩散时,经常会进入骨骼,而目前对治疗已经扩散至骨骼的癌症往往非常困难,在这种情况下,病人的死亡率超过 70%。

爱诗哈研究小组展开研究的关键一步,是培养一些特殊细胞。抗体在识别外来的和产生变化的分子方面最为有效,可以很容易地鉴别出那些寄居在细菌、病毒和癌细胞外壁上的抗原。同时,T 细胞用来消灭那些没有用的细胞,则比较有效。由于癌细胞可能已经找到逃避免疫系统检查的方法,T 细胞很难捕捉到它们,通过给 T 细胞的受体设计能够识别特殊癌细胞的抗体结构,就可以使"识别"和"消灭"癌细胞这两种功能融于一体。因此,研究人员培育出一种功能改进性细胞,不仅可以发现癌细胞,而且可以将癌细胞消灭。

试验中,研究人员选择患有免疫缺乏症的老鼠作为研究对象。他们对试验鼠进行预处理:使用小剂量放射物或一种特效的化疗药物对老鼠先进行治疗。这两种治疗方法,都会在骨髓中产生某些分裂和破坏,骨髓发出化学遇难信号给免疫系统,这个信号不仅向免疫细胞(如 T 细胞)报警,而且协助其克服各种阻碍,到达出问题的区域骨髓组织,达到为 T 细胞指定目标的效果。试验结果显示,对试验鼠进行 24 小时化疗后再将 T 细胞注入其体内,可以有效地减少癌细胞的产生,延长试验鼠的生命。

(2)发现一种细胞受体能够对抗结核杆菌。

2006 年 10 月,英国媒体报道,剑桥大学、牛津大学、伦敦帝国学院等机构科学家组成的一个研究小组,在不久前的研究中发现,人体细胞表层中一种名为 CCR5 的受体,能对抗结核杆菌。

研究人员说,当主细胞中的 CCR5 受体发现结核杆菌时,会向免疫系统发出警报,激发免疫细胞做出反应。而如果 CCR5 受体不存在,免疫细胞就收不到受攻击警报,结核杆菌就能在主细胞中繁殖。

参与研究的伦敦帝国学院科学家比特·坎普曼说,这一发现,描述了结核杆菌与人体免疫系统之间的一种新作用机制,有助于科学家用特效药物或疫苗对抗结核杆菌。

目前,用作预防肺结核的卡介苗,无法提供全面保护,且现行肺结核药物疗程至少需六个月,很多病人不能完成疗程,结果导致抗药性结核杆菌的产生。

研究人员希望,他们的发现,能有助于开发出新疫苗或疗法,发挥像 CCR5 受体一样的作用,可以人为激活免疫细胞对付结核杆菌。

(3)发现一种降压药可延缓细胞老化。

2011 年 8 月,美国约翰·霍普金斯大学医学院老年医学教授杰里米·沃尔斯顿,与副教授彼得–阿贝德领导的一个研究小组,在美国《国家科学院学报》网络版上发表研究成果称,他们在细胞的"能量工厂"线粒体中发现,一种与血压控制有关的蛋白质,其数量会随着年龄增长而下降。经动物实验证明,抗高血压药物氯沙坦,能增加这种蛋白质的数量,使细胞恢复较年轻水平。该发现,有助于开发出,治疗那些与线粒体相关老年病的新方法,可以应用于医治糖尿病、听力下降、身体衰弱和帕金森症(震颤麻痹)等领域。

根据以往研究显示,改变细胞内血管紧张素水平,会影响线粒体制造能量。研究人员用高倍显微镜观察了小鼠的肾脏、肝脏、心肌细胞和人类白细胞,在线粒体内发现了血管紧张素和它的一种受体,并确定了该受体在线粒体中的位置。

沃尔斯顿说:"我们发现线粒体中的血管紧张素有一套独立运作的控制系统,能对线粒体内的能量调控产生影响。该系统可以被一种医疗中常用的降压药来激活,当收到药物信号时,能同时影响细胞的氧化氮水平和能量制造。"

研究小组用化学方法激活血管紧张素受体来观察细胞的反应,发现细胞的耗氧量下降了一半,而产生的氧化氮有所增加。沃尔斯顿解释说,这表明线粒体制造了更少的能量,降低了血压。

研究人员对幼年和老年鼠线粒体中血管紧张素进行了检测,发现老年鼠线粒体血管紧张素受体Ⅱ型的数量降低了近1/3,这表明老年鼠的细胞已经不能控制能量的使用。他们用降压药物氯沙坦对这些老年鼠进行了20周的治疗,发现它们细胞中血管紧张素受体的数量增加了。沃尔斯顿说:"用氯沙坦治疗老年鼠,可以使受体数量显著增加,这对血压有好处并能降低炎症。"

研究人员表示,他们下一步将从细胞培养和动物实验转到人类实验,希望开发新的治疗方法。

## 二、培育或转变细胞方面的新进展

### 1.培育或转变成神经系统细胞的新成果

(1)通过成人皮肤细胞重组后培育出大脑皮层细胞。

2012年2月,英国剑桥大学戈登研究所瑞克·利维赛领导的一个研究小组,在《自然·神经科学》上发表研究论文称,他们首次通过对人的皮肤细胞进行重组,在实验室内制造出大脑皮层细胞。这项研究成果,将有助于人们更好地治疗帕金森氏症、癫痫和中风等疾病。英国维康信托基金会和英国阿尔茨海默病研究会,资助了这项研究。

大脑皮层是大脑内大多数神经疾病出现的地方。大脑皮层占人脑的75%,人的绝大多数重要行为过程,比如记忆、语言和意识等,都与此有很大关联,然而,这里也是疾病出现的重要地方。

此前,科学家们只能通过使用胚胎干细胞制造出大脑皮层细胞,但这种方法需要破坏胚胎,因此一直饱受争议。另外,也有科学家尝试用皮肤细胞制造出人脑细胞,但没有获得大脑皮层细胞。

现在,剑桥大学研究小组,通过对成人的皮肤细胞进行重组,使其发育成大脑皮层中出现的两类主要神经细胞,并证明采用这种方式得到的细胞,与胚胎干细胞制造出的神经细胞一模一样。

利维赛指出:"现在,我们已能对皮肤细胞进行重组,让其发育成大脑皮层细胞,并在实验室重演大脑发育过程,我们可以更好地理解大脑的发育情况;被疾病影响后,大脑会出现什么错误,以及对新的药物疗法进行筛查等。"

科学家们也表示,这项研究成果,最终或许能为神经变性疾病和大脑损伤病人,找到新的疗法,通过病人自身提取的皮肤样本,在实验室中培育成大脑细胞,来取代那些受损的大脑细胞。利维赛说:"使用从任何人身上提取的皮肤细胞样本,我们都能制造出大量的大脑皮层神经细胞,而且从原理上来讲,我们也能将这些神经细胞移植入病人体内。"

(2)成功培育痛痒神经细胞。

2014年11月24日,《自然·神经科学》杂志上,发表了两篇有关培育痛痒神经细胞的论文。其中一篇,是美国加利福尼亚州拉荷亚市斯克利普斯研究所,干细胞科学家克里斯廷·鲍德温研究小组的成果;另一篇,是马萨诸塞州波士顿儿童医院,神经科学家克利福德·伍尔夫研究小组的成果。

两项成果,首次在实验室中培育出能够向大脑传递疼痛、痒和其他感觉的神经细胞。研究人员表示,这些细胞将有助于研制新的止痛药和止痒方法,同时还将帮助人们理解为什么一些人会经历无法解释的极端疼痛和瘙痒。

鲍德温表示:"关键信息就是'痛和痒现在都在一个培养皿中'。我们认为,这是非常重要的。"鲍德温研究小组如今将人类和小鼠的纤维母细胞,成功转化为能够感知疼痛、痒或温度的神经细胞。

而伍尔夫研究小组,则采用类似的方法,培育出能够感知疼痛的细胞。

就像这些细胞的名字一样,外围感觉神经细胞能够产生特殊的受体蛋白质,从而感知化学和物理刺激并最终将其传递到大脑。一个神经细胞产生的受体决定了前者的特性。例如,一些痛觉神经细胞会对辣椒油产生响应,而其他一些神经细胞则会导致疼痛的不同化学物质作出反应。而编码这些受体的基因一旦发生突变,则会导致一些人出现慢性疼痛,或者在一些极端的情况中,变得对疼痛无动于衷。

为了在实验室中培育这些细胞,当一些蛋白质开始在纤维母细胞中表达时,分别由鲍德温和伍尔夫领导的两个独立研究小组,鉴别出这些能够在几天后,将纤维母细胞转化为感觉神经细胞的蛋白质组合。

鲍德温研究小组发现了产生的受体能够觉察疼痛、痒和温度等感觉的神经细胞;而伍尔夫研究小组则只着眼于寻找疼痛感知神经细胞。

这两个研究小组培育的细胞,在外形上均与神经细胞类似,并且都对辣椒素产生了反应,而正是神经细胞使得辣椒油和芥末油变得如此辛辣。

这两个研究小组均表示,培养皿中的痛觉神经细胞,将可用做加速对新型止痛药的研发工作,因为它们能够被用来筛选药物抑制或改变这些细胞活性的能力。

鲍德温说:"服用镇痛剂的人数非常庞大,并且在那些化疗期间出现无法医治疼痛的病人当中,也对止痛剂有相当大的医疗需求。"

鲍德温指出,抗疟疾药物氯喹会导致一些人发痒,特别是那些具有非洲血统的人,而对由他们的纤维母细胞培育的痒觉细胞进行研究,则将有助于解释其中的原因。

英国伦敦大学学院神经科学家约翰·伍德认为,这对于确保这些神经细胞,对刺激的响应类似于真正的感觉细胞,以及确定它们如何与免疫细胞及其他神经系统交流,即它们也在痛觉中扮演了相关的角色,是非常重要的。

伍德说:"这是一项非常重要的工作。"他表示:"感觉疼痛的神经细胞,在几乎所有的急性与慢性疼痛中,都扮演了一个重要角色,而更好地理解它们的生物学机理,将有望发现新的止痛剂药物靶点。"

2. 培育或转变成肝脏细胞的新成果

（1）在老鼠体内培育出人类肝脏细胞。

2007 年 8 月，有关媒体报道，英国科学家成功地在老鼠体内培育出人类肝脏细胞。通过携带人体肝脏细胞的老鼠，科学家可以进一步了解肝脏疾病的病因，探求其发展规律并研制新型肝病药物。

人体的肝脏会分解大部分进入人体的化学物质，包括药物。因此所有药物在推广之前，都要接受严格的检测，检查其是否会对肝脏产生影响。而从其他动物身上提取的肝脏细胞无法确切地证实药物对人类身体的影响，毕竟，不同物种群间存在着差异。

医学专家马尔库斯教授指出："如果这一研究成果被广泛应用，将为检测肝脏类药物的效果提供新途径。"他接着说："化学物质经过肝脏，会分解成其他的化学物质，但是人们无法确切得知肝脏是如何把药物分解的。此外通常情况下，药物是无毒的，但经肝脏代谢后产生的物质毒性就不得而知了。目前的医疗水平或电脑模板，还无法预测药物经肝脏分解后的情况，我们必须根据不同的药物做出不同的判断。"

与此同时，这一新进展，还为科学家们提供了医学实验所需的肝脏。以往实验中，研究人员往往需要从腐臭的尸体中提取少量样本。但这样做存在局限：数量不多，且由于器官已经腐烂，实验存在许多不可预知的因素。由于老鼠体内的人类肝脏细胞，可以像在人体内一样工作，这意味着可以制造出和人体一样的血液凝块和蛋白质，从而可以用来研制诸如丙肝、疟疾等传染病的治疗方法。

（2）把人类皮肤细胞转变为功能性肝脏细胞。

2014 年 2 月，美国加州大学旧金山分校格拉德斯通研究所高级研究员丁胜、博士生米拉德·雷兹瓦尼，以及该校肝病中心副主任霍尔格共同主持的一个研究小组，在《自然》杂志发表论文称，他们开发出了把人类皮肤细胞，转化为成熟的全功能肝细胞的方法，并证实，这些细胞被移植到模拟肝功能衰竭的转基因实验小鼠体内后，仍然能够自行蓬勃生长。

目前的再生医学技术，已经允许科学家把皮肤细胞改造为与心脏细胞、胰腺细胞和神经细胞酷似的细胞，但要生成完全成熟的细胞却困难得多，而这是挽救生命疗法的一个关键的先决条件。研究人员表示，他们在这一领域获得了重要突破。在以往关于肝细胞重编程的研究中，由干细胞衍生而来的肝细胞被移植到肝组织中后，通常很难存活。该研究小组解决了这个问题，他们利用全新的细胞重编程方法，成功地将人体皮肤细胞转化为肝细胞，且与构成原生肝组织的细胞几乎没有区别。

丁胜解释说："此前的研究，需要设法对皮肤细胞重编程，使其恢复到类似干细胞的多能状态（诱导多能干细胞），然后再培育成肝细胞。但这些诱导多能干细胞（iPS 细胞）并不总是能够完全变身为肝细胞。所以，我们设法把皮肤细胞带到一个中间阶段。"他们利用混合了重编程基因和化合物的"鸡尾酒",把人类皮肤细胞改造成与内胚层类似的细胞。包括肝脏在内的许多人体主要器官,都是由内胚层细胞最终成熟而形成的。接下来,他们找到了一组,可以把这些细胞转变成功能性肝细胞的基因和化合物,并在几周之后就观察到了变化。雷兹瓦尼说:"这些细胞开始呈现出肝细胞的形状,甚至开始执行正规肝细胞的功能。它们还不是完全成熟的细胞,但正在朝这个方向发展。"

为了看看这些早期肝细胞在真实肝脏中的表现,研究人员把它移植入小鼠肝脏,并在之后的 9 个月时间内,通过测量肝脏特异性蛋白和基因的水平,来监测它们的功能和生长情况。他们发现,移植 2 个月后,小鼠体内的人类肝脏蛋白水平提升了,这表明移植的细胞正在转变为成熟的功能性肝细胞;9 个月后,细胞生长未出现放缓的迹象。

这些结果预示着,研究人员已经找到了成功再生肝组织所需的因子。霍尔格说:"在未来,我们的技术,可能成为不需要全器官更换,或者因供体器官有限而无法移植的肝衰竭患者的一种替代疗法。"

3. 培育出其他细胞的新成果

(1)在体外成功培育出味觉细胞。

2006 年 2 月,美国费城蒙尼奥化学研究中心的南希·罗森与哈坎·奥兹登尔等人组成的一个研究小组,在《化学知觉》杂志上发表论文称,他们成功地在体外培育出成熟的味觉受体细胞,并第一次使这些细胞存活超过一定的时间。这个长期可行性模型的建立,为科学家们研究味觉及其在营养、健康和疾病中的作用,开辟了一条新的途径。

罗森解释说,我们发明了一项新的技术,它可以帮助检测到那些能增强或阻断不同的味觉的分子。此外,这项技术,还可以用于辅助治疗那些因放射治疗或组织损伤而丧失味觉的病人,这些病人都有着典型的体重减轻和营养失调症状。这一系统,也将促进治疗性药物的开发。

味觉受体细胞存在于舌头的味蕾上,这些细胞表面存在着受体可感受到味道的刺激:甜的、酸的、咸的、苦的和美味的。每种味觉受体细胞只能存活 10 ~ 14 天,之后便被新的细胞所替代。新的味觉细胞,由未分化的基底细胞前体发育而来。

味觉细胞很难在实验室控制的条件下,保持体外存活,因此阻碍了研究人员对味觉细胞分化、生长和转化的机理研究。为了解决这个长期以来的问题,研究人员采用一种新的方法,它不是从成熟的味觉细胞开始,而是先从老鼠的味蕾上获得基底细胞,再把它们放到含有营养物质和生长因子的组织培养系统中去。在这种条件下,最终基底细胞分裂和分化为功能性的味觉细胞。

他们获得的这种新细胞,存活了大约 2 个月。同成熟的味觉细胞相比,在许多关键方面都很相似。很多方法,也都检测到,只有成熟的功能性味觉细胞才有的特征性的标记蛋白。此外,功能实验也证明,这种新细胞,有着成熟味觉细胞的特征功能:在苦或甜的味觉刺激下,细胞内钙离子浓度增加。

新的味觉细胞培养系统,也为进一步研究基底细胞,是如何向功能性味觉细胞的转化打下了基础。通过在体外系统中生成新的味觉细胞,而结果证实,直接的神经刺激,并不足以导致前体细胞向味觉细胞转化。

研究人员利用体外培养的味觉细胞,可以精确地控制细胞周围的环境,并可以进行亚细胞器研究。同样,可以用一些新的分子,包括人造甜料和苦味阻断物质,来检测它们是否通过与味觉受体作用来激活细胞。

研究人员希望,这一研究结果,能帮助治疗那些丧失味觉的人们,希能望找到促进味觉细胞再生的方法,并希望找到治疗的新途径。他们还希望,能进一步理解,从婴儿到童年再到老年,这整个生命周期中味觉细胞的功能变化。

(2)利用人类胎盘培育出成骨细胞。

2006年3月,《日经产业新闻》报道,日本理化研究所中村幸夫等研究人员,利用从人类胎盘羊膜中提取的细胞,成功培育出能生成骨骼的细胞。实验证明,这些细胞能促进骨折患者康复。

研究人员利用无菌方法,从10名剖腹产产妇的胎盘上获取了10张羊膜,即胎盘最内层的半透明薄膜,并从中提取了一些细胞。他们向羊膜细胞中添加酶使其处于分散状态,然后加入促进其分化成骨细胞的物质。经过培养,来自8张羊膜的细胞都分化成了能形成骨骼的成骨细胞。

因骨折等造成骨骼缺损的患者,需要在体内埋植人造骨。研究证实,如果把上述培养过程中获得的成骨细胞,植入人造骨的组织间隙,可以加快患者康复的速度。目前科研人员正准备在大阪大学进行临床研究。

目前,用于骨骼再生的细胞,一般是从患者自身骨髓中提取的成体干细胞,但是操作过程会给患者带来很大的生理负担。而利用羊膜可以解决这一问题,而且羊膜细胞来自胎儿,不会诱发排异反应。研究人员计划深入研究,以弄清羊膜细胞是否可以分化为能生成人体其他组织的细胞。

### 三、合成细胞方面的新进展

1. 合成细胞构成要素的新成果

合成细胞膜能像活细胞一样生长。

2015年6月,美国加州大学圣地亚哥分校,化学与生物化学副教授尼尔·德瓦拉杰负责的一个研究小组,在美国《国家科学院学报》上发表论文称,他们成功合成了一种人造细胞膜,能像活细胞一样不断地生长。这一成果,让科学家们能在今后的研究中,更精确地再现活细胞膜的性质,将成为合成生物学及生命起源研究的一种重要工具。

细胞膜是一种双磷脂层的膜,在所有活生物中,它都是一种能生长的动力结构。迄今为止,科学家已造出了大量模仿磷脂膜的结构,但与天然膜还有着本质区别:这些仿生系统不能持续生长,因为它们不能补充磷脂组成的合成催化剂。

德瓦拉杰解释说:"其他科学家利用了脂类能自动形成双层囊泡的能力,这种性质很像细胞膜,但迄今为止还没人能模仿天然细胞膜,让它们的磷脂膜持续生长。我们的人造细胞膜,能持续合成所有的必需成分,形成更多的催化膜。它们虽然完全是人造的,却能模仿那些复杂的活生物的许多特征,比如对环境信息产生反应,并适应环境的能力。"

研究小组用一种单一的自动催化剂,代替天然的复杂生化路径网络,该催化剂同时还能驱动膜的生长。这种系统能不断地把更简单、更高能的"基本建材",转变成新的人造膜,不仅能持续合成磷脂,长成囊泡,还能优先选择与某些特殊物质结合,改变自身物理成分以适应环境变化。

德瓦拉杰说:"我们的研究结果表明,当供给更简单的化学基本建材时,就能出现具有无限自我合成能力的复杂脂质膜。合成细胞膜能像真正的细胞膜那样生长,对合成生物学以及研究生命的起源来说,都将是一种重要的新工具。"

2. 合成细胞方面取得的新成果

(1)制造出基于无机物的类似生命细胞。

2011年9月14日,英国《新科学家》杂志网站报道,英国格拉斯哥大学的李·克罗宁领导的一个研究小组,在德文版《应用化学》杂志上发表研究成果称,他们用含有金属的巨型分子,成功地制造出类似于细胞的气泡,并赋予它们一些类似生命的特征。研究人员希望,诱使这些气泡,演变成完全无机的能自我复制的实体,以此证明存在着完全基于金属(无机物)的生命。

克罗宁把占大多数比例的钨,与其他金属原子、氧、磷结合形成的多金属氧酸盐,简单地在溶液中通过混合,让其自我组装成像细胞一样的球体,并把得到的气泡称为无机化学细胞(iCHELLs)。他还通过修改其金属氧化物骨架,让其拥有了一些天然细胞膜的特征,比如,能有选择性地让不同大小的化学物质进出细胞膜,以此控制细胞内可发生何种化学反应,这是特定细胞的一个关键特征。

研究小组还在气泡内,创建出模拟生物细胞内部结构的分隔。更妙的是,他们已开始朝气泡填充设备,通过让一些氧化物分子与感光染料结合来进行光合作用。克罗宁说,早期的研究结果表明,他能制造出一个膜,它受到光照时,可把水分解成氢离子、电子和氧,这是光合作用的第一步。克罗宁表示:"也有迹象表明,我们可以激发质子穿过该细胞膜以建立一个质子梯度,这是利用太阳能的另一个关键阶段。如果能将所有步骤有效地整合在一起,我们就能创造出,一种带有类似植物代谢成分的自供电细胞。"

克罗宁早在去年就已证明,可让多金属氧酸盐,彼此互为基质来实现自我复制。他现在正大规模地制造气泡,并将其注入装满了酸碱度不同物质的试管和烧瓶阵列中。他希望这种混合环境,将只使最适合的气泡生存。他表示,从长远来看,真正的考验是细胞能否修改自己的化学性质,从而适应不同的环境。克罗宁认为,他的最新研究能证明这一点,他们最新展示的就是第一个可以进化的气泡。

目前,该研究还处于初级阶段,其他合成生物学家对此持保留意见。西班牙瓦伦西亚大学的曼努埃尔·泡卡指出,克罗宁的气泡永不会成为像生命一样的物质,除非它们能携带类似基因(脱氧核糖核酸)的物质以实现自我复制和进化。

如果克罗宁的研究得到证实,那么存在外星生命的可能性将大大提高。日本东京大学基础科学系的牟中原说:"很可能存在着一些并不基于碳的外星生命。比如,水星上的物质就和地球上的物质大相径庭,可能存在由无机成分形成的生物。尽管克罗宁暂时还无法证明这一点,但他指出了一个新方向。"

(2)诞生首个"人造生命"。

2010年5月,美国媒体报道,美国生物学家克雷格·文特尔负责的项目小组,合成了世界首个人造细胞。它是一个人工合成的基因组,也是第一种以计算机为父母的可以自我复制的"人造生命"。克雷格·文特尔把它起名为"辛西娅"(Synthia,意为"人造儿")。

其他参与研究的成员表示,这只是万里长征第一步,未来他们可以做到根据客户需求提供"定制"的有机物。此外,未来科学家还可以制造出能够产出石油或专以二氧化碳为食的环境友好型"人造生命"。研究者认为,人造细胞将成为非常强大有用的生物学工具。

实验中,科研人员先将"山羊支原体"的内部挖空,再向其中注入"蕈状支原体"的DNA(脱氧核糖核酸),最后新的支原体终于开始自我繁殖,成为世界首个人造细胞,有了第一个由人创造的生命体。

这个实验原理,听起来并不复杂,但是科研人员却花费了4000万美元,用了15年时间才获得成功的,其中难以攻克的关键环节,就是看样让人造基因序列生成人造染色体。科学家历经千辛万苦,通过反复实验,终于攻克了所有技术难题,制造出这个"人造生命"。此次植入的DNA片段包含约850个基因,而人类的DNA图谱上共有约20000个基因。

## 四、用细胞培育器官及其他细胞治疗成果

### 1. 用细胞培育器官的新进展
(1)用大鼠细胞培育出人造肝。

2010年6月15日,香港《文汇报》报道,马萨诸塞州总医院研究人员,先去掉大鼠肝脏上的细胞,剩下一个"支架",然后将2亿个健康的肝细胞分4次、每次10分钟注射到支架上进行培植,成功培植出人造大鼠活肝,在实验室存活10天之久,并能够分解毒素。另外,研究人员还将人造肝移植到大鼠身上,发现它能正常运作数小时。

实验中只使用了一种肝细胞,培植出的人造肝也只能发挥正常肝功能的一小

部分作用。研究人员称,今后将实验加入肝脏所需的其他细胞,并研究令培植肝长期正常运作,以便最终能移植到人体内。

(2)用患者皮肤细胞培养出一种心脏病器官模型。

2013 年 1 月 27 日,美国桑福德·伯纳姆医学研究所副教授惠生文森特·陈,与约翰·霍普金斯大学医学院遗传心脏病中心副教授与医学主管丹尼尔·加杰负责的研究小组,在《自然》杂志上发表论文称,他们用一种遗传性心脏病患者的皮肤细胞,培育出心肌细胞,并在培养皿中诱导出心脏病器官模型,再现了该病发作时的主要特征。研究人员指出,这一成果,有助于人们更好地研究遗传性心脏病。

研究人员表示,这一遗传性心脏病,叫心律失常性右室发育不良或右室心肌病。大多数该病患者在 20 岁之前没有征兆,因此很难研究其进展情况和相应疗法。研究人员说:"要证明培养皿中的疾病器官模型,与成人患者疾病之间具有临床相关性,是非常困难的。"

研究人员指出,新器官模型在培养皿中再现了这种疾病,为治疗该病提供了新的潜在药物标靶。研究人员说:"目前,世界上还没有预防该疾病发展的方法,有了这一新模型,我们希望能对这种威胁生命的疾病,开发出更好的治疗方法。"

(3)利用体外细胞培育出完整的胸腺。

2014 年 8 月,英国爱丁堡大学发布新闻公报称,该校再生医学中心克莱尔·布莱克本教授等人组成的一个研究小组,成功通过细胞重组技术,利用实验室培养的细胞,培育出功能完全的胸腺。这是科学家首次利用体外细胞,培育出完整的活体器官,对于开发新的疗法治疗免疫功能低下等疾病具有重要意义。

在这项研究中,研究人员首先从小鼠胚胎中提取纤维母细胞,利用细胞重组技术把它转变成一种完全不同类型的细胞。该重组细胞不仅在外形上和胸腺细胞一样,并且同样具有支持 T 细胞发育的能力。随后,研究人员把重组细胞与其他胸腺细胞混合后移植到小鼠体内,最终这些细胞成功发育成与成熟胸腺具有同样结构和功能的活体器官。

布莱克本说:"我们的研究,向培育用于临床的人工胸腺的目标,迈出了极其关键的一步。"

胸腺是机体的重要淋巴器官,位于心脏附近,对免疫系统至关重要,因为它可以生产抵抗感染的 T 细胞。对于胸腺疾病的治疗来说,向体内注射免疫细胞,或在出生不久后进行胸腺移植,是主要的治疗手段,但这些治疗手段,却因捐助者稀少及配型问题而无法普及。爱丁堡大学的研究成果,则有望改变这一窘境。

虽然研究人员表示,将这一研究成果安全、可控地用于临床还需要进行更多的研究,但无论是受遗传影响而胸腺发育不全的新生儿,还是因年龄而胸腺急剧萎缩的老年人,将来都可从中受益。此外,如进行骨髓移植的病患,也同样可以从中受益,因为新疗法或可以帮助他们在骨髓移植后快速重建免疫系统。

2. 用细胞培育肢体的新成果

2015年6月,美国麻省总医院再生医学专家哈拉尔德·奥特领导的研究小组,在《生物材料》杂志网络版上发表论文称,他们构建了人工生物肢体的方法,并用这种方法成功培育出一个具有血管和肌肉组织的大鼠前肢。此外,他们还提供证据表明,同样的方法,也适用于培育灵长类动物的肢体。此次研究,可被看作是人类向人工生物肢体再造和移植,迈出的第一步。

在人造肾脏、肝脏、心脏先后获得成功后,科学家们再次向人工生物肢体发起冲击并取得了突破。奥特说,这样的肢体包括肌肉、骨骼、软骨、血管、肌腱、韧带和神经,它们每一个都必须重建,这个过程需要一种特殊的支架。研究表明,他们能够借助这种支撑结构,培育出新的组织并恢复其中的血液循环和肌肉运动。

在美国,有150万人因疾病或事故失去肢体,虽然假肢技术越来越先进,但在功能和外观上仍然有很多不足之处。在过去的20年中,有一些患者选择了供体手部移植,这样虽然能显著改善患者的生活质量,但却面临终身接受抗免疫治疗的风险。而新技术所需细胞可以由患者自身细胞培养,借助特殊的基质支架就能生长出适当的组织,免去出现排异反应的危险。

新研究采用了一种脱细胞技术。首先通过一种特殊的溶解剂去除器官或肢体中的脂类、DNA、可溶性蛋白质、糖和几乎所有其他细胞物质,最后仅留下一个胶原蛋白、层粘连蛋白及其他结构蛋白构成的支架结构。之后,再通过干细胞技术向这些框架结构中填充所需的细胞。经过一段时间的培养后,这些细胞和框架就能生长成所需的器官或者肢体。在此之前,研究人员已经用这种技术成功培育出人工肾脏、肝脏、心脏,以及肺。但用来培育人工生物肢体,这还是第一次。

在新的实验中,移植到受体动物身上的生物工程前肢的血管系统,在手术后迅速充满了血并成功实现了循环。奥特研究小组对这种人工肢体的功能进行了测试,结果表明其肌肉纤维在电刺激下可实现收缩,并具有一定的强度。使用同样的方法,研究人员在狒狒前臂上也实现了脱细胞化的过程,这表明这种方法在像人类这样的尺度上也是可行的。

奥特称,尽管让再生肢体的神经融入受移植者的神经系统,是需要面对的下一个挑战,但借助此前断肢再植手术经验,该技术成功的希望还是很大的。

3. 运用细胞疗法治疗癌症的新成果

(1)利用胚胎模式成功地把恶性黑素瘤细胞转变为正常细胞。

2006年2月27日,美国儿童记忆研究中心主任玛丽·亨德里克斯、西北大学费因伯格医学院小儿科教授亨德里克斯、堪萨斯市斯托瓦斯医学研究所的影像部主任保罗·库里萨等人组成的一个研究小组,在美国《国家科学院学报》网络版上发表研究成果称,他们利用胚胎模式,成功地把恶性黑素瘤细胞转变成正常黑素细胞,也就是色素细胞。这项进展,将有助于致死率最高的癌症的治疗。

该研究显示,恶性黑素瘤细胞,在雏鸡模式中对胚胎环境作出反应的能力。

雏鸡模式,也就是一种与神经嵴细胞类似的模式,它能引发恶性黑素瘤细胞,表达出与一个正常细胞相关的基因。研究人员发现,黑素瘤细胞,在经过胚胎微环境的转变后,失去了导致肿瘤的能力,这就呈现出一个更加正常类似黑素细胞的细胞类型。亨德里克斯说,使用这种创新方法,对胚胎环境下瘤细胞中的细胞和分子交互作用的进一步研究,将确认并测试那些控制并改造转移性瘤细胞的潜在分子。

神经嵴细胞,通常会在黑色素细胞、骨头及软骨、神经元和神经系统的其他细胞中生成。在胚胎生长时,神经嵴细胞展现出"侵略性"的行为,类似于转移性癌细胞,它会从神经管(将成长为大脑和脊髓)转移,并沿着特定途径形成组织。

据介绍,在这项研究中,成人的恶性黑素瘤细胞,在经过亨德里克斯实验室进行分离和鉴定后,库里萨实验室把它移植到雏鸡胚胎的神经管中。他们发现,被移植的黑素瘤细胞没有形成肿瘤。当然,像神经嵴细胞一样,黑素瘤细胞以一种程式化的方式,入侵到附近的雏鸡组织中,它会沿着神经嵴细胞的转移路线在雏鸡胚胎中分配。

研究人员发现,入侵的黑素瘤细胞的一部分产生出标记,而它指示出皮肤细胞和神经细胞,但它们在移植时并没有出现。研究人员称,把各实验室的数据综合后,研究结果显示,人类转移性黑素瘤细胞,会在雏鸡胚胎中富含神经嵴的微环境中做出反应,并受到影响,而这将有助于新的治疗方案的研发。

库里萨称,30年前科学家就提出了这种想法,他们认为胚胎环境中的复杂信号,可以改造一个进入该环境的成人转移性癌细胞,并导致它对胚胎细胞做出贡献。他还称,现在先进的成像和分子技术,允许研究人员提出雏鸡胚胎环境中的相同问题,并直接研究参与有关改造的分子信号,黑素瘤与神经嵴的祖先关系,搭起了癌症生物学与发育生物学之间的桥梁。

恶性癌症细胞和恶性黑素瘤一样,一个主要特点,是他们非特定的可塑性,这与胚胎干细胞很相似。而亨德里克斯的实验室已经显示,非特定的或未详细区分的细胞类型,正扩大癌症细胞转移、扩散并不被免疫系统发现的能力。

(2)通过移植抗癌白血球医治癌症。

2006年7月,美国威克森林大学病理学系,华裔科学家崔政领导,威林厄姆博士等人参与的研究小组,在美国《国家科学院学报》上发表研究报告称,他们在研究中偶然发现一只神奇抗癌鼠,无论注射多少致癌细胞都能存活,抗癌鼠2000只子孙都遗传了此"特异功能",普通老鼠注入其白血球后亦出现抗癌性,研究人员正循此方向积极研究,希望找出预防和治疗人类癌症,直至根治癌症的新方法。

崔政研究小组,在7年前的实验中,为一批老鼠注射肉瘤细胞,这种癌细胞的威力强大,动物注射后必死无疑。

然而,崔政发现一只老鼠并没有死亡。研究小组以为实验过程中出了差错,再为它注射100万倍的剂量,但它依然奇迹般的活了下来。崔政大感惊讶,为这只老鼠繁殖下一代,至今已繁殖到第 14 代,研究人员发现它 4 成的子孙,即超过 2000 只老鼠,都有跟它相同的抗癌性,显示这种抗癌特质是有遗传性。

此后,研究小组把"抗癌"老鼠的白血球,注入其他普通老鼠体内,再为它们注射癌细胞,发现老鼠都能迅速复原过来,有些老鼠更根本没有发病。可见,这种抗癌力可通过白血球的移植,转移到没有血缘关系的老鼠,有助治疗和预防癌症。

崔政表示,这项研究还有多种惊人的发现。研究人员曾经把肿瘤植入一只老鼠的背部,再在它腹部注射抗癌白血球,发现白血细胞能在不伤害其他细胞的情况下消灭肿瘤,显示疗法对各种癌症都有效。另外,他们更发现老鼠注射抗癌白血球后,一生都不会患上癌病。

研究人员解释说,当这些"抗癌老鼠"的免疫系统,探测到体内出现癌细胞时,其异常的基因,会指令白血球采取行动,消灭初成的肿瘤,达致治愈癌症的效果。

崔政在报告中说,这是首次能治愈此种厉害的癌症,之前没有任何疗法有这样的功效。威林厄姆说,研究显示这种移植白血球的疗法是可行的,下一步是了解疗法的运作原理,最终可能为人类设计类似的疗法。

崔政研究小组又发现,10% ~ 15% 的人都有跟老鼠相似的抗癌白血球,这或许可以解释为何一些人从不患癌,而一些癌病病人又能奇迹康复。崔政提出把这些"抗癌人士"的白血球注入癌病病人体内,有机会可以根治癌症。

不过,有肿瘤学家指出,人类的基因比老鼠复杂,接受他人的细胞可能出现排斥现象。但崔政表示,目前,多种器官都可移植,故排斥的问题是可以解决的。他相信,移植抗癌白血球,是医治癌症的可行方法。

(3)研制出可为癌细胞染色的分子涂料。

2007 年 8 月,《时代》周刊报道,美国西雅图弗雷德·哈钦森癌症研究中心的研究人员,开发出一项帮助医生战胜狡猾肿瘤的新技术:用一种能给癌细胞着色的分子"涂料",让医生看到本来可能蒙混过关的癌细胞。

在对癌症患者进行手术治疗时,最重要的事莫过于确保肿瘤被彻底切除,但有时医生很难做到这一点,因为肿瘤有嵌入健康组织之内并把癌细胞扩散到身体其他部位的恶习。

给癌细胞着色的方法,能帮医生捕捉到狡猾的肿瘤。涂料是把从蝎子体内提取的蝎氯毒素(对人体无害),与一种能发出近红外光的荧光分子混合而成的。从蝎子体内提取的毒素肽能追踪并绑定癌细胞,对健康的细胞则不会如此。荧光分子附着在毒素肽之上。医生在切除肿瘤后,使用一种能捕捉近红外光的特殊相机,观察人体内是否还有在手术刀下逃生的癌细胞。荧光分子发出的特定波长的光不会被血液、其他体液甚至细小的骨头阻挡。

(4)发现可阻断肾癌细胞自我修复的新疗法。

2008 年 12 月,美国加州大学戴维斯分校,罗伯特·魏斯领导的一个研究小组,在《癌症生物学和疗法》杂志上发表研究成果称,他们发现了一种可以阻断肾癌细胞自我修复的新疗法。这一成果,有望使肾癌化疗更加有效,也更易承受。

癌细胞最典型的特点,就是能够快速复制。肾癌细胞不仅具有快速复制的常见特点,而且它在扩散到其他器官之前没有明显症状,所以是最难治疗的癌症之一。目前,一些肾癌化疗方案,可以减缓癌细胞复制,延长患者存活期,但药物毒性也会导致严重副作用。有关专家指出,如果能进一步提高肾癌化疗的有效性,就可以最大限度杀死癌细胞,减少化疗次数和用药量,从而减少患者痛苦。

研究小组发现,在包括肾癌在内的多种癌症中,p21 基因都扮演了重要角色,它帮助修复癌细胞的脱氧核糖核酸(DNA),尤其在面对肾癌化疗药物攻击时,它可以帮助癌细胞自我修复,从而降低化疗有效性。研究人员试图找到能够阻断 p21 基因通路的"特效"化合物。

他们经过多次实验,终于发现 3 种很特别的化合物,能够显著降低 p21 基因的表达,阻断肾癌细胞自我修复的过程,使化疗药物更加容易对癌细胞产生作用。

研究人员表示,他们还将深入研究这 3 种化合物,以确定它们能发挥效用的最低浓度,并进一步优化它们的抗癌特性。之后,他们将把 3 种化合物与标准的肾癌化疗方案相结合,以探索出新的疗法。

(5)通过刺激 T 细胞来杀死癌细胞。

2012 年 2 月,美国芝加哥洛约拉大学斯特里奇医学院,肿瘤学院副教授格瓦拉·佩蒂诺及其同事,在《自然·医学》杂志上发表研究报告说,他们正在研究一项治癌新技术:经过在免疫妥协性小鼠和感染 HIV 病毒的人类 T 细胞中实验,能有效刺激有缺陷的免疫系统,有望把 T 细胞变成更有效的武器,抵抗各种感染,甚至用于医治癌症。

研究人员认为,在 HIV 病毒感染者和癌症患者体内,T 细胞通常是被抑制的。该技术主要是把一段 DNA 递送给免疫系统的指令细胞,指示它们生产一种特殊蛋白质,而这些蛋白质能刺激 T 细胞。

他们研究的对象,是 CD8 T 细胞和抗原呈递细胞,抗原呈递细胞是 CD8 T 细胞的指令细胞。CD8 T 细胞得到了指令细胞的指示后,还需要获得其他 T 细胞的援助才能变得强大,足以杀死那些感染细胞或癌细胞,并在再次遭遇到病原体或癌细胞时保持警惕。

研究人员表示,肿瘤有很多潜伏的本事,其中最重要的一项就是遏制 T 细胞攻击肿瘤。它们能使其他 T 细胞处于抑制阶段,限制了其对 CD8 T 细胞的援助。

研究人员用基因枪,把一小段 DNA 递送到皮肤指令细胞内,这段 DNA 就像一种分子钥匙,能指示指令细胞产生特殊的蛋白质。当 CD8 T 细胞和指令细胞相互作用时,钥匙会开启 CD8 T 细胞的潜能,激活它们杀死病原体和癌细胞。通过这种技术,T 细胞在杀死病原体和癌细胞时将不再需要其他 T 细胞的帮助。即使肿瘤把这些起援助作用的 T 细胞关进了"笼子",T 细胞还是能出动并杀死癌细胞。

4. 细胞治疗方面取得的其他新成果

（1）用细胞疗法缓解风湿痛。

2006 年 4 月，德国媒体报道，德国杜塞尔多夫分子矫形外科学中心彼得·韦林主持的一个研究小组，成功地使用从风湿病患者血液中提取的抗炎外来体微粒，治疗重度风湿性关节炎患者，取得显著疗效。

韦林说："免疫系统借助这种外来体，重新学习区分自体细胞与异体细胞。"医生们在风湿病研究中观察到，把这种血液细胞，注入风湿病患者的一处关节后，病人身体另一侧关节的炎症也得到了好转。

此后，医生们成功地从白血球中提取了这种微粒，并在患风湿性关节炎的小白鼠身上进行了试验。结果证明，这种外来体微粒，确实具有很强的消炎作用。

约 80 万德国人患有风湿性关节炎。这种慢性病是由免疫系统的严重紊乱造成的。免疫细胞攻击自体的关节细胞，从而造成严重的炎症。医生通常使用可的松和生物制剂这类有消炎作用的止痛药，治疗风湿性关节炎。这种抗炎外来体，可使重度风湿性关节炎患者，不必再服用大量药物。

这种疗法的另一个优点是，即便患者的许多关节都有炎症，向一个关节注射自体细胞就足以对所有关节产生疗效。

韦林说，这种疗法对 2/3 的患者有效，但对另外 1/3 的病人却完全没有效果，原因目前尚不清楚。在 5 年多的时间里，韦林用自体细胞治疗了 66 名年龄不同的风湿性关节炎患者，并取得了令人满意的疗效。

然而，这种疗法并不能治愈风湿性关节炎。外来体的作用在注射 3 个月到 6 个月后就会减弱。但韦林称，病人可反复接受注射，每次都会取得同样的疗效。

（2）利用细胞再生治疗突发性耳聋。

2008 年 2 月，《读卖新闻》网站报道，京都大学附属医院耳鼻喉科研究小组，开展依靠听觉细胞再生，治疗突发性耳聋的试验。这是一种比以往类固醇疗法，更为安全和高效的突发性耳聋治疗方法。

研究小组对突发性耳聋发病不满 1 个月，并且接受类固醇治疗没有收效的约 20 名志愿者，实施听觉细胞再生治疗。治疗方案大致是，在患者听觉细胞聚集的内耳耳蜗膜上，涂抹含有与听觉细胞生长相关的"胰岛素样生长因子 1（IGF－1）"的凝胶。约两周后，凝胶内的有效成分能被充分吸收，阻止受损听觉细胞的死亡进程，从而使听觉细胞得以再生。

根据日本厚生劳动省 2001 年实施的调查，日本全国约有突发性耳聋患者 3.5 万人。突发性耳聋的确切致病原因目前尚不清楚，完全治愈的概率约为 33.3%。对于此病，以往多用类固醇治疗，但由此产生的副作用困扰着许多患者。

（3）用细胞疗法成功控制小鼠癫痫发作。

2013 年 5 月 5 日，美国加州大学旧金山分校，神经科学研究所首席教授斯科特·巴拉邦领导的一个研究小组，在《自然·神经学》杂志网络版上发表论文称，他们通过向患有癫痫症小鼠的大脑海马区,一次性移植内侧神经嵴细胞(即神经节隆起细胞),抑制了过度活跃的神经电路中的信号,从而成功控制了小鼠的癫痫发作。这是首次报告在患有癫痫症的成年小鼠模型中,阻止癫痫发作。

巴拉邦认为,细胞疗法已成为癫痫症的一个研究重点,部分原因在于现有的药物即便有效,也只能控制症状,不能治本。此前有科学家也曾使用其他类型的细胞进行啮齿动物细胞移植实验,以尝试阻止其癫痫发作,但均告失败。他说:"我们的研究结果,是朝着利用抑制性神经元,对患有严重癫痫症的成人进行细胞移植方面,迈出的令人鼓舞的一步。"

患者在癫痫发作时,往往会丧失意识,行为失控,这是由于海马区,许多兴奋性神经细胞,在同一时间异常受激而产生了大爆发。此项研究中,使用的内侧神经嵴细胞是一种早期在胚胎内形成的祖细胞,能够产生成熟的被称为中间神经元的抑制性神经细胞。

研究人员发现,从小鼠胚胎移植来的内侧神经嵴细胞迁移,并生成了中间神经元,实际上取代了癫痫症中受损的细胞,被"集成"到小鼠的神经回路中,从而平息了神经信号的同步大爆发。接受治疗的实验小鼠中,有一半癫痫症被治愈,剩下的癫痫自发发作次数也显著减少。

除了发作次数减少,经过治疗的小鼠也变得不容易异常激动,不那么活跃过度,并且在水迷宫测试中表现更好。

## 五、细胞治疗方面出现的新技术

### 1. 开发用于培养细胞的新技术

(1)开发出高效培养细胞的新技术。

2011年2月,日本东京女子医科大学教授冈野光夫领导的研究小组报告说,他们开发出一种用于细胞培养的微小串珠,它不但便于细胞附着,而且可通过降低温度使细胞与串珠尽快分离,从而有助于加快实验和研究进度。

研究人员介绍说,他们用聚苯乙烯,制作出直径0.1毫米至0.2毫米的带孔珠子,然后在其表面涂上能感应温度的高分子材料。将这样的大量珠子穿成串,并放入装有培养液的烧瓶后,串珠会漂浮在液面上,通过旋转烧瓶,可使串珠与培养液充分接触。测试显示,在32℃以上的条件下,培养液中的仓鼠卵巢细胞,非常容易附着在串珠的高分子涂层上。

研究人员指出,用上述方法培养细胞7~11天后,都能通过降温使被培养的细胞顺利脱离串珠。如果将串珠的珠子做得更小,细胞会更容易附着在其表面上,但却难以用降温手段使两者分离。

(2)开发在三维结构中培养细胞的新技术。

2011年4月,有关媒体报道,德国卡斯鲁尔技术学院功能纳米结构研究中心,以三维结构培养目标细胞获得成功。据介绍,科研人员在支架上,给目标细胞提供微米细小的"把手",以便细胞黏附,而细胞只能黏附于这些"把手"上,不能存在于支架的其余部位。

迄今为止,在立体环境中培养细胞的尝试已有不少,其支架建造大多采用琼脂糖、胶原纤维或是基底膜。它们模拟三维现状的灵活性,以便进行比利用"二维培养皿"更贴近现实的试验。但是所有这些方法有一个共同点,即它们的组合是非均一的,孔径大小具有偶然性,因而在结构与生化方面性能不够理想。

德国研究小组的目标是,为细胞的培养,研发有明确定义的三维生长基板。细胞在其中不是偶然,而是仅在一定的位置附着,如此可以利用其对外部几何形状环境的依赖,对细胞形态、细胞体积、细胞内力量发展或是细胞分化等参数做系统规定。这个成果,有助于今后有目的地培养生物组织,如再生医学所需要的那样,较大规模地制造三维培养环境。

这项研究成果的最终完成,是借助一个特殊的聚合物支架,支架本身由带有小方形"手柄"的抗蛋白聚合物组成,"手柄"采用一种蛋白质连接材料。建造这个支架,依靠的是团队发明的"激光直接写入法"。通过这项基础研究,德国研究人员首次制造出合适的材料,可在三维状态下控制并操纵单个细胞的生长。

2. 开发用于改造细胞的新技术

(1)开发出使转基因细胞具有智能反应的技术。

2005年4月,普林斯顿大学助理教授罗恩·魏斯领导,加州理工学院研究人员参加的一个研究小组,在《自然》杂志上发表论文说,他们成功地开发出一项新技术,使大量转基因细胞对外界信息作出精确反应,生成不同色彩的图案。

研究人员在大肠杆菌的基因组中,插入一段用荧光反映外界信号物质浓度的基因。当信号物质浓度高时,大肠杆菌会发出绿色荧光,信号物质浓度低时,细菌会产生红色荧光。

实验中,研究人员把批量的转基因细菌放在培养皿中,让它们感知另一批大肠杆菌释放的信号物质,操纵转基因细菌形成类似眼睛的图案,即在信号物质浓度高的培养皿中央显示绿色荧光,而周围是红色荧光。研究人员还控制转基因细菌产生心形等不同的拼色图案。

研究人员说,这一成果的意义在于,将来可以通过转基因技术,操纵成千上万的细胞,在程序控制下"聪明"地完成各种任务,比如探测危险物质、在人体内"建造"或"维护"组织器官。他们还说,建造和研究这样的人工合成多细胞系统,将来可应用于组织工程、生物材料制造、生物传感等诸多领域。

魏斯等人早先用类似的技术,成功地让转基因细胞像数字电路一样运行,进行简单的算术逻辑计算并产生准确结果。

(2)细胞融合新技术有望取代传统核移植技术。

2005年8月,美国哈佛医学院干细胞专家凯文·艾甘和乍得·考恩等人组成的一个研究小组对媒体宣布,他们发现,人类胚胎干细胞,具有对成人体细胞核进行再程序化的能力,这样可望找到一个不使用卵细胞,就能获得人类胚胎干细胞系的新方法。

根据新近公开的资料,人们要获得基因修饰过的人类胚胎干细胞系,已经变为可能,而且效率也不低。其方法是,把一个含有目标基因背景的体细胞核,移植到另外一个已经剔除掉细胞核的卵细胞中。这样的操作,就等于把体细胞核的生理时钟,重新调回到它的胚胎初始状态,其中的具体机制如何,正是目前研究人员所渴望了解到的。但是,这一技术,是目前有关干细胞论争的核心话题,因为它涉及对卵细胞进行操作,导致了胚泡的破坏。另外,使用人类卵细胞本身,就会引起有关伦理和逻辑问题的争论。

哈佛大学研究小组找到一种新方法,巧妙地解决了上述尴尬问题。他们的思路是:如果一个卵细胞的细胞质,能够完成"再程序化"的工作,那它的近亲胚胎干细胞的细胞质,是否也具有这种功能呢?

为了检验上述设想,他们把一个以前起源于胚胎干细胞的细胞系,与一个纤维原细胞的细胞系进行混合,每种细胞系都有一个抗药性标记。然后,加入聚乙烯乙二醇促使它们进行细胞融合。最后,研究人员通过双重药物筛选的方法,对培养物进行目标杂合细胞的分离。这些杂合细胞是四倍体的,但具有显性特征,而且还具有胚胎干细胞的两个独特个性:无限生长性和多能性。运用基因组水平的基因表达分析方法发现,在转录水平下,胚胎干细胞程序取得了主导优势。

上述程序有望提供一种强有力的工具,以帮助研究者理解成体细胞通过"再程序化",回到胚胎状态这一过程中的分子生物学机制,这是艾甘目前最有兴趣要解决的问题。就现阶段而言,他意识到了对技术进行优化,并将其发展成一个系统的重要性。在该系统中,细胞融合将变得更有效率;细胞融合后是朝着胚胎干细胞发展还是继续分化,在这个系统中对其进行监测也变为可能。

(3)成功实现细胞分裂过程逆转的技术。

2006 年 4 月 13 日,美国俄克拉荷马州医学研究,加里·戈尔博斯基领导的一个研究小组,在《自然》杂志上发表研究消息称,他们第一次成功地把细胞分裂的过程加以逆转,这一医学技术上的突破,可能会最终使人类获得治愈癌症及其他多种疾病的有效办法。

对于人类这样的高级生命体来说,细胞分裂是生命得以延续的一个关键举措。一个人体内的细胞,每天要进行多达数百万次的分裂,因为只有这样才能健康生活与成长。但那种失去控制的细胞分裂行为,则可能会导致癌症的出现。戈尔博斯基研究小组首先控制了负责细胞分裂的一种蛋白质,然后设法使这一过程停止,并最终将其逆转。已经被复制的染色体,则又被重新送回到了原细胞的细胞核中,这样做以前一向被认为是不可能的。

研究人员表示,我们的研究表明,那些促使细胞分裂的因素,是可以被改变甚至是逆转的。我们已经知道,在细胞分裂的循环周期中,有多种调节因素参与其间。现在,我们将开始着手对导致这些因素发挥作用的各种物质,做进一步的研究。

研究人员指出,在这以前,还从没有人能够把细胞分裂的循环周期加以倒转。长期以来,人们一直认为,那种循环周期是不可能被逆转的,而本次研究的结果则告诉我们,这种逆转的确是有可能变为现实的。

该基金会负责研究工作的副主席罗杰·麦凯维尔说,戈尔博斯基博士的研究成果,为下面这种观点提供了非常有力的证据,那就是细胞分裂的循环周期必须处于精确控制之下。现在,他及其所在的实验室,可以致力于开发出更具创新性的研究方法,以对细胞分裂实施进一步的探索,并使人们能够更为深入详细地了解细胞分裂的复杂过程。

(4)开发把老鼠皮肤细胞转化为功能性脑细胞的新技术。

2013年4月,美国凯斯西储大学医学院遗传学和基因组学助理教授保罗·特萨、神经科学教授罗伯特·米勒领导的研究小组,在《自然·生物技术》杂志上发表论文称,他们研发出一种新技术,直接把老鼠的皮肤细胞变为功能性的脑细胞,接下来,他们打算使用人体细胞进行测试,如果成功,将成为治疗多发性硬化病患、脑瘫病患和其他髓磷脂失调病患的有效手段。

新技术把出现在皮肤和大多数器官内的纤维细胞,直接变为少突胶质细胞,进而产生髓磷脂。髓磷脂是一类负责让大脑内的神经元形成髓鞘的细胞,使髓鞘细胞可以"随点随有"。髓鞘细胞为大脑神经元,提供了一个重要的隔绝膜,保护神经元并使大脑脉冲传递到全身。在多发性硬化病患、脑瘫病患和罕见的脑白质营养不良症病患体内,髓鞘细胞受到了破坏而且无法被取代。

特萨表示:"这是细胞领域的'炼金术'——我们拿来一种很容易获得且来源丰富的细胞,然后完全改变其属性,让其变成另外一种价值更高的细胞用于治疗。"

在"细胞重新编程"的过程中,研究人员巧妙地控制了三个天然出现的蛋白的层次,诱导纤维细胞变成了少突胶质细胞的前体细胞——少突胶质前体细胞(OPCs)。他们很快得到了数十亿个这样的诱导少突胶质前体细胞(iOPCs)。更重要的是,他们证明,在将这些细胞移植进入老鼠体内后,其能在神经周围产生新的髓磷脂包层。结果表明,新技术有望被用来治疗人类的髓磷脂失调症状。

在髓磷脂失调疾病中,当少突胶质细胞被破坏或者无法起作用时,正常情况下,用来包裹神经元的隔绝髓磷脂包层就没有了,治疗需要通过取代少突胶质细胞来产生髓磷脂包层。然而,直到现在,少突胶质前体细胞和少突胶质细胞只能从胚胎组织或多能干细胞中获得,这些技术都有一定的局限性。

研究人员打算,接下来使用人体细胞进行试验,并测试其可行性和安全性。如果取得成功,最新技术将有望让髓磷脂失调病患大大受益。

3. 发明用于检测细胞的新技术

（1）开发利用短脉冲激光检测细胞膜的新技术。

2007年2月，有关媒体报道，日本京都大学加畑博幸副教授的研究小组，开发出一种新技术，可切开细胞膜，并在无损伤情况下对细胞膜内的膜蛋白质，进行检测分析。这一技术，是利用短脉冲激光对癌细胞进行照射，使细胞膜呈平面展开，然后对细胞膜的内外两面进行检测。

人患癌症后，在细胞膜内活动的膜蛋白质，会出现形状和数量变化等异常。因此，能够早期发现膜蛋白质异常，对癌症早期诊断极其重要。但由于细胞膜是封闭的球体，难以检测到细胞膜里侧的变化。目前，一般都使用从细胞膜剥离膜蛋白质的变形处理方法进行分析，缺点是蛋白质受到损伤后不能正确解析。

日本研究人员开发的新技术，是使用直径10微米的人体癌细胞进行试验，把细胞吸附在直径5毫米的孔径上，用费秒级激光照射。试验发现，细胞内出现空洞，在2秒～3秒内从内侧展开。试验中，由于脉冲非常短，不会发生由于激光能破坏蛋白质的危险。

专家认为，这项检测技术可用于癌症的早期诊断，并可观察癌症治疗药物的疗效。

（2）发明测量单个活细胞精确体重的新技术。

2007年4月，美国麻省理工学院生物工程和机械工程系的研究小组，在《自然》杂志上发表论文称，他们首次开发出一种新技术，能够对单个活细胞的质量进行高精度测量。该技术的实现基于一种微机械探测器，它有望使科学家开发出便宜而且轻便的医学诊断设备，同时也为细胞分化研究提供了一种新的工具。

研究者表示，此项新技术不同于传统方法，在测量时可以保持细胞的流动性。除了测定细胞，它还可用于测量纳米颗粒或者生物分子的亚单层，精度比商业传感器高6个量级。

传统的质量测定方法能够达到的精确度为10～21克，但只能针对无生命的物体，因为整个过程要在真空中进行。传统方法通过测定真空中一块微小的共振板在放上被测分子前后的振动频率改变，来确定分子的质量。由于真空会使活细胞死亡，因此，活细胞质量的测定必须在流体中进行，这就大大降低了测量的精度。

此次，研究人员把包含被测样品的流体放在共振板之上，仍然保持在真空中振动。不同的是，生物样品由一个横贯板面的微通道通过整个装置，并不会影响板面的振动。

到目前为止，新装置的测量敏感度已经达到稍低于10～15克的水平。不过研究者坚信，通过未来几年的改进，这一数字还能继续小几个量级。

研究人员已开始关注新技术潜在的应用价值。其中很有希望的一个领域，就是通过模拟流式细胞技术的计数能力，来监控艾滋病患者的CD4淋巴细胞。研究者表示,由于新装置的制造利用,仍是传统半导体加工技术,因此,未来相关的检测装置将会更便宜,有望实现普遍的商业使用。

此外,受蛋白质形成的影响,细胞在分化时会有相应的质量变化,而新的技术也为单个细胞分化的追踪研究开辟了新的道路。

(3)发明实时监测单个细胞相互作用的新技术。

2011年7月,美国布莱根妇女医院再生治疗中心的研究小组,在《自然·纳米技术》杂志撰文称,他们开发出一种新技术,把纳米传感器"贴"在细胞膜表面,可实时监测细胞之间的相互作用,清晰度很高。这项创新技术,能让研究人员进一步理解复杂的细胞生物运动,监测移植细胞的生长情况,以及为疾病研发出更有效的治疗方法。

研究这个项目时,研究小组使用纳米技术,把一个传感器固定在单个细胞的细胞膜上。这使他们能准确实时地监测到,细胞在微环境下的信号传导情况,以及移植细胞或组织的情况。

在此之前,细胞信号传导传感器,只能测量一组细胞的整体活动,无法对单个细胞进行实时监测。研究人员表示,新技术实时监测单个细胞之间的相互作用,使研究细胞的空间扩大,时间延长,清晰度大大提高,这项成果是前所未有的。它能更清楚地观察细胞之间的信号传导细节,以及细胞与药物之间的相互作用等,对基础医学和药物研发具有重要意义。

研究人员认为,这种方法可被进一步精炼成一种工具,用来定期研究药物和细胞之间的相互作用,也有望用于未来的个性化医疗领域。专家指出,未来的医生在为病人制定合适的治疗方法之前,可以使用这项技术,测试某种药物对细胞和细胞之间相互作用的影响。

(4)发明测量单个细胞温度的纳米温度计。

2011年8月,有关媒体报道,美国普林斯顿大学和加州大学伯克利分校的研究人员,研制成一种能测量人体单个细胞温度的纳米温度计,并首次证实,细胞内部温度,并不像整个机体那样,遵循平均37℃的标准,不同细胞个体在温度上往往存在显著差异。对这一差异的研究,将有助于开发出预防和治疗疾病的新方法。

为了测量比针尖还小的细胞的温度,研究人员开发出一种特制的纳米温度计。它用镉和硒的量子点制成,小到足以进入单个细胞。当温度变化时,这些量子点就会发射出不同颜色的光,通过专门的仪器对这些光进行"解码",就能发现细胞的温度变化。

研究人员发现,在细胞内部不断进行着各种各样的生化反应,这些反应都会产生热量。但有些细胞要比其他细胞更活跃,因此释放出来的热量也更多。

专家指出,细胞温度变化,可能与身体的健康状况相关。细胞内部温度升降,可能会改变DNA的工作方式,或改变蛋白质分子的运行机制。如果温度上升到足够高时,一些蛋白质可能会发生改变并停止生产。

4.研发用于细胞疗法的编程新技术

（1）开发出细胞编程新技术。

2009 年 7 月 26 日,美国哈佛大学医学院遗传学教授乔治·丘奇领导,哈里斯·王强、法伦·艾萨克斯等专家参与的研究小组,在《自然》杂志网络版上发表论文称,他们开发出一种叫做多重自动基因工程技术(MAGE)的细胞编程新方法,通过平行编辑多重基因,可快速进行细胞定制。他们仅用 3 天时间就把大肠杆菌细胞,转变成一个生产化合物的高效工厂,而大多数生物科技公司要完成这一任务,需要几个月或几年的时间。

随着生物技术的发展,高通量基因测序技术,使得生物学家可以每小时扫描数百万个 DNA 字母或碱基。但当他们要修正一个基因组时,往往会遇到阻碍,而过时的细胞编程技术,更加大了修正的难度。

为了缩小 DNA 测序技术和细胞编程技术之间的差距,加快细胞编程速度,以快速设计出细胞的新功能或提高现有细胞功能,该研究小组寻求利用基因和基因组信息,来开发新的细胞编程工具。新技术的关键在于,如何摆脱线性基因工程技术的束缚,超越目前的串行操纵单个基因模式。

研究人员选定大肠杆菌作为实验对象。他们把几个基因引入到大肠杆菌的环状染色体中,诱使其产生番茄红素,这是胡萝卜素的一种,具有极强的抗氧化活性。接下来的任务,就是想办法调整细胞,来增加这种化合物的产量。

传统上,可利用 DNA 重组技术,也称为基因克隆技术,来完成该类转化。但这种技术的程序相当复杂,包括分、切、连、转等多个环节。该研究小组则采取不同方法,他们把工程师的逻辑性,与生物学家对复杂事物的理解力,有效地结合起来。他们重组进化路径,用前所未有的速度创造出遗传多样性,从而增加发现具有特定属性细胞的概率。

研究小组从大肠杆菌 4500 个基因中,选取 24 个基因,把它们的 DNA 序列,分成易于处理的 90 个字母片段,然后对每一个片段进行修改,以产生一系列的基因变异。接下来,利用这些特定的序列,制成数千个独特的基因结构,把它们重新插回细胞,以使自然的细胞机制能吸收这些改进过的遗传物质。

实验表明,有些细菌会和一个新结构融合,有些细菌则可以和多个新结构融合。在此过程产生的细胞中,有些比其他细胞能产生更多的番茄红素。研究小组从这些细胞中,提取出最好的"生产者",不断重复同样的过程,以使这一"生产工艺"更加精细完善。同时,为使实验更容易,所有步骤都是通过自动操作来进行的。

研究小组通过加速进化,在 3 天内,创造出多达 150 亿个基因变异,番茄红素的产量也随之提高了 5 倍。若是使用传统的克隆技术,创造 150 亿个基因变异,则需花费数年的时间。

专家认为,本次开发的多重自动基因工程技术(MAGE),把细胞编程技术带到一个全新的水平,将在合成多种宝贵化合物的过程中发挥重要作用,用它经过重新编程的细菌,也具有多种用途。这项技术,将会给生物技术学,尤其是合成生物学的发展,带来强有力的推进作用。

(2)研发用于细胞疗法的可编程纳米机器人。

2012年7月,美国佛罗里达大学化学副教授查尔斯·曹和医学院胃肠道及肝脏研究中心主任、病理学教授刘晨领导的研究小组,在美国《国家科学院学报》上发表论文称,他们开发出一种微小的纳米机器人,可经过编程关闭基因生产线上产出的疾病相关蛋白质,把疾病的细胞疗法又向前推进了一步。

纳米粒子可作为诊断、监控、治疗疾病的应用基础工具而出现,如基因测试设备、基因标记等。开发出一种具有精确选择性的纳米粒子载体,令其只进入疾病细胞,瞄准其中特定的疾病进行攻击而不伤害健康细胞,是细胞疗法领域的最大特色。

该研究小组扩展了病毒基因物质介入的理念,开发出一种瞄准肝脏中C型肝炎病毒的纳米机器人,称为"纳米酶"。它由黄金纳米粒子做主支架,表面主要是两种生物成分:一是能破坏有"基因传令官"之称的mRNA(信使核糖核酸)的酶,而mRNA可制造导致疾病的蛋白质;二是DNA(脱氧核糖核酸)低核苷酸大分子,能识别目标遗传物质,并通知它的酶伙伴来执行任务。"纳米酶"还可通过剪裁来匹配攻击目标的遗传物质,并利用身体固有的防御机制潜入细胞内而不被觉察。

实验中,这种新式纳米粒子,几乎能根除C型肝炎病毒感染。特别是它们的可编程性,还让其有可能抵抗多种疾病,如癌症及其他病毒感染。

已有治疗C型肝炎病毒的药物,主要是攻击病毒复制机制。但研究结果显示,这类药物对病人的有效性还不到50%,且不同药物副作用差异很大。而新的细胞疗法,几乎可以完全杀灭C型肝炎病毒,又不会触动身体的防御机制,减少发生副作用的机会。

研究人员指出,这种纳米机器人,还需要进一步试验,以确定其安全性,将来可能采用口服药丸形式,方便病人使用,更加迅速而有效地遏制C型肝炎病毒的感染。

5. 细胞疗法的其他新技术

(1)开发出可使癌细胞长时间休眠的方法。

2005年3月,英国玛丽·居里研究所的一个研究小组,在《癌症研究》杂志上发表研究成果称,他们开发出一种可使癌细胞"永久休眠"的方法,这种方法可望用于医治癌症。

据报道,一般而言,人体能使那些已经发生突变的细胞处于一种休眠状态,阻止它们的分裂和生长。然而,如果这种突变是癌变,人体的这种功能会受到抑制,从而导致癌细胞快速扩散。英国研究小组开发出一种新方法,可以重新激活人体的自我抵抗能力,阻止已经发生危险变异的癌细胞进行分裂。

在试验中,研究人员对致命的恶性黑色素瘤进行研究。结果发现,在破坏人体抑制细胞分裂功能的过程中,一种名为 TBX2 的基因扮演了主要角色。这种基因一旦失效,黑色素瘤细胞便失去了分裂能力。目前,科学家们正在对 TBX2 基因的有效范围进行分析,以确定这种基因对其他癌症的发展是否有同样效果。

专家表示,目前医学上治疗癌症的方法,主要是用化学疗法杀死癌细胞和通过外科手术直接切除肿瘤,而上述发现有望为治疗癌症开辟一条新路。

(2)开发出能刺激白细胞的激光陷阱技术。

2006 年 10 月,东北大学医学院浩久保主持的研究小组,在《细胞研究》杂志网络版上撰文称,激光陷阱技术是通过一种数字光圈聚焦激光,在聚焦点形成一个小孔,在这个小孔里,研究人员可以捕捉和稳定住细胞或者类似水珠的物体。他们使用操纵杆控制开关来控制激光陷阱,用来观察白血球细胞怎么吞噬细胞,这是身体抗感染的至关紧要的一部分。

日本研究人员,使用这项技术,代替先前通过穿刺白血球细胞,或者黏附白血球细胞来控制其活动。他们使用两个激光陷阱:一个用来抓噬中性粒细胞,另外一个用来抓模仿细菌的蛋白包被的小珠。使用这个操纵杆来控制激光陷阱,小珠向噬中性粒细胞移动。

研究人员发现,在消化小珠之前,激光悬浮的噬中性粒细胞的细胞膜部分为其假足的部分朝向小珠,不像先前的研究黏附细胞一样,他们消化相似的包被颗粒而不形成假足。

(3)发明能看清活细胞内活动的新型成像技术。

2007 年 8 月,美国麻省理工学院的一个研究小组对外宣称,他们运用类似 X 光 CT 扫描的方法,开发出一种新型成像技术,可在不用荧光标记或其他外加对比试剂的情况下,展现活细胞内的任何活动。该技术,使人类首次能够对活体细胞在自然状态下的各种功能,加以观察和研究。

研究小组负责人、麻省理工学院物理学教授迈克尔·费尔德表示,这项新技术的主要优点,是不需要对活体细胞进行任何处理即可开展研究工作,而其他三维成像技术都要对生物样品进行化学或金属化处理,经过冷冻、染色等过程,这些样品处理和固定的步骤,有可能改变细胞原来的状态,干扰科学家对细胞自身的运动进行观察。他说,利用这一新技术,研究小组现已得到了宫颈癌细胞的三维图像,细胞内部的详细显微结构一目了然。此外,他们还获得了线虫、蠕虫以及其他几种生物的细胞图像。

研究人员解释说,每一种物质都有一个特定的折射率,光在其中的传播速度与这一折射率有关,同一频率的光波在折射率小的介质中传播速度快,而在折射率大的介质中传播速度慢。由于细胞对大部分可见光的吸收性很差,因而他们可以利用不同材料,对可见光具有不同的折射率的性质构建图像。实验中,他们采用了干涉测量法获取数据,将一束光分为两部分,只让其中一部分照射细胞,另一部分作为参考光波,首先获得含有细胞信息的大量二维图像。为了得到三维立体图像,他们再将100组从不同角度获得的二维图像进行组合,经过大约10秒钟的时间就可得到细胞的三维图像。经过不断的技术改进,现在这一成像时间已经缩短到0.1秒。

费尔德表示,目前这项新技术的分辨率为500纳米左右,研究小组将力争使其达到150纳米或者更高,使其能够方便地与电子显微镜配套使用。

# 第三节 干细胞生理方面研究的新成果

## 一、干细胞生理现象研究取得的新进展

1. 研究干细胞源头与种类的新发现

(1)研究发现干细胞的源头。

发现肌肉干细胞的胚胎起源。2005年6月16日出版的《自然》杂志,分别刊登了法国国家科研中心和巴斯德研究院的两组科研人员的研究报告。他们同时发现了肌肉干细胞的胚胎起源,这项研究成果将有助于人类更好地认识和了解肌肉组织的发展过程。

人类胚胎和成人体内,都存在肌肉干细胞。胚胎和胎儿的肌肉干细胞增殖,使得肌肉组织发展;成年人体内的肌肉干细胞亦被称为卫星细胞,处于休眠状态,沿着肌肉纤维而分布。在经过强烈运动或是受到外界伤害之后,成人的肌肉干细胞会被激活并开始自我增殖,从而增加或是恢复成人的肌肉组织。对于老年人,肌肉干细胞不再具有自我复制的活性,从而表现为肌肉组织的萎缩。

法国国家科研中心马塞生物发展研究院的科研人员以雏鸡为对象,研究后发现,无论是胚胎或是成体,其肌肉干细胞都拥有一共同的胚胎起源:"体节"的胚胎结构。与此同时,巴斯德研究院以老鼠为研究对象的科研小组也发现,肌肉干细胞的出现,取决于两种基因Pax3和Pax7的作用。一旦上述两种基因丧失活性,肌肉干细胞就会缺失,并导致所有的肌肉组织停止增长。

这两组法国科研人员的研究成果,将有助于人类更好地开展肌肉干细胞的生物学研究,并进一步了解和认识胚胎及成体肌肉组织的生成和增长机制。

研究人员认为,该发现,对于开展肌肉疾病领域的细胞治疗,具有重大意义。因为成人体内的卫星细胞,在肌肉纤维受损时,会自动从休眠状态激活,并通过自我复制和增殖予以修复或取代。但在成人体内,卫星细胞的数量非常少,很难以此开展细胞治疗。在此次发现的基础上,不久的将来,研究人员就可以从胚胎中抽取肌肉干细胞,对其进行基因修改后再重新植入成人体内,实现利用肌肉干细胞进行基因治疗。目前,类似的基因治疗,已经在治疗如帕金森症等神经基因疾

病领域进入人体实验阶段,并已取得了令人欣慰的疗效。

(2)研究发现干细胞的新种类。

发现与诱导多能干细胞不同的新型干细胞。2014 年 12 月,加拿大多伦多西乃山医院安德拉什·纳吉主持的一个国际研究小组,在《自然》杂志上发表研究成果说,他们通过把体细胞重编程,得到一种新型小鼠多能干细胞,这种细胞不论是形态还是分子都与此前的诱导多能干细胞大不相同,可分化成所有 3 种胚胎前体组织。纳吉根据该细胞的绒毛形状将它称为 F 类细胞。在体外,F 类细胞比其他干细胞增殖更快,而且具有低附着的特点,或可更安全、更有效地应用于生物学和医学研究实验。

研究人员描绘的一个详细路线图,揭示了体细胞重编程达到不同多能状态的途径。研究显示,F 类细胞的表观基因组、转录组和蛋白组,与诱导多能干细胞大不相同。研究成果描述了,F 类细胞与其他特定细胞的重编程过程,并取得了细胞还原成"原始"状态的每一步骤的快照。研究小组将主要生化阶段的重编程过程进行分类,辨别出基因和蛋白质组合的每个步骤,由此描绘出的一个全方位、多角度蓝图,可为全球科学家继续扩大研究提供参考。

研究人员在《自然·通信》杂志发表的 3 篇论文,分别详述了成熟细胞转变为多能细胞时 RNA、蛋白和表观遗传学修饰发生的改变。

纳吉认为,F 类细胞或只存在于体外,因为它们需要 4 个转基因高水平表达。但这并不影响其实用性,在某些方面,F 类细胞是研究疾病和开发药物的理想干细胞。与诱导多能干细胞相比,F 类细胞的生长更为容易且快速,科学家可用更经济的方法批量制造,从而加速了药物检测的效益与疾病模建方法。

研究人员表示,该研究带来了一个新的理念,即细胞重编程能获得不同类型的多能干细胞。现有多能干细胞尚不能代表全部的多能状态,多能状态实际上有很多种,或者说细胞重编程可达到新的多能状态。

研究小组下一步计划生成人类 F 类细胞,并进一步分析 F 类细胞的分化潜力,从而加深对细胞重编程过程的了解。此研究结果,未来有望在治疗因细胞缺失或组织受损造成的疾病(如阿尔茨海默氏症、脊髓损伤、失明等)方面,发挥巨大的潜力。

2. 研究干细胞性质与特征的新成果

(1)研究干细胞性质的新成果。

一是实验证实人类存在具有卵子来源性质的卵原干细胞。2012 年 2 月,美国麻省总医院,文森特生育科学研究中心主任乔纳森·蒂利领导的研究小组,在《自然·医学》杂志上发表研究报告说,他们首次从育龄妇女的卵巢中,分离出产生卵子的干细胞,并证明这些细胞能产生正常的卵母细胞。

蒂利指出,最新研究非常清楚地证明了,人类也有一种类似老鼠等动物的卵原干细胞,或可成为无尽的卵子来源,有望为治疗女性不孕不育,甚至延迟卵巢早衰,提供新方法。

该研究小组曾在2004年首次证明,雌性老鼠在进入成年后还能持续制造出卵母细胞。2005年,有科学家在《细胞》杂志上撰文指出,骨髓或血液细胞移植,能让生育能力因化疗受到破坏的成年雌性老鼠,恢复产生卵母细胞的能力。这两篇文章都引发了争议,但随后几年不断有新研究支持蒂利的研究。

2007年,该研究小组证明因为化疗卵母细胞受到破坏的雌性老鼠,接受骨髓移植后,成功怀孕并诞下遗传学上属于自己而非骨髓捐献的小鼠。2009年,中国上海交通大学的研究小组指出,他们不仅从成年老鼠那儿分离并培育出卵原干细胞,也证明这些卵原干细胞在移植进入接受化疗后的雌性老鼠卵巢后,会让其卵母细胞成熟、排卵、受精并诞下健康的后代。

这次,蒂利小组研发出一个更加精确的细胞分选技术,并使用该技术从成人卵巢内分离出了卵原干细胞,得到的细胞像老鼠卵原干细胞一样,能自发形成具有卵母细胞特征的细胞。这些卵母细胞,拥有人类卵巢内卵母细胞的物理外表和遗传表达模式。研究所用的人类卵巢,由日本研究人员提供,来源是6名接受了变性手术的年轻女性。

这一发现,对女性卵子数量,在出生时就已被限定的传统观点形成挑战。因为这些卵原干细胞,来自于成年女性的卵巢,说明女性成年后仍然有可能形成新的卵子。如果能在实验室中,大量培育这种卵原干细胞,也意味着医疗上拥有了无尽的卵子来源。

蒂利表示,最新研究有望用于建立人类卵原干细胞库,因为这些细胞与人类的卵母细胞不一样,它们被冷冻和融解都不会受到破坏。科学家们也可据此找到,让人类卵原干细胞加速形成卵母细胞的性激素和因子,同时,设法让卵原干细胞在试管授精中发育成成熟的人类卵母细胞,以改进试管授精的结果,并为不孕不育症提供新疗法。

二是发现能使干细胞保持本性的关键因子。2014年9月25日,美国纽约大学朗格尼医学中心病理学副教授伊娃·蒙杰、博士后拉菲拉·迪米可等人组成的研究小组,与纽约西奈山伊坎医学院周明明研究小组合作,在《细胞·报告》网络版上发表研究成果称,一种与许多癌症有关的蛋白质BRD4,在保持干细胞"年幼多能"状态中起着关键作用。

干细胞是细胞界"永远的少女"。人们认为它会一直保持静止状态,直到有某种信号迫使它分裂,产生差异而形成高度特化的细胞。理论上它们能发育成任何类型的成熟细胞,因而在组织与器官再生领域有着光明前景,但人们还需要更充分地掌握干细胞生理学原理。

干细胞因子BRD4与许多癌症有关,也是目前临床试验中可预期的治疗标靶。蒙杰研究小组在2013年发现,黑色素瘤细胞中会表达过多的BRD4以助其增殖,抑制BRD4会让它们生长明显放慢。这种蛋白质能让癌细胞保持相对不成熟的类干细胞状态,在一定程度上驱动了癌症。因此,研究人员想找出这种蛋白质在真正的干细胞中起了什么作用。

他们与周明明研究小组合作,开发出一种BRD4阻断化合物,用在新研究中抑制小鼠和人类胚胎干细胞中BRD4的活性,他们还用特殊的RNA分子阻断BRD4基因转录,观察干细胞是怎样改变自身特性的。结果发现当干细胞分裂时,开始显出年轻神经元的特征。

BRD4能绑定到基因组中一种叫做"超级增强子"的特殊位点上调节基因活性,这些位点被认为是顶级控制器,为多种基因编制不同的表达模式,合在一起确定细胞类型。

迪米可说:"我们发现BRD4占据了超级增强子的基因位置,这对干细胞保持其本身特性是非常重要的。"当研究人员用BRD4抑制剂时,这些基因,包括OCT4等表达数量急剧下降。

OCT4也是标准"OKSM"混合剂的4个因子之一,OKSM可用于将普通细胞转变为诱导多能干细胞(iPSc)。而新研究结果表明,BRD4甚至能在更高调控级别上增强干细胞特性。

蒙杰说:"我们的发现,更好地理解了调节干细胞状态的复杂系统。理论上,我们能用BRD4代替OKSM混合剂中的一个或几个因子,也能加入混合剂中提高重编程效率,这正是我们目前所研究的。"反过来,还可以用BRD4抑制剂辅助编程,让细胞向另一个方向发展,比如把干细胞变成婴儿神经元,将来有一天或能用于再生疗法。

(2)研究干细胞特征的新发现。

发现精原干细胞与胚胎干细胞存在相似特征。

2006年3月24日,德国哥廷根大学基尔德·哈森富斯和他的同事组成的一个研究小组,在《自然》网络版发表文章称,他们成功地从老鼠的睾丸中分离出产生精子的干细胞,并且发现这些干细胞与成年老鼠胚胎干细胞,存在许多相似的特征。

研究人员认为,如果人类体内的同类型干细胞也显示出相似的属性,那么可以对其进行干细胞研究,从而消除一直以来从人类胚胎上分离干细胞的伦理学难题。哈森富斯说:"这些分离出来的精原干细胞,对培养条件作出反应,具备了胚胎干细胞的属性。"

众所周知,干细胞是动物身体内可能发育为任何细胞类型的一种主要细胞。研究人员认为,它们能够作为一种修复系统,为糖尿病、帕金森症等许多疾病提供新疗法。但是,在干细胞的使用问题上,历来存在着争议,因为最有希望治疗人类疾病的干细胞,是从人类早期胚胎上分离出来的。

在文章中,研究小组描述了,他们如何从老鼠的睾丸中分离出产生精子的干细胞。这种细胞被他们称为"多重潜能成人生殖干细胞",在一定条件下,能作出相似于胚胎干细胞的反应。当研究人员把这种细胞注射入早期胚胎时,他们发现,这些细胞能够促进各种器官的发育。

英国医学研究理事会临床科学中心主任克里斯·希金斯教授认为,这种精原干细胞,替代胚胎干细胞的前景非常诱人。但是他也指出:"我们还需要进行更多的试验研究,才能更清楚地理解这些睾丸细胞与胚胎干细胞的相似与区别之处,才能正确评估它们用于治疗的潜力。"

伦敦国王学院从事干细胞研究的生物学家斯德芬·明格尔博士,用"相当惊人"一词来形容这些发现,并且他也认为应该进行更多的研究试验。他说:"我们需要在人体内复制这些细胞,不能因为它们对老鼠起了作用,就判断它们对人类肯定也适用。"如果从人体内成功分离这种干细胞的话,那将为科学家进行研究试验提供另一种干细胞来源。

3. 干细胞分化机理研究的新成果

(1)发现一种小分子能预防胚胎干细胞分化。

2007 年 4 月,美国《国家科学院学报》网络版,发表南加州大学研究小组的一项成果,他们发现,一种称为 IQ-1 的小分子,在预防胚胎干细胞分化成特殊细胞的过程中,扮演相当关键的角色。这项发现,为抑制胚胎干细胞的分化,提供了一条新思路。过去这方面比较典型的做法,是利用老鼠饲养层的纤维母细胞来抑制胚胎干细胞的分化,使胚胎干细胞能一代一代的继续下去。

研究人员说,IQ-1 主要能阻断细胞内 Wnt 的讯息传递路径,而 Wnt 路径主要的功能,是负责干细胞的增生及分化。更仔细来说,IQ-1 是阻断 p300 蛋白,以避免其与 s-catenin 结合,这样就能阻止干细胞的分化作用,同时,IQ-1 还能增加 CBP 蛋白与 s-catenin 的结合作用,使干细胞能继续以原态进行分裂增生。

目前 IQ-1 已用于老鼠胚胎干细胞与人类胚胎干细胞的测试,两个系统中 IQ-1 抑制干细胞分化的效果类似。

(2)发现胚胎干细胞分化的控制机制。

2008 年 12 月,以色列希伯来大学哈达沙医学院的分子生物学家霍华德·塞达尔教授领导,癌症研究专家伯格曼教授等人参加的一个研究小组,发现了使胚胎干细胞分化为不同组织和器官细胞的机制。据认为,这项研究成果,对今后干细胞治疗研究,具有重要意义。

研究小组发现,胚胎干细胞分化过程,受一个称为 G9a 基因的影响,该基因可使让胚胎干细胞分化为不同组织和器官的基因关闭,从而使其无法发挥作用。

胚胎干细胞是早期胚胎中,尚未分化的全能细胞。它们与成体细胞不同,具备发育为各种组织和器官的潜力。塞达尔教授解释说,当胚胎在子宫中着床后,细胞的分化过程即开始了。此时,细胞内有两种控制机制发生作用,一种使细胞保持其全能状态的基因被关闭,另一种使细胞发育为肌肉等特定组织的基因被启动。胚胎干细胞一旦开始分化为不同的组织细胞,便失去其全能性。

目前,一些科学家用成体细胞培育干细胞取得了一定进展,但这项研究也面临较大难度,主要是成体细胞已经失去了胚胎干细胞的特有潜力,很难通过重组使其达到胚胎干细胞的程度。塞达尔教授的这项研究成果,为今后干细胞治疗带来了新的希望。

(3)揭示造血干细胞的定向分化机制。

2009年8月,法国国家科学研究中心和法国医学研究所共同组成的一个研究小组,在《细胞》杂志上发表研究成果称,造血干细胞能制造所有类型的血液细胞。但是,究竟是哪些因素影响着一个特定细胞类型的产生呢?到目前为止,人们都认为这是一个随机的过程。现在,该研究小组发现了决定这些特定细胞产生的因子,并已在小鼠身上得到验证,此机制涉及一个细胞内在因子和一个外来因子。

干细胞研究成为诸多医学研究的希望之门,要归功于它能产生体内任何细胞类型或器官的独特能力。科学家们一直在致力于了解干细胞向特定细胞分化的机制。

该研究小组,一直在对小鼠造血干细胞进行研究,其研究重点为骨髓细胞的发育,骨髓细胞属白血细胞谱系。它能通过释放毒素,或对其他特定免疫细胞发出警告,以同那些吞噬它们的微生物进行抗争。到目前为止,从造血干细胞产生不同的特定细胞,被认为是一个随机过程。法国研究人员却发现,在骨髓细胞这个研究案例中,有两种相关蛋白是联合行动的,一种蛋白是位于细胞内的转录因子,另一种蛋白则是位于细胞外的细胞因子。

转录因子能打开或关闭基因,而一个细胞的"身份"则是其拥有的活跃基因的组合体。正因为如此,研究人员怀疑转录因子对分化方向起着重要作用。他们还了解到,血液细胞只能在含有特定细胞因子(每种细胞类型的特定荷尔蒙)的环境中才能繁盛。但到目前为止,研究人员都认为,细胞因子只是协助细胞的生存和再生,却不会影响其"命运"。

法国研究人员则发现,一个特定细胞因子(M-CSF)将干细胞引向了一条"骨髓路径",如果细胞内的某种转移因子水平较低,那么这些干细胞就只能沿此路径分化。此项发现,有助于揭开专业人员在过去50年来痴迷追寻的秘密。从长远来看,这些研究成果,为找到白血病的形成机制带来了曙光,在白血病中,不正常的干细胞仍然是个悬案,仍能逃脱各种治疗方案。此项研究,也为揭示干细胞如何在大脑、肌肉或肠道中发挥作用,提供了可借鉴的信息。

(4)发现干细胞分化方向可随成长环境改变。

2010年8月19日,英国爱丁堡大学克莱尔·布莱克本博士领导,他的同事,以及瑞士同行参加的一个研究小组,在《自然》杂志上发表研究成果称,只要改变成长环境,来自胸腺的干细胞,可以"转行"变为毛囊细胞。这项成果,对于研究器官组织再生,具有重要意义。

以往的观点认为,干细胞是尚未分化成熟的细胞,除胚胎干细胞外,多数干细胞常常"命中注定",只能成长为某一种特定的细胞。该研究小组对此提出不同看法,他们在研究中成功改变了实验鼠胸腺干细胞的"命运"。胸腺是存在于人和许多动物胸部的一个器官,它是免疫细胞 T 细胞的生成地,在免疫系统中发挥着重要作用。

研究人员首先培养出实验鼠胸腺干细胞,然后把它转移到适宜皮肤毛囊细胞生长的环境中培养,结果发现这些胸腺干细胞在新环境中,逐渐改变自己的基因特征,越来越像皮肤毛囊的干细胞。

在这种环境中培育一段时间后,这些细胞被移植到正在生长的皮肤中,结果它们拥有了像毛囊细胞一样供养和修复毛发的能力,且表现出色。天然毛囊干细胞成长后只有三个星期的修复毛发能力,而这些胸腺干细胞"转行"后拥有长达一年的修复毛发能力。

据介绍,大部分动物的胚胎分为外胚层、中胚层和内胚层三个胚层,外胚层成长为皮肤和神经等,中胚层成长为肌肉、骨骼和血液等,内胚层成长为肠道、肝脏和胸腺等器官。过去,一直认为这三个胚层的细胞间存在无法逾越的鸿沟,但本次研究证明,来自内胚层的胸腺干细胞,也可以变为本应属于外胚层的皮肤毛囊细胞,显示不同胚层细胞间的区分,并不绝对。

布莱克本说,这些胸腺干细胞,在适宜毛囊干细胞成长的环境里,完全改变了原定的成长轨道,从而启发研究人员使用适宜其他器官干细胞成长的环境,探索能否培育出所需的器官细胞,这对研究器官组织再生具有重要意义。

(5)启动胚胎干细胞分化机理的大型研究项目。

2012 年 2 月 27 日,由欧盟 8 个成员国比利时、丹麦、德国、西班牙、意大利、荷兰、瑞典和英国的一流科研机构和企业研究人员组成的科研团队,在欧盟第七研发框架计划(FP7)1200 万欧元的资助下,正式启动探索胚胎干细胞分化机理的大型基础研究项目,开始开展对胚胎干细胞早期裂变不同路径的研究。

当胚胎干细胞通过被称作分化的演进过程,分裂和发展成细胞组织时,每个胚胎干细胞均具有分化成不同类型功能细胞组织的潜力,如神经细胞、肌肉细胞和血液细胞组织等等,而决定细胞组织功能的分子结构是非常复杂的。研究人员的研究工作,将主要集中在胚胎干细胞早期分化阶段的,非常精细和具有活力的蛋白质结构:核心蛋白复合体和核小体重塑脱乙酰基酶复合体,两者作为基本的要素,决定着基因的活化和去活化,在适当的时间对适当的细胞组织类型。

该项研究工作需要大量尖端前沿技术的支持,如结构生物学、光子显微学、蛋白质组学、高通量测序和各种计算机模型。该项研究取得的知识成果,不仅可以建立起人类疾病和医治方法的新模型,如癌症和肝细胞组织等再生医学;还可以帮助科研人员设计分子结构,以便更好地控制胚胎干细胞在生物体外的分化过程,其应用前景广阔、意义重大。

（6）发现诱导多功能干细胞分化能力会因人而异。

2012 年 7 月 17 日，日本京都大学的一个研究小组，在美国《国家科学院学报》网络版上报告说，他们发现在利用诱导多功能干细胞（iPS 细胞）培育肝脏细胞时，由于提供初始细胞的志愿者身体条件不同，培育出的 iPS 细胞的分化能力存在很大差异。

研究人员发现，iPS 细胞分化成肝脏细胞和心肌细胞的效率，因初始细胞的特点而异，也会因提供者的遗传特性和培养条件等产生差异。

研究人员从 3 名志愿者的皮肤细胞和白血球中采集细胞，培育出 iPS 细胞，然后鉴别其是否发育成肝脏细胞。结果发现，源自不同志愿者的 iPS 细胞分化出的肝脏细胞数量，在某检测指标方面存在 3 倍左右的差距，这表明初始细胞提供者的身体条件，对 iPS 细胞的分化能力具有重大影响。

研究小组认为，虽然参加这项研究的志愿者人数很少，尚无法得出最终结论，但这一发现，有望成为再生医疗领域应用 iPS 细胞的重要参考。

4. 与干细胞相关生理现象研究的新成果

（1）发现色素干细胞耗尽是黑发变白的重要原因。

2004 年 12 月，日本科学家西村荣美领导的一个研究小组，在《科学》杂志上发表文章说，导致黑发变白的一个重要原因，是色素干细胞耗尽，其生成的黑素细胞又不能正常工作。

科学家以前发现，色素干细胞能够生成黑素细胞，黑素细胞移动到发根，释放色素为毛发着色。如果停止这种色素供应，毛发就会变白。然而，科学家们一直不知道色素停止供应的机理。对此，该研究小组对转基因鼠进行了研究。他们发现体内 Mitf 基因发生突变的老鼠，会在 6 到 12 个月大时毛发变白；而 Bcl2 基因发生突变的老鼠，在出生后几周内就会长出白毛。分析显示，这些老鼠长白毛的直接原因，是它们的色素干细胞逐渐消失，而其生成的黑素细胞又不能移动到发挥作用的正常位置发根，无法释放色素。

研究小组在调查日本人发根周围的色素干细胞数量时发现，与 20～40 岁的人相比，50～70 岁的人的色素干细胞减少了约一半，70～100 岁老人的色素干细胞数量，只有年轻人的 1/10。随着年龄的增加，色素干细胞呈逐渐减少的趋势。

西村荣美认为，这一研究成果说明，如果能通过医疗手段使色素干细胞再生，那么就有望防止很多人的黑发变白，或使他们的白发变黑。

（2）发现 w－6 脂肪酸可增加造血干细胞。

2012 年 7 月，德国歌德大学、德国马普心肺研究所，以及美国加州大学联合组成的一个研究小组，在美国《国家科学院学报》上发表论文称，他们在用质谱仪研究小鼠细胞的组成时发现，某些脂肪酸和其代谢物对骨髓干细胞的功能有影响，进而辨别出一种 w－6 脂肪酸的代谢产物，可以促进造血干细胞增长。

研究人员表示，移植骨髓造血干细胞，虽然是临床实践中行之有效的治疗方法,并具有广泛应用,但时常有因获取的供体细胞不足而导致治疗无效的事例。过去,一种解决方法,是在移植前先把捐赠者的干细胞做细胞培养,以求增加数量。现在,他们终于又发现了一种可以促进造血干细胞增长的新物质。

对这种代谢产物的生物意义,迄今研究很少。它是可溶性环氧化物水解酶的产物,通过不同品种的演变存留下来,在斑马鱼体中也有发现。斑马鱼很适合用来做这方面的继续研究,因为它生长快,其造血干细胞借助转基因技术很容易视化。这种斑马鱼的环氧化物水解酶一旦失去活性,鱼体几乎会丧失其全部造血干细胞,而在添加了相应水解酶成分之后,造血干细胞又重新生成。

从斑马鱼获得的发现,在对小鼠的移植实验中得到了印证:从小鼠到小鼠的干细胞移植,在缺少环氧化物水解酶的情况下便不成功,通过用 w – 6 脂肪酸代谢产物培养细胞的方法处置,又可改善移植结果。从这些研究中获得的数据,首次显示了 w – 6 脂肪酸代谢产物的重要作用,即可为优化干细胞疗法做出贡献。

## 二、提取和研制干细胞的新进展

### 1. 分离和提取干细胞取得的新成果

(1)从腺组织中成功分离出干细胞。

2004 年 5 月,德国弗劳恩霍夫学会最新发表的新闻公报说,德国科学家从人和大鼠的腺组织中成功分离出一种细胞,它在很大程度上表现出成体干细胞的特征,具有分化出多种细胞组织的潜力。科学家们高度评价这一成就,认为是干细胞研究中的"开拓性成绩"。

德国吕贝克大学在该学会的协助下,在一年半时间里进行了多次成功的实验。实验中,一年多之前从多种供体组织取得的干细胞,迄今仍然能稳定增殖。这些干细胞特性稳定,在培养过程中表现出持久的增殖能力,并且能够在低温下长久保存。科学家们相信,经过合适的培养步骤,能够诱导这种细胞定向分化。

研究人员在研究中发现,培养皿中的细胞经过数月后能长成几毫米大小的组织合成物,其中包含具备内胚层、中胚层和外胚层特征的细胞和细胞层系,这一特征类似胚胎干细胞。不过,研究中这些细胞还没像胚胎干细胞那样形成心脏、肾脏等器官。

研究人员说,这些干细胞系的另一个重要特征是,在零下 196℃ 的液氮中能完好保存,而不损伤增殖和分化的能力。这样,它们可以提前几个月甚至几年储存,使用时仍然能够保持活性。弗劳恩霍夫学会下属的生物医学技术研究所为此专门开发了微型保存容器,借助它,供体细胞或组织可近乎"无限期"地保存。

德国科学界认为,人们由此首次获得了稳定和丰富的干细胞源,从包括人类在内的几乎各种脊椎动物身上都能获得高性能的干细胞,而且无论年龄和性别差异,这在农业、医学和生物技术领域具有重要意义。

许多研究人员预计,胚胎干细胞将来在医疗应用中作用有限,因为胚胎干细胞的提取必须以牺牲胚胎为代价,会在伦理、法律方面引起很大争议。而成体干细胞存在于多种机体组织中,尽管分离比较困难,但应用前景广阔。

(2)首次分离出人类牙周膜干细胞。

2004年8月,美国国立卫生研究院牙科与颌面研究中心(NIDCR)的研究人员,在医学杂志《柳叶刀》上撰文宣称,首次从牙周膜中分离出人类牙周膜干细胞。

长在牙槽窝里面的牙齿,周围的组织有牙周膜、牙槽骨和牙龈。这三种组织,统称为牙周组织,牙周组织是牙齿的重要支持组织。其中牙周膜是一种致密的结缔组织,生长在牙槽骨和牙根之间。牙周膜的纤维排列成束状,纤维的一端埋于牙骨质内,另一端则埋于牙槽窝骨壁里,使牙齿固位于牙槽窝内。牙周膜紧密地围绕着牙根,如同韧带一样使牙齿牢牢地固定在牙槽中。研究发现,牙周膜纤维具有一定的弹性,因此它能起到调节、缓冲咀嚼压力的作用。牙周膜发生病变或遭受损伤后纤维断裂,牙齿就会松动。

20世纪70年代以来,研究人员就曾试图从牙周膜中分离得到干细胞,但是由于许多技术上的原因,这方面的研究长期以来几乎没有任何进展,有的研究人员开始怀疑能否从体积极小、又含有多种类型细胞和亚单元的牙周膜中分离出干细胞。该中心研究人员,两年前得到25个新拔下来的智齿、第三颗白齿并从这些牙的牙根处取下了牙周膜。通过反复实验,研究人员成功地分离和培养出了牙周膜干细胞。研究小组的专家说,研究人员通过检测两种特殊的蛋白质,证实了这一研究成果,同时他们还检测到了高表达的基因激活蛋白Sleraxis,这种蛋白质是牙周膜干细胞所特有的。研究人员说,这些细胞的复制功能非常惊人,通过细胞培养我们已经克隆到200多个细胞。随后,研究人员进行了动物移植实验,以期了解牙周膜干细胞,是否真的能够形成牙周膜和牙骨质。他们将通过实验室克隆到的牙周膜干细胞,先移植到一个羟基磷灰石的载体上,然后植入小鼠的相应位置。不久后,大部分移植样本都产生了类似纤维状的结构,并形成了一个致密的牙骨质和牙周膜的混合体,证明牙周膜干细胞能在动物体内产生高密度的再生组织。研究人员正在利用牙周膜干细胞,对较大的哺乳动物进行研究,希望获得更多的资料。

研究者表示,牙周膜干细胞,将在牙龈疾病的治疗中发挥巨大的作用。牙龈是覆盖在牙槽骨和牙颈部的口腔黏膜,上面有丰富的血管。健康的牙龈呈粉红色,质地柔韧而有弹性,能够耐受食物的摩擦。由于吸烟、口腔卫生不洁等原因,目前,牙龈炎已经成为最常见的牙病之一。研究者认为,从理论上看,人们或许有一天在拔掉他们的智齿后,能够保留或储存这些牙周膜干细胞,从而为晚期牙周疾病的治疗提供了一条新的途径。

(3)成功地从人血液中提取出胚胎质干细胞。

2005年6月,德国莱比锡大学的约瑟夫·凯斯教授,与乔陈·顾克博士等人组成的研究小组,在沃里克最近举行的2005年物理学会议上宣布,他们发明了一种新的机械工具,可以使研究人员在伦理学要求的范围内提取干细胞。第一次成功地从成人血液中提取和分离出胚胎干细胞。这种新的提取技术,将引起干细胞研究的变革,并促进干细胞,在医学研究中的应用。

科学家早就研究了解到干细胞存在于成人血液,以及其他的某些组织中。但是分离干细胞唯一可靠的途径,是用化学染料来标记细胞,这无法用于医学治疗。该研究小组的分离技术,第一次可使每个细胞具有延展性和弹性等物理学特点,从而取代以生物学制造的方法来决定它是否是干细胞。干细胞不需要严格的"细胞骨架"来支撑其细胞形状,因此使得它们比一般的细胞具有更大的延展性。

研究小组使用一种强大的红外激光束,来单个分离和测定细胞。这种光展宽器,不同于现在使用的那些光学镊子,光字镊子是将光聚焦于一点来提取细胞,相反,这种光展宽器使用的是未聚焦的光,因此激光束具有适当的强度来检测展宽后的细胞,却不会杀死细胞。

根据伦敦大学血液学和干细胞研究专家迈克尔·瓦茨博士的研究,在成人的血液中原始血细胞平均为 1 万个。其中只有 500 个可能可以用于取代胚胎干细胞。干细胞的研究,要求有成百上千万这种原始细胞。

科学家已经尝试用各种方法,从原始细胞分离出 5% 或者更高比例的干细胞,但是没有发现可以完全成功的用于人体干细胞分离的单一技术。光展宽器根据细胞骨架的强度来一个一个的分离细胞,正好解决了这一技术难题。瓦茨博士解释说,这种技术可以应用于医学治疗,极大的促进人类细胞治疗技术的发展。

这种光学展宽器,已经可以每分钟检测 3600 个细胞,尽管这仍然不足以做到工业化分离高级别的干细胞,但是它提供了一种替代胚胎提取干细胞的方法。同时,这种技术已经用于分离那些可以分化为皮肤的低级别干细胞。在与莱比锡医学专家的合作中,已经用该技术治疗老年人非治愈性的创伤,而从人血液中分离出的低级别干细胞,已经开始应用于医学治疗。

(4)分离出具有生殖潜能的干细胞。

2005 年 11 月,加拿大圭尔夫大学保罗·戴斯教授领导的一个研究小组,在"首届中国—加拿大双边生殖健康研讨会"上报告的研究成果认为,在发育生物学领域,一个有待回答的问题,是在哺乳动物发育的各个时期中,决定生殖细胞命运的究竟是哪一个时期。对此,研究小组,已成功从猪皮肤组织中分离出具有生殖潜能的干细胞。

戴斯研究小组,从在母体中发育了 50 天的猪胎儿皮肤组织中,分离出一些干细胞。这些干细胞,具有某种分化成具有卵母细胞特性的细胞内在机制。当研究人员用诱导分化的条件培养基,培养这些干细胞时,发现其中的一个亚群,可以表达一些只有生殖细胞才能特异表达的基因和蛋白。根据形态学观察,科学家发现所培养的细胞,从诱导分化的第 10 天开始,形成了克隆样结构,其中的一些克隆样结构,逐渐从培养皿上脱壁,呈"囊泡状聚集体"悬浮于培养基中。

研究人员惊奇地发现,在很多囊泡状聚集体中央有一个较大的细胞,这与同生殖有关的卵母细胞复合体结构非常相似。

为了检测这些大细胞是否表达了具有卵母细胞代表性的标记分子,研究人员将这些大细胞挑出,分组提取 RNA。RT－PCR 的检测结果表明,在这些"大细胞"以及作为阳性对照的卵巢组织中,均可以检测到所有卵母细胞特异表达的标记分子物。

(5)从牙胚中分离出干细胞。

2006 年 3 月 7 日,日本产业技术综合研究所发表新闻公报说,该所和大阪大学研究人员用特殊的蛋白质分解酶,对牙齿矫正治疗中拔除的智齿牙胚进行处理,结果分离出具有极强增殖和分化能力的间充质干细胞。他们随后使牙胚间充质干细胞增殖为细胞无性系,并在试管中成功诱导细胞无性系分化为骨细胞、肝细胞和神经细胞。

研究人员把牙胚间充质干细胞植入多孔陶瓷,并移植到患免疫缺陷的大鼠体内。6 周后,取出的间充质干细胞和陶瓷复合体被一种特殊的染料染成粉红色,证实了有新生骨组织形成。

研究人员还对肝脏受损的免疫缺陷大鼠进行了实验,这种大鼠不能合成白蛋白。实验结果显示,给这种大鼠移植牙胚间充质干细胞后,它们能重新合成白蛋白。病理检查表明,与未移植间充质干细胞的大鼠相比,移植了间充质干细胞的大鼠肝脏损伤修复程度明显要高。

研究人员说,牙胚间充质干细胞,从分裂阶段上来说,比骨髓间充质干细胞更靠前,因此增殖和分化能力较骨髓间充质干细胞更为优越。研究人员计划,下一步通过实验,诱导牙胚间充质干细胞,分化为骨骼、肝脏和神经组织以外的细胞,以拓宽牙胚间充质干细胞作为再生医疗材料的应用领域。

(6)从女性月经血中成功提取干细胞。

2006 年 3 月 14 日,有关媒体报道,在美国心脏病学会召开的一次医学会议上,日本东京庆应大学的三善俊一郎博士报告说,他和同事从 6 名女性身上采集了月经血,并从中提取出干细胞。这些干细胞能形成某种特殊的心脏细胞,而这种细胞有朝一日也许能用于治疗衰弱或受损心脏。

研究人员表示,他们从月经血中获取的干细胞数量,大约是从骨髓中提取的 30 倍。接着,他们在对干细胞进行一定程度的培育后,逐步将它们变成心脏细胞。五天后,其中大约半数干细胞"自发的、有节奏、同步"收缩,表明细胞之间存在电通讯,也就是说,它们像心脏细胞一样活动。据悉,从骨髓提取的干细胞也可改善心脏功能,但它们主要是通过生成新血管,而不是新心脏肌肉组织达到这一目的。

研究人员还强调说,需要指出的是,这些细胞应从年轻女性月经血中提取,因为它们可能要比从老年女性月经中提取的干细胞寿命长。

（7）从胚胎的外围羊水中提取出干细胞。

2007年1月，美国威克森林大学医学院和哈佛医学院联合组成的研究小组，在《自然·生物技术》杂志上发表论文宣布，他们找到易于获取并有很强繁殖力的干细胞的新来源。他们已经从发育中胚胎的外围羊水中提取出干细胞，并培育出了肌肉、骨骼、血管、神经和肝脏细胞。

研究人员在羊水中发现了少量的干细胞，估计只占1%。他们把这类细胞命名为羊水液体来源细胞（AFS细胞），并相信它处于胚胎干细胞和成体干细胞的中间状态。这种AFS细胞医学应用的优势，在于它很容易获取。论文描述了从羊水中提取干细胞的方法，干细胞既可从产前遗传疾病检查所需的羊水诊断中提取，也可以从产后的羊水中分离出来。

据介绍，这种AFS细胞不仅容易获取，而且繁殖很快，每36小时数量就翻一倍。这一过程不需要其他细胞的参与，而且也不像其他类型的干细胞那样可能会引起肿瘤。研究人员还发现，胚胎外胚层、中胚层和内胚层所分化出的三类细胞，AFS细胞都可以分化出来。研究人员相信，它也可以像胚胎干细胞那样，分化出所需的各种成体细胞。

威克森林大学医学院高级研究员阿塔拉，7年前就开始从事这项研究，他说："我们花很长时间来验证它是否属于真正的干细胞。目前，我们还不清楚AFS细胞到底能分化成多少种细胞，现在我们尝试分化和培育的每一种细胞都取得了成功。而且这些细胞也通过了功能测试，这表明它们的医用价值。"有关功能测试包括：将AFS细胞分化出的神经细胞，注入患脑部退化疾病的小鼠中，发现细胞生长并重新占据了疾病区域；AFS分化出的骨细胞，在小鼠中成功生长出骨组织；它分化出的肝脏细胞，能起到分泌作用。

研究人员相信，干细胞可用于治疗脊髓损伤、糖尿病、阿尔茨海默病、中风等多种疾病中受损的细胞组织。阿塔拉认为，10万份样本的储存库，理论上说，就可为99%的美国人提供理想的移植遗传配型。美国每年的新生人口超过400万，羊水无疑是稳定的干细胞新来源。

（8）从人体伤口组织提取出皮肤干细胞。

2009年10月11日，首尔媒体报道，韩国建国大学一研究团队成功地从人体伤口周边组织中，提取出皮肤干细胞。这项成果，有望推动干细胞研究加速发展。

报道称，研究人员从剖腹产手术时产生的手术伤口组织中提取到干细胞，通过骨形态发生蛋白（bmp-4）增殖分化，成功获得了大量干细胞。

实验证明，使用该方法获得的干细胞能够成功被诱导分化为神经细胞。这些神经细胞将被用于自体干细胞移植和干细胞医疗等领域的后续实验。研究人员相信，提取自伤口组织的人体干细胞的分化能力同胚胎干细胞相当。

研究人员表示，将上述皮肤干细胞诱导分化为胰岛素分泌细胞的实验，现已取得阶段性成果，下一步，他们将探索通过细胞移植治疗糖尿病的可行性。

此前,科学家已经在人体皮肤细胞中获得了成体干细胞,但提取效率低下,无法获得研究工作所需要的最低数量。所以,从伤口组织提取干细胞进而大量获取皮肤干细胞,这是一项重要的创新成果,它有望开启干细胞研究的新局面。

(9)分离出人类胚胎中胚层祖细胞。

2010年7月,美国加州大学洛杉矶分校,病理学和实验室医学教授盖伊·克鲁克斯领导的一个研究小组,在美国《国家科学院学报》网络版上,描述了一个标志人类胚胎干细胞分化最初阶段的细胞群,这些细胞由此将进入一个发育路径,并最终形成血液、心肌、血管和骨骼等。

这项发现,将能帮助科学家创建用于再生医学的更好、更安全的组织,也将帮助科学家更好地了解,多功能干细胞与那些失去了多能性、正在变成特定组织细胞,它们相互之间的差异。

人类胚胎干细胞在早期发育阶段,遵循3条不同的发育路径,形成最初的生殖细胞层:中胚层,外胚层和内胚层。这3个胚层细胞,接下来会变成各种人体组织。在这项研究中,科学家对随后将进入中胚层路径的人类胚胎干细胞,进行了探索。这条一路径,最终将导致形成血液细胞、血管、心脏细胞、肌肉、软骨、骨骼和脂肪。

研究人员把人类胚胎干细胞放入培养皿三四天后,发现它们的一小部分,已失去表明细胞多能性质的一个重要标志,并获得新的代表中胚层细胞的标记。由于这些标记陈列在细胞表面,利用特异性抗体,就可从培养皿的其他细胞中分离出人类胚胎中胚层祖细胞(hEMP细胞)。

研究人员表示,hEMP细胞是从人类胚胎干细胞,转变成中胚层细胞的最初阶段细胞。尽管这些细胞似乎必定会形成中胚层,但它们尚未确定会形成何种中胚层组织。

克鲁克斯小组的研究重点,是利用人类胚胎干细胞制造出造血干细胞。研究表明,由实验室中的人类血液干细胞制成的造血干细胞,缺乏在骨髓或脐带血中的造血干细胞所拥有的某些功能,因此,由胚胎干细胞而来的造血干细胞,并不能发育成一个最理想的免疫系统。她希望,hEMP细胞可用于创建,与骨髓与脐带血中造血干细胞功能一样强大的造血干细胞,这些细胞将可安全地用于人体,以治疗诸如白血病和镰状细胞贫血症等疾病。

经广泛测试证明,hEMP细胞已失去形成畸胎瘤的能力,而形成畸胎瘤的能力是胚胎干细胞的一个标志。克鲁克斯表示,正是基于可能形成畸胎瘤的风险,研究人员普遍认为在人体中使用多能干细胞并非良策。本次分离出来的hEMP细胞,由于不具备形成畸胎瘤的能力,因此,对于开发用于人体的治疗方法来说,hEMP细胞应是一个安全的选择。

目前,研究人员正在研究如何以最佳方式引导这些hEMP细胞发育成中胚层细胞谱系中的任何类型,并对这些细胞加以操控,以使它们在增殖和分化时成为功能性细胞。

(10)首次提炼隔离出单个人类血液干细胞。

2011年8月,加拿大干细胞生物学研究所首席教授约翰·迪克领导的研究小组,在《科学》杂志上发表论文称,他们首次提炼隔离出单个人类血液干细胞,它能让整个血液系统再生。这项新成果,能让医学专家更有效地治疗癌症和其他疾病。

研究人员表示,他们最新提炼隔离出的这个单细胞,能制造出整个血液系统,这是干细胞在临床应用发挥最大潜能的关键。

干细胞是一种未充分分化、尚不成熟的细胞,具有再生各种组织器官和人体的潜在功能,医学界称其为"万用细胞"。1961年,多伦多大学的研究人员,首先开始了干细胞领域的研究。他们证实,血液细胞均来自一种造血干细胞,并确定造血干细胞具有自我更新、分化潜能。随后,开始使用干细胞对血癌病人进行骨髓移植,这是迄今为止再生医学领域最成功的临床应用,每年都让数千人受益。

尽管科学家们已开始利用在脐带血中发现的干细胞,然而对很多病人来说,单个捐赠样本并不够用。因此,干细胞研究领域的专家,一直在挖掘单个纯净的干细胞这一宝藏,在将单个干细胞移植入人体之前,可在培养皿中对其进行控制和扩展。加拿大研究小组的最新发现,有助于研究人员根据临床需要制造出足够的干细胞,并进一步实现再生医学的各种美好愿景。

加拿大研究小组究之所以取得成功,是因为他们使用了高科技的流式细胞技术(FFCT)。这是一种可对细胞或亚细胞结构,进行快速测量的新型分析技术和分选技术,它使研究人员能快速地将数百万个血液细胞挑选、筛选,并提炼成有意义的二进制文件,以便对其进行分析。现在,干细胞研究人员,能标识出引导"普通"干细胞如何表现和持续的分子开关,也能描述出将普通干细胞与所有其他血液细胞区别开的核心属性。

2.改造或研制干细胞取得的新成果

(1)把睾丸细胞改造成干细胞。

2006年4月,路透社报道,美国加州普利米格生物技术公司,研究员席尔瓦领导的研究小组声称,已把人类睾丸取出的未成熟细胞改造为干细胞,再用来培植神经、心脏和骨骼的细胞。虽然他们的研究,尚未获得科学界的严格评审,但已在西班牙的干细胞研讨会上发表这一成果。如果真的取得成功,它将成为提供干细胞的新来源。

研究员所利用的未成熟细胞,取于睾丸和卵巢,又称为生殖细胞。科学家一直希望,生殖细胞能成为移植用组织,或其他医疗方法的来源。研究小组从年龄26~50岁男士的睾丸取出细胞,再将细胞以多种方法培植,首先将细胞重新排列为具可塑的干细胞,再利用这些干细胞培植出不同的细胞种类。

席尔瓦说,我们的目标,是培植出最有效能的干细胞线,尽可能为最多类疾病提供最有效的治疗。

德国哥廷根大学哈森富斯领导的研究小组早些时候表示,已把老鼠的生殖细胞变成干细胞。现在,席尔瓦表示,他们也能取得过同类成果,并更进一步利用人类生殖细胞做研究。他说,从人类睾丸取出的生殖细胞能够重新排列,成为细胞再生治疗的细胞,我们已能将细胞培育为心脏、脑部、骨骼和软骨原骨细胞。

干细胞为身体的种细胞,取自胚胎的干细胞,能培植成身体任何细胞或组织,但却具有道德争议,因为部分人认为利用这类干细胞相当于毁灭生命,所以科学家要寻找干细胞的新来源。

(2)把人体皮肤细胞改造成类胚胎干细胞。

2007年11月,美国和日本的两个研究小组,分别在《细胞》和《科学》期刊网络版上发表论文,同时宣布他们各自成功地将人体皮肤细胞,改造成几乎可以和胚胎干细胞相媲美的干细胞。这一成果,有望使胚胎干细胞研究,避开一直以来面临的伦理争议,从而大大推动与干细胞有关的疾病疗法研究。

美日研究小组选择的皮肤细胞组织有所不同。美国威斯康辛大学俞君英领导的研究小组使用了新生儿的包皮细胞,日本京都大学山中伸弥领导的研究小组则选择了一名36岁妇女的脸部细胞。

美日研究小组均利用逆转滤过性病毒,将四个基因注入皮肤细胞内,这些特定基因能启动和关闭其他基因,最终产生出类似胚胎干细胞性能的细胞。这是继5个月前,科学家宣布成功将老鼠皮肤细胞变成类似胚胎干细胞后,美日研究小组竞相通过人类皮肤细胞,获得干细胞所取得的难分伯仲的重大成就。

这项新研究成果显示,直接重新编程技术,也能产生与当事人在遗传上,完全相符的多功能细胞,但却能避免克隆方式引发的诸多问题,使用皮肤细胞可以让医生利用特定病人的基因密码制造干细胞,排除身体对移植外来的组织或器官产生的抗体排斥,同时也可以用干细胞自身可无限克隆,以及可以变成220种人体不同细胞的特性,来模拟测试新药和研究老年痴呆症、糖尿病、癌症等病因。

现阶段,这项技术需要扰乱皮肤细胞的DNA,具有引发癌症的风险。但专家表示,DNA扰乱只是这项技术的副产品,相信在未来一定能加以避免。一直致力于,从克隆胚胎中获取人类干细胞的,美国先进细胞科技公司生物学家兰萨表示,该项研究突破,是一个重大的科学里程碑,相当于生物学领域的"莱特兄弟发明的首架飞机"。

(3)把鼠睾丸细胞转换为胚胎干细胞。

2009年7月,德国明斯特马普分子医学研究所,奇拿尔姆·柯博士及其同事组成的研究小组,在《细胞·干细胞》杂志上发表论文称,他们发现了获取干细胞的新途径,他们通过特殊的培植方法,从成年实验鼠睾丸细胞中,获取了与胚胎干细胞性质相似的干细胞,这种干细胞,同样可以用于动物器官和肌体组织再造。

雄性动物的睾丸,具有很强的细胞再生能力,男人即使在七老八十还能持续产生精液,只要有条件就能继续生育后代。因此,研究人员猜测睾丸细胞中,含有具备类似胚胎干细胞的特性、能构成人体器官和组织的 200 多种类型的细胞。国际上许多研究小组,确实从人体和实验鼠生殖腺中,找到了一些证据:2004 年初,日本的一个研究小组发现,新生鼠睾丸中的特定细胞具有类似胚胎干细胞的特性,可培育多种器官组织;2006 年,德国哥廷根大学的研究人员发现,这种睾丸细胞的转换能力在成年雄性动物中也存在。

睾丸细胞转换成干细胞的能力已经可以肯定,但如何通过人工方法使睾丸细胞变成类似的胚胎细胞,还存在相当的技术难度。德国研究小组,首先从成年鼠的睾丸细胞中培植出了一种所谓的胚腺体干细胞,在自然环境下,这种细胞一直可以产生新的精液。一个成年鼠的睾丸细胞中每次可以培植出 2～3 个这样的细胞,然后提取单个细胞进行隔离和繁殖。细胞培植的过程通常要几周。

研究人员表示,这项成果在于用简单的方法,可以成功地从睾丸细胞中获取类似的胚胎干细胞,而不必在细胞转换过程中借助基因、病毒或修正蛋白。进一步的试验显示,这种从睾丸细胞中获取的干细胞,同样可以培植各种器官和肌体组织细胞。

(4)用成人细胞和生长因子研制出更易操控的人体干细胞。

2010 年 6 月,马萨诸塞州总医院再生医学研究中心尼尔斯·盖吉森领导,哈佛干细胞研究所研究人员参与的一个研究小组,在《细胞·干细胞》杂志上发表研究成果称,他们利用成人细胞和生长因子 LIF,研制出一种新的人体多功能干细胞,它与现在使用的干细胞相比,不再那么难以操控。

研究人员表示,新细胞能够被用来制造更好的细胞模型,以用于疾病研究,或许也可用来矫正引发疾病的基因变异。

盖吉森表示,此前研究人员已能很熟练地操控老鼠干细胞,但操控人体干细胞却并非易事。研究小组发现,制造老鼠干细胞的生长因子,决定了干细胞的功能。因此,利用该发现就可制造出新型人体干细胞。

第一个哺乳动物胚胎干细胞,来源于老鼠。但是首先,该研究中所用到的一些技术,包括引入同一基因的不同版本,或让某特定的基因变得不活跃等手段,似乎对人体干细胞不起作用。其次,繁殖速度不同,人体胚胎干细胞繁殖速度要更慢。再次,长成状态不同,人体胚胎干细胞会长成平滑的二维群落,而老鼠胚胎干细胞则会形成紧密的三维群落。最后,使用单个的细胞来繁殖胚胎干细胞非常困难。因而试图通过基因操控,来制造人体胚胎干细胞是十分困难的。

研究人员介绍说,生长因子才是区分不同的胚胎干细胞的关键。在制造老鼠胚胎干细胞时,用的生长因子是 LIF。但在对成人的细胞进行重新编程后,则会得到人体诱导多功能干细胞(iPSC),它拥有人类胚胎干细胞的很多特征。要是把它也放在包含了生长因子 LIF 的培养皿中进行培养,就得到了新型人体干细胞。

研究人员表示,这种人体干细胞与老鼠的胚胎干细胞非常相像,它能够经得住一个标准的基因操纵技术的考验:会交换匹配的 DNA 序列,并且可以有针对性地钝化或者矫正某个特定的基因。如想操控这种新细胞,需不断增加 LIF,同时让其变为 iPSC 细胞时所使用的 5 个基因也要持续表达。如果这两个条件欠缺其一,这种添加了人体 LIF 生长因子和 5 个重新编程因子的人体诱导多功能干细胞(hLR5 – iPSC),会变回为标准的 iPSC。

盖吉森表示,在 hLR5 – iPSC 干细胞变回到 iPSC 之前,引入 hLR5 – iPSC 干细胞的基因变化会一直存在,研究人员可以利用它来产生细胞系,用于新药研发,甚至实现基于干细胞的基因矫正治疗。

(5)通过脂肪细胞再编译获得多功能干细胞。

2010 年 7 月,澳大利亚莫纳什医学研究院科学家保罗·威尔玛等研究人员,在《细胞移植》杂志上发表论文称,他们成功地对成年实验鼠脂肪细胞和神经细胞进行"再编译",从而获得能够分化成各种各样细胞的多功能干细胞。这些称为诱导多功能干细胞的细胞与自然形成的多功能干细胞(如胚胎干细胞)十分接近。

研究人员表示,诱导多功能干细胞彻底改变了细胞的再编译。研究显示,成年实验鼠的神经干细胞和脂肪组织衍生细胞表达出了遗传多能性,它们能够分化成三胚层(内胚层、中胚层和外胚层)。

研究人员说,诱导多功能干细胞,表现出胚胎干细胞的许多特征。选择最适合于再编译的细胞,需要考虑细胞获取难易程度和在体外生长的难易程度。他们认为,某些诱导多功能干细胞,似乎具有更显著的分化成某些细胞系的倾向。

研究小组最终认为,脂肪组织衍生细胞,是一种与临床更相关的细胞类型,脂肪组织能够容易获取,并能在人工环境中方便且快速培养。脂肪组织细胞被再编译后,能够大量收获。他们表示,100 毫升的人体脂肪组织能够收获 100 万个临床有用的干细胞。这项新的研究,有助于利用诱导多功能干细胞,开发出用于治疗人类疾病的方法。

(6)用动物皮肤细胞通过诱导获得濒危物种干细胞。

2011 年 9 月 4 日,美国圣地亚哥动物园保护研究所一个研究小组,在《自然·方法学》杂志上发表论文称,他们使用动物的皮肤细胞,通过诱导多能性技术,首次获得濒危物种的干细胞。研究人员表示,这项技术有望让物种免于灭绝;也可用于人类的疾病治疗。

研究人员选择两种物种开始研究。一是高度濒危的灵长类动物鬼狒,因为它被圈养时常罹患糖尿病,他们希望借此研究糖尿病干细胞疗法。一是遗传特性与灵长类动物迥然不同的北部白犀牛,目前仅存 7 头,希望借此研究如何保护濒危物种。

研究人员最初认为,必须从与濒危物种有密切联系的动物中,隔离出基因,并使用基因来成功地诱导出多能性。但实验表明,并非如此。相反,他们发现,在人身上诱导多能性的基因,对白犀牛和鬼狒同样有用。

尽管一次只制造出几个干细胞，但这已足够。现在，他们正试图诱导干细胞分化成卵子或精子细胞。一旦成功，就能从死亡很长时间动物的皮肤细胞，诱导出多功能干细胞，促使其分化成精子细胞，随后让其和活体动物的卵子细胞结合，在试管中受精。这样，这种动物不仅会重获已失去的遗传多样性，而且会变得更健康、更强壮、体形更大。这一过程或许比现在的克隆技术更可靠。

（7）制造出匹配成人基因的新干细胞。

2014年4月18日，美国俄勒冈健康与科学大学，寿克兰特·米塔李波夫领导的一个研究小组，在《细胞·干细胞》杂志网络版上发表论文称，他们已经制造出携带特定成年人DNA的人类胚胎干细胞，这使得避免患者免疫系统排斥的替代组织研究，向临床应用又迈进了一步。

理论上说，这些干细胞，可以形成身体中任何细胞类型，并能用于对帕金森氏症、糖尿病、多发性硬化、心脏病和骨髓损伤等疾病的新疗法。研究人员在文章中说，他们使用一位35岁男性和一位75岁男性的皮肤细胞制造出干细胞。

米塔李波夫研究小组，曾经从人类卵子中移除含有DNA的核，并使用婴儿和胎儿的皮肤细胞取而代之，这种技术被称为体细胞核移植。体细胞核移植曾在1996年用于克隆羊多利。研究人员使用由体细胞核移植产生的早期胚胎，然后获得干细胞。正如米塔李波夫研究小组在2013年《细胞》杂志上所说的那样，他们是首个将体细胞核，移植用于人类细胞研究的团队。不过当时他们使用的供体细胞来自于胎儿和婴儿。此次的新研究显示，经过微小的调整后，该技术适用于成年人。

3. 储存干细胞取得的新成果

建立世界上首个国家胚胎干细胞储存库。

2004年5月19日，世界上首个国家胚胎干细胞库，在英国伦敦北部建立，它将为糖尿病、癌症、帕金森氏症和阿尔茨海默氏症等疾病的研究和治疗储存、提供干细胞。

英国卫生部的负责人在一份声明中说，"干细胞研究具有很大潜力，它一定会为遭受病痛折磨的患者带来希望"。现在，伦敦国王学院和纽卡斯尔生命中心的研究人员，已分别开始为该细胞库培养干细胞。

干细胞是尚未完全分化的细胞，不同的干细胞有分化成神经细胞、肌肉细胞、血液细胞等不同细胞的潜力。干细胞存在于成人的脊髓等组织中，但是研究人员认为，从胚胎中提取的干细胞的分化能力要更强。因此，科学界多年来都在寻求利用胚胎干细胞研究和治疗多种不治之症。

从理论上讲，通过克隆技术用患者的体细胞培养出胚胎，再从中提取干细胞对患者自身受损细胞进行修复，就完全可以避免免疫系统的排异反应。但是，由于通过克隆技术培养的胚胎，在干细胞提取完毕后即被丢弃，因此此类研究引发了生命保护机构的反对。同样，该细胞库的建立也引发了争议。

目前,很多国家对克隆和干细胞研究的规范不尽相同。英国现在执行的基本政策是,研究人员必须获得政府的许可证,方可进行此类研究。而美国总统布什2001年8月曾宣布,可以用美联邦政府经费支持人类胚胎干细胞研究,但仅限于当时已有的胚胎干细胞系,不得进一步摧毁人类胚胎以获取干细胞。

4. 开辟干细胞来源取得的新成果

(1)发现脐带构成要素含有丰富的干细胞。

一是在脐带血管周围发现新的干细胞源。2005年2月,加拿大多伦多大学约翰·戴维斯教授领导的一个研究小组,在《干细胞》杂志上发表研究成果称,他们在人的脐带上发现一种新的干细胞源。这一发现,有望为骨髓移植和组织细胞修复,带来新的契机。

戴维斯介绍,这一干细胞源,是在脐带血管周围的结缔组织细胞中发现的。这些结缔组织通常被认为没有什么价值而被丢弃,但该研究小组发现,它们实际上是一个丰富的干细胞源。利用这些结缔组织,可以在几周内培育出大量名为"间质祖细胞"的干细胞,这种干细胞具有发育为健康的软骨、肌肉和骨细胞的能力。

戴维斯认为,上述干细胞,在骨髓移植手术中具有应用价值,而骨髓移植能用来治疗白血病、癌症和免疫功能失调等疾病。戴维斯说,目前,骨髓移植的成功率只有约40%,添加这种结缔组织干细胞,可以极大地提高骨髓移植的成功率。

二是发现脐带外围层含有丰富的干细胞。2005年7月,有关媒体报道,新加坡细胞研究院首席科学家潘全胜博士领导的研究小组,在项目研究中惊喜地发现:脐带外围层含有丰富的干细胞。

干细胞是一种可形成一系列人体细胞的基础细胞,而这些人体细胞是组成人体的微小组织。这些细胞可以转换或分化为无数的细胞,代替那些随着疾病、事故或老龄而衰退的细胞,具有惊人的修复潜力。

到目前为止,胚胎是最丰富的干细胞的来源,它能够产生几百种可以组成人体的细胞。然而,从胚胎获取干细胞的过程是个很具争议性的话题,因为它的使用在本质上涉及了胚胎的破坏。

为了避免道德上的异议,研究人员和生物科技公司,已经在探索和开发其他干细胞来源,并发现了脐带血液中的干细胞。脐带血干细胞含有大量的造血细胞,可以形成血细胞。然而,脐带血干细胞,缺少足够的骨髓间充质干细胞和上皮干细胞。以上两种干细胞形式,可以形成人体的每个基本细胞。另外,骨髓、肌肉、皮肤、神经组织和脂肪中,也被发现含有干细胞。但是,这些干细胞的提取,需要令人痛苦的、具有潜在风险的外科手术。

(2)发现废弃胎盘中有细胞类似胚胎干细胞。

2005年8月,匹兹堡大学医学院,副教授斯蒂芬·斯特罗姆主持的一个研究小组,在《干细胞》杂志网络版上发表论文称,他们发现,废弃的人类胎盘中的一种细胞,不仅具有类似胚胎干细胞的分化能力,而且可以避免胚胎干细胞的缺陷和与其有关的伦理争议。

研究人员说,这种细胞是羊膜上皮细胞,存在于羊膜中,可以从正常分娩后的胎盘中提取。这种细胞,能在不同生长因子的调节下,分化成肝细胞、心肌细胞、神经胶质细胞、神经元细胞和胰岛细胞。羊膜上皮细胞,理论上可以分化成各种组织细胞,将来有望广泛应用于再生医疗领域。

斯特罗姆说,羊膜上皮细胞拥有和胚胎干细胞同样的表面标记蛋白,也拥有"OCT-4"和"Nanog"基因。这两个基因是使细胞保持分化潜力的关键基因,此前只在干细胞中发现过。

但研究人员强调,羊膜上皮细胞不是干细胞。它缺乏干细胞中的端粒酶基因,而端粒酶使细胞可以完整复制遗传基因,可以无穷分裂。羊膜上皮细胞,在保持未分化的前提下,能分裂20倍以上。研究人员说,在未来的再生医疗临床应用中,羊膜上皮细胞的这一特点,可能就是突出的优点。一些研究人员认为,端粒酶和癌症有密切关系。带有端粒酶基因的干细胞,在分化成组织细胞并移植到患者身上后,可能使患者得癌症的风险增加。

羊膜上皮细胞的最大优点是容易获得,而又不引起任何伦理争议。研究人员说,他们目前能从每个废弃胎盘中提取近3亿个羊膜上皮细胞,而这些细胞又可以分裂到100亿个左右。每年数以百万的新生婴儿都会留下废弃胎盘,因而羊膜上皮细胞有着丰富的来源。

据斯特罗姆介绍,羊膜上皮细胞的另一优点是,它在培养过程中不需要动物组织细胞来作为培养基支持层。而目前的干细胞培养过程,需要大量使用牛、鼠等动物的组织细胞,使干细胞保持未分化的特性。有的研究人员认为,按这种方法培育的现有人类干细胞系,都已受到动物组织的污染。斯特罗姆说,今后的研究主题,将是如何在医疗中应用羊膜上皮细胞。

(3)发现人耳中存在软骨干细胞。

2011年8月,横滨市立大学教授谷口英树率领的研究小组,在美国《国家科学院学报》网络版上发表论文说,他们在人耳中发现了可发育为软骨的干细胞。

研究小组在对小耳症患者切除的耳软骨进行分析时发现,覆盖耳软骨的膜中存在一种特殊细胞,这一细胞具有发育为软骨等组织的干细胞性质。接着,他们成功地在试管中,把这种软骨干细胞培育为成熟软骨细胞,然后把它移植到实验鼠背部皮肤上,最后形成了软骨。这种再生软骨在实验鼠身上维持了约10个月。

研究小组认为,利用这一成果,今后在治疗鼻骨骨折、面部骨折等面部变形时,有望从患者耳中采集软骨干细胞,进行软骨细胞培养并移植到患者的腹部皮下脂肪,等软骨细胞发育成一定程度大小的软骨后,移植到患部。

(4)发现人或动物死亡后也可成为某些干细胞的采集来源。

2012年6月,法国巴斯德研究所等4家机构组成的一个研究小组,在《自然·

通讯》上发表论文称,他们研究发现,某些干细胞在人或动物死亡后,还能在体内蛰伏超过两个星期之久,取出以后还能再生,分裂为新的功能性细胞。这一发现,不仅更进一步揭示了干细胞的多能性,也为将来修复受伤组织提供了新的细胞来源。

研究人员认为,死亡后人类骨骼肌干细胞,还能生存 17 天,小鼠是 16 天。他们发现,这些干细胞仍然保持了分化为功能完备的肌肉细胞的能力,这为那些因疾病或事故而受伤的组织带来了更多希望。这项成果,有望成为新资源、新方法的基础,将干细胞用于治疗更多疾病。

干细胞是一种"婴儿"细胞,能发育成各种专门组织。研究人员发现,干细胞能在不利条件下幸存,骨骼肌干细胞会降低它们的新陈代谢,进入休眠状态,只消耗很少的能量。此外,研究小组还在骨髓中发现了干细胞,骨髓是制造血细胞的场所。在实验小鼠身上,小鼠死亡后,骨髓干细胞还能保持活性 4 天,这些骨髓移植后也能重新发育为组织。

论文还指出,有些人会同意死后捐献遗体,通过采集他们遗体的干细胞,能在一定程度上缓解组织和细胞短缺。研究人员表示,尽管这种方法很有前景,但研究仍需谨慎,在用于人体测试之前,还需要开展更多的实验和论证。

### 三、培育干细胞取得的新进展

1. 培育多功能干细胞取得的新成果

(1)用精子干细胞培育新的"万能细胞"。

2004 年 12 月 29 日,日本京都大学筱原隆司教授领导的研究小组,在美国《细胞》月刊上发表论文称,他们通过动物实验,用精子干细胞,培育像胚胎干细胞一样可生成各种器官和组织的细胞,作为又一种"万能细胞",引起了广泛关注。

研究人员在实验中培养刚诞生的幼鼠的精囊细胞,约一个月后出现了和胚胎干细胞形状相似的细胞,研究人员用培养胚胎干细胞的条件,对这种细胞继续加以培养,发现这种细胞不但发生了分化,而且还出现了增殖现象,细胞的性质与功能和胚胎干细胞相似。一旦改变培养条件,就会分化成血液、心肌和血管细胞等。

筱原隆司说,与通过破坏受精卵制作胚胎干细胞相比,用精子干细胞制作可生成各种器官和组织、与胚胎干细胞相似的细胞,应用于研究和临床伦理问题更少。研究人员计划,今后用成年老鼠的精子干细胞,培育与胚胎干细胞相同的细胞。

(2)以人的鼻子为载体培育出多功能干细胞。

2005 年 3 月,路透社报道,澳大利亚格里菲斯大学艾伦·西姆负责的一个研究小组,以人的鼻子为载体,成功培育出成熟的多功能干细胞,从而避开了利用人类胚胎提取干细胞面临的一系列伦理和法律问题。

澳大利亚禁止培育人类胚胎以提取干细胞,不过,科学家们可以对试管授精过程中舍弃的多余胚胎加以利用。而通过鼻子等其他途径获取干细胞则完全合法。

西姆介绍道,以人的鼻子为载体培育的成熟多功能干细胞,可用于分化成为神经、心脏、肝脏、肾脏及肌肉等器官和组织的细胞。他说:"我们获得的这种成熟多功能干细胞,可以在任何人的鼻子中培育,我们将来可以大量培育这种干细胞,让它们分化成其他类型细胞。"

据悉,澳大利亚天主教教堂为这项研究捐赠5万澳元的资金。天主教人士表示,利用胚胎干细胞是一种对人类生命的践踏,而通过鼻子培育干细胞则不会触犯伦理道德。悉尼天主教大教主乔治·佩尔说:"这项研究的重要性是多方面的,是一个重大进展,我相信它将造福民众。"

澳大利亚卫生部长托尼·阿博特认为,从鼻子中提取的成熟多功能干细胞,绕开了胚胎干细胞研究中涉及的有关伦理问题。他说:"这项研究至少让我们知道,可以从成年人身上培育干细胞,而不必非得通过胚胎"。

(3)培育出不易引发排异反应的"万能细胞"。

2006年11月,日本京都大学再生医学研究所所长中辻宪夫主持的研究小组,在《自然·方法学》杂志上发表论文说,他们培养出不易引发排异反应的"万能细胞",由于这种方法只使用体细胞和现有胚胎干细胞,因此基本不触及伦理问题。

胚胎干细胞具有分化为各种组织和器官的能力,是"万能细胞"的一种。但是,培养胚胎干细胞依赖受精卵或克隆技术,这些都会带来伦理方面的问题。在这样的背景下,研究人员考虑用现有的胚胎干细胞,与患者自身的体细胞融合,培养一种"万能细胞",而不是再去破坏新的受精卵。

不过,这样的操作方法融合得到的"万能细胞",还残存有来自胚胎干细胞的遗传信息,依然有引发排异反应的可能性。针对这一点,研究人员又开发出了一种特殊的DNA片断,这种片断可除去胚胎干细胞的染色体。

在动物实验中,研究人员先混合DNA片断和胚胎干细胞,随后让胚胎干细胞和实验鼠的胸腺细胞融合。两种细胞融合后再经过酶的处理,就能够除去胚胎干细胞的染色体及上面的基因。

实验用的胚胎干细胞有40条染色体,现阶段研究人员只成功除去其中的一部分染色体,因此现在的"万能细胞"只是"不易引发排异反应"。研究人员表示,如果能除去全部染色体,培养出的"万能细胞"将不会带来排异反应。

该项目主持人说,这一方法不使用卵子、受精卵等生殖细胞,因此为研究利用患者自身细胞进行治疗开辟了新路。

(4)利用血液细胞成功培养成诱导多功能干细胞。

2009年4月,波士顿儿童医院霍华德休斯医学研究所乔治·戴利博士领导的研究小组,在《血液》杂志上发表论文称,他们在新近完成的研究中,把普通循环血液中的细胞经过重组,获得与胚胎干细胞从分子和功能上难以区分的细胞。这项研究,为人们提供快速得到干细胞源的途径,以及获取胚胎干细胞的替代方法,被誉为革命性的成果。

长期以来,人们始终期望胚胎干细胞,能作为治疗多种疾病的途径。然而,对于它们的研究和利用,一直是人们在政治和伦理方面具有争议的问题。

在新完成的研究中,为生成诱导多功能干细胞,研究人员先从 26 岁男性志愿者那里采集到血液,并把血液中只生产血细胞的干细胞——CD34 + 细胞分离出来,然后将它们放在添加了生长因子的环境中培养 6 天,以增加它们的数目。在 CD34 + 细胞培养期间,研究人员用携带重组因子的病毒感染它们,于是通常在胚胎干细胞中表达的基因,将 CD34 + 细胞重新设置成胚胎状态。两周后,培养环境中出现了物理特性同胚胎干细胞相似的细胞。

研究人员为了解这些细胞,是否从功能上也同胚胎干细胞类似,决定对 CD34 + 的诱导多功能干细胞的细胞线进行分析,看看它们带不带有干细胞的"标识"。结果发现,诱导多功能干细胞表达出与胚胎干细胞相同的"标识",并且具有分化成不同特殊类型细胞的能力。

戴利表示,新的研究结果证明,人类血液中的细胞能够转变成干细胞。由于血液十分容易获得,因此把它转换成多功能干细胞以得到针对病人的特殊干细胞,提供了方便的途径。他认为,干细胞是重要的研究工具,有朝一日将用于治疗人类多种疾病。

(5)发现不同体细胞培育的诱导多功能干细胞有差异。

2009 年 7 月,日本京都大学山中伸弥教授和庆应大学冈野荣之教授领导的研究小组,在《自然·生物技术》杂志上报告说,动物实验证明,用不同种类的体细胞培育出的诱导多功能干细胞(iPS 细胞)移植后,使实验鼠出现肿瘤的危险性存在很大差异。

研究小组分别利用小鼠胚胎的皮肤细胞、成年小鼠的胃细胞、尾巴的皮肤细胞以及肝脏细胞培育 iPS 细胞。利用不同的体细胞和培育方法,研究人员共培育出 36 种 iPS 细胞。

接着,他们又使这 36 种 iPS 细胞,都分化成具备演变成神经能力的细胞,并把这些细胞植入另一些实验鼠的大脑。结果显示,被植入分化细胞,来自成年小鼠尾巴皮肤细胞的实验鼠中有 83% 体内出现了肿瘤;被植入分化细胞来自于小鼠胚胎皮肤细胞的实验鼠中只有 8% 出现肿瘤;而如果实验鼠移植的分化细胞来自成年小鼠的胃细胞,其体内没有出现肿瘤。研究还发现,利用含有癌症基因的体细胞培育 iPS,对肿瘤的发生概率并无显著影响。

诱导多功能干细胞能分化生成各种组织细胞,同时又回避了伦理问题,被视为未来再生医疗的重要材料。上述研究表明,确保 iPS 细胞对治疗的安全性,最重要的是选择何种体细胞作为培育 iPS 细胞的原料。

（6）成功培育出新一代"万能细胞"。

2014年1月30日，日本理化学研究所、山梨大学和美国哈佛大学共同组成的一个研究小组，在《自然》杂志上报告说，他们成功培育出了能分化为多种细胞的"万能细胞"。与拥有同样能力的诱导多功能干细胞（iPS细胞）和胚胎干细胞相比，新细胞的制作方法更为简单安全，有望用于再生医疗领域。

这种"万能细胞"是把体细胞放入弱酸性溶液中，通过施加刺激后制成的。由于是从外界刺激获得的多种分化能力，研究小组把这种细胞命名为STAP细胞，意思是触发刺激获得的多能性细胞。此前科学界认为动物细胞，无法单纯靠外界刺激转变成多能性细胞，但上述新细胞颠覆了这种看法。

研究人员从出生1周的实验鼠脾脏内，采集出淋巴细胞，然后加入弱酸性的稀盐酸溶液中浸泡约30分钟。这种溶液的酸度与橙汁大体相同，温度为接近体温的37℃。在继续培养2天~7天后，其中7%~9%的细胞发育成了STAP细胞。

科研人员通过实验室研究和动物实验发现，这种细胞可以发育为神经细胞、肌肉细胞和肠道上皮细胞，甚至还具有诱导多功能干细胞和胚胎干细胞所不具备的转变为胎盘的能力。此后，研究人员还依据上述新方法，利用皮肤、肺和心肌的细胞成功制作出了STAP细胞。

诱导多功能干细胞需要植入基因且需花费数周时间才能制作完成，成功率也很低，移植后还有癌变风险。与之相比，STAP细胞的制作周期很短，成功率较高，在机体内发生癌变的可能性相对较低。

研究人员指出，某些细胞受到刺激、发生应激反应后会陷入濒死状态，STAP细胞就是在这种状态下形成的。今后他们还将继续研究这种细胞的形成机制，尝试利用人和其他动物的细胞制作这种"万能"细胞。

（7）无意中培育出"区域选择性多能干细胞"。

2015年5月，美国加州萨克生物研究所发育生物学家胡安·贝尔蒙特和同事组成的研究小组，在《自然》杂志上报告称，他们无意中发现一种名为"区域选择性多能干细胞"的新型细胞，不仅更容易在试管中培育，发育速度也更快且更稳定。有科学家认为，该细胞的发现或可帮助建立人类发育初期模型，并最终在猪、牛等动物身上培育出人类器官，用于研究或治疗。但也有人担心，这一细胞可能导致人兽杂交怪物的出现。

研究人员介绍道，他们在含有不同发育因子和化学物质组合的基质中，培育出若干人类多能干细胞，结果发现，一种混合基质在使细胞生长、繁殖方面的表现更突出，在该基质中一种发育很好的细胞，也展示出与其他干细胞不同的新陈代谢和基因表达模式，不过，在将这种细胞植入老鼠胚胎内时，结合效果并不好。

为了找出原因，他们把这种人体干细胞，分别注射进一个7.5天大的老鼠胚胎内三个不同的区域。36小时后，只有胚胎尾部的干细胞与胚胎整合，并发育成正确的细胞层，形成了一个拥有不同DNA来源的"怪物"胚胎。由于这种细胞对胚胎内的某些位置有特殊偏爱,因此,研究人员将其称为"区域选择性多能干细胞"。

贝尔蒙特怀疑,胚胎在发育初期,包含有多种类型的多能干细胞,其中也包括区域选择性多能干细胞。尽管目前还不清楚区域选择性多能干细胞在胚胎发育过程中的具体作用,但它的发现,或可使研究人员能够利用动物胚胎建立人类发育初期模型,进而对人类胚胎早期发育情况进行研究。

贝尔蒙特研究小组发现,他们很容易借用 DNA 切割酶,对区域选择性多能干细胞的基因组进行编辑,而在试管中培育的其他多能细胞则很难做到这一点。遗传编辑技术,有望帮助科学家优化在其他物种体内培育人类细胞的能力,这也使一些科学家担心,有人会借用这种干细胞和遗传编辑技术制造出转基因怪胎。

凯斯西储大学发育生物学家保罗·特撒表示,使用区域选择性多能干细胞等人体多能细胞,制造出拥有人类器官的动物并非不现实,但很难做到。人和动物身上驱动器官形成的信号分子并不相同,人体器官与动物器官的发育速度也不相同,动物免疫系统是否会对人体器官发起攻击也尚不清楚,这些都是需要考虑的问题。

2. 培育胚胎干细胞取得的新成果

(1)培育出单倍体胚胎干细胞。

2011 年 9 月 8 日,英国剑桥大学一个研究小组,在《自然》杂志网站发表的研究成果表明,他们在世界上首次培育出哺乳动物的单倍体胚胎干细胞,这项成果,将会大大推动干细胞研究。

包括人在内的哺乳动物,细胞都是双倍体的。也就是,细胞中有两套染色体,一套来自父方,一套来自母方。然而,双倍体对于基因研究来说,是个巨大难题。因为科学家,很难确定动物的某一性状,是由哪一套染色体决定的。此次,研究人员利用实验鼠的卵细胞,首次成功培育出哺乳动物的单倍体胚胎干细胞。

研究人员说,胚胎干细胞能够分化成各种组织和器官,因此这项成果意味着,科学家有可能准确跟踪某一基因对动物性状的长期作用,这将有力提高基因研究的准确性。

(2)培育出首批高纯度人体胚胎干细胞。

2011 年 12 月 6 日,英国《每日电讯报》报道,伦敦大学国王学院皮特·布劳德领导的一研究小组,与曼彻斯特大学科学家组成的研究小组,分别培育出首批高纯度"临床级"的人类胚胎干细胞系,其质量超出以前的胚胎干细胞,可用于人体,人体临床试验有望于 2014 年初进行。这项最新研究,有助于科学家为退行性疾病研制出新疗法,相关论文发表在最新一期的《细胞治疗》杂志上。

研究人员从冷冻的人类胚胎中,提取出一些胚胎干细胞,并在实验室中进行培育,获得这些优质的胚胎干细胞系。胚胎由接受试管授精疗法的病人捐献,对这些病人来说,胚胎毫无用处,不捐赠就只能丢弃。

这些新研制出的胚胎干细胞，从被病人捐献那一刻起，就拥有并一直保持着临床级的质量，也不需要进行昂贵且有风险的转化过程。很重要的是，这些胚胎干细胞，没有接触过任何动物制品。而此前，科学家们在人体进行胚胎干细胞实验时，使用的都是质量较低的"研究级"细胞，使用前需要对其进行调控，让其达到"临床级"，且一般会在实验室培育过程中，使用动物制品来刺激干细胞生长。

伦敦大学国王学院研究小组研制出的两种胚胎干细胞系，能被转化为身体内的任何组织，他们已将其捐给了英国干细胞库；曼彻斯特大学的科学家研制出的同等质量的胚胎干细胞系，也将于下个月捐赠给英国干细胞库。这些细胞系，将在英国干细胞库接受严格的测试，以确保它们是安全的且质量非常优异，足以用于人体试验，然后再提交给研究人员。英国干细胞库主管格林·斯泰西表示："测试结果可能于2012年公布，一旦结果公布，这些胚胎干细胞就可以用于人体临床试验了。"

布劳德表示，这种细胞系，能成为科学家们用于治疗退行性疾病的干细胞的"黄金标准"。这项新成果，将让研究人员能更快为失明、严重损伤或心脏病找到新的干细胞疗法。

3. 培育神经系统干细胞取得的新成果

(1)培育出世界首个纯神经干细胞。

2005年8月，有关媒体报道，英国爱丁堡大学奥斯丁·史密斯教授领导，他的同事史提芬·波拉德，以及意大利米兰大学专家参加的一个国际研究小组，利用人类胚胎干细胞培育出世界上第一个纯神经干细胞。研究人员希望他们新培育成的干细胞，最终将帮助科学家们，找出治疗帕金森或老年痴呆症的新方法。

干细胞又称为主细胞，可以发育成为多种类型的组织，而神经干细胞，在形成脑和中央神经系统方面起着重要作用。

波拉德认为，这一发明，对疾病治疗将起到惊人的推动作用，有助于人们更好地了解疾病和测试药物。

尽管该项研究的长期目标是，利用人造细胞来治疗诸如帕金森或老年痴呆症，但短期的用途将是测试新制药物的疗效。史密斯指出："我们早就已经与生物技术和生物制药公司讨论过，希望将人造干细胞用于新药物筛选系统。"

(2)从人类胚胎干细胞诱导培养出可无限再生的大脑干细胞。

2009年3月，德国波恩大学重构神经生物学教授奥利佛·布鲁斯托领导，菲利普·科赫博士为主要成员的研究小组，在美国《国家科学院学报》上发表论文称，他们已成功地自人类胚胎干细胞诱导出大脑干细胞。这些干细胞不仅能在培养皿中几乎无限期地保存，而且还能作为各类神经细胞的一种取之不尽的来源。研究人员还表明，这些神经细胞能在大脑中进行突触融合。

多年来，干细胞研究几乎分裂成为两个世界：一个是胚胎干细胞，它是万能的，具有无限的发展潜力；另一个是成体干细胞，它可以从成体组织获得，但再生和发展的能力却有限。现在,德国研究小组成功地把这两个世界合二为一:他们诱导出几乎能从人类胚胎干细胞无限再生和保存的大脑干细胞,利用这些稳定的干细胞系,研究人员就能持续不断地从体外获取各种不同的人类神经细胞,包括那些可挫败帕金森氏症的神经细胞。

使用这种新的细胞,研究人员还能减少目前对胚胎干细胞的需求,胚胎干细胞是迄今为止每一个独立细胞创建过程中,不可或缺的基本材料。布鲁斯托说:"这种新的细胞,可长年累月源源不断地供应人类神经细胞,而无需求助于任何胚胎干细胞的补充。"

在动物实验中,研究人员找到了直接的证据,证明这些人工诱导的神经细胞可发挥作用。这些细胞被移植入老鼠的大脑后,与受体大脑进行接触,随后都能发送和接受信令。论文作者之一科赫博士认为,这是自人类胚胎干细胞诱导出的神经细胞,能在大脑中进行突触融合的第一个直接证据。

据悉,布鲁斯托研究小组,是德国首个获准进口人类胚胎干细胞的科研集体,他们在这一热门课题的公开讨论中,发挥了重要作用。布鲁斯托强调说:"目前的研究结果,已经清晰地表明了,胚胎干细胞和成体干细胞的研究可完美地结合起来,这非常重要。"

(3)首次从皮肤细胞中培养出成体神经干细胞。

2012年3月23日,美国物理学家组织网报道,德国马克斯·普朗克协会干细胞研究专家汉斯·舍勒领导的研究团队,首次成功地从已分化的成体细胞的皮肤细胞中获得了成体神经干细胞,跳过了多能干细胞阶段。在实验中,该研究团队首先提取出老鼠的皮肤细胞,接着使用不同生长因子的独特结合,在合适的培养环境下,设法诱导老鼠的皮肤细胞分化成成体神经干细胞。

舍勒表示:"我们的研究表明,对体细胞进行重新编程,并不需要经过多能干细胞状态,新方法有望让组织再生过程变得更加高效且安全。"

多能干细胞能分化成任何类型的细胞组织。研究人员已能从已分化的体细胞中培养出这些多能干细胞。但是,舍勒表示:"多能干细胞也非常'善变',如果环境不合适的话,它们可能会形成肿瘤而非再生为一个身体组织或器官。这成为它们在医学领域运用的障碍。"而最新方法刚好可解决这一问题。成体神经干细胞是一种存在于已分化组织中的未分化细胞,可自我更新并形成特定组织,而非任何细胞类型。

在实验中,研究人员把实验鼠皮肤细胞,放在特定的培养环境中,并且非常巧妙地使用了很多生长因子,即引导细胞生长的蛋白,诱导皮肤细胞成功"变身"成体神经干细胞。结果表明,这种转化的效率非常高。

舍勒解释道:"细胞会慢慢失去其曾经是皮肤细胞的分子记忆。而且,几轮细胞分裂循环后,新产生的成体神经干细胞,与身体组织内发现的干细胞几乎一样。"他指出,得到的成体神经干细胞具有巨大的医用潜力。这些细胞是多功能的,能大大减少肿瘤形成的风险,这意味着在并不遥远的未来,它们能被用来让因为疾病或衰老而受到破坏的身体组织再生,不过,要实现这一目标,还有很长的路要走,需要我们付出艰苦卓绝的努力。

舍勒也强调说,现在的实验使用的是鼠科动物,下一步,他们将使用人体细胞进行同样的实验。

### 4.培育造血干细胞取得的新成果

成功培育出造血干细胞。

2013 年 6 月 13 日,美国西奈山医院伊坎医学院,发育和再生生物学研究员卡洛斯·佩雷拉博士领导的一个研究小组,在《细胞·干细胞》杂志上发表研究成果称,他们把实验老鼠的 4 个遗传因子转化成了成纤维细胞,并由此制造出类似于人体造血干细胞的细胞,这些造血干细胞每天会在人体内制造出数百万个新鲜的血液细胞。这项研究,有助于科学家们未来为血液病症患者量身打造造血干细胞或祖细胞,用于细胞替代疗法中。

研究人员对 18 个诱导血液形成活动的遗传因子进行了筛查,找出了其中的 4 个转录因子 Gata2、Gfi1b、cFos、Etv6,并进行了正确的组合,培育出了血管前体细胞,以及随后的成纤维细胞。

佩雷拉表示:"我们在培养皿中培育出来的,这些细胞与我们在老鼠的胚胎中发现的细胞在基因表达方面一模一样,最终,我们有望借此制造出成熟的血液细胞。"

佩雷拉说,在血液干细胞移植手术中,获得合适的捐赠一直是个大问题。捐赠者必须满足罹患白血病(血癌)、再生障碍性贫血、淋巴瘤、多发性骨髓瘤,以及免疫系统缺陷等病症的病患的需要。他表示:"培育出造血干细胞,是一种非常好的替代方法。"

## 四、培育和制造干细胞形成的新技术

### 1.提高培育干细胞安全性的新技术

(1)开发出人类胚胎干细胞安全培养方法。

2005 年 3 月,美国加州大学的一个研究小组,在《自然·医学》杂志上发表论文称,他们开发出不含有动物结缔组织细胞或者血清细胞的人类胚胎干细胞培养方法,消除了此类细胞培养中可能被动物细胞分子污染的疑虑。

现有人类胚胎干细胞的培养和诱导分化,都离不开动物源培养基,比如从实验鼠身上分离出来的结缔组织细胞和牛胚胎血清等。加州大学研究小组说,动物细胞中含有名为 N－羟乙酰神经氨酸(Neu5Gc)的硅铝酸,而这种物质在人类遗传上是不能合成的。如果干细胞被含有 N－羟乙酰神经氨酸的细胞污染,那么将其植入人体后就很容易被人类免疫系统识别和攻击,产生排斥反应。此项研究,引发科学家对干细胞安全性的担忧,也让人们对干细胞疗法的医学前景充满疑虑。

研究人员表示，他们开发出的这种新方法，可以将实验鼠结缔组织细胞完全剔除，保证了人类胚胎干细胞的安全。

研究人员说，这种方法首先需要培养干细胞成长所需的培养基。在这个过程中，他们先培养出实验鼠的结缔组织细胞，然后用一种特殊的方法将细胞组织剔除，只留下一个"细胞外基体"。这个基体中含有任何细胞成长所需的成长因子和营养物质，一旦有活体附着在这个基体上，它都能为其提供生长支持。

接着，研究人员要获取一些干细胞。他们用动物血清中的一些特殊成分"喂养"捐赠者的胚胎，这样便能培育出一个胚泡。胚泡的细胞中含有生成干细胞所需的"内细胞物质"。

最后，研究人员用物理方法，从胚泡中提取出这些"内细胞物质"，并将它们转移到装有上述"细胞外基体"的培养皿中。随后，研究人员观察到胚胎干细胞在培养皿中不断分化，最终成功地培养出不被动物细胞分子污染的人类胚胎干细胞。

（2）发现培育干细胞更安全的方法。

2009年3月，据国外媒体报道，英国和加拿大两个研究小组，分别找到一种把普通皮肤细胞，转变成干细胞的更加安全的方法。这一发现，最终或许能解除干细胞培养过程中，对人类晶胚的依赖。

这是科学家第一次在不利用滤过性病原体的情况下，把皮肤细胞转变成诱导多功能干细胞，又称iPS细胞。诱导多功能干细胞，看起来以及作用都与胚细胞类似。有了这种新方法，以前为了促使细胞重组而植入基因的过程，也可以省略掉。

干细胞是身体的基本细胞，它生成各种各样的身体组织和器官。胚细胞是其中最有影响力的一种，它具有生成任何类型的组织的潜能。然而，很多人反对利用它们。因此，如果这种培育诱导多功能干细胞的方法更安全，这项新发现将成为备受关注的选择性方法。

有段时间，研究人员了解到，利用大量基因，可以把普通皮肤细胞，转变成诱导多功能干细胞。但是，要把这些基因转变成细胞，他们必须使用滤过性病原体，而病原体把自身遗传材料，与被它感染细胞的遗传材料结合过程，可诱发癌症。

英国和加拿大的两个研究小组，在《自然》杂志上详细介绍了这种新方法，它显然能避免上述具有破坏性的风险。据悉，研究人员利用少量被称作转位子的DNA传送4种基因。由于转位子可以在遗传密码里面四处移动，因此它有时又被称作"跳跃基因"。

他们利用的这种转位子，又被称作"转座因子"，研究人员曾利用它改变很多生物体。英国爱丁堡医学研究理事会再生医学中心的坪井将树说："这项最新发现，向在医学中实际应用重组细胞迈进了一步。有了这种方法，科学家或许将不再利用人类晶胚培育干细胞。"他和来自加拿大多伦多大学的安德拉斯·纳吉，通过老鼠和人类皮肤细胞验证这一方法，结果发现这种重组细胞的作用跟胚细胞一样。

爱丁堡医学研究理事会会长伊恩·威尔玛特,是参与克隆首只哺乳动物"多利"的一位科学家,他表示,虽然还需要一些时间,这种诱导多功能干细胞才能被应用到患者身上,但是该方法是干细胞技术向前发展的重要一步。他说:"把这种新方法,与其他科学家在干细胞分化方面所取得的成果相结合后,再生医学将会取得重大突破。"医生希望,有一天可以利用干细胞治疗帕金森病、糖尿病、癌症和脊髓损伤等疾病。

(3)开发提高多功能干细胞安全性的新方法。

2009年4月,美国加利福尼亚大学旧金山分校的研究小组,在《自然·生物技术》网络版上发表论文称,他们利用微RNA小分子,取代一种可能致癌的转录因子,成功把实验鼠皮肤细胞,转化为诱导多功能干细胞(iPS细胞)。

iPS细胞是指体细胞经过基因"重新编排",回归到胚胎干细胞的状态,从而具有类似胚胎干细胞的分化能力。研究人员认为,这一技术,将来有望用于培养,完全不含病毒和外来基因的安全性更高iPS细胞。

对皮肤细胞进行"重排",使其成为iPS细胞,涉及4种转录因子的表达。目前,常用的方法,是利用逆转录病毒作为载体,把编码这4种转录因子的基因,注入皮肤的成纤维细胞中,但其中3种转录因子可能诱发癌症,一定程度上限制了iPS细胞的应用前景。

该研究小组尝试用微RNA分子,取代其中一种转录因子,其他3种转录因子的基因,仍由逆转录病毒载入。实验中,他们把微RNA混入油脂,使其可以顺利穿过成纤维细胞的细胞膜,进入细胞中。

观察发现,微RNA可以替代转录因子,发挥"诱导"功能,经过这种改造的实验鼠皮肤成纤维细胞,可以分化为实验鼠所有类型的细胞。

研究小组认为,将来利用微RNA之类的小分子操控细胞,会在干细胞研究领域发挥关键作用。他们下一步的研究重点,是破解微RNA在上述过程中发挥作用的机制,将来进一步开发出利用微RNA,完全取代上述4种转录因子培养iPS细胞的方法。

2.提高获取干细胞效率的新技术

(1)开发促进胚胎干细胞更高效分化的新技术。

2004年6月,美国麻省理工学院兰格教授领导,他的同事为成员的一个研究小组,在《自然·生物技术》网络版上发表论文称,他们开发出的一种技术,有望帮助刺激人类胚胎干细胞,更高效地分化成其他类型的细胞。

胚胎干细胞是人体中保留的未成熟细胞,具有再分化形成其他细胞和组织器官的潜力。利用胚胎干细胞培育供移植用的细胞、组织或器官,据认为在医疗上具有重要价值。但是刺激干细胞在体外进行分化并非易事,这一过程受到很多因素限制。比如,干细胞在体外赖以生长的材料,对干细胞的习性会产生影响。

　　研究人员介绍说,某种特定生物材料,究竟会如何影响干细胞习性,此前并没有什么快速简便的办法能够加以评估。他们经研究后,在这方面取得重要进展。他们开发出的新技术,可以帮助科学家同时测试成百上千种不同材料刺激干细胞分化的效果。

　　这种新技术,首先将生物材料沉积到一个玻璃载片上。数百种材料,分别在75毫米长、25毫米宽的载片1700多个点上沉积,位于各点的生物材料,经紫外线处理后,会发生聚合而变硬。科学家随后将人类胚胎干细胞"播种"到玻璃载片上,并将载片放入包含生长因子等的不同溶液中,以观察何种生物材料最利于刺激干细胞生长。研究人员已利用该办法发现了一些生物材料。测试显示,这些材料可刺激人类胚胎干细胞分化成高纯度的上皮细胞。

　　(2)开发出大幅度提高产出率的培养胚胎干细胞方法。

　　2005年3月15日,俄亥俄州立大学生物化学教授杨尚天,在加利福尼亚州圣迭戈举行的美国化学学会会议上发表报告说,他们借助生物反应器,在15天的对比实验中,使鼠胚胎干细胞的产出率,比传统方法提高10~100倍,而且因为不需要太多的监测设备,培养成本下降了80%。

　　胚胎干细胞指胚胎中一类未分化的细胞,它具有分化成200多种组织细胞的能力,可用于培育移植用的组织和器官,因而被认为在医疗领域潜力无限。但要提取胚胎干细胞就必须摧毁胚胎,这在全世界引起了伦理争议。

　　杨尚天说,美国总统布什2003年签署命令,只允许联邦科研资金资助现有22个胚胎干细胞系的研究,而不得用于摧毁胚胎提取新的干细胞系,但科研中对胚胎干细胞的需求巨大,如何大批量培养就成为一个重要课题。

　　他们在实验中使用的生物反应器,原先用于组织培养。它由两个舱室组成,一个舱室内填充聚合物纤维,供胚胎干细胞附着生长,另一个舱室内注入含有细胞因子的培养液。细胞因子的主要作用是传递细胞信息,使胚胎干细胞保持在未分化的状态。两个舱室之间有细管相连。

　　经过15天培养后,研究人员检测出反应器中的细胞至少有94%是未分化的胚胎干细胞,而传统方法培养的成果,只有85%是未分化的胚胎干细胞。

　　杨尚天在报告中指出,传统的方法是用细颈瓶培养胚胎干细胞,这使干细胞只能在瓶子底部的平面上生长,而在反应器中干细胞的生长空间是三维的,更接近于它们在胚胎中的生长环境,因此干细胞保持未分化状态的时间更长,更有利于研究。

　　他说,在反应器中胚胎干细胞的产出率可以达到每毫升几十亿个细胞,而在细颈瓶中培养的胚胎干细胞产出率只是千万级。

　　(3)开发提高诱导多功能干细胞生成效率的新方法。

　　2009年8月,京都大学教授山中伸弥等人组成的一个研究小组,在《细胞·干细胞》杂志网络版上发表论文说,在培育诱导多功能干细胞(iPS细胞)的过程中,通过降低培养环境的氧浓度,可大幅提高细胞生成的效率。

研究小组在 iPS 细胞研究过程中,发现机体内的干细胞总是集中于氧气相对少的地方。于是,他们在利用人体皮肤细胞培养 iPS 细胞时把培养环境的氧浓度,从通常的 21% 降到 5%,发现 iPS 细胞的生成效率可提高到原来的 2.5~4.2 倍。但如果进一步降低氧浓度到 1%,就会适得其反导致部分细胞死亡。研究人员又利用实验鼠的皮肤细胞培养 iPS 细胞,发现 5% 的氧浓度也是最合适的。

通过基因重新编排方法,"诱导"普通细胞回到最原始的胚胎发育状态,能够像胚胎干细胞一样进行分化,这就是所谓的 iPS 细胞。日本、美国等国的多个研究小组正在进行各项研究,将 iPS 细胞应用于新药开发和疑难疾病治疗。但 iPS 细胞生成效率低的问题,一直没有得到解决。

研究人员认为,通过降低培养环境的氧浓度,再加上使用细胞癌变可能性较小的培养方法,就可高效地获取更高品质的 iPS 细胞。

(4)发现使脐带血干细胞增加数百倍的新方法。

2010 年 1 月,美国西雅图弗莱德哈钦森癌症研究中心,科琳·德兰尼领导的研究小组,在《自然·医学》杂志上发表论文称,他们找到一种新方法,可让每千克脐带血中的干细胞数量,从 20 万激增到 6 亿,大大增强脐带血的威力和安全性。研究人员认为,这是白血病患者的福音。

目前,治疗白血病的方法,包括化疗和骨髓移植等,然而,寻找匹配的骨髓非常困难,而且移植带来的并发症风险较高,尤其是排异反应严重。因此,脐带血成为较好的替代品。

脐带血是胎儿娩出、脐带结扎,并离断后残留在胎盘和脐带中的血液,通常是废弃不用的。然而,近十几年的研究发现,脐带血中含有,可重建人体造血和免疫系统的造血干细胞,可用于造血干细胞移植,治疗白血病等多种疾病。

研究人员指出,脐带血是较为单纯的干细胞,移植的排异反应一般比骨髓低,此外,脐带血还可以库存。不过,脐带血中的干细胞含量较低,不足以对抗白血病。另外,被移植进入病人体内的脐带血,也需要一定的时间,才能在人体内"落地生根"。这大大增加了病人发生排异反应和死亡的风险,限制了脐带血的使用。

现在,德兰尼研究小组使用了一种蛋白质,可把每千克血液中干细胞的数量,从 20 万增加到 6 亿。德兰尼表示,当这些干细胞,被移植到病人体内时,它们能够很快生成白血细胞,以及血液系统中的其他元素。

研究结果表明,把含有更多干细胞的血液移植入人体后,这些细胞 14 天就可以"落叶生根",生成白血细胞,而没有经过"增殖"的干细胞,则需要 4 周。参与该实验的 10 个白血病患者中,有 7 名患者仍然活着,也没有显现出旧病复发的迹象。

英国慈善机构安东尼诺兰信托的首席执行官亨利·布兰德表示,这项技术的潜力非常大。她认为,脐带血是一座未被开发的宝藏,在治疗白血病,以及再生医学等方面,均有广泛用途。

(5)运用塑料表面提高培育干细胞效率的方法。

2011年7月17日,英国广播公司网站报道,英国格拉斯哥大学组织工程师马修·道尔贝和南安普敦大学肌肉与骨骼科学研究系主任理查德·奥瑞福领导的一个研究小组,在《自然·材料学》杂志上发表论文称,他们研制出一种新方法,用塑料表面更好地培育出更多的成人干细胞。科学家有望据此设计出更好的干细胞疗法,来让骨头和组织再生以及治疗关节炎等病症。

这种最新的"纳米图形化"塑料表面,使用制造蓝光光盘的方法研制而成。该表面上布满细小的凹坑。研究人员表示,这种表面,有助于干细胞更有效地生长和扩散成对治疗有用的细胞。

目前,科学家会把从病人体内提取的成人干细胞,放在实验室中培育。直到制造出足够数量的干细胞来开启细胞再生过程,然后再把培育出的干细胞重新移植到病人体内。但是,这种方法效率很低。

道尔贝表示:"新的纳米结构塑料表面,能被用来高效地培育从骨髓等组织和器官中提取出的间叶细胞干细胞,研究人员随后可将培育出的细胞用于骨骼肌系统和结缔组织中。"

该研究小组,正在着手研究如何大规模地制造这种新的塑料表面。道尔贝指出,他们还在使用同样的方法培育其他类型的干细胞,如果取得成功,则有望研制出大规模的干细胞培育工厂,这种干细胞培育工厂,将使科学家更有效地治疗糖尿病、关节炎、阿尔茨海默症、帕金森氏病等病症。

(6)发明提高制造诱导多功能干细胞效率和纯度的新技术。

美国明尼苏达大学干细胞研究所研究小组,在2011年7月出版《干细胞》杂志上发表的一项成果称,他们发明了一种新技术,可通过将两个蛋白混合在一起制造出一个"超级蛋白",从而大大提高了制造诱导多功能干细胞(iPS)的效率和纯度,且没有产生肿瘤的风险。

目前,科技人员制造iPS细胞,主要通过在一个成人细胞中引入四个确定基因来进行。这些基因,会把成人细胞重新编程为一个干细胞,以分化成人体内多种不同类型的细胞。通常这四个被引入的基因,是Oct4、Sox2、Klf4和c-Myc,因此,这种方法被简称为OSKM。OSKM方法面临的挑战是:在整个重新编程过程中,只有不到0.1%的细胞能够变为iPS细胞;另外,因为引入的c-Myc基因本身就是致癌基因,可能会产生肿瘤。

研究小组发明的新技术是:将多能性调节基因Oct4和肌肉转录调节因子MyoD的片段混合在一起,制造出一个能从多方面改进iPS制造过程的"超级基因"M3O(或"超级Oct4"),可大大提高制造iPS的效率和纯度。科学家们也能借此观察制造iPS细胞的机制。

研究人员说,与OSKM方法相比,新技术制造老鼠和人的iPS细胞的效率增加了50倍;纯度也有大幅度提高,新制造出的iPS细胞约占所获得细胞的98%,而

OSKM 方法得到的纯度只有 5% 左右;新技术也让重组过程变得更加简单,只需 5 天 iPS 细胞就会长出,而使用 OSKM 则需 2 周左右的时间。而且,新方法不涉及 c-Myc,没有产生肿瘤的风险。

3. 提高制造干细胞质量的新技术

(1) 发明不破坏胚胎而获得胚胎干细胞的新技术。

2006 年 10 月 26 日,美国康奈尔大学威尔医学院的研究人员,在《自然》杂志网站发布消息说,他们在不损害胚胎的情况下,从实验鼠胚胎中提取细胞,并成功培育出干细胞。

研究人员从实验鼠体内取出较成熟的胚胎,它是由 20 ~ 25 个细胞构成的称为"内细胞群"的胚泡,再用一种酶把使"内细胞群"结合在一起的天然胶软化,然后再把胚胎植回实验鼠体内前分别抽取一个、两个或三个细胞,用它们来培育胚胎干细胞。

研究人员用三个细胞抽取物培育出了胚胎干细胞,但用一个或两个细胞抽取物都没能培育成功。使用这种技术,研究人员用 16 个胚泡培育出 4 个胚胎干细胞系,也就是说成功率为 25%。

研究人员认为,使用这种方法获得胚胎干细胞,胚胎不会受到损害。这种方法将来有望用于人类,通过试管授精生育的妇女可以借助这种技术获得胚胎干细胞,既可用于研究,也可储存起来为其子女治病所用。

不破坏胚胎即可获得人类胚胎干细胞系,是一种一直被看好的技术。科学家致力于培育胚胎干细胞,是因为干细胞研究成果,能够应用于老年痴呆症、帕金森氏症、肝硬化等各类疑难病症的治疗。

(2) 开发确保干细胞同质性和多能性的培养技术。

2010 年 12 月,美国伊利诺伊大学基因组生物学研究所,动物科学教授田中哲领导,伊利诺伊大学机械科学和工程系教授王宁等参加的一个研究小组,在《公共科学图书馆·综合》杂志上发表论文称,他们发现,利用软凝胶基质代替硬质器皿来培养小鼠胚胎干细胞,无需添加昂贵的生长因子,便可让干细胞培养物长时间维持同质的多能状态。研究人员表示,这一技术在未来的再生医学中,有着巨大的应用前景。

干细胞研究面临的主要障碍,就是如何让小鼠胚胎干细胞培养物,保持一种均一的多能状态。多能干细胞,可自发地分化成皮肤或者肌肉等不同的组织类型。长期以来,研究人员都是利用一种被称作生长因子的化学物质,来维持干细胞的多能态不变。但即便如此,培养出来的干细胞,还是会很快进入各自的分化阶段,呈现出不同的基因表达和形态,这种多样性分化使得干细胞培养物很难被诱导生成所需的特定组织。

田中哲表示,可以从培养一群同质的未分化细胞入手,诱使其分化成特定的细胞类型,以实现临床应用。

研究小组发现,多能小鼠胚胎干细胞,喜欢"抱团"黏附在一起,而处于群体边缘、与硬质培养器皿接触的细胞,分化速度相对较快。于是,他们决定对小鼠胚胎干细胞,进行机械学研究而非化学研究。由于干细胞比成熟细胞要柔软 10 倍,研究人员猜测是否是培养器皿和细胞之间的机械力刺激了细胞分化,并通过前期研究证实,即使很小的机械力,也可诱导细胞分化。

接下来,研究小组把小鼠胚胎干细胞,分成 3 组进行平行试验:第一组用加入生长因子的常规培养基培养;第二组采用与这些细胞同样硬度的软凝胶基质进行培养,并加入生长因子;第三组同样用软凝胶基质培养,但没有加入生长因子。结果显示,即使缺乏生长因子,利用软凝胶基质培养的干细胞,在 3 个多月传代 20 次后,仍能表现出更明显的同质性和多能性。

王宁说,这体现了事物的两面性:机械力能够诱导分化,但如果降低培养基和干细胞之间的机械力,就可以把干细胞保持在多能状态。这项研究,证实在干细胞分化过程中,力学环境的重要性,不亚于化学生长因子。在活的有机体中,细胞只在短期内分泌生长因子,而机械力则始终在影响每个细胞。

研究小组,下一步打算利用这种新技术,来培养诱导多能干细胞(iPS),虽然 iPS 细胞医学应用前景广阔,但也是出了名的难以培养。田中哲表示,我们可以试着在同样的软基质上培养小鼠 iPS 细胞,看看是否也能获得同质的干细胞培养物。如果情况的确如此,其产生的影响无疑将是巨大的。

(3)发明能控制干细胞按需分化的新方法。

2011 年 08 月 28 日,美国物理学家组织网报道,在美国化学学会第 242 届国际学术研讨会暨展览会上,美国威斯康辛大学化学系的劳拉·基斯林博士领导的一个研究小组报告说,干细胞非常易变,它会成什么器官或组织,一直让科学家琢磨不定。最近,他们找到一种特殊的细胞培养基面,有助于控制干细胞的发育方向。这项成果,为再生医学领域提供了一种先进方法,以此培养的器官和组织可用于移植和治疗疾病。

多能性人类胚胎干细胞,是从胚胎衍生而来的细胞,具有发育成上百种细胞的可能。培养系统具有某种"不确定性"。不同批次的小鼠细胞,可能出现多种变化,而控制它们的分化方向,是干细胞医疗应用研究中的一大障碍。以前的方法是添加调控生长的物质,但这可能会给细胞带来无法预料的伤害。

研究人员指出,干细胞在再生医学、新药开发、生物医疗前沿中都有很大潜力,但要开发这种潜力必须克服两个难题:一是找到能在实验室培养繁殖人类干细胞的方法;二是控制干细胞按需分化,生长为心脏、大脑等任意类型的细胞。新方法在解决这些问题方面取得了良好效果。

研究小组人工合成出一种纯化学培养基面,其外层表面与不同的多肽相对应,能大大降低干细胞发育方向的不确定性。这种纯化学的培养基面,能对细胞的"信号"路径施加一种控制。"信号"是细胞内分子之间互相通讯的方式,比如告知免疫细胞准备抵抗外来感染,或告知胰腺细胞机体需要更多胰岛素等等。通过控制干细胞内部的分子通讯,研究人员能告知干细胞发育成某种特定的细胞。

为了测试这种纯化学培养基面改变信号的能力,研究人员还用β转化生长因子对癌细胞进行了测试,实验结果表明,这种培养基面可以促进伤口愈合。专家指出,β-TGF虽然有助于伤口愈合,但如果它接触到健康皮肤,会造成皮肤发炎。而通过这种培养基面,比如设计一种绷带,只在身体局部集中某种特殊的多肽,可让β-TGF只集中在伤口部位。

研究人员认为,要通过组织工程培养出替代器官,人们必须能操控细胞的发展方向。设计多套与各种多肽对应的培养基面,就能引导胚胎干细胞按照需要进行分化。这种培养基面,让实验室制造器官和组织更加容易,是一种更先进的干细胞生产方法。

(4)研发能消除引发癌症风险的制造干细胞新方法。

2012年5月,加拿大卡尔加里大学研究人员德里克·兰考特与罗曼·克拉维兹等人组成的一个研究小组,在《自然·方法》发表研究报告称,他们成功研发出一种新干细胞制造技术,该技术能够消除可能引发癌症的风险。

研究人员表示,研发出的新仪器,能够制造数以百万计的细胞,经过重新编程后,再造成干细胞。他们主要是利用全新的生物反应器,再使用坏胎和成体细胞,制造成多能干细胞。而多能干细胞可以再发展成人体细胞和组织的3个主要胚层,分别是外胚层、中胚层和内胚层,从而可能制造出几乎所有不同人体细胞。

研究人员指出,新技术不会引发癌症基因。目前,科学家在研制干细胞上成果有限,因为通常需要100万个成年细胞,同时制造出的干细胞也往往会引致癌症。该研究小组与以往成果的根本区别是,新技术不会引发癌症。

(5)开发能操控分化阶段干细胞的新技术。

2015年2月,美国西北大学一个研究小组,在《英国皇家化学学会》杂志上发表研究成果称,他们开发出一种新型电穿孔微流控装置,能对分化中的干细胞,进行电穿孔操作,在细胞生命的最重要阶段能够进行分子输送。这提供了研究神经元等原代细胞所必要的条件,为探索神经疾病致病机制,打开了一扇门,可能会引发新一代的基因疗法。

电穿孔技术,是分子生物学中强有力的技术手段。利用电脉冲在细胞膜上创建一个临时的纳米孔洞,研究人员就能把化学品、药物和DNA直接输送到单个细胞中。

但是,现有的电穿孔技术,要用很高的电场强度来保持细胞悬浮在溶液中,打断了细胞通路,使敏感的原代细胞,处在恶劣的环境中。因此,研究人员要在细胞持续分化和扩大过程中,研究细胞的自然属性,几乎没有可能。

研究人员说:"不破坏分化却能推送分子进入贴壁细胞的能力,是生物技术学研究者,进一步了解相关基础知识的必要条件,尤其有利于进行最先进的干细胞研究。在生物学和医学研究领域,对细胞进行正确环境下的无损操作,是非常关键的技术。"

# 第四节 用干细胞培育细胞与器官的新成果

## 一、利用干细胞培育生命体细胞的新进展

1. 利用干细胞培育出心血管系统细胞

(1)利用骨髓干细胞培植出心脏细胞。

2005 年 1 月,有消息说,新加坡全国心脏中心成功利用胰岛素等人类自然化学物,把骨髓干细胞培植成心脏细胞,并着手研究在人体上进行临床实验,为病人"修补心脏"。研究人员认为,利用病人本身的骨髓干细胞培养出心脏细胞,好处是不会有排斥问题。

全国心脏中心心脏专科医师王恩厚指出,冠状动脉心脏病是新加坡第二号杀手,本地每年约有 500 起新的心脏衰竭病例。但在过去的 10 年中,由于严重缺乏心脏器官捐赠者,心脏移植手术仅 28 起。

然而,末期心脏病患者的寿命有时只有 5 年,如果等不到合适的心脏,患者就可能因耽误治疗而死亡。将来如果能改用细胞移植疗法,就可帮助这些心脏病人延长寿命,以便等待适合的心脏出现,进行移植手术。

研究人员说,与全球其他机构进行心脏细胞培植相比,两者的差别在于:其他心脏细胞培植使用杀伤力强的化学药物,全国心脏中心则使用胰岛素等人体内的自然化学物来培植,因此更加安全。该中心正在为这项培植过程,申请专利。

目前,新加坡全国心脏中心正朝着两方面研究发展:

一是利用细管,把干细胞直接注入病人心脏受损的部位,让健康心脏组织重新生长,这类手术风险低,并发症概率也较少。目前这套疗法已经在猪身上实验,效果令人满意。

二是心脏中心和南洋理工大学工程学院合作,在体外把干细胞培植成立体的心脏组织,再直接把心脏组织薄片贴在受损的心脏部位,这种疗法是可确保干细胞已变成具跳动功能的心脏组织,才移植入病人体内。

(2)用胚胎干细胞制造出红血球。

2010 年 8 月 16 日,英国《独立报》报道,英国科学家把从无用的试管婴儿胚胎中提取的干细胞,变成红血球,这是英国首次使用胚胎干细胞制造出红血球。有关专家表示,一旦该人造血的人体试验取得成功,将为医院输血提供充足的血源,并能减少输血者和接受者之间传染疾病的风险,也为工业化生产人造血提供了新思路。

苏格兰输血服务中心主任马克·特纳领导的研究小组,与罗斯林细胞有限公司,使用 100 多个无用的试管婴儿胚胎,培植出几个胚胎干细胞株,这些细胞株可以在实验室无限制地复制。随后,研究人员把其中一种名为 RC－7 的细胞株,先转化为血液干细胞,接着把它转化为功能性的、包含有携氧色素血红蛋白的红血球。

研究人员表示,如果一切进展顺利,由胚胎干细胞制造的人造血,将于 5 年内进行首个临床实验,最终目的是使用工业上的生物反应器,每年制造出 110 多万升红血球。特纳说,到时,一个生命仅为 4 天的试管婴儿胚胎,将成为"万能的输血者"。

格拉斯哥大学的干细胞科学家乔·芒福德也证实,她使用该公司制造的RC－7 胚胎干细胞株,得到的人造红细胞中,包含了红血细胞色素,这标志着,在制造出完全不同的成人红血球的道路上,他们已经走了 90% 的路程。

然而,科学家还需要着力解决几个问题。首先必须确保所有的胚胎干细胞,都使用实验室试剂来培植,这些试剂不能同动物细胞有任何牵连,否则可能感染动物疾病。另外,在首次进行人体试验之前,这种红血球的质量和安全性需要得到保证。而且,人造血的制造成本,要比使用捐赠血液进行输血的成本更低。

据悉,这个研究项目,是英国耗资 300 万英镑人造血计划的阶段性成果,由英国维康基金会资助,旨在研发出人造的阴性 O 型血,可输血给任何血型的患者。

(3)用诱导多功能干细胞高效培养心肌细胞。

2011 年 3 月,京都大学诱导多功能干细胞(iPS 细胞)研究所山下润副教授率领的研究小组,在《公共科学图书馆·综合卷》网络版上撰文称,他们开发出利用 iPS 细胞,高效培养心肌细胞的新技术。今后,如果能够利用这一新技术大量培养心肌细胞,将可用于恢复因心肌梗塞而受损的心脏功能。

研究人员向实验鼠的 iPS 细胞,加入环孢菌素 A(一种免疫抑制剂)后进行培养,发现发育成的心肌细胞数量,是不加入环孢菌素 A 时的约 12 倍。而利用人类 iPS 细胞进行培养时,在培养到第 12 天的时候,确认生成的心肌细胞数量,是不加入环孢菌素 A 时的 4 倍以上。

研究小组认为,这表明环孢菌素 A,在诱导实验鼠和人类 iPS 细胞发育成心肌细胞过程中,发挥了重要作用。

研究小组确认,利用人类 iPS 细胞培养的心肌细胞与人类心脏心室细胞,拥有同样的性质和结构。

(4)用干细胞技术把皮肤细胞转化为心肌细胞。

2012 年 5 月 23 日,以色列技术研究所研究员利奥尔·格普斯顿领导的一个研究小组,在《欧洲心脏病》杂志上发表论文称,他们成功地把取自老年心脏衰竭患者的皮肤细胞,转化成健康的心肌细胞。这些细胞,已被证明能够发育成健康的心肌组织,并通过了大鼠移植实验的验证,类似疗法,有望 10 年内在临床上获得应用。

格普斯顿说,实验表明,完全可以把采自心脏衰竭老年患者的皮肤细胞,培育成健康的心肌细胞,而这种新培育出的心肌细胞,几乎与患者刚出生时的心肌细胞无异,该疗法未来有望成为拯救心脏病患者的重要手段。

心脏衰竭是由心肌受损所引起的一种疾病,患病后心脏无法正常泵出足够的血液,来供应身体各个器官活动及代谢的需求,逐步失去心脏功能,该症是导致65岁以上老年人入院的主要原因,近年来发病更为普遍。目前,对于严重心脏衰竭患者,只能依靠机械设备或寄希望于心脏移植。

此次研究中,研究小组,首先从两名年龄分别是51岁和61岁的男性心脏衰竭患者身上,获取皮肤细胞,然后通过向皮肤细胞中添加3个基因和一种名为丙戊酸的小分子的方式,将其转化为诱导多能干细胞,最后再培育成心肌细胞。研究人员发现,这些由老年心脏衰竭患者的皮肤细胞培育成的心肌细胞,与那些由健康的年轻志愿者提供的皮肤细胞培育成的心肌细胞一样有效。而后,研究人员在实验室中把心肌细胞与现有的心脏组织放在一起进行培养,结果发现24~48小时内,两种类型的组织就能够一起跳动。之后,新组织被移植到健康大鼠的心脏,很快便与大鼠细胞建立连接。

格普斯顿说,在把这些组织移植到人体之前,还需经过许多测试和完善,因此该疗法数年后才能在临床上获得应用。但实验证明,用患者自体细胞治疗心脏病的梦想完全能够实现。

伦敦大学心血管病学教授约翰·马丁说,这是一项有趣的工作,有望成为一种有效的疗法,但在实际应用前还有很多事情要做。英国爱丁堡大学心脏病专家尼古拉斯·米尔斯说,虽然该疗法在用于临床前还需要进一步完善和细化,但结果还是令人鼓舞,它代表着我们距有效修复心脏这一梦想又近了一步。

2.利用干细胞培育出神经系统细胞

(1)利用动物腹部脂肪干细胞培育出神经细胞。

2009年6月,日本《朝日新闻》报道,日本京都大学再生医学研究所,中村达雄副教授等人组成的一个研究小组,把实验鼠腹部脂肪中的干细胞植入实验鼠脑部,成功培育出脑神经细胞。该成果将有助于对脑梗死、脑肿瘤患者实施再生医疗手术。

研究人员说,脂肪中含有能分化成身体各种组织细胞的干细胞。从实验鼠的腹部脂肪中提取干细胞,并使这些干细胞渗入用胶原蛋白制成的几毫米见方的"海绵"载体。经过3天的培养,研究人员将含干细胞的"海绵"植入实验鼠脑部。

一个月后,研究人员确认植入的干细胞已分化生成神经细胞,但这些神经细胞是否能组成神经回路,以及上述干细胞能否分化成其他种类的细胞等问题还有待研究。

研究人员认为,提取腹部脂肪中的干细胞,对患者身体损伤相对较小。这项成果,有助开发修补因脑肿瘤手术或脑梗塞等造成的脑组织缺损的新方法。

(2)用诱导多功能干细胞培养出视神经细胞。

2015年2月,日本国立成育医疗研究中心主任医师东范行领导的研究小组,在《科学报告》网络版上发表论文说,他们与埼玉大学同行合作,利用人类诱导多功能干细胞(iPS细胞),在世界上首次培养出了视网膜神经节细胞。这一成果,将促进研发治疗青光眼导致的视神经障碍和视神经炎等眼病的药物。

视网膜神经节细胞,是把视网膜获得的信息传递到脑部的细胞。眼球获得的视觉信息会转化成电信号,从视网膜经过视网膜神经节细胞延伸出来的轴索传递到脑。由于无法顺利培养出轴索部分,研究人员此前一直未能成功培养出视网膜神经节细胞。

该研究小组利用特殊的蛋白质,在立体状态下对来自人类皮肤细胞的iPS细胞团块,进行培养。约1个月后,iPS细胞分化出了带有1~2厘米长轴索的视网膜神经节细胞。

研究人员通过电子显微镜观察,以及基因分析,确认如此培养得到的细胞,能作为神经细胞正常发挥作用,且视觉电信号能在轴索中传递。

3.利用干细胞培育出呼吸系统细胞

(1)把人类干细胞成功转化为肺细胞。

2005年8月,英国伦敦帝国学院朱丽亚·波拉克教授领导的一个研究小组,在《组织工程杂志》上发表研究成果称,他们成功把人类干细胞转化为肺细胞,在成功构建移植肺脏的道路上迈出了第一步。

研究人员首先获得人类干细胞,在实验室中一种特殊分化诱导体系中进行培养,最终分化为具有呼吸功能的肺脏上皮细胞,可以吸收氧气,排出二氧化碳。这是首次对胚胎干细胞进行的成功转化。波拉克表示:这一结果激动人心,它宣告,人工构建肺脏或修复严重不可治愈的肺疾病,是完全可能的。

研究人员表示,他们还准备对其他来源的干细胞进行实验研究,例如脐带血或骨髓中的干细胞进行培养,以求能扩展干细胞的来源问题。

来自伦敦帝国学院的切尔西和威斯敏斯特医院的安妮·毕晓普指出:尽管距离能够成功构建供移植的肺组织,还要很长一段时间,但这一结果,在严重损伤的肺组织修复道路上,迈出了关键性的一步。

下一步,研究人员计划将其研究成果,应用于严重肺脏疾病,如急性呼吸窘迫综合征的治疗上。急性呼吸窘迫综合征导致肺细胞脱落,目前是许多重症监护病人死亡的重要原因。研究人员设想,通过把可分化为肺脏细胞的干细胞,注射到体内的方法,来修复损伤的肺。

(2)首次把人体干细胞转化为功能性肺细胞。

2013年12月,美国哥伦比亚大学医学研究中心科学家汉斯·斯诺耶克领导,他的同事,以及该校生物医学工程系哥丹纳·诺瓦科维克教授等人参与的一个研究小组,在《自然·生物技术》杂志上发表论文称,他们首次成功地把人体干细胞,转化成功能性的肺细胞和呼吸道细胞。这项研究成果,可以帮助科学家们研究肺部发育、构建肺部疾病建模、筛查药物并最终制造出可供移植的肺部器官。

斯诺耶克表示:"科学家们已经相继把人体干细胞转化成了心脏细胞、胰岛 β 细胞、肠细胞、肝脏细胞和神经细胞,大大推动了再生医学的发展。现在,我们又成功地把人体干细胞转化为肺细胞和呼吸道细胞,这项研究非常重要,因为肺部移植预后特别差。尽管这一技术应用于临床可能还需要很多年,但其为肺部组织的自体移植打下了基础。"

最新研究建立在斯诺耶克以前研究的基础上。早在 2011 年,他就发现了一套化学因子,能将人的胚胎细胞或诱导多能干细胞(iPS 细胞)变成前肠内胚层(肺细胞和呼吸道细胞的前体)。iPS 细胞与人体的胚胎细胞非常接近,能分化为多种类型的细胞,但其可以由皮肤细胞生成,不像胚胎干细胞那样存在伦理争议,因而在研究中常常作为人类胚胎细胞的替代品。

在最新研究中,研究小组发现了新的化学因子,它能成功地把人的胚胎细胞或 iPS 细胞完全变成功能性的肺上皮细胞(覆盖肺部表面的细胞)。他们得到的细胞表达了至少 6 种肺上皮细胞和呼吸道上皮细胞的标志物,其中包括二型肺泡上皮细胞。这种细胞非常重要,因为其会产生对维持肺泡(气体交换发生的场所)至关重要的表面活性物质;另外,当肺部受伤时,二型肺泡上皮细胞还会参与修复工作。

4. 利用干细胞培育出消化系统细胞

(1)利用人体胚胎干细胞分化成肝细胞。

2006 年 3 月 8 日,日本冈山大学教授田中纪章领导的科研小组,在日本再生医疗学会年会上报告说,他们成功使人体胚胎干细胞分化成健康的肝细胞,这在日本国内尚属首次。这项技术,有望用于培育人造肝脏。

据悉,研究人员利用蛋白质,促使人体胚胎干细胞分化成肝细胞。测试显示,分化出的肝细胞,不仅能合成通常只在肝脏中合成的白蛋白,而且还具备解除部分麻醉药毒性的代谢机能。

以往为维持胚胎干细胞的活性,在培养干细胞时必须同时使用滋养细胞。研究人员人采用一种特殊的能提高细胞之间黏附力的布,并用其代替滋养细胞,从而节省了成本和时间。

研究人员表示,他们计划下一步研究胚胎干细胞分化为肝细胞的具体机制。

日本旭川医科大学教授葛西真一指出,一些科学家目前正在研究利用猪的胚胎干细胞培育人造肝脏,但这种方法存在着感染猪体内病毒的危险,所以人体胚胎干细胞是更为理想的选择。他说,如果新方法能够解决伦理问题,那么重症肝病患者将有望换上更好的人造肝脏。

（2）首次利用克隆干细胞技术产生胰岛素分泌细胞。

2014 年 4 月 29 日，美国纽约干细胞基金会研究所迪特·艾格里领导的一个研究小组，在《自然》杂志网络版报告说，他们在"治疗性克隆"领域又实现了新的突破。

研究小组使用克隆技术，以糖尿病患者的 DNA 首次制造出胰岛素分泌细胞，完美匹配病人的 DNA。这是继不久前公布的首次利用成人皮肤细胞克隆出干细胞后，又一次出现的克隆干细胞实验，但研究人员表示，该技术将首先以治疗为目的，服务于糖尿病患者。

干细胞诱导分化成的胰岛素分泌细胞移植，是治疗糖尿病的方法之一，但过程并不完善，一系列问题使之并未应用临床，这也是科学家们尝试以基因手段进行解决的一个原因。

据报道，研究人员从一位 32 岁的Ⅰ型糖尿病妇女患者的皮肤细胞中，利用克隆技术产生了与她匹配的干细胞。

这项成果是在未来的移植手术中，基因完美匹配细胞移植的一个重要步骤。它将使广大Ⅰ型糖尿病患者，获得帮助。该病症可出现于各个年龄段，但更多发生在儿童和青少年间，起病急剧且患者体内胰岛素绝对不足，会危及生命。而新成果除了为移植手术铺路，也可以让医学界了解到究竟是什么触发了Ⅰ型糖尿病，从而导致更好的治疗方案出现。

哈佛干细胞研究所道格·麦尔登并未参与该研究，其评价论文为"令人印象深刻的技术成就"。但他相信此成果将会更多地作为一种研究工具被使用，而不是用于移植。

这是首次利用克隆技术产生出胰岛素分泌细胞。艾格里表示，目前这些细胞，已在动物试验中表现良好，但他们无法估计人体实验时间表。

5. 利用干细胞培育出生殖系统细胞

（1）首次用人类胚胎干细胞造出生殖细胞精子。

2009 年 7 月 8 日，英国纽卡斯尔大学发表新闻公报说，该校和东北英格兰干细胞研究所等机构组成的一个研究小组，利用胚胎干细胞，首次成功制造出人类精子。

新闻公报说，研究人员利用一种含有视黄酸等物质的培养介质，对含有 X 和 Y 两种染色体的男性胚胎干细胞进行培养，并促使其实现完全的减数分裂，最终培养出含有 23 条染色体的试管精子。

研究人员卡里姆·纳耶尼亚说，这项研究有助于深入分析男性不育的原因，并用相关知识帮助那些希望有孩子的不育夫妇。例如，由于采用化疗方法，被治愈的白血病男性患儿成年后可能不育，这项研究便可帮助分析其中的原因。

研究人员同时表示，他们不会利用试管精子进行人工授精，这不仅是因为英国法律不允许，且从科学角度讲，这样做对研究小组也没有意义。

（2）采用干细胞技术以人类细胞造出原始生殖细胞。

2014年12月24日，以色列魏茨曼科学研究所雅各布·汉纳领导，英国剑桥大学阿齐姆·舒拉尼等人组成的一个研究小组，在《细胞》杂志上发表研究成果称，他们成功地利用人类细胞，制造出可分化发育成精子和卵子的人类原始生殖细胞。这一成果，将有助于了解不孕根源、胚胎早期发育机制，甚至开发新型生殖技术。

研究人员表示，这是科学家首次利用人类细胞，制造出原始生殖细胞。汉纳介绍道，原始生殖细胞出现在胚胎生长的最初几周，此时受精卵中胚胎干细胞开始分化成各种最基本类型的细胞。一旦这种细胞发生"特化"，它们就会向精子细胞和卵细胞"自动"转化。

研究小组在研究中采用诱导多功能干细胞技术。诱导多功能干细胞是通过对成体细胞如皮肤细胞进行"重新编程"培育出的，具有与胚胎干细胞类似的分化潜力。

之前，日本科学家曾把小鼠诱导多功能干细胞成功分化成原始生殖细胞，但利用人类细胞的类似尝试却无一成功。汉纳等人发现，小鼠胚胎细胞在实验室中可轻易保持在干细胞状态，而人类诱导多功能干细胞却倾向于发生分化。因此，他们开发了一种可调低这种分化能力的技术，制造出一种名为"初始细胞"的新型诱导多功能干细胞。

汉纳说，"初始细胞"在分化能力方面，可能更接近于胚胎干细胞。在他们的实验中，多达40%的人类"初始细胞"可发育为原始生殖细胞。

此外，新研究还发现，从诱导多功能干细胞分化成原始生殖细胞方面，人类与小鼠存在一些差别。比如，人类中负责这一分化过程的是一种叫Sox17的基因，而小鼠中这种基因却不存在类似作用。

汉纳强调，制造出人类原始生殖细胞，只是朝着人工制造精子和卵子的方向迈出了第一步。他相信，这项成果最终会帮助一些不孕女性怀孕。

6. 利用干细胞培育出其他细胞

（1）首次用单个成体干细胞培育出多种组织细胞。

2005年6月22日，美国韦克福雷斯特大学，再生医学研究所所长安东尼·艾塔拉领导的一个研究小组，在《干细胞与发育》杂志上发表论文说，他们成功地从人体皮肤细胞中提取并培养了干细胞，而且诱导干细胞分别分化成脂肪、肌肉和骨骼细胞。这一成果首次证明，单个成体干细胞，有分化成多种组织细胞的潜力。

研究小组说，他们提取的干细胞类型是间充质干细胞，通常见于骨髓中。研究人员从15名接受包皮环割手术者的皮肤样本中，分别提取了单个干细胞。接下来，他们成功地使单个干细胞，保持寿命和裂殖。这些干细胞，在经过1000次倍数分裂后，仍然保持染色体的完整和分化多能性。

研究人员通过联合使用激素和生长因子，诱导这些干细胞分别分化成脂肪、肌肉和骨骼细胞。这些分化而成的组织细胞经过三维空间培养后,被植入实验鼠体内进行验证。研究人员说,这些组织细胞都和实验鼠原有的脂肪、肌肉和骨骼组织等保持了一致性,但其长期效果还有待观察。

艾塔拉说,这一成果表明,从皮肤样本中提取的干细胞,就能分化成三种重要的组织细胞。尽管间充质干细胞也存在于骨髓、脑组织和脐带血中,但从皮肤组织中提取它们的难度要小得多,这在医学应用上的意义不言而喻。研究人员设想,将来可以用患者自身的皮肤样本提取干细胞,再培育出各种组织细胞注射回患者体内,修复他们受损的组织。

这对干细胞研究本身也有重要意义。长期以来,科学界一直认为胚胎干细胞,具有分化成各种组织细胞的潜力。但现在更多研究表明,间充质干细胞的分化能力也很强。研究人员认为,尤其在美国现行法规不支持通过克隆胚胎提取干细胞的情况下,成体干细胞会成为重要的研究领域。

(2)利用脂肪干细胞培养平滑肌细胞。

2006年7月,加利福尼亚州大学医学院助理教授罗德里格斯等人组成的研究小组,在美国《国家科学院学报》上发表论文称,他们发现,取自人体脂肪的干细胞,能转化为平滑肌细胞。这一研究成果,可能让医疗界得以治疗好些心脏、肠胃和膀胱疾病。这项研究结果,说明脂肪干细胞,能成为人体主要细胞的丰富来源。

研究小组说,由脂肪干细胞,转化而成的细胞能像平滑肌细胞那样收缩和舒张。平滑肌能帮助心脏跳动、血液输送、消化系统和膀胱运作。

罗德里格斯说,我们能用平滑肌细胞来再生和修复受损的器官。研究人员是把去除脂肪质的细胞,放在富含一些成分和人体蛋白质的培养液中,使其形成平滑肌细胞。

这项成果,解决了平滑肌细胞的来源问题。研究器官修复方法的科学家,一直在探讨多个可能性。其一为利用病人器官的细胞,但研究证实,取自病态器官的干细胞也是受损的,难以培养为可供移植的细胞。

研究人员说,目前已有人以取自脑细胞和骨髓的干细胞,来培养平滑肌细胞,但使用脂肪细胞显然容易得多。

(3)用诱导多功能干细胞培育出色素细胞。

2011年1月,日本庆应义塾大学教授河上裕率领的研究小组,在《科学公共图书馆·综合卷》网络版上撰文称,他们利用人体诱导多功能干细胞(iPS细胞),首次成功培养出色素细胞。

研究人员向人体皮肤细胞植入3个基因,培养生成诱导多功能干细胞,并培育出名为"胚状体(EB)"的细胞团块。接着,他们向胚状体植入人体制造色素细胞时所必需的成分,培育两个月左右,结果获得的细胞中有60%～70%是人体色素细胞。

色素细胞存在于人体皮肤等处,能够制造黑色素,防止人体遭受紫外线伤害。

色素细胞如果出现癌变,就会患上恶性黑色素瘤等,而出现皮肤变白症状的白癜风和白化病,以及白发等,均被认为是色素细胞减少造成的。研究小组认为,新成果将有助于弄清上述疾病的致病原因,并且在制药和制作人造皮肤等再生医疗中得到应用。

## 二、利用干细胞培育生命体组织的新进展

1.利用干细胞培育出眼角膜和视网膜组织

(1)用干细胞培育出眼角膜组织。

2007年3月,有关媒体报道,日本东京大学的研究人员,利用人体干细胞,成功培养出眼角膜和其他眼组织。

为了顺利地进行试验,研究人员特意利用一颗提取自眼角膜边缘的干细胞。这些基本的细胞,能够发育成为各种类型的皮肤组织和其他器官。

据悉,试验中分离出的单颗干细胞,被放置在特制的培养液中。在经过一星期的培养之后,这颗干细胞发育为一组细胞,而在第四个星期结束后,这些细胞已发育成为一块直径为两厘米的眼角膜。通过这种方式,研究人员成功获取一层覆盖在角膜上的保护膜。

研究小组强调说,这是人类首次利用单颗干细胞,培育出"货真价实"的人体组织。除此之外,研究人员还在培养液中添加了一些人造化合物,而非传统的血清或是老鼠的骨组织细胞。借助这一全新的干细胞培育方法,可以有效避免动物体内病毒被传染给人类的风险,将会为今后的相关研究活动,开辟新的方法。

(2)用胚胎干细胞培育出立体视网膜组织。

2012年6月14日,日本理化学研究所发育生物学研究中心,与住友化学公司联合组成的一个研究小组,在美国《细胞·干细胞》杂志上报告说,他们利用人类胚胎干细胞,成功培育出立体的视网膜组织。

研究人员此前曾开发出使细胞团块漂浮在培养液中,进而自发地生成复杂结构的培养技术。2011年,以该所研究人员为核心的团队,利用小鼠的胚胎干细胞,成功培育出拥有杯状结构、能发育成视网膜的视杯,以及立体视网膜组织。

不过,由于人类胚胎干细胞的培养条件与小鼠不同,此次研究人员通过多次实验,调整了培养液的成分,使视网膜神经组织和色素上皮组织能同等程度发育。最终,利用约4个月时间,成功培育出与人类胎儿的视网膜组织尺寸相同的直径约5毫米的视网膜组织。

研究小组还开发出了通过添加药剂,阻碍会延缓细胞发育的蛋白质发挥作用,从而缩短视网膜培养时间,并能大量培育视网膜组织的技术。此外,研究小组还开发出了冷冻保存视网膜组织的技术。由此,对培养出的视网膜组织进行高质量管理成为可能,远距离的医院也能利用培育出的组织。

人类胚胎干细胞能发育成各种组织,不过研究小组指出,培育出拥有多层结

构的立体视网膜组织还是世界首次。目前无法治疗和预防的眼科疾病,如可导致失明的视网膜色素变性症等,今后有望通过移植视网膜组织进行治疗。

2.利用干细胞培育出心脏组织

(1)利用骨髓干细胞培育出心脏瓣膜。

2007年4月2日,英国《卫报》报道,伦敦帝国学院资深心脏外科学教授雅各布领导,黑尔菲尔德医院心脏科学中心药理学家、细胞科学家和临床医生,以及相关的物理学家、生物学家和工程师组成的一个研究小组,首次成功地用干细胞培育出人体心脏组织,这项突破性进展,将有助于解决可供移植的心脏不足够的问题。

报道称,研究人员计划在2007年年底进行动物试验,如果取得成功,三年内可望给心脏病患者进行移植替代心脏组织的手术。

雅各布说:"通常发作和导致死亡的是心力衰竭,扭转心力衰竭就能带来大的改变。"据悉,该研究小组,利用骨髓干细胞培育出的细胞组织,跟人体心脏瓣膜的工作方式相同。研究人员说,他们至今已花费10年时间,试图弄清楚心脏每个部分是如何工作的。

他们的这项研究成果,将发表在2007年8月出版的《伦敦皇家学会哲学汇刊》的特刊上,向培育完整心脏迈出新的一步。

雅各布表示,这一进展,向成功培育出完整的、跳动的人体心脏迈出了新的一步。他说:"这是个雄心勃勃、但并非不能实现的目标。如果要我猜,我会说需要10年时间,但是很多新进展表明,人类会在较短时间里取得突破。如果这个时间比我们的想象提早,我不会感到惊异。"

利用干细胞生长替代组织,一直是科学家的目标,如果病人受损害的部分,能够用与病人相符的组织替代,人体就不会产生排斥。科学家目前已经培养出腱、软骨和膀胱,但这些都不如重要器官复杂。

《卫报》还说,世界卫生组织数字显示,2005年全球有1500万人因心脏病死亡,估计到2010年时,全世界将有60万人需要移植替代瓣膜。

(2)利用诱导多功能干细胞首次育成心脏组织细胞层。

2014年10月,日本媒体报道,京都大学山下润教授率领的研究小组,利用人类诱导多功能干细胞(iPS),首次成功培育出由心肌和血管等数种细胞组成的心脏组织细胞层。这有望用于对心脏病患者进行再生医疗。

研究小组在用iPS细胞培育心肌细胞时,分阶段加入血管内皮生长因子(VEGF)。结果,iPS细胞除了发育成心肌细胞外,还同时发育出了形成血管的血管内皮和血管壁细胞。

接下来,研究小组用培养皿,把这种细胞团块培育出直径约1厘米的薄片状细胞层,再把三层细胞层重叠在一起,移植给9只大鼠。这些大鼠的一部分心肌已经因心肌梗死而失去功能,移植细胞层之后,有4只大鼠在移植的部位形成了血管,细胞层的一部分扎下根来,并改善了心肌功能。而且在移植两个月之后,也未发现培养 iPS 细胞时常见的癌变现象。

研究小组指出,这是世界上首次利用 iPS 细胞,培育出包括血管细胞在内的接近实物结构的心脏组织,并形成细胞层。山下润认为:"上述技术,显示了模仿心肌组织的细胞层,对于改善心脏功能是有效的,只要有了血管,就可以通过血液将氧和营养全面输送给心肌,从而能顺利扎下根来。"

3. 利用干细胞培育出人体的骨组织

(1)用间叶干细胞培育成活的人骨片段。

2012 年 6 月 11 日,英国《每日电讯报》报道,以色列福利生物集团公司科学咨询委员会主管阿威诺姆·卡多利教授、首席执行官希爱·莫瑞特兹科,以及以色列理工学院的科学家等组成的一个研究小组,利用从脂肪组织中提取的间叶干细胞,在实验室培育出了人骨,并将其成功移植进实验鼠的骨头中。科学家们表示,最新研究将成为骨移植病人的福音,医生们可借此修复或替换病人受损的骨头。

研究小组首先使用受损骨头的三维扫描图片,建立了一个凝胶状且与骨头的形状很匹配的支架,接着耗时一个月,在该支架上将通过吸脂术,从脂肪组织中提取出的间叶干细胞。该干细胞能发育成身体内多种类型的细胞,于是把它培育成活的人骨片段,有的片段长达几英寸。该支架位于一个能为间叶干细胞发育成人骨提供合适环境的"生物反应器"内。

卡多利表示:"人造骨在移植手术和修复方面大有可为。我们使用三维结构构建出形状和几何结构都非常正确的人骨,在体外培育出的这些人骨可以在合适的时间移植给病人。通过在移植前对受损骨头区域进行扫描,可将人骨移植于合适的地方,并让其与周围组织融合在一起。"

目前,科学家们已在实验鼠身上成功进行了骨头移植实验。他们将几乎 1 英寸长的人造骨插入实验鼠腿骨的中间,结果发现,人造骨能成功地与已存在的动物骨头融合在一起。

卡多利表示,他们正在进行研究,希望能培育出骨头末端的软骨,如果想在实验室培育出整个骨头,软骨不可或缺。

目前,骨移植手术包括从病人体内其他地方取出一点骨头,并将其移植到受损的地方,以促进伤口愈合。但这项技术需病人接受两个外科手术;而接受捐赠骨头的病人可能会发生排斥反应。卡多利表示,因为新技术使用的细胞来自病人自身,因此不会发生排斥反应。莫瑞特兹科补充道,他们希望能进一步研发出一项技术,可以替代受损的关节,诸如髋关节等。

(2)成功用诱导多功能干细胞培育出软骨。

2015 年 2 月 27 日,日本京都大学妻木范行教授等人组成的一个研究小组,在《干细胞报道》网络版上发表研究成果称,他们利用人类诱导多功能干细胞(iPS 细胞)成功培育出软骨,并力争 4 年后启动临床治疗。

研究人员说,在人体内,被称为"透明软骨"的组织,包裹着膝盖等处的关节骨,具有吸收冲击的作用。有关利用 iPS 细胞的临床治疗研究,日本在 2014 年 9 月曾利用 iPS 细胞治疗患者眼部疑难病。

据悉,妻木范行研究小组利用包含特定蛋白质的培养基培育了 iPS 细胞,然后让其在溶液中浮游生长,约 2 个月后形成了直径 1 ~ 2 毫米的"透明软骨"的细胞群。

4.利用干细胞培育出生命体的其他组织

(1)用多功能干细胞培育出功能性人造表皮。

2014 年 4 月,英国伦敦国王学院和美国旧金山退伍军人事务医疗中心组成的一个研究小组,在《干细胞杂志》上发表论文称,他们首次利用多功能干细胞,在实验室中培养出具有功能性渗透屏障的表皮组织,它拥有的防渗透功能,与真正的皮肤表皮几乎没有差异。这一人造表皮组织,不仅可作为测试药物和化妆品的廉价替代模型,还有助于研究人员开发出新的皮肤疾病治疗方法。

表皮组织是人类皮肤的最外层,不仅对人体具有机械保护作用,还能够防止身体内部水分蒸发,并阻止微生物及有毒物质向体内入侵。此前,科学家还无法造出可用于药物测试的具有功能性屏障作用的表皮组织,而受限于单个皮肤活检样本细胞数量,也难以建立大规模药物筛查用的体外模型。该研究小组的成果,则有望解决这一难题。

该项研究中,研究人员首先利用人类诱导多能干细胞和胚胎干细胞,生成人体皮肤外层组织中,最主要的细胞类型角质细胞。这些角质细胞,与皮肤活检样本中的原代角质细胞几乎一样。随后,他们把这些角质细胞,放在一个具有特定湿度阶梯的环境中进行培养,构建 3D 人造表皮组织,并形成功能性的渗透屏障。这种保护性屏障可以避免水分丧失,阻挡化合物、毒素和微生物的入侵。研究显示,这些来自诱导多能干细胞和胚胎干细胞的人造表皮组织,在结构和功能上,与正常人类皮肤的最外层并没有明显差异。

研究人员表示,许多皮肤病都与角质化和表皮屏障的缺陷有关,如鱼鳞病和过敏性皮炎即属此类。他们的研究成果不仅可用于研究表皮屏障的正常发育机制,还可用来研究皮肤屏障受损的致病过程,而对这些问题的了解,将会有助于开发出新的皮肤疾病治疗方法。同时,这一技术使得大量生产功能性人造表皮成为可能,未来一些药物和化妆品的测试可以不再使用动物,人造表皮将作为这类测试的廉价替代品。

(2)用成体干细胞培养出肾脏组织。

2014 年 11 月,日本冈山大学和杏林大学共同组成的一个研究小组,在美国《干细胞》杂志网络版上报告说,他们在动物实验中,首次在试管内利用成体干细胞,成功培养出类似肾单位的立体管状组织。

研究人员从成年实验鼠肾脏内,采集了成体干细胞,在培养皿内制作出细胞团块,然后把细胞团块放入凝胶状物质中,再加入促其生长的特殊蛋白质。3～4周后,他们培养出了50～100个类似肾单位的立体管状组织。这些组织中含有肾小管和肾小球等结构,并具有部分肾脏的功能。

这是世界上首次利用动物的成体干细胞,制作出立体的肾脏结构。今后,研究人员准备利用人类干细胞,继续展开研究。成体干细胞,是指存在于一种已经分化组织中的未分化细胞,能够发育成特定的组织。

肾脏是由约100万个肾单位形成的集合体,能过滤血液中的废物并生成尿排到体外。研究小组认为,虽然要想形成完整的肾脏,还需要能将肾单位连接在一起的细胞,以及血管等,但是这一成果已接近完整的肾单位形态,是人工制作肾脏的第一步。该成果有助于弄清肾脏再生的机制,并有望对肾病患者开展再生医疗。

此前,日本熊本大学的研究人员,曾利用人类诱导多功能干细胞(iPS细胞)培养出肾脏组织。

### 三、利用干细胞培育生命体器官的新进展

1. 利用干细胞培育内脏器官的新成果

(1)用诱导多功能干细胞再生人类肝脏。

2012年6月9日,日本横滨市立大学教授谷口英树带领的研究小组,向当地媒体宣布,他们利用能发育成各种组织和脏器的诱导多功能干细胞(iPS细胞),在小鼠体内培育出体积小,但能正常发挥功能的人类肝脏。这一成果,有望用来为肝功能不全的患者培育供移植的脏器,以及开发新的治疗药物。

该研究小组利用人类iPS细胞,培育出即将发育为肝细胞的肝前体细胞,然后在其中加入生成血管和组织所必需的血管内皮细胞和间充质细胞。再经过数天培养后,研究人员把生成的直径约5毫米的组织,移植到小鼠头部。

数天后,移植到小鼠体内的组织内部出现了血管网络,两个月之后,开始合成人类特有的蛋白质,并能发挥分解毒素的功能。研究人员确认,该组织已具备与肝脏类似的功能。

此前,虽有研究人员利用人类iPS细胞培育出肝细胞,但是培育拥有复杂立体结构的脏器非常困难。谷口英树表示,这是首次用iPS细胞培养出人类脏器,并确认其功能。

(2)首次成功诱导干细胞成为三维迷你肺。

2015年4月,美国媒体报道,美国密歇根大学医学院发育生物学家杰森·斯佩斯等人组成的研究小组,首次成功诱导干细胞发育成人体肺部类器官:一个三维迷你肺,它能模拟人体肺部的复杂结构,有助于科学家们研究肺部疾病并找到新疗法。

斯佩斯表示:"以前,科学家们获得肺部组织的方法,包括从平面细胞系统那

儿,提取出肺部组织,或在从捐赠器官制造的支架上培育细胞而获得。最新方法得到的迷你肺,能模拟真实组织的反应,有助于我们研究肺部器官如何形成,如何随疾病发生变化,以及对新药如何做出反应等问题。"

为了制造出这类器官,斯佩斯实验室、加州大学旧金山分校、辛辛那提儿童医院医疗中心、华盛顿大学西雅图儿童医院的研究人员,对负责器官形成的几个信号通道进行了操控。他们首先诱导干细胞形成内皮层。这一组织,一般出现在早期胚胎内,能生成肺、肝脏和其他器官。接着,激活了能使内皮层形成三维组织的两个重要的发育通道,同时抑制了其他两个关键的发育通道,使内皮层发育成与胚胎内可见与肺相似的组织。随后,这一组织在实验室内发育成三维球形结构,最后,通过让其与肺部发育有关的蛋白质接触,这些结构最终发育成肺部组织。而且,得到的肺部类器官在实验室存活了 100 多天。

目前,研究小组一般是在实验室内,在二维结构下对细胞的行为进行研究,但人体内大多数细胞均作为复杂器官和组织的一部分,以三维形式存在。斯佩斯表示,最新获得的三维迷你肺部组织的优势在于,其组织结构与人体的肺部很相似。

不过,研究人员也表示,尽管这一迷你肺能在培养皿中发育而成,但它们缺乏人体肺部的几个关键组件,包括在呼吸过程中对气体交换至关重要的血管等。即便如此,这种类器官仍可作为研发工具,进行相关的动物研究。

2. 利用干细胞培育口腔器官的新成果

2009 年 8 月,英国《每日邮报》报道,日本东京理科大学中尾和久博士等人组成的一个研究小组,首次运用生物工程从干细胞中培养出了牙齿,这有可能使假牙成为历史。这些牙齿看起来和正常牙齿一样,对疼痛敏感,咀嚼食物也很容易。

研究人员确定了两种类型的干细胞,它们包含了使牙齿充分生长的所有指令。这些干细胞在实验室培养 5 天后形成一个小小的牙齿"芽"。然后这个牙齿"芽"被深深移植进实验室小鼠的颌骨中,在此之前,小鼠颌骨上该位置的牙齿已经被剔除。5 周后,齿尖从牙龈冒出来;7 周后,牙齿完全长成。研究人员经过反复多次实验后证明,这种用生物工程培养出来的牙齿的功能完整。

中尾和久博士说:"每个由生物工程干细胞培养出来的牙齿的组成部分,都和正常牙齿一样,包括牙本质、牙釉质、牙髓、血管、神经纤维等。重要的是,长出这样的牙齿的啮齿类动物,在饮食上没有任何困扰。"

这次实验中所使用的细胞,是从小鼠胚胎中提取的,但是研究人员相信其他类型的细胞也可能培养出牙齿。研究人员现在正在人体中寻找合适的细胞,可能包括皮肤细胞和牙髓细胞。另外他们还必须解决如何控制生物工程牙齿的尺寸问题,因为实验中长出的牙齿略小于正常牙齿。由于人的牙齿需要数年时间才能形成,如果这样的牙齿要用于人类,那么这一进程还必须加快。

# 第五节　运用干细胞治疗疾病的新成果

## 一、运用干细胞治疗疾病的新发现

1.研制医用干细胞的新发现

（1）发现精原干细胞有望替代医用胚胎干细胞。

2009 年 7 月,伊利诺大学生物科学教授保罗·库克领导的研究小组,在《干细胞》杂志上刊登研究报告称,他们发现,利用上皮细胞和间质组织的相互作用,精原干细胞(SSCs)可直接转换为前列腺、皮肤和子宫组织。研究人员认为,精原干细胞,有可能成为医用胚胎干细胞的一个有效替代品。

寻找胚胎干细胞替代品,一直是研究人员孜孜追求的目标,虽然前景看好,但阻力重重。精原干细胞就是研究目标之一。例如,有的研究人员发现,利用病毒把基因插入到精原干细胞,会刺激其变成"类胚胎干细胞",它在外表和行为方面,与胚胎干细胞十分相似。但这个过程耗时很长,需要花几个月的时间,而且也只有其中极少部分的精原干细胞,能够转换成"类胚胎干细胞"。

库克研究小组找到一种新方法,利用上皮细胞和间质组织间,不同寻常的互动作用,达到转换精原干细胞的目的。实验中,他们把同系交配的老鼠的精原干细胞,放置于前列腺间质上,在体内进行嫁接结合后,精原干细胞便逐渐生长成为前列腺上皮细胞。而与皮肤间质结合并在体内成长后,精原干细胞则可变成皮肤上皮细胞。他们甚至可以利用子宫间质将精原干细胞,转换成子宫上皮细胞。为确保实验的准确性,研究人员使用基因中,标注了绿色荧光标记的老鼠细胞,进行反复实验。

库克指出,新形成的细胞组织具有前列腺、皮肤或子宫组织的所有物理特性,也能产生这些组织的指示性标记,而它们的外表和行为也不再像精原干细胞。

研究人员表示,他们希望开发出一种新方法,利用人类自身的精原干细胞和基质（成人体内的间质组织）,来产生新的皮肤细胞或其他需要的组织,如用来替换烧伤的皮肤。目前,他们正在研究卵巢干细胞,是否具有同精原干细胞一样的转换能力。

（2）发现打开人体成纤维细胞中干细胞基因的新方法。

2009 年 7 月 21 日,美国伍斯特理工学院,生物学和生物技术副教授雷蒙德·佩吉等人组成的一个研究小组,在《克隆与干细胞》杂志网络版上发表研究报告说,他们发现了一种打开人体成纤维细胞（皮肤细胞）中干细胞基因的新方法,从而避免插入额外基因或利用病毒所带来的健康风险。

这一成果,开辟了细胞重组的新途径,未来通过诱使患者自身细胞修复和再生受损组织,该方法将可用于治疗一系列人类疾病和创伤。

研究人员表示,只需通过操纵培养条件,他们就可获得成纤维细胞的变化,这将有利于开发出病人特异性细胞疗法。

新兴的再生医学领域,初期的研究重点是多能胚胎干细胞。在多能态,已知某些基因呈活跃状态,有助于控制干细胞。包括 OCT4、SOX2 和 NANOG 等基因,在干细胞中很活跃,但干细胞一旦开始分化,并沿此途径,发展成为某种特定细胞类型和组织时,这些基因就变成休眠状态,故而这些基因被认定为多能的标志物。

虽然胚胎干细胞研究,还在不断产生更多的新知识,但重要的是,诱导多能干细胞(iPS)的重组细胞可用于再生组织,同时可避免使用胚胎干细胞带来的一些问题,如伦理问题,胚胎干细胞有可能被患者免疫系统排斥的问题,或是生长失控导致癌症的问题等。

佩吉研究小组在研究中,通过降低细胞暴露的大气氧含量,同时把成纤维细胞生长因子(FGF2)的蛋白添加到培养基中,从而打开现有的、尚处于休眠状态的干细胞基因 OCT4、SOX2 和 NANOG。FGF2 是一种天然蛋白,对维持胚胎干细胞的多能性至关重要。

此外,研究小组发现,一旦干细胞基因被激活,并开始表达蛋白,这些蛋白可迁移到皮肤细胞的细胞核中,准确得就像是发生在诱导多能干细胞中。佩吉认为,这是一个令人兴奋的发现,把这些蛋白定位在细胞核中,是重组这些细胞的第一步。

更令研究人员惊异的是,干细胞基因 OCT4、SOX2 和 NANOG,并不像推定的那样,在未经处理的皮肤细胞中,是完全休眠的。事实上,这些基因会发送信息,只不过这些信息,并没有被转录成可形成细胞多能性的蛋白。研究人员称,这个事实,不仅迫使他们重新思考,什么才是多能性的真正标志,而且也表明在调控干细胞基因表达的这些细胞中,存在着一种天然机制,这为研究人员打开一条研究细胞重组的全新思路。

(3)发现脂肪干细胞易转变为人工诱导多功能干细胞。

2009 年 9 月 8 日,斯坦福大学干细胞生物学和再生医学研究所,副主任迈克尔·隆加克尔领导的研究小组,在美国《国家科学院学报》上发表论文认为,与皮肤成纤维细胞相比,脂肪干细胞更容易转变为人工诱导多功能干细胞(iPS 细胞),而且所转变的 iPS 细胞安全性更高,将来有望利用脂肪干细胞培育人体所需的各种器官。

iPS 细胞是指体细胞经过基因"重新编排",回归到胚胎干细胞的状态,从而具有类似胚胎干细胞的分化能力。培育 iPS 细胞,涉及 Oct4、Sox2、Klf4 和 c‑Myc 等4 种转录因子的表达,而在皮肤成纤维细胞中,这 4 种转录因子基本不表达或表达水平很低。

斯坦福大学研究人员发现,脂肪干细胞内两种转录因子的表达水平高于皮肤成纤维细胞,这表明,在初始状态下,脂肪干细胞更容易被诱导。

研究人员在脂肪干细胞和皮肤成纤维细胞中,分别加入能够编码 4 种转录因子的基因后,约有万分之一的皮肤成纤维细胞转变为 iPS 细胞,而转变为 iPS 细胞的脂肪干细胞比例达到千分之二,是前者的 20 倍。利用脂肪干细胞培育的 iPS 细胞也通过了有关测试,它们能够分化成人体内的神经细胞、肌肉细胞以及肠上皮细胞等。

此外,利用脂肪干细胞培养 iPS 细胞不需要饲养细胞,这无疑提高了安全性。所谓饲养细胞,是指在体外的细胞培养中,单个或少量的细胞不易生存与繁殖,必须加入其他活细胞才能使它快速繁殖,加入的细胞即为饲养细胞。

隆加克尔说,脂肪干细胞是一种"伟大的自然资源",将来有望利用这种细胞培育人体所需的各种器官。

2. 运用干细胞移植方法治病的新发现

(1)发现一种有利于提高干细胞移植安全性的物质。

2004 年 11 月 22 日,美国佐治亚州大学医学院的研究人员,在《细胞生物学》杂志上发表论文称,他们发现神经酰胺有助于摧毁大脑发育过程中潜在的有害细胞,有可能改善干细胞移植的安全性和效率。当胚胎干细胞变成用于移植的脑细胞时,神经酰胺能够帮助消除之后可能形成畸胎瘤的细胞。

尽管胚胎干细胞,可能形成所有类型的组织,并且全世界的研究人员都忙于开发它治疗癌症的潜力,但是如果这种多能化无法控制就会产生有害的影响。

在上述新成果中,研究人员利用小鼠胚胎干细胞进行实验,并且还对人类胚胎干细胞株进行研究。他们发现由表达 PAR – 4 蛋白的胚胎干细胞衍生的细胞,还能导致畸胎瘤的形成。他们还发现 PAR – 4 表达细胞还表达了 Oct – 4,后者是一种能够控制细胞形成三种基本组织类型(中胚层、外胚层和内皮层)能力的转录因子。然而,至少在培养皿中,当研究人员将神经酰胺加入混合物中时,PAR – 4 和 Oct – 4 表达细胞在他们产生有害作用之前死亡。神经酰胺类似物 S18,也能够增加培养的细胞中的含巢蛋白细胞的比例。

接下来,研究人员将在完整的小鼠胚胎中,检验这个过程是否能够同样起到清除可能的有害细胞的作用。如果这种方法对人类也同样奏效,那么这项研究的成果,将大幅提供干细胞移植的安全有效性。

(2)发现猪胚胎干细胞可通过移植生成人类器官。

2005 年 2 月,以色列魏茨曼科学研究院免疫学部,耶尔·瑞瑟教授领导的研究小组,在美国《国家科学院学报》上发表研究报告称,他们的研究发现,猪的胚胎干细胞将有可能被移植到人体内,用以生成新的人类器官。

此前科学家就已提出过类似的构想。20 多年前,科学家指出,猪的胚胎组织可以被用做人类移植的"源器官"。但在过去,这类研究很少有成功的先例,原因在于在移植时选择的时间点,在猪胚胎发育阶段处在一个较晚时期。

瑞瑟研究小组的成果表明,只有在猪胚胎发育的一个特定阶段,采集干细胞才能确保移植成功,也就是说,移植能否成功至关重要的一点,在于时间的把握。瑞瑟教授说:"通过向有免疫缺陷的老鼠体内植入猪的胚胎组织,我们已经掌握了在哪个适当的时间,可以把猪的胚胎肝脏、胰腺和肺的先质组织植入到人的功能组织中。"

利用猪的组织来代替已经衰竭的人的器官,可以帮助患有糖尿病、帕金森氏病以及肝脏衰竭的病人重新获得健康。研究人员说,现在有很多病人需要接受器官移植手术,但捐献的器官远远不能满足病人的需要,所以在两种不同生物间的异种移植,把一种生物的器官移植到另一种生物体内的做法,是一种非常具有吸引力的选择。

在进行异种移植时,最大障碍是免疫系统的排斥反应。在进行异种移植时,受体和捐献的组织间的不兼容性而引发的排斥反应,要比与人与人之间的移植强烈得多。但胚胎组织引起免疫反应的可能性要相对较小。尽管如此,研究人员尚未找到在一个胚胎的发育阶段采集其干细胞的最佳时间。

瑞瑟说:"如果移植得太早,其存在的危险,是胚胎组织有可能发育成一种被称为畸胎瘤的恶性组织。相反,如果移植得过晚,组织中又会形成捐献物种的某种标识,这又会引发受体产生强烈的排斥反应。"为能找到一个采集胚胎细胞的最佳时间,研究人员把开始形成器官的各个发育时间段的组织,植入到老鼠的体内进行实验。他们对3种器官进行了研究:肝脏、胰腺和肺脏,并找到了每种器官的最佳移植时间。

这项科学发现,对推动猪的胚胎组织,能够成功用于治疗人类多种疾病尤其是糖尿病方面,具有极为重要的意义。这项发现,还可以部分解释为什么以前在为患糖尿病的病人,进行郎格罕氏岛移植实验时,常会遭遇失败。瑞瑟说:"早期的试图用移植猪胚胎胰腺,为患糖尿病的病人进行治疗的方法,现在看来其存在的问题,是移植时选择的时间点偏差太大。移植的最佳时间应是胚胎受孕的第六周。"胚胎肝脏移植手术,也有可能会成功治疗那些患有酶缺乏症或血友病的病人。

这项新发现,会促使科学家拾起他们以前曾经做过但认为行不通的工作,开始以一种新的眼光,来审视这种异种移植技术。美国南卡罗莱纳医科大学的助理教授肯尼斯·查文说:"以前移植手术的失败,可能要归结于移植时间有误,这使得胚胎组织,在转入一个新的异种生命体内,不能发育形成这个新生命体的特定的器官类型。"

(3)发现干细胞移植存在潜在危险。

2005年4月,西班牙马德里自治大学博尔纳德教授,与丹麦欧登塞大学医院布瑞恩斯博士,在《癌症研究》各自发表论文,分别报告他们的新发现:干细胞移植有潜在危险。

两篇论文提示：如果成年人干细胞在体外增殖太久，有可能发生癌变。

博尔纳德说，成年干细胞（常用于治疗白血病的骨髓干细胞）移植一直被认为是安全的。但他的研究发现，如果成年干细胞在体外分裂次数太多，并不安全。

他把在体外培育八个月之内、分裂了90～140代的人体充质干细胞，移植至动物体内后，发现"最老的"细胞发生了癌变。观察显示：在常规体外扩增6～8周的人体充质干细胞是安全的，但体外培育超过4～5个月，这种干细胞会发生自发转化。这一发现支持肿瘤干细胞可能来自成年干细胞的假说。研究提示，为充分开发干细胞的临床治疗潜力，必须对人体充质干细胞进行生物安全性研究。

布瑞恩斯的研究也发现，长时间在体外培养的干细胞可能发生癌变。其原因是其开始生成端粒酶。端粒酶有阻止端粒随细胞分裂而逐渐缩短的作用，从而稳定染色体的末端，在保持细胞"永生"性中起重要作用。他说，永久打开充质干细胞的端粒酶基因，最终将使其变成癌细胞。

两位专家认为，目前暂可把干细胞分裂60代左右作为截止点，但确定安全界限还需做更多的研究。同时"需要明确划分干细胞扩增安全分界线，即使是无端粒酶生成的细胞也需要"；而两项研究都证明干细胞的潜在危险。因此他们强调，在任何种类的干细胞用于治疗前，都应做全面安全测试。

（4）发现移植干细胞有望治疗肌肉萎缩症。

2014年8月，日本京都大学濑原淳子教授领导的研究小组，在《自然·通讯》杂志上报告说，他们发现了两种能够促进骨骼肌再生的小核糖核酸，添加了小核糖核酸的骨骼肌干细胞，被植入患有肌肉萎缩症的动物体内，可成功实现骨骼肌的再生。

肌肉萎缩症，是一种损坏人体肌肉的遗传性疾病。由于身体无法制造支撑肌肉结构的蛋白质，患者会变得无法运动。目前几乎没有有效的治疗方法。

在调查骨骼肌干细胞保持修复能力的详细机制时，发现向骨骼肌干细胞添加"miR—195"和"miR—497"这两种小核糖核酸后，可以维持骨骼肌干细胞的修复能力。小核糖核酸是一类不编码制造蛋白质的单链核糖核酸分子，主要参与控制基因表达。

随后，研究人员把这种骨骼肌干细胞，移植到患有肌肉萎缩症的实验鼠腿部，发现腿部的骨骼肌细胞开始增加，肌肉得以再生。

濑原淳子表示，这种方法，是否能实现人类骨骼肌细胞的再生还有待研究。如果科学家能利用诱导多功能干细胞（iPS细胞）制作出大批骨骼肌干细胞，就有望用这种方法来预防和治疗肌肉萎缩症。

（5）发现一种能使移植干细胞增殖10倍的新分子。

2014年9月，加拿大蒙特利尔大学免疫学和癌症研究所首席研究员、迈松内夫—罗斯蒙特医院血液学家盖伊·索瓦若博士领导的一个研究小组，在《科学》杂志上发表论文称，脐带血干细胞常用于移植目的，可治疗包括白血病、骨髓瘤和淋巴瘤等血液相关疾病。他们发现了一种新分子,可使单位脐带血中的干细胞数量增殖 10 倍,同时还可大大减少干细胞移植引起的并发症。

研究人员表示,这种被命名 UM171 的新分子,与多伦多大学研发的新生物反应器相结合,将使全球成千上万的患者获得更安全的干细胞移植。很多患者,因缺乏足够的匹配捐赠者,而无法从干细胞移植中受益。这一发现,也将为各种癌症的治疗带来希望。

迈松内夫—罗斯蒙特医院卓越细胞治疗中心,将作为生产单位制作这些移植干细胞,然后将其分发到蒙特利尔、魁北克市和温哥华等城市,进行临床研究。临床试验结果,或将彻底改变白血病和其他血液相关疾病的治疗。

(6)干细胞移植研究发现可实行半相合移植。

2015 年 6 月,德国汉堡儿童癌症中心基金会等机构组成的研究小组,在《骨髓移植》期刊上发表研究成果说,需接受造血干细胞移植的白血病患者,如果找不到合适的捐赠者,也可移植父母兄弟的造血干细胞,这被称为半相合移植。他们的研究发现,如果母亲体内存在胎儿微嵌合体,则母亲更适合作为捐赠者。

胎儿微嵌合体,是存在于母体中的胎儿细胞,女性在妊娠期间,胎儿细胞穿过胎盘屏障进入母体血液循环,进而分布到母体全身并能长期停留。研究人员说,胎儿微嵌合体会对接受半相合移植的患者存活率,产生重要影响。

研究人员研究了德国 46 名年龄介于 4 个月和 21 岁的半相合移植患者,他们均接受了去除 T 淋巴细胞的造血干细胞移植。

这 46 位患者中,38 人接受了母亲的造血干细胞移植,其中又有 18 名母亲体内存在胎儿微嵌合体。结果显示,体内存在胎儿微嵌合体的母亲、体内无胎儿微嵌合体的母亲,以及父亲为孩子移植造血干细胞后,患儿的存活率分别为 72%、29% 和 50%。

研究人员尚不清楚,为何体内存在胎儿微嵌合体的母亲作为捐赠者时,患儿的存活率明显升高。他们猜测妊娠期留下了某种免疫上的痕迹,这种痕迹在母亲免疫系统通过半相合移植再次与孩子接触时,发挥了一定作用。

研究人员说,他们将进一步研究其中原因,并尝试为捐赠者的甄选列出具体标准,以提高白血病患儿的存活率。

## 二、用干细胞治疗癌症和艾滋病的新进展

### 1. 利用干细胞治疗癌症的新成果

(1)利用转基因干细胞治疗脑癌。

2004 年 10 月 25 日,英国《自然》杂志网站报道,美国伯纳姆研究所和韩国延世大学组成的一个研究小组,用转基因技术改造人类胚胎干细胞,使其具有抗癌作用,并在患有脑癌的老鼠身上证明了这种方法的疗效。

研究人员通过转基因技术,向人类胚胎干细胞中添加了一个基因,该基因可

以控制干细胞表达一种名为 TRAIL 的抗癌分子。随后,科学家将转基因干细胞注入长有脑瘤的老鼠体内。转基因干细胞进入老鼠体内后,便附着到脑瘤细胞上,并释放出 TRAIL 分子。实验结束后,这些老鼠脑瘤的体积平均缩小了 50%,最多的甚至缩小了 70%。

有关科学家说,转基因干细胞之所以能够在进入老鼠体内后游移到脑瘤细胞附近,是因为它们跟踪了老鼠免疫分子所产生的化学信号,这些免疫分子企图抵抗癌细胞,最终却未将其摧毁。而科学家此前也曾在其他的脑损伤动物模型中观测到类似过程——动物大脑中自然产生的干细胞,会游移到受损伤的大脑区域并试图对其进行修复。

研究人员认为,他们开发出的这种方法,最适合于治疗脑胶质母细胞瘤这种恶性肿瘤。由于这种脑瘤会不断派生小的肿瘤,所以无法通过类似放疗的常规手段对其进行治疗。

研究人员坦言,这种技术无法完全清除脑瘤。但是,可以通过将转基因人类胚胎干细胞直接注入大脑,或者在脑瘤摘除后将其填补到余下的缝隙中的方式来治疗脑癌。另外,他们指出,可以对人类胚胎干细胞进行基因调整,让它反映出比 TRAIL 效果更佳的抗癌分子。

(2)进行癌细胞三维立体培养揭示干细胞重要信息。

2006 年 3 月,有关媒体报道,干细胞,以及如何培养这类特殊的全能细胞、促进它们的生长,一直是生命科学领域研究的热点。但是,癌症干细胞证据的不断累积表明,有时候,抑制它们的生长也非常关键。在人类乳腺中,高达 20% 的肿瘤被怀疑起源于干细胞。

报道称,近日,冰岛癌症协会和冰岛大学医学系等组成的一个研究小组,在意大利威尼斯的召开的医学会议上报告说,他们进行了三维的乳腺癌细胞培养,并因此获得了这些干细胞的意外的细节,从而可以解释为什么它们变成恶性细胞。

(3)用神经干细胞为载体发明治癌“定点清除炸弹”。

2006 年 4 月,加利福尼亚州杜阿尔特,“希望之城癌症研究中心”的肿瘤专家卡伦·阿布迪领导的一个研究小组,在《神经肿瘤学》杂志上发表的论文显示,他们发明了一种治癌症的“定点清除炸弹”,这种“炸弹”可以把抗癌药物直接运送到癌症病灶,这样,抗癌药物可以杀灭肿瘤细胞而不会影响肿瘤周围的健康机体组织。

研究人员说,虽然目前这一技术还处于动物实验阶段,但他们相信自己找到了全新的有着美妙前景的治癌方法。

通常情况下,大的肿瘤可以通过手术切除等方法加以治疗,但治疗脑肿瘤就很麻烦了。治疗脑肿瘤最大的问题在于,药物总是难以按人们的需要运动。即使你把药物送到病灶处,药物也不见得就会攻击肿瘤细胞。更麻烦的是,阿布迪研究小组治疗的脑肿瘤病人,其脑部肿瘤经常是从身体别的部位,如肺肿瘤转移而来,所以病人脑部的肿瘤往往不是一个大肿瘤,而是多个分散的小肿瘤。这就使得通过手术切除肿瘤变得十分困难。

阿布迪研究小组发明的"定点清除炸弹",则可以解决这个问题。他们把神经干细胞,变成一种运载治癌药物的运输工具。干细胞的神奇之处在于,它可以变化成任何它想变成的细胞。在老鼠身上做实验时,研究人员先在老鼠脑内培养了肿瘤,然后他们成功地把神经干细胞送到肿瘤中待了下来。如果把治疗肿瘤的药物放在这种神经干细胞中,那么这种神经干细胞就成了运送药物到达肿瘤并杀灭肿瘤的运输"导弹"。

当然,悬而未决的问题还很多。比如说,研究人员已经发现,有些干细胞本身就可以演变成癌细胞。通过防止这些干细胞变成癌细胞,就可以防止患某些类型的癌症。这个对癌症防治本身有利的消息,却对阿布迪的研究提出了挑战:如何证明她所使用的干细胞不会变成癌细胞? 由于诸如此类问题的存在,至少要在数年之后,她才能做有关治疗方案的人体实验。而真正应用于临床,将需更长的时间。

(4)发现可作为治癌新靶标的癌症干细胞。

2006 年 7 月,美国达纳—法伯癌症研究所和波士顿儿童医院,共同组成的一个研究小组,在《自然》杂志网络版上发表论文说,他们从人类白血病小鼠模型中,分离出极为少见的癌症干细胞。研究发现,分离得到的白血病干细胞,与普通造血干细胞明显不同,这个发现,对开发具有目标选择性的抗肿瘤特异药物,有很大潜力。

癌症干细胞,能够通过自我更新,从而维持癌症的发展,是治疗癌症的最佳靶标。这项成果,解决了在生物界一直有争议的话题——癌症干细胞和普通干细胞有没有明显不同? 白血病中最先发生病变的是哪种细胞?

研究人员说,所得数据显示,白血病干细胞,不一定是起源于正常的血液干细胞。高度分化的白血病干细胞,与正常干细胞的遗传程序不完全相同,提示将来我们可以寻找靶点针对白血病干细胞,而不必杀死正常的干细胞。

(5)用干细胞"精确制导"杀灭癌细胞。

2009 年 5 月 19 日,英国伦敦大学学院的迈克尔·洛班热等人组成的一个研究小组,在美国加利福尼亚州圣地亚哥市举行的美国胸科协会国际会议上,报告研究成果说,他们用基因工程改造的一种骨髓成体干细胞,可携带灭癌蛋白质,通过"精确制导"杀灭数种癌细胞,正常细胞在这个过程中不会受到影响。

研究人员说,研究表明,骨髓间充质干细胞,可携带一种名为肿瘤坏死因子相关凋亡诱导配体(TRAIL)的蛋白质,准确找到并杀灭数种癌细胞,包括肺癌、鳞状癌、乳腺癌和子宫颈癌癌细胞。在实验鼠身上的试验则发现,这种干细胞能使乳腺肿瘤增长速度减慢80%,使肺转移瘤减少38%。

研究人员指出,此前的研究已经发现,骨髓间充质干细胞能够准确找到癌细胞,而 TRAIL 蛋白质可杀灭癌细胞,但不会破坏正常细胞。他们则第一次把两者结合起来加以研究,结果发现这种疗法,可"显著减少癌细胞数量"。研究人员说,他们希望两年到三年内能开始有关人体临床试验。

2. 利用干细胞治疗艾滋病的新成果

2012 年 4 月 12 日,加利福尼亚大学洛杉矶分校戴维格芬医学院,助理教授斯科特·基钦领导的研究小组,在《公共科学图书馆·病原卷》上发表研究报告称,他们通过实验,首次证明,人体干细胞能被遗传修改成为对抗艾滋病病毒(HIV)的细胞。

在此前的研究中,研究人员从一个艾滋病病毒感染者体内,提取出 CD8 细胞毒 T 淋巴细胞,并且找出 T 细胞受体分子,它能引导 T 细胞识别并杀死被 HIV 感染的细胞。然而,尽管这些 T 细胞能破坏感染了 HIV 的细胞,但是,其势单力薄,不足以清除体内的 HIV 病毒。因此,研究人员对这一受体进行克隆,并且使用它对人体血液干细胞进行遗传修改。接着,把经过遗传修改的干细胞,放入已被移植进入实验鼠体内的人体胸腺组织中,并研究活生物体内发生的反应。

研究人员发现,经过遗传修改的干细胞发育为大量成熟的、多功能的,专门针对 HIV 的 CD8 细胞,它能专门攻击包含有 HIV 蛋白的细胞。而且,他们也发现,这些专门攻击 HIV 的 T 细胞受体,必须与 HIV 感染者相匹配,就像被移植的器官与接受移植的病人必须匹配一样。

在最新的研究中,研究人员同样也对人体血液干细胞进行遗传修改,并且发现,经过遗传修改的干细胞能形成成熟的 T 细胞,这些 T 细胞能攻击感染了 HIV 的身体组织内的 HIV。他们使用一个代理模型——人化老鼠做到这一点,该人化老鼠体内 HIV 感染的情况与人体内一样。

在引入经过遗传修改的细胞两周和六周后,研究人员分别对实验鼠的周边血、血浆、身体器官进行了一系列测试,结果发现,CD4"助手"T 细胞的数量明显增加。与此同时,血液中 HIV 的浓度已降低。CD4 细胞是白血细胞,是免疫系统的重要组成部分,有助于对抗感染。这些结论表明,经过遗传修改的细胞,能在一些身体组织内发育,并对付那儿出现的感染。

研究人员表示,他们正在制造能攻击 HIV 不同部分的 T 细胞受体,以便与不同的感染个体更加匹配。

### 三、用干细胞治疗心血管疾病的新进展

1. 用干细胞治疗血液和血管疾病的新进展

(1)造血干细胞移植手术获得成功。

2004 年 8 月,墨西哥国家儿科研究所宣布,他们对两名血液病患者,实施外周血和脐带血造血干细胞移植手术,获得成功,这在墨西哥医学史上属首次。

两名接受手术的儿童分别是 1 岁的亚历杭德拉和 10 岁的弗朗西斯科。

亚历杭德拉患有复合性严重型免疫系统缺陷,医生利用其父亲的血液提取可供移植的外周血造血干细胞,然后将其输入患者体内。

弗朗西斯科患有急性败血症,手术前一直接受的传统药物治疗宣告失败,此后他的家人求助于墨国家输血中心。幸运的是他找到了与其白细胞配型相符的脐带血捐献者,医生将脐带血中丰富的造血干细胞植入病人体内,手术后未出现排异反应,造血干细胞开始重建骨髓造血功能。

研究人员说,手术成功将为墨西哥所有患败血症或者先天免疫系统疾病的儿童,"打开一扇生命的窗口",而且将使治疗成本降低 10 倍以上。

(2)成功移植非亲缘脐带血造血干细胞。

2005 年 5 月 12 日,阿根廷媒体报道,该国首都布宜诺斯艾利斯一家医院,以邦迪埃尔医生负责的移植手术小组,为一名 10 个月的男婴,成功实施了非亲缘脐带血造血干细胞移植手术。这是阿根廷首次成功进行类似手术。

邦迪埃尔介绍说,在这名孩子出生前,他的母亲曾生过 4 个孩子,但他们全部因先天性免疫缺陷疾病而夭折。7 个月前,医院曾用婴儿母亲的骨髓为其进行移植手术,但手术后婴儿体内出现了排异现象,手术也因此宣告失败。因此,医院不得不寻找和这名婴儿没有亲缘关系的干细胞。最终,医生在美国纽约的一家干细胞库里,找到了与这名婴儿的白细胞组织相容性抗原配型吻合的脐带血造血干细胞,这些干细胞,来自一名在美国居住的危地马拉妇女。医生说,手术进行得十分顺利,这名婴儿在手术后身体状况非常好。但手术后还要进行为期 4 周左右的观察,以确定婴儿体内是否出现排异现象。

据悉,实施手术的这家阿根廷医院,在 2005 年 4 月建立了阿根廷国内第一个脐带血造血干细胞库,以备今后治疗与血液、肿瘤和基因相关的疾病。

脐带血造血干细胞移植,是骨髓移植以外,治疗血液、肿瘤疾病的另一条有效途径。脐带血造血干细胞移植时,双方的白细胞组织相容性抗原无须完全相合,同胞间有 75% 的机会适合移植,非亲属间适合移植的机会也相对较多,并且手术后也较少发生排异反应。

(3)开发出用干细胞制造血小板的新技术。

2010 年 11 月 22 日,日本东京大学副教授江藤浩之率领的研究小组,在美国《实验医学杂志》月刊上发表论文说,他们开发出用诱导多功能干细胞(iPS 细胞)制造血小板的技术,并通过动物实验确认了制造出来的血小板具有止血功能。

iPS 细胞是具有较强分化潜力的干细胞,由皮肤细胞等体细胞经基因改造"诱导"发育而成。培养这类细胞不需要利用人类早期胚胎,而且可以无限增殖,因此新技术有望用于大量生产输血用的血小板。

研究人员说,他们首先利用人体皮肤纤维组织母细胞和脐带血细胞,制造出 iPS 细胞,然后加入几种血液细胞增殖因子和营养细胞,培养出能够制造血小板的巨核细胞,最终制造出血小板。研究人员把制造出的血小板输给小鼠,发现血小板集中到受伤的血管上,形成血栓,正常发挥了血小板的功能。

研究人员使用了与癌症有关的 cMyc 基因,能够高效制造巨核细胞并生产血小板。由于血小板中不存在含有遗传信息的细胞核,而且混杂其中的其他细胞的细胞核,可以通过照射放射线和过滤去除,所以临床应用时不会有癌变的危险。

(4)开发出利用干细胞修复血管创伤的新技术。

2011 年 7 月 6 日,古巴媒体报道,古巴国际神经康复中心主席埃米利奥·阿科斯塔在哈瓦那说,古巴开发出了使用干细胞修复血管创伤的技术。在临床实践中,这种新方法的疗效明显,患者的生活质量得到很大提高。

阿科斯塔说,古巴神经康复中心所开发的这项新技术,首先需要确定血管创伤的精确位置,然后在创伤区域植入患者自身骨髓中的干细胞。

成年生物体内有多种体细胞,例如血液细胞、肌肉细胞、免疫细胞和神经细胞等,它们形态各异,具有不同功能。干细胞则是未充分分化、具有自我更新和分化潜能的细胞。如果把体细胞比喻成具有一技之长的“专门人才”,干细胞就是尚不具备专门才能,但可以通过学习成才的“潜在人才”,它们可以分化为多种体细胞。

目前,尝试使用干细胞治疗疾病,是国际医学界的一个主攻方向。

2. 用干细胞治疗心血管疾病的新进展

(1)大规模试验利用干细胞治疗心脏病。

2005 年 2 月 2 日,巴西卫生部宣布,政府将投资 500 万美元,进行利用干细胞治疗心脏病的临床试验,这是目前世界上规模最大的此类试验。

巴西卫生部说,该项目为期 3 年,全国共有 40 家医疗和科研机构以及 1200 名患者参与。医生计划从患者自己的骨髓中提取成熟干细胞,然后将其输入患者心脏的病变部位。在已经完成的小范围试验中,这一疗法取得了非常理想的效果。这种手术简单易行,创伤小,没有副作用,不会产生排异现象,改善心肌功能效果明显,患者只需住院 24 小时,可大量节约医疗费。

在这次计划为期 3 年的临床试验中,该疗法将主要用于治疗急性心肌梗死、慢性缺血性心脏病、心肌肥厚和溃疡性心脏病 4 种心脏病。每一种病选出患者 300 人,各分为两个组进行对比验证。一组采用目前最好的传统药物和手术治疗,另一组用干细胞疗法。

巴西卫生部官员说,如果试验取得成功,政府将在全国普及干细胞疗法,预计每年可为巴西节约 1.7 亿美元医疗开支。

(2)提出用移植干细胞治心肌梗死。

2005 年 11 月,俄罗斯媒体报道,圣彼得堡国家医学大学一个研究小组提出,及时向心肌梗死疾病患者移植骨髓干细胞,可以使受损的心肌功能恢复;如果对可能出现心肌梗死疾病的人实施预先干细胞移植,治疗的效果会更好。

心肌梗死疾病是心脏的某些肌肉死亡,并在周围发生炎症。在炎症延续 4 周到 5 周的时间里,巨噬细胞清理死亡的细胞,在受损的位置出现新的毛细管,但心肌细胞不能恢复,代之产生的是对心脏有不良影响的粗壮和无弹性的胶原痕迹。研究人员认为,利用移植患者自身骨髓干细胞的方法,可恢复死亡的心肌细胞。相关实验虽然还没有进入人体临床试验,但在老鼠身上获得了成功。

实验中,研究人员在麻醉情况下,捆扎了老鼠的冠状动脉,致使老鼠产生心肌梗死。在实验前和实验后的不同时间内,研究人员通过老鼠的尾静脉,向其体内注射了取自老鼠自身大腿骨的干细胞,6周以后对老鼠的心脏变化再进行研究分析。

由于干细胞可以自己向受损的地方流动,从尾静脉到发生心肌梗死的地方,需要2天时间,因此,干细胞进入心脏炎症区的时间,也随着注入的时间不同而有所差异,干细胞对心脏的影响也随之不同。实验发现,干细胞作用的最佳时间是心肌梗死发生前不早于2昼夜、发生后不晚于1周内的期间。干细胞进入受损心肌区后,在其位置长出了副有弹性的毛细管,它们的出现保障了血液的循环;受损位置出现的痕迹也有着原则性的不同和结构,由于其含有许多弹性的纤维,没有形成对心脏的外加负载。同时,还在受损区发现了一层很薄的肌肉细胞。这些细胞可能是在干细胞作用下产生的新细胞,也可能是由于干细胞的作用生存下来的老细胞。

有关专家指出,尽管利用干细胞治疗老鼠心肌梗死疾病的实验获得了成功,但不意味着这种方法完全适用于人体,还需对这种方法进一步研究。

(3)利用干细胞技术恢复梗塞后的心肌。

2006年5月8日,日本国立循环器病中心的研究小组公布,他们成功利用脂肪中提取的干细胞,植入白鼠心肌梗死部位,使心肌机能恢复正常。为心脏再生治疗开出一条新思路。

一直以来,由于心肌梗死导致心肌细胞坏死,除心脏移植以外,没有其他有效的治疗方法。科研小组从大白鼠的脂肪中,抽出间叶干细胞进行培养,制作成厚度约为0.02厘米的薄膜。大白鼠由人为引发心肌梗塞,然后对大白鼠进行开胸手术,在心肌变薄的部位贴上约一厘米见方的干细胞薄膜。经过一个月之后,包括心肌和血管在内的组织开始再生,厚度也成为0.6厘米,约为之前的30倍。大白鼠只有正常心脏一半的心壁恢复正常厚度,心脏机能随之完全恢复。接受薄膜移植的大白鼠,一个月后的生存率达到100%,而30%未接受移植的大白鼠患心脏机能不全死亡。

该中心再生医疗部长永谷宪岁认为,仅使用干细胞薄膜贴在心脏部位,大大减少了患者的负担。经过猪等大型动物试验后,将对小儿先天性心脏疾病等人类疾病进行应用研究。

(4)首创用脂肪干细胞治疗心脏病。

2007年2月,路透社报道,西班牙一所医院宣布,在一次针对心绞痛和心脏病的试验性治疗中,医生从一名男性患者腹部的脂肪组织中提取出成人干细胞,并把它移植到患者的心脏中。

设在马德里的格雷戈里奥·马拉尼翁医院在一份声明中说："心脏病学家在世界上首次把从脂肪中提取的成人干细胞，移植到一名患者的心脏中。"接受治疗的患者是一名67岁的男性，目前状况良好。不过院方提醒说，至少还需要6个月时间，来观察这些细胞是否能够修复受损血管。

西班牙心脏病学家费尔南德斯·阿维莱斯与他的美国同事埃默森·珀林一起，从患者的腹部提取了脂肪组织，然后用导管将干细胞移植。院方说："在近5个小时的时间里，完成了干细胞提取、净化、择优和移植的工作，目的是重建能够使血液顺畅地流入病人心脏的新血管。"

（5）研制出治疗冠心病和软骨再生等干细胞药物。

2011年6月24日，韩联社报道，韩国食品医药安全厅表示，一种用于治疗急性心肌梗死的药物，出售申请获得批准，全部批准程序将在近日完成。该药物获得许可后，将是全球首例利用干细胞制成的治疗药物。

据悉，该药物已具备优秀医药品制造管理基准材料、安全性和有效性批准材料等所需材料。韩国制药公司，在3个月前提交的该药物有效性和安全性报告，已获得审议通过，本周通过了有关标准和实验方法，以及优秀医药品制造管理基准材料的审议。由于现已通过了三项必要的审议，只要经过行政程序，可望于本月内获得出售批准。

2012年2月，据韩联社消息，继韩国获准生产全球首例治疗冠心病的干细胞药物之后，第二例干细胞治疗药物也有望在本月获得生产许可。韩国食品药品厅表示，或将于本月中旬批准用干细胞制造的软骨再生治疗药物和肛瘘治疗药物等的生产许可。

报道称，软骨再生治疗药物，是利用从脐带血液中抽取的干细胞为原料，生产出专门治疗退行性关节炎和受损的膝盖软骨的药物。值得注意的是，该药物不是使用患者本人的干细胞，而是利用他人的干细胞，所以若获得生产许可，将会成为全球首例利用他人干细胞生产的治疗药物。其优点是可以批量生产。

肛瘘治疗药物，是由患者本人脂肪组织中提取的干细胞制造出来的，用于治疗复杂性克隆恩氏并发肛瘘。

## 四、用干细胞治疗神经系统疾病的新进展

### 1. 用干细胞治疗脊髓疾病的新成果

（1）移植人体鼻黏膜干细胞治疗脊髓损伤。

2005年3月，有关媒体报道，一项在拉美史无前例的脊髓神经再生人体实验，近日在哥伦比亚首都波哥大的索菲娅女王医院展开，研究人员把人体鼻黏膜中的鼻鞘神经细胞（干细胞）植入脊髓受损区域，治疗因脊椎受伤导致的截瘫。

实验组由来自神经外科、耳鼻喉科、矫形科和麻醉科的权威专家组成，另有5

名30岁以下的患者志愿接受治疗。手术过程中,神经外科医生从脊髓损伤者的鼻内取出鼻鞘神经细胞,在实验室中复制到足够数量,然后移植回病人受伤的脊髓神经上下两处,实现了修复。研究人员说,实验结果要在3个月后才知晓。

脊椎神经和脑神经都是人体中枢神经,脊椎神经负责收集周边神经信号,上传至大脑。一旦脊髓损伤,周边神经信号上传的通道受伤,患者的感觉与动作能力便会丧失,变成瘫痪。人体鼻黏膜上有一种干细胞,称为鼻鞘神经细胞,其特别之处是具有再生功能,而且能够并存在周边及中枢神经系统中,为脊椎损伤患者提供了新的治疗思路。

据报道,2000年西班牙女科学家邱也特,从成鼠头颅取出鼻鞘神经细胞,繁殖到一定数量后,植入完全损伤的成鼠脊髓,数周后原来瘫痪的成鼠,就可蹭起后脚去吃悬吊在半空中的巧克力。2001年以来,葡萄牙神经外科专家卡洛斯利马,也先后对48名截瘫患者进行了类似的手术,大多数患者的行动能力,都有了不同程度的改善。

(2)利用成年动物干细胞让脊髓受损的瘫鼠恢复行走。

2006年3月29日,加拿大多伦多大学等机构的科学家组成的一个研究小组,在《国际神经学杂志》上研究报告说,他们把取自成年小鼠大脑的干细胞,移植给脊髓受损的大鼠,结果使大鼠恢复了部分行走能力。

研究人员介绍说,他们首先使97只大鼠脊椎致残,然后在2周或8周后,为这些大鼠移植了成年小鼠的大脑干细胞。结果发现,瘫痪2周后移植干细胞的大鼠,行走虽然未能恢复正常,但其行走能力出现明显恢复,增强了关节协调和后腿承重能力。而给瘫痪8周的大鼠移植干细胞,效果则不明显。同时,研究人员还给接受治疗的大鼠,服用了抑制免疫系统的药物,以预防排斥反应。

移植所用的干细胞,称为神经前体细胞,已开始向中枢神经系统细胞的转化。研究人员说,移植后的干细胞超过三分之一存活了下来,并与受体的受伤组织融合,发育成能产生髓磷脂的细胞。髓磷脂位于神经纤维周边,作用是向大脑传输信号。

研究人员指出,很多脊椎受损的患者,伤处仍保留有完整的神经纤维,但髓磷脂丢失。他们希望在进行更多的动物试验之后,能在未来5~10年内,开展类似的人体干细胞治疗试验,以帮助瘫痪患者重新行走。

一些研究人员此前曾报告说,他们在实验室中采用移植干细胞的办法,治疗瘫痪动物取得效果。但一些专家指出,加拿大科学家在研究中移植的干细胞,取自成年动物而非胚胎,这是干细胞治疗研究的一项重要进展。

(3)找到一种有助于修复受损脊髓的干细胞。

2010年10月,瑞典卡罗林斯卡医学院的一个研究小组,在美国《细胞·干细胞》杂志上发表研究成果称,他们发现一类名为室管膜细胞的干细胞,不仅可帮助生成更多新的脊髓细胞,还能帮助恢复脊髓功能。这一成果,将有助于研究人员寻找治疗人类各种脊髓损伤的新疗法。

研究人员说,他们对实验鼠的研究发现,一旦老鼠的骨髓组织受损,存在于骨髓中的室管膜细胞就会被激活,和一些其他类型的细胞一起,促使分化形成更多的新的骨髓细胞,成为生成新骨髓细胞的"主要来源"。

因此,研究人员猜测,也许能够筛选出一种药物,在脊髓受损后,能够有选择地刺激室管膜细胞,使它分化形成更多的支持细胞,少分化疤痕组织细胞,从而更好地帮助受损脊髓恢复功能。

2. 用干细胞治疗大脑疾病的新成果

(1)用干细胞治疗少儿脑瘫及相关神经系统疾病取得明显成效。

2008 年 12 月 24 日,圣彼得堡巴列诺夫神经外科研究所,在俄罗斯医学科学院主席团会议上公布的一项研究成果表明,他们利用干细胞治疗少儿脑瘫及相关神经系统疾病方面取得明显效果。

研究小组选择 19 名年龄 10 岁以下的儿童,进行临床试验。他们大都患有脑瘫、脑积水、癫痫等先天性疾病。自从实施干细胞疗法后,有 9 名孩子的病情得到改善。其中,效果最为明显的是一名患有先天性失明的儿童。

据介绍,这名儿童在治疗初只能分辨光源所在,但经过一个月的干细胞治疗,该儿童已可看到明亮的光线,可在房间里找到方向,并能辨认大的物体轮廓。9 月份再次实施干细胞疗法后,这名儿童在 3 周后已能够辨认各种物体,辨别物体的准确率达到 90%。但专家同时强调,究竟是什么机能导致这一结果,目前并不清楚。

干细胞是一种未充分分化,尚不成熟的细胞,具有再生各种组织器官和人体的潜在功能,被医学界称为"万能细胞"。研究表明,可以从胚胎组织、新生儿脐带血,以及成人的个别组织中提取干细胞。本次会议,俄罗斯的医学专家们,重点讨论了利用细胞技术治疗创伤后遗症、脑组织损伤、阿尔茨海默氏症,以及个别精神类疾病等问题。

(2)实现脑内干细胞持续再生出神经胶质细胞。

2011 年 2 月 21 日,日本媒体报道,脑损伤后,大脑内干细胞会分化生成脑细胞,以修复损伤。但日本名古屋市立大学泽本和延教授领导的研究小组发现,如此分化出的许多脑细胞往往半途而废、停止发育,造成脑功能难以恢复。于是,他们在动物实验中为脑损伤的小鼠注射一种有益的蛋白质,结果使小鼠的受损脑细胞恢复程度显著提高。

该研究小组完成了上述研究,其成功再生的是一种神经胶质细胞。这种细胞的功能,是保护脑神经细胞并为它们提供营养。可引起儿童脑瘫的脑室周围白质软化症(PVL)就是脑血流减少,供氧不足,进而导致这种神经胶质细胞死亡而造成的。

大脑内有可分化成神经胶质细胞的干细胞,如果神经胶质细胞死亡,干细胞就会分化出新的细胞。但是,研究人员分析大脑损伤的小鼠和猴子后发现,这些新分化的细胞多数中途停止生长发育。由于新生细胞多停留在未成熟状态,所以小鼠和猴子的脑功能难以恢复。

于是,研究人员为患有脑室周围白质软化症的小鼠,注射一种促生长蛋白质,结果小鼠大脑内未成熟的新生神经胶质细胞,持续发育,最终发育成熟的这种细胞,比未注射促生长蛋白质的情况下多出约50%。

专家指出,这项成果有望用于开发脑瘫、脑梗死等疾病的新疗法。另外,用诱导多功能干细胞(iPS细胞)修复受损脑细胞,是目前再生医疗的热门课题之一。在实施这类修复时,需先让iPS细胞向脑细胞分化,然后将未分化成熟的脑细胞移植入动物大脑,让它们在机体内自然成熟。因此,上述这种蛋白质催生法,有望在iPS细胞分化、修复方面发挥作用。

3. 用干细胞治疗渐冻症等神经疾病的新成果

(1)利用神经母细胞移植治疗肌肉萎缩硬化症。

2005年4月4日,乌拉圭《国家报》报道,乌拉圭首例利用内窥镜直接进行神经母细胞移植手术,在首都蒙得维的亚获得成功。这项手术,不但在乌拉圭是首创,在整个美洲大陆也尚属首次。

据报道,手术是由血液病专家罗伯特·德贝里斯于3月29日完成的。患者是一位50岁的男子,患有侧半身肌肉萎缩硬化症,这是一种退化性神经系统疾病。

目前,世界上常用的母细胞移植手术,是从患者身体上取下母细胞,在体外进行处理后,再通过其自身的血液循环,把处理后的母细胞送到病患部位。但这类手术,对于治疗神经系统疾病困难较大,因为脑部血液循环,很难使大量移植细胞抵达病患部位。

德贝里斯领导的医疗小组,把内窥镜插入患者中枢神经系统,通过内窥镜管道,把母细胞送到病患部位。与此同时,医务人员还通过脑脊髓液和血液向患部输送母细胞,确保移植细胞的生长发育。

据德贝里斯介绍,患者手术后反应良好,没有出现高血压、出血、发炎等常见的术后并发症。除手臂活动和发声还有一点困难外,患者其他各项生理功能都恢复正常,4月1日已经出院。目前,医疗小组仍在对其进行临床和神经医学方面的跟踪观察。

业内人士认为,德贝里斯等人采用的这种手术方法,不但为母细胞移植开创了新途径,而且为母细胞治疗非直系细胞疾病带来可能,也就是说,尽管移植细胞来自人体的其他部位,但它同样可能起到"替补"受伤细胞的作用。

(2)利用胚胎干细胞研究渐冻症。

2012年5月,日本京都大学专家中辻宪夫领导的一个研究小组,在美国《干细胞转化医学》杂志上发表论文说,他们利用人类胚胎干细胞,成功制作出具有肌萎缩侧索硬化症(渐冻症)特征的细胞,这将有助于弄清该病的机制并开发治疗药物。

肌萎缩侧索硬化症俗称渐冻症,是由于运动神经出现障碍,导致全身肌肉逐渐变得无力的一种疾病。渐冻症患者约有 10% 属于遗传性患病。由于不清楚详细的致病原因,医学界一直没有找到根治此病的方法。

在遗传性渐冻症患者中,约有 20% 是由于"SOD1"基因变异所致。研究小组把变异"SOD1"基因,导入人类胚胎干细胞,使其分化成运动神经细胞等。结果在这些分化后的运动神经细胞中,再现了渐冻症患者细胞的一些形状、性质特征,比如神经突形状大小多变、细胞易坏死等。

中辻宪夫说,有报告显示,非遗传性的渐冻症,也与"SOD1"基因有关,期待本次开发的细胞模型,在渐冻症治疗中发挥重大作用。

(3)研究显示诱导多功能干细胞有助治疗"渐冻症"。

2012 年 7 月,日本媒体报道,医学界一直对俗称"渐冻症"的肌萎缩侧索硬化症,束手无策。日本京都大学井上治久教授率领的研究小组说,他们利用诱导多功能干细胞(iPS 细胞)制作前驱细胞,然后移植给渐冻症实验鼠,能将其寿命延长约 10 天。

"渐冻症"是运动神经元病的一种,患者逐渐丧失运动机能甚至瘫痪,其中最著名的是英国科学家霍金。这种病被认为与神经胶质细胞异常有关,神经胶质细胞可负责维持神经细胞的网络并向神经细胞提供营养。

该研究小组,利用 iPS 细胞,制作出可变化为神经胶质细胞的前驱细胞,然后向 24 只患有渐冻症的实验鼠脊髓各移植了约 8 万个这种细胞。

结果发现,移植了前驱细胞的 24 只渐冻症实验鼠的平均生存期为 162 天,而没有移植的 24 只实验鼠仅为 150 天。研究小组说,移植的前驱细胞,几乎全部变为神经胶质细胞之一的星形胶质细胞,开始产生维持神经细胞所需的蛋白质,而且这些移植的细胞没有发生癌变。

研究小组还说,实验鼠的 10 天相当于人类的数个月到半年时间,不过单纯换算为天数比较困难。今后,他们准备把这种前驱细胞,与利用 iPS 细胞制作的运动神经细胞一起移植,以调查会取得什么样的效果。

(4)利用诱导多功能干细胞修复神经源性肌萎缩症的致病基因。

2014 年 11 月,日本京都大学一个研究小组,在《干细胞报告》上撰文说,他们利用诱导多功能干细胞(iPS 细胞),成功修复了引发神经源性肌萎缩症的致病基因。这一成果,将有望促进开发出改善肌肉萎缩症症状的方法。

肌肉萎缩症,是一种损坏人体肌肉的遗传性疾病,由于身体无法制造支撑肌肉结构的蛋白质,患者会变得无法运动,目前几乎没有有效的治疗方法。

进行性肌营养不良,是常见的一种肌肉萎缩症。该病由于基因变异,导致对保持肌肉结构必不可少的抗肌萎缩蛋白在合成中途停止,出现异常蛋白质而发病。患者会出现肌肉力量下降和肌肉萎缩的症状。其基因疗法的难点在于,很难只瞄准致病基因而不伤害其他基因。

由于 iPS 细胞能在体外再现疾病的症状,日本京都大学的研究人员采集了进行性肌营养不良患者的皮肤细胞,培养出 iPS 细胞。研究小组通过识别基因结构,成功修复了 iPS 细胞的致病基因,而目标基因以外的基因都没有出现重大损伤和变化。待到 iPS 细胞发育成肌肉细胞后,细胞内就出现了抗肌萎缩蛋白。

研究人员认为,把这种正常的肌肉细胞,移植到进行性肌营养不良患者体内,就可能改善症状。下一步,他们将继续研究如何把修复好的 iPS 细胞发育成的肌肉细胞,移植到患者体内。

4. 用干细胞治疗精神疾病的新成果

利用诱导多功能干细胞技术帮助自闭症个性化治疗。

2014 年 11 月,巴西圣保罗大学和美国加州大学圣地亚哥分校科学家共同组成的一个研究小组,在《分子精神病学》杂志上发表研究报告说,他们利用诱导多功能干细胞技术,在自闭症个性化治疗上取得新进展。

研究人员说,他们从一名 8 岁自闭症患者脱落的乳牙中,分离出牙髓细胞,将其培养成诱导多功能干细胞,并让其在实验室中分化成神经元细胞。

显微镜观察发现,与正常儿童的神经元细胞相比,这些神经元细胞的突触(神经信号进出的唯一通道)较少。研究人员随后发现,这个孩子体内一种名为 TRPC6 的基因异常,这个基因编码的蛋白质,负责调控钙离子进出细胞。他们还通过动物实验证明,这个基因异常会导致实验鼠神经发育、形态和功能的异常。

研究人员在实验室内,用植物贯叶连翘中的成分"贯叶金丝桃素",对男孩的神经元细胞进行治疗,贯叶金丝桃素有促进 TRPC6 基因的作用。令人惊喜的是,这些神经元细胞的外观和电活动都有显著改善。

基于实验室研究,自闭症男孩服用了一个月的"贯叶金丝桃素",其专注力有了很大改善。在服药前,如果让这名男孩"坐下来,画画",他根本没有任何反应;一个月以后,男孩可以坐下来,看着研究人员并把玩画纸。

研究人员认为,这说明诱导多功能干细胞技术,为探求自闭症的个性化治疗,提供了新思路。从短期来看,可以考虑利用这种技术确定自闭症患儿的具体类型。

## 五、用干细胞治疗免疫和呼吸系统疾病的新进展

1. 利用干细胞治疗免疫系统的新成果

利用干细胞治疗多发性硬化症获得突破。

2011 年 4 月,希腊媒体报道,希腊萨洛尼卡市亚里士多德大学医学院,瓦西利奥斯·基米基迪斯教授等人组成的一个研究小组,经过长期研究,通过利用人体自身干细胞替换骨髓的方法,为多发性硬化症患者的康复带来希望。

研究小组对 35 名因患多发性硬化症而导致严重残疾的病人,进行细胞移植

治疗,然后进行长达 11 年的跟踪观察。

他们把病人骨髓中的免疫细胞在进行化疗期间取出。然后将"取出"细胞进行纯化再移植到体内,通过更换血细胞重新恢复免疫系统,从而挽救了患者的生命。参与这项研究的病人都是病情迅速恶化的多发性硬化症患者,他们曾尝试很多其他治疗方式却没有效果。

接受细胞移植后,25% 的患者在 15 年中,没有出现疾病恶化的情况。那些大脑开始产生病变即有疾病活动的迹象时,就进行细胞移植的患者,病情缓解的概率更高。

35 名患者中的 16 人进行细胞移植后,病情缓解平均达两年之久。患者大脑的病灶在数量和规模上都有减少。但也有两名患者,占参与治疗患者的 6%,在细胞移植后两个月和两年半后先后死于细胞移植并发症。

基米基迪斯强调,进行更多的治疗研究是必要的。他说:这并不是一种针对所有患有多发性硬化症病人的治疗方案,但在疾病的炎症发展阶段,这种方法仍可作为积极的治疗手段。我们认为,干细胞移植一定会尽快造福于多发性硬化症的患者。

2. 利用干细胞治疗呼吸系统的新成果

(1)用干细胞治疗人体硅肺病。

2009 年 8 月,巴西里约热内卢联邦大学的研究小组,开发运用干细胞治疗人体硅肺病的新疗法。当地媒体报道说,这是世界上首次在矽肺病患者身上试验干细胞疗法。

研究人员介绍说,在人罹患硅肺病的过程中,游离的二氧化硅粉尘在侵入肺泡后,会造成巨噬细胞不断崩解,所释放的物质及其引发的免疫反应的生成物,最终会导致肺组织纤维化。在动物实验中,干细胞能够准确作用于巨噬细胞,阻断巨噬细胞引发的连锁病理反应,从而减缓肺组织的纤维化。

根据计划,研究人员从 10 名矽肺病患者的骨髓中提取干细胞,然后再注入患者本人的肺部。第一阶段试验为期一年,主要目的是测试这种疗法的安全性。

(2)确定可用远端干细胞修复肺部组织。

2011 年 10 月,新加坡科技研究局宣布,该局下属的遗传学研究所,与分子生物学研究所及一些医学研究人员合作,发现远端干细胞与肺泡的生成密切相关,从而确定与肺部组织自我修复功能相关的干细胞具体种类。这一发现,将有助了解肺部组织的修复机理。

研究人员从人体不同区域提取出 3 种干细胞——远端干细胞、气管干细胞和鼻上皮干细胞,进行克隆培养。尽管这些干细胞的相似度高达 99%,但只有远端干细胞的试管内最后产生了新的肺泡。

研究人员说,这一研究表明,成人干细胞的修复功能与其来源部位具有对应关系。新发现对研究肺部组织损伤修复具有重要意义。

### 六、用干细胞治疗消化系统疾病的新进展

1. 利用干细胞治疗肝脏疾病的新成果

（1）用自体干细胞治疗肝硬化获成功。

2005年1月12日，俄罗斯新西伯利亚州医学预防中心宣布，俄医学科学院新西伯利亚分院临床免疫学研究所所长科兹洛夫主持的一个研究小组，利用自体干细胞治疗肝硬化获得成功。

肝硬化是肝脏因慢性病变，引起纤维组织增生并导致质地变硬的病症。科兹洛夫说，目前，还没有能有效促使肝细胞再生并代替纤维组织的肝硬化治疗方法，但干细胞能够阻止肝细胞发生硬化的过程。

这位专家介绍说，研究人员研发的肝硬化治疗方法的优势，在于使用自体干细胞，不会引起肝脏细胞的排异反应。这种肝硬化治疗技术并不复杂，从患者骨髓中取出干细胞，对其进行筛选并加以处理后，就可直接注射到患者的肝脏或血液中。抵达肝脏部位的骨髓干细胞，会引起肝脏功能发生特定变化，阻止肝细胞继续发生硬化。

研究人员利用这种治疗方法，对39名肝硬化病人进行了临床治疗。结果表明，接受治疗之后，这些病人的身体生化指数，都恢复到了正常水平，肝硬化过程停止，并且有些病人的肝硬化区域已经缩小。

（2）通过注射干细胞提高肝硬化治愈率。

2012年4月11日，埃及官方《金字塔报》报道，埃及肿瘤研究院干细胞科主任阿卜杜勒·扎克里教授领导的一个研究小组，通过直接注射干细胞的方法，提高肝硬化治愈率，在肝硬化治疗领域取得进展。

扎克里表示，这一方法，可使肝硬化治愈率提高到60%，成果已在美国、中国等多国医学期刊上发表，下一步将进入临床应用阶段。

扎克里说，这一研究项目已开展20多年，近五年开始进行临床实验，已有100多名患者参与实验。但他同时表示，干细胞注射手术难度大，必须由专家进行，注射剂量也因人而异。干细胞能够分化增殖成多种体细胞，修复受损组织，干细胞注射进肝脏后相当于促进肝脏再生。

（3）把扁桃体来源的干细胞用于肝脏再生。

2014年10月，韩国梨花女子大学化学与纳米科学系郑博士主持的一个研究小组，在美国化学学会《应用材料和界面》杂志上发表论文称，他们开发出一种新方法来修复受损的肝脏组织，无须手术，只需将扁桃体来源的间充质干细胞注射到患者体内。

郑博士谈道："全世界每年开展数十万例扁桃腺切除手术，而扁桃体组织只是被丢弃。但事实证明，这些丢弃的组织是一个很好的干细胞来源，适用于肝的再生。"

尽管扁桃体组织的充足,使得间充质干细胞成为干细胞治疗的理想候选,但研究人员一直缺乏一种靶向的导入方法,在体内植入间充质干细胞。一些科学家试图直接注射干细胞,但干细胞只是被冲走,而没有组织生长。郑博士表示:"因此,我们需要一个类似于肝脏组织的 3D 支架,让细胞定位在靶向位点。"

于是,研究人员把细胞分散在一种可注射的液体中,这种液体在到达人体的核心温度(37℃)时,将形成 3D 凝胶。他们在这种可生物降解的热凝胶配方中培养了间充质干细胞,其中包含生长因子,让干细胞分化成肝细胞,以促进组织发育。在模拟受损肝脏组织的培养体系中,干细胞能够固定在激活的凝胶中,而不增加毒性或破坏 pH 水平。研究人员对热凝胶中肝细胞的生长,进行了 28 天的监控和分析。

结果表明,该热凝胶是一种很有前途的组织工程系统,在优化间充质干细胞的配方、肝细胞生长因子及其他生化物质之后,可用于肝脏组织的再生。

郑博士认为,理想的系统是凝胶降解的时间与组织生长的时间相匹配。"因此,我们希望在加入干细胞后,我们的热凝胶被细胞发育而成的组织所取代。"目前,该研究小组正在动物模型上优化这一系统。他说:"这需要时间,但我们相信,这可能是很好的治疗技术。"

2. 利用干细胞治疗肠道疾病的新成果

通过干细胞移植修复大肠溃疡。

2012 年 3 月,日本东京医科齿科大学研究人员,在《自然·医学》发表论文说,他们通过在体外培养能发育成各种大肠组织的干细胞,并进行移植,成功修复了小鼠的大肠溃疡。

研究人员介绍说,他们采集了小鼠大肠内侧表面的上皮组织,然后利用特殊方法进行培养,成功地大量增殖了其中的干细胞。随后,他们在患有大肠溃疡的小鼠消化道末端注入干细胞。结果,这些干细胞只吸附在出现溃疡的大肠部位。一个月后,溃疡处组织获得再生,溃疡仿佛被盖住似地消失了。

研究小组还利用相同方法,对取自人体大肠组织的干细胞进行培养,也获得了成功。专家认为,如能进一步完善相关技术,将有望开发出治疗人体胃肠道疾病的新方法。

## 七、用干细胞治疗眼科疾病的新进展

1. 利用干细胞治疗受损视网膜和角膜的新成果

(1)利用干细胞治疗受损视网膜的新成果。

一是用脑干细胞恢复受伤视网膜。2005 年 1 月,俄罗斯媒体报道,该国科学院发展生物学研究所与遗传生物学研究所一个研究小组,通过向眼睛移植大脑神经干细胞的方法,成功治愈受伤视网膜。

医学上至今认为,受伤后的视网膜,一般不能再生和恢复。但不久前研究人员在鱼、鸟类、哺乳动物包括人的眼睛中发现,在干细胞的参与和帮助下,受到创伤的视网膜仍可以再生。研究人员进一步研究发现,可以通过激活自身的干细胞,或者移植供体干细胞的方法,治疗受伤视网膜。

实验发现,移植到视网膜上的干细胞,在 30 天内保持了良好的生命力,不会发生任何变异,并积极地在视网膜受伤的区域自由移动,最终促进了受伤的视网膜再生和恢复。另外,实验发现,最好将神经干细胞直接点滴在视网膜下的组织中,这样可减少对视网膜的损伤,保证干细胞在受伤的视网膜区自由移动。

据悉,上述实验目前只在实验室中完成,但有关专家认为,该科研成果理论上将会拓宽眼科学的发展。

二是诱导多能干细胞治疗视网膜退化疾病获准进行人体实验。2014 年 9 月 11 日,日本神户理化研究所发育生物学中心,眼科专家高桥雅代领导的研究小组,在《自然》杂志网络版报告说,他们拟用诱导多能干细胞(iPS 细胞),治疗一名罹患退行性眼病的日本患者,这将成为全球使用 iPS 细胞进行治疗的第一例。日前,日本卫生部的咨询委员会,对这一疗法的安全性进行了审查,并同意相关研究人员开展人体治疗实验。

罹患视网膜退化疾病的病患,多余的血管会在眼内形成,让视网膜色素上皮细胞变得不稳定,导致感光器不断减少,最终失明。高桥雅代研究小组从罹患这一疾病的患者那儿,提取到了皮肤细胞,并将其转化为 iPS 细胞,接着,诱导 iPS 细胞变成视网膜色素上皮细胞,最后将其培育成能被植入受损视网膜内的纤薄层。

与胚胎干细胞不同,iPS 细胞由成人细胞生成,因此,研究人员可以通过遗传方法为每个受体度身定制。iPS 细胞能变成身体内的任何细胞,因此,有潜力治疗多种疾病。即将进行的人体实验,将是这一技术首次证明 iPS 细胞在临床方面的价值。

该研究小组已经在猴子身上证明,iPS 细胞能由受体自身的细胞生成,且不会诱发免疫反应;尽管如此,还是存在隐忧,那就是,iPS 细胞可能会导致肿瘤出现,不过,研究人员发现,在老鼠和猴子身上不太可能出现肿瘤。

为了消除人们的其他担忧,例如生成 iPS 细胞的过程可能会导致危险的变异,该研究小组也对整个过程和生成 iPS 细胞的遗传稳定性进行了测试,结果表明一切正常。

(2)利用干细胞治疗受损角膜的新成果。

2009 年 5 月,澳大利亚吉罗拉莫等研究小组,在医学期刊《移植》上发表研究报告说,他们在世界上首次成功利用干细胞技术,协助修复受损角膜。患者无须接受大型手术,更不用担心出现排斥反应,只需戴上特制的隐形眼镜,数周后就能重见光明。这是给眼角膜病变而致盲者带来的福音。

角膜病变是全球第 4 大致盲原因,每年有 150 万人因此丧失视力,受影响者多达 1000 万人。传统治疗方法主要有移植、类固醇药物等,但移植往往需要等候多时,而且可能出现排斥反应。

研究人员介绍道,患者只需接受局部麻醉,手术后两小时即能出院。由于治疗使用的是患者本身的干细胞,因此不会出现排斥现象。治疗过程简易而便宜,无须大型设备。在第三世界地区,只需一间手术室和细胞培育室,便可以进行治疗。同时,使用的干细胞,不一定是角膜干细胞,也可用结膜干细胞。

研究人员希望能够将干细胞治疗范围,扩展至眼睛其他部分,包括老年黄斑退化等视网膜疾病。

2. 利用干细胞治疗先天性失明的新成果

2008 年 12 月 24 日,俄罗斯圣彼得堡巴列诺夫神经外科研究所,康斯坦丁·列别捷夫领导的一个研究小组,在俄罗斯医学科学院主席团会议上,公布的研究成果表明,他们在利用干细胞治疗少儿脑瘫及相关神经系统疾病方面,取得积极成果。

列别捷夫表示,他的研究小组对 19 名年龄 10 岁以下的儿童进行临床试验,这些儿童大都患有脑瘫、脑积水、癫痫等先天性疾病。他说,自从实施干细胞疗法后,有 9 名孩子的病情已经得到改善。其中,效果最为明显的是一名患有先天性失明的儿童。

列别捷夫介绍,这名儿童在治疗初只能分辨光源所在,但经过一个月的干细胞治疗,该儿童已可看到明亮的光线,可在房间里找到方向,并能辨认大的物体轮廓。经过再次实施干细胞疗法后,这名儿童在 3 周后已能够辨认各种物体,辨别物体的准确率达到 90%。但他同时强调,"我们目前并不清楚,究竟是什么机能导致这一结果",因为在对这名儿童进行检查后发现,其眼底的状况并没有任何改善,由于这些孩子年龄很小,所以很难说是否取得了决定性的成果。

巴列诺夫神经外科研究所所长维利亚姆·哈恰特良表示,仍应谨慎对待这一疗法,"最主要是不要轻易肯定,也不要轻易否定,而是要小心谨慎地去继续研究"。

干细胞是一种未充分分化,尚不成熟的细胞,具有再生各种组织器官和人体的潜在功能,被医学界称为"万能细胞"。研究表明,可以从胚胎组织、新生儿脐带血以及成人的个别组织中提取干细胞。在本次俄罗斯医学科学院主席团会议上,俄罗斯的医学专家们重点讨论了利用干细胞技术治疗创伤后遗症、脑组织损伤、阿尔茨海默氏症以及个别精神类疾病的问题。

3. 利用干细胞治疗老年性黄斑退化症的新成果

(1)研究出用干细胞治疗老年性黄斑退化症的新方法。

2012 年 3 月,德国波恩大学眼科医院,与美国斯克里普斯研究所,联合组成的一个研究小组,在《干细胞转化医学》杂志上发表研究成果称,老年性黄斑退化症是导致老年人失明的最常见疾病。截至目前,医学界还没有找到治疗该疾病的有效方法。不久前,他们研发出一种再生医学治疗方法,有望为老年性黄斑退化症治疗提供新途径。

研究人员利用皮肤干细胞重新编程,再生出新的健康视网膜色素上皮细胞,并用此来替代已病变坏死的细胞。目前,该项研究已经在实验鼠体内取得成功。

黄斑位于视网膜的中心,是视网膜上视觉最敏锐的区域。老年性黄斑退化症患者,由于细胞新陈代谢功能受损,致使视网膜色素上皮细胞大量死亡,并最终导致视网膜发生退化性病变。研究人员表示,新方法从患者自身皮肤上,提取再生的视网膜色素上皮细胞,不会产生排异反应。在下一阶段,研究人员将开展面向人类患者的临床试验。

(2)干细胞疗法或可治疗老年性黄斑病变。

2014年4月,德国波恩大学发表研究公报称,老年性黄斑病变,是老年人失明的一大原因,目前尚未有根治方法。现有的治疗手段,仅能缓解病症。针对这种情况,波恩大学眼科系与美国纽约神经干细胞研究所组成一个联合研究小组,首次通过干细胞移植的方法,在实验兔身上取代受损眼部细胞获得了成功。

老年性黄斑病变,会使患者逐步丧失视觉的敏锐度,无法读书看报和驾车出行,视网膜色素上皮层细胞受损是导致这一疾病的罪魁祸首。

该研究小组采用一种新方法,把视网膜色素上皮层细胞的干细胞,在小型聚酯光盘上进行培育,产生出了一层稀薄的干细胞层。随后,研究人员把干细胞层,移植到实验兔的视网膜内。他们发现,这些移植的细胞都存活了下来,且4周后它们依然完好无损,并发育为正常的视网膜色素上皮层细胞。

研究人员认为,试验结果说明,由人体干细胞培育而来的视网膜色素上皮细胞,可以取代因老年性黄斑病变受损的眼部细胞,而且新方法,将有助于在未来挑选适合眼部移植的干细胞系,不过其临床应用还需要进一步研究。

## 八、用干细胞治疗其他疾病的新进展

### 1. 用干细胞治疗糖尿病的新成果

(1)推进人体干细胞治疗糖尿病的试验。

2009年5月21日,韩国媒体报道,韩国首尔女子大学生命工程学系、韩国延世大学医学院、建国大学和仁济大学联合组成的一个科研小组,完成了一项研究成果,他们把人体干细胞移植到患有1型糖尿病的白鼠体内,干细胞能够分泌胰岛素,进而治愈糖尿病。这一成果,证实利用干细胞治疗人类糖尿病的可能性。

在这项研究中,科研小组利用眼部手术时获得的眼部皮肤脂肪,提取出人类成体干细胞,接着将它诱导分化为胰岛素分泌细胞,并移植到患有1型糖尿病的白鼠体内。实验结果显示,被移植到白鼠体内的人体干细胞能够分泌胰岛素,治愈白鼠的糖尿病。此前,科研小组曾使用人体其他部位的脂肪细胞进行实验,但研究发现,只有人体眼部皮肤的脂肪细胞具有神经前体细胞的特性,能够分化出多量胰岛素分泌细胞。

研究人员表示,利用人体干细胞治疗白鼠糖尿病的实验,以前也获得过成功,但是产生疗效的主要机理,是人体干细胞对白鼠胰脏再生的刺激作用。而此次实验,则源于移植到白鼠体内的人体干细胞分泌出胰岛素。研究人员相信,此次实验成功应是全球首例。

(2)用胚胎干细胞移植治疗糖尿病获动物实验成功。

2012年6月27日,加拿大不列颠哥伦比亚大学蒂莫西·基弗教授主持,他的同事,以及美国扬森研发公司研究人员参与一个研究小组,在《糖尿病》期刊上发表研究成果称,他们通过向罹患糖尿病的实验鼠移植人类胚胎干细胞,成功使实验鼠恢复了胰岛素分泌功能。科学家希望这一新发现,能为寻求治疗糖尿病的新疗法铺平道路。

在研究中,患有糖尿病的实验鼠,在接受干细胞移植后,研究人员停止向它们注射胰岛素。三四个月后,实验鼠即使被喂食大量的糖,也依然能够保持健康的血糖水平。基弗说,研究小组对新发现感到振奋,但这种方法在进行人体临床试验之前,还需要更多研究。

基弗说,研究所用的患病实验鼠,缺乏正常运行的免疫系统,而正常的免疫系统可能会对移植的干细胞产生排异反应。他说,现在研究小组要做的,就是找到一种保护干细胞免受免疫系统攻击的合理方法,从而使移植最终可以在不需要免疫抑制的情况下进行。

2. 用干细胞治疗皮肤疾病的新成果

(1)利用骨髓干细胞治疗体表皮肤烧伤获得成功。

2005年5月,俄罗斯媒体报道,体表大面积烧伤且患处皮肤的血液循环无法恢复,受伤组织开始坏死,面对这种情况,俄罗斯研究人员首次尝试骨髓干细胞疗法,并且获得成功。

研究人员所使用的干细胞取自捐献者腰下腹部两侧的髂骨骨髓,通过组织培养,这些干细胞已分化为与成纤维细胞类似的细胞。在清除坏死组织并清洗患处后,专家用滴管把含有分化干细胞的液体滴遍烧伤处,使得平均每1平方厘米的受伤体表被2万~3万个干细胞覆盖,之后再用薄纱布遮盖干细胞。

3天后,在与成纤维细胞类似的干细胞作用下,患者伤处的疼痛感减轻了,毛细血管"钻"进了烧伤的体表,血液循环开始恢复,受伤的组织出现"复活"迹象。又过了2天,专家把取自患者大腿处的皮肤移植到了烧伤处,并将含有同样干细胞的液体滴在大腿的手术创面上。此后,所有创伤均未化脓,并且很快愈合。

(2)利用发根干细胞培育皮肤组织获得成功。

2008年2月11日,德新社报道,德国莱比锡弗劳恩霍费尔细胞治疗和免疫学会,研究人员安德烈亚斯·埃门道尔夫主持的研究小组,利用头发根部提取的干细胞,成功培育出皮肤组织。这一技术的成熟,有望为烧伤患者等需要接受植皮手术者带来福音。

埃门道尔夫说:"我们采集了几根病人的头发,然后从发根处提取出干细胞培养两周。接着我们逐渐减少营养液,直到细胞上部露出液面暴露于空气中。干细胞表面承受着逐步加大的气压,慢慢形成皮肤细胞。"他接着说,通过这种方法培养出的皮肤细胞,可以形成面积10至100平方厘米的皮肤组织。

目前,外科手术植皮,一般采用从患者大腿截取皮肤组织移植至伤处的方法,不可避免会对患者造成伤痛。埃门道尔夫说:"如果采取这项新技术,我们可以在不对患者造成伤害的前提下,达到与传统植皮手术相仿的成功率,而且伤口愈合效果更好。"

3.用干细胞治疗毛发脱落的新成果

(1)干细胞培育毛囊有望治疗秃头症。

2012年4月,日本东京理科大学辻孝教授领导的研究小组,在《自然·通信》杂志上发表报告说,他们利用成年实验鼠干细胞和人类干细胞,分别培育出毛囊,并移植到没毛发的实验鼠皮肤上,都成功让它长出毛发,未来有望将这一技术用于治疗秃头症。

分析显示,移植的毛囊,与周围的皮肤和神经等组织融合良好,在毛发脱落后,还能继续长出新的毛发。

据研究人员介绍,他们还从一名人类秃头症患者的头皮上,提取了相关组织,并按同样方法培育出毛囊,移植到实验鼠皮肤上后也能长出毛发。

这项成果,为秃头症患者带来新希望。如果进一步临床实验取得成功,秃头症患者将来也许只需提供一些头皮细胞,就能重新长出头发。研究人员说,将力争在10年内,把这项技术转化为可临床应用的新疗法。

除了头发再生外,研究人员还说,可通过在人工培育毛囊时,改变其中的细胞构成,从而控制毛囊移植后所长出毛发的密度和颜色。也就是说,一名白发稀疏的老者,将来或可利用这项技术,获得满头浓密的黑发。

(2)干细胞疗法或能让脱发再生。

2014年12月,加拿大卡尔加里大学,干细胞生物学助理教授杰夫·比尔内斯克领导的一个研究小组,在《发育细胞学》杂志发表论文说,他们在成人头发毛囊中鉴别出一种皮肤干细胞,研究人员希望,最终可通过药物刺激这些干细胞,对与诱导毛发生长有关的细胞进行补充或复原。该项研究成果,将为治疗因受伤、烧伤、疾病或年老造成的脱发,迈出重要一步。

比尔内斯克表示,毛囊底部拥有特定的细胞组织——真皮乳头,其负责给表皮细胞发送信号以重建毛囊,产生新发。毛囊具有一定的再生和衰退周期。他解释说,脱发特别是男性秃顶的主要原因,是毛囊中的真皮乳头产生了功能障碍。对秃顶皮肤进行观察可以发现,要么是真皮乳头细胞的大量缺失,要么是这些细胞已经萎缩。

研究发现,位于真皮鞘内的邻近细胞,对那些可为真皮乳头重新注入新细胞的干细胞具有庇护作用,从而维持人体长出新发的能力。通过对真皮鞘内的细胞进行标记,研究人员发现小量真皮鞘细胞能自我更新,并为每个毛囊带来数以百计的新细胞。此项新发现,使研究人员进一步了解了毛囊的再生机理,为开发出以干细胞为靶标的头发再生疗法打开了大门。

比尔内斯克指出,干细胞脱发疗法的开发,也许还需要十年的时间,但存在皮肤干细胞(很久以来仅是理论推测)的确凿证据,对未来开发新疗法至关重要。此项研究成果,也将推动皮肤移植和伤口治疗技术的进步,在伤口处增加皮肤干细胞的数量,将能帮助伤口愈合。

4. 用干细胞治疗疾病的其他创新信息

(1)开发消除移植干细胞手术中致命副作用的新技术。

2011 年 8 月,美国斯坦福大学医学院一个研究小组,在《自然·生物技术》网络版上发表文章称,他们研发出一种新方法,在将人类胚胎干细胞植入人体前,可使用抗体将未分化的胚胎干细胞移除,以此消除干细胞疗法可能带来的致命副作用。

人类胚胎干细胞有望用于各种移植手术中,可使用胚胎干细胞制造出神经、骨头、皮肤等几乎任何身体组织,但这些新制造出的细胞也潜伏着一个巨大的危险——将其移植入病人体内后,还没有分化成身体组织的剩余胚胎干细胞可能会变成名为畸胎癌的危险肿瘤。

研究人员认为,这一技术也可从由诱导多功能干细胞(iPS)制成的细胞中,移除出剩余的肿瘤起源细胞。iPS 细胞也能用于治疗,但与胚胎干细胞不同的是,其可由成人身体组织在实验室中制造出来。

研究人员指出,在通常情况下,胚胎干细胞和 iPS 细胞,常会分化出各种各样的细胞。即使一个未分化细胞,都有可能演变为畸胎癌。因此,在进行移植前,应想方设法清除这些细胞。

畸胎癌是由头发、牙齿和骨骼等身体组织,组合在一起而形成的"怪物"。它的独特结构源于一个事实:制造它们的细胞是多能细胞。实际上,在动物身上,能形成畸胎癌是真正的多能细胞的主要特征之一。正是由于这一属性,使多能细胞用于治疗时,带有很大的风险性。因此,科学家们决定研制出一种抗体,使它具备这样的功能:只识别和依附于多能细胞上,并将多能细胞从混合细胞中移除。尽管已有这样的抗体存在,但它们并不能专门用于移除诱发肿瘤的细胞。科学家们经过研究后发现,一种新产生的抗体 SSEA - 5,对多功能干细胞具有最强的依附性,而对已分化细胞没有依附性。

研究人员把能被 SSEA - 5 抗体识别的人类胚胎干细胞,注入老鼠体内。结果显示,在 7 次实验中,这种细胞每次都能快速形成畸胎癌。而如果将不被 SSEA - 5 抗体依附的细胞,注入老鼠体内,11 次实验中,只有 3 次实验形成了更小的畸胎癌。另外,把 SSEA - 5 抗体,与其他两个能依附于多能细胞上的抗体结合起来,可

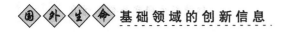

将多能细胞完全从分化细胞中分离出来。

(2)批准全球首个用于治疗全身性疾病的干细胞药物。

2012 年 5 月 17 日,美国奥西里斯医药公司宣布,加拿大卫生监管机构已批准使用该公司的一款新药物治疗儿童急性移植抗宿主疾病,该新药成为全球首个获准用于治疗全身性疾病的干细胞药物。

急性移植抗宿主疾病,是骨髓移植后新植入细胞攻击病体时可能出现的致命并发症,症状包括腹痛、皮疹、脱发、肝炎、肺炎、消化道紊乱、黄疸和呕吐等。罹患此症的八成儿童都会丧命,至今尚无任何已获准的针对性治疗手段。

加拿大药政当局此次批准该新药上市,将主要用于那些对类固醇没有反应的病童。且获准的附加条件是,上市后仍需进行进一步试验。该公司董事长兰德尔·米尔斯表示,后续试验过程或将持续 3~4 年。

该新药来自成年捐赠者的骨髓干细胞,被设计来控制炎症、促进组织再生、防止疤痕的形成。全球有 3500 名~4000 名急性移植抗宿主疾病患者。结果表明,使用该新药治疗 28 天后,61%~64% 的患者显现出具有临床意义的反应。

# 参考文献和资料来源

## 一、主要参考文献

[1] 本报国际部. 2004 年世界科技发展回顾[N]. 科技日报, 2005 – 01 – 01 ~ 10.

[2] 本报国际部. 2005 年世界科技发展回顾[N]. 科技日报, 2005 – 12 – 31 ~ 2006 – 01 – 06.

[3] 本报国际部. 2006 年世界科技发展回顾[N]. 科技日报, 2007 – 01 – 01 ~ 06.

[4] 毛黎, 张浩, 何屹, 顾钢, 陈超, 毛文波, 杜华斌, 邰举, 郑晓春, 邓国庆, 何永晋, 卞晨光. 2007 年世界科技发展回顾[N]. 科技日报, 2007 – 12 – 31 ~ 2008 – 01 – 06.

[5] 毛黎, 张浩, 何屹, 顾钢, 李钊, 邰举, 杜华斌, 张新生, 程刚, 李学华. 2008 年世界科技发展回顾[N]. 科技日报, 2009 – 01 – 01 ~ 08.

[6] 毛黎, 张浩, 何屹, 顾钢, 李钊, 杜华斌, 葛进, 郑晓春, 张新生, 李学华, 程刚. 2009 年世界科技发展回顾[N]. 科技日报, 2010 – 01 – 01 ~ 08.

[7] 本报国际部. 2010 年世界科技发展回顾[N]. 科技日报, 2011 – 01 – 01 ~ 08.

[8] 本报国际部. 2011 年世界科技发展回顾[N]. 科技日报, 2012 – 01 – 01 ~ 07.

[9] 本报国际部. 2012 年世界科技发展回顾[N]. 科技日报, 2013 – 01 – 01 ~ 08.

[10] 本报国际部. 2013 年世界科技发展回顾[N]. 科技日报, 2014 – 01 – 01 ~ 07.

[11] 本报国际部. 2014 年世界科技发展回顾[N]. 科技日报, 2015 – 01 – 01 ~ 07.

[12] 吴庆余. 基础生命科学[M]. 北京: 高等教育出版社, 2002.

[13] 钱凯先. 基础生命科学导论[M]. 北京: 工业出版社, 2008.

[14] 曹凯鸣. 现代生物科学导论[M]. 北京: 高等教育出版社, 2011.

[15] [美] 奎恩, 雷默. 生物信息学概论[M]. 孙啸译. 北京: 清华大学出版社, 2004.

[16]霍奇曼.生物信息学[M].北京:科学出版社,2010.

[17]刘旭光,张杰.分子生物学软件应用[M].北京:北京大学医学出版社,2007.

[18][美]克雷格·文特尔.解码生命[M].赵海军,周海燕译.长沙:湖南科学技术出版社,2009.

[19][美]沃森.双螺旋[M].刘望夷译.北京:化学工业出版社,2009.

[20]李德山.基因工程制药[M].北京:化学工业出版社,2010.

[21]同异.决定健康与命运的遗传基因[M].北京:中国医药科技出版社,2013.

[22][英]特怀曼.蛋白质组学原理[M].王恒梁等译.北京:化学工业出版社,2007.

[23]邱宗荫,尹一兵.临床蛋白质组学[M].北京:科学出版社,2008.

[24][英]惠特福德.蛋白质结构与功能[M].魏群译.北京:科学出版社,2008.

[25]翟中和,王喜忠,丁明孝.细胞生物学(第三版)[M].北京:高等教育出版社,2007.

[26][美]阿巴斯.细胞与分子免疫学[M].北京:北京大学医学出版社,2004.

[27]李志勇编著.细胞工程学[M].北京:高等教育出版社,2008.

[28]张晓杰.细胞病理学[M].北京:人民卫生出版社,2009.

[29]郑杰.肿瘤的细胞和分子生物学[M].上海:上海科学技术出版社,2011.

[30]张瑞兰.免疫学基础[M].北京:科学出版社,2007.

[31][美]熊彼特.经济发展理论[M].何畏,易家详等译.北京:商务印书馆,1990.

[32]张明龙,张琼妮.国外发明创造信息概述[M].北京:知识产权出版社,2010.

[33]张明龙,张琼妮.八大工业国创新信息[M].北京:知识产权出版社,2011.

[34]张明龙,张琼妮.美国生命健康领域的创新信息[M].北京:知识产权出版社,2013.

[35]D. Teece, Profiting from technological innovation: Implications for integration, collaboration, licensing and public policy, Research Policy ,1986,(15).

[36]J. Ben–David, Scientific Growth, Essays on the Social Organization and Ethos of Science, University of California Press, 1991.

[37]M. ibbons, C. Limoges, H. Nowotny, S. Schwartzman, P. Scott and M. Trow, The New Production of Knowledge: The Dynamics of Science and Research in Contemporary Societies. Sage Publications,1994.

［38］L. Stevenson and H. Byerly, The Many Faces of Science, An Introduction to Scientists, Values and Society, Boulder, San Francisco, Oxford: Westview Press, 1995.

［39］G. T. Seaborg, A Scientific Speaks Out, A Personal Perspective on Science, Society and Change, World Scientific Publishing Co. Pte. Ltd. , 1996.

［40］J. McLaughlin, P. Rosen, D. Skinner and A. Webster, Valuing Technology: Organization, Culture and Change. Routledge, London, 1999.

［41］A. Petryna, Life Exposed: Biological Citizens After Chernobyl. NJ: Princeton University Press, 2002.

［42］Report to the President and Congress on Coordination of Intellectual Property Enforcement and Protection, the National Intellectual Property Law Enforcement Coordination Council, September 2006.

## 二、主要资料来源

［1］《科技日报》2003 年 1 月 1 日至 2015 年 6 月 30 日

［2］http://www. sciencemag. org/

［3］http://www. sciencedaily. com/

［4］http://www. nature. com/

［5］http://www. sciencedirect. com/

［6］http://en. wikipedia. org/wiki/Cell_（biology）

［7］http://www. sciencenet. cn/dz/add_user. aspx

［8］http://www. sciencenet. cn/

［9］http://tech. icxo. com/

［10］http://www. sciam. com. cn/

［11］http://www. cdstm. cn/

［12］http://www. kepu. net. cn/gb/index. html

［13］http://www. news. cn/tech/

［14］《自然》（Nature）

［15］《自然·细胞生物学》（Nature Cell Biology）

［16］《自然·生物技术》（Nature Biotechnology）

［17］《自然·结构生物学》（Nature Structural Biology）

［18］《自然·免疫学》（Nature Immunology）

［19］《自然·神经科学》（Nature Neuroscience）

［20］《自然·遗传学》（Nature Genetics）

［21］《自然·医学》（Nature Medicine）

［22］《自然·纳米科技》（Nature Nanotechnology）

［23］《科学》（Science Magazine ）

［24］美国《国家科学院学报》（Proceedings of the National Academy of Sciences）

［25］《进化生物学》（Evolutionary Biology）

［26］《生物化学杂志》（Journal of Biological Chemistry）

［27］《分子和细胞生物学》Molecular and Cell Biology）

［28］《细胞·干细胞》（Cells ? stem cells）

［29］《植物细胞》（Plant Cell）

［30］《国际系统与进化微生物学杂志》（International Journal of Systematic and Evolutionary Microbiology）

［31］《应用化学》（Angewandte Chemie）

［32］《柳叶刀·肿瘤学》（Lancet Oncology）

［33］《临床肿瘤学杂志》（Journal of Clinical Oncology）

［34］《癌细胞》（Cancer cell）

［35］《癌症》（Cancer）

［36］《神经病学》（Neurology）

［37］《神经学年鉴》（Annals of Neurology）

［38］《分子精神病学》（Molecular Psychiatry

［39］《临床免疫学》（Clinical Immunology）

［40］《呼吸研究杂志》（Respiratory Research magazine）

［41］《糖尿病》（Diabetes）

［42］《小儿疾病文献》（Archives of Disease in Childhood）

［43］《美国医学会杂志》（Journal of the American Medical Association）

［44］《神经科学杂志》（the Journal of Neuroscience）

［45］《公共科学图书馆·生物学》（PLoS Biology）

［46］《公共科学图书馆·遗传学》（PLoS Genetics）

［47］《流行病和公共卫生杂志》（Epidemiology and Public Health magazine）

［48］《移植》（Transplantation）

［49］《纳米快报》（Nano letters）

［50］《新科学家》（New Scientist）

# 后 记

21 世纪以来,我们在建设省重点学科和名家工作室过程中,先后主持或参与国家社科基金项目、国家自然科学基金项目、省社科规划重点课题、省"五个一工程"重点项目、省新世纪高等教育教学改革项目、省科技计划重点软科学项目、省科协软科学研究课题等 10 多项重要课题的研究。这些项目的研究对象,大量涉及科技前沿问题,于是广泛搜集世界各地的创新信息。

为了更好地利用这些信息性材料,我们在完成课题研究报告的同时,对它们进行分类整理,并按照一定逻辑关系形成书稿,至今已出版《国外发明创造信息概述》《美国生命健康领域的创新信息》《国外电子信息领域的创新进展》《国外环境保护领域的创新进展》《国外材料领域创新进展》等。

现在,我们继续推进这项工作,专题研究国外在生命基础领域的研发活动及取得的创新成果,于是,又完成了一部信息类书稿:《国外生命基础领域的创新信息》。本书密切跟踪国外生命基础领域研发活动的前沿信息,所选材料限于 21 世纪以来的创新成果,其中 95% 以上集中在 2004 年 7 月至 2015 年 6 月期间。

我们在项目研究和整理书稿的过程中,得到省内外许多大专院校、科研院所、科技管理部门、高新技术产业开发区、工业园区,以及企业的支持和帮助。这部专著的基本素材和典型案例,吸收了报纸、杂志、网络等众多媒体的新闻报道。这部专著的各种知识要素,吸收了学术界的研究成果,不少方面还直接得益于师长、同事和朋友的赐教。为此,向所有提供过帮助的人,表示衷心的感谢!

这里,要特别感谢课题组成员的团队协作精神和艰辛的研究付出。感谢余俊平、卢双、巫贤雅等研究生参与课题调研,以及帮助搜集、整理资料等工作。感谢浙江省科技计划软科学研究项目基金、浙江省哲学社会科学规划重点课题基金、台州市宣传文化名家工作室建设基金、台州市优秀人才培养(著作出版类)资助基金,对本书出版的资助。感谢台州学院办公室、组织部、宣传部、人事处、科研处、教务处、招生就业处、信息中心、图书馆和经济研究所、经贸管理学院,浙江师范大学经济管理学院等单位诸多同志的帮助。感谢知识产权出版社的诸位同志,特别是王辉先生,他们为提高本书质量倾注了大量时间和精力。

限于我们的学术研究水平,书中难免存在一些不妥和错误之处,敬请广大读者不吝指教。

张明龙　张琼妮

2015 年国庆节于台州学院湘山斋张明龙名家工作室